嵌入式应用技术丛书

ARM嵌入式开发实例
——基于STM32的系统设计

肖广兵　主　编
万茂松　羊　玢　副主编

電子工業出版社
Publishing House of Electronics Industry
北京·BEIJING

内 容 简 介

本书以 STM32F103XX 芯片为例，对车载 ARM 嵌入式系统进行了详细的介绍。全书共 8 章，按内容讲解的难度不同划分为 3 篇：基础篇主要介绍有关车载 ARM 嵌入式系统的基础知识，包括 STM32F103XX 芯片的系统资源、工作平台、基本语法指令等内容。提高篇主要介绍 ARM 嵌入式系统在实际工程项目中的初步应用，从 GPIO 接口模块、ADC 模数转换模块、TIMER 定时器等方面进行详细介绍，并着重分析了 ARM 嵌入式系统硬件资源的使用。综合篇主要是对前两篇所有基础知识的总结和应用，着重介绍 ARM 嵌入式系统在车辆中的应用，并给出了相应的程序设计代码。

本书通俗易懂，内容由浅入深，通过示例引导，尤其是结合大量实例进行分析和设计，帮助读者理解和掌握车载 ARM 嵌入式系统的设计方法和编程技巧。在介绍知识点的同时侧重于工程实例的讲解和分析，方便读者自学。既适合 ARM 嵌入式系统方向的本科生、研究生，以及教师作为教学用书，也可以作为广大科研工作者、工程技术人员的自学用书和解决工程实际问题的参考书。

图书在版编目（CIP）数据

ARM 嵌入式开发实例：基于 STM32 的系统设计 / 肖广兵主编．—北京：电子工业出版社，2013.4
（嵌入式应用技术丛书）
ISBN 978-7-121-20053-3

Ⅰ．①A…　Ⅱ．①肖…　Ⅲ．①微处理器－系统设计　Ⅳ．①TP332

中国版本图书馆 CIP 数据核字（2013）第 061663 号

策划编辑：陈韦凯
责任编辑：康　霞
印　　刷：北京盛通数码印刷有限公司
装　　订：北京盛通数码印刷有限公司
出版发行：电子工业出版社
　　　　　北京市海淀区万寿路 173 信箱　邮编 100036
开　　本：787×1 092　1/16　印张：27.5　字数：704 千字
版　　次：2013 年 4 月第 1 版
印　　次：2024 年 7 月第 21 次印刷
定　　价：59.00 元

凡所购买电子工业出版社图书有缺损问题，请向购买书店调换。若书店售缺，请与本社发行部联系，联系及邮购电话：（010）88254888，88258888。

质量投诉请发邮件至 zlts@phei.com.cn，盗版侵权举报请发邮件至 dbqq@phei.com.cn。

本书咨询联系方式：chenwk@phei.com.cn。

前　言

一、行业背景

ARM芯片具有体积小、功能强、价格低的特点，在汽车工业、智能仪表、机电一体化、消费多媒体等领域有着广泛的应用，并可以提高生产、消费的自动化和智能化水平。近年来，随着片上处理器的广泛应用，嵌入式系统的开发也变得更加灵活和高效，车载ARM系统的开发和应用已经成为嵌入式应用领域的一个重大课题。

二、关于本书

本书以STM32F103XX芯片硬件资源环境和Keil μVision for ARM为依托，介绍了车载ARM嵌入式系统的设计方法，包括ARM芯片的体系结构、ARM指令系统、ARM内部资源、程序设计方法，以及各个功能模块的使用和综合应用系统的开发方法和实例。

本书各章主要内容说明如下：

第1章是ARM嵌入式基础知识介绍，包括ARM的发展、性能特性，开发环境，以及硬件构成等。

第2章是ARM指令系统的基础使用方法介绍，包括其指令系统简介、指令基本结构、指令类型等。

第3章主要是ARM嵌入式的内部资源，包括引脚信息、存储器映射、系统控制模块和向量中断模块等。

第4章主要介绍ARM嵌入式的编程语言，包括汇编语言、数据指令操作、数据运算和流程控制语句等。

第5章主要介绍ARM嵌入式的功能模块（1），包括GPIO接口模块、ADC模数转换模块、EXTI中断、TIMER定时器等。

第6章主要介绍ARM嵌入式的功能模块（2），包括RTC实时时钟、WatchDog看门狗、USART串口通信和CAN通信模块等。

第7章主要介绍ARM嵌入式内部资源的C编程实例，并以车载温湿度检测仪为例，详细介绍具体的工程设计方法。

第8章主要介绍ARM嵌入式外部接口的C编程实例，并以TFT触摸屏汽车故障在线检测诊断为例，详细介绍具体的工程设计方法。

三、本书特色

（1）适合于具有初步ARM基础的嵌入式工程师进阶学习，以及高等院校电子类专业的学生和ARM嵌入式爱好者阅读。

（2）涵盖了STM32F103XX系列单片机从内部资源到用户输入通道、A/D信号采集、温度/湿度传感芯片、有线通信模块等常用资源或者扩展器件。

（3）基于Proteus硬件开发环境提供了相应的仿真运行实例及输出结果。

（4）对于相应的资源或者器件的介绍，都是按照基础知识、硬件电路设计、工程实例分析和应用代码的方式进行的。

（5）提供了大量的工程实例电路和Keil μVision的工程文件，读者可以直接运行实验。

本书80%以上的内容由肖广兵负责编写，万茂松、羊玢参与其他内容的编写并负责全书的审阅、校对工作。同时，参与编写工作的还有吕立亚、孙宁、徐晓美、左付山、余伟、李成龙、韩培、杜康、朱亚飞、廖杰等。在此，对以上人员致以诚挚的谢意。由于时间仓促、程序和图表较多，受学识水平所限，错误之处在所难免，请广大读者给予批评指正。

编　者

目　　录

基础篇

提高篇

综合篇

第1章

初识 ARM 嵌入式系统

ARM 嵌入式系统在日常的消费电子领域随处可见，以其优越的性能和完善的开发环境得到了广大电子工程师的青睐。

ARM 微处理器由 ARM 公司提供 IP 授权，交付多个芯片设计厂商进行整合生产。随着 ARM 的发展，其内核版本和支持的生产厂商也越来越多，因此市场上所能够找到的 ARM 芯片也是种类繁多的。

本章主要介绍 ARM 嵌入式系统的基本结构和常见的 ARM 微处理器。

本章重点 

- ARM 嵌入式系统的发展历史与特点;
- ARM 嵌入式系统的开发环境;
- ARM 嵌入式系统的硬件构成。

本章难点 

- ARM 嵌入式系统的开发流程;
- ARM 嵌入式系统的硬件构成。

1.1 ARM 嵌入式系统简介

近年来，ARM 嵌入式系列产品，如智能手机、车载 MP4、车载导航仪和平板电脑等，已经成为大众广泛使用的产品。新型的嵌入式产品不断问世，各个 IT 公司纷纷投入巨资加紧研发流程，嵌入式技术人才需求猛增。

随着网络通信技术、计算机技术和微电子技术的迅速发展，嵌入式系统已经成为当前 IT 行业的焦点。同时在数字信息技术和网络技术高速发展的后 PC 时代，嵌入式系统因其体积小、可靠性高、功能强和灵活方便等许多优势，逐步渗透到工业、军事、医疗、汽车及日常生活的各个领域，在嵌入式相关行业技术改造、产品更新换代、加速自动化进程，以及提高产品效率等方面起到了极其重要的推动作用。

在汽车行业，各个零部件由纯机械产品向机电一体化、汽车电子智能化逐步转变。这些车载电子技术的应用改革，都离不开对 ARM 嵌入式系统的依赖，如汽车电子油门、电控发动机、车载 IMMO 系统、车载 GPS 导航、全景倒车雷达等。为了使车载 ARM 控制器具有资源管理、快速中断、实时响应等能力，提供多任务处理，以及更好地分配系统资源的功能，用户甚至还需要针对特定的 ARM 嵌入式硬件平台和实际的工程应用进行操作系统的移植。

1.1.1 ARM 嵌入式的发展历程及其应用

ARM 的英文全称是 Advanced RISC Machine，用户既可以认为 ARM 是一个 IT 行业公司的名称，也可以认为是一种“嵌入式微处理器核”技术的名称，甚至还可以认为是具有某种“嵌入式微处理器核”技术的一类芯片，以及嵌入式系统的总称。对于从事系统开发的嵌入式工程师而言，ARM 通常是指带有 ARM 处理器的嵌入式系统。在本书所介绍的内容中，ARM 是指搭载 ARM 处理器的嵌入式系统。

ARM 公司是微处理器行业的一家知名企业，1990 年 11 月成立于英国，是苹果电脑、Acorn 电脑集团和 VLSI Technology 的合资企业。1991 年，ARM 公司推出了 ARM6 处理器家族，VLSI 公司则是第一个将其成功应用在内部研发产品上的生产厂家。后来，陆续有其他 IT 巨头，包括 TI 公司、NEC 公司、SHARP 公司，以及 ST 公司等，都陆续获得了 ARM 公司的正式授权，将 ARM 处理器大面积地进行推广，使得 ARM 处理器在汽车电子、新能源汽车、车载网络、智能手机，以及其他消费电子中都得到广泛应用。一般情况下，目前有大约 80%的电子消费终端都采用了 ARM 处理器，具体如图 1.1 所示。

当前 ARM 嵌入式芯片的出货量每年都较上一年增长 20 亿片以上。与其他半导体（微处理器）公司不同的是，ARM 公司从来不制造或销售某一个具体型号的 ARM 嵌入式处理器芯片，而是将 ARM 嵌入式处理器的具体设计授权给相关的商务合作伙伴，如 Intel 公司、Philips 公司、TI 公司等。

各个授权合作公司根据自身对嵌入式芯片的设计能力、产品领域特点等因素对嵌入式芯片进行功能、资源性的裁剪，以满足嵌入式市场的需求。基于 ARM 嵌入式系统的低成本和高性能的解决方案，各个授权合作公司设计出多种多样的处理器芯片、微控制器，以及嵌入式片上系统（SOC），即所谓的“ARM 知识产权授权”结构，如图 1.2 所示。

图 1.1 ARM 嵌入式在电子行业中的应用

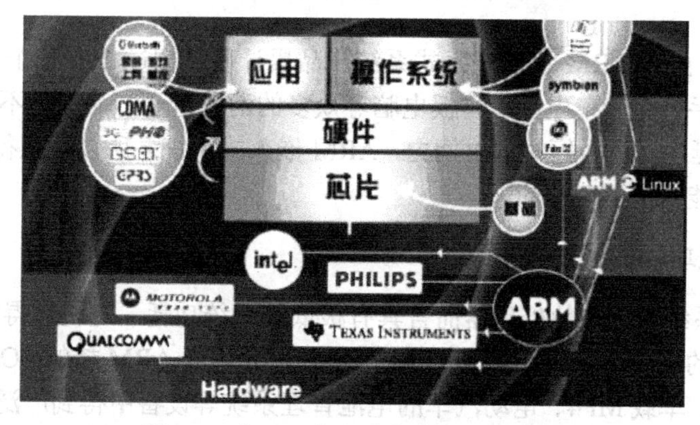

图 1.2 “ARM 知识产权授权”结构图

一般而言，ARM 嵌入式系统由 3 部分组成，即嵌入式系统硬件平台、嵌入式操作系统（代码）和嵌入式系统应用，如图 1.3 所示。

嵌入式系统硬件平台	嵌入式操作系统	嵌入式系统应用

图 1.3 嵌入式系统的组成

1）嵌入式系统硬件平台

嵌入式系统硬件平台主要是指各种嵌入式处理器和外围设备等，如基于 ARM 核的 STM32XX 处理器、51 系列单片机等。

2）嵌入式操作系统（代码）

嵌入式操作系统是指在嵌入式硬件平台上运行的代码和操作系统。目前主流的嵌入式操作系统是基于 C 语言（或汇编语言，较少）的嵌入式 Linux、μCLinux 和μC/OS-II 等。

一般而言，Linux 操作系统具有比较完善的网络接口支持；μClinux 操作系统常被用在一些不需要“内存管理单元”（MMU，Memory Management Unit）的嵌入式平台中；而μC/OS-II 系统是典型的实时操作系统，可以满足对实时性要求比较高的场合，如汽车电子油门、车载高速 CAN 网络等，具有非常快的响应时间。

除了上述介绍的几种嵌入式操作系统外，在当前主流的消费电子产品中，还广泛使用 Android、Meego 等系统。这些嵌入式系统主要用在智能手机及平板电脑上。在实际的工程应用中，用户具体使用何种嵌入式操作系统应视具体的工程需求而定。

3）嵌入式系统应用

嵌入式系统应用是以嵌入式系统硬件平台的搭建、嵌入式操作系统的成功移植和运行为前提的。这一部分内容运行在嵌入式操作系统的上层，完成特定的功能目标。

通常情况下，不同的系统需要根据具体的项目需求设计不同的嵌入式应用程序。但是值得注意的是，在嵌入式系统中，系统应用并不是必需的。只有在一些复杂的工程设计中才会需要嵌入式系统应用，如对汽车整车通信协议的定义和控制等。

在一些要求不高或者相对简单的工程应用场合，嵌入式系统应用经常被合并到操作系统及其代码的实现过程中，即操作系统与应用代码由于相对简单而被糅合在一起。

1.1.2 ARM 嵌入式的性能特性

截止 2010 年，内嵌 ARM 核的嵌入式系统产品累计已经超过 200 亿个。在日常生活中用户所接触到的智能手机、汽车电子、平板电脑等众多的消费电子产品中无不存在 ARM 嵌入式处理器的身影。从诞生到现今短短的时间内，ARM 嵌入式系统之所以能取得如此巨大的成就，跟它自身优越的性能是密不可分的。

1. 极低的系统功耗

ARM 嵌入式系统相比其他处理器而言具有极低的系统功耗，这就使得它能广泛地被应用于手持式电子设备的设计场合。目前，ARM 微处理器和内嵌 ARM 核的 SOC 芯片已经在手持终端，如智能手机、车载 MP4、电动汽车的电池管理系统等设备中得到广泛应用。图 1.4 为具有自主研发产权的新能源电动汽车动力锂电池管理系统。

图 1.4 新能源电动汽车动力锂电池管理系统

2. 较短的开发周期

ARM 嵌入式系统的开发周期完全是由 ARM 的商业模式决定的。ARM 公司将成熟的 ARM 技术直接授权给其他合作芯片设计厂商，在很大程度上缩短了 ARM 嵌入式产品的开发周期。而这对于芯片设计厂商而言也是一个巨大的优势。

3．支持双指令集

绝大部分ARM处理器都可以支持ARM和Thumb两种不同的工作模式，分别用以支持32位的ARM指令集和16位的Thumb指令集。对于普通用户而言，这两种指令集都各有所长。

32位的ARM指令集在命令功能上相对更为丰富，性能也更好。在运行代码的过程中，实现同样的功能所需要的指令数（代码量）更少；而16位的Thumb指令集是ARM指令集的一个子集，因此，在实现相同的功能操作时需要较多的指令数（相比ARM指令集），但是使用Thumb指令集实现的程序代码所占据的程序空间相对较少，具有较高的代码执行效率。除此之外，由于16位的Thumb指令代码在译码的过程中相对比较简单，因此Thumb指令具有更低的系统功耗。

4．高效的系统总线

在ARM嵌入式系统中，处理器没有采用DSP（数字信号处理器）架构中的多级流水线机制，而是采用了一组专门针对ARM内核的片上系统SOC开发的总线规范，即AMBA总线（Advanced Microcontroller Bus Architecture）。

该总线规范由ARM公司设计，独立于ARM微处理器的制造工艺技术。在该总线规范中，定义了以下3种可供用户组合使用的不同类型的总线。

1）AHB（Advanced High-Performance Bus）

该类型的总线支持多种数据传输方式，以及多个总线主设备之间的数据传输。适用于高性能和高时钟频率的系统模块，如CPU处理器、片上存储器、DMA设备、DSP，以及其他协同处理器等。

2）ASB（Advanced System Bus）

该类型的总线同样也适用于高性能的系统模块。在不需要使用AHB的场合，用户也可以选择ASB作为系统总线。

3）APB（Advanced Peripheral Bus）

该类型的总线的主要特点是结构简单，低速，极低的功耗。该总线主要适用于低功耗，对实时性要求不高的外部设备，如对汽车门窗锁的控制等。

1.1.3 ARM嵌入式系统的开发要点

与传统的单片机相比，ARM嵌入式系统的整体系统性能和数据处理能力有了大幅提升。与之相应的，ARM嵌入式系统设计的复杂度和难度也有所提升，与传统的单片机设计方法也有着很大不同。

总体而言，ARM嵌入式系统的开发可以分为“基于ARM内核的芯片设计”和“基于ARM SOC的开发应用”。本书主要与读者讨论有关“ARM芯片的开发应用”，不涉及ARM芯片的设计。

对于用户而言，在实现对ARM嵌入式系统进行开发之前，首先应该对ARM嵌入式系统的概念和基本结构做一些了解，然后还需要熟悉ARM嵌入式指令集。虽然现在绝大部分嵌入式系统都使用C语言开发程序，但是绝大部分芯片的初始化启动程序仍然是使用汇编语言写的，以得到较高的代码执行效率和开机速度。因此，用户在熟练掌握C语言的基础上，了解一定的汇编语言知识也是必要的。除此之外，用户还需要结合所使用的 ARM 处理器芯片，掌握某一个集成开发环境的使用方法，务必做到熟练使用。

1．明确 ARM 嵌入式系统开发的过程

不同于通用计算机平台上应用软件的开发，在 ARM 嵌入式系统程序的开发过程中具有很多特点和不确定性，其中最重要的一点就是嵌入式软件代码和系统硬件的独立性。

由于嵌入式系统的层次结构和自身的灵活性、多样性，各个层次之间缺乏统一的接口标准，甚至每个嵌入式系统都各不一样。这样就给上层的嵌入式软件设计人员在嵌入式软件代码设计的过程中带来比较大的困难。软件设计人员必须建立在对底层硬件设计充分了解的基础上，才能设计出符合 ARM 嵌入式系统要求的应用层代码。

为了简化开发流程，提高开发效率，用户可以在应用与驱动（API）接口上设计一些相对统一的接口函数，就可以在一定程度上规范应用层嵌入式软件设计的标准，同时方便应用程序在跨平台之间的复用和移植。

2．熟悉开发工具环境里的库函数

对于 ARM 开发工具环境里所提供的库函数，用户需要对其功能、参数、结构、调用函数等有比较清楚的了解，其中最重要的 3 方面如下。

（1）考虑硬件对库函数的支持。

（2）符合目标系统上的存储器资源分布。

（3）应用程序运行环境的初始化。

举例来说，在嵌入式代码设计过程中，有一类动态内存管理函数，如 malloc()等，其本身是独立于目标系统而运行的，但是它所使用的存储器空间需要根据具体的目标来确定，所以 malloc()函数本身并不需要移植或裁剪，这也是一个特例。但那些设置动态内存区（地址和空间）的函数则是和目标系统的存储器分布直接相关的，需要进行移植。

需要补充说明的是，在 ARM 嵌入式系统开发过程中，库函数的使用并不是必需的。用户同样可以自行组织编写程序代码，用于实现与库函数一样的功能。相比自行编写代码而言，系统提供的库函数具有更好的稳定性和可移植性。

在本书后续章节中所编写的工程代码中，几乎都采用了 STM32XX 系列 ARM 处理器开发平台（Keil for ARM）所提供的库函数文件。

3．熟悉 ARM 嵌入式系统的调试操作

嵌入式系统不可避免地会涉及对输入/输出设备的操作，例如，文件操作函数需要访问磁盘 IO，打印机函数需要访问字符输出设备等。在嵌入式调试环境下，所有的标准 C 库函数都是有效且有其默认行为的。一般情况下，部分目标系统硬件所不能支持的操作用户可以通过相应的调试工具来完成。

但是最终嵌入式系统的运行是需要完全脱离调试工具独立运行的，所以在程序移植的过程中，用户需要对这些库函数的运行机制有比较清楚的了解。特别是在系统出现故障甚至逻辑错误的时候，需要用户能够以最短的时间来排查、解决问题。

1.1.4 常用车载 ARM 嵌入式芯片 STM32F103XX

STM32F103XX 系列处理器是一个低功耗的 ARM 嵌入式芯片，具有逻辑门数少，终端延迟程度小，方便调试等特点。该 ARM 芯片主要是为需求较低，功耗和价格敏感的应用领域而专门设计的，具有较高的系统性能和数据处理能力，应用范围涉及从低端微控制器到复杂的片上操作系统，被广泛使用在汽车电子、智能手机、娱乐网络消费终端等领域。

STM32F103XX 系列处理器使用了 ARM V7-M 体系结构，是一个可综合的、高度可配置的 ARM 嵌入式芯片。它内部采用了高效的哈佛存储结构，并且可提供 1.25DMIPS/MHz 的处理能力。尽管 STM32F103XX 系列处理器的处理能力相比其他处理器而言具有较大的提升，但其自身却具有极低的系统功耗，在一个具有 32 个物理中断的标准处理器上达到了突出的 0.06mW/MHz 的能效比。

为了降低器件的成本，STM32F103XX 系列处理器采用了与系统部件紧耦合的实现方法，以缩小芯片的物理面积，特别是其内核面积比原有的 ARM 处理器芯片缩小了 30%。除此之外，STM32F103XX 系列处理器还实现了 Thumb-2 指令集架构，具有很高的代码密度，可降低系统对存储器的要求，并能达到几乎接近 32 位 ARM 指令集的性能。

针对嵌入式系统的开发，STM32F103XX 系列处理器相比其他芯片具有以下优势：

- 较小的处理器内核、系统和存储器，大幅降低了处理器芯片的成本；
- 提供高效的电源管理机制，具有极低的系统功耗；
- 较强的处理器性能，基本满足所有工业级产品的应用需求；
- 极低的中断处理时间，完全满足高速、临界控制的应用场合；
- 可供选择的存储器保护单元（MPU）为嵌入式系统提供平台级的安全性；
- 对汇编代码基本不作任何要求，简化系统开发进程；
- 宽广的工程应用范围，适用于从超低成本的微控制器到高性能的片上系统。

由于系统具有极低的功耗，并且集成了丰富的片上系统资源，以及稳定的工作性能，绝大部分汽车生产厂商在生产汽车电子设备的过程中都选择了 STM32F103XX 系列处理器，如图 1.5 所示，小到汽车零部件信号的检测，如汽车电子仪表盘、轮胎压力检测仪等，大到整车控制系统，如汽车车载低速 CAN 网络、新能源汽车电池管理系统等，都采用了具有丰富系统片上资源的 STM32F103XX 系列处理器。

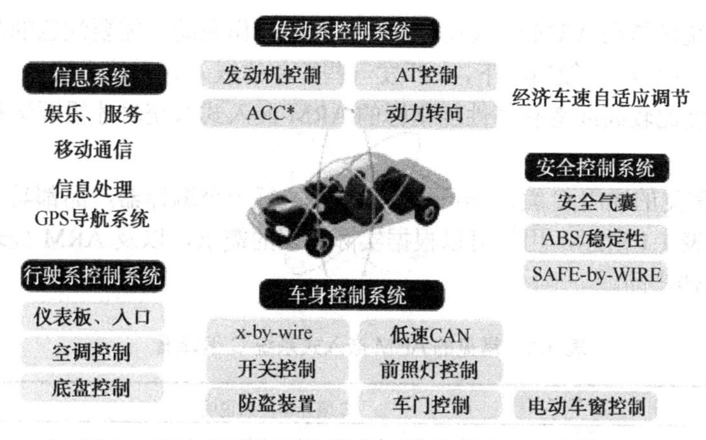

图 1.5 STM32F103XX 系列处理器在汽车电子中的应用

1.2 ARM 嵌入式系统的开发环境

用户在开始进行 ARM 嵌入式系统开发之前，需要准备好相应的开发工具及其开发环境。选择一款适合实际工程应用的开发环境是非常重要的。一般而言，常见的 ARM 嵌入式系统开发环境配置有如下几项。

1. 编译器/汇编器

通常情况下，当前几乎所有的 C 编译器套件都包含了相应的汇编/编译器，建议用户在进行 ARM 嵌入式系统开发过程中，软件代码使用 C 语言来实现；而在频繁与底层寄存器打交道时，则可以使用汇编语言。

2. 指令系统模拟器

指令系统模拟器用于在软件开发早期的 ARM 嵌入式代码调试中。通过指令系统模拟器，用户可以避免由于硬件平台不成熟而带来的问题，从而大幅缩短软件代码的实现、调试周期。

3. 在线仿真器或调试探测器

该系统的开发环境是连接在计算机和 ARM 开发板（或其他硬件调试平台）上的调试硬件。通常而言，与硬件调试平台之间的接口是 JTAG 或者 SWD。

4. 目标开发板

对于初次接触 ARM 嵌入式系统的用户而言，建议在早期开发的过程中使用目标开发板对需要开发的工程项目进行前期可行性验证，从而避免硬件电路设计中可能存在的问题，缩短项目开发周期。

5. 跟踪捕捉仪

该开发环境是可选的硬件设备和周边软件，用户可以使用它来捕捉来自 DWT 及 ITM 的输出，并且以可读的形式显示出来。

6. 嵌入式操作系统

嵌入式操作系统是指在 ARM 嵌入式芯片中运行的操作系统。需要注意的是，嵌入式操作系统也是一个可选的内容。一般情况下，在开发一些简单的嵌入式系统中可以不需要操作系统，而在开发一些复杂度比较高或者有高性能指标的 ARM 嵌入式系统时才需要运行相应的嵌入式操作系统。

目前，市场上常见的通用 C 编译器已经非常普遍。每一个编译器产品都具有各自的优势和应用场合，具体如表 1.1 所示。用户可以根据实际工程的需求，以及 ARM 处理芯片的类型来选择不同的 C 编译器产品。

表 1.1 常见的 ARM 嵌入式系统 C 编译器

产 品 公 司	C 编译器产品说明
ARM 公司	ARM 处理器在 RealView 开发套件中有良好的技术支持。其中，RealView-ICE 可以用于连接调试硬件和调试环境

续表

产品公司	C编译器产品说明
Keil公司	Keil公司最早以支持8051系列单片机的开发而受到广大用户的支持，而在最新版本的RealView MDK开发环境中，对ARM嵌入式系统的开发具有很好的支持。其配套的仿真器是ULink和Jlink
IAR System公司	产品的英文全称为IAR Embedded Workbentch for ARM and Cortex。在该开发环境中系统提供了C/C++编译器和调试器。IAR开发工具链跟Keil公司一样，主要致力于AVR单片机的嵌入式系统开发。其中，IAR配套的仿真器为Jlink
Lauterbach公司	提供JTAG仿真器，以及JWT跟踪设备
其他	CodeSourcery公司推出支持ARM嵌入式系统的GNU工具链，该工具链在市场上占有较小的份额，未能在嵌入式行业大面积推广

在上述几种ARM嵌入式开发环境中，最流行、最为通用的是Keil公司推出的RealView Microcontroller Development Kit，简称RealView MDK或RVMDK。该公司推出的此款ARM开发平台可以追溯到曾在8051系列单片机开发行业中具有盛誉的Keil开发套件，并且包含了丰富的功能组件，诸如μVision集成开发环境、调试器/模拟器、C/C++编译器、RTX实时内核、启动代码和Flash编程算法等。同样，Keil公司也推出了专为ARM的嵌入式开发平台，即RealView MDK。

1.2.1 Keil MDK简介

Keil开发环境是德国知名公司Keil（现已并入ARM公司）开发的嵌入式微控制器软件开发平台，也是目前ARM嵌入式单片机开发的主流工具。在该软件平台中，μVision的界面与微软VC++的界面类似，具有友好的人机交互环境，启动界面如图1.6所示，并且在调试程序、软件仿真方面有比较强大的功能。

图1.6　RealView MDK启动界面

值得说明的是，Keil公司推出的这款ARM嵌入式系统开发平台特别适合刚入门的ARM嵌入式新手，它甚至可以完全独立于外部的硬件开发环境。在μVision开发工具链中包含了指令模拟器，用户可以通过使用该功能来模拟“纯粹”的ARM嵌入式代码，即用户不需要外部硬件平台的支持也可以在软件平台中模拟代码的运行，基本的界面框架如图1.7所示。

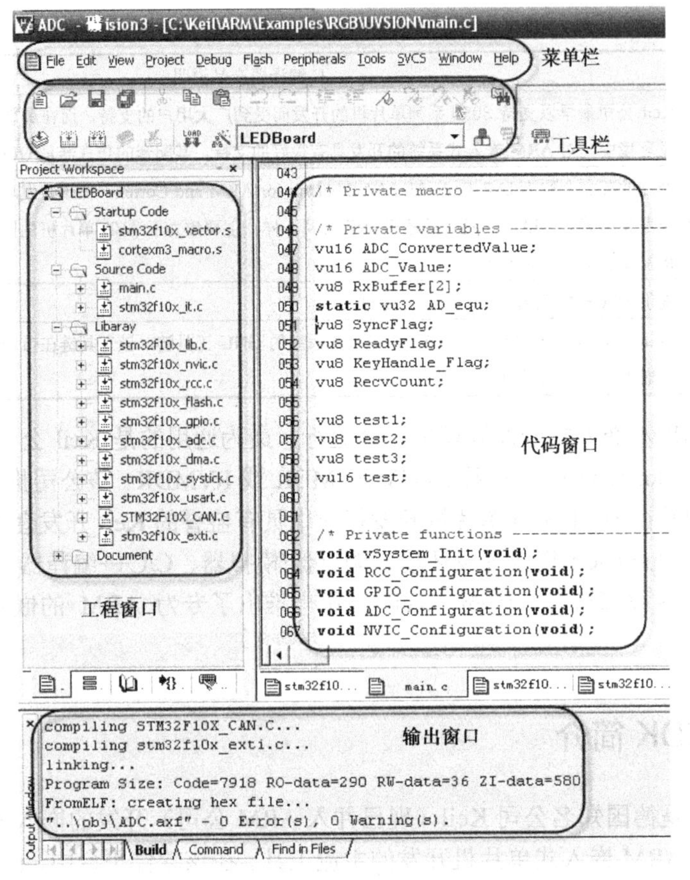

图 1.7 RealView MDK 用户操作界面

RealView MDK 开发环境所支持的单机脱离硬件的调试功能对学习和开发基于内核的系统软件有比较大的帮助，特别适用于缺乏硬件平台支撑的开发工程。除此之外，RealView MDK 还可以与 GNU 工具链联合使用。

用户使用 Keil 平台开发 ARM 嵌入式工程软件，开发周期与其他平台环境的开发周期是类似的，大致有以下几个步骤：

- 创建新的项目工程，选择正确的目标芯片，并对工程项目参数进行配置；
- 编写 C 语言代码或汇编程序代码，并添加到项目工程文件中；
- 对项目工程进行编译、连接和调试；
- 修改源代码中的语法错误和逻辑错误，重新编译至正确；
- 与硬件联机调试至语法和逻辑都正确无误。

在 RealView MDK 开发环境中，开发平台附带了部分工程项目的示例程序，包括 ST 公司的 STM32 系列单片机产品，以及 Luminary Micro 公司的 Stellaris 系列单片机。在这些示例代码中都统一使用了 ARM 芯片生产厂商所提供的驱动固件库。

对于普通用户而言，这种做法也是必要的，因为用户使用生产厂家所提供的驱动固件库可以避免编写代码对芯片外部寄存器进行操作，也在一定程度上避免了代码中的错误，缩短了嵌入式系统的开发周期。

在实际的项目开发流程中，用户并不需要完全从代码的第一行开始写起，可以很方便地通过开发系统所自带的代码模板进行编写，提高代码实现的效率和准确率。

1.2.2 Keil MDK的开发步骤

用户在正确安装了 RealView MDK 开发环境后，就可以从开始菜单或者桌面图标启动μVision集成开发环境。在默认情况下，RealView MDK会自动加载上一次打开时所运行的工程文件。

1. 创建/打开工程文件

在Keil MDK开发环境中，用户可以通过选择“New Project”下拉菜单来创建一个新的工程，如图1.8所示。

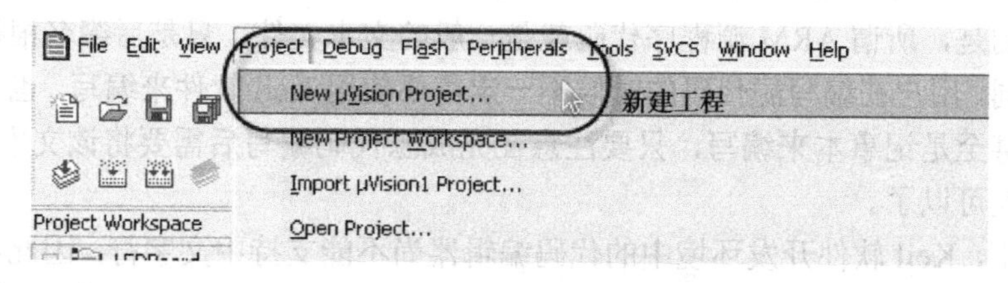

图1.8 在菜单中创建新的工程

此时，系统会弹出一个对话框，要求用户为新建的项目工程起一个名字。在这里，用户可以创建一个名为“test”的文件夹，如图1.9所示。在该工程文件夹中，主要用于存放有关test测试工程项目的所有文件。

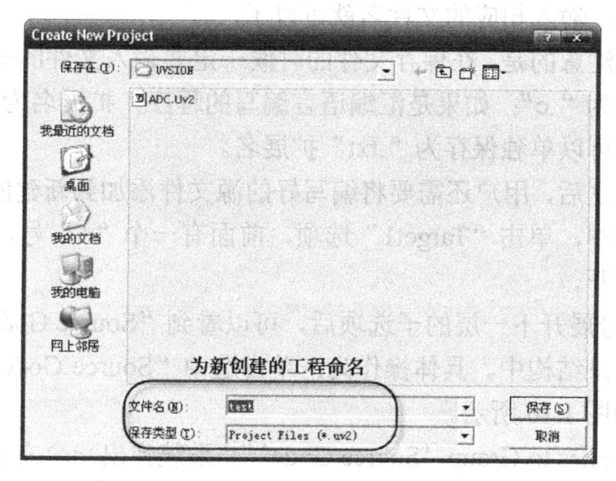

图1.9 将新创建的工程命名为“test”

如果用户需要打开已经存在的项目工程文件，则可以通过选择菜单“Project”|“Open Project”来打开已经存在的工程。此时，系统会弹出一个打开文件对话框，供用户选择需要打开的项目工程文件的路径。

2. 选择ARM嵌入式芯片

在创建完存放工程代码的文件夹后，用户就可以根据实际工程需要，选择需要的ARM嵌入式芯片。

需要注意的是，在项目开发过程中，并不是只需要一个源程序代码就可以完成对整个系统软件的开发，还需要在项目工程实现之前选择正确的ARM芯片的型号，加载对应的芯片启动代码（汇编语言实现，选择 ARM 芯片后系统自动加载），进而根据所选的具体芯片型号来确定项目工程编译、汇编和连接时的参数，并且指定具体的调试方式。

如果用户在系统芯片库中找不到实际所需要的处理器型号，也可以使用同一款兼容的处理器来代替。一般情况下，用户在选择具体的处理器芯片后系统会为芯片提供相应的启动代码，在弹出的对话框中单击“Yes”按钮就完成了对整个项目工程的建立。

3. 添加源代码文件

在建立工程项目文件后，用户需要在该工程项目内添加源程序代码。通过选择菜单“File”|“New”或者单击工具栏上的“新建文件”按钮，就可以在项目工程窗口的右侧打开一个新的文本编辑窗口，用户可以在该窗口中输入程序代码。

需要说明的是，所谓 ARM 源程序代码就是一般的文本文件，只是后缀名根据编程语言的不同而各不相同。用户在编写源代码的时候不一定需要使用 Keil 软件来编写，也可以使用任意的文本编辑器甚至是记事本来编写，只要注意在完成源代码编写后需要将该文本保存为“.c”的后缀名文件就可以了。

通常情况下，Keil 软件开发环境中的代码编辑器尚不能支持中文字符，因此如果用户需要在源代码中输入中文，建议使用 UltraEdit 之类的第三方字符编辑软件进行代码输入。

在编辑完代码之后，用户需要将其保存为源文件，选择菜单“File”|“Save”或者单击工具栏的“保存文件”按钮可以实现对源文件的保存操作。

如果用户是第一次对当前源文件进行保存的，系统会出现一个保存文件的对话框。用户在选择合适的保存路径后，输入相应的文件名就可以了。

特别需要提醒用户注意的是，在保存文件的时候一定要输入文件的扩展名，如果是 C 程序编写的文件，其扩展名为“.c”；如果是汇编语言编写的程序，扩展名为“.asm”；另外，代码中出现的注解说明文件可以单独保存为“.txt”扩展名。

在源文件编写完成之后，用户还需要将编写好的源文件添加到新建的项目工程中去。在新建项目工程的左侧界面中，单击“Target1”选项，前面有一个“+”号，表示当前选项还包含了子选项，单击即可展开。

当用户单击“+”号展开下一层的子选项后，可以看到“Source Gode”选项，编辑代码的源文件将被添加到该目录结构中。具体操作为：单击选中“Source Gode”，再右键单击鼠标，出现一个下拉菜单，如图 1.10 所示。

选择其中的“Add Files to Group‘Source Gode’”，系统弹出一个文件对话框，用户可以在对话框中输入源代码文件存放的系统路径，单击“确定”按钮后就完成了对源文件的添加操作，具体如图 1.11 所示。

一般而言，在添加源文件操作的过程中，对话框下面的“源文件类型”默认的是 C Source File (*.c)。在实际工程项目中，用户除了需要添加源代码文件外，还需要添加其他格式的文件，如汇编格式的源代码、系统库文件，以及目标文件等。

- 如果是选择添加“目标文件”，用户需要在对话框的下拉菜单中将文件类型选择为“Object File”；
- 如果是选择添加“汇编格式的源代码”，用户需要在对话框的下拉菜单中将文件类型选择为“asm source file”；
- 如果是选择添加“系统库文件”，用户需要在对话框的下拉菜单中将文件类型选择为“Library File”。

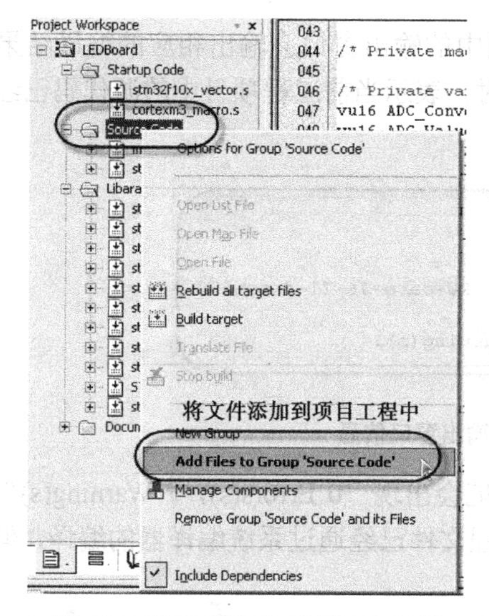

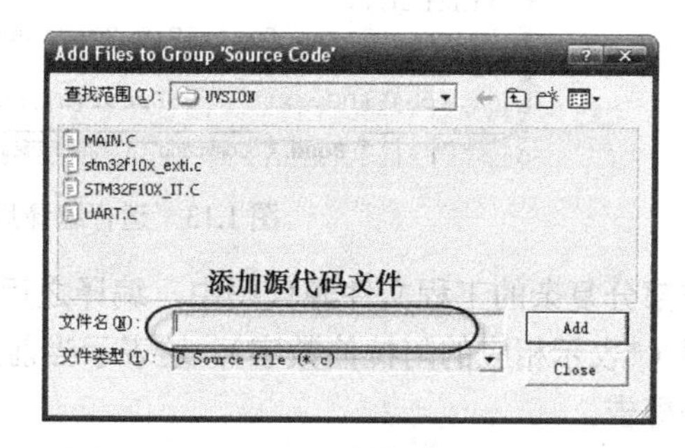

图 1.10　添加源文件到项目工程中　　　　图 1.11　添加源代码对话框

需要提醒用户注意的是，用户在单击“Add”按钮添加文件后，添加文件对话框不会消失，以方便用户连续添加多个文件。在添加文件结束后，单击对话框中的“Close”按钮关闭当前窗口。

在添加文件的时候，由于对话框不会自动关闭，经常会被初学者误认为“添加文件操作没有成功”而再次双击添加同一个文件，引起不必要的错误。发生这种错误的时候，RealView MDK 系统也会弹出相应的错误提示对话框，如图 1.12 所示。

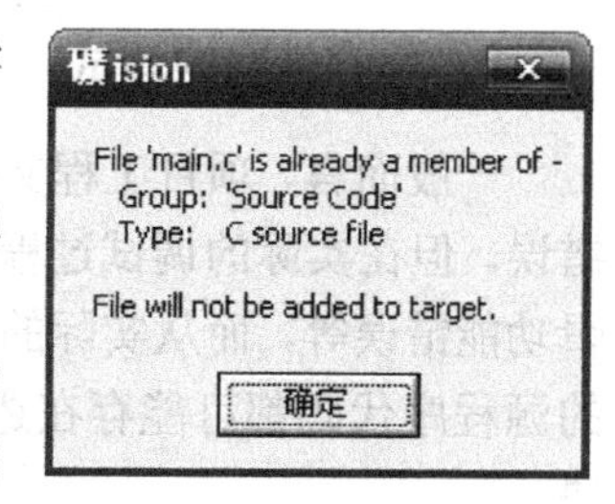

图 1.12　重复添加源代码后的错误提示

用户在成功添加源代码文件后，单击“Source Group1”前面的“+”号就可以看到已经添加进去的源文件。双击文件名，则可以在代码区打开源程序代码文件，对其进行修改和编辑。

4．编译程序代码

在程序代码编辑完之后就可以进入编译阶段，用户可以通过菜单、工具栏和浮动菜单等多种方式对源代码进行编译。同时，在 Keil MDK 开发平台中，用户还可以通过批处理文件进行相应的编译操作。一般情况下，实际的项目工程需要进行批处理编译的操作不是很多，有兴趣的读者可以通过 Keil MDK 的技术支持文档查看具体的操作步骤，在这里不再赘述。

在“Project”下拉菜单中，分别列出了对应的菜单编译命令和工具栏编译命令。其各自的功能定义如下。

- Clear Target：清除当前编译的结果。
- Build Target：编译当前被修改的文件并且对当前源代码文件进行编译操作。
- Rebuild All Target Files：重新编译所有的项目工程源文件并且编译应用程序。
- Batch Build：通过前面输出的批处理文件进行编译。
- Translate **.*：编译某一个源文件代码，其中**.*表示需要编译的源代码文件。
- Stop Build：停止编译当前文件。该选项按钮只有在编译运行的过程中才有效。

除了上述相关的代码编译菜单之外，用户可以在工程窗口“Target1”上单击右键，系统同样也会弹出相应的编译菜单，也包含了跟上述一样意义和功能的命令操作。

用户在单击运行编译命令后，Keil MDK 界面中的输出窗口会输出相应的编译结果，如图 1.13 所示。当出现“0 Errors(s)，0 Warning(s)”时，表示当前工程项目中的源代码已经通过了编译器的语法检查，并正确无误。

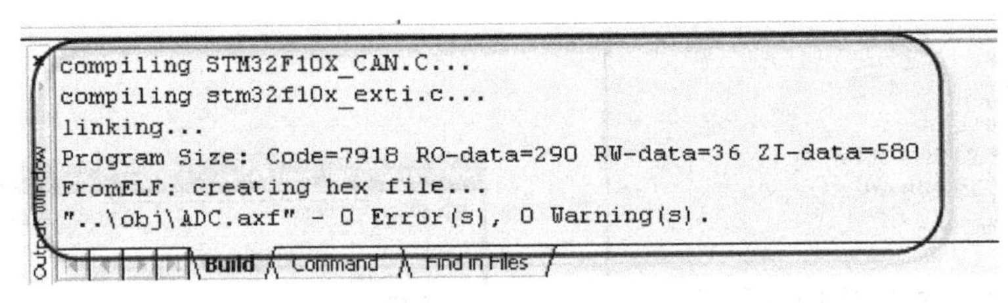
compiling STM32F10X_CAN.C...
compiling stm32f10x_exti.c...
linking...
Program Size: Code=7918 RO-data=290 RW-data=36 ZI-data=580
FromELF: creating hex file...
"..\obj\ADC.axf" - 0 Error(s), 0 Warning(s).
Build
Command
Find in Files
Output Window

图 1.13　运行编译后的输出窗口信息

在部分复杂的工程文件源代码中，编译之后可能会出现“0 Errors(s)，* Warning(s)”的编译结果（*表示相应的阿拉伯数字），这表示当前工程文件已经通过系统编译器的编译，但仍存在部分警告。

一般情况下，这些警告（Warning）不会影响程序的正常执行，但也需要慎重对待。通常可能引起 Warning 警告的原因有“声明/定义变量后在代码中没有使用”等。

无论是错误还是警告，用户都可以双击输出窗口中有关错误/警告信息内容所在的行，快速跳转定位到错误/警告的代码位置。

5．程序代码的调试

一般而言，项目工程文件的源代码在通过编译器的编译后，只能说明当前的代码没有语法错误。但在实际的调试过程中，除了编译器能识别的语法错误外，还可能存在其他错误，如逻辑功能错误等，而从实际的工程开发经验来说，除非软件代码的功能非常简单，否则几乎所有的源程序代码都可能存在逻辑上的错误。用户必须通过调试才能发现这些逻辑上的问题并解决。

事实上，除了极为简单的程序代码外，绝大部分程序都要通过反复调试才能得到最终正确的结果。因此，从某种角度而言，源程序代码的调试是用来验证用户所编写的代码是否能够达到预期目的和功能的重要手段，往往也是程序开发过程中最为艰难，且耗时最长的阶段。

在一些功能比较复杂的程序代码中，特别是 ARM 嵌入式系统的代码的调试过程中，不仅与软件的源程序代码本身相关，还与外部的硬件环境、操作时序等密切相关。因此，只有完成对代码的软、硬件调试，才能实现嵌入式系统的最终开发。

在对工程项目成功进行汇编、连接之后，用户可以通过菜单“Debug”|“Start/Stop Debug Session”或者“Ctrl+F5”进入代码调试状态。此时，调试的界面与原工程项目在编辑状态下的界面有明显变化：Debug 菜单中原来不能使用的命令选项（灰色）可以在调试状态下使用（黑色），RealView MDK 的工具栏上也会弹出一个用于运行和调试的工具栏，如图 1.14 所示。其中，Debug 菜单上的绝大部分命令都可以在工具栏上找到对应的快捷按钮。

在 Keil MDK 开发平台中，常用的 Debug 菜单命令如下。

- Start/Stop Debug Session：开始或停止调试操作。
- Run：一直运行到下一个活动的断点（停止点）。如果没有断点，则一直循环运行。
- Step：以行为单位，单步执行代码。
- Step Over：跳过函数体继续执行，即将函数作为一条语句执行。

- Step out of current Function：跳出当前正在执行的函数。
- Run to Cursor Line：执行到光标所在的代码行。
- Stop Running：停止运行当前正在调试的代码。
- Breakpoints：在当前的调试代码行打开断点设置对话框。
- Insert/Remove Breakpoints：在当前的调试代码行插入/删除一个断点。
- Enable/Disable Breakpoints：激活当前代码行的断点或使得当前的断点无效。
- Disable All Breakpoints：使得当前调试代码中所有的断点都无效。
- Kill All Breakpoints：删除程序中所有的断点。

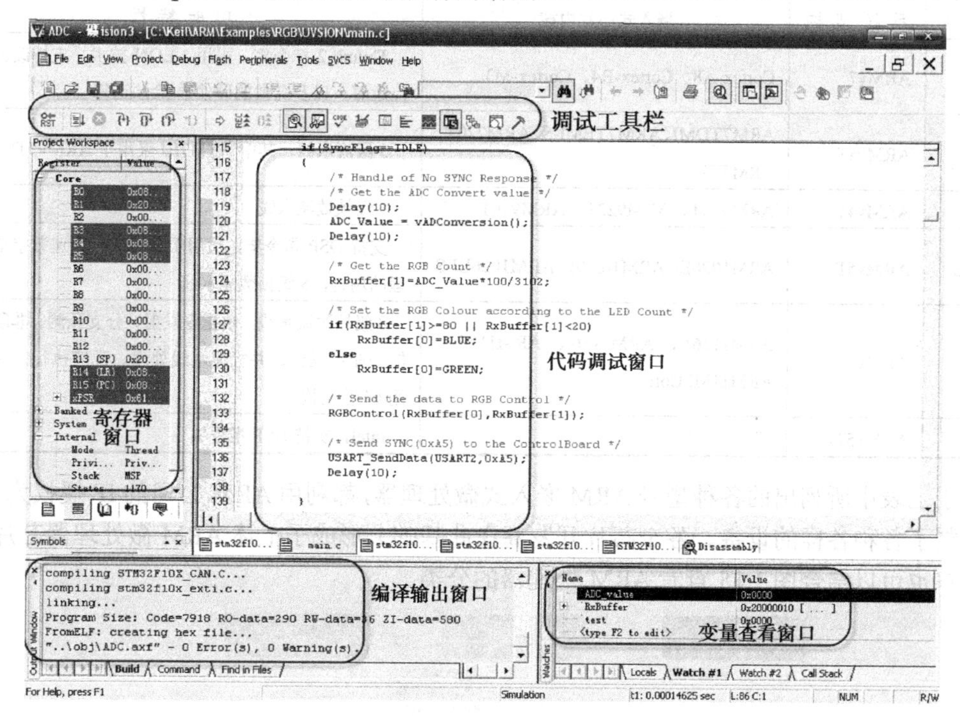

图 1.14　MDK 调试界面

用户在使用程序调试的过程中，必须明确两个重要概念，即全速执行和单步执行。全速执行是指一行程序代码执行完了后紧接着执行下一行程序代码，中间不停留。全速执行的方式具有较快的执行速度，并且可以看到当前调试代码的总体效果，即可以直观地评价最终运行结果是正确的还是错误的，但如果调试的结果是错误的，则用户很难确认错误出现在具体的哪一行代码中。

单步执行则是在调试过程中每次只执行一行程序代码，执行完该行程序代码后立即停止，等待命令执行下一行程序代码，此时，所有寄存器的参数值都保持当前运行的状态。用户可以方便地去观察当前代码执行完以后得到的结果是否与当初软件功能的设计思路一致。在调试结果出现错误的情况下，可以比较方便地发现代码中的错误地方。

在实际项目工程调试过程中，这两种调试方法都需要使用，并且灵活地将两者结合在一起可以提高代码的调试效率。

1.3 ARM 嵌入式系统的硬件构成

由于 ARM 公司成功的商业模式，使得 ARM 在嵌入式市场上取得了巨大的成功。基于 ARM 技术的微处理器系统占据了 32 位 RISC 微处理器 75%以上的市场份额。目前嵌入式行业主流的 ARM 微处理器包括 Cortex、ARM7、ARM9、Xscale 等几个系列，这些系列的架构特点如表 1.2 所示。

表 1.2 常见 ARM 微处理器系列

ARM 系列	系统架构	嵌入式芯片内核	功能特性
Cortex	ARMv7	Cortex-A8、Cortex-R4、Cortex-M3	Thumb-2 指令集，采用 NEON 技术，支持改良的浮点运算，以及高效的硬件乘/除法运算
ARM 7	ARMv4T	ARM7TDMI、ARM7TEMI-S、ARM720T、ARM7EJ	3 级流水线，其中 ARM7EJ 采用了 ARMv5TE 架构
ARM9	ARMv4T	ARM920T、ARM922T、ARM940T	5 级帧数流水线
ARM10E	ARMv5T	ARM1020E、ARM1022E、ARM1026EJ-S	支持 DSP 指令集，适用于需要进行高速数字信号处理的场合，5 级帧数流水线
ARM11	ARMv6	ARM1136J、ARM1156、ARM1176、ARM11MPCore	8 级帧数流水线，单指令发射、分支预测、非阻塞和缺失命中操作、并行流水线处理、乱序执行，局部使用 64 位结构
Xscale	ARMv5TE	NC	Intel，支持 DSP 指令集

对于上表中所列出的各种型号 ARM 嵌入式微处理器，都利用 ARM 公司的 IP 授权为 ARM 内核定制了各种各样的设备。各个芯片开发商在此基础上形成了上述 ARM 微处理器芯片。同样，用户也可以结合图 1.15 查看 ARM 处理器的分类。

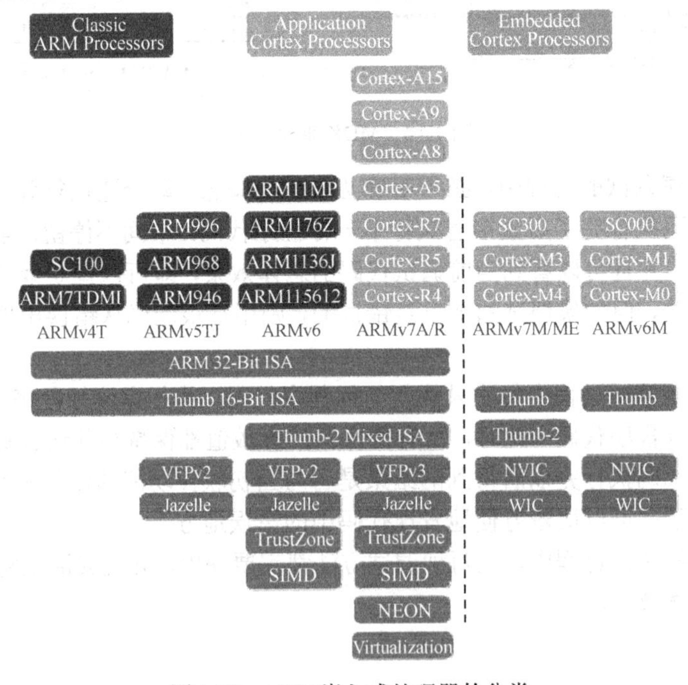

图 1.15 ARM 嵌入式处理器的分类

1.3.1 ARM嵌入式处理器结构

一般而言，ARM 嵌入式芯片主要由 32 位 ALU、31 个 32 位通用寄存器和 6 个状态寄存器、32×8 位乘法器、32×32 位桶形移位寄存器、指令译码及控制逻辑、指令流水线和数据/地址寄存器组成，如图 1.16 所示。

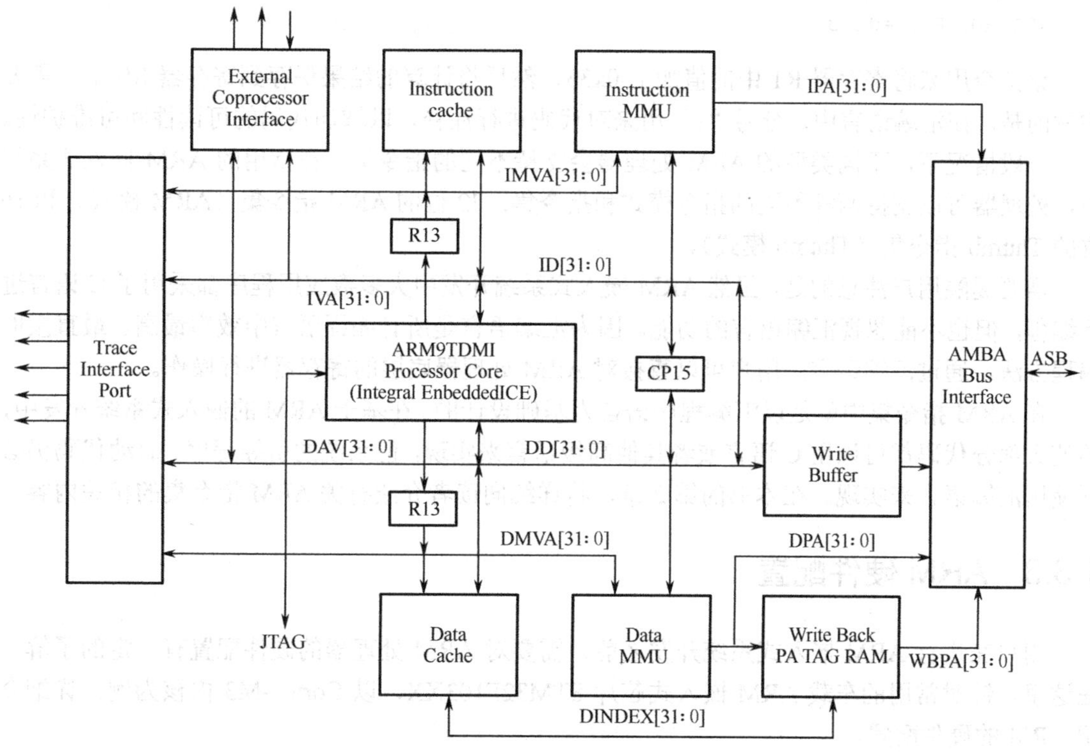

图 1.16 ARM 嵌入式处理器的结构

在 ARM 处理器结构中，使用了流水线技术以提高处理器指令的运行速度。在流水线操作中，允许多个操作同时进行，以及处理和存储系统连续操作。以 3 级流水线为例，指令的执行分为以下 3 级。

1）取指级

在取指级中，处理器主要完成程序存储器中指令的读取，并放入指令流水线中等候处理。

2）译码级

在译码级中，对指令进行译码，为下一个周期的操作运行准备数据路径所需要的控制信号。在译码级操作中，处理器占用“译码逻辑”而不使用“数据路径”。

3）执行级

在执行级指令中，处理器使用“数据路径”，寄存器堆栈被读取，操作数在桶形移位寄存器中进行移位操作，ALU（算术运算寄存器）产生相应的运算结果并回写到目的寄存器中。ALU 的计算结果根据指令要求更改状态寄存器的条件位。

1.3.2 ARM 嵌入式处理器中的指令

指令是指用来指示 ARM 嵌入式处理器进行操作的命令。下面这行代码就是一条常用的 ARM 指令。

```
;将寄存器 R1 中的值加上 0x33，然后将计算的结果保存到寄存器 R0 中
ADD R0, R1, #0x33
```

该指令用来将寄存器 R1 中的值加上 0x33，然后将计算的结果保存到寄存器 R0 中。需要注意的是，在汇编语言中，分号“;”用来对代码进行注释，以增加代码的可读性和可维护性。

一般情况下，不同类型的 ARM 处理器会支持不同的指令集。在常用的 ARM 嵌入式系统中，处理器可以支持两种不同的指令模式和指令集：32 位的 ARM 指令集（ARM 模式）和 16 位的 Thumb 指令集（Thumb 模式）。

需要提醒用户注意的是，虽然 ARM 嵌入式系统开发中大多数应用程序都采用了 C 语言进行编程，但也不能忽视汇编语言的功能。因为汇编语言是所有编程语言中效率最高、最直接的编程方法。通过汇编语言，用户可以直接对 ARM 处理器底层的寄存器进行操作。

在 ARM 指令集中就是以汇编程序语言为基础设计的。在基于 ARM 的嵌入式系统开发中，即使大部分代码都可以用 C 语言或者其他高级语言来实现，但系统的引导程序、启动代码仍必须使用汇编语言来实现。在本书的第 2 章，将详细向读者介绍有关 ARM 指令集的相关内容。

1.3.3 ARM 硬件配置

用户在进行 ARM 嵌入式系统开发之前，需要对 ARM 处理器的硬件配置有一定的了解。在这里，针对常用的车载 ARM 嵌入式芯片 STM32F103XX，以 Cortex-M3 内核为例，详细介绍 ARM 的硬件配置。

Cortex-M3 是一个 32 位 ARM 处理器内核。内部的数据宽度是 32 位的，寄存器也是 32 位的，存储器的接口同样也是 32 位的。与常用的 ARM 嵌入式处理器一样，Cortex-M3 采用了哈佛结构，拥有独立的指令总线和数据总线，可以同时进行取址操作和数据访问操作。

采用哈佛结构的数据/指令存储方式，处理器在访问数据的时候不再占用数据总线，从而提升了系统处理的性能。为进一步提高 ARM 处理器的处理能力，CM3 的内部结构中包含了多条总线接口方式，每条总线都专门为特定的应用场合进行综合优化，并可以多条总线并行工作。

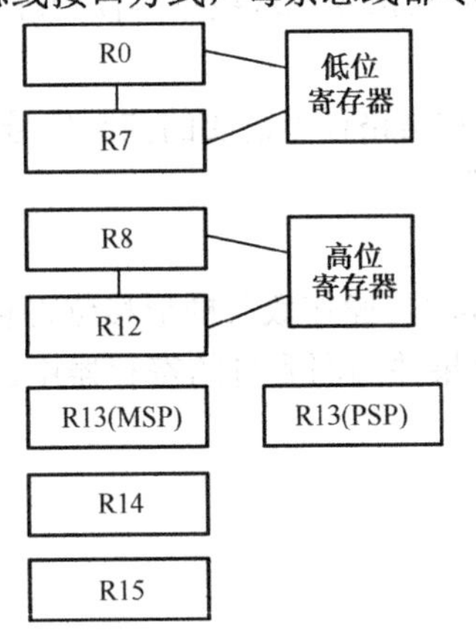

图 1.17 Cortex-M3 中的寄存器组

1. CM3 中的寄存器组

在 CM3 处理器中包含了 R0～R15 寄存器组，如图 1.17 所示。其中，R13 为堆栈指针 SP。需要注意的是，SP 寄存器有两个，但在同一时刻，用户只能看到其中的某一个，也就是所谓的“banked”寄存器。

其中，R0～R12 为通用寄存器，都是 32 位的寄存器，主要用于 ARM 处理器内部的数据操作，但在 ARM 指令集中，并不是所有的语句都可以访问 R0～R12 寄存器。其中，绝大部分的 16 位 Thumb 指令只能访问 R0～R7 寄存器，而 32 位的 Thumb-2 指令则可以访问所有的寄存器。

2. 嵌套向量中断控制器

Cortex-M3 在 ARM 内核上搭载了一个终端控制器，即嵌套向量终端控制器（NVIC，Nested Vectored Interrupt Controller），它与 ARM 内核紧密耦合，并提供如下功能：

- 支持系统嵌套中断；
- 支持向量中断；
- 支持动态调整中断优先级；
- 较短的中断延迟；
- 可屏蔽系统中断。

3. 存储器映射

总体而言，Cortex-M3 可以支持 4GB 的存储空间，并且被划分为若干区域，具体如图 1.18 所示。

0xFFFFFFFF–0xE0000000	512MB	System Level	服务CM3的私房外设，包括NVIC存储器、MPU寄存器，以及片上调试组件
0xDFFFFFFF–0xA0000000	1GB	External Device	主要用于扩展片外的外设
0x9FFFFFFF–0x60000000	1GB	External RAM	用于扩展外部寄存器
0x5FFFFFFF–0x40000000	512MB	Peripherals	用于片上外设
0x3FFFFFFF–0x20000000	512MB	SRAM	用于片上静态RAM
0x1FFFFFFF–0x00000000	512MB	Code	代码存储区，也可以用于存储启动后默认的中断向量表

图 1.18　存储器映射成若干区域

从图 1.18 中可以看出，与其他 ARM 处理器不同的是，在 Cortex-M3 内核中，系统预先定义了存储器映射框架。通过将片上外设的寄存器映射到外设区，就可以实现以访问内存的方式来访问外部存储器，从而控制外设的工作。

4. 存储器保护单元

在 Cortex-M3 中有一个可选的存储器保护单元。通过存储器保护单元可以对特权级访问和用户级访问分别实现不同的访问限制。在系统运行的过程中，当检测到权限犯规（Violated）时，存储器会产生一个 fault 的异常。这个异常可以由 fault 异常的服务例程来分析，同时也可以对其进行更正。

1.4 ARM 嵌入式系统开发实例——车载嵌入式芯片 STM32F103XX

STM32 系列 32 位闪存 ARM 控制器来自 ARM 公司具有突破性的 Cortex-M3 内核，该内核是专门设计用于满足高性能、低功耗、实时响应、具有竞争价格的嵌入式领域的要求，是一款广泛应用于汽车电子、智能仪表等嵌入式系统的 ARM 处理器芯片。

STM32 系列处理器现有的产品有 STM32F10XX 系列，其中分为 STM32F101XX 系列和 STM32F103XX 系列。STM32F101XX 系列是基本型系列，可工作的最高频率为 36MHz。STM32F103XX 系列是增强型系列，可工作在 72MHz，并且带有片内 RAM 和丰富的外设资源。这两个系列的处理器具有相同的片内闪存选项，在软件代码和芯片封装方面全面兼容。

1.4.1 系统资源与性能参数

STM32 处理器采用 ARM 最先进的系统架构 Cortex-M3，主要具有以下优势：

- 系统采用哈佛结构，数据与程序相互独立；
- Thumb-2 指令集以 16 位的代码密度具有 32 位指令的性能；
- 单周期乘法指令及硬件除法指令，提高浮点运算的处理能力；
- 内置快速中断控制器 NVIC，提高系统实时性，中断间的延迟时间只需 6 个 CPU 周期；
- 支持休眠/唤醒模式，从低功耗模式唤醒的时间只需 6 个 CPU 周期；
- 与 ARMTDMI 相比，运行速度可以提高 35%，且代码量最多可节省 45%。

在 Cortex-M3 平台上，STM32 处理器具有极低的系统功耗。在 STM32F103XX 系列单片机中，针对实际工程应用中三种主要的能耗需求进行优化。这三种能耗需求分别是运行模式下高效率的动态耗电机制、待机状态时极低电能的消耗和电池供电时低电压工作的能力。为此，在 STM32F103XX 系列单片机中提供了 3 种低功耗模式和灵活的时钟控制机制，用户可以根据实际工程的需要进行合理优化。

值得注意的是，STM32 的优势来源于两路高级外设总线（APB）结构，其中一个高速 APB 甚至可以达到 CPU 的运行频率，连接到该总线上的外设能以更高的速度运行。

STM32F103XX 系列嵌入式处理器基于高性能 32 位的 RIS 的 ARM Cortex-M3 内核，工作频率为 72MHz，并在片上集成了高速存储器，其中，Flash 存储器最多可达 512KB，SRAM 最多可达 48KB。所有的设备都提供了标准的通信接口，包含 I^2C 接口、SPI 灯口，以及 USART 接口等。片上系统还集成了一个 12 位的 ADC，一个 12 位的 DAC 及多个 16 位的定时/计时器。具体型号的硬件资源如表 1.3 所示。

表 1.3 STM32F103XX 系列硬件资源

外设		STM32F103TX		STM32F103CX			STM32F103RX			STM32F103VX	
Flash 容量/KB		32	64	32	64	128	32	64	128	64	128
RAM 容量/KB		10	20	10	20	20	10	20		20	
定时器	通用	2	3	2	3	3	2	3		3	
	高级	1		1			1			1	
通信端口	SPI	1	1	1	2	2	1	2		2	
	I^2C	1	1	1	2	2	1	2		2	
	USART	2	2	2	3	3	2	3		3	
	USB	1	1	1	1	1	1	1		1	
	CAN	1	1	1	1	1	1	1		1	

续表

外　设	STM32F103TX	STM32F103CX	STM32F103RX	STM32F103VX
12位同步ADC通道数目	2/10通道	2/10通道	2/16通道	2/16通道
通用输入/输出	26	37	51	80
CPU主频	72MHz			
工作电压	2.0～3.6V			
工作温度	-40～85℃			
封装	VFQFPN36	LQFP48	LQFP64	LQFP100/BGA100

1. ARM内核

采用ARM 32位的Cortex-M3处理器，最高工作频率可达72MHz，1.25DMIPS/MHz，支持单周期乘法和硬件除法。

2. 片上存储器

处理器集成32～512KB的Flash存储器，6～48KB的SRAM存储器。

3. 时钟、复位和电源管理

芯片支持2.0～3.6V的电源供电，其中IO接口的驱动电压最高可达5V。在芯片内部，集成了POR、PDR及可编程的电压。外接4～16MHz的无源晶振，内嵌出厂前调校的8MHz的RC振荡电路，以及40kHz的RC振荡电路。除此之外，系统还支持带校准功能的用于实时时钟RTC的32.768kHz晶振。

4. 节电模式

芯片提供了3种支持低功耗的模式：休眠、停止及待机模式。在节电模式中，只维持为实时时钟RTC，以及备份寄存器供电使用的后备电源VBAT。

- 休眠模式：在休眠模式（Sleep-Now或者Sleep-On-EXIT）中，只有CPU停止工作，而其他所有的外设都继续运行。在中断/事件发生的时候唤醒CPU。
- 停止模式：停止模式允许以最小的系统功耗来保持SRAM和寄存器中的内容。1.8V区域的时钟都停止。PLL、HIS和HSE都被禁止使能。处理器可以通过外部中断从停止模式唤醒。
- 待机模式：在待机模式中，除了上述节点模式中禁止使能的资源外，1.8V内核电源也被关闭。

在表1.4中详细列出了不同节电模式的资源使能情况及唤醒操作。

5. 模拟/数字转换器

系统内部自带了两个12位的ADC，其测量范围是0～3.6V，并且具有多路采样和数据保持功能。另外，片上还集成了一个温度传感器。

6. DMA

芯片内部集成12通道的DMA控制器，并支持定时/计数器、ADC、DAC、I^2C、SPI、USART等接口。

表 1.4　不同节电模式的资源使能情况及唤醒操作

节电模式	进入节电模式的寄存器操作	唤 醒 操 作	1.8V 内核区域的时钟	VDD 电源区域的时钟	电压调节器
休眠模式	WFI	任何中断	CPU 时钟关闭，对其他时钟及 ADC 时钟无影响	无影响	开
	WFE	唤醒事件			
停机模式	PDDS 和 LPDS 位+SLEEPDEEP 位+WFI 或 WFE	外部中断	所有使用 1.8V 区域的时钟均关闭，HIS 和 HSE 的振荡器均关闭		在低功耗模式下可依据电源控制寄存器（PWR_CR）的参数设定，进行开/关设置
待机模式	PDDS 位+SLEEPDEEP 位+WFI 或 WFE	WKUP 引脚的上升沿，RTC 警告时事件，NRST 引脚上的外部复位，IWDG 复位			关

7．快速 IO 端口

根据芯片型号的不同，STM32 分别有 26、37、51、80 和 112 个独立的数据输入/输出（IO）端口，所有的端口都可以映像到 16 个外部中断向量。需要注意的是，除了特定的模拟信号输入端口，如 ADC 的参考电压输入端口（Vref+, Vref-），其他的数字端口都可以接受 5V 以内的电压输入。

8．调试模式

系统支持串口调试（SWD）模式和 JTAG 调试接口。

1.4.2　系统硬件设计

STM32F103XX 系列芯片的内部总线和两条 APB 时钟总线将片上系统和外设资源紧密连接起来，其中内部总线是主系统总线，连接了 CPU、存储器，以及系统时钟等。APB1 总线用于连接高速外设，APB2 则用于连接系统通用外设和中断控制。所有的数字输入/输出端口最多可以划分为（支持）PA、PB、PC、PD、PE、PF 和 PG 这 7 个 16 位的端口。其他的外设接口引脚都是通过与这些 IO 端口的引脚“功能复用”而实现的，一般用 AF 来表示端口引脚的复用功能。

1．集成嵌入式 Flash 和 SRAM 存储器的 ARM CortexTM-M3 内核

ARM Cortex-M3 处理器是用于嵌入式系统的最新一代的 ARM 处理器，具有极低的系统功耗和较高的性价比，并且提供了更高的数据处理能力和更快的中断系统响应。与以往的 8 位和 16 位的处理器相比，ARM Cortex-M3 32 位的 RISC 处理器提供了更高效的代码效率。由于 STM32F103XX 系列处理器采用的是 ARM 内核，所以该系列处理器都可以兼容所有的 ARM 工具和软件。

2．嵌入式 Flash 存储器和 RAM 存储器

系统内置了多达 512KB 的嵌入式 Flash，可用于存储程序代码和数据。多达 64KB 的嵌入式 SRAM 可以以 CPU 的时钟速度进行读写数据。

3. 外部中断/事件控制器（EXTI）

外部中断/事件控制器由用于19条产生中断/事件请求的边沿探测器线组成。每根探测器线可以被单独配置用于选择触发事件（上升沿触发或下降沿触发），也可以被单独屏蔽。有一个挂起寄存器专门用来维护中断请求的状态。当外部线上出现长度超过内部APB2时钟周期的脉冲时，EXTI就可以探测到中断。整个系统具有112个GPIO引脚，且被分配到16个外部中断线。

4. 系统时钟和启动

系统在启动时需要进行系统时钟的选择，但需要注意的是，在复位时内部8MHz的晶振被选作CPU处理器时钟。当然，用户也可以选择一个外部的4～16MHz时钟，并且在选用外部时钟的情况下，系统会对其进行监视以判定是否启动成功。

在这期间，控制器被禁止使能并且软件中断管理也随后被禁止使能。此外，多个预比较器可以用来配置AHB的频率，主要包括高速APB（APB2）和低速APB（APB1）。高速APB的最高频率为72MHz，低速APB的最高频率为36MHz。

5. Boot模式

系统在启动时，boot[1:0]引脚被用来设置boot启动选项，具体参数配置如表1.5所示。一般而言，系统均以第一种模式（BOOT1=x，BOOT0=1）进行工作进入用户编写的代码区；在BOOT1=0，BOOT0=1的模式下，芯片将从系统存储器启动。在这种模式下，用户可通过厂家设置的程序进行程序下载，即以ISP下载模式（串口下载）将烧写程序下载到芯片中。

表1.5 STM32F103XX的系统启动模式

BOOT1电平	BOOT0电平	系统启动模式
BOOT1=x	BOOT0=0	从用户闪存启动，正常的工作模式
BOOT1=0	BOOT0=1	从系统存储器启动，这种模式启动的程序功能由厂家设置
BOOT1=1	BOOT0=1	从内置SRAM启动，这种模式可以用于调试

6. 电源管理

STM32F103XX系列处理器有一个完整的上电复位（POR）和掉电复位（PDR）电路。这两个电路一直有效，用于确保系统从2V启动或者电压回落到2V时进行一些必要的操作。当系统电源VDD低于一个特定的下限电压时，不需要外部复位电路，芯片也可以进入复位模式。

值得注意的是，STM32F103XX系列处理器中还嵌入了一个可编程的电压探测器（PVD）。PVD主要用于检测VDD，并且和VPVD限值进行比较，当VDD低于VPVD或者VDD高于VPVD时会产生一个中断。中断服务程序可以产生一个警告信息或者将处理器设置到一个安全状态。

1.4.3 系统外围接口

在STM32F103XX系列处理器中，主要包含以下几种片内外设。

1. DMA

12 通道的通用 DMA（Direct Memory Access，直接内存存取）可以用于存储器到存储器、外设到存储器和存储器到外设之间的数据传输。DMA 控制器支持循环缓冲器管理，从而避免在到达缓冲区末端时产生中断。

每个通道都连接到专用的硬件 DMA 请求，同时支持软件触发，可以由用户对软件参数进行配置。

DMA 可以和一些常用的外设一起使用，以提高处理速度，包括 SPI、I^2C、USART、通用定时器、DAC 和 ADC 等。

2. RTC（实时时钟）和备份寄存器

RTC 和备份寄存器通过一个开关来控制供电。当 VDD 有效时通过 VDD 供电，否则通过 VBAT 供电。备份寄存器可以用来在 VDD 无效时保存数据。

3. 看门狗

STM32 系列 ARM Cortex-M3 微控制器提供了两种不同的看门狗：独立看门狗和窗口看门狗。

独立看门狗基于 12 位的倒计数器和 8 位的预比较器，它由一个独立的 40kHz 的内部 RC 提供时钟，由于和主时钟独立工作，所以它可以随时工作在停止和待机模式。既可以用在系统出问题时来复位芯片，也可以作为一个空转定时器。独立看门狗的软件和硬件都可以通过参数来进行配置，而且计数器在调试模式下可以冻结。

系统所提供的另外一个看门狗是窗口看门狗。窗口看门狗基于一个在空转时可以设置的 7 位倒计数器，可以用在系统出问题时进行复位操作。窗口看门狗由系统主时钟提供时钟源，能够实现提早警告中断，并且计数器在调试模式下也可以冻结。

4. 通用定时器（TIMx）

STM32 系列处理器最多自带 4 个同步标准定时器。这些定时器基于一个 16 位的自动重载顺序/倒序计数器和一个 16 位的预比较器。每个定时器都具有分别用于输入捕获、输出比较、PWM 或者单脉冲模式输出的 4 个独立通道。通过同步连接特性或者事件链，可以将多个定时器拼接在一起工作。

第2章

ARM 指令系统

在 ARM 嵌入式系统开发过程中，软件代码可以使用汇编语言、C 或 C++等高级编程语言来实现。其中，汇编语言是编译效率最高，也最为直接的编程方法。因此，ARM 指令系统是嵌入式程序设计的基础。

在基于 ARM 的嵌入式系统软件开发过程中，即便大部分的程序代码都可以使用 C、C++等高级语言来实现，但系统的引导程序、启动代码等仍必须采用汇编语言来实现。因此有必要对基于汇编语言的 ARM 指令系统进行介绍。

本章主要向读者介绍 ARM 指令集和 Thumb 指令集，以及指令的寻址方式。通过本章的学习，用户需要掌握 ARM 指令系统，以及具体的使用方法。

本章重点

- ARM 指令集；
- Thumb 指令集；
- ARM 指令集的寻址方式。

本章难点 

- ARM 指令集与 Thumb 指令集的异同；
- ARM 指令集的寻址方式。

2.1 ARM 指令系统简介

ARM 嵌入式处理器可以支持 32 位的 ARM 指令集和 16 位的 Thumb 指令集。从本质上说，Thumb 指令集是 ARM 指令集压缩后的一个子集。由于 ARM 处理器是基于精简指令集原理设计的，与传统的基于复杂指令集原理设计的处理器比较，其指令集及译码机制相对简单。

一般而言，在 ARM 嵌入式系统中，需要正确处理好两个工作状态：32 位的 ARM 状态和 16 位的 Thumb 状态。这两种工作状态的性能是完全不同的，特别是在代码密度和处理性能方面有着比较大的差别。两种状态模式的切换如图 2.1 所示。

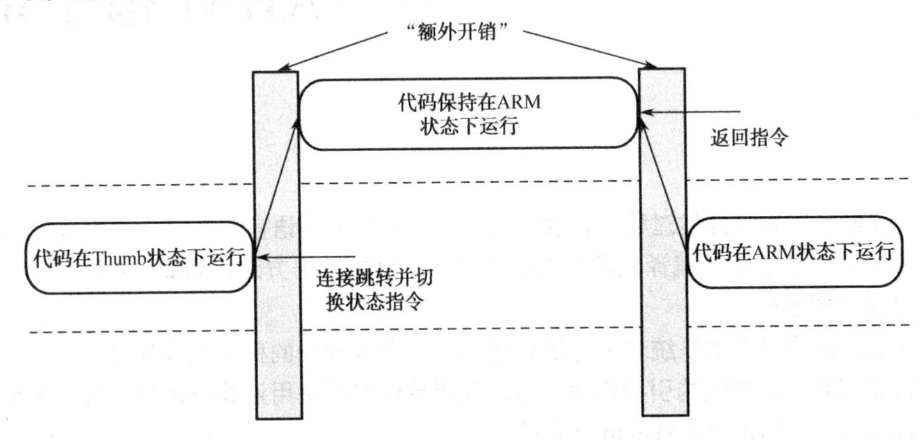

图 2.1　ARM 处理器状态模式切换

当处理器工作在 ARM 状态时，所有的指令都是 32 位的。在这种工作状态下，处理器具有较高的性能；当处理器工作在 Thumb 状态时，所有的指令都是 16 位的，代码密度提高了一倍。但需要说明的是，处理器在 Thumb 状态下的指令功能只是其在 ARM 状态下指令功能的一个子集。在执行同样任务的前提下，Thumb 状态需要更多的指令来完成相应的工作，导致处理能力下降。

为了弥补 ARM 指令集和 Thumb 指令集自身的缺陷，部分嵌入式系统代码混合使用 ARM 指令集和 Thumb 指令集，集合了高代码密度和高处理性能的优势。但这种混合使用的指令是以"额外开销"（Overhead）为代价的，特别是 ARM 处理器在 ARM 状态和 Thumb 状态相互切换时，会在时间和空间上均产生这种"额外开销"。除此之外，ARM 状态下的指令代码和 Thumb 状态下的指令代码需要以不同的方式进行编译，这也在一定程度上增加了嵌入式软件开发的复杂度。

值得注意的是，STM32F103XX 系列处理器使用了 Thumb-2 指令集。该指令集允许处理器同时使用 32 位的 ARM 指令和 16 位的 Thumb 指令，且同时兼顾系统的代码密度和处理性能。该 Thumb-2 指令集不仅功能强大，而且指令语句易于使用。

在 Thumb-2 指令集中，嵌入式处理器可以在单一的工作模式下进行所有的指令操作，也不需要像混合编码一样对工作模式进行来回切换，节省了系统在时间上的"额外开销"，比传统的 ARM 处理器性能更先进。这种混合编码的特点如下：

- 默认了ARM状态与Thumb状态模式切换的“额外开销”，在节省指令空间的同时也提高了指令的执行效率；
- 源代码文件不需要分成“按ARM指令编译”和“按Thumb指令编译”，提高了软件开发的效率；
- 无须进行不同状态模式的切换，在编写代码的过程中也无须反复求证和测试究竟在何时何处切换到何种状态。

由于STM32F103XX系列处理器支持Thumb-2指令集，因此需要对原有的应用程序进行移植和重建。对于一般的C语言程序而言，用户只需要简单的项目工程重建并对新的工程文件进行编译就可以了；如果源代码是采用汇编语言编写的，则可能需要大面积的修改和重写代码，才能重新融入到统一的汇编框架（Unified Assembler Framework）中。

需要提醒用户注意的是，STM32F103XX系列处理器虽然支持Thumb-2指令集，但并不支持所有的Thumb-2指令。从严格意义上来说，该处理器只实现了其中的大部分指令而不是全部指令，即STM32F103XX处理器中支持的指令集只是Thumb-2指令集的一个子集。例如，该指令集中裁剪掉了协处理器指令，且也未支持SIMD指令集。

2.1.1 ARM汇编语言的基本语法

在正式介绍ARM指令集之前，需要先简单介绍一下有关ARM汇编器的基本语法。需要注意的是，不同的处理器所支持的汇编语言的语法也各不相同，本章中的汇编语言代码都采用了ARM汇编器的语法格式。

在ARM处理器中，汇编指令的典型语法结构如下。

```
/*************** 以下代码用于实现ARM汇编指令的基本结构 *************/
标号
操作码        操作数1，操作数2，……        ;代码注释
/**************************** 代码行结束 *************************/
```

在ARM处理器汇编指令中，标号是可选项。在汇编语言中，标号的作用是让汇编器计算程序转移的地址，类似于高速公路上的指路牌。但是在汇编代码中，不一定每条指令都配备一个标号。但如果有标号，则标号必须顶格写。

操作码是汇编指令的助记符，且在相邻操作码之间必须至少有一个空格。通常情况下，空格可以使用1或2个Tab键（制表符）来代替。操作码之后通常跟随若干个操作数。

通常情况下，第一个操作数将作为当前指令执行结果的存储空间。不同的指令会跟随不同数目的操作数，并且对于操作数的语法要求也各不相同。一般而言，立即数必须以“#”开头，例如：

```
/************** 以下代码用于实现ARM汇编指令的立即数操作 **************/
MOV R0,      #0x12                ;将立即数0x12送入寄存器R0
MOV R1,      #'A'                 ;将字符'A'作为立即数送入寄存器R1
/**************************** 代码行结束 ****************************/
```

汇编语言中，有关代码的注释说明都是通过“;”为标志的。这些注释代码虽然并不影响编译器工作，但在编写的过程中添加必要的注释代码可以增加代码的可读性。同时适当的注释

代码可以提高程序代码的可读性和可维护性，让程序代码更容易理解，降低后期代码维护的工作量。在一些大型的软件公司，如微软、西门子等，都对嵌入式代码中的注释量有一定的要求。一般而言，一个高质量嵌入式代码的注释量应不低于 30%。

与 C 语言和 C++类似的是，用户可以在汇编语言中通过使用“EQU”来定义常量，然后在代码中引用自定义的符号来使用这些预先定义好的数据。例如：

```
/*************** 以下代码用于实现 ARM 汇编指令 EQU 操作 ****************/
;定义常量 NVIC_IRQ_SETEN0=0xE000E100
NVIC_IRQ_SETEN0        EQU       0xE000E100          ;代码行必须顶格写
;定义常量 NVIC_IRQ0_ENABLE =0x1
NVIC_IRQ0_ENABLE       EQU       0x1
......                                               ;省略若干无关的 ARM 汇编代码
LDR       R0,        = NVIC_IRQ_SETEN0
MOV       R1,        #NVIC_IRQ0_ENABLE               ;将立即数传送到 R1 寄存器中
STR       R1,        [R0]                            ;*R0=R1
/***************************** 代码行结束 ***************************/
```

上述几行 ARM 汇编代码在前几句使用了“EQU”指令来定义了两个常量，并在程序代码中使用了用户自定义的标号（NVIC_IRQ_SETEN0，NVIC_IRQ0_ENABLE）来替代常量。

在代码中可以看出，用户在使用“EQU”指令来定义常量时，指令代码同样需要顶格写。另外需要补充说明的是，这里的 LDR 指令是一个特殊的汇编指令，通常被称为“伪指令”。由于 ARM 采用的是 RISC 结构，数据从内存到 CPU 之间的移动只能通过 LDR/STR 指令来完成。

细心的读者会发现在上述几行代码中，MOV 指令也实现了同样的功能，即实现了存储数据的转移，但这两条指令却有着本质的不同。

例如，如果用户希望将数据从内存某处读取到寄存器中，只能使用 LDR 指令，具体代码如下所示：

```
/*************** 以下代码用于实现 ARM 汇编指令 LDR 操作 ****************/
LDR R0, 0x12345678
/***************************** 代码行结束 ***************************/
```

上述代码的功能就是将 0x12345678 这个地址中的数据存放到寄存器 R0 中。

LDR 指令是和 x86 系列处理器所采用的 CISC 架构芯片区别最大的地方。在 x86 系列处理器中并没有 LDR 这种指令，因为 x86 中的 MOV 指令可以将数据从内存移动到寄存器中。

特别需要引起读者注意的是，LDR 伪指令和通常 ARM 的 LDR 指令还是有所区别的。例如，本例中所使用的 LDR 就是一个伪指令，它可以在立即数前面加上“=”，以表示把一个地址写到某寄存器中。

所以从功能角度而言，LDR 伪指令和 MOV 是比较相似的。只不过 MOV 指令限制了立即数的长度为 8 位，也就是数据不能超过 512bit。而对 LDR 伪指令没有这个限制。事实上，在编译器编译的过程中，如果用户在使用 LDR 伪指令时，后面跟的立即数没有超过 8 位，则该 LDR 伪指令会被编译器自动转换为 MOV 指令。

在某些条件下，ARM 编译器可能会出现不认识某些特殊指令助记符的情况。在这种情况下，需要用户对该指令进行“手动汇编”，即查出当前指令所对应的二进制机器码，然后使用

DCI 指令对该指令进行编译。

例如，通过查询相关资料可知 BKPT 指令用于产生软件中断，主要用于汇编代码的调试，其机器码是 0xBE00。如果编译器在编译的过程中无法识别 BKPT 指令，则可以使用下面的语句替代：

```
/***************  以下代码用于实现手动编译 ARM 汇编指令  *****************/
DCI      0xBD00
/**************************** 代码行结束 ****************************/
```

与此类似的是，用户还可以使用 DCB 指令来定义一串字节常数，字节常数也可以使用字符串的形式来定义。也可以使用 DCD 指令来定义一串 32 位的整数。通常这两条指令被使用在汇编代码中书写表格。用户可以通过下面这段代码来掌握这两条指令的具体使用方法。

```
/*************  以下代码用于实现 ARM 汇编指令 DCB/DCD  ****************/
LDR      R3,       =MY_NUMBER          ;R3= MY_NUMBER
LDR      R4,       [R3]                ;R4=*R3
……
LDR      R0,       =HELLO_TEXT         ;R0=HELLO_TEXT
BL       PrintText                     ;跳转到  PrintText，打印寄存器 R0 中的字符
……
MY_NUMBER                              ;定义标号 MY_NUMBER
DCD      0x10354721

HELLO_TEXT                             ;定义标号 HELLO_TEXT
DCB      "Hello\n"
/**************************** 代码行结束 ****************************/
```

不同编译器对标志符和具体的语法指令可能并不完全一致。本书中所有的代码都是基于 ARM 编译器的语法格式进行编写的。

2.1.2 ARM 汇编指令中的后缀

在汇编指令中，部分指令可以带有后缀，具体如表 2.1 所示。

表 2.1 汇编指令中的后缀

指令后缀	操作说明
运算操作符-S	执行操作运算后，同时根据运算的结果更新寄存器 APSR 中的标志位，例如： ADDS R0, R1 ;将 R0 与 R1 中的数值相加，并更新寄存器 APSR 中的标志位
EQ，NE， LT，GT 等	条件判断执行语句。 EQ=Equal，NE=Not Equal，LT=Less Than，GT=Great Than

在 STM32F103XX 系列处理器中，编译器对条件后缀的使用有严格的限制。只有转移指令才可以随便使用条件后缀，而其他指令只能通过系统所提供的 IF-THEN 指令块才可以，并且必须加上必要的条件后缀。

2.1.3　ARM 汇编指令的书写格式

前面已经向读者介绍过，STM32F103XX 系列处理器中的编译器可以支持 Thumb-2 指令集，以实现处理器在 ARM 模式和 Thumb 模式之间的自由转换。因此，STM32F103XX 系列处理器中的编译器引入了“统一汇编语言”（UAL）语法机制。

在汇编语言中，有部分指令操作（通常为数据处理操作）都可以通过 16 位的 Thumb 指令和 32 位的 ARM 指令来实现。在这种情况下，用户可以使用统一的 32 位 Thumb-2 指令的语法格式书写这些指令，并且由编译器来决定是使用 16 位的 Thumb 指令，还是使用 32 位的 ARM 指令。

通常情况下，对于一些只支持 Thumb 指令和 ARM 指令，而不支持 Thumb-2 指令的 ARM 处理器，需要根据当前处理器工作模式的不同，选择实际的操作数，以及对指令中立即数长度的限制。因此，在 STM32F103XX 系列处理器中，通过 UAL 语言机制，将 Thumb 语法和 ARM 语法结合起来，使得汇编语言具有统一的书写格式。用户可以通过下面的例子对 Thumb-2 指令及 UAL 语法的格式有基本了解。

```
/**************  以下代码用于实现不同模式下的 ADD 指令  ****************/
ADD     R0,     R1              ;使用 Thumb 指令集，实现寄存器 R0 与 R1 中数值的累加
ADD     R0,     R0,     R1      ;使用 UAL 语法实现同样的功能，R0=R0+R1
/***************************** 代码行结束 **************************/
```

在 STM32F103XX 系列处理器中，虽然引入了 UAL 语法格式，但编译器仍然支持用户使用传统的 Thumb 指令集，但特别需要提醒用户注意的是，在传统的 Thumb 指令集中，部分指令默认在完成相应的指令操作后，无论指令是否有 S 后缀，都会自动更新寄存器 APSR（应用状态寄存器）中的内容；相比 UAL 语法格式，用户必须指定 S 后缀才会更新寄存器 APSR 中的内容。用户可以通过下面 2 行汇编语句自行比对这两条的异同。

```
/************  以下代码用于实现不同模式下的 AND/ANDS 指令  *************/
AND     R0, R1              ;使用 Thumb 语法实现寄存器 R0 与 R1 中数值的“与”操作
ANDS    R0, R0, R1          ;使用 UAL 语法实现同样的功能，R0=R0&R1
/**************************** 代码行结束 ***************************/
```

从上述执行的代码分析中可以看出，这两条汇编语句的功能是一样的，即将寄存器 R0 与 R1 中的数值进行“与”操作。如果第二句代码中使用的是“AND”而不是“ANDS”指令，则指令运行的结果也是一致的，唯一的区别在于代码执行后的应用状态寄存器 APSR 不会被更新。

在 Thumb-2 指令集中，有部分指令操作既可以由 16 位的 Thumb 指令来实现，也可以由 32 位的 ARM 指令来实现。在 UAL 语法中，编译器会根据指令占用的资源情况来主动确定用哪一种指令。除此之外，用户也可以在代码通过后缀的方式手动设定使用 ARM 指令或者 Thumb 指令。

（1）如果系统没有对当前指令进行设定操作（无后缀），编译器则会根据当前系统资源的使用情况，选择最为节省代码空间的指令进行编译。具体的操作步骤为：编译器先以 16 位的 Thumb 指令进行编译，以实现较小的代码存储空间。如果无法采用 Thumb 指令对该指令进行编译，则再次使用 ARM 指令进行编译。

（2）在指令后加注“.N”后缀，则处理器将指定编译器在编译代码的过程中使用 16 位的 Thumb 指令，其中后缀“.N”表示“Narrow”，即 16 位 Thumb 窄位指令。结合（1）中无后缀的指令来看，在指令后加注“.N”是比较多余的。因为不管用户是否在指令代码后加注“.N”后缀，编译器都会首先采用 16 位的 Thumb 指令进行编译。

（3）在指令后加注“.W”后缀，则将指定编译器在编译代码的过程中使用 32 位的 ARM 指令，其中后缀“.W”表示“Wide”，即 16 位 Thumb 宽位指令。

用户可以对比下面几行代码，对设定编译器的指令模式做进一步的了解。

```
/**************  以下代码用于实现 ARM 指令中的不同后缀  ****************/
ADDS        R0,      #1        ;为节省代码空间，编译器自动选择使用 16 位 Thumb 指令
ADDS.N      R0,      #1        ;用户通过.N 后缀指定编译器使用 16 位 Thumb 指令
ADDS.W      R0,      #1        ;用户通过.W 后缀指定编译器使用 32 位 ARM 指令
/**************************** 代码行结束 ****************************/
```

从上述几行代码的分析过程中可以看出，在 ARM 编译器中，如果代码中没有给出特定的后缀，编译器总是尽量选择更为简短的指令方式进行编译。由于绝大部分的 ARM 嵌入式代码都是通过 C 语言编写的，C 编译器同样也会尽可能地使用较短的编译指令。但是，当指令中的立即数超出一定的范围，或者 32 位的 ARM 指令能更好地处理当前指令时，系统也会择优选择使用 32 位的 ARM 指令。

最后，需要提醒用户注意的是，绝大部分 16 位 Thumb 指令只能访问 R0～R7 寄存器；而 32 位 Thumb-2 指令可以自由访问 R0～R15 寄存器。但应特别注意，对寄存器 R15 的操作容易出现意想不到的错误，导致代码程序跑飞等。因此，在不是必需的情况下，不建议用户对其进行操作。

2.2　ARM 指令集的基本概念

ARM 指令集是 32 位的指令代码，嵌入式代码的启动默认都是从 ARM 指令集开始的。其中还包括了所有的中断异常都自动转换成 ARM 状态。需要说明的是，所有的 ARM 指令集都可以是有条件执行的。

在 ARM 指令集中，根据条件码和 S 标志的不同可以形成多种变化的指令形式，种类繁多。因此，在本章中也不可能向读者一一列出 ARM 指令集中所有的变化形式。这里着重介绍 ARM 指令集中的变换规律，例如，条件码的种类和含义、S 标志的含义等，读者只要参照对应的指令说明就可以实现对各种形式 ARM 指令的应用。

2.2.1　ARM 指令的基本格式

ARM 指令集是以 32 位二进制编码的方式给出的，并且在大部分的指令编码中都定义了第一操作数、第二操作数、目的操作数、条件标志影响位，以及每条指令所对应的不同功能实现的二进制位。每一条 32 位的 ARM 指令都具有不同的二进制编码方式，对应不同的指令功能。

一般而言，ARM 指令代码的基本格式如图 2.2 所示。在 ARM 指令集中，32 位的指令代码可以分为 5 个区域。

其中，ARM 指令代码格式中的 5 个区域具体说明为：

（1）[31～28]为条件码，共 4 位，最多可表示 16 种不同的组合；

（2）[27～20]为指令代码，在该指令代码区域中，除了包含指令代码外，还包含了一些可选的后缀码；

（3）[19～16]为 R0～R15，共 16 个寄存器；

（4）[15～12]为目标寄存器或源寄存器；

（5）[11～0]为地址偏移或操作数寄存器。

31～28	27～25	24～21	20	19～16	15～12	11～0
cond	000	Opcode	S	Rn	Rd	Operand2

图 2.2　ARM 指令代码的格式

用户在编写 ARM 嵌入式代码的过程中，一般不会直接去编写指令代码，而是先编写 ARM 指令，然后用编译工具将指令转换成指令代码，即所谓的机器码。在这里需要提醒用户注意区分 ARM 指令代码和 ARM 指令的差别。其中，ARM 指令的基本格式如图 2.3 所示。

[Opcode]　{[cond]}　{S}　[Rd],　[Rn],　[Operand2]

图 2.3　ARM 指令的格式

在 ARM 指令格式中，参数[Opcode]表示指令操作的类型，如 LDR、STR 指令等；参数[cond]则表示执行条件。需要注意的是，这一部分只有在“条件跳转”指令中才有意义。

参数{S}表示是否影响 CPSR 寄存器的值，也是一个可选内容；参数[Rd]为目标寄存器；参数[Rn]为第一个操作数寄存器；参数[Operand2]表示第二个操作数。

在 ARM 指令中，约定“[ ]”内的部分是必需的内容，而“{ }”则是可选的内容。

在介绍完 ARM 指令代码和 ARM 指令的基本格式后，用户可以通过表 2.2 对 ARM 指令集中常用指令编码的格式做进一步了解。

表 2.2　ARM 指令的格式

31 30 29 28	27	26	25	24	23	22	21	20	19 18 17 16	15 14 13 12	11 10 9 8	7	6	5	4	3 2 1 0	
cond	0	0	1	Opcode				S	Rn	Rd	Operand2						数据处理/PSR 状态转换
cond	0	0	0	0	0	0	A	S	Rd	Rn	Rs	1	D	0	1	Rm	乘法
cond	0	0	0	0	1	U	A	S	RdHi	RdLo	Rn	1	D	0	1	Rm	长乘
cond	0	0	0	1	0	B	0	0	Rn	Rd	0 0 0 0	1	D	0	1	Rm	数据交换
cond	0	0	0	1	0	0	1	0	1 1 1 1	1 1 1 1	1 1 1 1	0	0	0	1	Rm	分支与交换
cond	0	0	0	P	U	0	W	L	Rn	Rd	0 0 0 0	1	S	H	1	Rn	半字存储寄存器的偏移
cond	0	0	0	P	U	1	W	L	Rn	Rd	offset	1	S	H	1	offset	半字存取立即数的偏移
cond	0	1	1	P	U	B	W	L	Rn	Rd	offset						单数据存取
cond	0	1	1												1		未定义
cond	1	0	1	P	U	S	W	L	Rn	Register List							数据块存取
cond	1	0	1	L	offset												分支
cond	1	1	0	P	U	N	W	L	Rn	CRd	CP#	offset					协处理器数据存取
cond	1	1	1	0	CP Opc				cRn	CRd	CP#	CP			0	GRm	协处理器数据操作
cond	1	1	1	0	CP Opc			L	cRn	Rd	CP#	CP			1	GRm	协处理器寄存器传送
cond	1	1	1	1	Ignored by Processor												软中断

当然，在 ARM 指令集中远远不止上述表格中所列举的几条指令，这里只是列举出了部分常用的操作指令，以及大体的指令格式。有兴趣的读者可以通过查阅 ARM 汇编手册对其他一些汇编指令的格式进行深入了解。

2.2.2 ARM 指令中的条件执行

在 ARM 指令编码表中，最高 4 位[31:28]表示指令的条件码，即 cond。在 ARM 汇编语言中，每种条件码都使用两个英文缩写字母符号来表示其含义。一般条件码都是添加在指令助记符的后面，用来表示在指令执行的过程中，必须满足当前的条件。

当程序运行到条件码时，如果当前条件满足，则执行该指令语句；如果条件不满足，则当前指令被忽略不再执行。在这种情况下，也可以理解为系统执行一条 NOP 指令（空指令，不执行任何操作）。

例如，在 ARM 汇编语言中，数据传送指令 MOV 后面加上条件后缀 EQ，即 MOVEQ，可以用来表示"如果相等，则传送数据；如果不相等，则不传送数据"。同样，用户也可以通过 CPSR 寄存器的状态来判断，即当 Z 标志为 1 时，进行数据传送；当 Z 标志不为 1 时，则不进行数据传送。

在 ARM 汇编指令中，除了上述的"-EQ"后缀外，还有其他的后缀助记符，分别代表不同的条件操作。用户可以通过表 2.3 查看有关 ARM 汇编指令中的条件码。

表 2.3 ARM 汇编指令中的条件码

条件码[31:28]	助 记 符	判 决 条 件	CPSR 的标志位
0000	EQ	Z=1	相等或等于 0
0001	NE	Z=0	不相等
0010	CS	C=1	大于或等于（无符号比较）
0011	CC	C=0	小于（无符号比较）
0100	MI	N=1	负数
0101	PL	N=0	正数或 0
0110	VS	V=1	溢出
0111	VC	V=0	未溢出
1000	HI	C=1 & Z=0	大于无符号比较
1001	LS	C=0 & Z=1	小于或等于（无符号比较）
1010	GE	N=V	大于或等于（有符号比较）
1011	LT	N!=V	小于（有符号比较）
1100	GT	Z=0 & N=V	大于（有符号比较）
1101	LE	Z=1 & N!=V	小于或等于（有符号比较）
1110	AL	保留，未使用	任意值
1111	保留，未使用	保留，未使用	保留，未使用

根据表 2.3 中的条件码及其有关 CPSR 寄存器中标志位的相关说明，用户可以对比表 2.4 中两种不同的嵌入式编程语言所编写的 ARM 指令查看条件码在汇编指令中的具体含义。

表 2.4　ARM 条件码的应用

<table>
<tr><td colspan="2">功能描述：
比较两个数的大小，并将较大的数加 1</td></tr>
<tr><td>C 语言描述</td><td>ARM 汇编语言描述</td></tr>
<tr><td>if(a>b)
a++;
else
b++</td><td>CMP　R0,　R1
ADDHI　R0, R0, #1
ADDLS　R1, R1, #1</td></tr>
</table>

在表 2.4 中，左半部分是这段 ARM 指令所对应的 C 语言描述，主要用于实现比较两个数的大小，并将较大的数加 1。

右半部分的代码则是对应的汇编语言描述。汇编语言相比 C 语言描述的代码较为复杂，下面将对该汇编语句中的各条指令分别进行解释说明。

```
代码行 1： CMP R0, R1
```

在 ARM 汇编语言代码行 1 中，CMP R0，R1 指令主要实现了寄存器 R0 和寄存器 R1 中数值的减法运算，并根据计算的结果设置 CPSR 寄存器中的 C、N、Z、V 等标志位。值得一提的是，在 CMP 减法指令中，只进行两个数值之间的减法操作，而并不立即保存减法运算的结果。

需要说明的是，有关 CPSR 寄存器中的 C、N、Z 和 V 等标志位的具体描述在 2.2.3 节有关 ARM 指令中的 S 标志中将向读者详细介绍。

```
代码行 2： ADDHI R0, R0, #1
```

该语句是一个条件执行语句，且需要注意的是，在 ADD 指令后添加了-HI 后缀。从表 2.3 中可以看出，-HI 后缀用于表示“大于（无符号比较）”，即如果 CPSR 寄存器中的标志状态位 C=1 且 Z=0 时，则将寄存器 R0 上的数值加上立即数#1，并且将最后计算的结果保存在寄存器 R0 中。

```
代码行 3： ADDLS R1, R1, #1
```

同样，第 3 条语句同第 2 条语句一样，也是一个条件执行指令。在表 2.3 中同样可以查得，-LS 后缀用于表示“小于或等于（无符号比较）”，即当 CPSR 寄存器中的标志状态位 C=0 且 Z=1 时，将寄存器 R1 中的数值加上立即数#1，并将计算的结果保存到 R1 中。

比较表 2.4 中有关 C 语言代码的描述，对比相应的汇编语言可以看出，寄存器 R0 中对应的数字是变量 a，寄存器 R1 中对应的数字是变量 b。

最后，用户可以通过下面几个例句来回顾 ARM 汇编指令格式的具体操作使用方式。同样，用户可以结合表 2.3 中对应的指令说明及后缀含义来了解各条指令的含义，具体的意义以注释的形式给出，不再赘述。

```
/********************* 以下代码用于实现 ARM 指令 *********************/
;读取以 R1 为地址的寄存器中的内容，执行条件为 AL（即总是执行，无条件执行）
LDR     R0, [R1]
;条件执行分支指令，执行条件 EQ，即相等则跳转至标号 DATAEVEN 处
BEQ     DATAEVEN
;加法指令，将 R1 寄存器中的数值加 1 后保存到 R2 寄存器中，并根据计算的结果修改 CPSR 中的标志位
```

```
ADDS    R2,     R1,     #1
;条件执行的减法运算，执行条件 NE，将 R1 寄存器中的数值减去 0x20 后保存到 R0 寄存器，并根据计算的结果修改 CPSR 中的标志位
SUBES   R2,     R1,     #0x20
/*************************** 代码行结束 ***************************/
```

2.2.3 ARM 指令中的 S 标志

在部分特定的场合，绝大部分嵌入式 ARM 指令都可以根据实际的需求选择性地添加后缀。从某种程度上来说，这给 ARM 指令集的使用带来了较大的灵活性。

在前面的章节中，已经通过简单的例子向用户介绍了有关 ARM 指令中 S 后缀的使用方法和含义。从本质上来说，ARM 指令中的 S 标志类似于一个用户可控的开关信号，主要用于决定在处理数据后是否更新 CPSR 寄存器中的标志位。

在这里有必要简单地向读者介绍一下通用 ARM 嵌入式芯片所支持的算术与逻辑标志，在后续的章节中仍然会使用到这些标志位，具体如表 2.5 所示。

表 2.5 算术与逻辑标志（APSR 与 CPRS 寄存器）

标志位符号	标志位说明
N(Negative)	负数标志位
Z(Zero)	零结果标志位
C(Carry)	进位/借位标志位
V(Overflow)	溢出标志位
S(Saturation)	饱和标志位

在 ARM 汇编语言中，如果指令操作码助记符的后面设置了 S 标志，则该指令运行后 CPSR 寄存器中的状态位同时被更新；如果指令操作码助记符的后面没有设置 S 标志，则该指令运行后，CPSR 寄存器中的状态位不会被改变。下面这段代码可以帮助用户更好地理解 ARM 指令中 S 标志的具体作用。

```
/*************** 以下代码用于实现 ARM 指令中的 S 标志位 ***************/
MOV R3,     #0x7FFFFFFF     ;将立即数#0x7FFFFFFF 存储在寄存器 R3 中
MOV R4,     #0x7FFFFFFF     ;将立即数#0x7FFFFFFF 存储在寄存器 R4 中
ADD     R3,     R4          ;累加求和，但并不修改 CPSR 寄存器中的 C 标志位
ADDS    R3,     R4          ;累加求和，并修改 CPSR 寄存器中的 C 标志位
/************************** 代码行结束 *****************************/
```

在这段代码中，前两条指令主要将立即数 0x7FFFFFFF 分别存储到寄存器 R3 和 R4 中；第 3 条指令将 R3 和 R4 中的数值相加，但由于该“ADD”指令后没有添加 S 标志，即运算操作后不影响 CPSR 寄存器中的 C 标志位（进位标志）；相比之下，第 4 条指令在 ADD 指令后添加了 S 标志，即运算操作后同时修改 CPSR 寄存器中的 C 标志位。

2.3　ARM 指令集的类型

一般情况下，ARM 指令集是加载/存储（Load/Store）类型的，用户只能通过加载/存储（Load/Store）指令来实现对系统存储器的访问，而其他类型的指令则是基于处理器内部的寄存器操作完成的。

ARM 指令集按照指令的作用大体可以分为以下几个部分。

- 跳转指令：用于控制程序的执行流程、指令的特权等级，以及在 ARM 代码模式和 Thumb 代码模式之间的切换。
- 算术运算指令：用于进行乘法、加法、减法等算术运算。
- 逻辑运算指令：用于对操作数进行逻辑操作，如“与”操作、“或”操作，以及“非”操作等。
- 存储器访问指令：用于控制存储器和寄存器之间的数据传送。
- 数据传送指令：用于操作片上 ALU、桶形移位器、乘法器，以及完成通用寄存器之间的高速数据处理。
- 协处理器指令：用于控制协处理器的操作。
- 异常产生指令：用于控制软件的异常。

下面将详细介绍 ARM 指令的具体格式、应用，以及在实际工程应用中需要注意的问题。

2.3.1　跳转指令

在 ARM 嵌入式代码中，很多场合都需要程序能够实现跳转功能。例如，分支语句（根据不同的运行结果选择不同的执行语句代码）、循环语句（重复执行某一个程序段代码时，当处理器运行到当前程序段的最后一条语句时）等。

最为典型的需要实现跳转的例子就是嵌入式代码中实现子函数的调用。无论是在 C 语言代码还是汇编代码中，当主程序需要调用子函数时，程序需要能够跳转到对应子函数的入口地址。否则，如果代码不能及时实现跳转功能或者跳转到一个错误的入口地址，那么程序就会出现不可预期的错误，甚至出现程序的“跑飞”。

在 ARM 指令集中也有这种跳转指令，用户可以通过这些跳转指令实现如下所述的功能：

- 实现程序代码的跳转；
- 在程序跳转前保存当前指令的下一条指令的地址，作为程序返回的标记；
- 实现 ARM 处理器工作模式的切换，即由 ARM 工作模式跳转到 Thumb 工作模式。

通常情况下，用户就是通过这些跳转指令来实现对 ARM/Thumb 指令集的操作的，并充分发挥各个指令集的优点。

在 ARM 指令中，有两种实现程序跳转的方法：一种是这里介绍的转移指令，如表 2.6 所示；还有一种是通过数据传送指令直接向 PC 寄存器（R15）中写入需要转移的目标地址值，即通过改变 PC（程序计数器）的值来实现 ARM 代码的跳转。

通常情况下，特别是对于刚刚接触 ARM 嵌入式代码的用户，不建议使用第二种方法来实现程序的跳转。因为当用户在对程序结构代码不是很清晰的前提下，修改 PC 寄存器的数值可能会带来意想不到的错误。用户可以方便地使用ARM指令集中的跳转指令来实现对代码的转移操作。

表2.6 ARM指令中的转移指令

指令代码	指令功能描述
B	实现程序代码的跳转
BL	带链接的转移指令
BX	带状态切换的转移指令
BLX	带链接，以及转台切换的转移指令

1. 转移指令B

转移指令B在程序中用于完成简单的跳转指令，跳转到程序代码中某处指定的目的地址。在ARM嵌入式代码中，经常会需要从主程序跳转到子程序，并且同时要求当子程序执行结束后能够正确无误地返回发生代码跳转的位置。

为了实现上述目标，在绝大部分ARM嵌入式系统中，在代码进行跳转时会预先将执行跳转命令前程序计数器PC中的数值保存下来。在嵌入式ARM代码中，主要通过转移指令B来实现这个功能，即转移指令B除了用于完成指令的转移以外还用于保存数值。如果用户希望在进行程序跳转的同时还将发生转移指令的下一条指令的地址保存到链接寄存器LR（R14），则可以选择使用BL转移指令。

在ARM汇编语言中，转移指令B的一般形式为：

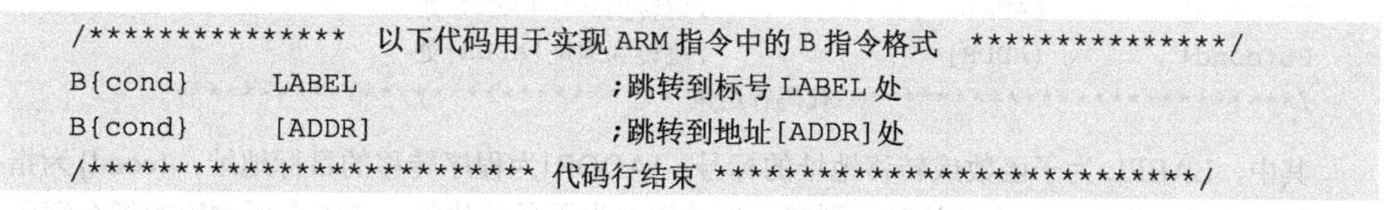

```
/***************  以下代码用于实现ARM指令中的B指令格式  ***************/
B{cond}      LABEL                    ;跳转到标号LABEL处
B{cond}      [ADDR]                   ;跳转到地址[ADDR]处
/*************************** 代码行结束 ****************************/
```

其中，LABEL为子函数或跳转地址的标号；[ADDR]为程序跳转的目标地址；{cond}为指令执行的条件。转移指令B的指令编码格式如图2.4所示。

31–28	27–25	24	23–0
cond	opcode	0	有符号的偏移量（24位）

图2.4 跳转指令B的编码格式

从转移指令B的编码格式中可以看出，该指令编码中除了执行条件cond、操作符代码opcode外，还包含了一个24位的有符号的偏移量。该偏移量主要用于计算当前跳转指令的目标地址。具体跳转目标地址的计算方法可以分为下面3个步骤：

（1）将24位的有符号偏移量扩展为有符号的32位偏移量；

（2）将扩展后的有符号32位偏移量左移2位，即乘以4；

（3）将左移2位后的偏移量与当前PC值相加，得到的结果就是转移指令的目标地址。

根据上述有关跳转目标地址的计算方法可知，有符号的24位偏移量（二进制）可以表示的最大数为$2^{24}-1$，用字节表示该最大偏移量为32MB。因此，对于转移指令B而言，跳转地址应当在当前指令的32MB空间的范围。如果跳转目标地址超出了这个范围，将产生不可预期的错误。用户可以通过下面两个例子来对转移指令B有更多的了解。

```
/***************   以下代码用于实现 ARM 指令中的 B 指令   ******************/
B       LABEL               ;跳转到标号 LABEL 处
B       0x1111              ;跳转到绝对地址 0x1111 处
/*************************** 代码行结束 *****************************/
```

一般情况下，在 ARM 指令系统中，很少建议用户单独使用转移指令 B，主要是因为在 ARM 指令系统中，转移指令 B 只能进行指令的转移，而不能实现对当前代码地址的保存。因此用户通过转移指令 B 转移到子函数目标地址后，由于未对转移前的地址进行保存，所以在执行完子函数代码后无法返回。因此，转移指令 B 常被用于一些不需要返回的转移操作中，如分支选择语句等。

2. 转移链接指令 BL

为了解决转移指令 B 不能存储转移地址的的缺陷，在 ARM 嵌入式指令系统中还可以使用带有链接功能的转移指令 BL。

BL 转移指令除了可以实现与 B 转移指令一样的程序转移功能外，还可以在转移前将下一条指令的地址存储到返回地址链接寄存器 LR（R14）中，用于转移程序的返回。由于 BL 转移指令的这个特性，使得该指令经常被用在实现子程序的调用中，类似于 C 程序代码中的子函数。需要注意的是，处理器在执行转移指令的时候并不保存状态寄存器 PSR 的状态。

在 ARM 汇编语言中，BL 转移指令的一般形式如下所示：

```
/***************   以下代码用于实现 ARM 指令中的 BL 指令   ******************/
BL{cond}         LABEL               ;跳转到标号 LABEL 处
BL{cond}         [ADDR]              ;跳转到地址[ADDR]处
/*************************** 代码行结束 *****************************/
```

其中，LABEL 为子函数或转移地址的标号；[ADDR]为程序转移的目标地址；{cond}为指令执行的条件。当{cond}为默认时，则表示当前指令为无条件执行。该指令所对应的指令编码格式如图 2.5 所示。

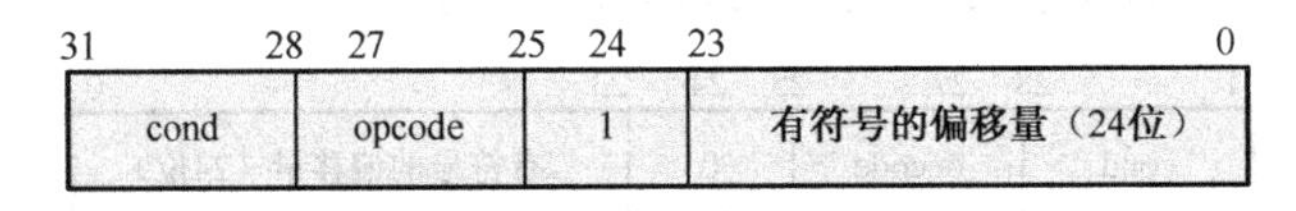

图 2.5　转移链接指令 BL 的编码格式

从指令的编码格式可以看出，转移链接指令 BL 也包含了一个 24 位的有符号立即数，即为转移地址的偏移量。有关转移地址与 24 位偏移量之间的关系及计算方法，与 B 指令中转移地址的计算方法一样，这里就不重复说明了。

用户可以通过下面这段代码来熟悉 BL 转移指令的具体使用方法。

```
/***************   以下代码用于实现 ARM 指令中的 BL 指令   ******************/
START      ……
BL   NEXT          ;跳转到标号 NEXT 处，并保存当前 PC 到 R14
……                 ;此处为跳转返回的地址
NEXT   ……          ;跳转地址入口
MOV  PC,R14        ;返回跳转地址
/*************************** 代码行结束 *****************************/
```

在上述这段代码中，指令BL NEXT用于将主程序跳转到子程序的入口处，同时保存当前的PC值（程序地址指针寄存器）到寄存器R14中。

子程序中的最后一条指令MOV PC,R14用于将保存在寄存器R14中的地址恢复到PC(程序地址指针寄存器）中，使得程序在执行完子程序后从此处返回。

在使用BL转移指令时，用户不难发现，寄存器R14的主要作用就是保存当前转移指令的地址。在一些复杂的嵌入式代码中，除了需要使用BL转移指令来保存跳转地址外，还需要用户自行对R14寄存器中的内容进行保存，否则代码会出现逻辑上的错误。

例如，在递归调用程序中，子程序代码会继续循环调用子程序。在这种情况下，用户完全可以使用BL转移指令来实现子程序的调用。但需要注意的是，在这种情况下，用户必须自行对R14寄存器中的数值进行保存。否则，当程序下一次循环调用子程序时，R14寄存器中的内容会被新的返回地址覆盖。因此，对于在子程序中调用子程序的代码，除了需要保存当前的返回地址外，还需要保存上一次跳转（父节点）所保存的返回地址。

通常情况下，建议用户在调用子程序时，需要将程序的返回地址、变量值等推送（保存）到堆栈中，也称压栈，如图2.6所示。因此，用户代码中每调用一次子程序，系统就会消耗一定的堆栈空间，即消耗一定的系统资源，所以，在一些系统资源比较有限的ARM处理器中，用户在编写嵌入式代码时需要严格控制循环调用子程序的次数和层数。

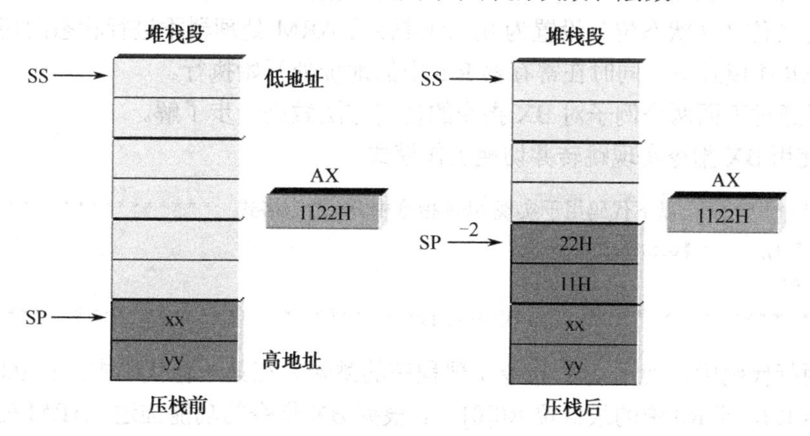

图2.6 数据堆栈的压栈

3. 带状态切换的转移指令BX

在前面的章节中，已经向用户介绍过ARM处理器具有两种不同的工作模式，即ARM模式和Thumb模式。用户可以根据不同的应用需求在两种模式间进行相互切换。同样，在转移指令中也支持带状态切换的转移指令BX。

在ARM指令集中，带状态切换的转移指令BX主要用于将32位的ARM状态切换到16位的Thumb状态。需要注意的是，在Thumb指令中，同样也有类似的状态切换跳转指令，用于将16位的Thumb状态切换到32位的ARM状态。

BX指令是带状态切换的跳转指令，其基本语法格式为：

```
/***************  以下代码用于实现ARM指令中BX指令的格式  ****************/
BX  {[cond]}    [Rm]
/*************************** 代码行结束 *******************************/
```

其中，{[cond]}为指令执行的判决条件；[Rm]为 ARM 中的通用寄存器名。

BX 转移指令根据寄存器 Rm 中的数值来决定跳转的目标地址，以及是否对 ARM 处理器进行模式状态上的切换，即由 ARM 状态切换到 Thumb 状态。

图 2.7 为带状态切换的转移指令 BX 的编码格式。显然 BX 指令的编码格式与前面介绍的 B 指令及 BL 指令格式有着比较大的差异。

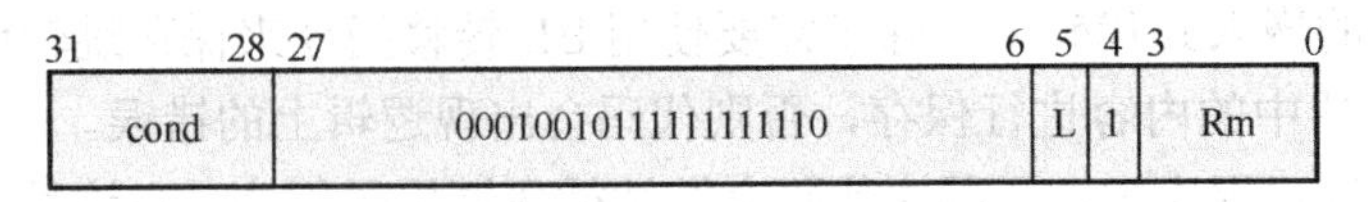

图 2.7 带状态切换的转移指令 BX 的编码格式

其中，寄存器 Rm 中的值是跳转目标。在执行 BX 指令时，ARM 处理器自动将 Rm 寄存器中的最低位 Rm[0]复制到 CPSR 中的 T 标志位，用于决定是否将 32 位的 ARM 模式切换到 16 位的 Thumb 模式；而剩余的 31 位数据[31:1]将被复制到程序地址指针寄存器 PC 中。

- 当寄存器 Rm 的最低位 Rm[0]为 1 时，ARM 处理器在跳转时自动将 CPSR 状态寄存器中的标志位 T（状态位）设置为 1，即跳转后 ARM 处理器将工作在 Thumb 模式下，并在 Rm 寄存器中的地址处开始执行。
- 当寄存器 Rm 的最低位 Rm[0]为 0 时，ARM 处理器在跳转时自动将 CPSR 状态寄存器中的标志位 T（状态位）设置为 0，即跳转后 ARM 处理器不进行状态的切换，继续工作在 ARM 模式下，同时在寄存器 Rm 中的地址处开始执行。

用户可以通过下面两个例子对 BX 指令的使用方法做进一步了解。

【例 1】使用 BX 指令实现跳转并切换工作模式。

```
/**************  以下代码用于实现 ARM 指令中 BX 指令格式  ***************/
MOV     R0,     #0x0201
BX      R0
/************************** 代码行结束 *****************************/
```

在上述两行代码中，使用 BX 指令实现程序的跳转。在第一行代码中，将立即数#0x0201 赋值给寄存器 R0，即 R0 中的最低位 R0[0]=1。根据 BX 指令的功能描述，ARM 处理器会自动跳转到地址 0x0200 处，同时将处理器切换到 Thumb 模式。

【例 2】使用 BX 指令实现跳转并保持原有工作模式。

```
/**************  以下代码用于实现 ARM 指令中 BX 指令格式  ***************/
MOV     R0,     #0x0202
BX      R0
/************************** 代码行结束 *****************************/
```

在【例 2】中，虽然同样使用了 BX 指令来实现与【例 1】几乎同样的功能，但运行的结果并非一致。

在第一行代码中，由于立即数#0x0202 赋值给寄存器 R0 后，其最低位 R0[0]=0。根据 BX 指令的功能描述，处理器将继续工作在 ARM 状态。

这里要提醒用户注意的是，【例 2】中的立即数，即跳转地址#0x0202，并不是 4 字节对齐的，即不是 4 的整数倍，而 ARM 工作状态下的指令都是 32 位的，指令地址必须都是 4 字节对齐的。因此，【例 2】中的指令在实际运行过程中可能会产生一个不可预知的后果，或者用户也可以认为在执行 BX 跳转指令时，Rm 寄存器的最低两位 Rm[1:0]不能为 0b10，否则在执行该转移指令后会遇到不可预期的结果。

4．带链接和状态切换的转移指令 BLX

与 B 转移指令类似，BX 指令虽然能够实现处理器不同工作模式之间的切换，但还是不能实现子函数调用后返回地址保存的问题。或者可以认为，BX 指令只能用于无返回类型的程序跳转，如分支选择语句等。

为了能在 ARM 代码中实现子函数的调用和返回，并且同时能实现处理器不同工作模式之间的自由切换，ARM 指令集在上述 3 个转移指令的基础上支持了既能实现状态切换，也能实现返回地址保存的转移指令，即 BLX 指令。

从功能定义上看，BLX 转移指令是上述 B 指令、BL 指令及 BX 指令功能的结合。其有关状态切换功能，以及链接转移的功能和前面几个指令的功能是一样的。

在 ARM 汇编代码中，BLX 指令的语法格式有如下两种。

```
/**************  以下代码用于实现 ARM 指令中 BLX 指令格式  **************/
格式 1：BLX        <targetaddress>
格式 2：BLX        Rm
/************************** 代码行结束 *****************************/
```

其中，<targetaddress>为转移指令的目标地址；Rm 为目标地址寄存器。与 BX 指令一样，该指令的第一种语法格式 BLX Rm 的二进制编码与 BX 指令的编码格式是一样的，如图 2.7 所示。

而在第二种语法格式 BLX <targetaddress>中，其编码格式如图 2.8 所示。从图中可以看出，除了编码指令外，同样也包含了一个带符号的 24 位的立即数来作为跳转目标地址的偏移量。

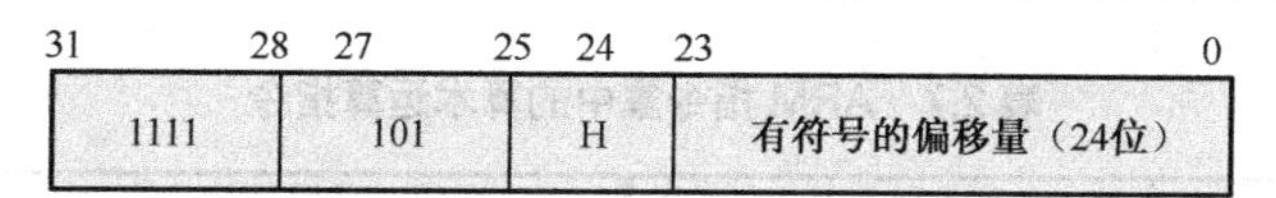

图 2.8　带链接和状态切换的转移指令 BLX 的编码格式

BLX 指令从 ARM 指令集跳转到指令中所指定的目标地址，并将处理器的工作状态由 ARM 状态切换到 Thumb 状态，该指令同时将 PC 的当前内容保存到寄存器 R14 中。因此，当子程序使用 Thumb 指令集，而调用者使用 ARM 指令集时，可以通过 BLX 指令来实现子程序的调用和处理器工作状态的切换。同时，子程序的返回可以通过将寄存器 R14 值复制到 PC 中来完成。

在第二种语法格式中，转移指令进行跳转的目标地址的计算方法如下：

（1）将 24 位的有符号偏移量扩展为有符号的 32 位偏移量；

（2）将扩展后的有符号 32 位偏移量左移 2 位，即乘以 2；

（3）将左移 2 位后的偏移量与当前 PC 值相加，并且将第 24 位（H bit）也加到目标地址的最低位，得到的结果就是跳转指令的目标地址。

根据上述跳转指令目标地址的计算方法，同样可以计算得到 BLX 指令的跳转地址范围为±2MB。用户可以通过下面的例子对 BLX 指令做进一步了解。

【例 3】使用 BLX 和 BX 指令实现子程序的调用及处理器工作模式的切换。

```
/***************  以下代码用于实现 ARM 指令中 BLX 指令  ******************/
    CODE32              ;以下是 32bit 的 ARM 代码
    ……
    BLX       TSUB      ;调用 TSUB 子程序（16bit 的 Thumb 代码）
    ……
    CODE16              ;以下是 16bit 的 Thumb 代码
    TSUB      ……
    BX        R14       ;返回到 32bit 的 ARM 代码
/**************************  代码行结束  ******************************/
```

通常情况下，BLX 转移指令主要用于 ARM 指令调用 Thumb 子程序时保存返回地址，并实现程序调用和处理器状态的切换，即如本例中的代码所示。如果在程序中用户使用 BX 指令作为子程序的返回机制，则调用程序的指令集状态（ARM 工作模式状态或 Thumb 工作模式状态）能连同返回地址一起被保存。因此，在本例代码 TSUB 子程序的末尾，采用了 BX 指令实现跳转返回，即在此处将返回到调用子程序之前的 ARM 工作模式状态。

2.3.2 算术运算指令

对于处理器而言，最初设计的根本目的在于算术运算。即使在当前能实现各种多媒体处理的情况下，算术运算仍然是 ARM 处理器中必不可少的功能，也是评价 ARM 处理器性能的一个重要指标。

通常而言，在 ARM 处理器中，算术运算指令主要包含了加、减、乘、累乘等操作，具体指令功能的说明及指令代码如表 2.7 所示。

表 2.7　ARM 指令集中的算术运算指令

指令代码	功能描述	指令代码	功能描述
ADD	不带进位的加法操作	MUL	32bit 乘法
ADC	带进位的加法操作	MLA	32bit 乘法-累加
SUB	不带借位的减法操作	UMULL	无符号乘法（长乘） ((32bit×32bit)=64bit
SBC	带借位的减法操作	UMLAL	无符号乘法-累加 ((32bit×32bit)+64bit=64bit)
RSB	不带进位的逆向减法操作	SMULL	有符号乘法（长乘） (32bit×32bit)=64bit
RSC	带进位的逆向减法操作	SMLAL	有符号乘法-累加 ((32bit×32bit)+64bit=64bit)
CMP	数据比较操作	CMN	负数比较操作

在下面的内容中，将通过具体的实例代码介绍表 2.7 中各个算术运算指令的基本使用方法。

1. 不带进位的加法指令 ADD

在嵌入式汇编语言中，不带进位的加法指令 ADD 的通用格式为：

```
/************** 以下代码用于实现 ARM 指令中 ADD 指令格式 **************/
ADD {[cond]}    {S} [Rd],   [Rn],   [operand2]
/************************** 代码行结束 *****************************/
```

在该指令格式中，主要实现将数据[operand2]与[Rn]中的值相加，运算的结果被保存到[Rd]寄存器中。与其他指令的使用说明类似，[cond]为指令执行的条件，即当[cond]为默认时，将无条件执行当前的指令；参数[S]用于决定是否影响 CPSR 寄存器中的进位标志位，即当[S]为默认状态时，指令执行的结果对 CPSR 寄存器中的进位标志位不会产生任何影响。

【例 4】使用 ADD 指令实现不带进位的加法操作。

```
/************** 以下代码用于实现 ARM 指令中 BLX 指令 *****************/
ADD R0, R1, R2                  ;寄存器加法，[R1]+[R2]→[R0]
ADD R0, R1, #112                ;寄存器与立即数的加法，[R1]+112→[R0]
ADD R0, R1, R2, LSL  #1         ;寄存器与操作数的加法，[R1]+[R2]<<1→[R0]
/************************** 代码行结束 *****************************/
```

上述 3 句代码都是不带进位的加法指令 ADD 的基本用法，包含了寄存器与寄存器、寄存器与立即数，以及寄存器与操作数之间的无进位加法。

第一条指令将寄存器 R1 与寄存器 R2 中的数值进行相加（不带进位操作），并将相加后的结果保存到寄存器 R0 中；

第二条指令将寄存器 R2 中的数值与立即数 112 相加（不带进位操作），并将相加后的结果保存到寄存器 R0 中；

第三条指令先将寄存器 R2 中的数值左移 1 位（乘以 2），然后再与寄存器 R1 中的数值相加（不带进位操作），计算的结果将存储到寄存器 R0 中。

从【例 4】中可以看出，ADD 指令有多种确定操作数的方式。

（1）第一条指令中，将寄存器 R2 中的数值作为加法操作数；

（2）第二条指令中，将立即数 112 作为加法操作数；

（3）第三条指令中，将寄存器 R2 中的数值左移 1 位后作为加法操作数。

不仅 ADD 指令如此，在 ARM 指令集中还有其他指令，如 SUB、MUL 等都支持上述 3 种确定操作数的方式。通常情况下，指令所支持的确定操作数的方法，被统一称为指令的“寻址方式”。

2．带进位的加法指令 ADC

在数值计算方法中，加法是最常用的操作运算。虽然用户可以通过 ADD 指令来实现加法操作，但该指令不能实现进位操作。因此，在 ARM 指令系统中，同样支持了 ADC 指令。该指令除了可以实现与 ADD 一样的加法操作外，还实现了运算进位功能。

在 ARM 嵌入式程序代码中，带进位加法指令 ADC 的语法格式为：

```
/************** 以下代码用于实现 ARM 指令中的 ADC 指令 *****************/
ADC {[cond]}    {S} [Rd],   [Rn],   [operand2]
/************************** 代码行结束 *****************************/
```

该指令将[operand2]中的数据与寄存器[Rn]中的数值相加，再加上 CPSR 寄存器中的 C 标志位（进位标志），将计算的结果保存到[Rd]寄存器中。其中，[cond]为指令执行的条件，即当

[cond]为默认时，将无条件执行当前的指令；参数[S]用于决定是否影响 CPSR 寄存器中的进位标志位，即当[S]为默认状态时，指令执行的结果对 CPSR 寄存器中的进位标志位不会产生任何影响。

一般情况下，ARM 处理器最多只能处理 32 位的数据。而实际运算的过程中，通常需要处理更大的数据。例如，在 ADC 采样过程中，为了提高采样结果的准确性，需要对采样数据进行数字滤波，最简单的方法就是多次累加取平均。因此，在这种情况下就会涉及超过 32 位的数据操作。

【例 5】使用 ADC 指令实现 96 位带进位的加法操作。其中，96 位的加数分别通过 3 个寄存器来实现，具体分配如图 2.9 所示。

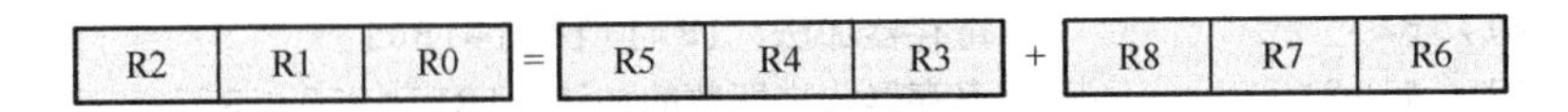

图 2.9　96 位带进位的加法操作

```
/*************  以下代码用于实现 ARM 指令中的 ADD/ADC 指令  **************/
ADDS    R0, R3, R6      ;最低位[R3]和[R6]相加，不带进位
ADCS    R1, R4, R7      ;次低位[R4]和[R7]相加，带进位
ADCS    R2, R5, R8      ;高位[R5]和[R8]相加，带进位
/************************** 代码行结束 *****************************/
```

在上述代码中，主要通过 3 条指令实现了 96 位带进位的加法操作。由于 ARM 中寄存器的最大宽度只有 32 位，因此在实现 96 位带进位的加法操作中，需要将加数、被加数，以及和分别由 3 个寄存器来存储。其中，第一个加数分别存储在 R5、R4 和 R3 寄存器中，第二个加数分别存储在 R8、R7 和 R6 寄存器中，和则分别存储在 R2、R1 和 R0 寄存器中。

第一条指令实现了加数与被加数最低位 32 位的加法运算。由于最低位 32 位的加法计算只需要考虑向前进位，而不需要考虑是否曾有进位标志，即最低位加法无进位，所以在第一条指令中使用了无进位加法指令 ADD。但考虑到最低位 32 位的加法可能存在进位操作，因此需要在无进位加法指令 ADD 后添加后缀-S，用于在发生进位操作时更新 CPSR 寄存器，保存计算的进位信息。

同样，第二条指令和第三条指令用于实现次低位 32 位和高位 32 位的带进位加法操作。需要注意的是，次低位和高位的加法操作必须要考虑是否存在其低位向高位的进位标志，因此必须使用带进位的 ADC 加法指令，而不能使用不带进位的 ADD 加法指令。次低位和高位的基本原理与操作方法与最低位加法操作是一致的，在这里就不再赘述了。

3. 不带进位的减法指令 SUB

在数学理论中，减法是加法的逆运算。减法运算可以等价于一个正数与一个负数的加法操作。基于此，用户完全可以通过加上一个负数的方式来实现减法操作。但是在 ARM 指令集中，自带了减法操作指令 SUB。

在 ARM 指令集中，不带进位减法指令 SUB 的基本语法格式为：

```
/**************  以下代码用于实现 ARM 指令中的 SUB 指令  *****************/
SUB    {[cond]}    {S} [Rd],    [Rn],    [operand2]
/*************************** 代码行结束 *****************************/
```

该指令将[operand2]中的数值与寄存器[Rn]中的数值进行相减，计算结果保存到[Rd]寄存器中。其中，[cond]为指令执行的条件，即当[cond]为默认时，将无条件执行当前的指令；参数[S]用于决定是否影响 CPSR 寄存器中的进位标志位，即当[S]为默认状态时，指令执行的结果对 CPSR 寄存器中的进位标志位不会产生任何影响。用户可以通过下面的例子对不带进位的减法指令 SUB 做进一步了解。

【例 6】使用 SUB 指令实现不带进位的减法操作。

```
/************** 以下代码用于实现 ARM 指令中的 SUB 指令 *****************/
SUB  R0, R1, R2            ;寄存器减法，[R1]-[R2]→[R0]
SUB  R0, R1, #112          ;寄存器与立即数的减法，[R1]-112→[R0]
SUB  R0, R1, R2, LSL  #1   ;寄存器与操作数的减法，[R1]- [R2]<<1→[R0]
/************************** 代码行结束 ****************************/
```

上述这段代码类似于不带进位的加法操作指令。第一条指令将寄存器 R1 和 R2 中的数值相减，并将计算的结果保存到寄存器 R0 中；第二条指令将寄存器 R1 中的值减去立即数 112，并将计算的结果保存到寄存器 R0 中；第三条指令首先将寄存器 R2 中的数值左移 1 位，然后再与寄存器 R1 中的值相减，将最后的计算结果保存到寄存器 R0 中。

4．带进位的减法指令 SBC

与带进位的加法指令 ADC 类似，在减法操作过程中也同样存在着处理进位的问题。在 ARM 指令系统中，与带进位的加法指令类似，同样也支持了带进位的减法指令 SBC。对于减法的进位，即为通常意义上的“借位”标志。

在 ARM 指令集中，带进位的减法指令的基本语法格式为：

```
/************** 以下代码用于实现 ARM 指令中的 SBC 指令 *****************/
SBC    {[cond]}   {S} [Rd],   [Rn],   [operand2]
/************************** 代码行结束 ****************************/
```

该指令将寄存器[Rn]中的数值减去数值[operand2]，再减去 CPSR 寄存器中的 C 标志位反码，并将计算结果保存到寄存器[Rd]中。

需要注意的是，带进位的减法指令 SBC 主要用于超过 32 位数据的减法运算。其中，[cond]为指令执行的条件，即当[cond]为默认时，将无条件执行当前的指令；参数[S]用于决定是否影响 CPSR 寄存器中的进位标志位，即当[S]为默认状态时，指令执行的结果对 CPSR 寄存器中的进位标志位不会产生任何影响。

【例 7】使用 SBC 指令实现 96 位带进位的减法操作。其中，96 位的加数分别通过 3 个寄存器来实现，具体分配如图 2.10 所示。

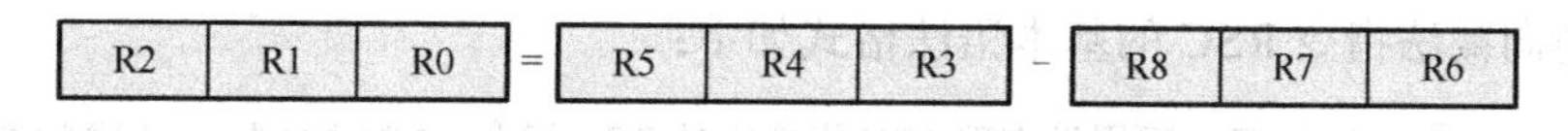

图 2.10　96 位带进位的减法操作

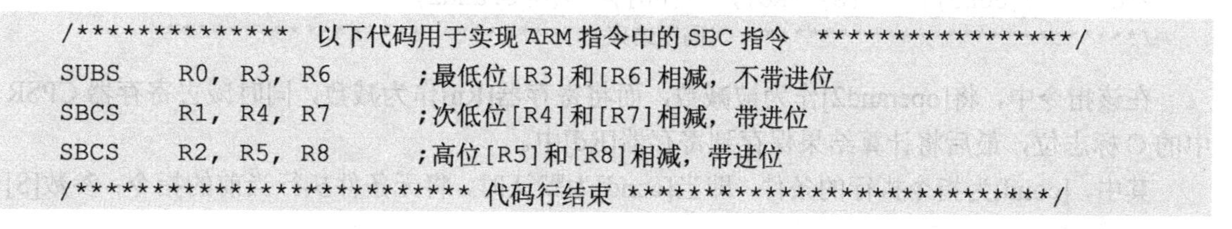

```
/************** 以下代码用于实现 ARM 指令中的 SBC 指令 *****************/
SUBS    R0, R3, R6    ;最低位[R3]和[R6]相减，不带进位
SBCS    R1, R4, R7    ;次低位[R4]和[R7]相减，带进位
SBCS    R2, R5, R8    ;高位[R5]和[R8]相减，带进位
/************************** 代码行结束 ****************************/
```

上述 3 句代码与 ADC 指令类似。第一条指令实现了最低位 32 位的不带进位减法运算。由于可能产生借位操作，因此在这里必须使用 SUBS 指令。同样，第二条指令与第三条指令分别实现了带进位的减法运算。

5．不带进位的逆向减法指令 RSB

在 ARM 指令中，减法操作除了带进位与不带进位的区别外，还有减数与被减数次序的问题。在前面介绍的两种减法操作中，都是将寄存器[Rn]作为被减数，[operand2]作为减数；而在 ARM 指令集中，还支持了逆向减法指令。该指令之所以被称为逆向减法指令，是因为在该指令操作中，将寄存器[Rn]作为减数，而将[operand2]作为被减数，并将运算结果保存到[Rd]中。

不带进位的逆向减法指令 RSB 的基本语法格式如下：

```
/**************  以下代码用于实现 ARM 指令中的 RSB 指令  *****************/
RSB    {[cond]}    {S} [Rd],    [Rn],    [operand2]
/*************************** 代码行结束 ****************************/
```

其中，[cond]为指令执行的条件，即当[cond]为默认时，将无条件执行当前的指令；参数[S]用于决定是否影响 CPSR 寄存器中的进位标志位，即当[S]为默认状态时，指令执行的结果对 CPSR 寄存器中的进位标志位不会产生任何影响。

【例 8】使用 SUB 指令实现不带进位的减法操作。

```
/**************  以下代码用于实现 ARM 指令中的 RSB 指令  *****************/
RSB  R0, R1, R2               ;寄存器减法，[R2]-[R1]→[R0]
RSB  R0, R1, #112             ;寄存器与立即数的减法，112-[R1]→[R0]
RSB  R0, R1, R2, LSL  #1      ;寄存器与操作数的减法，[R2]<<1-[R1]→[R0]
/*************************** 代码行结束 ****************************/
```

根据 RSB 指令的语法定义可知，上述 3 条指令的被减数分别为寄存器[R2]、立即数 112 和左移 1 位后的寄存器[R2]；减数均为寄存器[R1]中的数值。

第一条指令将寄存器[R2]中的数值减去寄存器 R1 中的数值，并将计算结果保存在寄存器[R0]中。

第二条指令将立即数 112 减去寄存器[R1]中的数值，并将计算结果保存在寄存器[R0]中。

第三条指令先将寄存器[R2]中的数值左移 1 位（乘以 2），然后再减去寄存器[R1]中的数值。

6．带进位的逆向减法指令 RSC

与不带进位的逆向减法指令 RSB 相反，ARM 指令集还支持了带进位的逆向减法指令 RSC。其基本功能与 RSB 相似，只存在是否带进位的区别。

带进位逆向减法指令 RSC 的基本语法格式如下：

```
/**************  以下代码用于实现 ARM 指令中的 RSC 指令  *****************/
RSC    {[cond]}    {S} [Rd],    [Rn],    [operand2]
/*************************** 代码行结束 ****************************/
```

在该指令中，将[operand2]作为被减数，而将寄存器[Rn]作为减数，同时减去寄存器 CPSR 中的 C 标志位，最后将计算结果保存到寄存器[Rd]中。

其中，[cond]为指令执行的条件，即当[cond]为默认时，将无条件执行当前的指令；参数[S]

用于决定是否影响 CPSR 寄存器中的进位标志位，即当[S]为默认状态时，指令执行的结果对CPSR寄存器中的进位标志位不会产生任何影响。

【例 9】使用 RSC 指令实现 96 位带进位的减法操作。其中，96bit 的减数/被减数分别通过3个寄存器来实现，具体分配如图 2.11 所示。

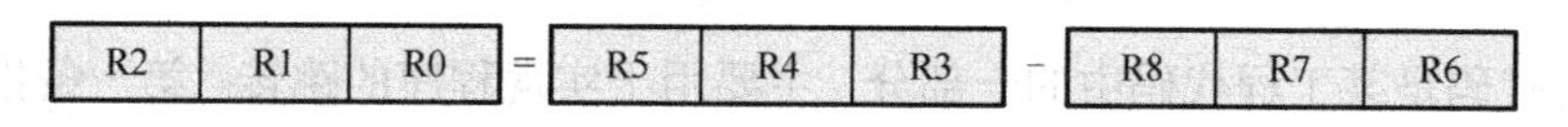

图 2.11　96 位带进位的减法操作

```
/**************  以下代码用于实现 ARM 指令中的 RSC 指令  *****************/
RSC R0, R6, R3          ;最低位[R6]和[R3]相减，不带进位
RSC R1, R7, R4          ;次低位[R7]和[R4]相减，带进位
RSC     R2, R8, R5      ;高位[R8]和[R5]相减，带进位
/*************************** 代码行结束 *****************************/
```

上述 3 行指令实现了与【例 6】同样的功能，即实现了 96 位的减数/被减数之间的减法。二者不同的是在【例 6】中使用的是带进位减法指令 SBC 实现“从左至右”的顺向减法操作，而在本例中主要使用了带进位逆向减法指令 RSC 实现“从右向左”的逆向减法操作。

第一条指令将寄存器[R6]中的数值减去寄存器[R3]中的数值，并将计算结果保存在寄存器[R0]中；

第二条指令将寄存器[R7]中的数值减去寄存器[R4]中的数值，并将计算结果保存在寄存器[R1]中；

第三条指令将寄存器[R8]中的数值减去寄存器[R5]中的数值，并将计算结果保存在寄存器[R2]中。

同样，在第一条指令中，由于处理的是最低 32 位数据的减法，不存在进位操作，因此只需要使用不带进位的逆向减法指令 RSB；第二条和第三条指令则实现了中高位带进位的逆向减法。

7．比较指令 CMP

在算术运算过程中，不可避免地存在数据的比较操作。例如，在跳转指令中，需要对执行条件进行判断，即进行数据的比较操作。

在 ARM 指令系统中，支持了通用的比较指令 CMP，用来比较两个数的大小，其具体的语法格式如下：

```
/**************  以下代码用于实现 ARM 指令中的 CMP 指令  *****************/
CMP {[cond]} [Rn], [operand2]
/*************************** 代码行结束 *****************************/
```

该指令实际上是将寄存器[Rn]中的数值与操作数[operand2]相减，并根据相减计算的结果更新 CPSR 寄存器中的标志位。其中，[cond]为指令执行的条件，即当[cond]为默认时，将无条件执行当前的指令。

需要注意的是，CMP 指令只进行两个操作数的比较，而并不保存计算（减法操作）的结果。

【例 10】使用 CMP 指令实现寄存器[R1]中的数值与立即数#0xA55A 的比较。如果大于立即数，则跳转到 LABEL 处；如果小于等于，则不进行任何操作。

```
/**************  以下代码用于实现 ARM 指令中的 CMP 指令  *****************/
   CMP R1, #0xA55A
   BGT    LABEL
   ……
/*************************** 代码行结束 *****************************/
```

上述两行代码是某工程代码中的一部分，主要用于实现程序的跳转。第一条指令主要使用 CMP 指令实现寄存器 [R1]中的数值与立即数#0xA55A 的比较。同样需要提醒注意的是，CMP 指令只用于比较数据大小，而不保存比较（减法操作）计算的结果。

第二条指令则根据 CPSR 寄存器中的标志位判断是否需要跳转到标号 LABEL 处。这里简单地向读者介绍一下有关 BGT 指令的功能。BGT 指令主要与 CMP 指令配合使用，若比较结果为“大于”，则进行跳转；若比较结果为“小于等于”，则不进行跳转。

本例中的两条代码也可以用 C 语言代码来描述，且代码更为简单。仅需一条 if 判断语句即可实现上述同样的功能，具体如下：

```
/**************  以下代码用于实现 ARM 指令中的 C 语言指令  **************/
   if(x>0x5AAA5)
   {
       //此处为 LABEL 处的执行代码
   }
   ……
/*************************** 代码行结束 *****************************/
```

8. 32 位乘法指令 MUL

对于普通的单片机处理器而言，乘法计算是比较困难的算术运算。通常情况下，单片机只能通过左移操作来实现乘法计算。每左移 1 位，相当于将操作数乘以 2。

在 ARM 指令集中，32 位乘法计算指令 MUL 的基本语法格式如下：

```
/**************  以下代码用于实现 ARM 指令中 CMP 指令  *****************/
   MUL {[cond]} {S} [Rd], [Rm], [Rs]
/*************************** 代码行结束 *****************************/
```

该指令主要用于将寄存器[Rm]中的数值作为乘数，寄存器[Rs]中的数值作为被乘数进行乘法运算，并将最终计算的结果保存到寄存器[Rd]中。

其中，[cond]为指令执行的条件，即当[cond]为默认时，将无条件执行当前的指令；参数[S]用于决定是否影响 CPSR 寄存器中的进位标志位，即当[S]为默认状态时，指令执行的结果对 CPSR 寄存器中的进位标志位不会产生任何影响。

【例 11】使用 MUL 指令实现寄存器[R1]中的数值与寄存器[R2]中的数值进行相乘，并将乘积存放在寄存器[R0]中。并且分别要求：

（1）不自动更新 CPSR 寄存器；（2）自动更新 CPSR 寄存器。

```
/**************  以下代码用于实现 ARM 指令中的 MUL 指令  *****************/
   MUL R0, R1, R2      ;[R1]×[R2] →[R0]
   MULS   R0, R1, R2  ;[R1]×[R2] →[R0]
/*************************** 代码行结束 *****************************/
```

在 ARM 指令集中，32 位的乘法运算相对较为简单。只需要根据 MUL 指令相应的语法格式对寄存器进行操作就可以。

在上述两行代码中，第一条指令将寄存器[R1]中的数值与寄存器[R2]中的数值进行相乘，并将运算结果存放在寄存器[R0]中。由于不需要自动更新 CPSR 寄存器中的标志位，MUL 指令后无须添加-S 后缀。

同样，第二条指令除了实现与第一条指令完全一致的功能外，由于在 MUL 指令后添加了一-S 后缀，因此会自动更新 CPSR 寄存器中的标志位。

需要说明的是，随着 ARM 处理器性能的逐步提高，部分 ARM 嵌入式处理器已经完全实现了乘法操作的瓶颈。对于普通的单片机而言，虽然可以通过汇编指令集中的 MUL 指令来实现数据的乘法操作，但其本质是通过反复的位移操作及加法组合来实现的，需要较长的处理时钟周期。归根到底在于这些乘法都是通过软件来实现的。因此，一般情况下在单片机中进行乘法和除法运算是不被推荐的。

随着硬件资源的改善和优化，部分高档的处理器中出现了硬件乘法，即单片机中乘法运算不再依赖于移位操作和加法操作，而是由专用的硬件乘法器来实现。例如，本书中向读者介绍的车载 ARM 嵌入式芯片—STM32F103XX 系列处理器。因此，具有极快的运算速度和极高的效率，甚至还出现了部分支持硬件除法的单片机。有兴趣的读者可以查阅最新的 ST 公司的用户手册，这里就不再赘述了。

9. 32 位乘法-累加指令 MLA

在 ARM 指令集中，用户可以通过 MUL 指令来实现不同寄存器中数值的乘法运算。为了进一步简化代码长度，ARM 指令集中还支持了有关乘法-累加操作 MLA 指令。

乘法-累加指令 MLA 的具体语法格式如下：

```
/**************  以下代码用于实现 ARM 指令中的 MLA 指令  *****************/
MLA {[cond]} {S} [Rd], [Rm], [Rs], [Rn]
/*************************** 代码行结束 *****************************/
```

该指令主要用于将寄存器[Rm]中的数值作为乘数，将寄存器[Rs]中的数值作为被乘数进行乘法运算，再将乘积与寄存器[Rn]中的数值相加，最后将计算得到的结果保存到寄存器[Rd]中。

其中，[cond]为指令执行的条件，即当[cond]为默认时，将无条件执行当前的指令；参数[S]用于决定是否影响 CPSR 寄存器中的进位标志位，即当[S]为默认状态时，指令执行的结果对 CPSR 寄存器中的进位标志位不会产生任何影响。

MLA 指令也相对比较简单，即实现了四则运算中的“先乘后加”运算。用户可以通过【例 11】对 MLA 指令进行了解。

【例 12】使用 MLA 指令实现寄存器[R1]中的数值与寄存器[R2]中的数值进行相乘，并与寄存器[R3]中的数值进行相加，将计算结果存放在寄存器[R0]中，并且分别要求：

（1）不自动更新 CPSR 寄存器；（2）自动更新 CPSR 寄存器。

```
/**************  以下代码用于实现 ARM 指令中的 MLA 指令  *****************/
MLA    R0, R1, R2, R3         ;[R1]×[R2] →[R0]
MLAS   R0, R1, R2, R3         ;[R1]×[R2] →[R0]
/*************************** 代码行结束 *****************************/
```

32 位的乘法-累加运算与乘法运算类似，只需要根据 MLA 指令相应的语法格式对寄存器进行操作就可以了。

在上述两行代码中，第一条指令将寄存器[R1]中的数值与寄存器[R2]中的数值进行相乘，并与寄存器[R3]中的数值相加，将运算的结果存放在寄存器[R0]中。由于不需要自动更新 CPSR 寄存器中的标志位，因此 MLA 指令后无须添加-S 后缀。

同样，第二条指令除了实现与第一条指令完全一致的功能外，由于在 MLA 指令后添加了——-S 后缀，因此该指令将自动更新 CPSR 寄存器中的标志位。

10. 无符号长乘（64 位乘法）指令 UMULL

在加法/减法运算中，如果操作数超出了 ARM 处理器的范围（32 位），则可以将其分为若干个寄存器通过带进位的 ADC 指令和带进位的 SBC 指令分别进行求和操作和求差操作。同样，在 ARM 嵌入式代码中，也会经常遇到超过 32 位的乘法计算。此时，如果仍然采用普通的 MUL 乘法指令，则会产生数据溢出，甚至出现不可预知的错误。

在 ARM 指令集中，支持了无符号长乘（64 位乘法）指令 UMULL。这里需要说明的是，无符号数据是指不带正负号的数据，因此不能进行 64 位的正负数及负负数之间的乘法。该长乘指令的基本语法格式如下：

```
/**************  以下代码用于实现 ARM 指令中的 UMULL 指令  ***************/
UMULL {[cond]} {S} [Rd_L], [Rd_H], [Rm], [Rs]
/*************************** 代码行结束 *****************************/
```

该指令主要用于将寄存器[Rm]中的数值作为乘数，将寄存器[Rs]中的数值作为被乘数进行乘法运算，将两者进行“无符号乘法”，最后将乘积的低 32 位保存到寄存器[Rd_L]中，而乘积的高 32 位被保存到寄存器[Rd_H]中。

其中，[cond]为指令执行的条件，即当[cond]为默认时，将无条件执行当前的指令；参数[S]用于决定是否影响 CPSR 寄存器中的进位标志位，即当[S]为默认状态时，指令执行的结果对 CPSR 寄存器中的进位标志位不会产生任何影响。

【例 13】使用 UMULL 指令实现寄存器[R5]中的数值与寄存器[R8]中的数值进行无符号乘法，并将乘积的低 32 位保存到寄存器[R0]中，而乘积的高 32 位被保存到寄存器[R1]中。其中，寄存器[R5]中的数值为 0x01，寄存器[R8]中的数值为 0x02。

```
/**************  以下代码用于实现 ARM 指令中 UMULL 指令  ***************/
MOV R5, #0x01
MOV R8, #0x02
UMULL   R0, R1, R5, R8  ;[R5]×[R8] →[R1]|[R0]
/*************************** 代码行结束 *****************************/
```

64 位的长乘运算与乘法运算在运算的结果处理方式上有比较大的区别。普通的 32 位乘法运行的结果由于没有超出 ARM 处理器的宽度（32 位）范围，只需要一个普通的 32 位寄存器就可以保存计算结果了。

而在 64 位的长乘运算指令中，虽然乘数和被乘数都是 32 位的，可以通过通用的 32 位寄存器进行保存，但乘积的结果可能超过 32 位，因此无法通过一个 32 位的通用寄存器进行保存。在 ARM 指令集中，处理这个问题的方式与长整数加法的处理方式一致，即通过两个或多个 32

位寄存器对运算的结果分“高、低位”进行存储。需要特别提醒读者注意的是，在 UMULL 指令中，一定要分清楚哪个寄存器是用于保存低字节数据，以及哪个寄存器是用于保存高字节数据的。

在上述 3 条指令中，第一条指令将立即数#0x01 保存到寄存器[R5]中。

第二条指令将立即数#0x02 保存到寄存器[R8]中。

第三条指令实现寄存器[R5]中的数值与寄存器[R8]中的数值进行无符号乘法，并将乘积的低 32 位保存到寄存器[R0]中，而乘积的高 32 位被保存到寄存器[R1]中。

11. 无符号长乘-累加指令 UMLAL

通常情况下在嵌入式算术运算中，对无符号 64 位数据的操作同样需要多条指令来实现。为了进一步简化代码的长度，提高 CPU 处理指令的效率，ARM 指令集还支持了对无符号长乘-累加指令 UMLAL。

与有符号乘法-累加指令 MLA 类似，无符号长乘-累加指令 UMLAL 实现了不同寄存器中数值的四则运算。而唯一的区别在于数据的宽度由 32 位变为 64 位。

该无符号长乘-累加指令的基本语法格式如下：

```
/************** 以下代码用于实现 ARM 指令中的 UMLAL 指令 ***************/
UMLAL {[cond]} {S} [Rd_L], [Rd_H], [Rm], [Rs]
/************************** 代码行结束 ******************************/
```

该指令主要用于将寄存器[Rm]中的数值作为乘数，寄存器[Rs]中的数值作为被乘数进行乘法运算，将两者进行“无符号乘法”，并将乘积与寄存器[Rd_L]和[Rd_H]构成的加数进行累加操作，最后将计算结果的低 32 位保存到寄存器[Rd_L]中，而计算结果的高 32 位被保存到寄存器[Rd_H]中。且[Rd_L]、[Rd_H]、[Rm]、[Rs]均为通用寄存器（32 位）。

其中，[cond]为指令执行的条件，即当[cond]为默认时，将无条件执行当前的指令；参数[S]用于决定是否影响 CPSR 寄存器中的进位标志位，即当[S]为默认状态时，指令执行的结果对 CPSR 寄存器中的进位标志位不会产生任何影响。

这里需要注意的是，虽然无符号长乘-累加指令 UMLAL 的语法格式与有符号乘法-累加指令 MLA 指令类似，但在加数及最终计算结果的保存位置上有着本质区别。

在有符号乘法-累加指令 MLA 中，加数被单独存放在一个 32 位的通用寄存器中；而在无符号长乘-累加指令UMLAL中，加数被预先分高、低位放置在用于保存最终结果的寄存器[Rd_L]和[Rd_H]中。在累加操作完成之后，运算得到的结果被重新写入寄存器[Rd_L]和[Rd_H]中，即计算的结果覆盖了加数寄存器。

【例 14】使用 UMLAL 指令实现寄存器[R5]中的数值与寄存器[R8]中的数值进行无符号乘法，并与寄存器[R0]、[R1]中的数据（0x0201）进行累加操作，将最终计算结果的低 32 位保存到寄存器[R0]中，而高 32 位被保存到寄存器[R1]中。其中，寄存器[R0]中的数值为 0x01，寄存器[R1]中的数值为 0x02，寄存器[R5]中的数值为 0x01，寄存器[R8]中的数值为 0x02。

```
/************** 以下代码用于实现 ARM 指令中的 UMLAL 指令 ***************/
MOV R0, #0x01
MOV R1, #0x02
MOV R5, #0x01
MOV R8, #0x02
```

```
UMLAL   R0, R1, R5, R8 ;[R5]×[R8] +[R1]|[R0]→[R1]|[R0]
/*************************** 代码行结束 *****************************/
```

64 位无符号长乘-累加运算与 32 位有符号乘法-累加运算在运算结果的保存方式上有比较大的区别。计算结果的保存寄存器与累加操作的加数寄存器是同一组寄存器，即实现了通用寄存器的复用功能，在保存最终计算结果时直接覆盖了原有的加数。

在 ARM 指令集中，64 位无符号长乘-累加运算的处理与长整数加法的处理一致，也是通过两个或多个 32 位寄存器对运算的结果分“高、低位”进行存储的。需要特别提醒读者注意的是，在 UMLAL 指令中，累加加法寄存器与最终的计算结果寄存器是一致的，并且同样也是分高、低位来存储的，所以同样要分清哪个寄存器是用于保存低字节数据，以及哪个寄存器是用于保存高字节数据的。

在上述 5 条指令中，第一条指令将立即数#0x01 保存到寄存器[R0]中。

第二条指令将立即数#0x02 保存到寄存器[R1]中。

这两条指令实现了累加加数的保存工作，即由寄存器[R0]中的数值构成加数的低 32 位，而寄存器[R1]中的数值构成加数中的高 32 位。

第三条指令将立即数#0x01 保存到寄存器[R5]中。

第四条指令将立即数#0x02 保存到寄存器[R8]中。

第五条指令实现寄存器[R5]中的数值与寄存器[R8]中的数值进行“无符号乘法”，并将乘积与寄存器[R0]和[R1]构成的加数进行累加操作，最后将计算结果的低 32 位保存到寄存器[R0]中，高 32 位则被保存到寄存器[R1]中。

12. 有符号长乘指令 SMULL

为了进一步提高 ARM 处理器的数据处理能力，在 ARM 指令集中还支持了对有符号 64 位数据的长乘操作指令 SMULL。

与无符号长乘指令 UMULL 类似，有符号长乘指令 SMULL 实现了不同寄存器中数值的乘法运算。而唯一的区别在于 CPU 处理的数据可以是有符号的。

该有符号长乘指令的基本语法格式如下：

```
/************** 以下代码用于实现 ARM 指令中的 SMULL 指令 ***************/
SMULL {[cond]} {S} [Rd_L], [Rd_H], [Rm], [Rs]
/*************************** 代码行结束 *****************************/
```

该指令主要用于将寄存器[Rm]中的数值作为乘数，寄存器[Rs]中的数值作为被乘数进行乘法运算，将两者进行“有符号乘法”，最后将乘积的低 32 位保存到寄存器[Rd_L]中，乘积的高 32 位则被保存到寄存器[Rd_H]中，且[Rd_L]、[Rd_H]、[Rm]、[Rs]均为通用寄存器（32 位）。

其中，[cond]为指令执行的条件，即当[cond]为默认时，将无条件执行当前的指令；参数[S]用于决定是否影响 CPSR 寄存器中的进位标志位，即当[S]为默认状态时，指令执行的结果对 CPSR 寄存器中的进位标志位不会产生任何影响。

【例 15】使用 SMULL 指令实现寄存器[R5]中的数值与寄存器[R8]中的数值进行有符号乘法，将最终计算结果的低 32 位保存到寄存器[R0]中，高 32 位则被保存到寄存器[R1]中。其中，寄存器[R5]中的数值为#-1，寄存器[R8]中的数值为 0x02

```
/************** 以下代码用于实现 ARM 指令中 SMULL 指令 ***************/
MOV R5, #-1
MOV R8, #0x02
SMULL   R0, R1, R5, R8  ;[R5]×[R8] +[R1]|[R0]→[R1]|[R0]
/*************************** 代码行结束 *****************************/
```

在上述 3 条指令中，第一条指令将有符号立即数#-1 保存到寄存器[R5]中。

第二条指令将立即数#0x02 保存到寄存器[R8]中。

第三条指令实现寄存器[R5]中的数值与寄存器[R8]中的数值进行有符号乘法，最后将计算结果的低 32 位保存到寄存器[R0]中，高 32 位则被保存到寄存器[R1]中。

13. 有符号长乘-累加指令 SMLAL

在 ARM 指令集中，除了上述介绍的相关运算操作指令外，同样还支持了有符号长乘-累加指令 SMLAL。

与无符号长乘-累加指令 UMLAL 类似，有符号长乘-累加指令 SMLAL 也同样实现了不同寄存器中数值的四则运算。而唯一的区别在于 SMLAL 指令实现了对数据的有符号运算。

该有符号长乘-累加指令的基本语法格式如下：

```
/************** 以下代码用于实现 ARM 指令中的 SMLAL 指令 ***************/
SMLAL {[cond]} {S} [Rd_L], [Rd_H], [Rm], [Rs]
/*************************** 代码行结束 *****************************/
```

该指令主要用于将寄存器[Rm]中的数值作为乘数，寄存器[Rs]中的数值作为被乘数进行乘法运算，将两者进行“有符号乘法”，并将乘积与寄存器[Rd_L]和[Rd_H]构成的加数进行累加操作，最后将计算结果的低 32 位保存到寄存器[Rd_L]中，乘积的高 32 位则被保存到寄存器[Rd_H]中，且[Rd_L]、[Rd_H]、[Rm]、[Rs]均为通用寄存器（32 位）。

其中，[cond]为指令执行的条件，即当[cond]为默认时，将无条件执行当前的指令；参数[S]用于决定是否影响 CPSR 寄存器中的进位标志位，即当[S]为默认状态时，指令执行的结果对 CPSR 寄存器中的进位标志位不会产生任何影响。

有符号长乘-累加指令 SMLAL 与无符号长乘-累加指令 UMLAL 完全类似，唯一的不同之处在于该指令是针对有符号数据处理的运算指令。用户可以对照 UMLAL 指令的例题进行对比，这里就不再举例说明了。

14. 取反比较指令 CMN

前面已经介绍了有关数据比较的指令 CMP。但 CMP 指令只能用于正数之间的比较，不能用于负数之间的比较。

为了支持负数之间的比较操作，ARM 指令集中支持了用于取反比较指令 CMN，具体的语法格式如下：

```
/*************** 以下代码用于实现 ARM 指令中的 CMN 指令 ***************/
CMN {[cond]} [Rn], [operand2]
/*************************** 代码行结束 *****************************/
```

该指令实际上是将寄存器[Rn]中的数值与操作数[operand2]相加，并根据计算的结果更新 CPSR 寄存器中的标志位。其中，[cond]为指令执行的条件，即当[cond]为默认时，将无条件执行当前的指令。

但需要注意的是，与 CMP 指令类似，取反比较指令 CMN 只进行两个操作数的比较，并不保存计算（加法操作）的结果。

【例 16】对寄存器[R1]中的数值与立即数#0x5A 进行取反比较操作。

```
/****************  以下代码用于实现 ARM 指令中的 CMN 指令   *****************/
CMN     R1, #0x5A
/*************************** 代码行结束 *****************************/
```

在该语句中，实现了寄存器[R1]中的数值与立即数#0x5A 的相加，根据计算的结果来更新条件标志位。

需要说明的是，CMN 指令除了不保存计算的结果外，其他操作与 ADD 指令是完全一致的。

【例 17】判断寄存器[R0]中的数值是否为 1 的补码。

```
/****************  以下代码用于实现 ARM 指令中的 CMN 指令   *****************/
CMN     R0, #1
/*************************** 代码行结束 *****************************/
```

在该语句中，将寄存器[R0]中的数值与立即数 1 相加。如果寄存器[R0]中的数值等于 1 的补码，累加后的结果为 0，则将状态标志位 Z 置 1；如果寄存器[R0]中的数值不等于 1 的补码，则累加后的结果不为 0，不会将状态标志位 Z 置 1。

2.3.3 逻辑运算指令

在 ARM 嵌入式中，CPU 只能处理数字信号，即与处理器直接打交道的只能是二进制代码。因此，在实际的应用过程中，往往需要对操作数中的某一位或几位进行特殊操作，如屏蔽某些位、进行奇偶校验、提取某 1 位等。在这种情况下，用户可以通过使用逻辑运算指令来实现上述功能的操作。

在 ARM 指令集中，常用的逻辑运算指令有 6 个，如表 2.8 所示。

表 2.8 ARM 指令集中的逻辑运算指令

指令符号	功能描述
AND	逻辑与操作
ORR	逻辑或操作
EOR	逻辑异或操作
BIC	位清 0 操作
TST	测试比较操作
TEQ	异或测试操作

下面将结合具体的代码操作向读者依次介绍 ARM 指令集中的逻辑运算操作。

1. 逻辑与操作 AND

在 ARM 指令集中，逻辑与操作指令 AND 的基本语法格式为：

```
/***************  以下代码用于实现 ARM 指令中的 AND 指令  ****************/
AND {[cond]} {S}  [Rd], [Rn], [operand2]
/**************************** 代码行结束 ******************************/
```

与普通的与操作类似，ARM 指令集中的逻辑与操作 AND 用于对两个操作数[Rn]和[operand2]进行逻辑与运算，并将运算结果保存到寄存器[Rd]中。

所谓“逻辑与”操作，即在各个操作位上，数值均为 1，则结果为 1，否则结果为 0。

其中，[cond]为指令执行的条件，即当[cond]为默认时，将无条件执行当前的指令；参数[S]用于决定是否影响 CPSR 寄存器中的进位标志位，即当[S]为默认状态时，指令执行的结果对 CPSR 寄存器中的进位标志位不会产生任何影响。

根据逻辑与操作 AND 指令的功能描述，不难看出该操作指令可以用来屏蔽操作数中的某一位或几位。用户可以通过下面的例子对 AND 指令的功能做进一步了解。

【例 18】使用逻辑与操作指令 AND 取出寄存器[R0]中数值的最后两位。其中，寄存器 R0 中的数值为 0xFF。

```
/***************  以下代码用于实现 ARM 指令中的 AND 指令  ****************/
MOV R0, 0xFF                    ;将立即数 0xFF 保存到寄存器 R0 中
AND R0, R0, #0x03               ;取出寄存器 R0 中的最低 2 位
/**************************** 代码行结束 ******************************/
```

在上述代码中，主要完成“位提取”操作。从本质上来说，即使用逻辑与操作指令 AND 屏蔽操作数中的某些位，其基本原理是，设置一个全为 0，且与操作数位数一致的十六进制数 0x00，将需要屏蔽的位设置为 0，不需要屏蔽的位设置为 1。依据逻辑与操作的规则，数值均为 1 则结果为 1，否则结果为 0，被设置为 1 的那些位将被提取保存。

第一条指令将立即数 0xFF 保存到寄存器 R0 中；

第二条指令通过 AND 指令与立即数#0x03 操作，取出 R0 的最低 2 位，并将新得到的结果仍然保存到寄存器 R0 中。

不难发现，上述代码运行后，寄存器中的结果为 0x03，即为 0xFF 的最低 2 位。

2. 逻辑或操作 ORR

在 ARM 指令集中，逻辑或操作指令 ORR 的基本语法格式为：

```
/***************  以下代码用于实现 ARM 指令中的 ORR 指令  ****************/
ORR {[cond]} {S}  [Rd], [Rn], [operand2]
/**************************** 代码行结束 ******************************/
```

ARM 指令集中的逻辑或操作指令 ORR 用于对两个操作数[Rn]和[operand2]进行逻辑或运算，并将运算的结果保存到寄存器[Rd]中。

所谓“逻辑或”操作，与前面的“逻辑与”操作相反，即在各个操作位上，数值均为 0 则结果为 0，数值不同则结果为 1。

其中，[cond]为指令执行的条件，即当[cond]为默认时，将无条件执行当前的指令；参数[S]用于决定是否影响 CPSR 寄存器中的进位标志位，即当[S]为默认状态时，指令执行的结果对 CPSR 寄存器中的进位标志位不会产生任何影响。

与前面的逻辑与操作指令 AND 不同的是，逻辑与操作 ORR 指令并不能实现操作数某 1

位或某几位的提取操作。相反的是，逻辑或指令 ORR 能实现对操作数某 1 位或某几位的置位（置 1）操作。

用户可以通过下面的例子对 ORR 指令的功能做进一步了解。

【例 19】使用逻辑或操作指令 ORR 将寄存器[R0]中数值的最后两位设置为 1。其中，寄存器 R0 中的数值为 0x5A。

```
/***************  以下代码用于实现 ARM 指令中的 ORR 指令  ****************/
MOV R0, 0x5A                   ;将立即数 0x5A 保存到寄存器 R0 中
ORR R0, R0, #0x03              ;将寄存器 R0 中的最低 2 位设置为 1
/*************************** 代码行结束 *****************************/
```

在上述代码中，主要完成“置 1”操作。从本质上来说，即使用逻辑或操作指令 ORR 将操作数中的某些位设置为 1。其基本原理是，设置一个全为 0 的，且与操作数位数一致的十六进制数 0x00，将需要设置为 1 的位填 1，不需要设置为 1 的位填 0。依据逻辑或操作的规则，数值均为 0 则结果为 0，数值不均为 0 则结果为 1，被设置为 1 的那些位通过 ORR 操作后将被设置为 1。

第一条指令将立即数 0x5A 保存到寄存器 R0 中。

第二条指令通过 AND 指令与立即数#0x03 操作，取出 R0 的最低 2 位，并将新得到的结果仍然保存到寄存器 R0 中。

上述代码运行后，寄存器中的结果为 0x03，即将 0xFF 的最低 2 位成功设置为 1。

3. 逻辑异或操作 EOR

在 ARM 指令集中，逻辑异或操作指令 EOR 的基本语法格式与上述“逻辑与操作”及“逻辑或操作”都是类似的，具体格式为：

```
/***************  以下代码用于实现 ARM 指令中的 EOR 指令  ****************/
EOR {[cond]} {S}  [Rd], [Rn], [operand2]
/*************************** 代码行结束 *****************************/
```

ARM 指令集中的逻辑异或操作指令 EOR 用于对两个操作数[Rn]和[operand2]进行逻辑异或运算，并将运算的结果保存到寄存器[Rd]中。

所谓“逻辑异或”操作，即在各个操作位上，数值对应相同则结果为 0，数值对应不同则结果为 1。

其中，[cond]为指令执行的条件，即当[cond]为默认时，将无条件执行当前的指令；参数[S]用于决定是否影响 CPSR 寄存器中的进位标志位，即当[S]为默认状态时，指令执行的结果对 CPSR 寄存器中的进位标志位不会产生任何影响。

用户可以通过下面的例子对 EOR 指令的功能做进一步了解。

【例 20】使用逻辑异或操作指令 EOR 将寄存器[R0]中的数值分别与立即数#0x5A 和#0xA5 进行异或操作。其中，寄存器 R0 中的数值为 0x5A。

```
/***************  以下代码用于实现 ARM 指令中的 EOR 指令  ****************/
MOV R0, 0x5A                   ;将立即数 0x5A 保存到寄存器 R0 中
EOR R0, R0, #0x5A              ;将寄存器 R0 中的数值与立即数#0x5A 进行异或操作
EOR R0, R0, #0xA5              ;将寄存器 R0 中的数值与立即数#0xA5 进行异或操作
/*************************** 代码行结束 *****************************/
```

从本质上来说，逻辑异或操作指令 ERR 将两个操作数中的各个位进行比较。如果对应的位上数值相同，则结果为 0；如果对应的位上数值不同，则结果为 1。

在上述代码中，第一条指令将立即数 0x5A 保存到寄存器 R0 中，用于与后面的立即数进行异或操作。

第二条指令通过 EOR 指令与立即数#0x5A 进行异或操作，并将新得到的结果仍然保存到寄存器 R0 中。由于每一个位上的数值都对应相同，根据异或操作的规则，该指令运行后寄存器 R0 中的数值为 0x00。

第三条指令通过 EOR 指令与立即数#0xA5 进行异或操作，并将新得到的结果仍然保存到寄存器 R0 中。由于每一个位上的数值都不相同，根据异或操作的规则，该指令运行后寄存器 R0 中的数值为 0xFF。

4．位清除操作 BIC

前面已经介绍过，可以通过“逻辑与”操作来屏蔽操作数中的某些位。实际上在 ARM 指令集中，已经支持了专门用于位清除的操作指令 BIC。通过 BIC 指令，可以将操作数中的某 1 位或几位设置为 0。

有关位清除操作指令 BIC 的具体语法格式为：

```
/***************  以下代码用于实现 ARM 指令中的 BIC 指令  ****************/
BIC {[cond]} {S}  [Rd], [Rn], [operand2]
/************************** 代码行结束 ****************************/
```

ARM 指令集中的位清除操作指令 BIC 主要用于清除操作数中的某些位，并将最终的操作结果保存到寄存器中。寄存器[Rd]中为需要进行位清除操作的操作数；寄存器[operand2]为位清除操作的掩码，当寄存器[operand2]中的某一位被设置为 1 时，寄存器[Rn]中对应的位会被清零，并且被保存到寄存器[Rd]中。

其中，[cond]为指令执行的条件，即当[cond]为默认时，将无条件执行当前的指令；参数[S]用于决定是否影响 CPSR 寄存器中的进位标志位，即当[S]为默认状态时，指令执行的结果对 CPSR 寄存器中的进位标志位不会产生任何影响。

用户可以通过下面的例子对 BIC 指令的功能做进一步了解。

【例 21】使用位清除操作指令 BIC 将寄存器[R0]中数值的最高位和最低位清零。其中，寄存器 R0 中的数值为 0xA5。

```
/***************  以下代码用于实现 ARM 指令中的 BIC 指令  ****************/
MOV R0, 0xA5                    ;将立即数 0xA5 保存到寄存器 R0 中
BIC R0, R0, #0x81               ;清除寄存器 R0 中数值的最低位和最高位
/************************** 代码行结束 ****************************/
```

在 BIC 指令操作中，语法格式相对比较简单，只要按照 BIC 语法指令格式填写好就可以，而关键在于清除掩码的确定。

本例需要对操作数的最高位和最低位进行清除，在设置掩码时需要将最低位和最高位设置为 1，而其他各位设置为零，得到立即数#0x81。

在上述两行代码中，第一条指令将立即数 0xA5 保存到寄存器 R0 中，作为清除位操作的对象。

第二条指令通过 BIC 指令与掩码#0x81 操作，并将新得到的结果仍然保存到寄存器 R0 中。由于掩码#0x81 所对应的二进制格式为 1000,0001b，即最高位与最低位为 1，而其他位为 0。根据位清除操作的规则，该指令运行后会将寄存器 R0 中数值的最高位和最低位清除为 0，而其他位保持不变。

5. 测试比较操作 TST

在 ARM 指令集中，用户除了可以通过 CMP 等数据比较指令来实现对数据进行比较外，还提供了测试比较指令 TST。

有关测试比较操作指令 TST 的具体语法格式为：

```
/***************  以下代码用于实现 ARM 指令中的 TST 指令   ****************/
TST {[cond]} [Rd], [operand2]
/************************** 代码行结束 ****************************/
```

其中，[cond]为指令执行的条件，即当[cond]为默认时，将无条件执行当前的指令。寄存器[Rd]中的数据为需要进行测试比较操作的对象；寄存器[operand2]中的数据为测试比较操作的掩码，当寄存器[operand2]中的某一个位被设置为 1 时，寄存器[Rn]中对应的位会进行测试比较操作。

测试比较指令 TST 用于将一个寄存器的值和一个算术值进行逻辑与操作，并根据这两个操作数之间“逻辑与”操作的结果来更新 CPSR 寄存器中的值。从本质上来说，除了不保存比较的结果外，测试比较指令 TST 与逻辑与操作指令 AND 是一样的。通常情况下，测试比较指令 TST 常被用于测试寄存器中的某些位是 0 还是 1。

用户可以通过下面的例子对 TST 指令的功能做进一步了解。

【例 22】使用测试比较操作指令 TST 来检验寄存器[R0]中数值的最高位和最低位是否为零。其中，寄存器 R0 中的数值为 0xA5。

```
/***************  以下代码用于实现 ARM 指令中的 TST 指令   ****************/
MOV R0, 0xA5                ;将立即数 0xA5 保存到寄存器 R0 中
TST  R0, #0x81              ;测试寄存器 R0 中数值的最低位和最高位
/************************** 代码行结束 ****************************/
```

在 TST 指令操作中，关键在于如何确定测试比较掩码的数值。需要提醒用户的是，TST 指令会根据测试比较的结果来更新寄存器 CPSR 中的 N、Z、C 和 V 标志位，但测试比较的结果不会被保存在任何寄存器中。

本例需要对操作数的最高位和最低位进行测试，在设置掩码时需要将最低位和最高位设置为 1，而其他各位设置为零，得到立即数#0x81。

在上述两行代码中，第一条指令将立即数 0xA5 保存到寄存器 R0 中来作为测试比较操作的对象；

第二条指令通过 TST 指令与掩码#0x81 进行操作。由于掩码#0x81 所对应的二进制格式为 1000,0001b，即最高位与最低位为 1，而其他位为 0。根据测试比较操作的规则，该指令运行后会对寄存器 R0 中数值的最高位和最低位进行测试，并根据最终测试的结果来更新寄存器 CPSR 中的标志位。

6. 异或测试指令 TEQ

与测试比较指令类似的是，ARM 指令集还支持了异或测试指令 TEQ。该指令的基本语法格式如下：

```
/***************  以下代码用于实现 ARM 指令中的 TEQ 指令  *****************/
TEQ {[cond]} [Rd], [operand2]
/************************** 代码行结束 ******************************/
```

其中，[cond]为指令执行的条件，即当[cond]为默认时，将无条件执行当前的指令。寄存器[Rd]中的数据为需要进行异或测试操作的对象；寄存器[operand2]中的数据为异或测试操作的掩码，当寄存器[operand2]中的某一位被设置为 1 时，寄存器[Rn]中对应的位会进行异或测试操作。

异或测试指令 TEQ 用于将一个寄存器的值和另一个寄存器的值或立即数进行比较，并根据这两个操作数之间的“逻辑异或”操作的结果来更新 CPSR 寄存器中的值。

与测试比较指令 TST 不同的是，异或测试指令 TEQ 常被用于测试两个寄存器中的数值是否相等。

用户可以通过下面的例子对 TEQ 指令的功能做进一步了解。

【例 23】使用异或测试指令 TEQ 来检验寄存器[R0]中数值是否与寄存器[R1]中的数值相等。

```
/***************  以下代码用于实现 ARM 指令中的 TEQ 指令  *****************/
MOV R0, 0xA5                ;将立即数 0xA5 保存到寄存器 R0 中
MOV R1, 0x5A                ;将立即数 0x5A 保存到寄存器 R1 中
TEQ  R0, R1                 ;测试寄存器 R0 中数值的最低位和最高位
/************************** 代码行结束 ******************************/
```

在 TEQ 指令操作中，只涉及寄存器之间的操作，而不存在类似 TST 指令中的掩码。除此之外，与 TST 指令相同的是，TEQ 指令同样会根据比较的结果来更新寄存器 CPSR 中的标志位。

在上述两行代码中，第一条指令将立即数 0xA5 保存到寄存器 R0 中；第二条指令将立即数 0x5A 保存到寄存器 R1 中。

第三条指令通过 TEQ 指令对寄存器 R0 和寄存器 R1 进行异或测试操作，并根据最终测试结果更新寄存器 CPSR 中的标志位。

2.3.4 存储器访问指令

ARM 处理器属于加载/存储类型的，即处理器对数据的操作通过将数据从存储器加载到片内寄存器中进行处理。数据处理结束后，再由寄存器反存到存储器中，这样的操作方式可以在一定程度上加快对片外存储器进行数据处理的执行速度。

在 ARM 指令集中，数据存取指令加载/存储是唯一用于寄存器和存储器之间进行数据传送的指令。通常情况下，由存储器向寄存器传送数据的指令称为加载指令；而由寄存器向存储器传送数据的指令称为存储指令。

ARM 指令集中的数据存取指令可以分为以下 3 类。

1. 单寄存器存取指令

单寄存器的数据存储指令主要用于 ARM 中寄存器和存储器之间数据的传送，也是最为灵活的一种数据传送方式。单寄存器中传送的数据可以是 8bit 的，也可以是 16bit 的，甚至还可以传送 32bit 的数据。

在 ARM 指令集中，常用的单寄存器存取指令有 LDR 指令和 STR 指令等。

2. 多寄存器存取指令

用户可以通过单寄存器存取指令实现寄存器中数据的传送，但这类指令每次只能传送一个数据。因此，在一些需要批量传输数据的场合，如果仍然采用单寄存器存取指令的方式来进行数据传送，显然是不适合的。

在 ARM 指令集中，除了上述的单寄存器存取指令之外，还支持了多寄存器存取指令。虽然与单寄存器存取指令相比，这类指令的灵活性相对要差一些，但可以更有效地实现大批数据的存取。

通常情况下，多寄存器存取指令主要用于进行启动、退出、保存和恢复工作的寄存器，以及成块地复制寄存器中的数据。

在 ARM 指令集中，常用的单寄存器存取指令有 LDM 指令和 STM 指令等。

3. 单寄存器交换指令

在 ARM 处理器操作中，数据交换是数据加载/存储的一种特殊形式，主要用于在存储器和寄存器之间交换数据。在 ARM 指令集中，常用的单寄存器交换指令有 SWP 指令。

单寄存器交换指令 SWP 可以将字或者无符号字节的读取和存储组合在一条指令中。通常情况下，这两种数据传送的操作是一对操作偶，即成对出现。因此，单寄存器交换指令 SWP 通常用于处理器之间或者处理器与 DMA 控制器之间共享信号量、数据结构，以及进行互斥性质的访问。

上述三类存储器访问指令实现了 ARM 处理器内部的数据传送，这主要是由于部分 ARM 处理器内部不支持 RAM 存储器，数据的传送必须以寄存器为媒介进行传送。除此之外，由于 ARM 处理器结构中的所有的外部设备都和存储单元一样，分配了不同的地址单元，而 ARM 处理器则将这些外部设备统一作为外部存储器来操作。因此，在 ARM 系统中，同样需要使用加载和存储指令来实现对数据的传送。

实际上，随着硬件资源的不断完善，目前绝大部分的 ARM 处理器都集成了 RAM 存储器。因此，对数据的操作也可以不再依赖寄存器或存储器之间的传送，但这并不意味着存储器访问指令已经完全被淘汰了。

在嵌入式底层汇编代码中，即使是在支持 RAM 存储器的 ARM 芯片中，存储器访问指令仍然发挥着不可忽视的作用。并且，由于存储器访问指令直接与芯片底层的寄存器及硬件资源密切相关，用户也只有对这些底层寄存器及硬件资源的分配有了充分的了解和掌握后，才能更好地实现对 ARM 芯片的操作。

有关 ARM 指令集中主要存储器访问指令，用户可以通过表 2.9 进行了解各个指令的功能，在此就不再赘述了。

表 2.9 ARM 指令集中的存储器访问指令

指令符号	功能描述	指令符号	功能描述
LDR	字加载指令	LDRBT	以用户模式加载无符号字节
STR	字存储指令	STRBT	以用户模式存储字节
LDRB	无符号字节加载指令	LDRSB	加载有符号字节数据
STRB	字节存储指令	LDRSH	加载有符号半字节数据
LDRH	无符号半字加载指令	LDM	批量数据加载指令
STRH	半字存储指令	STM	批量存储数据指令
LDRT	以用户模式加载字数据	SWP	寄存器存储器字交换指令
STRT	以用户模式存储字数据	SWPB	寄存器存储器字节交换指令

2.3.5 数据传送指令

前面已经大致介绍了有关存储器访问的操作指令。在 ARM 嵌入式系统中，还需要实现寄存器之间的数据传送。

ARM 指令集提供了几个用于寄存器之间的数据传送指令，如表 2.10 所示。用户可以利用这些指令来完成 ARM 处理器中寄存器之间的数据传送。

表 2.10 ARM 指令集中的数据传送指令

指令符号	功能描述
MOV	通用数据传送指令
MVN	反向数据传送指令
MRS	程序状态字内容传送到通用寄存器指令
MSR	写状态寄存器指令

1. 通用数据传送指令 MOV

在 ARM 指令集中，MOV 指令是最为简单和常见的数据传送指令。通常情况下，用户可以使用 MOV 指令将立即数传送到目标寄存器中，也可以将一个寄存器中的数值传送到另一个寄存器中。

在 ARM 指令集中，通用数据传送指令 MOV 的基本语法格式为：

```
/****************  以下代码用于实现 ARM 指令中的 MOV 指令  ****************/
MOV {[cond]} {S}  [Rd], [operand2]
/***************************  代码行结束 ******************************/
```

其中，[cond]为指令执行的条件，即当[cond]为默认时，将无条件执行当前的指令；参数[S]用于决定是否影响 CPSR 寄存器中的进位标志位，即当[S]为默认状态时，指令执行的结果对 CPSR 寄存器中的进位标志位不会产生任何影响。

在 MOV 指令操作中，操作数[operand2]将被传送到寄存器[Rd]中。需要说明的是，操作数[operand2]可以是一个立即数，也可以是某一个寄存器的数值，甚至还可以是对寄存器中的数值进行移位操作后的数值。

【例 24】使用通用数据传送指令 MOV 完成以下操作：

（1）将立即数 0x5A 传送到寄存器[R1]中；

（2）将寄存器[R1]中的数值传送给寄存器[R0]；

（3）将寄存器[R1]中的数值左移 2 位后传送给寄存器[R0]。

```
/****************  以下代码用于实现 ARM 指令中的 MOV 指令  *****************/
MOV R1, 0x5A                    ;将立即数 0x5A 传送到寄存器[R1]
MOV R0, R1
MOV R0, R1, LSL#2
/*************************** 代码行结束 ******************************/
```

在上述代码中，主要使用 MOV 指令完成对通用数据传送的基本操作。

第一条指令将立即数 0x5A 保存到寄存器[R1]中。

第二条指令通过 MOV 指令将寄存器[R1]中的数值传送给寄存器[R0]。

第三条指令首先对寄存器[R1]中的数值进行操作，通过 LSL 指令将其左移 2 位。然后再将平移后的数值传送给寄存器[R0]。

2．反向数据传送指令 MVN

通常情况下，在数据传送的过程中不对数据做特殊处理，即直接将源寄存器中的数据传送给目标寄存器。

在部分特殊场合下，需要对数据进行预期处理。例如，在执行减法操作运算时，首先需要计算减数的补码，然后再执行加法操作。因此，在数据传送过程中，可以先对源寄存器中的数据进行预先取反操作。

在 ARM 指令集中，支持了反向数据传送指令 MVN，用于将操作数的反码传送到目标寄存器。该指令的一般格式为：

```
/****************  以下代码用于实现 ARM 指令中的 MVN 指令  *****************/
MVN {[cond]} {S}  [Rd], [operand2]
/*************************** 代码行结束 ******************************/
```

其中，[cond]为指令执行的条件，即当[cond]为默认时，将无条件执行当前的指令；参数[S]用于决定是否影响 CPSR 寄存器中的进位标志位，即当[S]为默认状态时，指令执行的结果对 CPSR 寄存器中的进位标志位不会产生任何影响。

从语法格式上看，反向数据传送指令 MVN 与 MOV 指令操作几乎完全类似，在反向数据传送指令 MVN 中，先对操作数[operand2]进行取反操作，再被传送到寄存器[Rd]中。同样，操作数[operand2]可以是一个立即数，也可以是某一个寄存器的数值，甚至还可以是对寄存器中的数值进行移位操作后的数值。

【例 25】使用反向数据传送指令 MVN 将立即数 8 传送到寄存器[R1]，并思考此时寄存器[R1]中的数值是否为 8？

```
/****************  以下代码用于实现 ARM 指令中的 MVN 指令  *****************/
MOV R1,#8                  ;将立即数#8 传送到寄存器[R1]
/*************************** 代码行结束 ******************************/
```

在上述代码中，从表面上看，是使用 MVN 指令将立即数 8 传送到寄存器[R1]中。但再仔细分析，不难看出在进行数据传送开始前，首先对立即数 8（0110b）进行取反处理，得到 1001b。然后再将取反后的二进制数传送给寄存器[R1]。这样就不难看出，实际上寄存器[R1]中的数值为-9，而不是 8。

3．程序状态字传送数据至通用寄存器的指令 MRS

前面介绍了通用寄存器之间的数据传送。在这类数据传送的过程中，数据对象对用户是透明的，即用户可以明确地知道传送对象的具体数值。

在 ARM 处理器中，除了上述的通用寄存器外，还存在程序状态寄存器。在 ARM 的程序设计过程中，可能需要根据程序状态寄存器中的某一个或几个标志位来进行选择或者判决操作。而 ARM 处理器中的程序状态寄存器对用户却不是透明的，因此，如果用户希望知道程序状态寄存器中的状态标志位，需要通过 MRS 指令将状态标志位传送到通用寄存器。

在 ARM 处理器中，程序状态字传送数据至通用寄存器指令 MRS 可以将状态寄存器 CPSR 或者 SPSR 中的数值传送到通用寄存器中。并且在 ARM 指令集中，MRS 指令也是唯一能读取状态寄存器的指令，其具体的语法格式为：

```
/**************** 以下代码用于实现 ARM 指令中 MRS 指令 ****************/
MRS {[cond]} [Rd], CPSR
MRS {[cond]} [Rd], SPSR
/*************************** 代码行结束 ******************************/
```

其中，[cond]为指令执行的条件，即当[cond]为默认时，将无条件执行当前的指令。

【例 26】使用程序状态字传送数据至通用寄存器指令 MRS 读取程序状态寄存器 CPSR 及 SPSR 中的数值。

```
/**************** 以下代码用于实现 ARM 指令中的 MRS 指令 ****************/
MRS  R1, CPSR          ;将状态寄存器 CPSR 中的数值传送到寄存器[R1]
MRS  R1, SPSR          ;将状态寄存器 SPSR 中的数值传送到寄存器[R1]
/*************************** 代码行结束 ******************************/
```

上述代码相对比较简单，用户可以对比 MRS 指令的语法格式及代码行中的注释来查看代码的功能，这里就不再赘述了。

4．写状态寄存器指令 MSR

在 ARM 处理器中，除了可以读取程序状态寄存器中的数值之外，在特殊场合中还需要能够实现对状态寄存器进行写入数据的操作

可以看出，写状态寄存器中的操作与读状态寄存器中的操作是相反的操作。在 ARM 指令集中，用户可以使用 MSR 指令实现写状态寄存器操作，其具体的语法格式为：

```
/**************** 以下代码用于实现 ARM 指令中的 MSR 指令 ****************/
MSR {[cond]} CPSR_[field], #[immediate]
MSR {[cond]} CPSR_[field], [Rm]
MSR {[cond]} SPSR_[field], #[immediate]
MSR {[cond]} SPSR_[field], [Rm]
/*************************** 代码行结束 ******************************/
```

其中，[cond]为指令执行的条件，即当[cond]为默认时，将无条件执行当前的指令。

参数[field]为寄存器中需要写入的操作位。对于 ARM 中的状态寄存器而言，可以大致分为 4 个区域：[31:24]为条件标志位域，通常使用 f 来表示；[23:16]为状态位域，通常使用 s 来表示；[15:8]为扩展位域，通常使用 x 来表示；[7:0]为控制位域，通常使用 c 来表示。

参数#[immediate]为需要传送到指定状态寄存器指定域中的 8bit 立即数。

参数[Rm]为需要传送到指定状态寄存器指定域中的寄存器值。

【例 27】使用 MSR 指令修改状态寄存器 CPSR，并试将控制位域的数值改为 0x11。

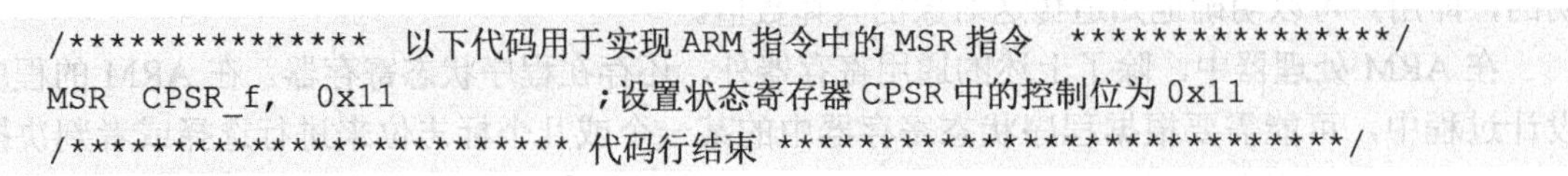

```
/***************  以下代码用于实现 ARM 指令中的 MSR 指令  ****************/
MSR  CPSR_f,  0x11            ;设置状态寄存器 CPSR 中的控制位为 0x11
/************************** 代码行结束 ****************************/
```

2.3.6 协处理器指令

通常情况下，ARM 处理器一般只能处理加法、乘法，以及乘加运算，而不能支持除法或其他复杂的操作运算。但实际工程应用中经常需要对除法进行运算操作。为了提高系统的处理速度，通常情况下可以使用协处理器的形式来协同 ARM 处理器以完成这些复杂的操作。

一般来说，协处理器不能单独工作，需要与 ARM 处理器配合共同操作。协处理器可以使用多种存在的方式，可以连接在 ARM 处理器的片外，也可以嵌入在 ARM 处理器的内部，最为典型的协处理器就是浮点协处理器。

通常情况下，ARM 处理器最多可以支持 16 个协处理器，用于配合 ARM 处理器实现各种复杂的协处理器操作。在执行 ARM 代码时，协处理器会忽略属于 ARM 处理器及其他协处理器的指令。

如果某一个协处理器不能执行完成属于它的操作指令时，将产生一个未定义指令异常中断。在该异常中断处理程序中，也可以使用软件模拟此类硬件操作。例如，在一个不包含浮点协处理器的系统中进行浮点运算操作，系统将产生未定义异常中断。用户也可以选择在这个异常中断中用浮点运算软件来模拟该浮点操作。

需要说明的是，ARM 处理器芯片中是否支持协处理器及协处理器的类型完全取决于该 ARM 芯片生产厂商，且与 ARM 的版本无关。

ARM 协处理器指令根据具体的用途和操作可以大致分为以下 3 类：

（1）用于 ARM 处理器初始化和 ARM 协处理器的数据操作指令；

（2）用于 ARM 处理器中的寄存器和 ARM 协处理器之间的数据操作指令；

（3）用于 ARM 协处理器的寄存器和内存单元之间的数据操作指令。

值得注意的是，ARM 协处理器也有专门的协处理器接口，同时在 ARM 指令集中也支持了专门用于控制协处理器操作的指令，用于协处理器的初始化等操作，具体如表 2.11 所示。在下面的内容中将分别介绍这些协处理器指令。

表 2.11 ARM 指令集中的协处理器指令

指令符号	功能描述
CDP	协处理器数据操作指令
LDC	协处理器数据读取指令
STC	协处理器数据写入指令

续表

指令符号	功能描述
MCR	ARM处理器到协处理器的数据传送指令
MRC	协处理器寄存器到ARM处理器的数据传送指令

1. 协处理器数据操作指令CDP

协处理器数据操作指令CDP完全是ARM协处理器内部的指令操作，用于完成协处理器寄存器状态的改变。例如，在浮点加法操作中，需要实现在浮点协处理器中进行两个寄存器数值的相加操作，并将结果存放在第3个寄存器中。此时，协处理器数据操作指令用于控制数据在协处理器寄存器内部的操作。

在ARM指令集中，协处理器数据操作指令CDP的通用格式为：

```
/***************  以下代码用于实现ARM指令中的CDP指令  ****************/
CDP{[cond]} [coproc], [opcode1], [CRd], [CRn], [CRm], [opcode2]
/************************* 代码行结束 ******************************/
```

如前文中所描述的一样，该指令主要用于控制数据在协处理器寄存器内部的操作。如果协处理器不能完成当前的指令操作，将产生一个未定义的指令异常中断。

其中，指令语法格式中的各个参数的含义如下。

- 参数[cond]为指令中的条件域。当参数[cond]省略时，当前指令无条件执行。
- 参数[coproc]为协处理器的编号。在ARM中，协处理器的编号顺序为p0，p1，…，P15。
- 参数[opcode1]为协处理器执行的操作码，用于确定哪一个协处理器指令将被执行。
- 参数[CRd]是协处理器的寄存器之一，在协处理器指令中作为目标寄存器。
- 参数[CRn]是协处理器的寄存器之一，在协处理器指令中作为第一个操作数。
- 参数[CRm]是协处理器的寄存器之一，在协处理器指令中作为第二个操作数。
- 参数[opcode2]通常与参数[opcode1]配合使用，用来指定协处理器执行的操作码，确定哪一个协处理器指令将被执行。

在ARM处理器中，CPU对可能存在的所有协处理器提供CDP指令。如果该指令被某一个协处理器接受，则ARM处理器继续执行下一条程序代码；如果所有协处理器均未接受该CDP指令，则ARM处理器将产生一个未定义的中止陷阱（中断），此时可以在中断处理程序中使用软件模拟协处理器的方式来实现该指令功能。

【例28】使用CDP指令实现对协处理器p1的数据操作，指令操作代码为1。

```
/***************  以下代码用于实现ARM指令中的CDP指令  ****************/
CDP  p1, 1, c2, c3, c4
/************************* 代码行结束 ******************************/
```

根据要求，需要对协处理器p1进行操作，且指令的操作代码为1。需要注意的是，协处理器的操作代码功能因各个处理器而各不相同。其中，c2，c3和c4均为ARM协处理器p1中的寄存器，主要作为ARM数据操作中的操作数及目标寄存器。另外，CDP指令运行后的结果并不能改变状态寄存器CPSR中的状态标志位。

2. 协处理器数据读取指令LDC

协处理器数据读取指令LDC从存储器中读取数据并装入协处理器寄存器。由于协处理器只能支持特定的数据类型，因此读取数据的过程中寄存器中所存储的数据与协处理器的类型也相关。

在 ARM 指令集中，协处理器数据读取指令 LDC 的通用格式为：

```
/***************  以下代码用于实现 ARM 指令中的 LDC 指令  ****************/
LDC {[cond]} {L} [coproc], [CRd], [Addr_mode]
/************************* 代码行结束 ****************************/
```

该指令通过一定的寻址方式将指定内存单元中的数据存储到协处理器的寄存器中。与数据操作指令 CDP 一样，如果协处理器不能完成当前的指令操作，将产生未定义的指令异常中断。

其中，指令语法格式中各个参数的含义如下。

- 参数[cond]为指令中的条件域。当参数[cond]省略时，当前指令无条件执行。
- 参数[L]表示当前指令为长读取指令。例如，用于双精度数据的传输。
- 参数[coproc]为协处理器的编号。在 ARM 中，协处理器的编号顺序为 p0，p1，…，P15。
- 参数[CRd]是协处理器的寄存器之一，在协处理器指令中作为目标寄存器。
- 参数[Addr_mode]为指令的寻址方式，由基址寄存器[Rn]和 8bit 的立即数偏移量进行计算。

在该指令中，地址计算是在 ARM 内部进行的。主要算法为使用 ARM 基址寄存器[Rn]和 8bit 的立即数偏移量进行计算。其中，8bit 的立即数偏移量应该左移 2bit 以产生字偏移。

【例 29】使用 LDC 指令实现对协处理器 p3 的读取操作。

```
/***************  以下代码用于实现 ARM 指令中的 LDC 指令  ****************/
LDC  p3, c2, [R0, #4]
LDC  p3, c2, [R0,R1]
/************************* 代码行结束 ****************************/
```

第一条指令将内存地址[R0+4]中的数据传送到协处理器 p3 的寄存器 c2 中。

第二条指令将内存地址[R0+R1]处的数据传送到协处理器 p3 的寄存器 c2 中。

需要说明的是，LDC 指令还可以采用其他的寻址方式来指定操作数的内存地址，具体的寻址方式可以查看相关资料，这里就不再赘述了。

3．协处理器数据写入指令 STC

与 LDC 指令对应，ARM 指令集还支持了协处理器数据写入指令 STC。显然，数据写入指令 STC 将协处理器寄存器中的数据写入到存储器中。

与 LDC 指令类似的是，协处理器只支持特定的数据类型，因此写入数据的过程中同样需要注意数据类型的匹配。

在 ARM 指令集中，协处理器数据写入指令 STC 的通用格式为：

```
/***************  以下代码用于实现 ARM 指令中的 STC 指令  ****************/
STC {[cond]} {L} [coproc], [CRd], [Addr_mode]
/************************* 代码行结束 ****************************/
```

该指令将协处理器寄存器中的数据存储到连续的内存单元中。如果协处理器不能完成当前的指令操作，将产生未定义的指令异常中断。

其中，指令语法格式中各个参数的含义如下。

- 参数[cond]为指令中的条件域。当参数[cond]省略时，当前指令无条件执行。

- 参数[L]表示当前指令为长读取指令。例如，用于双精度数据的传输。
- 参数[coproc]为协处理器的编号。在 ARM 中，协处理器的编号顺序为 p0，p1，…，P15。
- 参数[CRd]是协处理器的寄存器之一，在协处理器指令中作为目标寄存器。
- 参数[Addr_mode]为指令的寻址方式，由基址寄存器[Rn]和 8bit 的立即数偏移量进行计算。

【例 30】使用 STC 指令实现对协处理器 p3 的写入操作。

```
/*************** 以下代码用于实现 ARM 指令中的 STC 指令 ****************/
STC  p3, c2, [R0, #4]
/************************** 代码行结束 ******************************/
```

该指令相对比较简单，将协处理器 p3 中的寄存器 c2 中的数据写入到内存地址[R0+4]中。

4．ARM 处理器到协处理器的数据传送指令 MCR

在实际嵌入式系统中，从 ARM 处理器到协处理器之间的数据传送操作是非常常见的操作。这些协处理器传送指令使得 ARM 处理器中的数据能够直接被传送到协处理器的内存中，并且影响 ARM 状态寄存器中的标志位。

在一些复杂的 ARM 处理器中，通常使用系统控制协处理器来控制系统的高速缓存（Cache）和存储器管理功能（MMU）。在这一类处理器中，一般可以使用 ARM 处理器到协处理器之间的数据传送指令来实现对片上控制寄存器的访问和修改操作。

在 ARM 指令集中，ARM 处理器到协处理器的数据传送指令 MCR 的通用格式为：

```
/*************** 以下代码用于实现 ARM 指令中的 MCR 指令 ****************/
MCR {[cond]} [coproc], [opcode_1], [Rd], [CRn], [CRm], {[opcode_2]}
/************************** 代码行结束 ******************************/
```

其中，指令语法格式中各个参数的含义如下。

- 参数[cond]为指令中的条件域。当参数[cond]省略时，当前指令无条件执行。
- 参数[coproc]为协处理器的编号。在 ARM 中，协处理器的编号顺序为 p0，p1，…，P15。
- 参数[opcode_1]为协处理器的操作码，确定哪个协处理器指令将被执行。
- 参数[Rd]为 ARM 处理器中的寄存器。该寄存器中的数据将被传送到协处理器寄存器中。
- 参数[CRn]是协处理器的寄存器之一，用于确定协处理器指令的第一个操作数。
- 参数[CRm]是协处理器的寄存器之一，用于确定协处理器指令的第二个操作数。
- 参数[opcode_2]通常与参数[opcode_1]配合使用，用来指定协处理器执行的操作码，确定哪一个协处理器指令将被执行。

该指令用于将数据从 ARM 寄存器传送到协处理器的寄存器中。与其他协处理器指令类似，如果协处理器不能完成当前的指令操作，将产生未定义的指令异常中断。

5．协处理器寄存器到 ARM 处理器的数据传送指令 MRC

由于协处理器和 ARM 处理器之间的数据传送操作是可以双向执行的，因此在 ARM 指令集中还支持了从协处理器寄存器到 ARM 处理器的数据传送指令 MRC。

在 ARM 指令集中，协处理器寄存器到 ARM 处理器的数据传送指令 MRC 的通用格式为：

```
/*************** 以下代码用于实现 ARM 指令中的 MRC 指令 ****************/
MRC {[cond]} [coproc], [opcode_1], [Rd], [CRn], [CRm], {[opcode_2]}
```

```
/************************** 代码行结束 ****************************/
```

其中，指令语法格式中各个参数的含义如下。

- 参数[cond]为指令中的条件域。当参数[cond]省略时，当前指令无条件执行。
- 参数[coproc]为协处理器的编号。在 ARM 中，协处理器的编号顺序为 p0，p1，…，P15。
- 参数[opcode_1]为协处理器的操作码，确定哪个协处理器指令将被执行。
- 参数[Rd]为 ARM 处理器中的寄存器。该寄存器中的数据将被传送到协处理器寄存器中。
- 参数[CRn]是协处理器的寄存器之一，用于确定协处理器指令的第一个操作数。
- 参数[CRm]是协处理器的寄存器之一，用于确定协处理器指令的第二个操作数。
- 参数[opcode_2]通常与参数[opcode_1]配合使用，用来指定协处理器执行的操作码，确定哪一个协处理器指令将被执行。

通常情况下，如果协处理器[coproc]接受了这条协处理器指令，将执行对源操作数[CRn]和[CRm]的数据操作，并将 32 位的结果返回到 ARM 寄存器[Rd]中。

需要注意的是，该指令的另一个重要用途是从协处理器到 ARM 处理器传送数据的过程中，根据操作运算的结果更新状态寄存器 CPSR 中的标志位，并以此作为判断、跳转指令的操作条件。例如，当协处理器中的两个浮点数进行比较后，将更新状态寄存器 CPSR 中的标志状态位，用来控制后续代码的分支选择。

2.3.7 异常中断产生指令

ARM 指令集中支持了两个异常中断产生指令，分别为软中断指令 SWI 和断点中断指令 BKPT。通过这两条指令可以使用软件的方式来实现异常中断。

1. 软中断指令 SWI

在 ARM 操作系统中，软中断指令 SWI 主要用于产生 SWI 异常中断，用于实现用户调用操作系统的系统例程。因此，该指令也通常被称为“监控调用”。该指令将处理器设置为监控模式（SVC），并从 0x08 开始执行该指令。

在 ARM 指令集中，软中断指令 SWI 的基本语法格式为：

```
/**************** 以下代码用于实现 ARM 指令中的 SWI 指令 ****************/
SWI {[cond]} [immediate_24]
/************************** 代码行结束 ****************************/
```

其中，指令语法格式中各个参数的含义如下。

- 参数[cond]为指令中的条件域。当参数[cond]省略时，当前指令无条件执行。
- 参数[immediate_24]为一个 24 位的立即数，用来决定指令请求的服务类型。

当符合执行条件时，该软中断指令 SWI 将使用标准的 ARM 异常入口程序进入监控模式。具体的操作行为如下：

（1）将 SWI 指令的下一条指令地址保存到 R14_svc 中；

（2）将状态寄存器 CPSR 中的内容保存到 SPSR_svc 中；

（3）进入监控模式，将 CPSR[4:0]设置为 0b10011，并将 CPSR[7]设置为 1，实现禁止 IRQ 功能；

（4）将程序计数器指针设置为 0x08，并从该处进行执行代码。

【例 31】使用 SWI 指令实现一个中断号为 12 的软中断。

```
/***************  以下代码用于实现 ARM 指令中的 SWI 指令  ****************/
SWI 12
/************************** 代码行结束 *****************************/
```

2. 断点中断指令 BKPT

在嵌入式系统调试过程中，虽然编译器能够发现程序的语法错误，但代码中不可避免地还存在逻辑错误。这些错误需要通过观察程序运行过程中各个寄存器的变量来排除。通常，用户可以使用断点的方式来观察程序运行过程中的实时数据。

在 ARM 指令集中，断点中断指令 BKPT 通常被用来设置软件断点。其一般的语法格式如下：

```
/***************  以下代码用于实现 ARM 指令中的 BKPT 指令  ***************/
BKPT  [immediate_16]
/************************* 代码行结束 *****************************/
```

其中，参数[immediate_16]为一个 16 位的立即数，用来决定指令请求的服务类型。

需要说明的是，在 ARM 代码调试的过程中，BKPT 指令必须结合具体的调试操作来进行。一般情况下，BKPT 指令是无条件执行的，但如果用户需要忽略所有的断点中断，则可以在当前系统的调试硬件中进行屏蔽 BKPT 指令的操作。

2.3.8 ARM 指令小结

本小节主要介绍了 ARM 指令集中的常用指令，通过这些指令可以实现绝大部分 ARM 处理器的操作功能。

由于内容限制，上述介绍的这些 ARM 指令不可能覆盖指令集中所有的指令。更多有关 ARM 指令集的内容，可以参考更多由 ARM 公司发布的技术资料。

一般情况下，即使介绍完上述所有的 ARM 指令之后，用户也难以在较短的时间内熟练掌握对 ARM 嵌入式代码的操作，这也是正常的。在后续内容中，将继续向用户介绍有关 ARM 汇编程序中更多的设计知识，即 Thumb 指令集。

2.4 Thumb 指令集

前面已经向读者介绍过在 ARM 体系结构中支持两种指令集：32 位的 ARM 指令集和 16 位的 Thumb 指令集。只有遵循一定的操作规则，Thumb 程序代码和 ARM 程序代码才可以相互切换调用。

虽然从前面的内容中可以看出，ARM 指令具有较高的执行效率。但在部分特定的场合中，特别是在对代码密度有较高要求的场合中，仍然需要使用 Thumb 指令集。

2.4.1 Thumb 指令的基本概念

Thumb 指令集是 ARM 指令集的一个子集，主要解决 ARM 程序代码的密度问题。由于 Thumb 指令使用标准的 ARM 寄存器配置进行操作，因此 ARM 指令集和 Thumb 指令集具有良好的互通性。

Thumb 指令集与 ARM 指令集相比具有以下特性：

（1）Thumb 指令集中的指令不能使用-S 后缀来影响 CPSR 寄存器中的标志；

（2）Thumb 指令集中只有一条分支指令可以实现条件选择，而其他指令均为无条件指令；

（3）Thumb 指令集中的字长为 16 位，因此立即数的范围比 ARM 中立即数的范围要小很多；

（4）实现同样功能的代码，Thumb 指令集代码需要的存储空间大约为 ARM 指令集代码的 70%；

（5）实现同样功能的代码，Thumb 指令集代码中的指令数量大约比 ARM 指令集代码中的指令数量多 30%；

（6）如果使用 16 位的存储器，Thumb 指令的处理速度比 ARM 指令的处理速度快约 50%；

（7）如果使用 32 位的存储器，ARM 指令的处理速度比 Thumb 指令的处理速度快约 40%；

（8）在系统功耗上，Thumb 指令集比 ARM 指令集节电约 30%。

从上述 Thumb 指令的种种特性可以看出，Thumb 指令集主要适合使用在一些资源比较缺乏，代码效率要求比较高的场合。但这些也是以处理器的执行速度和性能为代价的。

在实际工程应用中，如果 ARM 嵌入式系统对系统的性能有比较高的要求，则应该选用 ARM 指令集；如果对系统的成本和功耗有比较高的要求，则应该选用 Thumb 指令集。当然，也可以将 ARM 指令集和 Thumb 指令集混合使用，发挥各自的特点。

2.4.2 Thumb 指令集的结构

和 ARM 指令类似，Thumb 指令也具有自己独特的代码结构。虽然在实际的工程设计中，用户并不需要熟记 Thumb 指令集中的代码内容，但应该对指令集中的代码结构有比较清楚的了解。这样可以深刻理解 Thumb 指令的功能和具体操作时的注意点。

从表 2.12 可以看出，Thumb 指令集的代码结构大致可以分为以下几个部分。

（1）操作码。在第一条指令中，第 15～11 位为指令的操作码，用于决定当前操作指令的类型。

（2）立即数。在第一条指令中，第 10～6 位为指令的立即数，用于在指令中直接设定操作数。

（3）寄存器。在表 2.12 所示的 Thumb 指令格式中，Rm、Rn 和 Rd 都是通用的寄存器符号，用于指定相关的通用寄存器。

（4）条件码。在表 2.12 所示的 Thumb 指令格式中，cond 为指令的条件码。与 ARM 指令集不同是，在 Thumb 指令集中只有一条指令具有条件码，即转移指令 B。而其他指令均无条件码。

（5）寄存器组。在表 2.12 所示的 Thumb 指令格式中，registers 为指令的寄存器组。用于指定一组寄存器，在批量数据操作时用于指令相关的一组寄存器。

下面将通过一个 Thumb 指令的具体结构操作来说明指令结构与程序代码之间的对应关系。

表 2.12 Thumb 指令的格式

序号	15	14	13	12	11	10	9	8	7	6	5	4	3	2	1	0
1	0	0	0	Op		immediate					Rm			Rd		
2	0	0	0	1	1	1	Op	Rn/offset			Rm			Rd		
3	0	0	1	Op		Rd			offset							
4	0	1	0	0	0	0	Op				Rm			Rd		
5	0	1	0	0	0	1	Op		H1	H2	Rm/Hm			Rd/Hd		
6	0	1	0	0	1	Rd			immediate							
7	0	1	0	1	L	B	0	Rn			Rm			Rd		
8	0	1	0	1	H	S	1	Rn			Rm			Rd		
9	0	1	1	B	L	offset					Rm			Rd		
10	1	0	0	0	L	offset					Rm			Rd		
11	1	0	0	1	L	Rd			immediate							
12	1	0	1	0	SP	Rd			immediate							
13	1	0	1	1	0	0	0	0	S	immediate						
14	1	0	1	1	L	1	0	R	registers							
15	1	1	0	0	L	Rb			registers							
16	1	1	0	1	cond				offset							
17	1	1	0	1	1	1	1	1	immediate							
18	1	1	1	0	0	offset										
19	1	1	1	1	H	offset										

【例 32】已知算术右移指令 ASR 的代码结构如表 2.12 中序号 1 所表示的形式。查看 ASR 指令的一般格式及代码结构之间的对应关系。

```
/***************  以下代码用于实现ARM指令中的ASR指令  ***************/
ASR  [Rd],  [Rm],  #[immediate]
/************************** 代码行结束 *****************************/
```

由于 ASR 指令的代码结构如序号 1 所表示的形式，因此，只要将上述指令中的参数逐一填写到指令结构的框架中即可，具体如图 2.12 所示。

15	14	13	12	11	10	9	8	7	6	5	4	3	2	1	0
0	0	0	Op		#[immediate]					Rm			Rd		

图 2.12 Thumb 指令集中 ASR 指令的结构

2.4.3 Thumb 状态下的寄存器

Thumb 指令集是 ARM 指令集的一个子集，因此 Thumb 状态下的寄存器也是 ARM 状态下寄存器的一个子集。在 Thumb 指令集中，程序代码可以直接访问 8 个通用寄存器（R0～R7）、程序计数器 PC、栈指针 SP、链接寄存器 LR 和状态寄存器 CPSR。

需要注意的是，Thumb 状态下的寄存器与 ARM 状态下的寄存器关系如下：

（1）Thumb 状态下和 ARM 状态下的通用寄存器 R0～R7 是相同的；

（2）Thumb 状态下和 ARM 状态下的 CPSR 寄存器和 SPSR 寄存器是相同的；

（3）Thumb 状态下的堆栈寄存器 SP 对应于 ARM 状态下的 R13；

（4）Thumb 状态下的链接寄存器 LR 对应于 ARM 状态下的 R14；

（5）Thumb 状态下的程序计数器 PC 对应于 ARM 状态下的 R15。

值得用户特别注意的是，在 Thumb 状态下，寄存器 R8～R15 并不是标准寄存器中的一部分的，但也可以访问这些寄存器。

2.4.4 Thumb 指令集的类型

在 Thumb 指令集中，按照指令的功能可以大致分为以下几类。

（1）跳转指令：用于控制程序的执行流程，以及在 ARM 代码模式和 Thumb 代码模式之间的切换。

（2）算术运算指令：用于进行乘法、加法、减法等算术运算。

（3）逻辑运算指令：用于对操作数进行逻辑操作，如“与”操作、“或”操作，以及“非”操作等。

（4）存储器访问指令：用于控制存储器和寄存器之间的数据传送。

（5）数据传送指令：用于操作片上 ALU、桶形移位器、乘法器，以及完成通用寄存器之间的高速数据处理。

（6）异常产生指令：用于控制软件的异常。

（7）移位指令：用于控制操作数的移位操作，包括算术移位操作和逻辑移位指令

从 Thumb 指令的功能分类来看，与 ARM 指令的功能分类完全类似，且具有一致的数据操作功能。Thumb 指令集中的指令基本上与 ARM 指令集中的指令类似。不同的是，Thumb 指令集中的指令都是 16 位的，因此 Thumb 指令在编码格式、跳转目标地址范围方面与 ARM 指令集有所不同。因此用户可以参照 ARM 指令集的内容，这里就不再重复解释 Thumb 指令的功能了。

2.4.5 Thumb 指令小结

本小节主要介绍了 ARM 处理器中的 Thumb 指令集。Thumb 指令集在功能上是 ARM 指令集的子集。需要说明的是，Thumb 指令集中的每一条指令都可以在 ARM 指令集中找到与其对应的指令。

由于 Thumb 指令集只使用了 ARM 指令集一般的宽度（16 位）来实现同样的功能，所以 Thumb 指令的语法定义肯定要比 ARM 指令少。为了实现同样的功能，使用 Thumb 指令编写的代码肯定要比使用 ARM 指令编写的代码具有更多的代码行。尽管如此，在实现同样功能的前提下，Thumb 指令使用的代码空间要比 ARM 指令使用的代码空间要小。

在进行 ARM 系统设计时，当外部存储设备为 16 位时，Thumb 指令集的优势就会比较明显。如果 ARM 嵌入式系统侧重于系统的性能，则应该选用 32 位的 ARM 指令。如果 ARM 嵌入式系统侧重于成本和功耗，则应该选用 16 位的 Thumb 指令。如果用户能够将这两个指令集集合使用，发挥各自的特点，将会进一步提高 ARM 代码的效率。

第3章

STM32技术基础

STM32 系列处理器基于为要求高性能、低成本、低功耗的嵌入式应用而专门设计的 ARM Cortex-M3 内核。按性能分成两个不同的系列：STM32F103“基本型”系列和 STM32F101“增强型”系列。

该 ARM 处理器片上资源丰富，是专门为汽车电子、手持设备等应用提供的高性价比解决方案。

本章首先介绍所开发的基于 ARM Cortex-M3 内核 STM32F103VB 芯片的评估板，然后对 STM32F103XX 系列处理器进行简单介绍，并针对 STM32F103XX 系列芯片上的基本功能模块进行详细介绍。通过本章内容的学习，读者可以初步了解并掌握 ARM 嵌入式系统的组成及片上硬件资源的基本知识。

本章重点

- STM32F103XX 系列芯片的结构；
- STM32F103XX 系列芯片中的系统控制模块；
- STM32F103XX 系列芯片中的中断。

本章难点

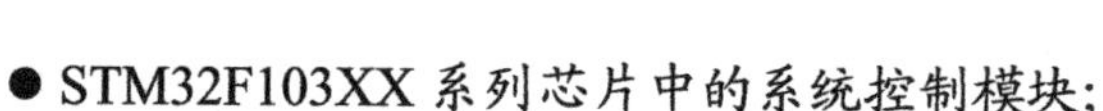

- STM32F103XX 系列芯片中的系统控制模块；
- STM32F103XX 系列芯片中的中断。

3.1 STM32F103XX 系统简介

STM32 是一款 ARM 微控制器产品系列的总称。目前这个系列处理器中已经包含了很多子系列，分别介绍如下。

（1）STM32 小容量产品，即闪存存储器容量在 16～32KB 之间的 STM32 微处理器。

（2）STM32 中容量产品，即闪存存储器容量在 64～128KB 之间的 STM32 微处理器。

（3）STM32 大容量产品，即闪存存储器容量在 256～512KB 之间的 STM32 微处理器。

（4）STM32 互联型产品。

此外，从功能上划分，该系列处理器又可以被分为如下系列。

（1）STM32F101XX 系列单片机；

（2）STM32F102XX 系列单片机；

（3）STM32F103XX 系列单片机。

3.1.1 STM32F103XX 系列处理器芯片

STM32F103XX 系列单片机基于高性能 32 位 RISC 的 ARM Cortex-M3 内核，最高工作频率为 72MHz。片上集成了高速存储器和通过 APB 总线连接的众多外设和输入/输出接口，其中片上存储器 Flash 最多可达 512KB，SRAM 最多可达 64KB。此外，所有的设备都提供了标准的通信接口，如两个 I^2C 接口、3 个 SPI 接口和 5 个 USART 接口。除此之外，STM32F103XX 系列处理器还集成了两个 12 位的 ADC，1 个 12 位的双通道 DAC，11 个 16 位的计时器。由此可见，使用 STM32F103XX 系列处理器就可以比较容易地实现较高的指令吞吐量和丰富的系统资源，具体如下。

1．系统内核

（1）在 STM32F103XX 系列处理器中，使用了 ARM32 位的 Cortex-M3 内核，最高工作频率可达 72MHz，代码吞吐量高达 1.25DMIPS/MHz；

（2）支持单周期指令乘法和硬件除法。

2．存储器

（1）片上集成了 32～512KB 的 Flash 存储器；

（2）片上集成了 6～64KB 的 SRAM 存储器。

3．系统时钟、复位和电源管理

（1）2.0～3.6V 的电源供电及数字输入/输出端口的驱动电压；

（2）系统上电复位 POR（Power On Reset）、系统掉电复位 PDR（Power Down Reset），以及可编程的电压探测器 PVD；

（3）支持 4～16MHz 的晶振；

（4）处理器内部集成了出厂前调校的 8MHz 内部振荡电路；

（5）支持用于CPU时钟的锁相环PLL（Phase Locked Loop）；
（6）带校准用于实时时钟RTC（Real-Time Clock）的32kHz的晶振。

4．低功耗

（1）处理器提供了3种低功耗模式：休眠模式、停止模式和待机模式。
（2）支持用于RTC及备份寄存器供电的VBAT。

5．两个12位的μs级模数转换器

（1）模数转换器测量范围为0～3.6V，16路采集通道；
（2）双通道采样并支持采样数据保存；
（3）处理器片上集成一个温度传感器。

6．直接内存存取DMA（Direct Memory Access）

（1）支持12通道DMA控制器；
（2）支持对如下外设的DMA操作：定时器Timer、模数转换器ADC、数模转换器DAC、I^2C通信接口、SPI通信接口，以及USART通信接口。

7．最多支持112个快速输入/输出端口

（1）根据不同的处理器型号，STM32分别支持26、37、51、80及112引脚的数字输入/输出端口，且所有端口均可被映射为16个外部中断向量；
（2）除了模拟信号输入引脚外，其他所有引脚均可容忍5V电压的输入信号。

8．调试模式

（1）处理器支持串行调试接口SWD；
（2）处理器支持JTAG调试接口。

9．支持11个定时器

（1）支持4个16位的定时器，且每个定时器具有4个IC/OC/PWM或者脉冲计数器；
（2）支持2个16位的6通道高级控制定时器，最多6个通道可用于PWM信号输出；
（3）支持2个看门狗定时器（独立看门狗定时器与串口看门狗定时器）；
（4）支持SysTick定时器，即24位的倒数计数器；
（5）支持2个16位的基本定时器，用于驱动数模转换器DAC。

10．支持13个通信接口

（1）支持2个I^2C接口，分别为SMBus和PMBus；
（2）支持5个USART接口；
（3）支持3个速率为18Mb/s的SPI接口，与I^2C接口复用；
（4）支持2个CAN2.0接口；
（5）支持1个USB2.0接口；
（6）支持1个SDIO接口。

3.1.2 STM32F103XX 器件信息

在 STM32 单片机中，根据微处理器中片上硬件资源的不同可以将其分为不同的系列。这就需要用户在进行 ARM 嵌入式系统设计之前，根据系统对硬件资源的实际需求进行 STM32 处理器的选型操作。在表 3.1 中，选取了 STM32 单片机 STM32F103XX 系列中常见的处理器型号，用户可以对照该表进行 ARM 处理器的选型操作。

表 3.1 STM32F103XX 器件选型表

引脚	型号	ROM	RAM	16 位通用	16 位高级	16 位基本	看门狗	RTC	SPI	I^2C	USART	USB/CAN	I^2S	SDIO	ADC	DAC	IO	封装
36	STM32F103T4	16	6	2(8/8/8)	1(4/4/6)		2	1	1	1	2	1/1			2		26	QFN36
	STM32F103T6	32	10	2(8/8/8)	1(4/4/6)		2	1	1	1	2	1/1			2		26	QFN36
	STM32F103T8	64	20	3(12/12/12)	1(4/4/6)		2	1	1	1	2	1/1			2		26	QFN36
48	STM32F103C4	16	6	2(8/8/8)	1(4/4/6)		2	1	1	1	2	1/1			2		37	LQFP48
	STM32F103C6	32	10	2(8/8/8)	1(4/4/6)		2	1	1	1	2	1/1			2		37	LQFP48
	STM32F103C8	64	20	3(12/12/12)	1(4/4/6)		2	1	1	1	2	1/1			2		37	LQFP48
	STM32F103CB	128	20	3(12/12/12)	1(4/4/6)		2	1	1	1	2	1/1			2		37	LQFP48
64	STM32F103R4	16	6	2(8/8/8)	1(4/4/6)		2	1	1	1	2	1/1			2		51	LQFP64
	STM32F103R6	32	10	2(8/8/8)	1(4/4/6)		2	1	1	1	2	1/1			2		51	LQFP64
	STM32F103R8	64	20	3(12/12/12)	1(4/4/6)		2	1	2	2	3	1/1			2		51	LQFP64
	STM32F103RB	128	20	3(12/12/12)	1(4/4/6)		2	1	2	2	3	1/1			2		51	LQFP64
	STM32F103RC	256	48	4(16/16/16)	2(8/8/12)	2	2	1	3	2	5	1/1	2	1	3		51	LQFP64
	STM32F103RD	384	64	4(16/16/16)	2(8/8/12)	2	2	1	3	2	5	1/1	2	1	3		51	LQFP64
	STM32F103RE	512	64	4(16/16/16)	2(8/8/12)	2	2	1	3	2	5	1/1	2	1	3		51	LQFP64
100	STM32F103V8	64	20	3(12/12/12)	1(4/4/6)		2	1	2	2	3	1/1			2		80	LQFP100
	STM32F103VB	128	20	3(12/12/12)	1(4/4/6)		2	1	2	2	3	1/1			2		80	LQFP100
	STM32F103VC	256	48	4(16/16/16)	2(8/8/12)	2	2	1	3	2	5	1/1	2	1	3	1	80	LQFP100
	STM32F103VD	384	64	4(16/16/16)	2(8/8/12)	2	2	1	3	2	5	1/1	2	1	3	1	80	LQFP100
	STM32F103VE	512	64	4(16/16/16)	2(8/8/12)	2	2	1	3	2	5	1/1	2	1	3	1	80	LQFP100
144	STM32F103ZC	256	48	4(16/16/16)	2(8/8/12)	2	2	1	3	2	5	1/1	2	1	3	1	80	LQFP144
144	STM32F103ZD	384	64	4(16/16/16)	2(8/8/12)	2	2	1	3	2	5	1/1	2	1	3	1	80	LQFP144
	STM32F103ZC	512	64	4(16/16/16)	2(8/8/12)	2	2	1	3	2	5	1/1	2	1	3	1	80	LQFP144

从表 3.1 可以看出，即使是同一个 STM32 处理器系列，也存在各种不同的具体型号。这些不同型号的处理器主要在片上集成的硬件资源上有比较大的差别。

用户在进行 ARM 嵌入式开发的过程中，必须根据系统的实际需求，参考表 3.1 中各个类型处理器中所集成的硬件资源，选择不同型号的ARM处理器。只有充分考虑系统设计的各个要求，才能选择正确型号的单片机，既能够满足ARM系统对硬件资源的需要，同时也不会浪费资源，降低系统的设计成本。

3.2　STM32F103XX引脚信息

对于不同型号的STM32F103XX处理器，虽然可能在系统硬件资源上类似，但在引脚及封装上并不是完全一致的。

以处理器的封装为例，对于不同的STM32处理器，即使硬件资源一样，也可以存在不同类型的封装，典型的有LQFP48、LQFP64、LQFP100、LQFP144、VFQFPN36、BGA100、BGA144等，如图3.1所示。较小的封装和极低的功耗使得STM32F103XX系列单片机可以被理想地应用于小型的ARM嵌入式系统中，如汽车电子、手持娱乐媒体等。

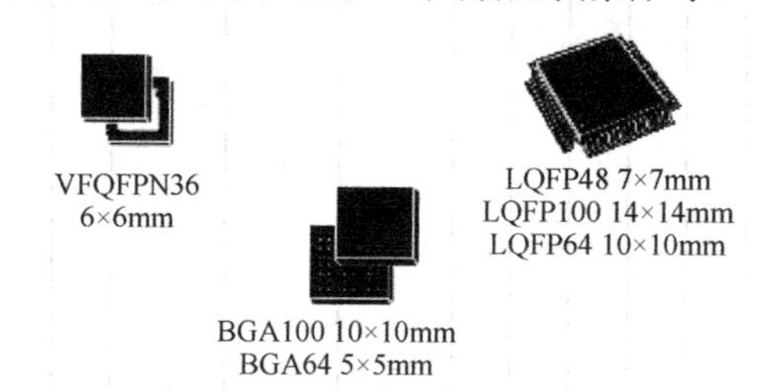

图3.1　STM32处理器的封装

当然，除了处理器封装的差异外，同一款型号的处理器芯片也可能存在不同的引脚数目，即上述封装中的LQFP48、LQFP64、LQFP100、LQFP144，其封装符号中最后的数字就是当前处理器芯片的引脚数目。用户可以通过表3.2中的内容来查看不同封装的处理器芯片中各个引脚的定义。

在STM32F103XX系列芯片中，绝大部分的引脚都具有1个以上的功能，如表3.2所示。在实际工程应用中，用户需要将这些具有复用功能的引脚配置为用户所需要的功能。例如，同样作为数字输入/输出口，用户可以将引脚配置为模拟信号输入、数字信号输入及数字信号输出等模式。

一般而言，STM32处理器中的引脚绝大部分都可以容忍5V电压的上限，但作为模拟信号输入的引脚则最高不得超过3.3V电压。因此，在进行ADC操作的电路设计中，需要特别留意。

3.3　STM32F103XX的内部结构

在STM32系列ARM处理器中，包含了一个支持JTAG仿真的Cortex-M3处理器、与片内的存储控制器接口的局部总线、与中断控制器接口的高性能总线AHB（Advanced High Performance Bus）和连接片内外设功能的VLSI外设总线VPB（VLSI Peripheral Bus），且AHB与VPB通过桥相连。

STM32F103XX芯片中其他的外设功能，除了中断控制器DMA以外，其余都连接到了VPB总线上。

表 3.2　STM32F103XX 系列处理器引脚功能的定义

芯片引脚						引脚名称	引脚类型	复位后的功能	可选（复用）功能	
LFBGA100	LQFP48	TGBGA64	LQFP64	LQFP100	VFQFPN36				默认功能	映射功能
A3				1		PE2	IO	PE2	TRACECK	
B3				2		PE3	IO	PE3	TRACED0	
C3				3		PE4	IO	PE4	TRACED1	
D3				4		PE5	IO	PE5	TRACED2	
E3				5		PE6	IO	PE6	TRACED3	
B2	1	B2	1	6		VBAT	S	VBAT		
A2	2	A2	2	7		PC13/ TAMPER-RTC	IO	PC13	TAMPER_RTC	
A1	3	A1	3	8		PC14/ OSC32_IN	IO	PC14	OSC32_IN	
B1	4	B1	4	9		PC15/ OSC32_OUT	IO	PC15	OSC32_OUT	
C2				10		Vss_5	S	Vss_5		
D2				11		V_{DD}_5	S	V_{DD}_5		
C1	5	C1	5	12	2	OSC_IN	I	OSC_IN		
D1	6	D1	6	13	3	OSC_OUT	O	OSC_OUT		
E1	7	E1	7	14	4	NRST	IO	NRST		
F1		E3	8	15		PC0	IO	PC0	ADC12_IN10	
F2		E2	9	16		PC1	IO	PC1	ADC12_IN11	
E2		F2	10	17		PC2	IO	PC2	ADC12_IN12	

续表

芯片引脚						引脚名称	引脚类型	复位后的功能	可选（复用）功能	
LFBGA100	LQFP48	TGBGA64	LQFP64	LQFP100	VFQFPN36				默认功能	映射功能
F3			11	18		PC3	IO	PC3	ADC12_IN13	
G1	8	F1	12	19	5	VssA	S	VssA		
H1				20		VREF-	S	VREF-		
J1		G1		21		VREF+	S	VREF+		
K1	9	H1	13	22	6	V_{DDA}	S	V_{DDA}		
G2	10	G2	14	23	7	PA0-WKUP	IO	PA0	WKUP/USART2_CTS/ADC12_IN0/TIM2_CH1_ETR	
H2	11	H2	15	24	8	PA1	IO	PA1	USART2_RTS/ADC12_IN1/TIM2_CH2	
J2	12	F3	16	25	9	PA2	IO	PA2	USART2_TX/ADC12_IN2/TIM2_CH3	
K2	13	G3	17	26	10	PA3	IO	PA3	USART2_RX/ADC12_IN3/TIM2_CH4	
E4		C2	18	27		Vss_4	S	Vss_4		
F4		D2	19	28		V_{DD}_4	S	V_{DD}_4		
G3	14	H3	20	29	11	PA4	IO	PA4	SPI1_NSS/USART2_CK/ADC12_IN4	
H3	15	F4	21	30	12	PA5	IO	PA5	SPI1_SCK/ADC12_IN5	
J3	16	G4	22	31	13	PA6	IO	PA6	SPI1_MISO/ADC12_IN6/TIM3_CH1	TIM1_BKIN
K3	17	H4	23	32	14	PA7	IO	PA7	SPI1_MOSI/ADC12_IN7/TIM3_CH2	TIM1_CH1N
G4		H5	24	33		PC4	IO	PC4	ADC12_IN14	
H4		H6	25	34		PC5	IO	PC5	ADC12_IN15	
J4	18	F5	26	35	15	PB0	IO	PB0	ADC12_IN8/TIM3_CH3	TIM1_CH2N
K4	19	G5	27	36	16	PB1	IO	PB1	ADC12_IN9/TIM3_CH4	TIM1_CH3N
G5	20	G6	28	37	17	PB2	IO		PB2/BOOT1	
H5				38		PE7	IO	PE7		TIM1_ETR

续表

芯片引脚						引脚名称	引脚类型	复位后的功能	可选（复用）功能	
LFBGA100	LQFP48	TGBGA64	LQFP64	LQFP100	VFQFPN36				默认功能	映射功能
J5				39		PE8	IO	PE8		TIM1_CH1N
K5				40		PE9	IO	PE9		TIM1_CH1
G6				41		PE10	IO	PE10		TIM1_CH2N
H6				42		PE11	IO	PE11		TIM1_CH2
J6				43		PE12	IO	PE12		TIM1_CH3N
K6				44		PE13	IO	PE13		TIM1_CH3
G7				45		PE14	IO	PE14		TIM1_CH4
H7				46		PE15	IO	PE15		TIM1_BKIN
J7	21	G7	29	47		PB10	IO	PB10	I2C2_SCL/USART3_TX	TIM2_CH3
K7	22	H7	30	48		PB11	IO	PB11	I2C2_SDA/USART3_RX	TIM2_CH4
E7	23	D6	31	49	18	Vss_1	S	Vss_1		
F7	24	E6	32	50	19	V_{DD}_1	S	V_{DD}_1		
K8	25	H8	33	51		PB12	IO	PB12	SPI2_NSS/I2C2_SMBAI/USART3_CK/TIM1_BKIN	
J8	26	G8	34	52		PB13	IO	PB13	SPI2_SCK/USART3_CTS/TIM1_CHIN	
H8	27	F8	35	53		PB14	IO	PB14	SPI2_MISO/USART3_RTS/TIM1_CH2N	
G8	28	F7	36	54		PB15	IO	PB15	SPI2_MOSI/TIM1_CH3N	
K9				55		PD8	IO	PD8		USART3_TX
J9				56		PD9	IO	PD9		USART3_RX
H9				57		PD10	IO	PD10		USART3_CK
G9				58		PD11	IO	PD11		USART3_CTS
K10				59		PD12	IO	PD12		TIM1_CH1/USART3_RTS

续表

芯片引脚						引脚名称	引脚类型	复位后的功能	可选（复用）功能	
LFBGA100	LQFP48	TGBGA64	LQFP64	LQFP100	VFQFPN36				默认功能	映射功能
J10				60		PD13	IO	PD13		TIM4_CH2
H10				61		PD14	IO	PD14		TIM4_CH3
G10				62		PD15	IO	PD15		TIM4_CH4
F10		F6	37	63		PC6	IO	PC6		TIM3_CH1
E10		E7	38	64		PC7	IO	PC7		TIM3_CH2
F9		E8	39	65		PC8	IO	PC8		TIM3_CH3
E9		D8	40	66		PC9	IO	PC9		TIM3_CH4
D9	29	D7	41	67	20	PA8	IO	PA8	USART1_CK/TIM1_CH1/MCO	
C9	30	C7	42	68	21	PA9	IO	PA9	USART1_TX/TIM1_CH2	
D10	31	C6	43	69	22	PA10	IO	PA10	USART1_RX/TIM1_CH3	
C10	32	C8	44	70	23	PA11	IO	PA11	USART1_CTS/USBDM/CAN_RX/TIM1_CH4	
B10	33	B8	45	71	24	PA12	IO	PA12	USART1_RTS/USBDP/CAN_TX/TIM1_ETR	
A10	34	A8	46	72	25	PA13	IO	JTMS/SWDIO		PA13
F8				73		Not Connect				
E6	35	D5	47	74	26	Vss_2	S	Vss_2		
F6	36	E5	48	75	27	V_{DD}_2	S	V_{DD}_2		
A9	37	A7	49	76	28	PA14	IO	JTCK/SWCLK		PA14
A8	38	A6	50	77	29	PA15	IO	JTDI		TIM2_CH1_ETR/PA15/SPI1_NSS
B9		B7	51	78		PC10	IO	PC10		USART3_TX
B8		B6	52	79		PC11	IO	PC11		USART3_RX
C8		C5	53	80		PC12	IO	PC12		USART3_CK

续表

芯片引脚						引脚名称	引脚类型	复位后的功能	可选（复用）功能	
LFBGA100	LQFP48	TGBGA64	LQFP64	LQFP100	VFQFPN36				默认功能	映射功能
D8	5	C1	5	81	2	PD0	IO	OSC_IN		CAN_RX
E8	6	D1	6	82	3	PD1	IO	OSC_OUT		CAN_TX
B7		B5	54	83		PD2	IO	PD2	TIM3_ETR	
C7				84		PD3	IO	PD3		USART2_CTS
D7				85		PD4	IO	PD4		USART2_RTS
B6				86		PD5	IO	PD5		USART2_TX
C6				87		PD6	IO	PD6		USART2_RX
D6				88		PD7	IO	PD7		USART2_CK
A7	39	A5	55	89	30	PB3	IO	JTDO		PB3/TRACESWO/TIM2_CH2/SPI1_SCK
A6	40	A4	56	90	31	PB4	IO	NJTRST		PB4/TIM3_CH1/SPI1_MISO
C5	41	C4	57	91	32	PB5	IO	PB5	I2C1_SMBAI	TIM3_CH2/SPI1_MOSI
B5	42	D3	58	92	33	PB6	IO	PB6	I2C1_SCL/TIM4_CH1	USART1/TX
A5	43	C3	59	93	34	PB7	IO	PB7	I2C1_SDA/TIM4_CH2	USART1/RX
D5	44	B4	60	94	35	BOOT0	I	BOOT0		
B4	45	B3	61	95		PB8	IO	PB8	TIM4_CH3	I2C1_SCL/CAN_RX
A4	46	A3	62	96		PB9	IO	PB9	TIM4_CH4	I2C1_SDA/CAN_TX
D4				97		PE0	IO	PE0	TIM4_ETR	
C4				98		PE1	IO	PE1		
E5	47	D4	63	99	36	Vss_3	S	Vss_3		
F5	48	E4	64	100	1	V_{DD}_3	S	V_{DD}_3		

3.3.1　STM32F103XX 芯片总体结构

通常情况下，STM32F103XX 系列处理器的系统主要包括以下几部分。

（1）4 个驱动单元：分别为 Cortex-M3 内核指令总线 I-bus、数据总线 D-bus，以及系统总线 S-bus。除此之外，还包含了一个通用 DMA，即 GP-DMA。

（2）3 个被动单元：分别为内部 SRAM、内部闪存存储器，以及 AHB 到 APB 桥。该桥主要用来连接所有的 APB 设备。

STM32F103XX 系列处理器的总体结构如图 3.2 所示。内部总线和两条 APB 总线将片上系统和外部设备资源紧密连接起来，其中内部总线是主系统总线，连接了 CPU、存储器和系统时钟信号灯。APB1 总线连接高速外设，APB2 总线连接系统外设和中断控制。

在 STM32F103XX 系列处理器中，通用数字输入/输出 IO 端口最多包括了 PA、PB、PC、PD、PE、PF 和 PG 这 7 个 16 位的端口。其他外设接口引脚都是通过与数字 I/O 端口的引脚功能复用实现的。在表 3.2 中的 A、F 即表示功能复用引脚。

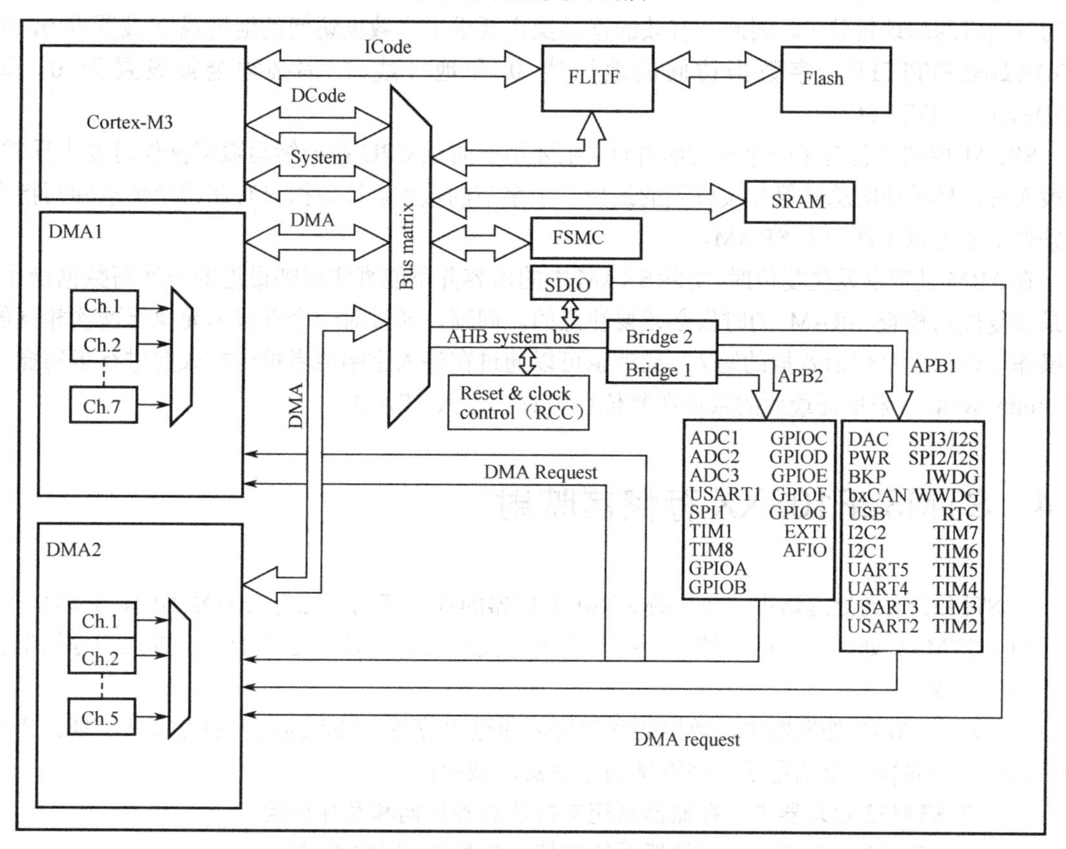

图 3.2　STM32F103XX 系列处理器的总体结构框图

3.3.2　STM32F103XX 片上 Flash 程序存储器

在 STM32F103XX 系列处理器上集成了 Flash 存储器系统。该存储器可以作为程序代码或者数据的存储。需要说明的是，对 Flash 存储器的编程可以通过以下几种方式来实现：

（1）通过内置串行 JTAG 接口；

（2）通过在线系统编程 ISP（In System Programming），即 USART0 通信接口；

（3）通过应用编程 IAP（In Application Programming）。

在 ARM 处理器中，如果用户使用应用编程的方式进行程序下载和擦除时，可以在程序运行的同时对 Flash 进行擦除或编程，这样就为数据存储和现场固件的升级带来了比较大的灵活性。

3.3.3 STM32F103XX 片内静态 RAM

不同型号的 STM32F103XX 系列处理器内都集成了不同大小的静态 RAM，可以用作程序代码和数据变量的存储。需要说明的是，SRAM 可以分别支持 8 位、16 位和 32 位的数据访问。

以 SRAM 中一字节寻址的存储器为例，对存储器进行字和半字访问时将忽略地址对准，访问被选址的自然对准值。通常而言，对存储器进行字访问时将忽略地址位 0 和 1，进行半字访问时则将忽略地址位 0。因此，有效的读写操作要求半字数据访问的地址线 0 被置为 0，即 ADDR&0xFFFFFFFE，字数据访问的地址线 0 和地址线 1 都必须全被设置为 0，即 ADDR&0xFFFFFFFC。

SRAM 控制器包含了一个回写缓冲区，主要用于防止 CPU 在连续写数据操作时发生异常。一般而言，写缓冲区总是保存接收到的最后一个字节的数据。该数据只有在特定请求回写指令的条件下才可以重新写入 SRAM。

在 ARM 处理器发生复位时，实际 SRAM 中的内容并不能真实反映最近的一次写数据操作，这是在复位后检查 SRAM 的时候必须要注意的。同理，通过对一个存储单元执行两次相同的写操作可以保证复位后数据的写入，或者也可以通过在进入空闲或者掉电模式前进行虚写操作（Dummy Write）来保证最后的数据在复位后被真正写入 SRAM。

3.4 STM32F103XX 存储器映射

在 STM32 系列处理器中，与传统 ARM 处理器的存储架构相比有着明显不同，具体如下：

（1）STM32 处理器中的存储器映射是预先定义好的，并且规定了不同位置上的存储器使用不同的总线；

（2）在 STM32 处理器中，数据的存储可以通过“位带”（bit-band）的方式来实现。需要说明的是，位带操作仅适用于一些特殊的存储器区域中；

（3）在 STM32 处理器中，存储器系统支持非对齐访问和互斥访问；

（4）在 STM32 处理器中，存储器系统支持小端配置和大端配置。

3.4.1 存储系统中的大/小端配置

ARM 处理器中的大端模式和小端模式是字节寻址存储器存储的两种方式，是根据最低有效字节与相邻较高有效字节相比是存储在较低地址还是最高地址来区分的。

小端存储方式下将较低字节存放在较低地址，大端方式则将较低字节存放在较高地址，具体如图 3.3 所示。

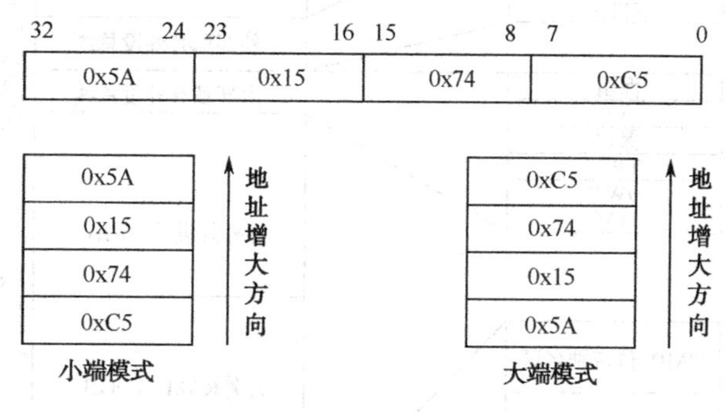

图 3.3 ARM 存储器中的大小端模式

通常情况下，STM32 系列处理器在复位时确定使用大/小端的工作模式，且在运行的过程中不允许对其进行修改。在绝大多数情况下，STM32 系列处理器都使用了小端模式以避免不必要的麻烦。在这里，也同样推荐用户在非特殊情况下都使用小端模式。

在 STM32F103XX 处理器中，只有一个固定的存储器映射。这一点可以方便地实现软件代码在各种不同型号 STM32 系列处理器之间的移植。需要说明的是，STM32 系列处理器有关存储器空间的划分是比较粗略的，它允许芯片制造厂商按照各自的需要灵活地分配存储器空间，以适应各种不同的应用场合。

3.4.2 系统存储器的映射

在 STM32F103XX 系列存储器中，内部地址空间的大小为 4GB。用户编写的程序代码可以在代码区、内部 SRAM 区，以及外部扩展的 RAM 区中执行，具体的结构分布如图 3.4 所示。由于在 STM32 系统中指令总线和数据总线是分开的，因此建议用户将程序代码放置到代码区。这样就可以使取址操作和数据访问操作各自使用自己的总线，而不会发生冲突。

在 STM32 处理器的内核中，内部 SRAM 的大小为 512MB，主要用于让芯片制造厂商能够连接到片上 SRAM。这个区域中的数据可以通过系统总线进行访问。

需要注意的是，在内部 SRAM 区域的底部，存在一个 1MB 的空间，成为“位带区”，如图 3.4 所示。该“位带区”具有一个 32MB 且与之对应的“位带别名区”，可容纳 8MB 位型变量。显然，位带区中对应的是最低 1MB 的地址范围，而位带别名区中的每一个字（2 字节，32 位）对应于位带区中的每一位。

位带操作只适用于数据的访问，不能用于指令的取地址操作。用户可以通过位带功能， 将多个位（bit）数据打包在一个单一的字（word）中，同时可以从位带别名区中对其直接进行访问。

在 ARM 处理器地址空间中，处于片上 SRAM 上方的是片上外设。与内部 SRAM 类似的是，片上外设同样也具有一个位带区，即 32MB 的位带别名区，这样可以提高访问外部设备的速度。需要注意的是，在外设区不可以执行任何用户的指令。

在 ARM 存储体系中，除了上述的存储空间外，还包含了两个 1GB 范围的地址空间，主要用于连接外部 RAM 和外部设备。需要说明的是，在这两个 1GB 范围的地址空间中并不存在位带区。两者的差别在于外部 RAM 区允许执行指令，而外部设备区则不可以执行任何指令。

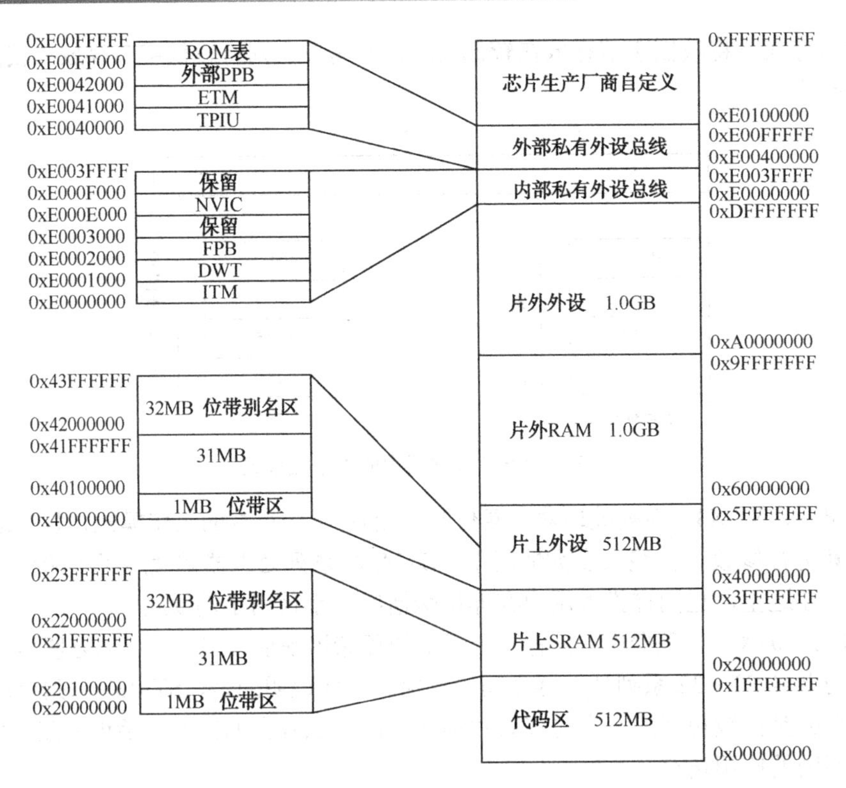

图 3.4 ARM 存储器映射

在最上层的部分存在一个 0.5GB 的私有地址范围，主要用于存放 ARM 内核，包括系统级组件、内部私有外设总线、外部私有外设总线，以及芯片制造商提供的系统外设。

在 STM32 系列处理中，私有外设总线有以下两条。

（1）AHB 私有外设总线。它只用于处理器内部的 AHB 外设，主要包含嵌套中断向量控制 NVIC、Flash 修补断点 FPB、数据观测和跟踪 DWT 及执行跟踪宏单元 ITM。

（2）APB 私有外设总线。它只用于处理器内部的 APB 设备，也用于非 ARM 内核以外的设备。

在 STM32 系列处理器允许芯片生产厂商在 APH 私有总线上额外添加一些片上 APB 外设，并可以通过 APB 接口进行访问。

需要说明的是，上述对于系统存储器的映射只是一个粗线条的模板，ARM 芯片生产厂商会基于此映射提供更详细的地址空间配置说明，以说明片上外设的具体分布及系统 RAM 和 ROM 的容量，以及位置信息。

3.4.3 系统存储器的访问属性

在 ARM 体系结构中，除了对系统中的存储空间进行粗略的映射划分外，还对系统存储器的访问定义了 4 种属性，分别为：

（1）可否缓冲（Bufferable）；

（2）可否缓存（Cacheable）；

（3）可否执行（Executable）；

（4）可否共享（Sharable）。

在STM32系列单片机中，用户可以通过内存保护单元MUP配置不同的存储区，并且覆盖默认的访问属性。需要注意的是，在STM32系列处理器中并没有配备缓存，更没有缓存控制器，但支持用户在处理器外围添加缓存。

通常情况下，如果处理器支持外部内存，则芯片生产厂商还会附加支持一个内存控制器。它可以根据存储器可否缓存的设置，来管理片内和片外RAM的访问操作。

1．系统代码区（0x00000000～0x1FFFFFFF）

在系统存储器的代码区中，用户可以执行相应的代码指令。该代码区中缓存的属性为WT（写通，Write Through），即不可缓存。此外，在前面章节中已经介绍过，系统的代码区域还可以用于数据存储。用户可以通过数据总线接口实现对该代码区上数据的操作，且在该代码区上的写操作是可缓冲的。

在该区域中，缓存的属性为写通（WT），即写操作将“穿透”中途的缓存，直接到达最终的存储器目的地址中。因此在写通操作中，高速缓存只是起到让写操作的结果立即生效的作用。

2．系统SRAM区（0x20000000～0x3FFFFFFF）

在ARM处理器存储系统中，对SRAM区域的写操作是可缓冲的，并且可以选择WB-WA（Write Back，Write Allocated）缓存属性。在该SRAM区域中，既可以直接运行程序代码，也允许把代码复制到系统的内存中执行。后者经常被用在系统的固件升级过程中。

在SRAM区域中，存储系统的属性为写回（Write Back），即写入的数据先被暂时存放在系统缓存中，等到需要使用的时候再写入最终目的地址中。这与系统缓存的功能类似，可以用于改善数据传送的效率，减少对主存储器的访问操作。

3．系统片上外设区（0x40000000～0x5FFFFFFF）

片上外设区主要用于处理器片上外设，因此该区域的写操作是不可缓存的。也不可以在该区域执行指令。在ARM公司提供的数据手册中，对该属性定义为XN（eXecute Never）。

4．系统外部RAM区（0x60000000～0x9FFFFFFF）

在系统外部RAM区中，大致可以分为两个部分，即外部RAM区前半段（0x60000000～0x7FFFFFFF）及外部RAM区后半段（0x60000000～0x9FFFFFFF）。

在前半段RAM区域中可以布设片上RAM或片外RAM。用户可以在该外部RAM区域进行执行代码指令操作，并且对该区域的数据操作属性为可缓存，即WB-WA。片上外设区主要用于处理器片上外设，因此该区域的写操作是不可缓存的。也不可以在该区域执行指令。在ARM公司提供的数据手册中，对该属性定义为XN，即eXecute Never。

在后半段RAM区域中，基本的功能和属性与前半段RAM区域类似，唯一的不同在于区域的访问属性为不可缓存WT。

5．系统外部外设区（0xA0000000～0xDFFFFFFF）

在系统外部外设区，与外部RAM区的基本结构类似，也大致可以分为两个部分，外部外设区前半段(0xA0000000～0xBFFFFFFF)及外部RAM区后半段(0xC0000000～0xDFFFFFFF)。但RAM区后半段的功能和前半段的功能完全一致，只是习惯上都将它分为两个部分而已。

系统外部外设区主要用于片外外设的寄存器，也可以用于多核系统中的内存共享。同样，该外设区也是一个不可执行代码的区域。

6．系统区（0xE0000000～0xFFFFFFFF）

在存储结构的系统区，可以分为私有外设区域和芯片生产厂商指定功能的区域。在该区域中，用户也不可执行代码。由于系统区涉及系统运行的关键数据，所以对系统区的访问都是严格序列化的，既不可缓存，也不可缓冲。而对于芯片生产厂商指定功能的区域而言，则可以进行缓存和缓冲。

3.4.4 系统存储器的地址重映射

所谓存储器地址重映射的概念是：每一个存储器组在存储器映射中有一个“物理”位置，从本质上来说，它是一个地址范围，在该范围内用户可以写入程序代码，每一个存储器空间的容量都固定在同一个位置，这样就不需要将代码设计成在不同的范围内运行。在实际的工程设计过程中，为了让用户可以更好地利用存储空间，可以修改部分寄存器的定位映射，即改变默认的存储位置。

下面以 STM32 系列 ARM 处理器中的引脚重映射为例来说明有关地址重映射的使用。在 ARM 处理器中，每一个内置外设都具有若干个输入/输出引脚。通常情况下，这些输出引脚的位置是固定不变的。为了能让用户更好地安排布线的走向及引脚的功能，STM32 系列处理器提供了外设引脚重映射的概念，即一个外设的引脚除了具有默认的引脚编号外，还可以通过设置重映射寄存器的方式，将这个外设的引脚映射到其他的引脚位置，如图 3.5 所示。

J7	21	G7	29	47	-	PB10	I/O	FT	PB10	I2C2_SCL/USART3_TX(7)	TIM2_CH3
K7	22	H7	30	48	-	PB11	I/O	FT	PB11	I2C2_SDA/USART3_RX(7)	TIM2_CH4

图 3.5 STM32 系列处理器中的地址重映射

从图 3.5 中可以看出，串口 USART3_TX 默认的引脚为 PB10，USART3_RX 的默认输出引脚是 PB11，但进行过系统地址重映射之后，可以将 USART3_TX 的引脚修改为 PD8，USART3_RX 的引脚修改为 PD9。

除此之外，STM32 系列处理器中绝大部分内置外设都具有地址重映射的功能，例如，串口通信 USART、定时器 Timer、通信口 CAN、SPI，以及 I^2C 等。用户可以参考不同型号的 STM 数据手册。

在 STM32 系列处理器的地址重映射功能中，除了上述介绍的单个重映射外，还可以支持多个地址的重映射功能。这里同样以 USART3 串口为例，介绍在 STM32 处理器中多个地址的重映射。

从图 3.6 中可以看出，串口 USART3_TX 默认的引脚为 PB10，USART3_RX 的默认输出引脚是 PB11。根据引脚寄存器的配置，可以将 USART3_TX 重映射到 PC10，USART3_RX 重映射到 PC11，还可以将 USART3_TX 重映射到 PD8，USART3_RX 重映射到 PD9。

Alternate function	USART3_REMAP[1:0] = “00” (no remap)	USART3_REMAP[1:0] = “01” (partial remap)[1]	USART3_REMAP[1:0] = “11” (full remap)[2]
USART3_TX	PB10	PC10	PD8
USART3_RX	PB11	PC11	PD9
USART3_CK	PB12	PC12	PD10
USART3_CTS	PB13		PD11
USART3_RTS	PB14		PD12

图 3.6 STM32 系列处理器中 USART 多个地址的重映射

3.4.5 系统存储中止的异常

如果用户试图访问存储器结构中的保留地址或者未分配区域的地址， STM32 处理器则会产生一个中止异常。除此之外，用户对 AHB 或 VPB 外设地址执行任何指令操作时也会导致存储操作的中止异常。

在现有的 VPB 外设地址空间中，对未定义地址的访问不会产生数据中止异常。每一个外设内的地址译码被限制为外设内部需要判别的已定义的寄存器。需要注意的是，只有在用户试图对存储单元执行非法操作时，ARM 处理器才会将预取址中止标志与对应的非法指令一起保存到流水线并中止处理，即处理器在读取指令的时候仅仅设置中止标志，直到实际执行指令时才会干预并中止非法指令。

3.5 STM32F103XX 的系统控制模块

本节将介绍有关 STM32 系列处理器中的控制模块。通过了解这些控制模块的寄存器不仅对设计 ARM 嵌入式系统大有帮助，更能在调试的过程中加强对嵌入式硬件的理解。

在 ARM 处理器中，系统控制模块主要包括几个系统特性寄存器和控制寄存器。这些寄存器具有与特定外设器件无关的功能，主要包括晶体振荡器、外部中断输入、存储器映射控制、锁相环 PPL、功率控制、复位电路、VPB 分频器、唤醒定时器等。这些系统控制模块的具体功能都取决于自身的寄存器。在表 3.3 中可以查看 STM32 系列处理器中系统控制模块功能相关的引脚配置。

表 3.3 系统控制模块的引脚

引 脚 名 称	数 据 方 向	功 能 描 述
X1	输入	晶振输入，即振荡器和内部时钟发生器电路的输入
X2	输出	晶振输出，振荡放大器的输出
EINT0	输入	外部中断输入 0，通用型外部中断输入引脚，低电平有效，该引脚也可以将处理器从空闲或掉电模式中唤醒
EINT1	输入	外部中断输入 1，通用型外部中断输入引脚，低电平有效，该引脚也可以将处理器从空闲或掉电模式中唤醒
EINT2	输入	外部中断输入 2，通用型外部中断输入引脚，低电平有效，该引脚也可以将处理器从空闲或掉电模式中唤醒

续表

引脚名称	数据方向	功能描述
EINT3	输入	外部中断输入 3，通用型外部中断输入引脚，低电平有效，该引脚也可以将处理器从空闲或掉电模式中唤醒
/RST	输入	外部复位输入，该引脚上的低电平将芯片复位，使得 IO 为 0

在 ARM 嵌入式系统中，用户可以通过对应的寄存器实现对表 3.3 中系统控制模块的操作，具体如表 3.4 所示。

表 3.4　系统控制寄存器的功能描述

寄存器名称	功能描述	访问属性	复位初始值
外部中断			
EXTIN	外部中断标志寄存器	RW	0
INTWAKE	外部中断唤醒寄存器	RW	0
EXTMODE	外部中断方式寄存器	RW	0
EXTPOLAR	外部中断极性寄存器	RW	0
存储器映射控制			
MEMMAP	存储器映射控制寄存器	RW	0
锁相环			
PLLCON	PLL 控制寄存器	RW	0
PLLCFG	PLL 配置寄存器	RW	0
PLLSTAT	PLL 状态寄存器	RO	0
PLLFEED	PLL 馈送寄存器	WO	NA
功率控制			
PCON	功率控制寄存器	RW	0
PCONP	外设功率控制	RW	0x3BE
VPB 分频器			
VPBDIV	VPB 分频控制寄存器	RW	0
复位			
RSID	复位源识别寄存器	RW	0

3.5.1　晶体振荡器

STM32 系列单片机晶振输入端 XTAL1 可接收 1～72MHz 占空比为 50%的时钟信号，如图 3.7 所示。

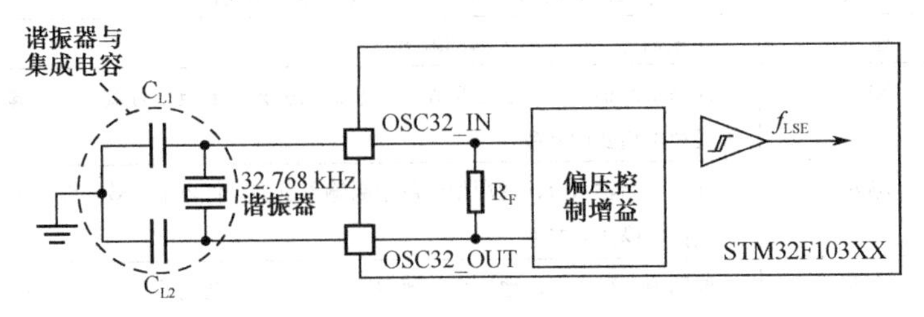

图 3.7　STM32 系列处理器的晶振电路

系统的时钟主要由以下几个方法来获取：

（1）HSI，高速内部时钟，即RC振荡器，时钟频率为8MHz；

（2）HSE，高速外部时钟，可外接石英、陶瓷谐振器，或者接外部时钟源，频率范围为4～16MHz；

（3）LSI，低速内部时钟，即RC振荡器，频率为40kHz；

（4）LSE，低速外部时钟，外接频率为32.768kHz的石英晶体；

（5）PLL，锁相环倍频输出，其中锁相环的时钟输入源可以选择为HIS/2、HSE或者HSE/2。倍频时钟可以选择为2～16的整数倍，但其输出频率最高不得超过72MHz。

其中，40kHz的LSI供独立看门狗IWDG使用。除此之外，还可以被选择为实时时钟RTC的时钟源。通常而言，实时时钟RTC的时钟源还可以选择LSE或者HSE的128分频。用户可以通过寄存器RTCSEL[1:0]来选择实时时钟RTC的时钟源。

需要说明的是，振荡器输出频率称为fosc。为了便于频率符号的书写及描述，ARM处理器中的时钟频率通常被称为cclk。在没有使用PLL的情况下，fosc与cclk在数值上是一致的。

STM32系列处理器的振荡器可以工作在两种模式下：从属模式（外接输入时钟源）和振荡模式（外接振荡电路）。

在从属模式下，输入信号时钟的引脚与一个100pF的电容相连，且输入信号时钟的幅值应当不小于200mV，X2引脚悬空不连接。如果用户使用时钟的从属模式，则输入信号时钟的频率被限制在4～16MHz。

此外，系统时钟还可以工作在振荡模式下，具体的电路连接如图3.8所示。由于在ARM处理器的内部已经集成了一个反馈电阻，所以用户只需要在外部连接一个晶振和两个起振电容就可以形成基本的振荡电路。

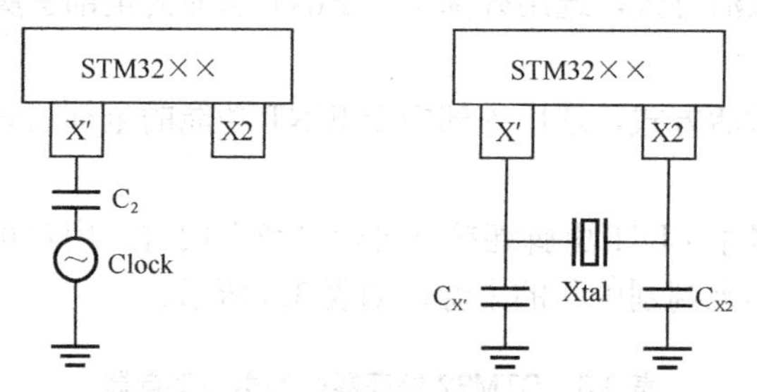

图3.8　STM32XX处理器的晶振电路

在外接振荡电路的工作模式下，晶体振荡器与起振电容的参数要根据具体输出的频率范围来确定。用户可以根据表3.5中的内容进行选择。

表3.5　振荡模式下电容的取值

基本振荡频率	最大晶体串联电阻	外部负载起振电容
1～5MHz	NA	10pF
	NA	20pF
	300R	30pF
5～10MHz	300R	10pF
	300R	20pF
	300R	30pF

续表

基本振荡频率	最大晶体串联电阻	外部负载起振电容
10～15MHz	300R	10pF
	220R	20pF
	140R	30pF
15～20MHz	220R	10pF
	140R	20pF
	80R	30pF
20～25MHz	160R	10pF
	90R	20pF
	50R	30pF
25～30MHz	130R	10pF
	50R	20pF
	NA	30pF

3.5.2 外部中断输入

在 STM32 系列处理器中支持了 1～240 外部中断输入，具体数值由芯片生产厂商在设计芯片时决定，并可以将其用于将处理器从掉电模式唤醒。

在 ARM 嵌入式系统中，用户可将多个引脚同时连接到同一路外部中断，此时，外部中断逻辑根据中断方式位及中断极性标志位的参数设置，分别进行如下处理方式。

（1）低电平有效的激活方式，选用外部中断 EINT 功能的全部引脚状态都连接到一个正电平逻辑的“与”门。

（2）高电平有效的激活方式，选用外部中断 EINT 功能的全部引脚状态都连接到一个正电平逻辑的“或”门。

需要说明的是，当多个 EINT 引脚连接到逻辑“或”门时，用户可以在中断服务程序中通过设置相应的参数寄存器来判别中断的来源，如表 3.6 所示。

表 3.6　STM32 处理器中的中断寄存器

中断寄存器	寄存器描述	寄存器功能描述
AFIO_EXTICR1	外部中断配置寄存器 1	用于配置外部中断寄存器 1 的输入源
AFIO_EXTICR2	外部中断配置寄存器 2	用于配置外部中断寄存器 2 的输入源
AFIO_EXTICR3	外部中断配置寄存器 3	用于配置外部中断寄存器 3 的输入源
AFIO_EXTICR4	外部中断配置寄存器 4	用于配置外部中断寄存器 4 的输入源
EXTI_IMR	中断屏蔽寄存器	屏蔽中断线上的中断请求
EXTI_EMR	事件屏蔽寄存器	屏蔽中断线上的事件请求
EXTI_RTSR	上升沿触发选择寄存器	用于配置中断线上的上升沿触发事件
EXTI_FTSR	下降沿触发选择寄存器	用于配置中断线上的下降沿触发事件
EXTI_SWIER	软件中断事件寄存器	用于配置中断线上的软件中断
EXTI_PR	中断挂起寄存器	当外部中断发生了选择的边沿事件时，寄存器对应操作位将被置 1。在该操作位写 1 可以清除当前标志位，也可以通过改变边沿检测的极性进行清除

在 ARM 嵌入式系统进入掉电模式并允许总线或引脚上的一个或多个时间能够使得处理器恢复正常工作，用户在程序代码中应该对引脚的外部中断功能进行重新生成，选择合适的中断方式、中断极性及掉电模式。唤醒处理器时，软件则恢复引脚复用的外围功能。

3.5.3 系统的启动模式

STM32 处理器支持了 3 种系统启动模式，且对应的存储介质均是芯片内置的。在每个 STM32 的芯片上都有两个引脚 BOOT0 和 BOOT1，这两个引脚在芯片复位时的电平状态决定了芯片复位后从哪个区域开始执行程序，具体如表 3.7 所示。

表 3.7 STM32XX 系列处理器的启动模式

启动模式的引脚		启 动 模 式	功 能 说 明
BOOT1	BOOT0		
X	0	用户闪存存储器	将用户闪存存储器选为系统启动区域
0	1	系统存储器	将系统存储器选为系统启动区域
1	1	片上 SRAM	将片上 SRAM 选为系统启动区域

STM32 系列处理器在上电复位后，在系统时钟 SYSCLK 的第 4 个上升沿，BOOT 引脚的电平状态将被系统锁存。用户可以通过设置 BOOT0 和 BOOT1 引脚的状态来设置芯片复位后的启动模式。

（1）用户闪存启动模式，即系统从芯片内置的 Flash 中启动。在 STM32 系统中，闪存存储器被映射到启动空间 0x00000000，但用户仍然可以在原有地址 0x08000000 对其进行访问。换句话说，闪存存储器中的内容可以分别从两个地址区域进行访问，即 0x00000000 和 0x08000000。

（2）SRAM 启动模式 ，即系统从芯片内置的 RAM 区启动，相当于计算机的内存。系统将从 0x20000000 开始的地址区域访问 SRAM。

（3）系统存储器启动模式，即从芯片内部一块特定的区域启动。STM32 处理器芯片出厂时在这个区域预置了一段 Bootloader，即 ISP 程序。这个区域的内容在芯片出厂后用户不可以修改或擦除，是一个 ROM 区。系统存储器被映射到启动空间 0x00000000，但用户仍然可以在原有地址 0x1FFFF000 对其进行访问。

BOOT1=x　BOOT0=0　从用户闪存启动，这是正常的工作模式。

BOOT1=0　BOOT0=1　从系统存储器启动，这种模式启动的程序功能由厂家设置。

BOOT1=1　BOOT0=1　从内置 SRAM 启动，这种模式可以用于调试。

需要说明的是，STM32 处理器从待机模式退出时，BOOT 引脚上的电平将被系统重新锁存。因此，在待机模式下，BOOT 引脚应当继续保持最初的启动配置。在启动延迟之后，处理器将从地址 0x00000000 读取堆栈顶部的地址，并从启动存储器的 0x00000004 指向的地址开始执行代码。

3.5.4 系统锁相环 PLL

在 STM32 处理器中，PLL 的主要时钟源可以由以下两种时钟提供而产生倍频时钟信号：

（1）HIS 时钟除以 2；

（2）HSE 时钟或通过一个可配置分频器的 PLL2 时钟。

其中，PLL2 和 PLL3 由 HSE 通过一个可配置的分频器提供时钟，具体结构如图 3.9 所示。

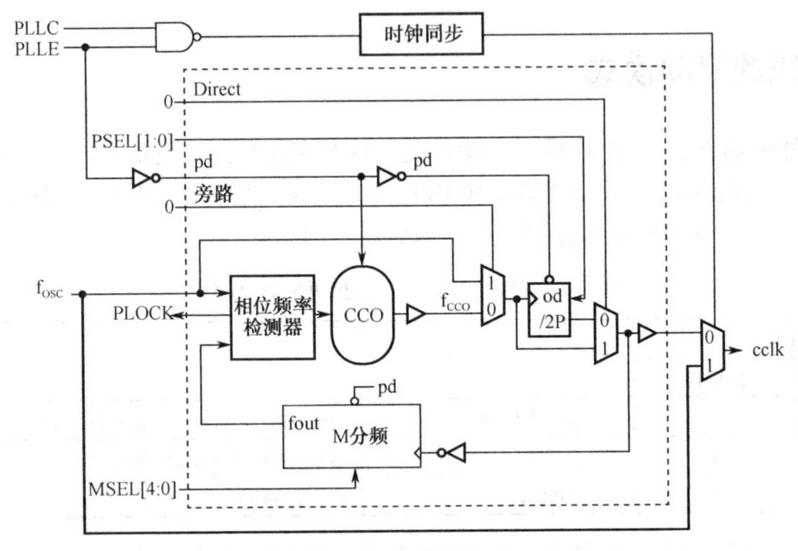

图 3.9　PLL 内部结构

用户必须在使能每一个 PLL 之前完成对 PLL 参数的配置，包括时钟源的选择、预分频系数和倍频系数等。同时，也应该在这些输入时钟信号稳定之后才能对 PLL 进行使能操作。一旦系统 PLL 被成功使能，这些配置参数将不能再被改变。

如果用户希望改变 PLL 的输入时钟源，必须先选中了新的时钟源，即完成对新时钟源的参数配置，之后才能关闭 PLL 原有的时钟源。有关 STM32 系列处理器中 PLL 的特性参数，可以通过表 3.8 中的内容进行查阅。

表 3.8　STM32 处理器中 PLL 的特性参数

时钟标号	时钟参数	参数取值			单　位
		最小值	典型值	最大值	
f_{PLL_IN}	PLL 输入时钟信号	1	8	25	MHz
	PLL 输入时钟占空比	40		60	%
f_{PLL_OUT}	PLL 倍频输出时钟信号	16		72	MHz
t_{LOCK}	PLL 锁存时间			200	μs

3.5.5　系统休眠与低功耗

当 STM32 处理器或系统电源复位后，ARM 处理器将处于运行状态。如果用户不需要 CPU 继续运行时，可以利用多种方法让系统进入低功耗模式以节省系统功耗，如系统在等待某个外部时间。用户可以根据最低电源消耗、最快启动时间及可用的唤醒源等条件来选定一个最佳的低功耗模式。

在 STM32F103XX 系列处理器中，系统提供了 3 种低功耗模式：

（1）休眠模式，即系统内核停止运行，而所有的外部设备，包括系统核心外设，如系统中断、系统时钟等仍然正常运行；

（2）停止模式，即系统所有时钟全部停止；

（3）待机模式，即关闭为内核供电的1.8V电源。

用户可以通过表3.9来对比系统所提供的3种低功耗模式各自的特点。

表3.9　系统低功耗模式

节电模式	进入节电模式的寄存器操作	唤 醒 操 作	1.8V内核区域的时钟	VDD电源区域的时钟	电压调节器
休眠模式	WFI	任何中断	CPU时钟关闭，对其他时钟及ADC时钟无影响	无影响	开
	WFE	唤醒事件			
停止模式	PDDS和LPDS位+SLEEPDEEP位+WFI或WFE	外部中断	所有使用1.8V区域的时钟均关闭，HIS和HSE的振荡器均关闭		在低功耗模式下可依据电源控制寄存器（PWR_CR）的参数设定进行开/关设置
待机模式	PDDS位+SLEEPDEEP位+WFI或WFE	WKUP引脚的上升沿；RTC警告时事件；NRST引脚上的外部复位；IWDG复位			关

当然，为了进一步降低系统的功耗，用户还可以通过关闭系统时钟来关闭APB和AHB总线上未被使用的外设时钟，同样可以达到降低系统功耗的目的。

当STM32处理器工作在正常运行模式下时，用户可以通过对预分频寄存器进行编程，以降低系统时钟（SYSCLK、HCLK、PCLK1和PCLK2）的速度。在系统进入休眠模式前，用户也可以利用分频器来降低外部设备的时钟。

1．休眠模式

用户可以通过执行WFI或者WFE指令使得系统进入休眠状态。根据STM32系列处理器中控制寄存器SLEEPONEXIT位的数值，有以下两种选项可以提供给用户用于选择休眠模式进入机制。

（1）SLEEP-NOW，即如果SLEEPONEXIT位被清0，当WRI或WFE指令被执行时，STM32处理器立即进入休眠模式。

（2）SLEEP-ON-EXIT，即如果SLEEPONEXIT位被置1，当WRI或WFE指令被执行时，系统从最低优先级的中断处理程序中退出后，STM32处理器立即进入休眠模式。

用户可以通过WFI或WFE指令将ARM处理器进入休眠模式，但对于这两条不同的休眠指令，需要不同的外部条件才能将处理器从休眠模式中唤醒，如表3.10所示。

表3.10　休眠模式的进入与唤醒

休眠模式	SLEEP-NOW模式	SLEEP-ON-EXIT模式
进入模式	在以下条件下执行等待中断WFI或等待事件WFE指令： （1）SLEEPDEEP=0； （2）SLEEPONEXIT=0。	在以下条件下执行等待中断WFI指令： （1）SLEEPDEEP=0； （2）SLEEPONEXIT=0。

续表

休眠模式	SLEEP-NOW 模式	SLEEP-ON-EXIT 模式
退出模式	如果执行 WFI 指令进入休眠模式：中断 如果执行 WFE 指令进入休眠模式：唤醒事件	中断

如果用户使用 WFI 指令将 ARM 处理器进入休眠模式，则任意一个被嵌套向量中断控制器响应的外设中断都可以将系统从休眠模式唤醒；

如果用户使用 WFE 指令将 ARM 处理器进入休眠模式，则用户需要使用唤醒事件才能将系统从休眠模式唤醒。而唤醒事件主要可以通过以下两种方式产生。

（1）在外设控制寄存器中使能一个中断，而不是在嵌套向量中断控制器 NVIC 中使能中断，并且在 ARM 系统控制寄存器中使能 SEVONPEND 位。需要注意的是，当 ARM 处理器从 WFE 指令中唤醒后，外设的中断挂起位和外设的 NVIC 中断的挂起位将被清除；

（2）配置一个外部或者内部的 EXIT 中断线为事件模式。当 ARM 处理器从 WFE 指令中唤醒后，由于与事件中断线对应的挂起位没有被置 1，因此用户也不必清除外设的中断挂起位或者外设的 NVIC 中断通道挂起位。

通常情况下，由于在中断的进入和退出过程中几乎不存在时间上的损失，因此将系统从休眠模式中唤醒所需的时间比较短。

2. 停止模式

在 STM32 系列芯片中，停止模式是在 ARM 处理器深度休眠模式基础上结合了对外设时钟控制机制，在停止模式下电压调节器可以运行在正常或者低功耗模式。处理器工作在停止模式下的时候，1.8V 供电区域内的所有时钟都被停止，PLL、HIS 及 HSE 振荡器的功能也被禁止，只有 SRAM 和寄存器中的数值被保留。除此之外，在停止模式下，处理器中所有的引脚都保持在原有运行状态下的数值。用户可以根据表 3.11 中的内容进入或退出停止模式。

表 3.11 停止模式的进入与唤醒

停止模式	进 入 模 式	退 出 模 式
进入/退出	在以下条件下执行等待中断 WFI 或等待事件 WFE 指令： （1）SLEEPDEEP=1。 （2）电源控制寄存器 PWR_CR 中 PDDS=0。 （3）设置电源控制寄存器 PWR_CR 中 LPDS 位选择电压调节器的模式	如果执行 WFI 指令进入停止模式，则设置任意一个中断线为中断模式，同时必须在 NVIC 中使能相应的外部中断向量； 如果执行 WFE 指令进入停止模式，则设置任意一个外部中断线为事件模式
唤醒延迟	HIS RC 唤醒时间+电压调节器从低功耗唤醒的时间	

在停止模式下，通过设置电源控制寄存器 PWR_CR 的 LPDS 位使得内部调节器进入低功耗模式，可以使得整个 ARM 嵌入式系统具有更低的系统功耗。如果当前处理器正在对片上闪存进行编程，则需要等待系统完成对内存的访问才会进入停止模式。同样，如果处理器正在对 APB 进行访问，则需要等待系统完成对 APB 访问结束后，系统才会进入停止模式。

系统在进入停止模式后，如果在进入该模式前 ADC 和 DAC 没有被关闭，则这些设备仍然会继续消耗电流。用户可以通过设置相应的控制寄存器来关闭这些外设。此外，在停止模式下，电压调节器也处于低功耗模式，当系统从停止模式退出时，将会消耗额外的一段时间用于设备的启动。用户可以在进入低功耗模式前，保持内部电压调节器开启的状态，这样在退出停止模式时，可以减少时间上的消耗，但相应的系统功耗会增加。

3. 待机模式

在 STM32 系列处理器中，待机模式可以实现系统的最低功耗。该模式在处理器深度休眠模式的基础上关闭电压调节器。除了 1.8V 的供电区域被停止供电外，PLL、HIS 和 HSE 振荡器也被停止供电，正常运行状态下暂存在 SRAM 和寄存器中的内容也不会被保存，只有备份寄存器和待机电路部分维持最低的系统供电。

用户可以根据表 3.12 中的内容进入或退出待机模式。从表格中可以看出，当一个外部复位信号 NRST、IWDG 复位信号、WKUP 引脚上的上升沿或者 RTC 闹钟事件的上升沿触发时，处理器将从待机模式退出。处理器从待机模式唤醒后，除了电源控制/状态寄存器 PWR_CSR 外，其他所有的寄存器将被复位，即从待机模式唤醒后的代码执行等效于系统复位后的执行。

表 3.12 停止模式的进入与唤醒

待机模式	条件说明
进入	在以下条件下执行等待中断 WFI 或等待事件 WFE 指令： （1）SLEEPDEEP=1； （2）电源控制寄存器 PWR_CR 中 PDDS=1； （3）电源控制/状态寄存器 PWR_CSR 中 WUF=0
退出	以下 4 个条件满足任何一个： （1）WKUP 引脚接收到上升沿信号； （2）RTC 闹钟事件的上升沿信号； （3）NRST 复位引脚上接收到复位信号； （4）IWDG 复位
唤醒延迟	复位阶段时由于电压调节器启动所消耗的时间

需要提醒用户注意的是，在待机模式下，处理器所有的 I/O 引脚均处于高阻状态，除了以下几个引脚：

（1）复位引脚 NRST，该引脚在待机模式下始终有效；

（2）被使能的唤醒引脚；

（3）设置为防止侵入或校准输出时的 TAMPER 引脚。

在通常情况下，如果用户在进行代码调试的过程中使得处理器进入停止或待机模式，此时由于处理器内核失去了时钟信号，系统将会失去调试连接。

4. 低功耗模式下的自动唤醒

当处理器工作在上述 3 种低功耗模式时，不一定要完全依赖于外部的中断来唤醒系统退出低功耗模式。同样，用户也可以通过 RTC 来唤醒低功耗模式下的处理器。

为了使用 RTC 闹钟事件将系统从低功耗模式下唤醒，必须进行如下配置：

（1）将外部中断线 17 设置为上升沿触发；

（2）配置 RTC 使其可以产生 RTC 闹钟事件。

通过对备份区域控制寄存器 RCC_BDCR 中 RTCSEL[1:0]位的设置，RTC 中的如下两个时钟源就可以实现上述唤醒功能：

（1）低功耗 32.768kHz 的外部晶振 LSE，该时钟源为系统低功耗模式的唤醒提供了一个精确而功耗极低的时间基准，在典型环境下其功耗小于 1μA；

（2）低功耗内部 RC 振荡器 LSI RC。

如果用户在系统设计的过程中对成本比较敏感，可以使用系统内部的 RC 振荡器 LSI RC 来作为时钟源，这样可以节省一个外部 32.768kHz 晶振的成本。但 RC 振荡器将会增加系统的电源消耗。

3.5.6 系统复位

在 STM32F103XX 系列单片机中，系统支持 3 种复位形式，分别为系统复位、电源复位和备份区域复位。处理器在接收到复位信号后将所有寄存器还原到初始状态。

1. 系统复位

系统复位将初始化并还原所有的寄存器至最初的状态。此时，除了时钟控制器 RCC_CSR 寄存器中的复位标志位和备份区域中的寄存器外，所有的寄存器都会被复位。

用户可以通过以下任意一个时间来产生系统复位，用户可以通过查看 RCC_CSR 控制寄存器中的复位标志位来识别具体复位事件的来源，具体如下。

（1）NRST 引脚上检测到低电平，该复位方式也称为外部复位。

（2）窗口看门狗计数终止，该复位方式也称为 WWDG 复位。

（3）独立看门狗计数终止，该复位方式也称为 IWDG 复位。

（4）软件复位，该复位方式也称为 SW 复位。

通过将 ARM 系统中断应用和复位控制寄存器的 SYSRESETREQ 位设置为 1，可以实现系统的软件复位。

（5）低功耗管理复位。

有关系统低功耗管理方式的复位，可以通过以下两种方式产生。

在进入待机模式时产生低功耗管理复位：用户可以通过将用户选择字节中的 nRST_STDBY 位设置为 1 实现系统复位。此时，即使当前系统执行了进入待机模式的命令，处理器也将被复位而不是进入待机模式。

在进入停止模式时产生低功耗管理复位：通过将用户选择字节中的 nRST_STOP 位设置为 1 实现系统复位。此时，即使当前系统执行了进入停机模式的命令，处理器也同样将被复位而不是进入停机模式。

2. 电源复位

STM32 系列处理器可以有两种方式：（1）上电 POR/掉电 PDR 复位；（2）从待机模式中返回。具体的系统硬件结构如图 3.10 所示。

在发生电源复位时，处理器中除了备份寄存器外所有的寄存器都将被复位。在图 3.10 中，复位信号与处理器的 RESET 引脚相连，并在复位过程中保持低电平。在发生电源复位后，系统复位的入口矢量将被固定在地址 0x00000004，即系统会从该地址重新运行用户的程序代码。

在复位过程中，芯片内部的复位信号会在 NRST 引脚上输出，脉冲发生器保证每一个复位源都能保持至少 20μs 的脉冲延时。当 NRST 引脚被外部复位信号拉低并产生外部复位时，处理器将产生复位脉冲。

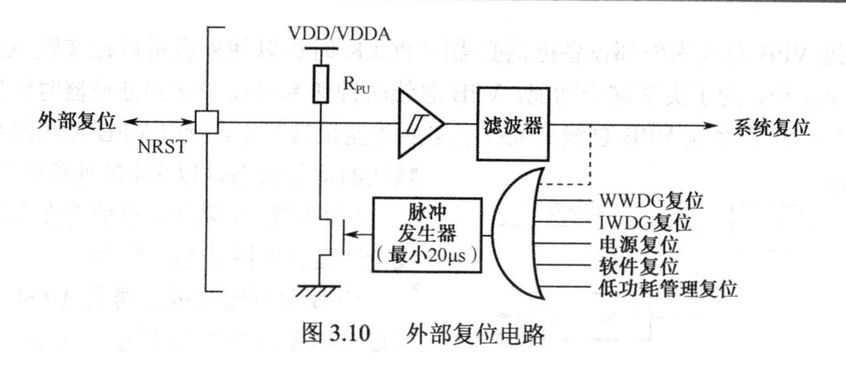

图 3.10　外部复位电路

3. 备份区域复位

在 STM32 系列处理器中，备份区域支持两个专门的复位操作。需要说明的是，备份区域的复位操作只会影响备份区域的寄存器。

用户可以通过以下两种方式产生备份区域的复位操作。

（1）软件方式产生备份区域复位：对于备份区域复位操作可以由设置备份区域控制寄存器 RCC_BDCR 中的 BDRST 位产生。

（2）在 VDD 和 VBAT 两者均掉电的前提下，VDD 和 VBAT 上电将触发备份区域复位。

由于 STM32 系列处理器集成了内部上电复位电路，因此用户在使用复位电路时，需要在外部接一个 10kΩ的上拉电阻，具体如图 3.11 所示。

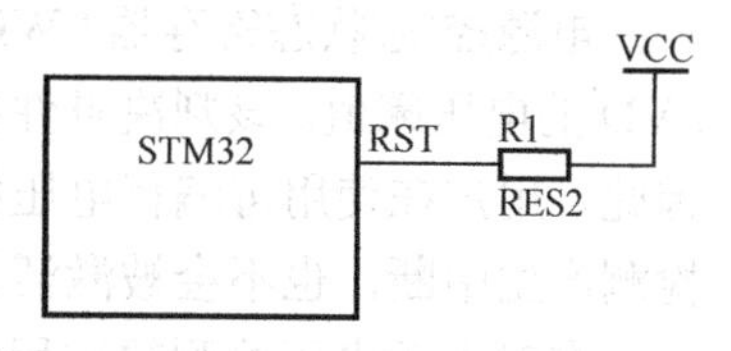

图 3.11　STM32 内部复位电路

通常情况下，用户在设计电路的时候可以使用外部复位。为了提高系统复位的可靠性，可以使用专用的复位芯片，如 Sipex 公司的 SP708S 等复位芯片，用户可以通过查阅各个公司的具体芯片手册来了解相应的复位芯片及应用电路。在图 3.12 中以带复位电路的存储芯片 CAT1025 来实现系统的外部复位操作。

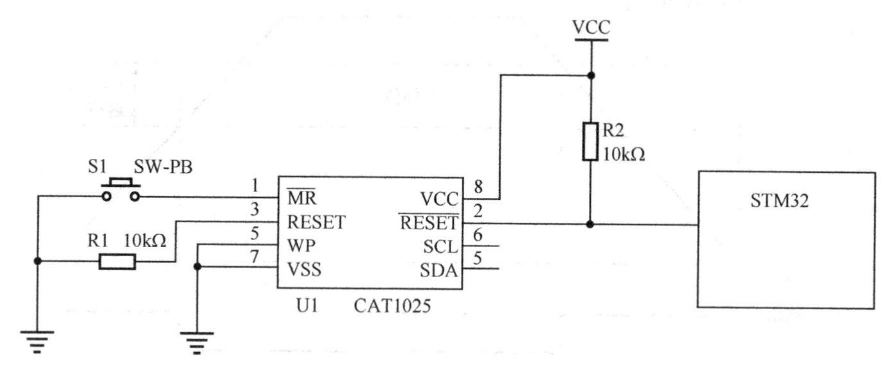

图 3.12　CAT1025 的外部复位

3.5.7　系统时钟分频

在 STM32 处理器中，用户可以通过 VPB 分频器对系统的时钟信号进行分频处理。VPB 分频器（VPB Divider）决定处理器时钟 CCLK 与外设器件所使用的时钟 PCLK 之间的关系。

通常情况下，VPB 分频器具有两个用途，具体如下：

（1）通过 VPB 总线为外部设备提供必需的 PCLK 时钟以使外设可以在兼顾 ARM 处理器速度的条件下工作。为了实现这个功能，VPB 总线时钟速率可以降低到处理器时钟速率 CCLK 的 1/2 或者 1/4。由于系统 VPB 总线必须在上电后才能正常工作，所以 VPB 总线在系统复位后默认的运行状态是以 1/4 的速度运行。

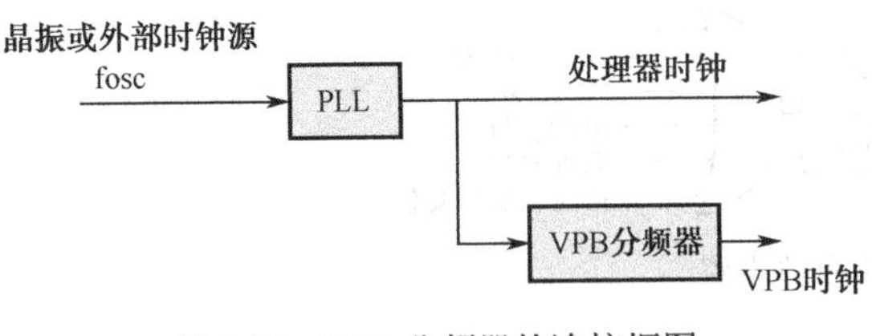

图 3.13　VPB 分频器的连接框图

（2）VPB 分频器可以使得在不需要任何外设全速运行时降低系统的功耗。

VPB 分频器与振荡器及 ARM 处理器时钟的连接框图如图 3.13 所示。由于 VPB 分频器连接到 PLL 输出，PLL 在空闲模式下保持有效。

3.5.8　系统掉电检测与控制

在 STM32 系列处理器中，支持了一个对 VDD 引脚电压的 2 级检测。用户可以通过可编程电压检测器 PVD 对 VDD 的电压与电源控制寄存器 PWR_CR 中的 PLS[2:0]位中的数据进行比较，以监控电源电压。电源控制寄存器 PWR_CR 中的 PLS[2:0]位中的数据主要用来选择监控电压的阈值。

电源控制/状态寄存器 PWR_CSR 中的 PVDO 标志用来判别电源电压 VDD 是高于还是低于 PVD 的电压阈值。该判决事件会引发一个外部中断，并通过内部连接到外部中断的第 16 根线。因此，用户在使用可编程电压检测器 PVD 时，必须先将外部中断的操作使能，否则即使电压检测产生中断，也不会被激活。

在对电源电压检测的过程中，如果电源电压 VDD 下降到 PVD 阈值以下或者当电源 VDD 上升到 PVD 阈值之上时，根据外部中断第 16 根线的上升/下降沿触发设置，系统则会产生一个 PVD 中断，具体如图 3.14 所示。

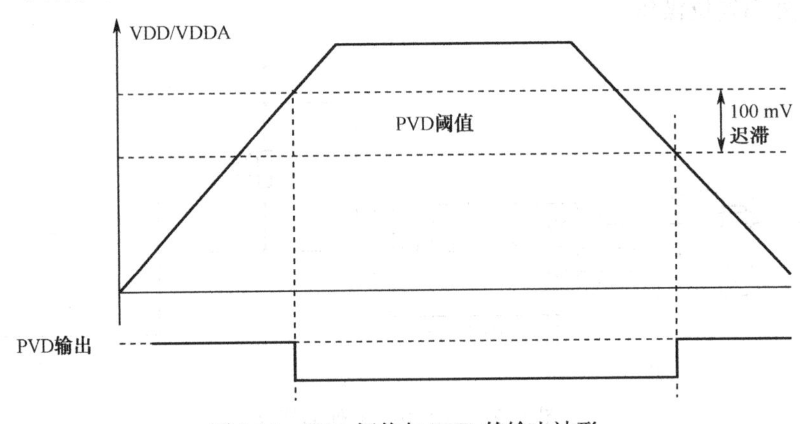

图 3.14　PVD 阈值与 PVD 的输出波形

3.6　STM32F103XX 向量中断控制器

前面已经多次提到，向量中断控制器 NVIC 是 ARM 嵌入式系统中不可分割的一部分。它与系统 ARM 内核的逻辑紧密耦合在一起，共同完成对系统中断的响应，用户可以通过存储器映射的方式实现对 NVIC 寄存器的访问操作。在 ARM 系统中，NVIC 除了包含控制寄存器和中断处理的控制逻辑外，还包含 MPU、SysTick 定时器及与调试控制相关的寄存器。

3.6.1　中断的概念与类型

所谓“中断”，是指处理器停止当前正在执行的程序去执行另外一个更为“紧急”的事件。例如，外部中断和处理器执行一个未定义的指令都会产生一个处理器的中断操作。在 STM32 系列处理器中，系统可以支持 7 种类型的中断，共 240 个外部中断输入 IRQ。

ARM 处理器中支持的 7 种类型中断，如表 3.13 所示。在该表中，列出了 ARM 处理器中所有的中断异常模式。当系统发生中断时，ARM 处理器程序将跳转到对应中断程序的入口地址开始执行。这些中断程序的入口地址就是“中断向量”。

表 3.13　常见 ARM 中断的类型

中 断 类 型	工 作 模 式	中断入口地址	中断优先级
复位	管理模式	0x00000000	1
未定义指令	未定义	0x00000004	6
软件中断	管理模式	0x00000008	6
预取中断	中止	0x0000000C	5
数据中断	中止	0x00000010	2
外部中断	IRQ 外部中断	0x00000018	4
快速中断	FIQ 快速中断	0x0000001C	3

1. 复位中断

在 STM32 系列处理器中，当处理器检测到复位信号时，将立即停止执行当前的指令，进入管理模式，跳转到 ARM 状态，并禁止所有的快速中断和外部中断。最后根据 ARM 处理器具体配置的不同，程序跳转到复位入口地址 0x00000000 处开始执行。

2. 未定义指令中断

当 ARM 处理器执行写处理器的时候没有响应，或者 ARM 处理器执行了一条没有定义的指令代码，这时系统会产生一个未定义指令异常中断。当系统出现未定义指令时，ARM 处理器将进入未定义模式，并切换到 ARM 状态，禁止所有外部中断，并根据 ARM 处理器配置的不同，跳转到未定义异常入口地址 0x00000004。

3. 软件中断

当用户正在执行软件中的中断指令 SWI 时，系统将产生中断异常。此时 ARM 处理器将进入管理模式，并切换到 ARM 状态，禁止所有正常中断，并根据 ARM 处理器配置的不同，跳转到未定义中断入口地址 0x00000008。需要说明的是，使用软件中断异常可以使 ARM 处理器通过软件的方式切换到管理工作模式，从而访问在用户工作模式下受保护的系统资源。

4. 预取中断

当存储系统发出中止信号后，ARM 处理器仍然试图执行取得的无效指令时，系统将产生预取中断异常。此时，处理器将进入中止模式，并切换到 ARM 状态，禁止所有正常中断，并根据 ARM 处理器配置的不同，跳转到中止异常中断入口地址 0x0000000C。

5. 数据中断

当系统发出中止信号后，指令对数据的访问无法得到有效的响应，此时系统会产生一个数据中断。产生数据中断时，ARM 处理器将进入中止模式，并切换到 ARM 状态，禁止所有正常中断，并根据 ARM 处理器配置的不同，跳转到数据中断入口地址 0x00000010。

6. 外部中断

一般而言，所有的 ARM 处理器基本都支持了外部中断，即都具有 IRQ 输入引脚。当这些引脚上的信号满足中断触发条件，即高电平触发、低电平触发、上升沿触发、下降沿触发等，系统会产生外部中断 IRQ 异常。

当 CPSR 寄存器中的 I 位被设置为 1 时，处理器会禁止 IRQ 中断。当 ARM 处理器检测到外部的 IRQ 中断信号时，将进入 IRQ 模式，并切换到 ARM 状态，禁止所有正常中断，并根据 ARM 处理器配置的不同，跳转到外部中断入口地址 0x00000018。

7. 快速中断

在 ARM 处理器中，除了可以支持普通的外部中断 IRQ 外，还支持了一类特殊的中断模式，即快速中断 FIQ。快速中断 FIQ 相对于外部中断 IRQ 而言具有更高的优先级，通常用于数据传输、通道处理等实时性要求更高的场合。

用户可以通过将 CPSR 寄存器中的 I 位设置为 1，以禁止系统的快速中断 FIQ 功能。当处理器检测到快速中断 FIQ 时，ARM 处理器将进入 FIQ 模式，并切换到 ARM 状态，禁止所有正常中断、外部中断及快速中断，并根据 ARM 处理器配置的不同，跳转到快速中断入口地址 0x0000001C。

3.6.2 外部中断/事件控制器的特点与结构

对于 STM32 系列处理器而言，外部中断/事件控制器由 20 个产生中断/事件请求的边沿检测器组成。处理器引脚上的每一个输入端口线都可以独立地配置成输入中断类型（脉冲或挂起）及对应的触发事件（上升沿或下降沿或双边沿触发）。同样，每一个输入端口线也可以独立地被屏蔽，具体的系统结构如图 3.15 所示。

外部中断/事件 EXTI 控制器的主要特性如下：

（1）每一个中断/事件都可以独立地被触发或屏蔽；

（2）每一个中断/事件都具备专用的状态位；

（3）最多可以支持 20 个软件中断/事件请求；

（4）可检测到脉冲宽度低于 APB2 时钟宽度的外部信号。

在 STM32 系列处理器中，如果用户希望产生“中断”，则必须先配置好芯片中断的引脚线，并对其进行“使能”操作。根据需要的边沿检测设置两个触发寄存器，同时在中断屏蔽寄存器的相应位写“1”以允许中断请求。当外部中断线上发生了相应的触发边沿信号后，系统将产生一个中断请求，对应的挂起标志位也会被设置为“1”。用户可以将中断挂起寄存器中对应的标志位设置为“1”，以清除当前的中断请求。

在STM32系列处理器中，如果用户希望产生“事件”，则必须先配置并完成对事件线的使能操作。通过设置两个触发寄存器来完成对边沿检测的配置，同时在事件屏蔽寄存器的相应位写“1”以允许事件请求操作。当事件线上发生了对应的边沿信号时，系统将产生一个事件请求脉冲，对应的挂起位并不会被置“1”。

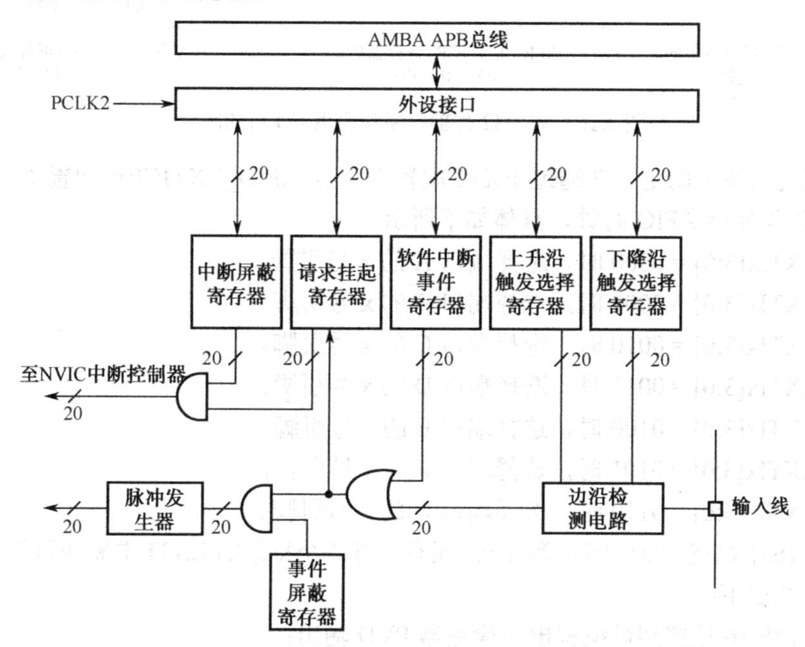

图3.15 STM32处理器的中断结构图

1. 硬件中断的配置

用户可以通过下面的步骤来配置多个线路作为中断源，具体操作如下。

（1）在EXTI_IMR寄存器中配置多个线路中断的屏蔽位；

（2）在EXTI_RTSR寄存器和EXTI_FTSR寄存器中配置所选择中断线的触发选择位；

（3）配置对应到外部中断控制器EXTI的NVIC中断通道的使能和屏蔽位，使得多个中断线中的请求可以被及时响应。

2. 硬件事件的配置

对于系统中的事件处理，用户可以通过以下几个步骤来实现对硬件事件参数的配置：

（1）通过EXTI_EMR寄存器配置多个事件线的屏蔽位；

（2）通过EXTI_RTSR寄存器和EXTI_FTSR寄存器配置事件线的触发选择器。

3. 软件中断/事件的配置

对于系统中的软件中断/事件处理，用户可以通过以下几个步骤来实现对软件中断/事件的配置：

（1）通过EXTI_EMR寄存器和EXTI_IMR寄存器配置多个中断/事件线的屏蔽位；

（2）通过EXTI_SWIER寄存器配置软件中断寄存器的请求位。

在图3.16中，列出了外部中断与通用I/O口之间的硬件连接。用户可以通过AFIO_EXTICRx配置GPIO端口上的外部中断/事件。

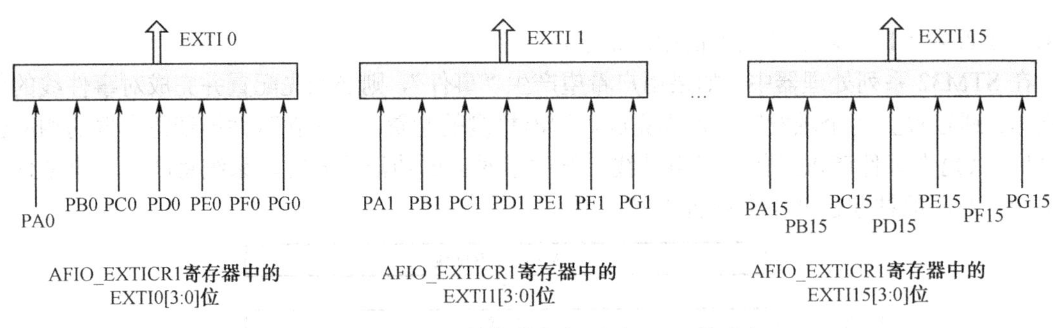

图 3.16　STM32 外部中断与通用 I/O 口的映象

特别需要提醒注意的是，在通过 EXTI 配置寄存器 AFIO_EXTICRx 配置 EXTI 线路上的 GPIO 前，必须先使能 AFIO 时钟，具体如下所示。

（1）当 EXTIx[3:0] = 0000 时，选择端口 A 的 x 号引脚。

（2）当 EXTIx[3:0] = 0001 时，选择端口 B 的 x 号引脚。

（3）当 EXTIx[3:0] = 0010 时，选择端口 C 的 x 号引脚。

（4）当 EXTIx[3:0] = 0011 时，选择端口 D 的 x 号引脚。

（5）当 EXTIx[3:0] = 0100 时，选择端口 E 的 x 号引脚。

（6）当 EXTIx[3:0] = 0101 时，选择端口 F 的 x 号引脚。

（7）当 EXTIx[3:0] = 0110 时，选择端口 G 的 x 号引脚。

除了图 3.16 中描述的 0～15 中断线外，还有另外 4 个特别的 EXTI 中断线可以供用户使用，具体的连接方式如下：

（1）EXTI 线 16 连接到可编程电压检测器 PVD 输出；

（2）EXTI 线 17 连接到实时时钟 RTC 闹钟事件；

（3）EXTI 线 18 连接到 USB 唤醒事件；

（4）EXTI 线 19 连接到以太网唤醒事件；

3.6.3　EXTI 的寄存器

用户在使用 ARM 处理器的中断前，必须通过 EXTI 相应的寄存器对其各个参数进行配置。需要注意的是，用户在设置寄存器的过程中，必须采用字的方式对其进行操作。

1. 中断屏蔽寄存器

在 STM32 系列处理器中，中断屏蔽寄存器 EXTI_IMR 主要用于设置中断线上的中断屏蔽操作，即 Interrupt mask on line x。由于 STM32 系列处理器是 32 位的处理器，因此中断屏蔽寄存器的宽度也为 32 位，具体内容如表 3.14 所示。

表 3.14　中断屏蔽寄存器 EXTI_IMR

31	30	29	28	27	26	25	24	23	22	21	20	19	18	17	16
保留												MR19	MR18	MR17	MR16
15	**14**	**13**	**12**	**11**	**10**	**9**	**8**	**7**	**6**	**5**	**4**	**3**	**2**	**1**	**0**
MR15	MR14	MR13	MR12	MR11	MR10	MR9	MR8	MR7	MR6	MR5	MR4	MR3	MR2	MR1	MR0

从表 3.14 中可以看出，中断屏蔽寄存器 EXTI_IMR 中位[31:20]是系统保留位，且必须始终保持为复位状态；位[19:0]用于设置对应中断线上的中断屏蔽，MRx 表示中断线 x 上的中断屏蔽位。若 MRx=0，则表示屏蔽来自线 x 上的中断请求；若 MRx=1，则表示开放来自线 x 上的中断请求。

2．事件屏蔽寄存器

在 STM32 系列处理器中，事件屏蔽寄存器 EXTI_EMR 主要用于设置中断线上的事件屏蔽操作，即 Event mask on line x。由于 STM32 系列处理器是 32 位的处理器，因此事件屏蔽寄存器的宽度也为 32 位，具体内容如表 3.15 所示。

表 3.15　事件屏蔽寄存器 EXTI_EMR

31	30	29	28	27	26	25	24	23	22	21	20	19	18	17	16
保留												MR19	MR18	MR17	MR16
15	14	13	12	11	10	9	8	7	6	5	4	3	2	1	0
MR15	MR14	MR13	MR12	MR11	MR10	MR9	MR8	MR7	MR6	MR5	MR4	MR3	MR2	MR1	MR0

从表 3.15 中可以看出，事件屏蔽寄存器 EXTI_EMR 中位[31:20]是系统保留位，且必须始终保持为复位状态；位[19:0]用于设置对应中断线上的事件屏蔽，MRx 表示中断线 x 上的事件屏蔽位。若 MRx=0，则表示屏蔽来自线 x 上的事件请求；若 MRx=1，则表示开放来自线 x 上的事件请求。

3．上升沿触发选择寄存器

在 STM32 系列处理器中，上升沿触发选择寄存器 EXTI_RTSR 主要用于设置中断线上触发脉冲类型为上升沿，即 Rising trigger event configuration bit of line x。由于 STM32 系列处理器是 32 位的处理器，因此上升沿触发选择寄存器的宽度也为 32 位，具体内容如表 3.16 所示。

表 3.16　上升沿触发选择寄存器 EXTI_RTSR

31	30	29	28	27	26	25	24	23	22	21	20	19	18	17	16
保留												TR19	TR18	TR17	TR16
15	14	13	12	11	10	9	8	7	6	5	4	3	2	1	0
TR15	TR14	TR13	TR12	TR11	TR10	TR9	TR8	TR7	TR6	TR5	TR4	TR3	TR2	TR1	TR0

从表 3.16 中可以看出，上升沿触发选择寄存器 EXTI_RTSR 中位[31:20]是系统保留位，且必须始终保持为复位状态；位[19:0]用于设置对应中断线上的触发方式，TRx 表示中断线 x 上的上升沿触发事件配置。若 TRx=0，则表示禁止输入线 x 上的上升沿中断或事件的触发；若 TRx=1，则表示允许输入线 x 上的上升沿中断或事件的触发。

需要注意的是，外部唤醒线都是边沿触发的，在这些信号线上不能出现毛刺信号。另外，用户在对上升沿触发选择寄存器 EXTI_RTSR 进行写操作的时候，外部中断线上的上升沿触发信号不能被识别，挂起位也不会被置位。在同一个中断线上，用户可以同时将其设置为上升沿触发和下降沿触发，即任何一个边沿都可以触发系统的外部中断。

4．下降沿触发选择寄存器

在 STM32 系列处理器中，下降沿触发选择寄存器 EXTI_FTSR 主要用于设置中断线上触发脉冲类型为下降沿，即 Falling trigger event configuration bit of line x。由于 STM32 系列处理器是 32 位的处理器，因此下降沿触发选择寄存器的宽度也为 32 位，具体内容如表 3.17 所示。

表 3.17　下降沿触发选择寄存器 EXTI_FTSR

31	30	29	28	27	26	25	24	23	22	21	20	19	18	17	16
保留												TR19	TR18	TR17	TR16
15	14	13	12	11	10	9	8	7	6	5	4	3	2	1	0
TR15	TR14	TR13	TR12	TR11	TR10	TR9	TR8	TR7	TR6	TR5	TR4	TR3	TR2	TR1	TR0

从表 3.17 中可以看出，下降沿触发选择寄存器 EXTI_FTSR 中位[31:20]是系统保留位，且必须始终保持为复位状态；位[19:0]用于设置对应中断线上的触发方式，TRx 表示中断线 x 上的下降沿触发事件配置。若 TRx=0，则表示禁止输入线 x 上的下降沿中断或事件的触发；若 TRx=1，则表示允许输入线 x 上的下降沿中断或事件的触发。

需要注意的是，外部唤醒线同样也是边沿触发的，在这些信号线上也不能出现毛刺信号。另外，用户在对下降沿触发选择寄存器 EXTI_FTSR 进行写操作的时候，外部中断线上的下降沿触发信号不能被识别，挂起位也不会被置位。在同一个中断线上，用户也可以同时将其设置为上升沿触发和下降沿触发，即任何一个边沿都可以触发系统的外部中断。

5．软件中断事件寄存器

在 STM32 系列处理器中，软件中断事件寄存器 EXTI_SWIER 主要用于设置中断线上的软件中断，即 Software interrupt on line x。由于 STM32 系列处理器是 32 位的处理器，因此软件中断事件寄存器的宽度也为 32 位，具体内容如表 3.18 所示。

表 3.18　软件中断事件寄存器 EXTI_SWIER

31	30	29	28	27	26	25	24	23	22	21	20	19	18	17	16
保留												SWI19	SWI18	SWI17	SWI16
15	14	13	12	11	10	9	8	7	6	5	4	3	2	1	0
SWI15	SWI14	SWI13	SWI12	SWI11	SWI10	SWI9	SWI8	SWI7	SWI6	SWI5	SWI4	SWI3	SWI2	SWI1	SWI0

从表 3.18 中可以看出，软件中断事件寄存器 EXTI_SWIER 中位[31:20]是系统保留位，且必须始终保持为复位状态；位[19:0]用于设置对应中断线上的软件中断事件，SWIx 表示中断线 x 上的软件中断事件配置。若 SWIx=0，则用户可以通过对该位写“1”操作实现将 EXTI_PR 中相应位的挂起。此时，如果用户在中断屏蔽寄存器 EXTI_IMR 和事件中断寄存器 EXTI_EMR 中允许该位产生中断，则系统将产生一个中断。

6．挂起寄存器

在 STM32 系列处理器中，挂起寄存器 EXTI_PR 主要用于识别中断线上的中断请求，即 Pending bit。由于 STM32 系列处理器是 32 位的处理器，因此挂起寄存器的宽度也为 32 位，具体内容如表 3.19 所示。

表 3.19 挂起寄存器 EXTI_PR

31	30	29	28	27	26	25	24	23	22	21	20	19	18	17	16
保留												PR19	PR18	PR17	PR16
15	14	13	12	11	10	9	8	7	6	5	4	3	2	1	0
PR15	PR14	PR13	PR12	PR11	PR10	PR9	PR8	PR7	PR6	PR5	PR4	PR3	PR2	PR1	PR0

从表 3.19 中可以看出，挂起寄存器 EXTI_PR 中位[31:20]是系统保留位，且必须始终保持复位状态；位[19:0]用于识别对应中断线上的中断事件，PRx 表示中断线 x 上的挂起标志位。若 PRx=0，则表示没有发生触发请求；若 PRx=1，则表示发生了触发请求。需要注意的是，当在外部中断线上发生了对应的边沿触发事件时，则对应的 PRx 位将被设置为 1。用户可以通过在该位中再次写入“1”将其清除，也可以通过改变边沿检测的极性（上升沿触发或下降沿触发）对其进行清除；若写“0”，则对该位不会产生影响。

3.6.4 中断的处理过程

在 STM32 系列处理器中，中断异常的进入和退出都需要进行一系列操作，例如，对当前程序执行的状态、配置参数等进行保存，以方便中断结束后程序的返回。此外，在进入中断之前，还需要关闭所有的外部中断源，以防止在处理中断的过程中又出现中断请求，即中断的嵌套。

在 ARM 处理器进入中断异常之前，具体需要执行的操作如下。

（1）在链接寄存器 LR 中保存中断异常的返回地址信息。需要说明的是，如果进入中断异常前，STM32 处理器工作在 ARM 模式下，则 LR 寄存器中保存的是当前指令的下一条指令的地址；如果进入中断异常钱，STM32 处理器工作在 Thumb 模式下，则 LR 寄存器中保存的则是当前 PC 指针的偏移量。

（2）将 CPSR 寄存器中的数值复制到 SPSR 寄存器中，以保存当前各个标志寄存器中的状态。

（3）设置 CPSR 寄存器中的参数。当处理器进入中断异常时，用户需要将 CPSR 寄存器中的 I 标志位设置为 1，以禁止外部的其他中断，防止中断的嵌套。

（4）程序跳转到中断异常入口处执行中断处理程序。

在 ARM 处理器执行完中断处理命令后退出中断异常前，需要进行一系列的操作，例如，恢复进入异常前处理器的状态，以及程序跳转到中断异常之前的程序地址等。

在 ARM 处理器退出中断异常之前，具体需要执行的操作如下。

（1）清除 CPSR 寄存器中的中断禁止标志位，开放外部中断。

（2）将 LR 寄存器中的数值减去相应的偏移量，并存储到 PC 中。需要注意的是，不同的中断向量具有不同的偏移地址量。

（3）将 SPSR 寄存器中的数值复制到 CPSR 寄存器中，其中还包括对处理器工作状态的还原。

第4章

STM32F103XX 程序设计

前面已经向读者介绍过有关 STM32F103XX 系列处理器的指令系统。尽管目前处理器的编译技术完全可以支持高级语言在嵌入式开发系统中的运行，但汇编语言的作用仍然不可替代。在 STM32F103XX 系列处理器嵌入式系统开发的过程中，最常用的编程语言就是汇编语言和 C 语言。这两种程序设计语言各自具有不同的特点，并且两者混合使用还能有助于用户理解嵌入式系统的原理，提高嵌入式系统的调试能力。

本章主要介绍 ARM 嵌入式系统中汇编语言和 C 语言程序设计的方法。通过本章的学习，用户可以掌握汇编语言和 C 语言程序在嵌入式系统编程中的具体使用方法。

本章重点

- 汇编语言的程序设计；
- C 语言的程序设计；
- 汇编语言与 C 语言的混合编程。

本章难点 

- 程序设计中的变量定义；
- C 语言与汇编语言的交叉使用。

4.1 STM32F103XX 处理器的汇编程序开发框架

在第 2 章中已经介绍了 ARM 处理器中的 ARM 指令集和 Thumb 指令集，但对于 ARM 嵌入式系统开发而言，仅仅了解系统的指令集还是远远不够的，用户还需要掌握 ARM 嵌入式程序设计的其他内容。

ARM 嵌入式系统中的程序文件通常也被称为源文件，可以由任意一种文本编辑器来编写。在 ARM 程序设计中，常用的源文件可以简单地分为以下几种，如表 4.1 所示。

表 4.1 ARM 嵌入式系统中的源文件

源程序文件	文件后缀名	说 明
汇编程序文件	*.s	用 ARM 汇编语言编写的 ARM 程序或 Thumb 程序代码
C 程序文件	*.c	用 C 语言编写的程序代码
头文件	*.h	为了简化源程序代码，将程序中经常使用的常量命名、宏定义、数据结构定义等，单独放到一个文件中，该文件即为头文件

在 ARM 嵌入式系统中，汇编语言的基本语法格式如下所示：

```
/*************** 以下代码用于实现 ARM 汇编指令的基本结构 *************/
{symbol} {instruction | directive | pseudo-instruction} {;commnet}
/*************************** 代码行结束 ************************/
```

其中，语法格式中各个部分的意思如下所述：

- symbol 为代码标号，从代码编辑器中每一行的顶端开始，且不能包含空格；
- instruction 为汇编代码指令，同样也不能顶格书写；
- directive 为代码中的伪操作；
- pseudo-instruction 为代码中的伪指令；
- commnet 为语句中的注释，以“;”为标志。

在 ARM 汇编语言中，程序代码是以段（Section）为单位来组织源文件的。段是相对独立的、具有特定名称的、不可分割的指令或者数据序列。同样，在 ARM 汇编语言中，段可以分为代码段和数据段。其中，代码段主要用于存放执行代码，数据段主要用于存放运行代码时所需用到的数据。在一个完整的 ARM 代码源程序中，至少包含了一个代码段。通常而言，在一些复杂的程序代码中，甚至还可能包含多个代码段和数据段。

在 ARM 汇编程序开发过程中，常用的汇编开发环境有以下 2 种：

（1）GNU 交叉编译器 GCC，以及 GNU 的调试器 GDB；

（2）ARM 公司的集成开发环境 ADS。

这两种开发环境都可以支持 ARM 指令集和 Thumb 指令集，但不同的开发环境所支持的汇编语言格式有所不同。用户可以通过上面这 2 段代码来查看不同开发环境下汇编语言在 ARM 嵌入式系统开发中格式的差别，并且这两种开发环境下采用了不同的编译技术，所产生的二进制代码的效率也有所不同。下面通过一段汇编代码向读者介绍一下 ADS 开发环境下的 ARM 汇编程序开发框架。

```
********** ADS 开发环境 *********
AREA    EXAMPLE, CODE, READONLY
ENTRY
    MOV      R0,      #10
    MOV      R1,      #3
    ADD      R0,      R0, R1
END
********** 代码行结束 *********
```

```
********** GNU 开发环境 *********
.global  _start
.text
_start:
    MOV   R0,   #10
    MOV   R1,   #3
    ADD   R0,   R0,   R1
********** 代码行结束 *********
```

4.1.1 ARM 汇编语言中的代码程序段

在本小节中，将通过下面的汇编代码向读者介绍有关汇编语言中的代码程序段。

```
/******************** 以下代码用于实现 ARM 汇编指令 *******************/
AREA example, CODE, READONLY
ENTRY
Start
    MOV R1, #0x1
    MOV   R2,        #0x02
    MOV   R3,        R1,    R2
END
/*************************** 代码行结束 ************************/
```

上面几行代码就是一个最简单的 ARM 汇编程序代码。虽然这几句汇编代码的实际操作功能并不明确，但用户可以将其理解为是某一个复杂程序代码中的某一段，即该程序代码只是整个汇编程序中的一部分。

在第一句程序代码中，“AREA example, CODE, READONLY”定义了一个名为 example 的代码段。需要说明的是，AREA 是汇编代码中的一个关键字，其功能是用来定义汇编语言中代码段或者数据段的。

AREA 的基本语法格式为：

```
/**************** 以下代码用于实现 ARM 汇编指令 AREA ****************/
AREA     段名称    {,段的属性 1}     {,段的属性 2}
/*************************** 代码行结束 ************************/
```

此外，在 ARM 嵌入式汇编程序中，AREA 指令通常与以下几个常见的关键字配合使用，对代码的属性进行补充说明，具体如下：

- 关键字 CODE 是对该段属性进行设定的，即表示该段的属性为代码段。与其对应的是，如果关键字是 DATA，则表示该段的属性为数据，即该段为数据段。
- 关键字 READONLY 是表示该代码段的读写属性为“只读”。除此之外，用户还可以通过使用关键字 READWRITE 来表示当前该代码段的读写属性为“可读写”。
- 关键字 ENTRY 用来标识当前代码段的入口。在每一个汇编文件中，只能有一个关键字 ENTRY，即只能有一个程序入口。
- 关键字 END 标志当前程序段的结束。需要提醒用户注意的是，END 结束标识符必须和 ENTRY 关键字匹配使用。

4.1.2　ARM 汇编语言中的数据程序段

在 ARM 嵌入式系统代码的设计过程中，用户除了可以使用 CODE 关键字来定义一段程序代码段以外，还可以使用关键字 DATA 来定义一段数据代码段。下面几行代码用 DATA 关键字来定义了一段数据代码段。

```
/****************  以下代码用于实现 ARM 汇编指令 DATA *****************/
AREA    DataField, DATA, READWRITE
DATA1   SPACE   256
DATA2   SPACE   128
DATA    DCD     2,3,4
/*************************** 代码行结束 *************************/
```

上述 4 行代码主要实现了 ARM 汇编语言中数据程序段的定义。

其中，第一行代码中的 DATA 关键字主要用于表明当前代码段的属性是数据段，且该数据代码段的名称为 DataField。

关键字 READWRITE 表示该数据代码段的读写属性为“可读可写”。

DATA1，DATA2 为代码段中的标号；SPACE 是一个伪指令，用来分配内存区域给各个程序代码使用，并且将分配好的内存空间初始化为 0。在 SPACE 后面，分别用数字定义了代码段的存储空间大小，即分别定义了 256 字节和 128 字节的内存空间。

在上面几行代码中，使用 DATA 关键字实现了对数据代码段的定义。但需要注意的是，这些代码行都只能实现一个代码段的定义，即每次只能定义一个数据代码段。

在 ARM 汇编语言中，用户还可以使用 DCD 关键字来实现对一个或多个字内存区域的分配。在 DCD 关键字中分配的内存空间中，地址空间总是对齐的。DCD 关键字后面的 2，3，4 表示系统分配内存的 3 个数据段的初始值分别为 2，3 和 4。

4.1.3　ARM 汇编语言中的宏定义

如果用户对 C 语言程序代码有一定的了解，就可能会知道在该语言中，通常使用关键字 define 来进行宏定义，具体如下：

```
/***************  以下代码用于实现 ARM 汇编指令 define ****************/
#define data 10      ;将 data 符号定义为 10
/**************************** 代码行结束 *************************/
```

上述这行代码指令主要用于指定系统编译器，只要在程序代码中出现“data”这个标识符，均使用数字 10 来替代。

显然，在程序代码中使用宏定义可以在很大程度上提高代码的可读性和可维护性，特别是在需要对某一个变量进行全部修改的时候，宏定义能发挥其他指令无法实现的优势，从而简化程序代码的修改。同样，在 ARM 汇编语言中也存在对应的宏定义的方法，其关键字是 MACRO，并与 MEND 配对使用，用于表示宏定义的结束。用户可以对比下面几行汇编指令查看在 ARM 汇编程序中宏定义的使用方法。

```
/***************  以下代码用于实现 ARM 汇编指令 MACRO ****************/
MACRO
    MULTI2   $DATA1
    MOV      R0, $DATA1
    MOV      R1, $DATA1
    ADD      R0, R0, R1
MEND
/**************************** 代码行结束 *************************/
```

在这段宏定义代码中，主要实现了一个乘 2 的操作。第一行代码是 ARM 汇编语言中宏定义的关键字 MACRO，表示宏定义的开始。

MULTI2 是当前宏定义代码段的名称，而$DATA1 则是宏定义代码中的一个形式参数。

接下去的几行代码主要是用于实现将参数$DATA1 乘以 2 的操作，并以 MEND 为标示结束 ARM 汇编宏定义的操作。

用户在定义完宏定义之后，在后续编写代码的过程中，则不需要重复编写上述对参数$DATA1 乘以 2 的代码，而只需要用宏定义的名称 MULTI2 即可。具体的操作方法如下：

```
/***************  以下代码用于实现 ARM 汇编指令 MACRO ****************/
MULTI2  0x02          ;使用宏定义的方式对参数 0x02 乘以 2
/**************************** 代码行结束 *************************/
```

4.1.4 ARM 汇编语言中的符号数据

在任何一个编程语言中，符号数据的使用可以给程序员带来很大便捷。如果没有符号数据，在程序设计的过程中必须使用嵌入式系统中操作数的内存地址才能实现对数据的访问，并且还需要在用到常量的地方注明当前内存空间的数值，一旦常量的数值发生改变就需要重新替换程序代码中所有使用该常量的地方。

在 ARM 嵌入式汇编代码中，用户可以使用符号数据来简化程序代码中的变量。在使用符号数据的过程中，用户必须遵守以下 3 个条件。

（1）符号数据必须使用大小写字母、数字或下画线的组合来命名。

（2）符号数据的名称区分大小写。相同字符但大小写不同的符号数据，系统默认为两个不同的符号数据。

（3）符号数据的名称不可以与汇编语言中的关键字重复。

1. 常量的定义

在所有的编程语言中，常量是较为常见的数据。在 ARM 汇编语言中，常量是 32 位的整数。用户可以使用关键字 EQU 来定义数字常量。需要提醒用户注意的是，用户在定义完数字常量后，不可以再改变其数值。用户可以通过下面几行代码来查看 ARM 汇编语言中数字常量的具体定义方法。

```
/***************  以下代码用于实现 ARM 汇编指令 EQU ****************/
cons1   EQU 10
cons2   EQU label+2
```

```
cons3   EQU 0x01, CODE32
/**************************** 代码行结束 **************************/
```

在上述3行代码中，实现了关键字EQU对ARM汇编语言中3种不同常量的定义方法。

第1行代码定义了一个数值为10的常量，常量的名称为cons1；

第2行代码定义了一个名为cons2的常量，且将label的地址值加上2以后再赋值给常量cons2；

第3行代码定义了一个名为cons3的常量，将0x01赋值给常量cons3，并标记为32位的数值。

2. 变量的定义

在程序设计的过程中，变量是最常用的数据格式。在ARM汇编语言中，根据变量自身的作用范围，可以将其分为全局变量和局部变量。

在ARM汇编语言中，用户可以通过GBLA、GBLL和GBLS来声明全局变量；通过LCLA、LCLL和LCLS来声明局部变量；同时，还可以使用SETA、SETL和SETS来对声明后的变量进行赋值操作。用户可以通过表4.2查看这些不同关键字在声明变量过程中的差别。

表4.2 ARM汇编语言中变量的定义

ARM伪指令名称	功能描述	说明
GBLA	声明一个全局数字变量，并对其进行初始化操作	变量初始化的值为0
GBLL	声明一个全局逻辑变量，并对其进行初始化操作	变量初始化的值为FALSE
GBLS	声明一个全局字符串变量，并对其进行初始化操作	变量初始化的值为NULL
LCLA	声明一个局部数字变量，并对其进行初始化操作	变量初始化的值为0
LCLL	声明一个局部逻辑变量，并对其进行初始化操作	变量初始化的值为FALSE
LCLS	声明一个局部字符串变量，并对其进行初始化操作	变量初始化的值为NULL
SETA	对数字变量进行赋值操作	无
SETL	对逻辑变量进行赋值操作	无
SETS	对字符串变量进行赋值操作	无

用户可以通过下面两行代码来查看ARM汇编语言变量的声明和初始化操作。由于该伪操作指令相对比较简单，这里就不再赘述了。

```
/*************** 以下代码用于实现ARM汇编指令EQU ****************/
GBLS    NUM              ;声明一个名为NUM的全局字符串变量，并将其初始化为NULL
NUM SETA    10           ;将NUM变量赋值为10
/*************************** 代码行结束 ************************/
```

需要特别注意的是，在ARM汇编程序中，字符串变量由双引号内的一些字符组成，且字符串的最大长度为512字节。从表4.2中可以看出，用户可以使用GBLS或者LCLS伪指令来定义字符串变量，并使用SETS伪指令来对字符串变量进行初始化赋值操作。用户可以通过下面的ARM汇编代码对字符串的操作进行了解。该代码相对比较简单，这里就不再赘述了。

```
/*************** 以下代码用于实现ARM汇编指令字符串变量 **************/
GBLS        STRING          ;使用GBLS伪指令声明字符串常量STRING
```

```
;对 STRING 字符串常量进行初始化，并赋值为“Test String”
STRING      SETS    "Test String"
/**************************** 代码行结束 **************************/
```

4.2 STM32F103XX 处理器的数据操作

在 ARM 嵌入式系统中，虽然汇编语言与其他编程语言相比可以有更高的代码效率，但实际上 C/C++语言仍然是 ARM 嵌入式系统开发的主流编程语言。C/C++编程语言执行效率较高，语法格式自由，模块化性能好，因此受到很多 ARM 嵌入式开发工程师的青睐。在本章内容中，将向读者介绍 C 语言在 ARM 嵌入式系统中的应用。

需要说明的是，关于 ARM 嵌入式中 C/C++编程语言的基本语法格式与常用计算机软件开发中用到的 C/C++编程语言的语法格式基本相同。因此，本章将主要就 C 语言在 ARM 嵌入式系统开发过程中相对计算机软件开发而言比较特殊的方面进行详细介绍。

4.2.1 C 语言中的数据类型

在 C 语言程序中，数据类型可分为基本数据类型、构造数据类型、指针类型和空类型 4 大类，如图 4.1 所示。在这里只介绍数据类型的说明，其他类型参数的说明用户可以通过查找相关书籍进行了解。

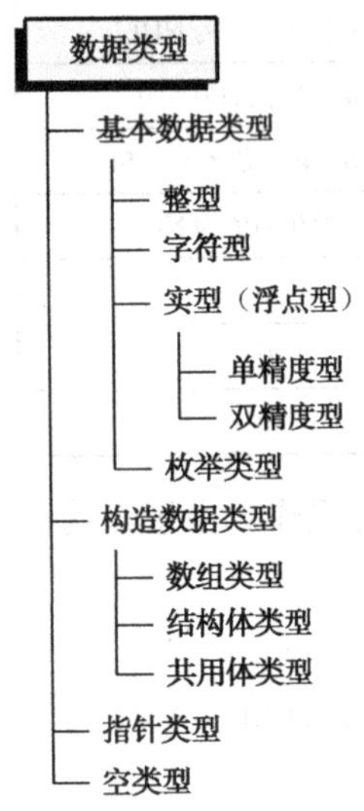

图 4.1 C 语言中的数据类型

需要注意的是，在 ARM 嵌入式代码中使用的各种变量都应预先加以定义，即先定义后使用。对变量的定义可以包括以下 3 个方面：

- 数据类型；
- 存储类型；
- 作用域。

所谓数据类型是按被定义变量的性质、表示形式、占据存储空间的多少，以及构造特点来划分的。在 ARM 嵌入式 C 语言代码中，常用的数据类型大致有如下几种。

（1）基本数据类型。C 语言中的基本数据类型主要包括整型、字符型、实型及枚举类型。基本数据类型最主要的特点是，其值不可以再分解为其他类型，即基本数据类型是自我说明的。

（2）构造数据类型。构造数据类型是根据已定义的一个或多个数据类型用构造的方法来定义的。通常而言，一个构造类型的值可以分解成若干个“成员”或“元素”。每个“成员”都是一个基本数据类型或又是一个构造数据类型。在 C 语言中，构造数据类型又可以分为数组类型、结构体类型及共用体类型。

（3）指针类型。指针是一种特殊的，同时又具有重要作用的数据类型。其值用来表示某个变量在内存储器中的地址。虽然指针变量的取值类似于整型量，但这是两个类型完全不同的量，因此不能混为一谈。

（4）空类型。用户在调用函数值时，通常应向调用者返回一个函数值。这个返回的函数值是具有一定数据类型的，应在函数定义及函数说明中给以说明。而在无返回值的函数调用中，通常将其定义为空类型。

在 ARM 嵌入式操作系统中，常用的基本数据类型可以大致归结为以下几种，具体如表 4.3 所示。用户可以在该表中查询常用数据类型的说明符、数据占据的存储空间（字节长度），以及数据类型所能表示的数值范围。

表 4.3 C 语言中的常用和数据类型

基本数据类型	类型说明符	字节长度	数值范围
字符型	char	1	C 字符集
基本整型	int	2	-32768～32767
短整型	short int	2	-32768～32767
长整型	long int	4	-214783648～214783647
无符号型	unsigned	2	0～65535
无符号长整型	unsigned long	4	0～4294967295
单精度实型	float	4	3/4E-38～3/4E+38
双精度实型	double	8	1/7E-308～1/7E+308

4.2.2 C 语言中数据的输入/输出格式

在 C 语言程序设计中，用户可以使用 printf 函数来实现对数据的输出操作。与此对应的是，用户可以使用 scanf 函数来实现对数据的输入操作。关于这两个输入/输出函数的基本内容，用户都可以在标准 C 函数库中查询到。具体的语法格式为：

```
/*************** 以下代码用于实现 ARM  C 输入/输出指令 ***************/
printf(格式控制，输出表列)；
scanf(格式控制，&输出表列)；
/**************************** 代码行结束 ****************************/
```

从上述两个函数的基本语法格式可以看出，printf 函数和 scanf 函数的基本格式都是一致的。唯一不同的是，在 scanf 函数中，参数表列的前面需要添加取地址操作符——&。用户可以通过下面的两个代码来查看 printf 函数和 scanf 函数的具体操作方法。

```
/*************** 以下代码用于实现 ARM  C 输入/输出指令 ***************/
;打印输出 2 个变量，其中变量 i 以整型数据的格式输出，变量 ch 以字符型数据的格式输出
printf("i=%d,ch=%c\n",i,ch);
;从外部输入 2 个变量数据，其中变量 a 以字符型数据的格式输入，变量 b 以整型数据的格式输入
scanf("%c,%d ", &a, &b);
/**************************** 代码行结束 ****************************/
```

需要对输入/输出函数 printf 及 scanf 函数进行补充说明如下。

（1）输入/输出函数语法格式中的“格式控制”是用双撇号括起来的字符串，也称“转换控制字符串”，主要包括两种信息。

- 格式说明。输入输出的数据格式由“%”和格式字符组成，它的作用是将输出的数据转换为用户指定的格式输出。
- 普通字符，即需要原样输出的字符。

（2）输入/输出函数语法格式中的“输出表列”是需要输出的所有数据。这些数据既可以是数据变量，也可以是数据表达式。

（3）输入/输出函数可以实现一个或多个参数的打印输出操作，一般形式可以表示为：

```
/***************  以下代码用于实现 ARM C 输入/输出指令 ***************/
//将参数 1……参数 n 按给定的格式输出
printf(参数 1, 参数 2, ……, 参数 n);
//按照参数 1……参数 n 按给定的格式输入
scanf(&参数 1, &参数 2, ……, &参数 n);
/***************************** 代码行结束 *************************/
```

关于输入/输出函数中的格式字符，系统提供了以下 9 种数据控制格式供用户在编写程序代码的过程中使用，具体如表 4.4 所示。

表 4.4　格式字符的说明

格式字符	格式说明
d	以十进制数形式输出带符号整数（正数不输出符号）
o	以八进制数形式输出无符号整数（不输出前缀 0）
x,X	以十六进制数形式输出无符号整数（不输出前缀 0x）
u	以十进制数形式输出无符号整数
f	以小数形式输出单、双精度实数
e,E	以指数形式输出单、双精度实数
g,G	以%f 或%e 中较短的输出宽度输出单、双精度实数
c	输出单个字符
s	输出字符串

1. 整数十进制格式符

在输入/输出函数中，用户可以使用 d（或 i）格式符来控制数据以十进制整数的形式进行输入/输出。有关整数十进制格式的具体操作有以下几种用法。

- %d，按整型数据的实际长度输出。
- %md，按用户指定的数据长度输出整型数据。其中 *m* 为指定输出字段的宽度。如果数据的位数小于 *m*，则左端补以空格；若大于 *m*，则按实际位数输出。
- %ld（或%mld），输出长整型数据。该数据格式主要用于对长整型数据的输入/输出操作，例如：

```
/***************  以下代码用于实现 ARM C 整型数据的定义 *****************/
int long a=123456;             ;定义长整型数据变量 a
printf("%ld",a);               ;打印输出长整型数据变量 a
/***************************** 代码行结束 ***************************/
```

2. 整数八进制格式符

在输入/输出函数中，用户可以使用 o 格式符来控制数据以八进制整数的形式进行输入/输出。有关整数八进制格式的具体操作有以下几种用法。

- %o，按整型八进制数据的实际长度输出。
- %mo，按用户指定的数据长度输出整型数据。其中 *m* 为指定输出字段的宽度。如果数据的位数小于 *m*，则左端补以空格；若大于 *m*，则按实际位数输出。
- %lo（或%mlo），输出长整型数据。该数据格式主要用于对长整型数据的输入/输出操作。

3. 整数十六进制格式符

在输入/输出函数中，用户可以使用 x 格式符来控制数据以十六进制整数的形式进行输入/输出。有关整数十六进制格式的具体操作有以下几种用法。

- %x，按整型十六进制数据的实际长度输出。
- %mx，按用户指定的数据长度输出整型数据。其中 *m* 为指定输出字段的宽度。如果数据的位数小于 *m*，则左端补以空格；若大于 *m*，则按实际位数输出。
- %lx（或%mlx），输出长整型数据。该数据格式主要用于对长整型十六进制数据的输入/输出操作。

4. 无符号十进制数格式符

在输入/输出函数中，用户可以使用 u 格式符来控制无符号数据以十进制整数的形式进行输入/输出。有关无符号整数十进制格式的具体操作有以下几种用法。

- %u，按无符号整型十进制数据的实际长度输出。
- %mx，按用户指定的数据长度输出无符号整型数据。其中 *m* 为指定输出字段的宽度。如果无符号整型数据的位数小于 *m*，则左端补以空格；若大于 *m*，则按实际位数输出。
- %lx（或%mlx），输出长整型数据。该数据格式主要用于对长整型十六进制数据的输入/输出操作。

5. 字符型格式符

在输入/输出函数中，用户可以使用 c 格式符来控制数据以字符的形式进行输入/输出。有关字符型格式的具体操作有以下几种用法。

- %c，按字符型数据的实际长度输出。
- %mc，按用户指定的数据长度输出字符型数据。其中 *m* 为指定输出字段的宽度。如果字符型数据的位数小于 *m*，则左端补以空格；若大于 *m*，则按实际位数输出。

6. 字符串型格式符

在输入/输出函数中，用户可以使用 s 格式符来控制数据以字符串形式进行输入/输出。有关字符型格式的具体操作有以下几种用法。

- %s，按字符串数据的实际长度输出。
- %ms，按用户指定的数据长度输出字符串型数据。其中 *m* 为指定输出字段的宽度。如果字符串型数据的位数小于 *m*，则左端补以空格；若大于 *m*，则按实际位数输出。

- %-ms，按用户指定的数据长度，并左对齐依次输出字符串型数据。如果字符串型数据的长度小于 *m*，则在 *m* 列范围内，字符串左对齐，右边补空格。
- %m.ns，按用户指定的数据长度及格式输出字符串型数据。输出字符串占 *m* 列，但只取字符串左端 *n* 个字符。
- %-m.ns，按用户指定的数据长度及格式输出字符串型数据。输出字符串占 *m* 列，但只取字符串左端 *n* 个字符，且输出的 *n* 个字符组成的字符串左对齐，右边补空格。

7. 实数型格式符

在输入/输出函数中，用户可以使用 f 格式符来控制实数型数据（包括单精度实数和双精度实数）以小数的形式进行输入/输出。有关实数格式的具体操作有以下几种用法。

- %f，按实数型数据小数部分的实际长度输出。
- %m.nf，按用户指定的数据长度及格式输出实数型数据。输出实数型数据的小数部分占 *m* 列，但只取小数部分左端 *n* 个字符。
- %-m.nf，按用户指定的数据长度及格式输出实数型数据。输出实数型数据的小数部分占 *m* 列，但只取小数部分左端 *n* 个小数，且输出的 *n* 个小数数据左对齐，右边补空格。这里需要提醒用户注意的是，在 ARM 嵌入式程序代码中，单精度实数的有效位数一般为 7 位，双精度为 16 位。

8. 指数型格式符

在输入/输出函数中，用户可以使用 e 格式符来控制实数型数据以指数的形式进行输入/输出。有关指数格式的具体操作有以下几种用法。

- %e，按指数型数据格式中实数部分的实际长度输出。
- %m.ne，按用户指定的数据长度及格式输出指数型数据。输出指数型数据的小数部分占 *m* 列，但只取小数部分左端 *n* 个字符。
- %-m.ne，按用户指定的数据长度及格式输出指数型数据。输出指数型数据的小数部分占 *m* 列，但只取小数部分左端 *n* 个小数，且输出的 *n* 个小数数据左对齐，右边补空格。这里需要提醒用户注意的是，在 ARM 嵌入式程序代码中，单精度实数的有效位数一般为 7 位，双精度为 16 位。

4.2.3 C 语言中变量和常量

在 ARM 嵌入式 C 语言中，对于基本数据类型量，按其取值是否可改变又分为常量和变量两种。在程序执行过程中，数值不发生改变的量称为常量，数值可变的量称为变量。同时，ARM 嵌入式代码中的变量和常量还可以与数据类型结合起来进行分类。例如，整型常量、整型变量、浮点型常量、浮点型变量、字符常量、字符变量、枚举常量、枚举变量。

需要说明的是，在 ARM 嵌入式程序代码中，常量是可以不经声明而直接引用的，而变量则必须先定义后使用。

1. 常量的定义和使用

在前面的内容中已经介绍过，在代码执行过程中，数值不发生改变的量称为常量。在 ARM

嵌入式语言中，常见的常量类型可以分为以下几种。

（1）直接常量

直接常量，通常也称为字面常量，主要由以下 3 种类型的常量构成。

- 整型常量：12、0、-3；
- 实型常量：4.6、-1.23；
- 字符常量：‘a’、‘b’。

（2）标识符

在 ARM 嵌入式代码中，标识符是用来标识变量名、符号常量名、函数名、数组名、类型名、文件名的有效字符序列。

（3）符号常量

在 ARM 嵌入式代码中，用户可以使用标识符来表示常量，称之为符号常量。需要提醒用户注意的是，符号常量在使用之前必须先定义，其基本语法格式为。

```
/**************** 以下代码用于实现 ARM C 指令 define ****************/
#define 标识符    常量
/****************************** 代码行结束 ***************************/
```

其中，#define 也是 ARM 嵌入式代码中的一条预处理命令（预处理命令都以"#"开头），通常也被称为宏定义命令，其功能是把该标识符定义为其后的常量值。一经定义，以后在程序中所有出现该标识符的地方均代之以该常量值。与汇编语言中的宏定义是类似的。

习惯上，ARM 嵌入式代码中符号常量的标识符用大写字母表示，变量标识符用小写字母表示。用户可以通过下面的这段代码对 ARM 嵌入式代码中常量的定义和使用做进一步了解。

```
/**************** 以下代码用于实现 ARM C 指令 define ****************/
#define PRICE 30
main()
{
   int num,total;
   num=10;
   total=num* PRICE;
   printf("total=%d",total);
}
/****************************** 代码行结束 ***************************/
```

2. 变量的定义和使用

在代码运行的过程中，数值可以改变的量称为变量。在 ARM 嵌入式程序代码中，任何一个变量都必须有一个变量名，并且在内存中占据一定的存储单元。在 ARM 嵌入式代码中，变量的定义与常量的定义有所区别，用户必须在变量使用之前对其进行声明操作。通常情况下，变量的声明放在函数体的开头部分。

用户从图 4.2 中可以看出，对于任何一个变量而言，都由变量名、变量值组成，且每一个变量都会在系统内存中申请到一块存储空间。根据数据类型的不同，变量所申请到的存储空间的大小也各不相同。用户可以通过表 4.5 查看各个变量在内存中所分配到的存储空间。

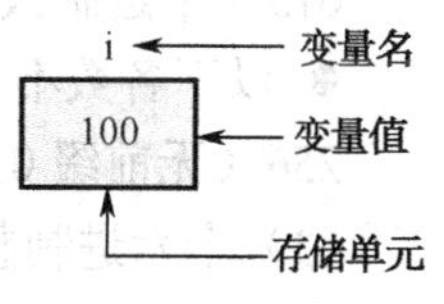

图 4.2 变量的组成

表 4.5　C 语言中变量的数值范围与存储空间

变量的类型	变量的数值范围	存储空间字节数
整型变量 int	–32768～32767，即-2^{15}～（$2^{15}-1$）	2
无符号整型变量 unsigned int	0～65535，即 0～（$2^{16}-1$）	2
短整型 short int	–32768～32767，即-2^{15}～（$2^{15}-1$）	2
无符号短整型 unsigned short int	0～65535，即 0～（$2^{16}-1$）	2
长整型 long int	–2147483648～2147483647，即-2^{31}～（$2^{31}-1$）	4
无符号长整型 unsigned long int	0～4294967295，即 0～（$2^{32}-1$）	4

需要补充说明是，在表 4.5 中列出的变量数值范围仅限于 STM32F103XX 处理器的数值范围。因为同一个类型的变量数据，根据所在系统及处理器的位宽相关，所以变量所表示的范围也不尽相同。

4.2.4　C 语言中的整型数据

整型（Integer）数据是不包含小数部分的数值型数据，用字母 I 表示。整型数据只用来表示整数，以二进制数形式存储。

1. 整型变量的格式

在 ARM 嵌入式程序代码中，整型常量就是通常意义上的整常数。在 C 语言中，整型数据可以使用八进制数、十六进制数和十进制数三种方式来表示，分别介绍如下。

（1）十进制整常数

通常情况下，ARM 嵌入式代码中用十进制数方式表示的整型数据没有前缀，其数码为 0～9。

- 以下各数是合法的十进制整常数：

237、–568、65535、1627。

- 以下各数不是合法的十进制整常数：

023（不能有前导 0）、23D（含有非十进制数码）。

在 ARM 嵌入式程序代码中，编译器是根据前缀来区分各种进制数的。因此用户在书写常数时不要把前缀弄错造成结果不正确。

（2）八进制整常数

八进制整常数必须以 0 开头，即以 0 作为八进制数的前缀。数码取值为 0～7。八进制数通常是无符号数。

- 以下各数是合法的八进制整常数：

015（十进制数为 13）、0101（十进制数为 65）、0177777（十进制数为 65535）。

- 以下各数不是合法的八进制数：

256（无前缀 0）、03A2（包含了非八进制数码）、–0127（出现了负号）。

（3）十六进制整常数

十六进制整常数的前缀为 0X 或 0x。其数码取值为 0～9，A～F 或 a～f。

● 以下各数是合法的十六进制整常数：

0X2A（十进制数为42）、0XA0（十进制数为160）、0XFFFF（十进制数为65535）。

● 以下各数不是合法的十六进制整常数：

5A（无前缀0X）、0X3H（含有非十六进制数码）。

2. 整型变量的分类

在ARM嵌入式C语言程序代码中，根据数据类型的长度，可以将其分为不同的类型，具体如下：

（1）基本型：类型说明符为int，在内存中占2字节。

（2）短整型：类型说明符为short int或short。所占字节和取值范围均与基本型相同。

（3）长整型：类型说明符为long int或long，在内存中占4字节。

（4）无符号型：类型说明符为unsigned。

需要补充说明的是，无符号型变量又可分别与上述三种类型匹配而构成如下变量。

● 无符号基本型：类型说明符为unsigned int或unsigned。

● 无符号短整型：类型说明符为unsigned short。

● 无符号长整型：类型说明符为unsigned long。

同样，为了表示负数，用户可以将内存的最高位设置为符号位。各种无符号类型变量所占的内存空间字节数与相应的有符号类型变量相同。但由于省去了符号位，故不能表示负数，在变量表示的数值范围上也有所不同。用户可以通过下面这两个数据的存储空间来对比查看有符号整型变量和无符号整型变量之间的差别。

● 有符号整型变量：最大表示32767，如下所示：

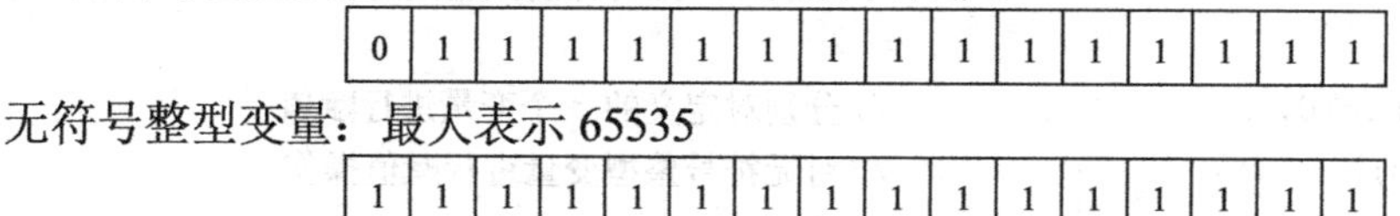

为了进一步了解整型数据的具体使用方法，用户可以通过图4.3来查看整型数据在内存中的具体存储方式。

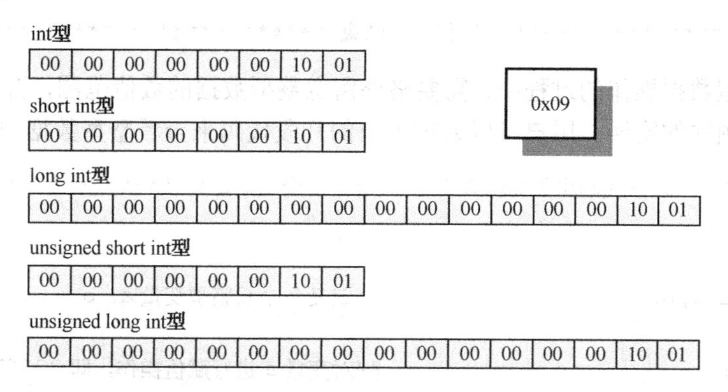

图4.3 整型数据0x09在不同数据类型下的存储格式

3. 整型变量的定义

在ARM嵌入式程序代码的设计过程中，用户在使用变量前必须进行声明和定义，这是与C语言中常量不同的地方。变量定义的一般形式为：

```
/************ 以下代码用于实现 ARM C 指令整型变量的定义 **************/
类型说明符  变量名标识符, 变量名标识符, ...;
/***************************** 代码行结束 ***************************/
```

在 C 语言中，用户可以通过下面的几行代码来声明定义整型变量，例如：

```
/************ 以下代码用于实现 ARM C 指令整型变量的定义 **************/
int a,b,c;                                //定义 3 个变量 a,b,c 为整型变量
long x,y;                                 //x,y 为长整型变量
unsigned p,q;                             //p,q 为无符号整型变量
/***************************** 代码行结束 ***************************/
```

需要提醒用户注意的是，在书写变量定义的时候，应注意以下几点。

- 编译器允许用户在一个变量类型的说明符后定义多个相同类型的变量。多个变量名之间用逗号间隔。类型说明符与变量名之间至少用一个空格间隔。
- 最后一个变量名之后必须以“;”号结尾。
- 变量定义必须放在变量使用之前，即先声明后使用。一般情况下，变量的声明应该放在函数体的开头部分。

用户可以通过下面的代码对整型变量的定义与使用作进一步了解。

```
/************ 以下代码用于实现 ARM C 指令整型变量的定义 **************/
main()
{
    int a,b,c,d;                          //声明 4 个整型变量，分别为 a,b,c,d
    unsigned u;                           //声明一个无符号的整型变量

    a=12;b=-24;u=10;                      //分别对定义的 3 个变量进行赋值
    c=a+u;d=b+u;                          //对无符号整型变量进行赋值操作

    printf("a+u=%d,b+u=%d\n",c,d);        //将整型变量打印输出
}
/***************************** 代码行结束 ***************************/
```

用户在对整型数据操作的过程中，需要格外留意整型数据的数值范围，否则会导致数据的溢出，引发不可预知的错误。用户可以通过下面的几段代码来查看整型数据的溢出。

```
/************ 以下代码用于实现 ARM C 指令整型变量的定义 **************/
main()
{
    long int a,b;                         //定义 2 个长整型变量 a, b

    a=32767;                              //对变量 a 进行赋值操作，即 32767
    b=a+1;                                //对变量 a 进行加 1 操作，并赋值给变量 b

    printf("%d,%d\n",a,b);                //打印输出变量 a,b
}
/***************************** 代码行结束 ***************************/
```

从上述几行代码中用户可以看出，其主要功能是对变量 a 进行加 1 操作，即预期对整型变量 a=32767 进行增 1 操作，得到 32768，并保存到变量 b 中。但运行上述代码后，整型变量 b 的结果并非 32768，而是-32768。用户需要根据图 4.4 中的内容对变量 b 的结果进行分析。

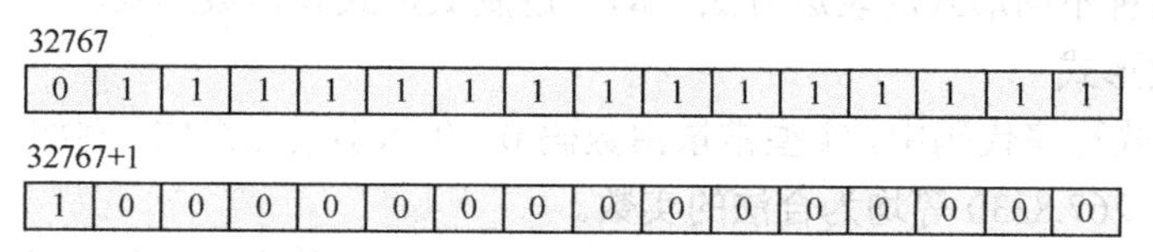

图 4.4　整型数据 32767 的溢出操作

从图 4.4 中可以看出，对整型变量 32767 进行加 1 操作后，得到的新数据（32767+1）的最高位为 1，其他位均为 0。此时，最高位为符号标志位，即以“1”表示负数，该数据并非 32768，而是-32768。

除此之外，在 ARM 嵌入式 C 语言程序中，不同类型的变量还可以参与混合运算并相互赋值。其中数据类型的转换是由编译系统自动完成的，具体的转换原则是由低精度数据向高精度数据转换的。用户可以通过下面的几行代码对 C 语言中不同类型变量的数据操作作进一步了解。

```
/************  以下代码用于实现 ARM C 指令整型变量的定义 ***************/
main()
{
    long x,y;                                    //定义 2 个长整型的变量 x,y
    int a,b,c,d;                                 //定义 4 个整型变量 a,b,c,d

    x=5;                                         //将变量 x 赋值为 5
    y=6;                                         //将变量 y 赋值为 6
    a=7;                                         //将变量 a 赋值为 7
    b=8;                                         //将变量 b 赋值为 8
    c=x+a;                                       //对变量 c 进行赋值操作
    d=y+b;                                       //对变量 d 进行赋值操作

    printf("c=x+a=%d,d=y+b=%d\n",c,d);           //分别将变量打印输出
}
/**************************** 代码行结束 ***************************/
```

从程序中可以看到，x，y 是长整型变量，a，b 是基本整型变量，它们之间允许进行运算。主要注意的是，根据数据类型转换的原则，运算结果的类型应该为长整型。但由于整型变量 c，d 被定义为基本整型，即将长整型变量的运算结果强制转换成普通整型变量，因此导致最后的结果为基本整型。

4.2.5　C 语言中的实型数据

在 ARM 嵌入式编程语言中，实型数据也称为浮点型数据。与整型数据类似的是，实型数据也可以有常量和变量之分。在程序运行过程中可以改变其值的实型数据被称为实型变量。在程序运行过程中不可以改变其值的实型数据被称为实型常量。

1. 实型常量的格式

实型常量也称为实数或者浮点数。在 C 语言中，实数只能采用十进制数的表达格式，但实型常量可以使用两种不同形式的表达方法，即十进制数形式和指数形式。

（1）十进制数形式

在 ARM 嵌入式程序代码中，实型常量由数码 0～9 和小数点组成。例如，0.0、25.0、5.789、0.13、5.0、300.、-267.8230 等均为合法的实数。

需要提醒用户注意的是，对于实型常量而言，必须有小数点。即使实数的小数部分为 0，也要用小数点和 0 来补全。例如，7，3.等均为不合法的实数表达形式。

（2）指数形式

以指数形式表示的实型常量，由十进制数，、阶码标志“e”或“E”及阶码（只能为整数，可以带符号）组成。其一般形式为：

```
/************  以下代码用于实现 ARM C 指令指数常量的定义 ***************/
aEn (a 为十进制数，n 为十进制整数)，其值为 a*10^n，即 aEn=a*10^n
/**************************** 代码行结束 ***************************/
```

用户可以通过下面几个例子来查看一些合法指数形式的实数，以及一些典型不合法指数形式的实数表达式。具体如下。

以下是合法指数形式的实数。

```
/************  以下代码用于实现 ARM C 指令指数常量的定义 ***************/
2.1E5        (等于 2.1*10^5)
3.7E-2       (等于 3.7*10^-2)
0.5E7        (等于 0.5*10^7)
-2.8E-2      (等于-2.8*10^-2)
/**************************** 代码行结束 ***************************/
```

以下是不合法指数形式的实数：

```
/************  以下代码用于实现 ARM C 指令指数常量的定义 ***************/
345          (无小数点)
E7           (阶码标志 E 之前无数字)
-5           (无阶码标志)
53.-E3       (负号位置不对)
2.7E         (无阶码)
/**************************** 代码行结束 ***************************/
```

需要说明的是，标准 C 程序语言中允许浮点数使用后缀，后缀为“f”或“F”，即表示该数为浮点数。例如，3f 和 3.是等价的。用户可以通过下面的例题对浮点数的后缀操作作进一步了解。

```
/************  以下代码用于实现 ARM C 指令浮点常量的定义 ***************/
main()
{
    printf("%f\n ",356.);
    printf("%f\n ",356);
    printf("%f\n ",356f);
```

```
}
/****************************** 代码行结束 ****************************/
```

此外，在ARM嵌入式程序代码中，实型常量没有精度上的差别。实型常数不分单、双精度，系统都统一按双精度double型处理。

2. 实型变量

在ARM嵌入式系统中，实型数据一般占4字节（32bit）内存空间，且按指数形式存储在系统的内存空间中。例如，实数3.14159在内存中的存放形式如图4.5所示。

符号位	小数部分	指数部分
+	.314159	01

图4.5 实型变量的存储

从实型变量的格式上来看，小数部分占的位（bit）数越多，数的有效数字越多，精度越高，而指数部分占的位数越多，则能表示的数值范围越大。

根据数据的长度，可以将实型变量分为以下3种类型：单精度float型、双精度double型和长双精度long double型。

在ARM嵌入式编程语言中，单精度型占4字节(32bit)的内存空间，其数值范围为3.4E-38～3.4E+38，只能提供7位有效数字。双精度型占8字节（64bit）的内存空间，其数值范围为1.7E-308～1.7E+308，可提供16位有效数字。用户可以通过表4.6来查看各个不同类型的浮点数在长度、有效数字、数值范围等细节上的差别。

表4.6 实型变量的分类

浮点类型	比特数（字节数）	有效数字	数的范围
float	32（4）	6～7	10^{-37}～10^{38}
double	64(8)	15～16	10^{-307}～10^{308}
long double	128(16)	18～19	10^{-4931}～10^{4932}

在ARM嵌入式程序中，实型变量定义的格式和书写规则与整型变量相同，具体如下。

- 编译器允许用户在一个变量类型的说明符后定义多个相同类型的变量。多个变量名之间用逗号间隔。类型说明符与变量名之间至少用一个空格间隔。
- 最后一个变量名之后必须以“；”号结尾。
- 变量定义必须放在变量使用之前，即先声明后使用。一般情况下，变量的声明应该放在函数体的开头部分。

有关浮点类型变量的声明和定义，具体如下。

```
/************ 以下代码用于实现ARM C指令浮点变量的定义 ****************/
float x,y;                    //其中x,y为单精度实型变量
double a,b,c;                 //其中a,b,c为双精度实型变量
/****************************** 代码行结束 ****************************/
```

在ARM嵌入式程序语言中，实型变量也是由处理器中有限的存储单元组成的，因此系统能提供的有效数字总是有限的，即浮点型数据存在精度上的误差。用户可以通过下面的代码来查看实型数据的舍入误差。

```
/************ 以下代码用于实现ARM C指令浮点变量的定义 ****************/
main()
```

```
{
    float a,b;                      //定义 2 个实型变量，分别为 a 和 b
    a=123456.789e5;                 //对浮点型变量进行赋值操作
    b=a+20;                         //对变量 a 加 20，并将运行结果赋值给变量 b

    printf("%f\n",a);               //打印输出变量 a 的值
    printf("%f\n",b);               //打印输出变量 b 的值
}
/**************************** 代码行结束 ***************************/
```

在上述几行代码中，对于浮点型变量 b 的运行结果并非预期的 12345678920，而是 12345678900，与变量 a 的结果相同。出现这种与预期结果不一致的结果是因为变量 a 本身数值较大，在与较小的加数（20）进行加法操作的时候，系统会自动忽略尾部的小数部分，从而使得最后的加法结果与变量 a 的数值相等。

从上面例题运行的结果中可以看出，浮点型的数据在 ARM 嵌入式操作系统中也存在着精度问题。因此，用户在设计 ARM 嵌入式代码的过程中，应当尽量避免在运算操作过程中进行较大的数与较小的数相加减。最为典型的例子就是在 ARM 嵌入式代码中，1.0/3*3 的结果并不等于 1。具体的代码在这里就不再给出了，用户可以自行编写相关的 C 语言代码进行验证。

在下面的 C 语言程序代码中，用户同样可以分析有关浮点型数据的精度问题，特别要留意浮点型变量在 C 语言中的有效位数。

```
/************  以下代码用于实现 ARM C 指令浮点变量的定义 ***************/
main()
{
    float a;                        //定义 1 个浮点型 float 变量 a
    double b;                       //定义 1 个浮点型 double 变量 b

    a=33333.33333;                  //对 float 型变量 a 进行赋值操作
    b=33333.33333333333333;         //对 double 型变量 b 进行赋值操作

    printf("%f\n%f\n",a,b);         //分别打印输出变量 a，b
}
/**************************** 代码行结束 ***************************/
```

从上述几行代码中可以看出，由于变量 a 是单精度浮点型，有效位数只有七位。而整数已占五位，故小数二位之后均为无效数字。

此外，变量 b 被声明为双精度型数据，有效位为十六位。但 C 语言程序代码中规定小数后最多保留六位，其余部分四舍五入。

4.2.6 C 语言中的字符型数据

字符型（Character）数据是不具计算能力的文字数据类型，通常情况下用字母 C 表示，它包括中文字符、英文字符、数字字符和其他 ASCII 字符，其长度（即字符个数）范围是 0～254 个字符。与前面几种数据类型相似的是，C 语言中的字符型数据同样分为字符型常量和字符型变量。

1. 字符型常量

在 ARM 嵌入式程序代码中，字符型常量是用单引号括起来的一个字符。

例如：

'a'、'b'、'='、'+'、'?'

都是合法字符常量。

在C语言中，字符常量通常具备以下特点。

（1）字符常量只能用单引号括起来，不能用双引号或其他括号。

（2）字符常量只能是单个字符，不能是字符串。

（3）每一个字符型常量都唯一对应一个 ASCII 码。

在 ARM 嵌入式代码中，一个字符型常量代表 ASCII 字符集中的一个字符。字符型常量在内存中占一个字节（8bit），存放的是字符的 ASCII 码。C 语言规定所有字符常量都作为整型量来处理，而这些与字符常量唯一对应的整型量就是通常意义上所谓的 ASCII 码。用户可以通过表 4.7 来查看 C 语言中常见的字符型常量所对应的 ASCII 码。

表 4.7　字符型常量所对应的 ASCII 码表

ASCII 值	控制字符	ASCII 值	控制字符	ASCII 值	控制字符	ASCII 值	控制字符
0	NUT	32	空格	64	@	96	`
1	SOH	33	!	65	A	97	a
2	STX	34	”	66	B	98	b
3	ETX	35	#	67	C	99	c
4	EOT	36	$	68	D	100	d
5	ENQ	37	%	69	E	101	e
6	ACK	38	&	70	F	102	f
7	BEL	39	,	71	G	103	g
8	BS	40	(	72	H	104	h
9	HT	41	)	73	I	105	i
10	LF	42	*	74	J	106	j
11	VT	43	+	75	K	107	k
12	FF	44	,	76	L	108	l
13	CR	45	-	77	M	109	m
14	SO	46	.	78	N	110	n
15	SI	47	/	79	O	111	o
16	DLE	48	0	80	P	112	p
17	DCI	49	1	81	Q	113	q
18	DC2	50	2	82	R	114	r
19	DC3	51	3	83	X	115	s
20	DC4	52	4	84	T	116	t
21	NAK	53	5	85	U	117	u

续表

ASCII 值	控制字符	ASCII 值	控制字符	ASCII 值	控制字符	ASCII 值	控制字符
22	SYN	54	6	86	V	118	v
23	TB	55	7	87	W	119	w
24	CAN	56	8	88	X	120	x
25	EM	57	9	89	Y	121	y
26	SUB	58	:	90	Z	122	z
27	ESC	59	;	91	[	123	{
28	FS	60	<	92	/	124	|
29	GS	61	=	93	]	125	}
30	RS	62	>	94	^	126	～
31	US	63	?	95	—	127	DEL

在 ARM 嵌入式程序代码中，字符可以是字符集中的任意字符。但一般情况下，数字被定义为字符型之后就不能参与通用的数值运算，即不能得到预期的结果。例如，通常情况下字符数据'5'和数字 5 是不同的。'5'是字符型常量，不能参与运算，即'5'×4 的运算结果不为 20。出现这样的运算结果，主要是因为在涉及字符型数据的操作运算中，系统会以当前字符所对应的 ASCII 码（整型数据）来替代字符型数据进行操作运算。

2. 转义字符

在 ARM 嵌入式代码程序中，转义字符是一种特殊的字符常量。转义字符以反斜线"\"开头，后跟一个或几个字符。每一个转义字符具有特定的、不同于一般字面上的含义，即与字符原有的意义不同，因此为“转义”字符。

在前面介绍程序代码的过程中，就已经接触过转义字符的使用。例如，用户在使用 printf 函数进行打印输出操作时，“\n”就是一个转义字符，表示“回车换行”操作。通常情况下，转义字符主要用来表示那些用一般字符不便于表示的控制代码。用户可以通过表 4.8 来查看转义字符的具体说明和用法。

表 4.8　常用转义字符

转 义 字 符	转义字符的意义	ASCII 代码
\n	回车换行	10
\t	横向跳到下一个制表位置	9
\b	退格	8
\r	回车	13
\f	走纸换页	12
\\	反斜线符"\"	92
\'	单引号符	39
\”	双引号符	34
\a	响铃	7
\ddd	1～3 位八进制数所代表的字符	NA
\xhh	1～2 位十六进制数所代表的字符	NA

从通用性角度来看，C 语言字符集中的任何一个字符都可以使用转义字符的方式来表示。例如，表 4.8 中的\ddd 和\xhh 正是为此而提出的。ddd 和 hh 分别为八进制数和十六进制数的 ASCII 代码。例如，\101 表示字母"A"，\102 表示字母"B"，\134 表示反斜线，\XOA 表示换行等。用户可以将这几个转义字符分别与表 4.7 中的 ASCII 码进行对比查看。在下面的代码中将具体说明转义字符的使用。

```
/************  以下代码用于实现 ARM C 指令转义字符的使用 ***************/
main()
{
    int a,b,c;                              //定义 3 个整型变量
    a=5; b=6; c=7;                          //分别对 3 个整型变量进行赋值操作

    printf("  ab  c\tde\rf\n");             //打印输出变量及转义字符
    printf("hijk\tL\bM\n");                 //打印输出变量及转义字符
}
/**************************** 代码行结束 ***************************/
```

在上述几行代码中，基本的语法功能相对比较简单，使用到的系统函数也比较常见。但关键在于辨别 printf 语句中需要打印输出的内容。为了方便分析，在分析的过程中使用“□”符号来代表空格。

在第一个打印输出命令中，需要输出的内容为“ ab c\tde\rf\n”，等价于以下几个部分的操作，具体如下。

（1）输出前 7 个通用字符，分别为“□□ab□□c”。

（2）输出转义字符“\t”，即横向跳到下一个制表位置。

（3）输出 2 个普通字符，分别为“de”。

（4）输出转义字符“\r”，即执行回车操作，光标回转到当前行第一字符的位置。

（5）输出 1 个普通字符，即输出“f”。需要说明的是，由于刚执行完回车操作，光标被定位到该行的第一个字符，所以本次输出的字符 f 会占用原有的空格位置。

（6）输出转义字符“\n”，即回车换行。

最终执行的结果为：

f

□ab□□c　　　　de

从代码分析的过程中可以看出，区分转义字符的关键在于“\”的位置。特别要注意，虽然在程序代码中对变量 a，b，c 进行赋值操作，但在 printf 语句中打印输出的是普通字符 abc，而不是变量的值。

利用同样的方法可以分析得到第 2 条打印输出语句 printf 输出的内容，具体如下。

（1）输出前 4 个通用字符，分别为“hijk”。

（2）输出转义字符“\t”，即横向跳到下一个制表位置。

（3）输出 1 个普通字符，分别为“L”。

（4）输出转义字符“\b”，即执行退格操作，光标回转到上一个字符的位置。

（5）输出 1 个普通字符，即输出“M”。需要说明的是，由于刚执行完退格操作，光标被定位到上一个字符，所以本次输出的字符 M 会占用原有字符 L 的位置。

（6）输出转义字符“\n”，即回车换行。

最终执行的结果为：

Hijk　　M

3．字符型变量

在嵌入式程序代码中，字符型变量用来存储字符型常量，即单个字符。从本质上来说，字符型变量与整型变量是一致的。在前面的内容中也提到过，对于字符型的数据，都是以整型数据的形式（ASCII 码）存储在系统内存中的。

在嵌入式程序代码中，字符型变量定义的格式和书写规则都与整型变量相同。具体如下。

- 编译器允许用户在一个变量类型的说明符后定义多个相同类型的变量。多个变量名之间用逗号间隔。类型说明符与变量名之间至少用一个空格间隔。
- 最后一个变量名之后必须以“；”号结尾。
- 变量定义必须放在变量使用之前，即先声明后使用。一般情况下，变量的声明应该放在函数体的开头部分。

在 ARM 嵌入式程序代码中，用户可以使用关键字 char 对字符型变量的类型进行声明操作，具体如下：

```
/************  以下代码用于实现 ARM C 指令字符型变量的使用 ***************/
char a,b;
/****************************** 代码行结束 ***************************/
```

除了上述对字符型变量进行声明的操作方式外，用户可以通过下面的方式对字符型变量进行声明，并同时进行定义操作，具体的语法格式如下：

```
/************  以下代码用于实现 ARM C 指令字符型变量的使用 ***************/
char    标识符 1，标识符 2，… ，      标识符 n
/****************************** 代码行结束 ***************************/
```

用户可以通过下面的代码实现上述对字符型变量的声明和定义操作，具体的程序代码实现如下。

```
/************  以下代码用于实现 ARM C 指令字符型变量的使用 ***************/
char c1, c2, c3, ch ;

c1='a';
c2='b';
c3='c';
ch='d';
/****************************** 代码行结束 ***************************/
```

在字符型变量的操作过程中，需要注意以下几点。

（1）字符型变量与整型变量类似，在系统内存中占一个字节（8bit）的空间。

（2）系统在内存中存储字符型变量时，实际存储的内容是将当前字符型变量对应的 ASCII 码值放到存储单元中。

（3）字符型数据与整型数据之间可以相互变换，即两者是通用的。

需要提醒用户注意的是，在 ARM 嵌入式操作系统中，每个字符型变量被分配一字节（8bit）

的内存空间，因此只能存放一个字符。换句话而言，对于每一个字符型变量而言，只能存储一个字符，而不能在一个字符变量中存储多个字符。

此外，在前面的内容中已经提到过，字符型变量是以ASCII码的形式存放在变量的内存单元之中的。例如，字符型变量 x 的 ASCII 码是 120（十进制数），字符型变量 y 的 ASCII 码是 121（十进制数）。

在对字符型变量进行赋值的操作过程中，也是对系统内存中的数据进行交换的过程。例如，对字符型变量 a，b 赋予字符型常量'x'和'y'值可以使用下面的这行程序代码来实现：

```
/************ 以下代码用于实现 ARM C 指令字符型变量的赋值 ***************/
a='x';b='y';
/***************************** 代码行结束 ***************************/
```

上述这一句代码实际上是在字符型变量 a,b 两个单元内存空间中，存放字符'x'和'y'所对应的 ASCII 码，即分别存放十进制数 120 和 121 的二进制代码，具体如图 4.6 所示。

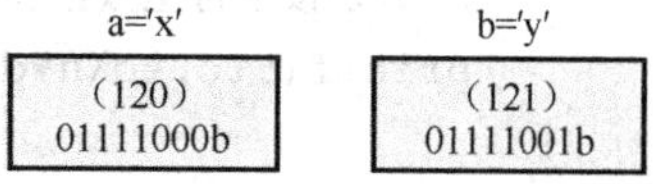

a='x'	b='y'
（120） 01111000b	（121） 01111001b

图 4.6　字符变量的存储格式

从内存存储空间的内容来看，系统完全可以将字符型变量看成整型变量。在 ARM 嵌入式程序代码中，系统允许用户对整型变量赋予字符值，同样也允许对字符型变量赋整型值。用户在执行打印输出操作时，系统允许把字符型变量以整型数据的形式输出，也允许把整型数据按照字符型数据的格式打印输出。

需要注意的是，整型数据占用 2 字节（16bit）的存储空间，字符型变量占用 1 字节的存储空间。因此，当整型数据被当作字符型数据进行处理时，只有低 8 位的字节参与数据处理操作。用户可以通过下面的代码对字符型变量之间的转换进行了解。

```
/************ 以下代码用于实现 ARM C 指令字符型变量的赋值 ***************/
main()
{
    char a,b;                    //声明 2 个字符型变量，分别为 a,b
    a=120;                       //对字符型变量 a 进行赋值，a=120
    b=121;                       //对字符型变量 b 进行赋值，b=121

    printf("%c,%c\n",a,b);       //以字符的形式打印输出变量 a 和 b
    printf("%d,%d\n",a,b);       //以整数的形式打印输出变量 a 和 b
}
/***************************** 代码行结束 ***************************/
```

从上述几行代码中可以看出，字符型变量和整型变量在存储格式和输入/输出的控制格式上都是一致的。用户可以通过使用不同的控制字符串来实现不同数据格式的输出。本程序中定义 a，b 为字符型，但在赋值语句中赋以整型值。从结果看，a，b 值的输出形式取决于 printf 函数格式串中的格式符，当格式符为"c"时，对应输出的变量值为字符，当格式符为"d"时，对应输出的变量值为整数。因此，上述代码的执行结果如下：

x, y

120, 121

在 ARM 嵌入式程序代码中，用户除了可以通过格式控制来实现不同类型数据的输入/输出外，还可以实现对字符型变量与整型变量之间的混合运算。用户可以通过下面的代码实现字符型变量的四则运算操作。

```
/************  以下代码用于实现 ARM C 指令字符型变量的赋值 ***************/
main()
{
    char a,b;                 //声明 2 个字符型变量，分别为 a,b

    a='a';                    //对字符型变量 a 进行赋值操作
    b='b';                    //对字符型变量 b 进行赋值操作
    a=a-32;                   //对变量 a 进行减法运算
    b=b-32;                   //对变量 b 进行减法运算

    //分别按字符型数据和整型数据打印输出变量
    printf("%c,%c\n%d,%d\n",a,b,a,b);
}
/**************************** 代码行结束 ***************************/
```

在上述几行代码中，变量参数 a 和 b 被声明定义为字符型变量并赋予字符型数值。由于在 ARM 程序代码中允许字符型变量参与数值运算，即用字符的 ASCII 码参与运算。由于大小写字母的 ASCII 码相差 32，因此上述代码运行的结果是将小写字母换成大写字母。然后分别以整型和字符型输出。

4.2.7 C 语言中的字符串常量

在 ARM 嵌入式程序代码中，字符串常量是由一对双引号括起的字符序列。例如，"CHINA"，“C program”，"$12.5"等都是合法的字符串常量。

字符串常量和字符型常量是不同的数据类型，但两者之间也有相同之处，主要有以下几点区别。

- 字符型常量通常由单引号来引用，字符串常量则由双引号来引用。
- 字符型常量只能是单个字符，字符串常量则可以含一个或多个字符。
- 用户可以把一个字符型常量赋予一个字符型变量，但不能把一个字符串常量赋予一个字符型变量。需要注意的是，在 ARM 嵌入式程序代码中，没有相应的字符串变量。这是与其他编程语言不同的。但是用户可以用一个字符数组来存放一个字符串常量。
- 字符型常量占一个字节的内存空间。字符串常量占的内存字节数等于字符串中字节数加 1。增加的一个字节中存放字符"\0" (ASCII 码为 0)。这也是字符串结束的标志。

例如：字符串 "C program" 在内存中所占的字节为：

C	p	r	o	g	r	a	m	\0

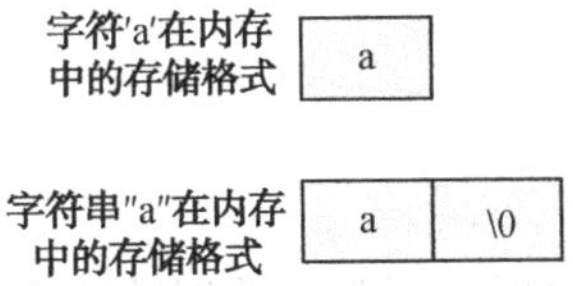

字符'a'在内存中的存储格式

a

字符串"a"在内存中的存储格式

a	\0

图 4.7 字符与字符串在内存中的存储

另外，字符型常量'a'和字符串常量"a"虽然都只有一个字符，但在内存中的情况是不同的，具体如图 4.7 所示。

从上述内存空间中的对比可以看出，字符'a'在内存中占一个字节（8bit），而字符串"a"在内存中占两个字节（16bit）。主要是由于在字符串中，都需要在最后一个字符后添加结束标识符"\0"，因此，额外占用了一个字节的存储空间。

4.2.8 不同类型数据之间的混合运算

在 ARM 嵌入式程序代码中，变量的数据类型是可以相互转换的。转换的方法有两种，一种是自动转换，另一种是强制转换。

1．数据类型的自动转换

通常情况下，自动转换常用在不同数据类型的量混合运算中，由编译系统自动完成，如图 4.8 所示。

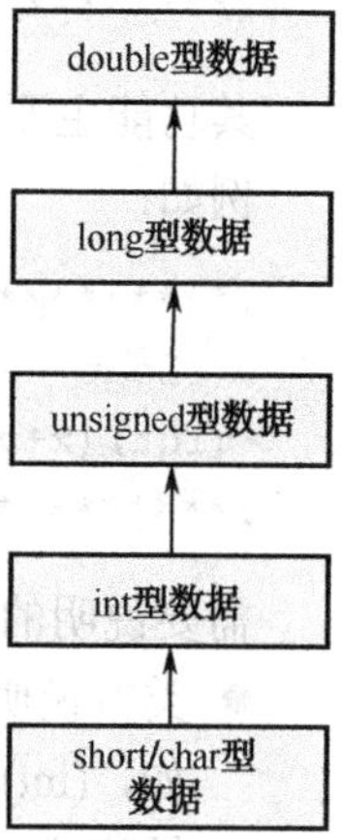

自动转换遵循以下规则。

- 如果参与运算的数据类型不同，系统会先将各个不同类型的数据变量转换成同一类型，然后再进行运算。
- 不同数据类型之间的转换按数据长度增加的方向进行，以保证精度不降低，如进行 int 型和 long 型运算时，先把 int 型转成 long 型后再进行运算。
- 所有的浮点运算都是以双精度进行的，即使仅含 float 单精度运算的表达式，也要先转换成 double 型，再作运算。
- char 型和 short 型参与运算时，必须先转换成 int 型。
- 在赋值运算中，赋值号两边量的数据类型不同时，赋值号右边量的类型将转换为左边量的类型。如果右边量的数据类型长度比左边长时，将丢失一部分数据，这样会降低精度，丢失的部分按四舍五入向前舍入。

double型数据
↑
long型数据
↑
unsigned型数据
↑
int型数据
↑
short/char型数据

图 4.8 不同数据类型之间的转换

用户可以通过下面的程序代码对不同类型数据之间的转换进行了解。

```
/************  以下代码用于实现 ARM C 指令数据类型的转换 ***************/
main()
{
   float PI=3.14159;          //定义浮点型变量 float 并赋初值
   int s,r=5;                 //定义整型变量 s,r,并对变量 r 赋初值

   s=r*r*PI;                  //不同类型数据的混合运算
   printf("s=%d\n",s);        //打印输出变量 s
}
/***************************** 代码行结束 ***************************/
```

在上述几行代码中，涉及了两种不同类型的数据变量，分别为浮点 float 型和整数 int 型。在计算圆周面积 s 的过程中，涉及上述两种不同数据类型之间的混合运算。

按照数据类型自动转换的规则，系统会将整数 int 型的数据变量 r 转换成 double 双精度类型的数据变量；同时再将 float 浮点型数据变量转换成 double 双精度类型的数据变量；最后再进行圆周面积的混合运算操作。

但是由于圆周面积 s 被声明为整型数据，所以混合运算后所得到的 double 双精度类型的数据结果会被系统自动转换成 int 整型数据，与圆周面积 s 的数据类型保持一致。在该数据类型

转换的过程中，由于数据由高精度类型（double 双精度）向低精度类型（int 整型）转换，不可避免地存在数据的四舍五入操作，影响计算的精度。

2．数据类型的强制转换

在 ARM 嵌入式操作系统中，不同数据类型之间除了由编译器进行自动转换外，还可以由强制类型转换操作来实现。强制类型转换是通过类型转换运算来实现的，具体的语法格式如下：

```
/************  以下代码用于实现 ARM C 指令数据类型的强制转换 ************/
 (类型说明符)  (表达式)
/**************************** 代码行结束 *************************/
```

其功能主要是把表达式的运算结果强制转换成类型说明符所表示的类型。

例如：

```
/************  以下代码用于实现 ARM C 指令数据类型的强制转换 ************/
 (float) a                //将变量 a 的数据类型转换为浮点型
 (int)(x+y)               //将表达式(x+y)结果的数据类型转换为整型
/**************************** 代码行结束 *************************/
```

需要说明的是，用户在使用强制转换时应注意以下问题。

- 类型说明符和表达式都必须加括号以表明类型转换操作，但单个变量可以不加括号。例如，(int)(x+y)表示对（x+y）的计算结果进行整型转换操作；而(int)x+y 则表示将变量 x 转换成 int 类型之后再与 y 相加。
- 无论是强制转换或是自动转换，都只是为了本次运算的需要而对变量的数据长度所进行的临时性转换，而不改变数据说明时对该变量定义的类型。

用户可以通过下面的代码对数据类型的强制转换作进一步了解。由于程序代码相对简单，就不再详细解释了。

```
/************  以下代码用于实现 ARM C 指令数据类型的强制转换 ************/
main()
{
    float f=5.75;          //定义一个浮点型的变量 f，并赋初值

    //按不同的数据类型进行转换
    printf("(int)f=%d,f=%f\n",(int)f,f);
}
/**************************** 代码行结束 *************************/
```

4.3　STM32F103XX 处理器的数据运算

在 ARM 嵌入式程序代码中，系统支持了大量 C 语言格式的运算符和表达式。因此，用户可以通过不同的运算符和表达式在 ARM 嵌入式系统中实现各种对数据处理的功能，这也是 ARM 嵌入式程序设计的主要特点之一。

与通用 C 语言的数据运算相同的是，ARM 嵌入式程序代码中的运算符不仅具有不同的优

先级，而且还具有一定的结合性。用户在使用表达式对数据进行处理的过程中，参与运算的各个数据的先后顺序不仅要遵守运算符优先级别的规定，还要受到运算符结合性的制约，以便确定是自左向右进行运算还是自右向左进行运算。这种结合性是其他高级语言的运算符所没有的，因此也增加了 C 语言的复杂性。

在 ARM 嵌入式程序代码中，C 语言的运算符可分为以下几类。

- 算术运算符：用于各类数值运算，包括加(+)、减(-)、乘(*)、除(/)、求余（或称模运算，%）、自加(++)、自减(--)共 7 种。
- 关系运算符：用于数据的比较运算，包括大于(>)、小于(<)、等于(==)、大于等于(>=)、小于等于(<=)和不等于(!=)共 6 种。
- 逻辑运算符：用于逻辑运算，包括与(&&)、或(||)、非(!)3 种。
- 位操作运算符：参与运算的量，按二进制位进行运算，包括位与(&)、位或(|)、位非(~)、位异或(^)、左移(<<)、右移(>>)共 6 种。
- 赋值运算符：用于赋值运算，分为简单赋值(=)、复合算术赋值(+=,-=,*=,/=,%=)和复合位运算赋值(&=，|=，^=，>>=，<<=)3 类共 11 种。
- 条件运算符：这是一个三目运算符，用于条件求值(?:)。
- 逗号运算符：用于把若干表达式组合成一个表达式(，)。
- 指针运算符：用于取内容(*)和取地址(&)共 2 种运算。
- 求字节数运算符：用于计算数据类型所占的字节数(sizeof)。
- 特殊运算符：有括号()，下标[]，成员(→，.)等几种。

4.3.1 ARM 程序代码中的算术运算符

在 ARM 嵌入式程序代码中，常见的算术运算操作符有加法运算符、减法运算符、乘法运算符和除法运算符。一般而言，ARM 嵌入式系统中的乘法和除法操作具有专用的乘法器和除法器，主要是由于在 ARM 处理器中进行乘法和除法运算需要占用大量的系统时间和资源，因此在部分 ARM 处理器中，系统为用户提供了专用的硬件乘法器和除法器。这种做法在很大程度上减轻了处理器的排队任务，有利于提高数据运算的效率。但该方法的缺点也比较明显，即系统需要配备硬件乘法器和除法器，提高了 ARM 处理器的成本。

- 加法运算符“+”：加法运算符为双目运算符，即应有两个数值参量参与加法运算，如 a+b，4+8 等。在 ARM 嵌入式代码中，加法运算符具有右结合性，即从右向左依次计算。
- 减法运算符“-”：减法运算符为双目运算符，具有右结合性。但“-”也可作负值运算符，此时为单目运算，如-x，-5 等，减法运算符具有左结合性。
- 乘法运算符“*”：乘法运算也是双目运算操作，且具有左结合性。
- 除法运算符“/”：与乘法运算类似，ARM 处理器中的除法运算同样也是双目运算，具有左结合性。参与运算量均为整型时，结果也为整型，舍去小数。如果运算量中有一个是实型，则结果为双精度实型。

用户可以通过下面的程序代码对 ARM 嵌入式代码中的除法运算作进一步了解。

```
/*************** 以下代码用于实现 ARM C 指令的算术运算 *****************/
main()
{
```

```
    //分别计算 20/7 与-20/7 的结果，并打印输出
    printf("\n\n%d,%d\n",20/7,-20/7);

    //分别计算 20.0/7 与-20.0/7 的结果，并打印输出
    printf("%f,%f\n",20.0/7,-20.0/7);
}
/***************************** 代码行结束 ***************************/
```

在上述程序代码中，20/7，-20/7 的结果均为整型，小数部分将自动被编译器全部舍去。而 20.0/7 和-20.0/7 由于有实数参与运算，因此结果也为实型。

求余运算符（模运算符）“%”：求余运算为双目运算操作符，具有左结合性。特别需要注意的是，在程序代码中求余运算要求参与运算的量均为整型。求余运算的结果等于两数相除后的余数。

在下面的程序代码中，主要介绍了有关求余运算符的具体使用方法。

```
/*************** 以下代码用于实现 ARM C 指令的算术运算 ******************/
main()
{
    printf("%d\n",100%3);
}
/***************************** 代码行结束 ***************************/
```

很显然，上述代码输出 100 除以 3 所得的余数 1。

4.3.2 算术运算符的优先级和结合性

在 ARM 嵌入式程序代码中，算术运算表达式是由常量、变量、函数和运算符组合起来的式子。一个表达式有一个值及其类型，它们等于计算表达式所得结果的值和类型。表达式求值按运算符的优先级和结合性规定的顺序进行，例如，最常见的是数学运算中的四则运算。从某种意义上而言，单个的常量、变量、函数可以看作表达式的特例。

算术表达式是由算术运算符和括号连接起来的式子，即为用算术运算符和括号将运算对象（也称操作数）连接起来的、符合 C 语法规则的式子。以下是算术表达式的例子：

```
/*************** 以下代码用于实现 ARM C 指令的算术运算 ******************/
a+b+c
 (a*2) / b
 (x+y) *2- (a+b) / 3
 ++i
sin(x)+sin(y)
(++i)-(j++)+(k--)
/***************************** 代码行结束 ***************************/
```

在 ARM 嵌入式程序代码中，运算符的运算优先级共分为 15 级，其中 1 级最高，15 级最低。在表达式中，优先级较高的先于优先级较低的进行运算。而在一个运算量两侧的运算符优先级相同时，则按运算符的结合性所规定的结合方向处理。

除了上述算术优先级外，用户在执行运算操作的过程中还需要注意运算符之间的结合性。在ARM嵌入式程序代码中，运算符的结合性分为两种，即左结合性（自左至右）和右结合性（自右至左）。

通常情况下，算术运算符的结合性是自左至右，即先左后右的。例如，在表达式x-y+z中，参数y应先与“-”号结合，执行x-y运算，然后再执行+z的运算。这种自左至右的结合方向就称为“左结合性”。

除了上述的“左结合性”外，在部分算术表达式中还支持“右结合性”，即自右至左的结合方式。最典型的右结合性运算符是赋值运算符。例如，在赋值表达式x=y=z中，由于“=”的右结合性，应先执行y=z再执行x=(y=z)运算。

4.3.3 数据类型的强制转换

在ARM嵌入式程序代码中，不同数据类型之间可能需要相互转化。例如，将整型数据按照字符型数据打印输出，实型数据与整型数据之间的算术运算等，即数据类型的强制转换。需要说明的是，除了可以实现对变量类型的数据转换外，同样还可以对表达式的数据类型进行强制转换。

用户可以通过数据类型的强制转换来实现不同数据类型的变通，具体的语法操作格式如下：

```
/************ 以下代码用于实现 ARM C 指令数据类型的强制转换 **************/
(类型说明符)(表达式)
/**************************** 代码行结束 ***************************/
```

该语法功能是将表达式的运算结果强制转换成类型说明符所表示的类型。

用户可以通过下面的例题对程序代码中数据类型的转换作进一步了解，具体的程序代码如下：

```
/************ 以下代码用于实现 ARM C 指令数据类型的强制转换 **************/
 (float) a         将变量 a 的类型转换为实型
 (int)(x+y)        将 x+y 的结果转换为整型
/**************************** 代码行结束 ***************************/
```

在实际的代码程序中，如果赋值运算符两边的数据类型不相同，系统将自动对其进行类型转换，即把赋值号右边的类型换成左边的类型。具体规定如下。

（1）将实型数据赋值给整型数据，舍去小数部分。在前面的内容中已经向用户简单介绍过，在不同的数据类型转换中，一般是将高精度的数据类型转换成低精度的数据类型。

（2）将整型数据赋值给实型数据，数值保持不变，但将以浮点形式存放，即增加小数部分（小数部分的值为0）。

（3）字符型赋予整型，由于字符型为一个字节（8位），而整型为两个字节（16位），故将字符的ASCII码值放到整型量的低8位中，高8位为0。相反，如果将整型赋予字符型，只把低8位赋予字符量。

用户可以通过下面的例题代码对不同数据类型之间的转换进行了解。

```
/************ 以下代码用于实现 ARM C 指令数据类型的强制转换 **************/
main()
```

```
{
    int a,b=322;
    float x,y=8.88;
    char c1='k',c2;

    a=y;          //实型变量 y 赋值给整型变量 a
    x=b;          //整型变量 b 赋值给实型变量 x
    a=c1;         //字符型变量 c1 赋值给整型变量 a
    c2=b;         //整型变量 b 赋值给字符型变量 c2

    printf("%d,%f,%d,%c",a,x,a,c2);
}
/**************************** 代码行结束 ***************************/
```

本例表明了上述赋值运算中不同类型数据之间相互转换的规则，具体如下。

（1）变量 a 为整型，赋予实型变量 y 的值 8.88，根据实型数据赋值给整型数据的转换规则，整型变量 a 后只取整数 8。

（2）变量 x 为实型，赋予整型量 b 值 322，后增加了小数部分。

（3）字符型变量 c1 赋予整型变量 a，则结果将以整型数值的形式进行存储。

（4）整型变量 b 赋值给字符型变量 c2 后，系统将取其低 8 位，以字符型变量的形式存储。需要进一步说明的是，整型变量 b 的低八位为 01000010，即十进制数 66，按 ASCII 码对应于字符 B。

4.3.4 自增与自减操作

在 ARM 嵌入式代码中，为了简化循环操作，系统为用户提供了自增与自减操作。例如，用户在使用 ARM 嵌入式系统进行 ADC 转换的过程中，通常需要对 ADC 转换的数据进行多次累加求平均。在这种场合下，累加次数 i 的循环自增加 1 操作，就可以通过自增或自减操作来实现。

在 ARM 嵌入式程序代码中，自增 1 运算符记为“++”，其功能是使变量的值自增 1；自减 1 运算符记为“--”，其功能是使变量值自减 1。

需要说明的是，ARM 嵌入式程序代码中的“自增 1”和“自减 1”运算符均为单目运算，且都具有右结合性。

常用的自增与自减操作主要有以下几种形式：

```
/*************** 以下代码用于实现 ARM C 指令的自增/自减 ****************/
++i       i 自增 1 后再参与其他运算
--i       i 自减 1 后再参与其他运算
i++       i 参与运算后，i 的值再自增 1
i--       i 参与运算后，i 的值再自减 1
/****************************** 代码行结束 *****************************/
```

在理解和使用上容易出错的是 i++和 i--。特别是当它们出现在较复杂的表达式或语句中时，常常难以弄清，因此应仔细分析。一般情况下，除了在一些功能比较明确的程序代码中，如循环累加、累加运算可以使用外，在其他的嵌入式代码中，特别是存在全局变量的程序代码中，不建议用户过多地使用自增或自减操作。

用户可以通过下面的这段程序代码对 ARM 嵌入式中的自增和自减操作进行了解。

```
/***************  以下代码用于实现 ARM C 指令的自增/自减 ****************/
main()
{
    int i=8;                        //代码行 1

    printf("%d\n",++i);             //代码行 2
    printf("%d\n",--i);             //代码行 3
    printf("%d\n",i++);             //代码行 4
    printf("%d\n",i--);             //代码行 5
    printf("%d\n",-i++);            //代码行 6
    printf("%d\n",-i--);            //代码行 7
}
/*************************** 代码行结束 ***************************/
```

上述代码的具体分析如下。

（1）第 1 行代码对变量 i 进行赋值操作，设置其初值为 8。

（2）第 2 行代码对变量 i 进行自增操作，即对变量 i 加 1 后再输出。需要注意的是，++i 自增操作先对变量 i 自增 1，然后再将结果打印输出。由于在第 1 行代码执行后，变量 i 的数值为 8，因此运行第 2 行代码后变量 i 的结果为 9。

（3）第 3 行代码对变量 i 进行自减操作。--i 自减操作先对变量 i 自减 1，然后再将结果打印输出。根据上述描述，编译器在执行完上述代码后，打印输出的数值为 8。

（4）第 4 行代码对变量 i 进行自增操作，但与第 2 行代码不同是的，该代码指令先将变量 i 的当前值打印输出，然后再对变量 i 进行自增操作，即先输出当前变量 i 的值 8 之后再加 1，此时变量 i 的值为 9。

（5）第 5 行代码对变量 i 进行自减操作，与上述第 3 行代码不同的是，该代码指令先将变量 i 的当前值打印输出，然后再对变量 i 进行自减操作，即先输出当前变量 i 的值 9 之后再减 1，此时变量 i 的值为 8。

（6）第 6 行代码对变量 i 进行自增和自减的混合运算。由于自增和自减操作都具有右结合性，因此在当前代码-i++中，首先执行输出-8 之后再执行变量 i 的加 1 操作，即打印输出结果为-8，当前变量 i 的值为 9。

（7）第 7 行代码对变量 i 进行自减的混合运算。同样，自减操作也具有右结合性，因此在当前代码-i--中，首先执行输出-9 之后再执行变量 i 的减 1 操作，即打印输出的结果为-9，当前变量 i 的值为 8。

```
/***************  以下代码用于实现 ARM C 指令的自增/自减 ****************/
main()
{
    int i=5,j=5,p,q;                        //定义整型变量，并赋初值

    p=(i++)+(i++)+(i++);                    //变量 i 自增操作
```

```
    q=(++j)+(++j)+(++j);                    //变量 j 自增操作

    printf("%d,%d,%d,%d",p,q,i,j);          //打印输出
}
/**************************** 代码行结束 ****************************/
```

在上述程序代码中，第 2 行中的程序代码 p=(i++)+(i++)+(i++)等同于三个 i 相加，根据上述有关自增操作的说明，执行后变量 p 的数值为 15。此外，变量 i 再自增 1 三次，相当于变量 i 加 3，即变量 i 运行后的数值为 8。

对于第 3 行代码而言，变量 q 的值与第 2 行代码中变量 p 的自增操作有所不同。该代码 q=(++j)+(++j)+(++j)等价于变量 q 先自增 1，再参与运算。变量 q 自增 1 三次后值为 8，再执行累加操作，即三个 8 相加的和为 24，因此变量 q 的值为 24，而变量 j 的值为 8。

4.3.5 赋值运算符和赋值表达式

在 ARM 嵌入式程序代码中，需要对变量及表达式进行赋值操作。通常情况下，用户可以通过赋值运算符“=”对变量或表达式进行赋值操作，其中简单赋值运算符用“=”来表示。

在 ARM 嵌入式程序代码中，由赋值运算符“= ”连接的表达式称为赋值表达式。其基本语法格式如下。

```
/*************** 以下代码用于实现 ARM C 指令的赋值运算符 ***************/
变量=表达式
/**************************** 代码行结束 ****************************/
```

下面几行代码就是使用赋值运算符对变量或表达式进行赋值操作的过程。

```
/*************** 以下代码用于实现 ARM C 指令的赋值运算符 ***************/
x=a+b;
w=sin(a)+sin(b);
y=i+++--j;
/**************************** 代码行结束 ****************************/
```

赋值表达式的功能是计算表达式的值再赋予左边的变量。需要说明的是，赋值运算符具有右结合性。因此，对于赋值表达式 a=b=c=5 而言，可以等价于 a=(b=(c=5))。

用户在编码的过程中，可以通过“;”将赋值表达式构成一个完整的语句，称为赋值语句。在嵌入式 C 程序代码中，系统将“=”定义为赋值运算符，从而组成赋值表达式。一般而言，ARM 嵌入式代码中的所有表达式均可以使用或包含赋值表达式。用户可以通过下面这行代码对赋值运算操作及赋值表达式进行了解。

```
/*************** 以下代码用于实现 ARM C 指令的赋值运算符 ***************/
x=(a=5)+(b=8)
/**************************** 代码行结束 ****************************/
```

显然，根据 ARM 嵌入式程序语言中的语法规定，上述赋值运算是合法的。该程序代码首先将数值 5 赋值给变量 a，其次将数值 8 赋值给变量 b，再将变量 a 和 b 中的数值进行相加操作，计算的结果赋值给变量 x，因此可以算得变量 x 中的数值应等于 13。

用户除了可以对变量和表达式进行赋值操作外，还可以将赋值表达式组成赋值语句，按照C语言规定，任何表达式在其末尾加上“;”号就构成赋值语句。用户可以通过下面这行代码具体了解。

```
/***************  以下代码用于实现 ARM C 指令的赋值运算符 ****************/
x=(a=5)+(b=8);
/****************************  代码行结束 ****************************/
```

在 ARM 嵌入式程序设计语言中，用户还可以在赋值符“=”之前加上其他二目运算符构成复合赋值符，如+=，-=，*=，/=，%=，<<=，>>=，&=，^=，|=等。

构成复合赋值表达式的一般形式为：

```
/***************  以下代码用于实现 ARM C 指令的赋值表达式 ****************/
变量  双目运算符=表达式
/****************************  代码行结束 ****************************/
```

需要说明的是，根据不同的复合赋值表达式的定义，可以将其等效为如表 4.9 所示的赋值表达式，即

```
/***************  以下代码用于实现 ARM C 指令的赋值表达式 ****************/
变量=变量 运算符 表达式
/****************************  代码行结束 ****************************/
```

表 4.9　常见复合赋值运算操作符

复合赋值运算符	等 价 模 式	说　明
a+=b	a=a+b	复合加法赋值操作
a-=b	a=a-b	复合减法赋值操作
a*=b	a=a*b	复合乘法赋值操作
a /=b	a=a / b	复合除法赋值操作
a%=b	a=a%b	复合取余赋值操作
a<<=b	a=a<<b	复合左移赋值操作
a>>=b	a=a>>b	复合右移赋值操作
a&=b	a=a&b	复合“与”赋值操作
a^=b	a=a^b	复合“异或”赋值操作
a|=b	a=a|b	复合“或”赋值操作

下面的几行代码，即为一些常见的复合赋值表达式例子：

```
/***************  以下代码用于实现 ARM C 指令的赋值表达式 ****************/
a+=5        等价于 a=a+5
x*=y+7      等价于 x=x*(y+7)
r%=p        等价于 r=r%p
/****************************  代码行结束 ****************************/
```

通常情况下，复合赋值符被认为是一种简略书写的程序代码格式，初学者可能不习惯，但十分有利于编译处理，能提高编译效率并产生质量较高的目标代码。

4.3.6 逗号运算符

在 ARM 嵌入式程序代码中，逗号“,”也是一种运算符，称为逗号运算符。其功能是将两个表达式连接起来组成一个新的表达式，称为逗号表达式。有关逗号表达式的语法格式具体如下：

```
/***************  以下代码用于实现 ARM C 指令的逗号表达式 ****************/
表达式 1，表达式 2
/****************************** 代码行结束 ***************************/
```

有关逗号表达式求值的过程是分别求逗号前、后两个表达式的值，并以表达式 2 的值作为整个逗号表达式的值。用户可以通过下面的例子对逗号运算符进行了解。

```
/***************  以下代码用于实现 ARM C 指令的逗号表达式 ****************/
main()
{
    int a=2,b=4,c=6,x,y;
    y=(x=a+b),(b+c);
    printf("y=%d,x=%d",y,x);
}
/****************************** 代码行结束 ***************************/
```

在本例的程序代码中，变量 y 等于整个逗号表达式的值，也就是逗号运算符后面表达式 2 的值，变量 x 则是逗号运算符前面表达式 1 的值。显然，上述程序代码执行的结果是：变量 x 的值为 6，变量 y 的值为 10。

有关逗号表达式及逗号运算符的内容还需要补充说明以下两点。

（1）在逗号表达式的一般形式中，逗号运算符前、后的表达式 1 和表达式 2 不仅可以是简单的算术运算，也同样可以是逗号表达式，即在逗号表达式中嵌套逗号表达式。

例如：

```
/***************  以下代码用于实现 ARM C 指令的逗号表达式 ****************/
表达式 1，(表达式 2，表达式 3)；
/****************************** 代码行结束 ***************************/
```

该逗号运算表达式通过在表达式 2 中复合了另一个逗号运算表达式，从而形成了嵌套情形。因此可以把逗号表达式扩展为以下形式：

```
/***************  以下代码用于实现 ARM C 指令的逗号表达式 ****************/
表达式 1，表达式 2，…，表达式 n；
/****************************** 代码行结束 ***************************/
```

在上述逗号表达式中，整个逗号表达式的值等于最后一个表达式，即表达式 n 的值。

（2）通常情况下，用户在程序代码中使用逗号表达式是要分别求逗号表达式内各表达式的值的，但并不一定要求整个逗号表达式的值。

但需要提醒用户注意的是，并不是在所有出现逗号的地方都会组成逗号表达式，例如，在变量声明、定义的过程中，函数参数表中逗号只用作各变量之间的间隔符。

4.4　STM32F103XX 的流程控制语句

通常情况下，ARM 嵌入式程序中代码的执行是过程化的，即从上往下依次逐行执行。但在实际的代码设计过程中，经常需要指定程序代码执行某部分而不执行某部分，或者反复执行某部分，这些就是流程控制。

在 ARM 嵌入式程序代码中，流程控制语句有以下两类

（1）判断语句

判断语句在所有的编程语言中都是最为常见的控制语句，即 if 判断语句。除此之外，在 ARM 嵌入式程序代码中，系统还提供了一个条件选择语句，即 C 语言程序代码中的 switch 选择语句。

（2）循环语句

在 ARM 嵌入式程序代码中，通常还需要对某一行或某几行代码进行循环执行。常见的循环语句是 for 语句。

除此之外，在 ARM 嵌入式系统中还有一个能综合使用判断语句和条件循环语句的语句，即 C 语言中的 while 循环语句。

4.4.1　ARM 中的 if 条件判断语句

在 ARM 嵌入式程序代码中，用户可以通过 if 语句来构成分支结构。它根据给定的条件进行判断，以决定执行某个分支程序段。C 语言的 if 语句有 3 种基本形式，即 if 语句、if-else 语句和 if-else-if 语句。在下面的内容中，将主要向读者介绍这 3 种 if 判断语句的基本使用方法。

1. if 语句

if 判断语句的第一种形式为基本形式，也是 if 判断语句中最为简单的一种形式，具体的语法格式如下：

```
/*****************  以下代码用于实现 ARM C 指令的 if 语句 *********
*******/
if(表达式)
    执行语句;
/****************************** 代码行结束 *********************
******/
```

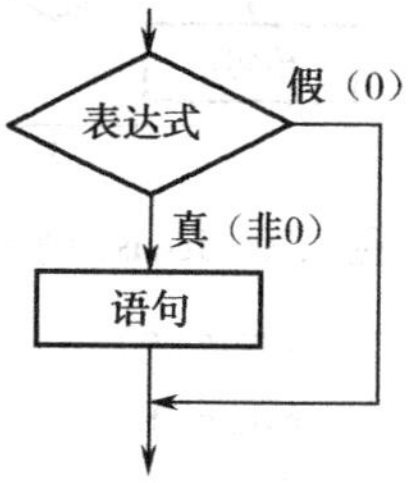

图 4.9　if 判断语句的流程图

该 if 判断语句的基本含义是：如果关键字 if 后的表达式的值为真，则执行其后的执行语句，否则将不执行该语句。具体的操作流程如图 4.9 所示。

用户也可以通过下面这段程序代码对 if 语句的基本使用方法进行了解。

```
/*****************  以下代码用于实现 ARM  C 指令的 if 语句 ****************/
main()
{
    int a,b,max;                           //定义 3 个整型变量
    printf("\n input two numbers:");       //提示输入数据
```

```
    scanf("%d%d",&a,&b);                    //输入整型数据 a,b
    max=a;                                  //将整数 a 赋值给变量 max

    //使用 if 条件判断语句选择变量 a 和 b 中较大的数值
    if (max<b)                              //判断变量 max 与变量 b 的大小
      max=b;                                //将较大的值保存在变量 max 中

    printf("max=%d",max);                   //输出较大的数值
}
/***************************** 代码行结束 ***************************/
```

在上述程序代码中，首先提示用户输入两个整型数据，并分别存储在变量 a，b 的存储空间中。其次将整型变量 a 中的数值先赋予整型变量 max，再用 if 语句判别变量 max 和 b 的大小：如果变量 max 中的数值小于变量 b 中的数值，则将变量 b 中的数值赋予变量 max。由此可见，变量 max 中保存的数据总是较大的那个数据。在最后的代码中，将变量 max 中的数据，即变量 a 和变量 b 中较大的数值进行打印输出。

2. if-else 语句

在 ARM 嵌入式程序代码中，用户除了可以在满足 if 判断条件时通过判断语句进行流程控制外，还可以在不满足 if 判断条件的状况下进行流程控制，即 if-else 判断语句。该判断语句的基本语法格式如下：

```
/**************  以下代码用于实现 ARM C 指令的 if-else 语句 **************/
if(表达式)
    语句 1;
else
    语句 2;
/***************************** 代码行结束 ***************************/
```

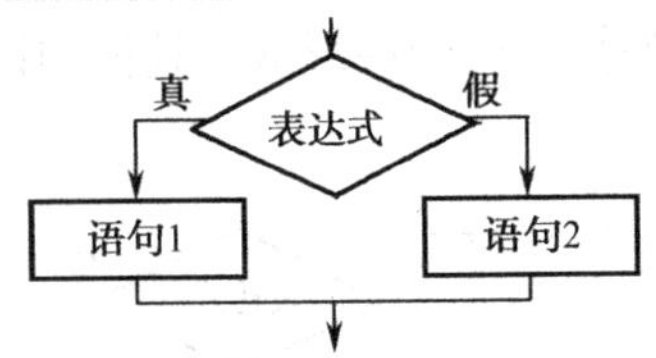

图 4.10　if-else 判断语句的流程图

该 if-else 判断语句的基本含义是：如果关键字 if 后的表达式的值为真，则执行语句 1；否则程序将执行语句 2。具体的执行过程可以用图 4.10 来表示。

用户也可以通过下面这段程序代码对 if-else 语句的基本使用方法进行了解。

```
/**************  以下代码用于实现 ARM C 指令的 if-else 语句 **************/
main()
{
    int a, b;                               //定义 2 个整型变量 a 和 b
    printf("input two numbers:");           //打印输出提示符
    scanf("%d%d",&a,&b);                    //输入 2 个整型变量

    //使用 if-else 判断语句进行流程控制
    if(a>b)                                 //如果变量 a 大于 b，则将变量 a 赋值给变量 max
        printf("max=%d\n",a);
    else                                    //否则将变量 b 赋值给变量 max
```

```
        printf("max=%d\n",b);
    }
    /**************************** 代码行结束 ***************************/
```

上述程序代码相对比较简单，不难看出其具体的功能是输入两个整数，将其中较大的数值保存在变量 max 中，并打印输出。用户可以结合程序代码中的注释进行分析，在这里就不再赘述了。

3. if-else-if 语句

从上述 2 中 if 判断语句的基本用法来看，在 ARM 嵌入式系统中，用户不仅可以在符合 if 判断语句条件的情况下执行指定的操作代码，也可以在不满足 if 判断语句条件的情况下执行指定的操作代码。

除此之外，在 ARM 嵌入式程序代码中，用户还可以使用 if-else-if 形式来实现条件判断操作。前面介绍的两种形式的 if 条件判断语句一般都用于两个分支的情况。当有多个分支需要选择的时候，可采用 if-else-if 语句，其一般语法形式为：

```
/************ 以下代码用于实现 ARM C 指令的 if-else-if 语句 *************/
if(表达式 1)
    语句 1;
else  if(表达式 2)
    语句 2;
else  if(表达式 3)
    语句 3;             …
else  if(表达式 m)
    语句 m;
else
    语句 n;
/***************************** 代码行结束 ***************************/
```

上述代码的基本语义是：编译器依次判断表达式的值，当出现某个值为真时，执行其对应的语句，然后程序将跳到整个 if 语句之外继续执行其他程序代码。如果所有的表达式均为假，则执行语句 n，然后跳出 if-else-if 语句并继续执行后续程序。if-else-if 语句的执行过程如图 4.11 所示。

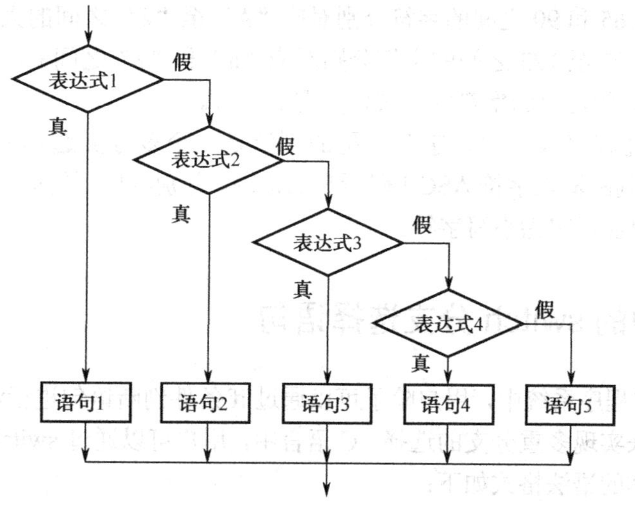

图 4.11　if-else-if 判断语句的流程图

用户也可以通过下面这段程序代码对 if-else-if 语句的基本使用方法进行了解。

```
/************  以下代码用于实现 ARM C 指令的 if-else-if 语句 *************/
#include"stdio.h"                    //头文件函数，用于支持输入/输出函数 printf/scanf
main()
{
    char c;                                  //定义字符型变量 c
    printf("input a character:");            //输出提示符
    c=getchar();                             //输入字符数据并保存在字符变量 c 中

  //使用 if-else-if 语句进行条件判断
  if(c<32)
    printf("This is a control character\n");
  else if(c>='0'&&c<='9')
    printf("This is a digit\n");
  else if(c>='A'&&c<='Z')
    printf("This is a capital letter\n");
  else if(c>='a'&&c<='z')
    printf("This is a small letter\n");
  else
       printf("This is an other character\n");
}
/**************************** 代码行结束 ***************************/
```

从上述代码中可以看出，该程序代码实现了判别键盘输入字符类别的功能。其基本的判断原理是根据输入字符所对应 ASCII 码的范围来判别类型。

从 ASCII 码表中可以看出，不同字符类型所对应的 ASCII 码的范围也不是一样的，具体如下：

- ASCII 码值小于 32 的字符为控制字符。
- ASCII 码值在 48 至 57 之间的字符分别对应“0”至“9”之间的数字。
- ASCII 码值在 65 和 90 之间的字符分别对应“A”至“Z”之间的大写字母。
- ASCII 码值在 97 至 122 之间的字符分别对应“a”和“z”之间的小写字母。
- 其他 ASCII 码所对应的字符则为其他类型的字符。

很显然，在上述程序代码中，字符类型的判断是一个多分支选择的问题。用户可以用 if-else-if 语句编程，判断输入字符 ASCII 码所在的范围，分别给出不同的类型判别输出。例如，输入为“g”，则输出显示它为小写字符。

4.4.2 ARM 中的 switch 分支选择语句

在 ARM 嵌入式程序系统中，用户除了可以通过 if 条件判断语句进行流程控制外，还可以通过分支选择语句来实现多重分支的选择。C 语言中，用户可以通过 switch 语句来完成上述分支选择的功能，具体的语法格式如下：

```
/************** 以下代码用于实现ARM C指令的switch语句 **************/
switch(表达式)
{
    case 常量表达式1:  语句1;
    case 常量表达式2:  语句2;
     …
    case 常量表达式n:  语句n;
    default       :   语句n+1;
}
/**************************** 代码行结束 ***************************/
```

在上述程序代码中，其基本的含义是：计算表达式的值，并逐个与其后case中的常量表达式的值相比较。当表达式的值与某个常量表达式的值相等时，即执行其后的语句，继而不再进行判断，执行后面所有case中的语句。如表达式的值与所有case后的常量表达式均不相同时，则执行default后的语句。

用户可以通过下面几个程序代码对switch语句的基本用法作进一步了解，特别是要提醒注意有关switch分支执行的顺序。

```
/************** 以下代码用于实现ARM C指令的switch语句 **************/
main()
{
    int a;                              //声明整型变量a
    printf("input integer number: ");   //打印输入提示符
    scanf("%d",&a);                     //输入整型数据，存储在变量a中

    //通过switch语句进行分支选择
    switch (a)
    {
        case 1:printf("Monday\n");
        case 2:printf("Tuesday\n");
        case 3:printf("Wednesday\n");
        case 4:printf("Thursday\n");
        case 5:printf("Friday\n");
        case 6:printf("Saturday\n");
        case 7:printf("Sunday\n");
        default:printf("error\n");
    }
}
/**************************** 代码行结束 ***************************/
```

从上述的程序代码及注释不难看出，该程序的功能是要求输入一个整型数字，然后根据输入数据，选择不同的分支执行相应的指令，并输出一个英文单词。

但是需要提醒用户注意的是，该程序代码除了会执行与整型数据对应分支的代码外，还将执行该分支后的所有代码，直至程序结束为止。例如，当用户输入整数3之后，系统将执行case3所对应的语句。除此之外，系统还将继续执行case3以后的所有语句，即输出了Wednesday 及以后的所有单词。

出现上述结果的主要原因是由于在 switch 语句中，“case 常量表达式”只相当于一个语句标号。如果表达式的值和某标号相等，则转向该标号并执行相应的语句代码，但不能在执行完该标号的语句后自动跳出整个 switch 语句，所以出现了上述程序代码中继续执行所有后面 case 语句的情况。这是与前面介绍的 if 语句完全不同的，应特别注意。

为了避免上述情况，系统还提供了 break 语句，用于跳出 switch 分支语句，break 语句只有关键字 break，不含参数。用户可以修改上述程序代码，在每一个 case 语句之后增加一条 break 语句，使每一次执行之后均可跳出 switch 语句，从而避免输出不应有的结果。

```
/**************  以下代码用于实现 ARM C 指令的 switch 语句 ***************/
main()
{
   int a;                                //定义整型变量 a
   printf("input integer number: ");    //输出打印提示符
   scanf("%d",&a);                      //输入整型数据并存储在整型变量 a 中

   //使用 switch 语句进行分支选择
   switch (a)
   {
      case 1:printf("Monday\n");break;
      case 2:printf("Tuesday\n"); break;
      case 3:printf("Wednesday\n");break;
      case 4:printf("Thursday\n");break;
      case 5:printf("Friday\n");break;
      case 6:printf("Saturday\n");break;
      case 7:printf("Sunday\n");break;
      default:printf("error\n");
   }
}
/**************************** 代码行结束 ***************************/
```

对比前面的程序代码，修改后的程序在每一个 case 后都添加了 break 语句，用于在执行当前的分支语句后，跳出 switch 分支选择语句。

需要提醒用户注意的是，在使用 switch 语句时还应注意以下几点：

（1）在 case 分支语句后的各常量表达式的值不能相同，否则会出现错误。

（2）在 case 分支语句后，系统允许有多个执行语句，也允许用户不使用{}括起来。

（3）每一个 case 和 default 语句的先后顺序可以相互变动，而不会影响程序执行结果。

（4）default 语句可以省略不用。

为了让用户更深入地了解有关 if 条件判断语句和 switch 分支选择语句的用法，下面列出了几个常用的例题供用户分析。

【例 1】使用 if-else 语句和 if-else-if 语句实现最大数与最小数的判断。

```
/**************  以下代码用于实现 ARMC 指令的 if-else 语句和 if-else-if 语句 ********
*******/
main()
{
```

```
    int a,b,c,max,min;                          //定义5个整型变量
    printf("input three numbers: ");            //输出打印提示
    scanf("%d%d%d",&a,&b,&c);                   //输入3个整型数据，分别存储在a,b,c中

    //使用if-else语句进行条件判断
    if(a>b)                                     //如果变量a大于变量b
    {
        max=a;                                  //将变量a赋值给max,变量b赋值给min
        min=b;
    }
    else                                        //如果条件不符合
    {
        max=b;                                  //将变量a赋值给min,变量b赋值给max
        min=a;
    }

    //使用if-else-if语句进行条件判断
    if(max<c)                                   //如果变量c大于变量max
        max=c;                                  //将变量c赋值给max
    else                                        //如果条件不符合
        if(min>c)                               //如果变量c小于变量min
            min=c;                              //将变量c赋值给min

    printf("max=%d\nmin=%d",max,min);
}
/**************************** 代码行结束 ***************************/
```

从上述几行程序代码不难看出，该代码主要实现了从外部输入三个整数，输出最大数和最小数。具体的操作步骤如下。

（1）比较输入整型数据 a 和 b 的大小，并把较大的数存储在变量 max 中，较小的数保存在变量 min 中。

（2）将整型变量 max 与 c 比较：如果变量 max 小于 c，则把 c 赋值给变量 max，记为最大值；如果变量 c 小于 min，则把 c 赋值给变量 min。由此可见，变量 max 中保存的数据总是最大的数值，而变量 min 内总是最小数。

（3）通过 printf 语句输出整型变量 max 和 min 的值。

【例 2】根据用户输入的运算数和四则运算符，输出计算结果。

```
/************** 以下代码用于实现ARM C指令的switch语句 ***************/
main()
{
    float a,b;                                        //定义整型变量a和b
    char c;                                           //定义字符型变量c
    printf("input expression: a(+,-,*,/)b \n");      //输入提示符
    scanf("%f%c%f",&a,&c,&b);                      //输入3个数据，分别存储在变量a,b,c中

    //使用switch语句实现分支选择
```

```
    switch(c)
    {
        case '+': printf("%f\n",a+b);break;
        case '-': printf("%f\n",a-b);break;
        case '*': printf("%f\n",a*b);break;
        case '/': printf("%f\n",a/b);break;
        default: printf("input error\n");
    }
}
/****************************** 代码行结束 ****************************/
```

显然，上述程序代码为一个简单计算器中的程序。其主要功能为：用户输入运算数和四则运算符，并输出计算结果。在当前的程序代码中，switch 语句主要用于判断运算符的类型，并最终输出运算的结果。需要注意的是，如果用户输入的运算符不是+、-、*、/中的一个，则代码将跳转到 default 分支语句，并给出错误提示“input error”。

4.4.3 ARM 中的循环控制语句

在 ARM 嵌入式程序代码中，循环结构是一种很重要的控制语句。其特点是在给定条件成立时，反复执行某程序段，直到条件不成立为止。其中，给定的条件称为循环条件，反复执行的程序段称为循环体。

通常情况下，在 ARM 嵌入式系统中向用户提供了以下四种循环语句。用户可以使用这些循环语句组成各种不同形式的循环结构，具体如下：

- 用 goto 语句和 if 语句；
- 用 while 语句；
- 用 do-while 语句；
- 用 for 语句。

在下面的内容中，将向读者介绍上述 4 种循环控制语句的基本使用方法。

1. goto 循环控制语句

在 ARM 嵌入式程序代码中，goto 语句是一种无条件转移语句。该循环语句与 BASIC 编程语言中的 goto 语句相似，其基本的语法格式为：

```
/***************  以下代码用于实现 ARM C 指令的 goto 语句 ****************/
goto  语句标号;
/****************************** 代码行结束 ***************************/
```

需要说明的是，语法格式中的语句标号是一个有效的标识符，即跳转标志。在程序代码的其他位置处存在一个形如“语句标号：”的标志。当编译器执行 goto 语句后，程序将跳转到该标号处并执行其后的语句。

用户应当注意的是，goto 语句标号必须与 goto 语句同处于一个函数中，但可以不在同一个循环语句中。通常情况下，goto 语句与 if 条件判断语句联合使用，当满足条件时，程序将跳转到标号处运行。

在 ARM 嵌入式程序代码中，绝大部分的程序都是从 main 函数入口开始逐步执行直至程序结束。因此，并不推荐用户在编写代码的过程中使用 goto 跳转语句。主要由于 goto 语句强行实现了代码的跳转，将使得程序代码在结构层次上变得杂乱不清，且不易阅读。一般而言，goto 跳转语句经常被用在多层嵌套语句退出的场合。

用户可以通过下面的程序代码对 goto 循环语句的基本使用作进一步了解。该程序代码相对比较简单，用户可以结合代码中的注释进行理解，这里就不再赘述了。

【例 1】用 goto 语句和 if 语句构成循环，实现求解表达式 $\sum_{n=1}^{100} n$ 的功能。

```
/***************  以下代码用于实现 ARM C 指令的 goto 语句 ****************/
main()
{
    int i,sum=0;           //定义 2 个整型变量，并对变量 sum 赋初值为 0
    i=1;                   //对变量 i 赋初值为 1

    //使用 loop 标号，配合 goto 语句实现循环跳转
    loop:
        if(i<=100)         //if 条件判断语句开始循环
        {
            sum=sum+i;     //每次循环，sum 变量每次都累加变量 i
            i++;           //每次循环，变量 i 都自增 1
            goto loop;     //使用 goto 语句跳转至标号“loop”处
        }

    printf("%d\n",sum); //打印输出变量 sum 的值
}
/***************************** 代码行结束 ****************************/
```

2. while 循环控制语句

在 ARM 嵌入式程序代码中，最常用的循环控制语句为 while 语句，其基本的语法形式如下：

```
/***************  以下代码用于实现 ARM C 指令的 while 语句 ***************/
while(表达式)
    执行语句;
/***************************** 代码行结束 ****************************/
```

其中，表达式是 while 语句的循环条件，执行语句为循环体。

在 ARM 嵌入式程序代码中，while 语句的功能是：计算表达式的值，如果表达式的值为真（表达式的值为非 0），系统将执行循环体语句，直至表达式的值为假（表达式的值为 0）。其执行过程如图 4.12 所示。

同样，用户可以使用 while 语句来实现上述 goto 语句一样的循环操作，具体如下例。

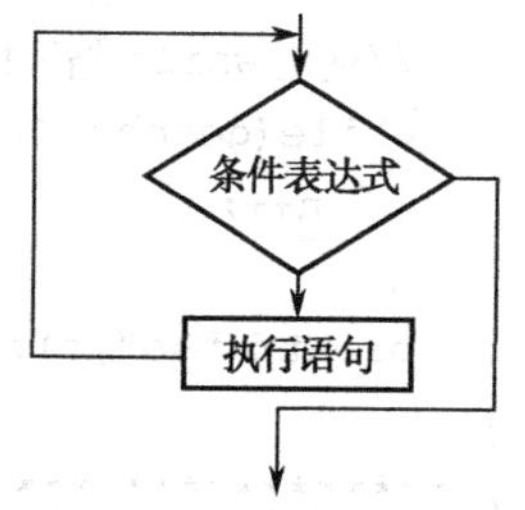

图 4.12　while 循环语句的流程图

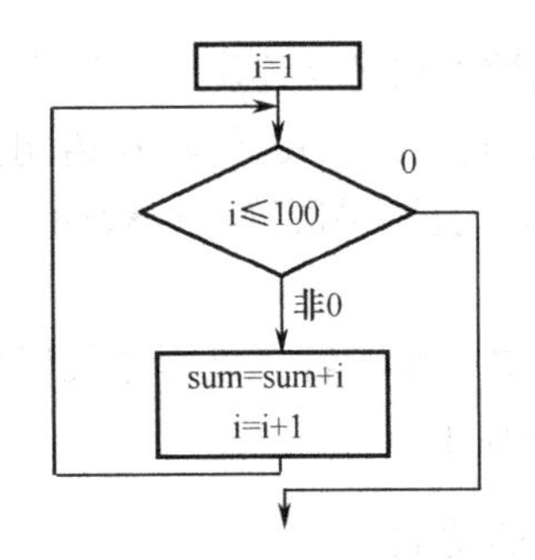

图 4.13　while 循环语句的流程图

【例 2】用 while 语句求解表达式 $\sum_{n=1}^{100} n$ 的数值。

为了实现上述累加求和的功能，用户可以使用循环语句通过对整型变量 i 的自增循环操作，并累加求和来实现该表达式的求解。其基本工作原理可以用基本流程图的方式来表示，具体如图 4.13 所示。

根据图 4.13 有关 while 循环流程图的设计，用户可以通过以下程序代码来实现表达式累加求和的功能，具体如下：

```
/*************** 以下代码用于实现 ARM C 指令的 while 语句 ***************/
main()
{
    int i,sum=0;            //定义 2 个整型变量，并对变量 sum 赋初值 0
    i=1;                    //对变量 i 赋初值 1

    //使用 while 语句实现循环操作
    while(i<=100)           //循环条件为变量 i 小于等于 100
    {
        sum=sum+i;          //每次循环，sum 变量每次都累加变量 i
        i++;                //每次循环，变量 i 都自增 1
    }

    printf("%d\n",sum);  //打印输出变量 sum 的值
}
/***************************** 代码行结束 ****************************/
```

【例 3】统计从键盘输入一行字符的个数，以'\n'表示字符输入的结束。

```
/*************** 以下代码用于实现 ARM C 指令的 while 语句 ***************/
#include <stdio.h>                   //头文件函数，用于支持输入/输出函数 printf/scanf

main()
{
    int n=0;                         //定义整型变量 n，并赋初值 0
    printf("input a string:\n");     //打印输出提示符

    //使用 while 循环控制语句
    while(getchar()!='\n')           //循环条件为：输入的字符是否为'\n'
        n++;                         //若输入字符非'\n'，则 n 自增

    printf("%d",n);                  //打印输出/输入字符的长度
}
/***************************** 代码行结束 ****************************/
```

上述程序代码实现了对输入一行字符中字符个数的统计。其循环条件为 getchar()!='\n'，基本含义是：只要从键盘输入的字符不是'\n'就继续循环。而循环体中的执行语句 n++则完成对输

入字符个数的统计，从而程序实现了对输入一行字符的计数。

通过上述几个例题有关循环控制语句的实现，用户使用while语句应注意以下两点：

（1）while语句中的表达式一般是关系表达式或逻辑表达式，只要表达式的值为真（非0）即可继续循环；

（2）循环体中的执行语句如果包含了两个或两个以上的语句，则必须用“{}”括起来，组成复合语句。

3. for循环控制语句

在ARM嵌入式程序代码中，for循环控制语句的使用最为灵活，也完全可以取代while循环控制语句的功能。for循环控制语句的语法形式如下：

```
/****************  以下代码用于实现ARM C指令的for语句 ****************/
for(表达式1; 表达式2; 表达式3)
    执行语句;
/**************************** 代码行结束 ****************************/
```

for循环控制语句具体执行的过程如下：

（1）求解表达式1的值。

（2）求解表达式2的值。如果表达式2的值为真（非0），则执行for循环语句中指定的执行语句，然后跳转到（3）；如果表达式2的值为假（0），则结束循环操作，转到（5）。

（3）求解表达式3。

（4）转回上面步骤（2）继续执行。

（5）循环结束，执行for语句下面的一个语句。

结合上述有关for循环语句的执行步骤，其基本执行过程的流程如图4.14所示。

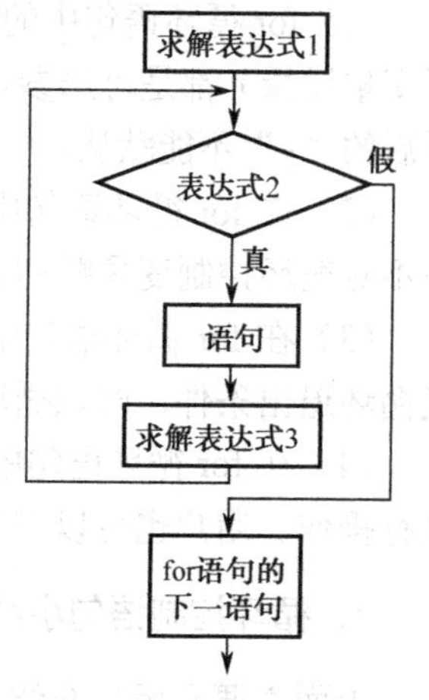

图4.14 for循环语句的流程图

在ARM嵌入式程序代码中，for循环语句最简单的语法形式如下，该循环控制语句也是最容易理解的循环操作格式：

```
/****************  以下代码用于实现ARM C指令的for语句 ****************/
for(循环变量赋初值; 循环条件; 循环变量增量)
    执行语句;
/**************************** 代码行结束 ****************************/
```

在上述语法格式中，循环变量赋初值是一个赋值语句，它用来给循环控制变量赋初值；循环条件是一个关系表达式，用于定义程序代码退出循环操作的条件；循环变量增量是用户定义循环控制变量每循环一次后变化的方式。这三个部分之间用“;”分开。下面这段代码，即为for循环语句的基本使用方法。

```
/****************  以下代码用于实现ARM C指令的for语句 ****************/
for(i=1; i<=100; i++)
    sum=sum+i;
/**************************** 代码行结束 ****************************/
```

在上述for循环代码中，先给变量i赋初值1，并且判断变量i是否小于等于100。如果表达式 i<100 的值为真，则执行循环语句，即变量 sum 累加变量 i。在执行完当前循环后，变量 i 的值增加 1，即 i++。至此，当前循环结束，将重新判断表达式 i<=100 的值，直到条件为假，即 i>100 时，循环操作结束。

对于上述 for 循环语句的一般形式，可以使用 while 循环语句来实现，两者也是完全等价的，具体程序代码如下：

```
/************** 以下代码用于实现 ARM C 指令的 for/while 语句 **************/
表达式 1;                //循环变量赋初值
while (表达式 2)         //循环条件
{
    执行语句;
    表达式 3;            //循环变量增量
}
/***************************** 代码行结束 ****************************/
```

在 ARM 嵌入式程序代码中，用户在使用 for 循环语句的过程中，需要注意以下几个问题。

（1）for 循环语句中的表达式 1（循环变量赋初值）、表达式 2（循环条件）和表达式 3（循环变量增量）都是可选参数，即可以默认。但需要注意的是，虽然这些参数可以默认，但参数项后的“;”不能默认。

（2）在 for 循环语句中，如果省略了表达式 1（循环变量赋初值），则表示在 for 循环语句中不对循环控制变量赋初值。

（3）在 for 循环语句中，如果省略了表达式 2（循环条件），则表示在 for 循环语句中不定义循环退出条件，即该循环为死循环。

（4）在 for 循环语句中，如果省略了表达式 3（循环变量增量），则表示不对循环控制变量进行操作。用户也可以在语句体中加入修改循环控制变量的语句。

4．循环控制语句小结

上面主要向用户介绍了 4 种不同的循环控制语句。用户可以根据不同的场合选择使用不同的循环语句结构。每一种循环语句都具有各自自身的特点，以及与其他循环语句不同的地方。

（1）上述 4 种循环语句都可以用来处理同一个问题，一般情况下可以互相代替。但在 ARM 嵌入式程序代码中，不提倡用 goto 循环语句。

（2）在 while 循环结构中，循环体应包括使循环趋于结束的语句。

（3）在使用 while 循环时，对循环变量初始化的操作应在 while 循环语句之前完成；而在 for 循环语句中，则可以在表达式 1 中实现循环变量的初始化。

第5章

STM32F103XX 功能模块（1）

在 ARM 嵌入式市场中，ARM 处理器之所以被广泛应用不仅仅是因为 ARM 在系统内核方面的优势，更重要的是 ARM 微处理器生产厂商在取得 ARM 公司的内核授权之后，根据各自产品市场的特点为 ARM 处理器添加了丰富的功能模块，即系统外设。常见的外设有 ADC/DAC、USART 通信接口、CAN 通信接口和协处理器等。这些功能模块可以协助 ARM 处理器适用于各个领域。

本章以 STM32F103XX 系列 ARM 处理器为例，主要介绍芯片中常用的一些功能模块及其使用方法。通过本章的学习，用户可以掌握 ARM 处理器内部所支持的通用功能模块，并能利用这些功能模块完成相应的系统设计。

本章重点

- STM32F103XX 中的功能模块；
- STM32F103XX 功能模块的控制寄存器；
- STM32F103XX 功能模块的使用（实验部分）。

本章难点 

- STM32F103XX 中的功能模块与作用；
- STM32F103XX 中功能模块的使用（实验部分）。

5.1 ARM 处理器的选型与功能模块

ARM 处理器凭借自身在内核和硬件资源等方面的突出优点，得到越来越广泛的应用。通常而言，ARM 处理器有多种内核结构，不同厂商生产的 ARM 处理器可以分别支持不同的功能模块。因此，用户在进行 ARM 嵌入式系统设计的过程中，选择一款合适的 ARM 处理器芯片是非常重要的。其中，ARM 处理器的功能模块是芯片选择过程中的一个重要指标。

5.1.1 ARM 处理器的性能参数

ARM 处理器的性能参数是指 ARM 处理器的内部配置，如 ARM 内核、存储器单元、外围接口资源等。这些参数是影响 ARM 嵌入式系统性能的重要指标。

1. ARM 内核的版本

对于 ARM 内核版本而言，如果用户选择 WinCE 或者 Linux 等嵌入式操作系统，则可以在一定程度上减少嵌入式系统软件开发的周期时间。但这种情况下，用户就必须选择带有 MMU（Memory Management Unit）功能的 ARM 芯片。

除此之外，ARM 内核的工作性能也是评价嵌入式系统的重要指标。如果需要开发一些实时性要求比较高的嵌入式系统，如车载通信网络系统、发动机实时控制系统等，应该选择一些高性能的 ARM 内核，因为这些嵌入式系统对处理器的运行性能有比较高的要求。

2. 内存存储器的容量

在绝大部分的 ARM 处理器中，系统都集成了片上非易失存储器（FLASH 存储器）。用户在设计 ARM 嵌入式开发系统的过程中，如果应用系统不需要大容量存储空间，则用户可以选择带有内置非易失存储器的 ARM 处理器。

除此之外，不同 ARM 处理器内置的 RAM 存储器空间的大小也各有不同，用户也需要根据当前所设计的 ARM 嵌入式系统的需求进行选择。在表 5.1 中，列出了 STM32F 系列 ARM 处理器不同型号芯片存储空间的容量。

表 5.1 不同型号 STM32F 系列 ARM 芯片存储空间的容量

芯片型号	芯片引脚	ROM 空间	RAM 空间	I/O 引脚数量
STM32F101T4	36	16KB	4KB	26
STM32F101C6	48	32KB	6KB	37
STM32F101R8	64	128KB	16KB	51
STM32F101VB	100	256KB	32KB	80
STM32F101ZD	144	384KB	48KB	112
STM32F102C4	48	16KB	4KB	37
STM32F102R6	64	32KB	6KB	51
STM32F103T4	36	16KB	6KB	26
STM32F103C6	48	32KB	10KB	37

续表

芯 片 型 号	芯 片 引 脚	ROM 空间	RAM 空间	I/O 引脚数量
STM32F103R8	64	64KB	20KB	51
STM32F103VB	100	128KB	20KB	80
STM32F103ZC	144	256KB	48KB	112

3. 电源控制与系统功耗

鉴于ARM嵌入式系统的市场需求，一些应用系统对电源功耗比较敏感，特别是一些消费多媒体、手持终端设备等。例如，智能手机系统的耗电量直接影响待机时间的长短及用户正常使用的情况。

在STM32F103XX系列ARM处理器中，芯片内部已经集成了专门的电源管理模块，且具有低功耗模式、休眠模式，以及待机模式等。通过这些节电模式，用户可以通过一系列的电源管理手段避免ARM嵌入式系统不必要的电源消耗，降低系统功耗，以最低的系统功耗实现ARM嵌入式系统最长的工作时间。

4. DSP协处理器

从ARM处理器的特性来看，嵌入式系统的结构体系比较适合应用在系统控制领域。在一些对实时性要求比较高的嵌入式系统中，例如，车载CAN网络通信、无线数据传输等，对数字信号的处理具有较高的要求。因此，在这类嵌入式系统设计的过程中，用户需要使用DSP处理器实现嵌入式系统中的控制复杂度，以及快速数字信号运算的能力。

在这种情况下，用户可以采用带DSP处理器的ARM芯片，常见的带DSP处理器的ARM芯片有TI公司的Davinci。

5.1.2 ARM处理器的外部接口

所谓外部接口，是指ARM处理器与嵌入式系统中其他硬件设备之间的接口。通常情况下，ARM处理器具有丰富的外部接口，也正是这些外部接口使得ARM处理器扩展了更为强大的功能。

1. GPIO端口

对于ARM处理器而言，GPIO端口的数量是系统资源的重要指标之一，也是处理器重要的外部接口。在最早的单片机模型中，GPIO端口与外部设备之间的数据交换是单片机系统最主要甚至唯一的功能。

在ARM嵌入式系统设计的过程中，处理器GPIO端口的数量必须能够满足外围接口电路的要求。如果用户选择的ARM处理器GPIO端口不足，则需要对端口进行扩展。GPIO端口的外部扩展显然会降低系统数据传输的速度，不适合对GPIO工作速度要求比较高的场合。

除此之外，较多的GPIO端口过多势必又会增加ARM芯片引脚的数量，增大电路板设计的复杂度。

2. 通信端口

通信端口是当前ARM嵌入式系统中必须具备的、使用最为广泛的接口。在所有的ARM

嵌入式系统中，基本都具备了通信端口。

常用的通信端口主要包括 USART 通信端口、CAN 通信端口、USB 通信端口、SPI 通信端口、I^2C 通信端口等。

如果用户在设计 ARM 嵌入式系统的过程中，所选的 ARM 处理器没有集成相应的通信端口，则用户需要在外部接口电路中重新设计相应的硬件电路和控制程序代码。

3．其他外部设备

除了上述提到的影响 ARM 嵌入式系统性能的外部设备外，用户还需要考虑其他因素对嵌入式系统的影响，包括 PWM 输出、ADC 和 DAC 模块、总线扩展模块、LCD 控制器、看门狗 watchdog 等。

虽然上述这些外部设备在 ARM 嵌入式系统中并不是缺一不可的，但如果用户在系统设计的过程中，在不增加成本的前提下选用带有这些特定功能模块的 ARM 芯片，能给系统的硬件和软件开发工作提供方便。

5.1.3 ARM 处理器的芯片封装

对于 ARM 处理器芯片而言，具有多种不同类型的封装。常见的芯片封装有 DIP 封装（Dual In-line Package，双列直插）、QFP 封装、PGA 封装和 BGA 封装等。在表 5.2 中，列出了 STM32F 系列 ARM 处理器的芯片封装。

表 5.2　STM32F 系列 ARM 处理器的芯片封装

芯 片 型 号	芯片引脚数量	芯 片 封 装
STM32F101T4	36	QFN36
STM32F101C6	48	LQFP48
STM32F101R8	64	LQFP64
STM32F101VB	100	LQFP100
STM32F101ZD	144	LQFP144
STM32F102C4	48	LQFP48
STM32F102R6	64	LQFP64
STM32F103T4	36	QFN36
STM32F103C6	48	LQFP48
STM32F103R8	64	LQFP64
STM32F103VB	100	LQFP100/BGA100
STM32F103ZC	144	LQFP144/BGA144

1．DIP 封装

不同的芯片封装在散热性能、信号完整性特性、PCB 体积等方面都各不相同。在上述这些芯片封装中，DIP 封装是早期处理器芯片的主要封装形式，如图 5.1 所示。目前，绝大部分芯片由于 GPIO 端口引脚增多而没有延续采用 DIP 封装，只在一些结构功能比较简单的集成芯片中保留使用。DIP 封装主要的特点是焊接相对比较容易，且更换芯片比较方便。

2. QFP 封装

在 ARM 处理器中，一些低端的芯片主要采用 QFP（Quad Flat Package）封装，即在芯片四周都布有引脚的方形封装形式，如图 5.2 所示。对于 QFP 封装而言，最多能支持的芯片引脚数量在 100～200 之间。例如，在表 5.2 中，STM32F101T4 就是采用的 QFN36 封装。一般而言，封装符号后的数字即表示芯片的引脚数。

图 5.1 DIP（双列直插式）封装

图 5.2 QFP（Quad Flat Package）封装

需要说明的是，QFP 封装形式的 ARM 处理器芯片必须采用 SMD，即表面安装设备技术，将 ARM 处理器芯片与 PCB 焊接起来。与 DIP 封装不同的是，采用 SMD 贴片的 ARM 处理器芯片不需要在 PCB 上打孔，只需要在 PCB 的表面安装预先设计好的焊盘即可。QFP 封装具有以下特点：

（1）适用于 SMD 表面安装设备技术在 PCB 上的安装与焊接操作；
（2）适合需要高频信号处理的芯片设计；
（3）焊接较为方便，具有较高的可靠性；
（4）芯片面积与封装面积之间的比值较小。

3. BGA 封装

随着集成电路技术的发展，ARM 嵌入式芯片对集成电路的封装具有越来越高的要求，并且处理器芯片的封装直接影响 ARM 处理器及其嵌入式系统的性能。例如，当 ARM 处理器芯片的工作频率超过 100MHz 的工作条件时，传统的芯片封装方式可能会产生相声干扰（Cross Talk），而且当 ARM 处理器芯片的引脚数量超过 208 个时，传统芯片的封装形式将在制造工艺上有所困难。

因此，芯片生产厂商除了使用 QFP 封装方式外，大多数引脚数量比较多的 ARM 芯片都使用了 BGA 封装技术。BGA 封装技术使得高密度、高性能，以及多引脚芯片封装技术成为芯片生产厂商的最佳选择。BGA 封装技术如图 5.3 所示，在芯片封装的背面具有球状引脚，这种芯片封装的形式使得芯片呈现如下特点。

- 在 BGA 封装技术中，芯片 I/O 引脚增多，但引脚之间的距离远大于 QFP 封装技术，提高了 ARM 芯片的成品率。
- BGA 封装技术使得芯片功耗增加，但也在一定程度上改善了电热性能。
- 高频信号传输具有较小的延迟，适用于信号频率的大幅提高。
- 芯片焊接可以适用于共面焊接，提高焊接的可靠性。

图 5.3　BGA（Ball Grid Array Package）封装

用户在 ARM 嵌入式系统设计的过程中，选择合适的封装形式对于 ARM 嵌入式系统的开发而言非常重要。一般情况下，BGA 封装芯片的焊接需要特殊的焊接装备，而 QFP 封装芯片的焊接则只需要使用电烙铁就可以完成。因此，在 ARM 嵌入式系统设计的初始阶段，应该尽量选择 QFP 封装，以减少 ARM 芯片的安装成本，并降低焊接的风险。

5.1.4　STM32F103XX 系列 ARM 处理器

由于 ARM 处理器的外设千差万别，在这里不可能一一举例介绍。本书的主要章节将主要以 STM32F103XX 系列 ARM 处理器为例介绍 ARM 嵌入式系统的设计。用户在掌握了这款 ARM 处理器后，再去熟悉其他型号的 ARM 处理器会更容易上手。

用 STM32F103XX 系列 ARM 处理器主要具备以下几个方面的特性。

1. 内核：ARM 32 位 CortexTM-M3 CPU

（1）最高可支持 72MHz 的处理器工作频率，在存储器的 0 等待周期访问时，可达到 1.25DMips/MHz。

（2）支持单周期乘法和硬件除法。

2. 存储器

（1）支持从 64～128KB 的闪存程序存储器；

（2）支持高达 20KB 的 SRAM。

3. 时钟、复位和电源管理

（1）支持 2.0～3.6V 电源供电及 I/O 引脚电平信号；

（2）支持上电复位 POR、断电复位 PDR，以及可编程电压检测器 PVD；

（3）支持外部 4～16MHz 的晶体振荡器；

（4）内部集成了经由出厂调试的 8MHz 的 RC 振荡器；

（5）内部集成了带校准的 40kHz 的 RC 振荡器；

（6）支持产生 CPU 时钟的 PLL；
（7）集成带校准功能的 32kHz 的 RTC 振荡器。

4．系统低功耗

（1）支持睡眠模式、停机模式和待机模式；
（2）支持 V_{BAT} 为 RTC 和后备寄存器供电。

5．12 位模数转换器

（1）支持 0～3.6V 电压的转换范围；
（2）支持两个 12 位的模数转换器，最多支持 16 个输入通道，转换时间为 1μs；
（3）支持双路采样和保持功能；
（4）集成温度传感器。

6．直接内存存取 DMA（Direct Memory Access）

（1）支持 7 通道 DMA 控制器；
（2）支持定时器 Timer、模数转换器 ADC、通信 SPI、I^2C，以及 USART 等外部设备的 DMA 操作。

7．GPIO 快速端口

（1）不同型号的处理器芯片分别支持 26/37/51/80 个通用快速数字 I/O 端口；
（2）所有 GPIO 快速端口均可分别映象为 16 个外部中断；
（3）绝大部分 GPIO 端口均可容忍 5V 电压的输入。

8．处理器调试模式

（1）支持串行单线调试方式 SWD；
（2）支持 JTAG 调试接口。

9．内部集成 7 个定时器

（1）内部集成了 3 个 16 位的定时器，每个定时器支持 4 个用于输入捕获/输出比较/PWM 或者脉冲计数的通道和增量编码器输入；
（2）内部集成 1 个 16 位带死区控制和紧急刹车，适用于电动机控制的 PWM 高级控制定时器；
（3）支持两个看门狗定时器，分别为独立定时器和窗口型定时器；
（4）支持系统时间定时器，即一个 24bit 的自减型计数器。

10．内部集成 9 个通信端口

（1）支持两个 I^2C 接口，支持 SM Bus / PM Bus；
（2）支持 3 个 USART 端口，并且支持 ISO7816 端口，LIN，IrDA 端口和调制解调控制；
（3）支持两个 SPI 端口，通信速率为 18Mb/s；
（4）支持 CAN 通信端口；
（5）支持 USB 2.0 通信端口。

综上所述，STM32F103XX 系列处理器是基于 ARM 内核的 CortexTM-M3 处理器，也是最新一代的嵌入式 ARM 处理器，为实现 ARM 嵌入式系统设计提供了低成本的解决方案平台，缩减了芯片引脚的数目，大幅降低了系统功耗，同时还提供了高效的数据处理性能和快速的中断系统响应。

下面将分章节向读者依次介绍有关 STM32F103XX 系列处理器的各个功能模块，并通过实验及其代码展示对应功能模块的具体使用方法。

5.2 GPIO 接口模块

在 STM32F103XX 系列处理器中，芯片中的绝大部分 GPIO 引脚除了能够作为通用数字信号输入/输出端口外，还可以具有第 2 功能，甚至第 3 功能，即 GPIO 端口的复用功能。

用户可以通过引脚连接模块将引脚连接到不同的功能模块。需要注意的是，用户在使用 ARM 芯片中的任何一个功能模块之前，都必须对当前功能模块的引脚进行连接配置，否则芯片将使用默认的连接。

5.2.1 GPIO 引脚特性

对于 ARM 芯片引脚而言，在处理器上电后，所有 GPIO 端口的引脚都默认为通用数字输入/输出端口。以 STM32F103VB 处理器为例，芯片具有多达 80 个通用数字信号输入/输出端口（GPIO，General Purpose I/O Ports）。这些 GPIO 端口可以分为 5 组，每组由 16 个 GPIO 端口组成，分别为 PA[0:15]、PB[0:15]、PC[0:15]、PD[0:15]、PE[0:15]。

STM32F103VB 处理器中的 GPIO 端口可以用作多个功能，包括引脚设置、单元设置/充值、功能锁定机制、从 GPIO 端口引脚读入数据，以及向 GPIO 端口引脚写入数据等。

在 ARM 嵌入式系统中，用户对 GPIO 端口的使用相对比较灵活，具体使用方法如下：

（1）用户可以实现对单个引脚输入/输出的控制；

（2）用户可以实现对多个引脚（PA[0:15]、PB[0:15]、PC[0:15]、PD[0:15]、PE[0:15]）的输入/输出控制；

（3）用户可以实现对单个或多个引脚的清零（写 0）或置位（写 1）操作。

需要提醒用户注意的是，在 STM32F103VB 处理器芯片所有的 GPIO 端口中，引脚的最大输入容忍电压为 5V，即当用户将 GPIO 端口作为输入端口使用的时候，其电压不能超过 5V，否则会损坏芯片。

5.2.2 GPIO 引脚描述

对于 STM32F103VB 处理器而言，不同的封装形式具有不同的引脚。例如，根据不同的应用场合，STM32F103VB 处理器分别支持了 LQFP100 和 BGA100 封装形式。由于 BGA 的封装形式对焊接的要求比较高，因此，更多的 ARM 嵌入式工程师倾向于使用 LQFP100 的封装形式，其引脚分布如图 5.4 所示。

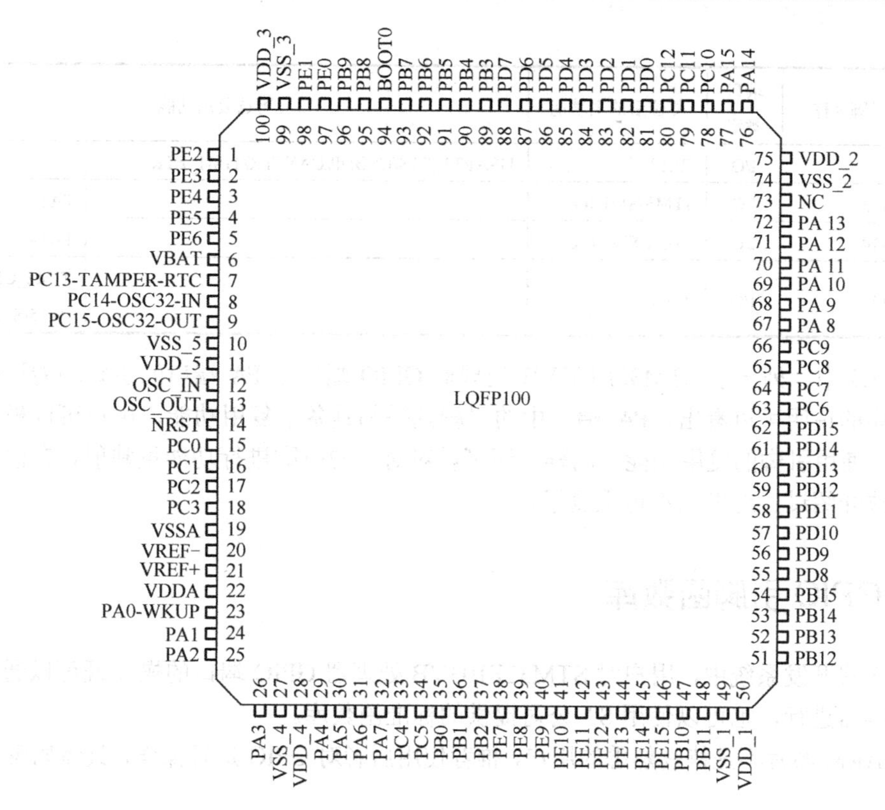

图 5.4　STM32F103VB 处理器的引脚分布

在该引脚分布图中可以看出，STM32F103VB 处理器的 100 个引脚均匀分布于芯片封装的四周。但需要说明的是，在该引脚分布图中，针对绝大部分引脚只标出了一个引脚功能（引脚名称），但实际上 STM32F103VB 处理器绝大部分的引脚都具备第 2 功能，甚至第 3 功能，即用户可以对芯片中的某部分引脚进行功能复用，具体如表 5.3 所示。

表 5.3　STM32F 系列处理器的引脚复用功能

引脚编号	引脚名称	端口类型	复位后的主功能	可选复用功能	
				默认复用功能	功能重定义
23	PA0-WKUP	I/O	PA0	WKUP/USART2_CTS/ADC12_IN0/TIM2_CH1_ETR	
24	PA1	I/O	PA1	USART2_RTS/ADC12_IN1/TIM2_CH2	
25	PA2	I/O	PA2	USART2_TX/ADC12_IN2/TIM2_CH3	
26	PA3	I/O	PA3	USART2_RX/ADC12_IN3/TIM2_CH4	
29	PA4	I/O	PA4	SPI1_NSS/USART2_CK/ADC12_IN4	
30	PA5	I/O	PA5	SPI1_SCK//ADC12_IN5	
31	PA6	I/O	PA6	SPI1_MISO//ADC12_IN6/TIM3_CH1	TIM1_BKIN
32	PA7	I/O	PA7	SPI1_MOSI//ADC12_IN7/TIM3_CH2	TIM1_CH1N
67	PA8	I/O	PA8	USART1_CK/TIM1_CH1/MCO	
68	PA9	I/O	PA9	USART1_TX/TIM1_CH2	
69	PA10	I/O	PA10	USART1_RX/TIM1_CH3	
70	PA11	I/O	PA11	USART1_CTS/USBDM/CAN_RX/TIM1_CH4	

续表

引脚编号	引脚名称	端口类型	复位后的主功能	可选复用功能	
71	PA12	I/O	PA12	USART1_RTS/USBDP/CAN_TX/TIM1_ETR	
72	PA13	I/O	JTMS/SWDIO		PA13
76	PA14	I/O	JTCK/SWCLK		PA14
77	PA15	I/O	JTDI		TIM2_CH1_ETR/PA15/SPI1_NSS

在表 5.3 中，列出了 STM32F103VB 处理器 GPIO 端口中 PA 端口的引脚功能说明。从表中引脚功能的说明可以看出，PA 端口中的引脚几乎都具备了复用功能，用户可以根据不同的应用场合，使用引脚的复用功能。同样，还可以对对应的引脚进行功能重映射，在前面的章节中已经大致介绍过，这里就不再重复了。

5.2.3 GPIO 引脚函数库

在嵌入式开发系统中，用户对 STM32F103VB 处理器 GPIO 端口的操作既可以通过对芯片底层的寄存器进行，也可以使用 ST 公司提供的标准函数库。

对于 ARM 芯片不是特别熟悉的用户，推荐使用后者对 GPIO 进行操作，具体如表 5.4 所示。

表 5.4　GPIO 函数库

函 数 名 称	功 能 描 述
GPIO_DeInit	将外设 GPIOx 寄存器重新设置为默认值
GPIO_AFIODeInit	将复用功能（重映射时间控制和 EXTI 设置）重设为默认值
GPIO_Init	根据 GPIO_InitStruct 中指定的参数初始化外设 GPIOx 寄存器
GPIO_StructInit	将 GPIO_InitStruct 中每一个参数按默认值填入
GPIO_ReadInputDataBit	读取指定端口引脚的输入数据（1bit）
GPIO_ReadInputData	读取指定 GPIO 端口的输入数据（16bit）
GPIO_ReadOutputDataBit	读取指定端口引脚的输出数据（1bit）
GPIO_ReadOutputData	读取指定 GPIO 端口的输出数据（16bit）
GPIO_SetBits	设置（写 1）指定的数据端口位
GPIO_ResetBits	清除（写 0）指定的数据端口位
GPIO_WriteBits	设置（写 1）或清除（写 0）指定的数据端口位
GPIO_Write	向指定的 GPIO 数据端口写入数据
GPIO_PinLockConfig	锁定 GPIO 引脚设置寄存器
GPIO_EventOutputConfig	选择 GPIO 引脚作为事件输出
GPIO_EventOutputCmd	使能或停止事件输出
GPIO_PinRemapConfig	改变指定引脚的功能映射
GPIO_EXTILineConfig	选择 GPIO 引脚作为外部中断线路

从表 5.4 中可以看出，STM32 标准函数库中关于 GPIO 的端口函数覆盖了几乎所有对处理器引脚操作的功能。在下面的内容中，选择上述函数库中部分常用的函数进行简单介绍，使得用户对这些函数的具体使用方法有一定了解。

1. 函数 GPIO_DeInit

有关函数 GPIO_DeInit 的具体使用方法及其参数说明如表 5.5 所示。

表 5.5　函数 GPIO_DeInit

函数名称	GPIO_DeInit
函数原型	void GPIO_DeInit(GPIO_TypeDef* GPIOx)
功能描述	将外设 GPIOx 寄存器中的数值设置为默认值
输入参数	GPIOx，其中 x 为 A、B、C、D 或 E，即 ARM 芯片中的各个端口
输出参数	无
返回值	无
先决条件	无
被调用函数	RCC_APB2PeriphResetCmd( )

用户可以通过下面的代码对函数 GPIO_DeInit 的具体使用方法进行了解。该代码的主要功能是将 GPIO 引脚中的端口 A 进行初始化操作。

```
/*****************  以下代码用于实现 STM32 中的 GPIO_DeInit 操作 *************/
//Reset GPIOA peripheral registers to the default reset values
GPIO_DeInit(GPIOA)
/**************************** 代码行结束 *************************/
```

2. 函数 GPIO_Init

有关函数 GPIO_Init 的具体使用方法及其参数说明如表 5.6 所示。

表 5.6　函数 GPIO_Init 的使用方法及参数说明

函数名称	GPIO_Init
函数原型	void GPIO_Init(GPIO_TypeDef* GPIOx,　GPIO_InitTypeDef* GPIO_InitStruct)
功能描述	根据 GPIO_InitStruct 中指定的参数来初始化外设 GPIOx 寄存器
输入参数 1	GPIOx，其中 x 为 A、B、C、D 或 E，即 ARM 芯片中的各个端口
输入参数 2	GPIO_InitStruct：指向结构 GPIO_InitTypeDef 的指针，包含了外设 GPIO 的所有配置信息
输出参数	无
返回值	无
先决条件	无
被调用函数	无

在函数 GPIO_Init 的第 2 个参数中，涉及了新的函数类型 GPIO_InitTypeDef，该结构体中包含了有关 GPIO 端口的基本参数，如引脚名称、引脚传输速度、引脚工作模式等，其基本的语法结构如下：

```
/***********  以下代码用于实现 STM32 中的 GPIO_InitTypeDef ***********/
typedef  struct
{
    u16 GPIO_Pin;
    GPIOSpeed_TypyDef   GPIO_Speed;
```

```
    GPIOMode_TypeDef        GPIO_Mode;
}GPIO_InitTypeDef
/**************************** 代码行结束 *************************/
```

上述几行代码即为在函数 GPIO_Init 中使用到的结构体。在 GPIO 引脚结构体中，包含了 3 个参数，即 GPIO_Pin、GPIO_Speed，以及 GPIO_Mode。在 STM32F103VB 处理器中，这些参数都是枚举类型的数据。

1）参数 GPIO_Pin 的选择

参数 GPIO_Pin 的选择包括了所有 STM32F103VB 处理器所支持的引脚端口，由于不同型号的 ARM 处理器在引脚分布上也不尽相同，但所有的端口都是 16 位的，因此参数 GPIO_Pin 可选择的枚举型参数如表 5.7 所示。

表 5.7　参数 GPIO_Pin 的枚举数值

参数 GPIO_Pin	参 数 描 述
GPIO_Pin_None	不选中任何引脚
GPIO_Pin_0	选中当前端口中的引脚 0
GPIO_Pin_1	选中当前端口中的引脚 1
GPIO_Pin_2	选中当前端口中的引脚 2
GPIO_Pin_3	选中当前端口中的引脚 3
GPIO_Pin_4	选中当前端口中的引脚 4
GPIO_Pin_5	选中当前端口中的引脚 5
GPIO_Pin_6	选中当前端口中的引脚 6
GPIO_Pin_7	选中当前端口中的引脚 7
GPIO_Pin_8	选中当前端口中的引脚 8
GPIO_Pin_9	选中当前端口中的引脚 9
GPIO_Pin_10	选中当前端口中的引脚 10
GPIO_Pin_11	选中当前端口中的引脚 11
GPIO_Pin_12	选中当前端口中的引脚 12
GPIO_Pin_13	选中当前端口中的引脚 13
GPIO_Pin_14	选中当前端口中的引脚 14
GPIO_Pin_15	选中当前端口中的引脚 15
GPIO_Pin_All	选中当前端口中的全部引脚

从表 5.7 中可以看出，除了 ARM 芯片端口的所有引脚外，还包含了另外 2 个参数，即 GPIO_Pin_None 和 GPIO_Pin_All，分别用于表示“不选中任何引脚”和“选用当前端口中的全部引脚”。

2）参数 GPIO_Speed 的选择

在函数 GPIO_Init 中，用户除了可以对端口引脚的编号进行选择之外，还可以对引脚的最高传输速度进行设定。在表 5.8 中，列出了 STM32F103VB 处理器所支持的一系列引脚的数据传输速度。与参数 GPIO_Pin 一样，参数 GPIO_Speed 也同样是枚举型的数据，其具体的数值即为表中列出的所有数值。

表 5.8 参数 GPIO_Speed 的枚举数值

参数 GPIO_Speed	参 数 描 述
GPIO_Speed_2MHz	设置引脚最高输出频率为 2MHz
GPIO_Speed_10MHz	设置引脚最高输出频率为 10MHz
GPIO_Speed_50MHz	设置引脚最高输出频率为 50MHz

3）参数 GPIO_Mode 的选择

对于 STM32F103VB 处理器而言，同样的 GPIO 引脚可以被设置为不同的工作模式。例如，GPIO 在系统上电后将被默认设置为数字输入/输出端口。显然，当前 GPIO 引脚究竟是用于输入信号还是输出信号，用户必须在使用该引脚之前进行相应设置。同样，在 GPIO 引脚作为输入信号端口时，又可以划分为数字信号输入引脚及模拟信号输入引脚，而这两种不同类型的引脚在容忍电压（电压上限）上有所不同：

（1）数字信号输入：支持 0～3.3V 的电压输入，容忍电压为 5.0V；

（2）模拟信号输入：支持 0～3.3V 的电压输入，容忍电压为 3.3V。

从模拟信号和数字信号的电压范围来看，不同类型的 GPIO 输入端口具有不同的容忍电压。如果使用不当，将可能会击穿引脚甚至烧毁 ARM 芯片。参数 GPIO_Mode 的枚举数值如表 5.9 所示。

表 5.9 参数 GPIO_Mode 的枚举数值

参数 GPIO_Mood	参 数 描 述
GPIO_Mode_AIN	设置引脚模式为模拟输入
GPIO_Mode_IN_FLOATING	设置引脚模式为浮空输入
GPIO_Mode_IPD	设置引脚模式为下拉输入
GPIO_Mode_IPU	设置引脚模式为上拉输入
GPIO_Mode_Out_OD	设置引脚模式为开漏输出
GPIO_Mode_Out_PP	设置引脚模式为推挽输出
GPIO_Mode_AF_OD	设置引脚模式为开漏输出
GPIO_Mode_AF_PP	设置引脚模式为推挽输出

用户可以通过下面的代码对函数 GPIO_Init 的具体使用方法进行了解。该代码的主要功能是按照指定的数据格式，对 GPIO 端口 A 进行初始化操作，即将 GPIOA 端口中所有的引脚都设置为模拟输入端口，最高传输速度为 10MHz。

```
/************ 以下代码用于实现 STM32 中的 GPIO_Init***********/
/* 配置 GPIOA 端口所有的引脚为浮点输入 ---------------------------------*/

//声明一个名为 GPIO_InitStructure 的结构体变量
GPIO_InitTypeDef      GPIO_InitStructure;

//将引脚设置为“选中当前端口中的所有引脚”
GPIO_InitStructure.GPIO_Pin=GPIO_Pin_All;
//设置引脚最高传输速度为 10MHz
GPIO_InitStructure.GPIO_Speed=GPIO_Speed_10MHz;
```

```
//设置引脚工作模式为模拟输入
GPIO_InitStructure.GPIO_Mode=GPIO_Mode_IN_FLOATING;

//对 GPIOA 端口的引脚按照上述参数值进行初始化操作
GPIO_Init (GPIOA,  &GPIO_InitStructure) ;
/**************************** 代码行结束 **************************/
```

显然，在第 1 行代码中声明了一个 GPIO_InitStructure 类型的结构体，并命名为 GPIO_InitStructure。然后在下面的几行代码中分别对结构体中的参数进行赋值操作，主要包含了引脚名称赋值（第 2 行代码）、引脚传输速率赋值（第 3 行代码），以及引脚工作模式赋值（第 4 行代码）。

最后，在第 5 行代码中，调用 GPIO_Init 函数，进行对端口 GPIOA 所有引脚的参数初始化设置。

3. 函数 GPIO_ReadInputDataBit

有关函数 GPIO_ReadInputDataBit 的具体使用方法及其参数说明如表 5.10 所示。

表 5.10　函数 GPIO_ReadInputDataBit

函数名称	GPIO_ReadInputDataBit
函数原型	u8 GPIO_ReadInputDataBit（GPIO_TypeDef* GPIOx, u16 GPIO_Pin）
功能描述	读取指定 GPIO 端口引脚的输入状态
输入参数 1	GPIOx，其中 x 为 A、B、C、D 或 E，即 ARM 芯片中的各个端口
输入参数 2	GPIO_Pin，即带读取的引脚编号
输出参数	无
返回值	输入 GPIO 端口的引脚值
先决条件	无
被调用函数	无

从函数 GPIO_ReadInputDataBit 的功能参数表中不难看出，该函数的主要功能是读取 ARM 处理器 GPIO 端口引脚的状态，即 1bit 数据。

用户可以通过下面的代码对函数 GPIO_ReadInputDataBit 的具体使用方法进行了解。该代码的主要功能是读取 GPIO 引脚中端口 B 中第 7 个引脚的输入状态。

```
/***********以下代码用于实现 STM32 中的 GPIO_ReadInputDataBit 函数 **************/
/* 读 GPIOB 端口第 7 号引脚的状态 ------------------------------------*/
u8 ReadValue;
ReadValue=GPIO_ReadInputDataBit(GPIOB, GPIO_Pin_7);
/**************************** 代码行结束 **************************/
```

在上述代码中，第 1 行代码声明定义了一个 8bit 的无符号整型变量，并命名为 ReadValue。然后通过调用 GPIO_ReadInputDataBit 函数，读取端口 GPIOB 中第 7 引脚的当前电平状态。由于函数 GPIO_ReadInputDataBit 将返回一个 8bit 的数值，因此需要在函数的左侧将其返回值赋值给对应的 8bit 无符号整型变量 ReadValue。

简单而言，函数 GPIO_ReadInputDataBit 的基本功能在于读取对应 GPIO 端口中某一个引脚的状态，并存放在对应的变量寄存器中。

4．函数 GPIO_ReadInputData

在上述函数 GPIO_ReadInputDataBit 中，从功能角度而言，只能对应 ARM 处理器 GPIO 端口中的某一个引脚。这显然不能满足对 GPIO 端口读取操作的实际要求，因为在绝大部分场合，用户通常都是批量读取某 GPIO 端口所有引脚电平状态的。

在 STM32 标准函数库中，用户可以使用函数 GPIO_ReadInputData 来实现对 ARM 处理器引脚状态的批量读取操作。

有关函数 GPIO_ReadInputData 的具体使用方法及其参数说明如表 5.11 所示。

表 5.11　函数 GPIO_ReadInputData

函数名称	GPIO_ReadInputData
函数原型	u16 GPIO_ReadInputData（GPIO_TypeDef* GPIOx）
功能描述	读取指定 GPIO 端口中所有引脚的输入状态
输入参数 1	GPIOx，其中 x 为 A、B、C、D 或 E，即 ARM 芯片中的各个端口
输出参数	无
返回值	输入 GPIO 端口的引脚值
先决条件	无
被调用函数	无

与函数 GPIO_ReadInputDataBit 的功能对比可见，两者之间的主要区别是对于“单个引脚”和“多个引脚”电平状态的差别。函数 GPIO_ReadInputDataBit 的返回值为无符号 16 位整型数据，即 16 位，这也是与函数 GPIO_ReadInputDataBit 不同的地方。

用户可以通过下面的代码对函数 GPIO_ReadInputData 的具体使用方法进行了解。该代码的主要功能是读取 GPIO 引脚中端口 C 中所有引脚的输入状态。

```
/*************以下代码用于实现 STM32 中的 GPIO_ReadInputData 函数 ***************/
/* 读取 GPIOB 端口所有引脚的状态并保存在变量 ReadValue 中 ---------------*/
u16 ReadValue;
ReadValue=GPIO_ReadInputData(GPIOC);
/***************************** 代码行结束 ***************************/
```

在上述代码中，第 1 行代码声明定义了一个 16bit 的无符号整型变量，并命名为 ReadValue，用于存储 GPIOC 端口的状态值（16bit）。然后通过调用 GPIO_ReadInputData 函数，读取端口 GPIOC 中所有引脚的当前电平状态。由于函数 GPIO_ReadInputData 将返回一个 16 位的数值，因此需要在函数的左侧将其返回值赋值给对应的 16 位无符号整型变量 ReadValue。

简而言之，函数 GPIO_ReadInputData 的功能在于读取对应 GPIO 端口中所有引脚的状态，并存放在一个变量寄存器中。

5．函数 GPIO_WriteBit

在前面有关 GPIO 端口操作函数的介绍中，都是对 ARM 处理器端口的“读数据”操作。除此之外，用户经常遇到对 GPIO 端口进行“写数据”操作。

在 STM32 标准函数库中，用户可以使用函数 GPIO_WriteBit 来实现对 ARM 处理器引脚状态的写数据操作。

有关函数 GPIO_WriteBit 的具体使用方法及其参数说明如表 5.12 所示。

表 5.12　函数 GPIO_WriteBit

函数名称	GPIO_WriteBit
函数原型	void GPIO_WriteBit（GPIO_TypeDef* GPIOx，u16 GPIO_Pin, BitAction BitVal）
功能描述	对指定的 GPIO 端口引脚（1bit）进行写数据操作
输入参数 1	GPIOx，其中 x 为 A、B、C、D 或 E，即 ARM 芯片中的各个端口
输入参数 2	GPIO_Pin：写数据操作所对应的 GPIO 引脚，该参数可以是 GPIO_Pin_x，x 为 1～15
输入参数 3	BitVal：该参数指定了对 GPIO 端口引脚的写入值，该参数必须为枚举类型 BitAction 中的一个值，即取 0 或 1
输出参数	无
返回值	无
先决条件	无
被调用函数	无

从表 5.12 中的参数数据来看，函数 GPIO_WriteBit 主要完成了对 GPIO 端口引脚的写数据操作。需要强调说明的是，对端口写数据的操作数据必须是 BitAction 枚举型数据，即 Bit_RESET 或 Bit_SET，具体数值如下：

- Bit_RESET：　清除 GPIO 端口引脚数据，即写 0 操作。
- Bit_SET：　设置 GPIO 端口引脚数据，即写 1 操作。

用户可以通过下面的代码对函数 GPIO_WriteBit 的具体使用方法进行了解。该代码的主要功能是将 GPIOA 端口中的第 15 引脚设置为高电平，即对其进行写 1 操作。

```
/***************  以下代码用于实现 STM32 中的 GPIO_WriteBit 函数 ****************/
/* 设置 GPIOA 端口的第 15 引脚为高电平 ------------------------------*/
GPIO_WriteBit(GPIOA, GPIO_Pin_15, Bit_Set);
/**************************** 代码行结束 **************************/
```

在上述代码中，实现了对 GPIOA 端口第 15 引脚的写数据操作。根据表 5.12 中有关函数参数的说明，不难看出函数 GPIO_WriteBit 只能完成对 GPIO 端口的单个位数据（1bit）的写数据操作。

6．函数 GPIO_Write

与 GPIO 端口读数据类似，对 GPIO 端口的写数据操作同样可以分为写单个数据操作（1bit）和写多个数据操作（16bit）。

在 STM32 标准函数库中，用户可以使用函数 GPIO_Write 来实现对 ARM 处理器 GPIO 端口多引脚的写数据操作。通常情况下，函数 GPIO_Write 用于对某个指定 GPIO 端口中所有的数据同时进行写数据操作。相比对 GPIO 端口引脚的单个写数据操作，显然具有更快的可操作性和时效性。

有关函数 GPIO_Write 的具体使用方法及其参数说明如表 5.13 所示。

表 5.13　函数 GPIO_Write

函数名称	GPIO_Write
函数原型	void GPIO_Write（GPIO_TypeDef* GPIOx，u16 PortVal）
功能描述	对指定 GPIO 端口的所有引脚（16bit）进行写数据操作
输入参数 1	GPIOx，其中 x 为 A、B、C、D 或 E，即 ARM 芯片中的各个端口

续表

函数名称	GPIO_Write
输入参数2	PortVal：需要写入端口数据寄存器的数值
输出参数	无
返回值	无
先决条件	无
被调用函数	无

从上表中的参数数据来看，函数GPIO_Write主要完成了对GPIO端口多位引脚的写数据操作。与函数GPIO_WriteBit相比，对端口写数据的操作数据不再是BitAction枚举型数据，而是无符号的16位数据，即u16。

用户可以通过下面的代码对函数GPIO_Write的具体使用方法进行了解。该代码的主要功能是将GPIOA端口中的引脚设置为0x1101，即写数据0x1101操作。

```
/***************  以下代码用于实现STM32中的GPIO_Write函数 ****************/
/* 向GPIOA端口写入数据0x1101 ---------------------------------------*/
GPIO_Write(GPIOA,0x1101);
/***************************** 代码行结束 ***************************/
```

7. 函数GPIO_PinRemapConfig

在前面的内容中，已经向读者介绍过STM32F103XX系列ARM处理器中绝大部分GPIO端口都具有第2功能和第3功能。由于系统在上电启动后，所有GPIO端口都是作为系统默认功能使用的。因此，当用户希望使用GPIO端口的第2功能或第3功能时，需要在系统初始化的过程中对引脚地址重映射进行设置。

在STM32标准函数库中，用户可以使用函数GPIO_PinRemapConfig来对ARM处理器GPIO端口的复用功能进行设置。有关函数GPIO_PinRemapConfig的具体使用方法及其参数说明如表5.14所示。

表5.14 函数GPIO_PinRemapConfig

函数名称	GPIO_PinRemapConfig
函数原型	void GPIO_PinRemapConfig（u32 GPIO_Remap，FunctionalState NewState）
功能描述	改变指定GPIO引脚的映射功能
输入参数1	GPIO_Remap：选择需要进行地址重映射的GPIO引脚
输入参数2	NewState：需要进行引脚重映射的新状态
输出参数	无
返回值	无
先决条件	无
被调用函数	无

对ARM处理器而言，GPIO端口引脚的复用功能必须通过函数GPIO_PinRemapConfig进行初始化设置。同时，STM32的标准函数库中还列出了所有可进行功能复用的GPIO地址，具体如表5.15所示。

表 5.15 函数 GPIO_PinRemapConfig 的引脚功能

GPIO_Remap	功 能 描 述
GPIO_Remap_SPI1	SPI 复用功能映射
GPIO_Remap_I2C1	I2C1 复用功能映射
GPIO_Remap_USART1	USART1 复用功能映射
GPIO_Remap_USART2	USART2 复用功能映射
GPIO_PartialRemap_USART3	USART3 复用功能部分映射
GPIO_FullRemap_USART3	USART3 复用功能完全映射
GPIO_PartialRemap_TIM1	TIM1 复用功能部分映射
GPIO_FullRemap_TIM1	TIM1 复用功能完全映射
GPIO_PartialRemap1_TIM2	TIM2 复用功能部分映射 1
GPIO_PartialRemap2_TIM2	TIM2 复用功能部分映射 2
GPIO_FullRemap_TIM2	TIM2 复用功能全部映射
GPIO_PartialRemap_TIM3	TIM3 复用功能部分映射
GPIO_FullRemap_TIM3	TIM3 复用功能完全映射
GPIO_Remap_TIM4	TIM4 复用功能映射
GPIO_Remap1_CAN	CAN 复用功能映射 1
GPIO_Remap2_CAN	CAN 复用功能映射 2
GPIO_Remap_PD01	PD01 复用功能映射
GPIO_Remap_SWJ_NoJTRST	除了 JTRST 外 SWJ 完全使能
GPIO_Remap_SWJ_JTAGDisable	JTAG-DP 失能，SW-DP 使能
GPIO_Remap_SWJ_Disable_	SWJ 完全失能

从上表中的参数数据来看，函数 GPIO_PinRemapConfig 可以对 STM32F103XX 系列 ARM 处理器中所有的系统资源进行初始化，特别是针对 GPIO 端口的复用功能。

用户可以通过下面的代码对函数 GPIO_PinRemapConfig 的具体使用方法进行了解。该代码的主要功能是将 GPIOB 端口中的第 8 引脚复用为 I2C1_SCL 功能，同时将 GPIOB 端口中的第 9 引脚复用为 I2C1_SDA 功能。

```
/***************  以下代码用于实现 STM32 中的 GPIO 函数 ****************/
//将 PB.08 映射为 I2C1_SCL, PB.09 映射为 I2C1_SDA
第 2 行:  GPIO_PinRemapConfig(GPIO_Remap_I2C1,ENABLE);
/***************************** 代码行结束 *************************/
```

5.2.4 GPIO 的硬件电路

在 ARM 嵌入式系统中，用户可以使用两种不同的方式来实现对 GPIO 端口引脚的操作。对于不同的引脚类型，特别是不同的 ARM 处理器类型，应当根据 GPIO 端口引脚的内部结构选择合适的硬件电路。

1. 无须上拉电阻的 GPIO 驱动

在 STM32F103XX 系列 ARM 处理器中，对绝大部分 GPIO 端口引脚的驱动都不需要上拉电阻，原因在于在 STM32F103XX 系列 ARM 处理器中，工作在输出模式的 GPIO 端口引脚的内部已经集成了上拉电阻。因此，对于这一类型的 GPIO 端口引脚的应用，可以采用灌电流的方式来驱动外部设备。需要注意的是，在这种类型的 GPIO 引脚驱动过程中，需要外部串联一个限流电阻，以防止引脚上的电流过大。

同时，用户在使用 GPIO 驱动电路时，需要对相应的 GPIO 端口进行初始化操作，包括将对应的引脚设置为输出端口类型，以及设置端口的数据传输速度等。

在图 5.5 中，STM32F103XX 系列 ARM 处理器使用灌电流的方式驱动 LED 发光二极管。从电路原理图中可以看出，GPIO 端口在驱动 LED 发光二极管时，必须将 PA.0 引脚设置为数据输出模式。

在灌电流驱动发光二极管硬件电路中，GPIO 端口电平与 LED 发光二极管的逻辑关系如下：

- GPIO 端口引脚为低电平，LED 发光二极管点亮。
- GPIO 端口引脚为高电平，LED 发光二极管熄灭。

R1 电阻的两端连接在 LED 发光管和 GPIO 端口引脚 PA.0 之间，称为限流电阻，用于防止流经 GPIO 端口引脚的电流过大。对于不同的外部电路，限流电阻 R1 的阻值也各不相同，需要结合外部设备（LED 发光二极管）的电气特性及 STM32F103XX 系列 ARM 处理器的 GPIO 端口特性进行选择。

一般而言，只要使 LED 发光二极管中流过的电流达到 5mA 左右即可使得 LED 发光二极管正常工作。从工程角度出发，为了保护 ARM 处理器的 GPIO 引脚，可以适当选取组织较大的限流电阻，可以在保护芯片引脚的同时，还能降低系统功耗。

除此之外，用户还可以使用推电流的方式来驱动外部 LED 发光二极管，其基本的工作原理与灌电流驱动类似，具体硬件电路如图 5.6 所示。

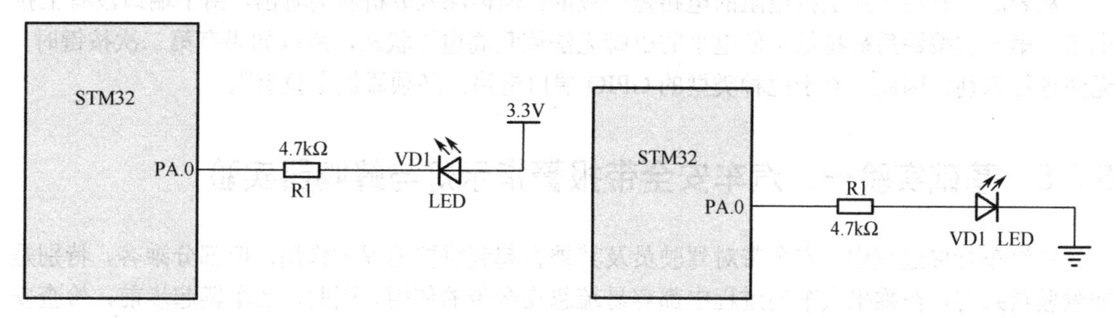

图 5.5　GPIO 驱动 LED（灌电流）　　图 5.6　GPIO 驱动 LED（推电流）

从硬件电路的连接上可以看出，推电流驱动方式与灌电流驱动方式在工作原理上基本类似，只是在端口高低电平，以及发光二极管的驱动结果上有所区别。

在推电流驱动发光二极管硬件电路中，GPIO 端口电平与 LED 发光二极管的逻辑关系如下：

- GPIO 端口引脚为高电平，LED 发光二极管点亮。
- GPIO 端口引脚为低电平，LED 发光二极管熄灭。

2. 需要上拉电阻的 GPIO 驱动

当 GPIO 端口引脚作为数据输出端口时，由于端口结构内部已经集成了上拉电阻，所以绝大部分情况下都无须在外部硬件电路中附加上拉电阻，但是当 GPIO 端口引脚作为信号输入端口时，由于内部结构没有集成上拉电阻，所以在外部硬件电路设计过程中，需要加上一个 10kΩ

的上拉电阻，将 GPIO 端口引脚拉到高电平。

在图 5.7 中，STM32F103XX 系列 ARM 处理器的 GPIO 端口与按键连接，用于检测按键的状态。由于 GPIO 端口引脚作为数据输入时内部缺少上拉电阻，所以在外部硬件电路上接了一个 4.7kΩ的上拉电阻，将 GPIO 端口拉升到高电平。

在如图 5.7 所示的电路中，用户首先将 PA.0 端口引脚设置为数据输入模式，并设置相应的数据传输速率。然后继续读取 PA.0 端口引脚的状态，如果外部有按键按下，即按键 S1 闭合，则 PA.0 引脚接地。此时，从 GPIO 端口引脚读回的数据为 0；如果松开按键，即按键 S1 断开，则从 GPIO 端口引脚读回的数据为 1，即高电平。

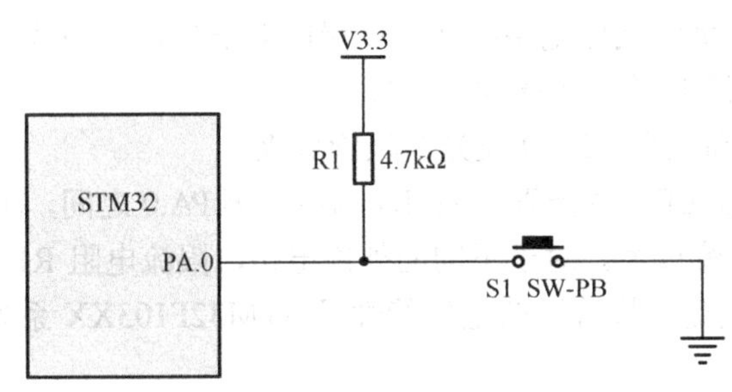

图 5.7　GPIO 键盘输入

从上述分析可以看出，STM32F103XX 系列 ARM 处理器的 GPIO 端口作为数据输入端口与按键连接时，如果没有添加上拉电阻 R1，则若外部有按键按下时，原先 GPIO 端口引脚上的高电平被拉低为低电平。

从表面上看与不加上拉电阻的电路是一致的，但再深入分析就会看出，由于端口没有上拉电阻，第一次按键后被拉低至低电平的引脚无法恢复高电平状态，所以如果有第二次按键时，无法进行识别。因此，对于此种类型的 GPIO 端口电路，必须添加上拉电阻。

5.2.5　基础实验一：汽车安全带报警指示灯与蜂鸣器实验

在汽车行驶过程中，安全带对驾驶员及其乘客起到重要的保护作用。但部分乘客，特别是非驾驶员乘客，在乘坐汽车的过程中都容易疏忽安全带的使用。因此，在车辆起步前，检查安全带的工作状态并及时做出报警指示具有重要的意义。

1. 实验内容分析

在本实验中，使用按键开关模拟安全带，并使用蜂鸣器模拟安全带报警器，LED 发光二极管模拟安全带报警指示灯实现对汽车安全带状态的实时监控，如图 5.8 所示。

图 5.8　安全带报警系统

从实验的需求功能来看，汽车安全带报警指示灯与蜂鸣器系统并不复杂，可以通过 ARM 处理器的 GPIO 端口控制相应的 LED 发光二极管及蜂鸣器即可。其各自对应的功能关系如表 5.16 所示。

表 5.16 安全带报警系统需求分析

安全带报警系统	对应实验模拟系统	GPIO 端口状态	
		蜂鸣器端口	LED 灯端口
安全带已连接	按键闭合，蜂鸣器不报警，LED 灯熄灭	灌电流，高电平	灌电流，高电平
安全带未连接	按键断开，蜂鸣器报警，LED 灯点亮	灌电流，低电平	灌电流，低电平

2．硬件电路设计

在该实验的电路设计中，所用到的基本元件如表 5.17 所示。

表 5.17 安全带报警系统所用硬件清单

序　号	器 材 名 称	数　量	功 能 说 明
1	STM32F103VB	1	主控单元
2	发光二极管	1	模拟灯光报警
3	蜂鸣器	1	模拟声音报警
4	按键开关	1	模拟安全带状态

根据各个电路元件的功能进行硬件电路设计，具体电路图如图 5.9 所示。

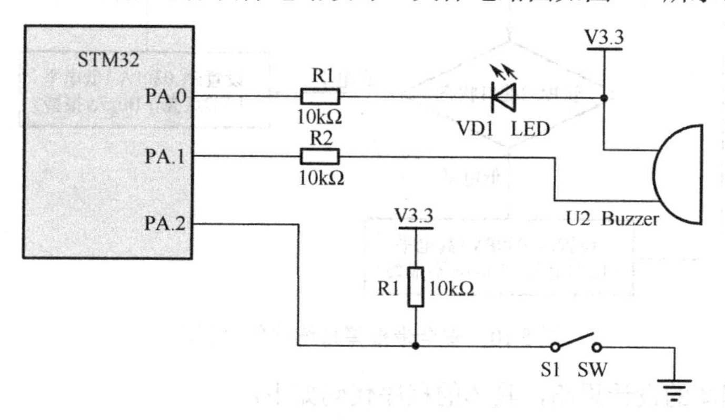

图 5.9 安全带报警系统硬件电路图

在图 5.9 所示的硬件电路图中，ARM 处理器 STM32F103VB 中的 GPIO 端口分别与 LED 发光二极管、蜂鸣器 Buzzer，以及按键开关相连，具体引脚的分配如表 5.18 所示。

表 5.18 安全带报警系统的引脚分配

序　号	引 脚 分 配	功 能 说 明
1	PA.0	控制 LED 发光二极管
2	PA.1	控制灯光报警
3	PA.2	控制安全带状态

硬件电路中各个元件的基本参数在图 5.9 中已经说明。用户首先需要对 GPIO 端口的引脚参数进行配置，即将 PA.0 和 PA.1 端口引脚设置为数据输出模式，PA.2 端口引脚设置为数据输入模式。

当 ARM 处理器 STM32F103VB 中的 PA.2 端口引脚检测到的按键 S1 按下时，即模拟安全带已正常连接时，PA.2 端口引脚为低电平，此时，PA.0 和 PA.1 端口引脚输出高电平，LED 发光二极管熄灭，蜂鸣器 Buzzer 不报警。

当 ARM 处理器 STM32F103VB 中的 PA.2 端口引脚检测到的按键 S1 断开时，即模拟安全带已正常连接时，PA.2 端口引脚为高电平，此时，PA.0 和 PA.1 端口引脚输出低电平，LED 发光二极管点亮，蜂鸣器 Buzzer 报警。

3. 软件代码设计

在汽车安全带报警指示灯与蜂鸣器实验中，利用 ARM 处理器 STM32F103VB 中 GPIO 端口的输入/输出功能读取 PA.2 端口的电平状态，并控制 PA.0 和 PA.1 端口引脚的电平状态，以驱动 LED 发光二极管和蜂鸣器 Buzzer。具体的软件代码流程如图 5.10 所示。

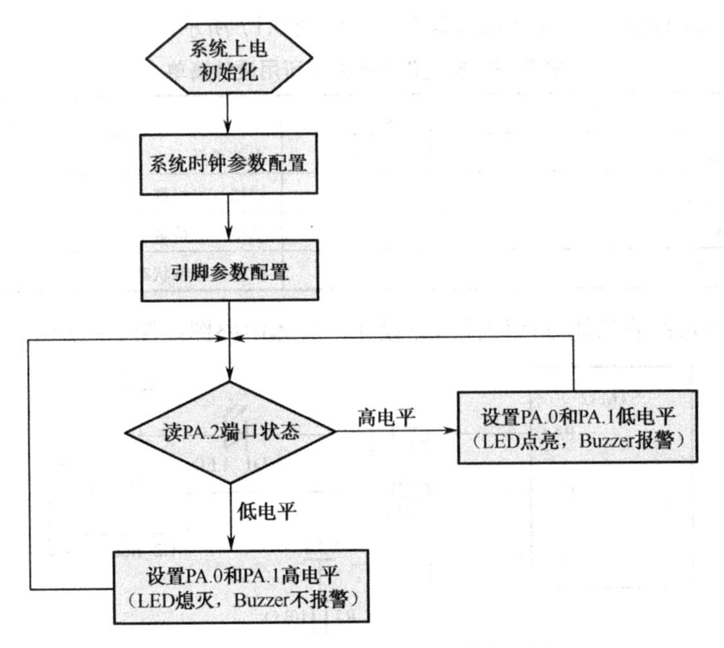

图 5.10 安全带报警系统软件流程图

根据软件流程图的设计思路，具体的程序代码如下。

```
/*********** 以下代码用于实现汽车安全带报警指示灯与蜂鸣器实验 ************
* File Name          : main.c
* Author             : NJFU Team of EE
* Date First Issued  : 02/05/2012
* Description        : Main program body
*******************************************************************************/

/* main 程序代码中的头文件 ---------------------------------------------*/
#include "stm32f10x_lib.h"          //STM32 固件库函数

/* 声明一个用户自定义类型的结构体，用于初始化 GPIO 端口 ------------------*/
GPIO_InitTypeDef    GPIO_InitStructure;

/* 声明用户自定义的子函数----------------------------------------------*/
```

```
void RCC_Configuration(void);          //用户自定义的RCC时钟配置函数
void NVIC_Configuration(void);         //用户自定义的中断向量配置函数
void Delay(vu32 nCount);               //用户自定义的延迟函数

void main(void)                        //main函数程序的入口
{
    #ifdef DEBUG
      debug();
    #endif

    /* 调用配置系统时钟子函数Configure the system clocks -----------*/
    RCC_Configuration();

    /* 调用中断向量配置子函数NVIC Configuration-------------------- */
    NVIC_Configuration();

    /***** 配置GPIO端口参数，设置PA.0和PA.1为数字信号数据输出端口 *****/
    GPIO_InitStructure.GPIO_Pin = GPIO_Pin_0 | GPIO_Pin_1;
    GPIO_InitStructure.GPIO_Mode = GPIO_Mode_Out_PP;
    GPIO_InitStructure.GPIO_Speed = GPIO_Speed_50MHz;
    GPIO_Init(GPIOA, &GPIO_InitStructure);

    /******** 配置GPIO端口参数，设置PA.2为数字信号数据输入端口 ********/
    GPIO_InitStructure.GPIO_Pin = GPIO_Pin_2;
    GPIO_InitStructure.GPIO_Mode = GPIO_Mode_IN_FLOATING;
    GPIO_Init(GPIOA, &GPIO_InitStructure);

    /************************* 系统主循环开始 **********************/
    while(1)
    {
      if(GPIO_ReadInputDataBit(GPIOA, GPIO_Pin_2)==0x00)
      {
        GPIO_WriteBit(GPIOA, GPIO_Pin_0, (BitAction)(1));
        GPIO_WriteBit(GPIOA, GPIO_Pin_1, (BitAction)(1));
      }
      else
      {
        GPIO_WriteBit(GPIOA, GPIO_Pin_0, (BitAction)(0));
        GPIO_WriteBit(GPIOA, GPIO_Pin_1, (BitAction)(0));
      }
}
/************************* 主程序代码结束 ************************/
```

上述代码即为 ARM 处理器 STM32F103VB 通过 GPIO 端口实现对汽车安全带报警系统的控制，其中包含了 GPIO 端口引脚的数据输入、输出，以及按键识别等操作。实际上，在 ARM 嵌入式系统中，对 GPIO 端口的操作远比上述实验中所运用到的功能复杂得多。

需要说明的是，在上述代码中只是简单罗列出了软件系统 main 函数的主要功能代码。还有部分用户私有子函数，以及 STM32XX 系列固件库中的子函数代码，由于篇幅限制未能详细列出。在本实验中，用户只需要对 main 函数中的程序代码有基本了解和掌握就可以了。在后面的实验中，将陆续向读者穿插补充讲解各个子函数及库函数的功能。

4．补充实验及扩展

在详细介绍完上述有关汽车安全带报警的基础实验后，本着从易到难、从简单到复杂的顺序补充给出几个与 GPIO 端口相关的实验，用户可根据自身实际情况进行设计、实验，具体如下。

1）GPIO 补充实验一：单路 LED 控制

通过对 ARM 处理器 STM32F103VB 中 GPIO 端口 PA.0 引脚的控制，实现对单个 LED 发光二极管的控制，使其点亮/熄灭交替闪烁，具体的硬件电路如图 5.11 所示。

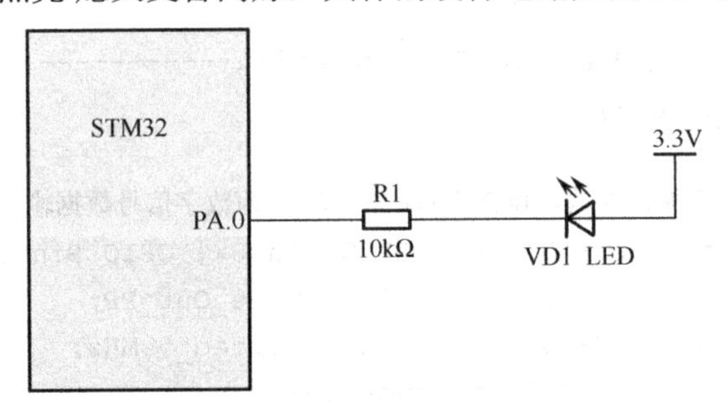

图 5.11　GPIO 对单路 LED 的控制

2）GPIO 补充实验二：流水灯实验

通过对 ARM 处理器 STM32F103VB 中 GPIO 端口 PA.0～PA.7 引脚的控制，实现对 8 个 LED 发光二极管的控制，并使得 8 个 LED 发光管轮流点亮。硬件电路如图 5.12 所示。

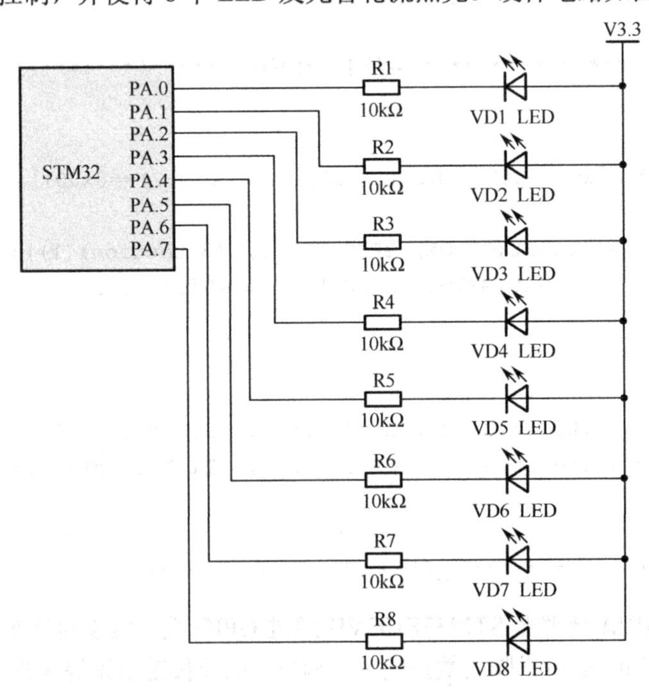

图 5.12　GPIO 对多路 LED（流水灯）的控制

5.3 ADC（模数转换）模块

ADC（Analog-to-Digital Converter）模块，即模拟/数字转换器的主要功能是将连续变量的模拟信号转换为离散的数字信号。由于单片机只能处理数字信号，因此在对外部的模拟信号进行分析、处理的过程中，必须使用 ADC 模块将外部的模拟信号转换成单片机所能处理的数字信号。

典型的模拟数字转换器将模拟信号转换为表示一定比例电压值的数字信号。然而，有一些模拟数字转换器并非纯的电子设备，例如，旋转编码器，也可以被视为模拟数字转换器。

图 5.13 为 Wolfson Microelectronics 公司生产的声卡上的一个 4 通道立体声多路复用 ADC。

ADC 模块根据其基本工作原理可以分为不同的类型，在转换的速度、精度、采样率、误差等方面也各不相同。常见的 ADC 模块类型有以下几种。

（1）直接转换模拟/数字转换器（Direct-conversion ADC）或称 Flash 模拟/数字转换器（Flash ADC）。

（2）逐次逼近模拟/数字转换器（Successive Approximation ADC）。

（3）跃升-比较模拟/数字转换器（Ramp-compare ADC）。

（4）威尔金森模拟/数字转换器（Wilkinson ADC）。

（5）集成模拟/数字转换器（Integrating ADC）。

（6）Delta 编码模拟/数字转换器（Delta-encoded ADC）。

（7）管道模拟/数字转换器（Pipeline ADC）。

（8）Sigma-delta 模拟/数字转换器（Sigma-delta ADC）。

（9）时间交织模拟/数字转换器（Time-interleaved ADC）。

（10）带有即时 FM 段的模拟/数字转换器。

（11）时间延伸模拟/数字转换器（Time Stretch Analog-to-digital Converter, TS-ADC）。

图 5.13　4 通道立体声多路复用 ADC

5.3.1 ADC 特性

在 ARM 处理器 STM32F103VB 中，系统内部集成了 2 个内部 12 位的模拟/数字转换器

（ADC），每一个 ADC 共用 16 个外部通道，可实现单次模/数转换或扫描模/数转换。对于 ARM 处理器 STM32F103VB 中的模/数转换器，其 ADC 接口上的主要逻辑功能包括以下几点：

（1）同步采样和保持功能；

（2）交叉采样和保持功能；

（3）单次采样功能。

需要注意的是，为了达到更快的数据传输速度，STM32F103VB 处理器中的 ADC 数据支持 DMA 操作，即直接内存存取操作，由于数据在系统内部存储地址之间直接进行传输，因此可以在很大程度上提高数据转换速度。

对所有的 ADC 模块而言，都具有表征其功能特性的标志参数，例如，供电电压、采样率、时钟频率等，具体如表 5.19 所示。

表 5.19　STM32F103VB 处理器的 ADC 参数特性

参数符号	参数说明	条　件	最小值	典型值	最大值	单　位
V_{DDA}	供电电压		2.4		3.6	V
V_{REF+}	正参考电压		2.4		V_{DDA}	V
I_{VREF}	VREF 输入引脚上的电流			160	220	μA
f_{ADC}	ADC 时钟频率		0.6		14	MHz
f_s	采样频率		0.05		1	MHz
f_{TRIG}	外部触发频率	f_{ADC}=14MHz			823	kHz
V_{AIN}	转换电压范围		0/V_{REF-}		V_{REF+}	V
R_{AIN}	外部输入阻抗					kΩ
R_{ADC}	采样开关电阻				1	kΩ
C_{ADC}	内部采样和保持电容				12	pF
t_{CAL}	校准时间	f_{ADC}=14MHz		5.9		μs
t_S	采样时间	f_{ADC}=14MHz		0.107	17.1	μs
t_{STAB}	上电时间		0	0	1	μs
t_{CONV}	转换时间	f_{ADC}=14MHz	1		18	μs

从表中可以看出，在 STM32F103VB 处理器的 ADC 模块中，参考电压的范围被限制在电源电压与 0 之间。一般情况下，如果条件允许，并不建议用户将电源输入电压与 ADC 模块的 V_{REF+}电压短接。主要因为在电源电压中存在比较多的杂波干扰，如果直接使用电源电压作为 ADC 模块的参考电压，则可能会干扰 ADC 转换结果的精度。

5.3.2　ADC 引脚的描述

在 ARM 处理器 STM32F103VB 中，除了基准电压输入引脚（V_{REF+}和 V_{REF-}）外，不存在特定的直接用于 A/D 转换的引脚，都是采用引脚复用功能实现对模拟信号的处理的，并且对于不同封装形式的 ARM 处理器具有不同的引脚功能分布。在 STM32F103VB 处理器中，可用于 ADC 输入信号的端口引脚如表 5.20 所示。

表 5.20 STM32F103VB 处理器 ADC 引脚的分布

引脚编号	引脚名称	复用功能	功能说明
15	PC0	ADC12_IN10	ADC 通道 10
16	PC1	ADC12_IN11	ADC 通道 11
17	PC2	ADC12_IN12	ADC 通道 12
18	PC3	ADC12_IN13	ADC 通道 13
23	PA0	ADC12_IN0	ADC 通道 0
24	PA1	ADC12_IN1	ADC 通道 1
25	PA2	ADC12_IN2	ADC 通道 2
26	PA3	ADC12_IN3	ADC 通道 3
29	PA4	ADC12_IN4	ADC 通道 4
30	PA5	ADC12_IN5	ADC 通道 5
31	PA6	ADC12_IN6	ADC 通道 6
32	PA7	ADC12_IN7	ADC 通道 7
33	PC4	ADC12_IN14	ADC 通道 14
34	PC5	ADC12_IN15	ADC 通道 15
35	PB0	ADC12_IN8	ADC 通道 8
36	PB1	ADC12_IN9	ADC 通道 9
20	V_{REF-}	V_{REF-}	ADC 参考电压负
21	V_{REF+}	V_{REF+}	ADC 参考电压正

在表 5.20 中可以看出，STM32F103VB 处理器支持了 2 个 ADC 模块并共用 16 个模拟信号输入通道。ADC 模块可以测量输入模拟信号的电压。需要注意的是，当用户将模拟输入信号连接到 ADC 模块的引脚上时，需要将 ADC 模块所对应的引脚设置为“模拟信号输入模式”，即芯片引脚工作在 GPIO_Mode_AIN 模式下。

除此之外，用户在使用 ADC 进行外部模拟信号检测的时候，模拟输入引脚的信号电平在任何时候都不能大于 V_{REF+}，否则 ADC 输出的结果无效。对于 V_{REF+}和 V_{REF-}两个电压基准信号，虽然在部分电路设计中，用户将电源电压和地信号分别与这两个引脚连接在一起，但这可能会对 ADC 的转换精度造成影响。为了降低噪声和出错概率，在条件允许的情况下应当将两者进行隔离。具体的隔离电路如图 5.14 所示。

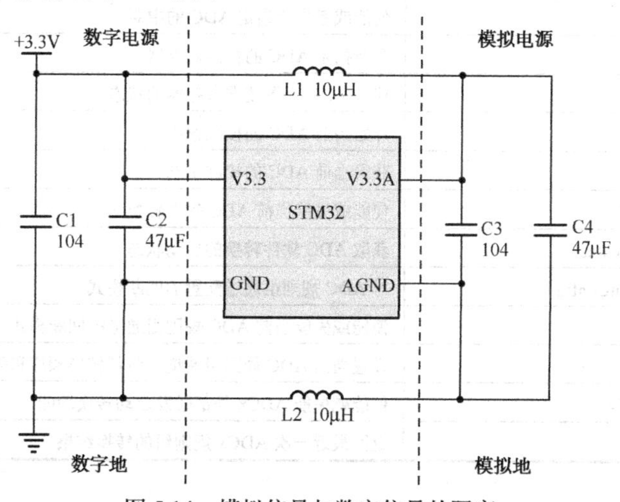

图 5.14 模拟信号与数字信号的隔离

5.3.3 ADC 库函数

对于不同类型的 ADC 而言，其内部结构都各自不同，特别是 ADC 的性能参数都有着比较大的差别。例如，逐次逼近模拟数字转换器具有较快的转换速度，而精度稍差；Sigma-delta 模拟数字转换器则具有较高的精度，但在转换速率上较慢。

在 STM32F103VB 处理器中，内部集成的 ADC 的结构如图 5.15 所示。

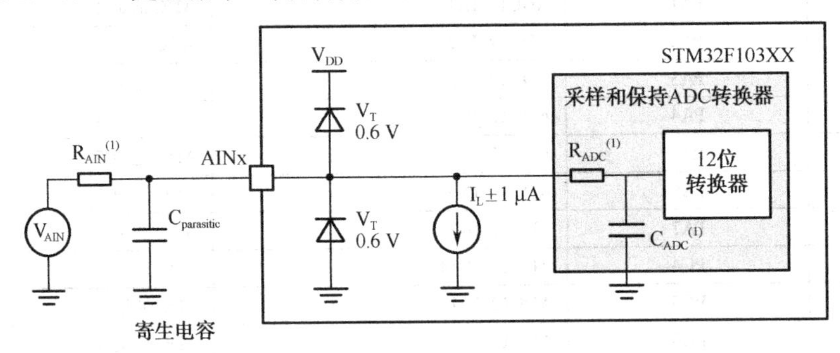

图 5.15 模拟信号与数字信号的隔离

在嵌入式开发系统中，用户对 STM32F103VB 处理器内部集成的 ADC 操作，同样需要使用 ST 公司提供的标准函数库。在该函数库中，对常用的 ADC 寄存器指令的操作进行了标准化集成，用户直接按照函数库中的函数接口调用就可以了，具体如表 5.21 所示。

表 5.21 ADC 函数库

函 数 名 称	功 能 描 述
ADC_DeInit	将外设 ADCx 寄存器重新设置为默认值
ADC_Init	根据 ADC_InitStruct 中指定的参数初始化外设 ADCx 的寄存器
ADC_StructInit	将 ADC_InitStruct 中的参数按照默认值填入
ADC_Cmd	使能或者失能指定的 ADC
ADC_DMACmd	使能或者失能指定 ADC 的 DMA 请求
ADC_ITConfig	使能或者失能指定 ADC 的中断
ADC_ResetCalibration	重新指定 ADC 的校准寄存器
ADC_GetResetCalibrationStatus	获取 ADC 重置校准寄存器的状态
ADC_StartCalibration	开始当前 ADC 的校准程序
ADC_ GetCalibrationStatus	获得当前 ADC 的校准状态
ADC_SoftwareStartConvCmd	使能或失能当前 ADC 软件转换的启动功能
ADC_GetSoftwareStartConvStatus	获取 ADC 软件转换的启动状态
ADC_DiscModeChannelCountConfig	对 ADC 规则组通道配置的间断模式
ADC_DisModeCmd	使能或失能当前 ADC 规则组通道的间断模式
ADC_RegularChannelConfig	设置当前 ADC 规则组通道，包括转换顺序和采样时间
ADC_ExternalTrigConvConfig	使能或失能 ADCx 外部触发启动转换功能
ADC_GetConversionValue	返回最近一次 ADCx 规则组的转换结果

续表

函 数 名 称	功 能 描 述
ADC_GetDuelModeConversionValue	返回最近一次双 ADC 模式下的转换结果
ADC_AutoInjectedConvCmd	使能或失能指定 ADC 在规则组转换后自动开始注入组转换
ADC_InjectedDiscModeCmd	使能或失能指定 ADC 的注入组间断模式
ADC_ExternalTrigInjectedConvConfig	配置 ADCx 外部触发启动注入组转换功能
ADC_ExternalTrigInjectedConvCmd	使能或失能 ADCx 外部触发启动注入组转换功能
ADC_SoftwareStartinjectedConvCmd	使能或失能 ADCx 的软件启动注入组转换功能
ADC_GetSoftwareStartinjectedConvStatus	获取当前 ADC 软件启动注入组转换状态
ADC_InjectedChannleConfig	设定当前 ADC 的注入组通道、转换顺序和采样时间
ADC_InjectedSequencerLengthConfig	设置注入组通道的转换序列长度
ADC_SetinjectedOffset	设置注入组通道的转换偏移值
ADC_GetInjetedConversionValue	返回 ADC 指定注入通道的转换结果
ADC_AnalogWatchdogCmd	使能或失能指定单个/全体，规则/注入组通道上的模拟看门狗
ADC_AnalogWatchdogThresholdsConfig	设置模拟看门狗的高低阈值
ADC_AnalogWatchdogSingleChannelConfig	对单个 ADC 通道设置模拟看门狗
ADC_TampSensorVrefintCmd	使能或失能温度传感器和内部参考电压通道
ADC_GetFlagStatus	检查制定 ADC 标志位状态
ADC_ClearFlag	清除 ADCx 的待处理器标志位
ADC_GetITStatus	检查指定的 ADC 中断是否发生
ADC_ClearITPendingBit	清除 ADCx 的中断待处理位

从表 5.21 中可以看出，STM32 标准函数库中关于 ADC 寄存器的操作函数覆盖了几乎所有对 AD 转换操作的功能。在下面的内容中，选择上述函数库中部分常用函数进行简单介绍，使用户对这些函数的具体使用方法有一定了解。

1．函数 ADC_Init

有关函数 ADC_Init 的具体使用方法及其参数说明如表 5.22 所示。

表 5.22．函数 ADC_Init

函数名称	ADC_Init
函数原型	void ADC_Init（ADC_TypeDef* ADCx, ADC_InitTypeDef* ADC_InitStruct）
功能描述	根据 ADC_InitStruct 中指定的参数初始化外设 ADCx 的寄存器
输入参数 1	ADCx，其中 x 为 1 或 2，即 ADC1 或 ADC2
输入参数 2	ADC_InitStruct：指向结构 ADC_InitTypeDef 的指针，包含了指定外设 ADC 的配置信息
输出参数	无
返回值	无
先决条件	无
被调用函数	无

在 ADC_Init 函数中，输入参数中包含了一个名为 ADC_TypeDef 的结构体。该结构体通常被定义在头文件“stm32f10x_adc.h”中，具体的结构体定义如下：

```
/****************以下代码用于实现 STM32 中的 ADC 结构体 **************/
Typedef strcut
{
    u32  ADC_Mode;
    FunctionalState    ADC_ScanConvMode;
    FunctionalState    ADC_ContinuousConvMode;
    u32 ADC_ExternalTrigConv;
    u32 ADC_DataAlign;
    u8 ADC_NbrOfChannel;
}ADC_InitTypeDef
/***************************** 代码行结束 ************************/
```

在上述结构体中，同样涉及多个枚举型的数据变量，在下面的内容中将对这些枚举型参数进行一一解释。

（1）参数 ADC_Mode

参数 ADC_Mode 主要用于设置 ADC 工作在独立模式或双 ADC 模式。该参数也同样是一个枚举型参数，具体的枚举数值如表 5.23 所示。

表 5.23　参数 ADC_Mode 的枚举值

枚举数值	功能描述
ADC_Mode_Independent	设置 ADC1 和 ADC2 工作在独立模式
ADC_Mode_RegInjecSimult	设置 ADC1 和 ADC2 工作在同步规则和同步注入模式
ADC_Mode_Regsimult_AlterTrig	设置 ADC1 和 ADC2 工作在同步规则和交替触发模式
ADC_Mode_InjecSimult_FastInterl	设置 ADC1 和 ADC2 工作在同步规则和快速交替模式
ADC_Mode_InjecSimult_SlowInterl	设置 ADC1 和 ADC2 工作在同步注入模式和慢速交替模式
ADC_Mode_InjecSimult	设置 ADC1 和 ADC2 工作在同步注入模式
ADC_Mode_RegSimult	设置 ADC1 和 ADC2 工作在同步规则模式
ADC_Mode_ FastInterl	设置 ADC1 和 ADC2 工作在快速交替模式
ADC_Mode_SlowInterl	设置 ADC1 和 ADC2 工作在慢速交替模式
ADC_Mode_AlterTrig	设置 ADC1 和 ADC2 工作在交替触发模式

（2）参数 ADC_ScanConvMode

参数 ADC_ScanConvMode 规定了 ADC 是工作在“多通道扫描模式”还是“单通道模式”。该参数是一个开关参数，即该参数的取值为 ENABLE 或者 DISABLE。

（3）参数 ADC_ContinuousConvMode

参数 ADC_ContinuousConvMode 规定了 ADC 是工作在“连续转换模式”还是“单次转换模式”。与参数 ADC_ScanConvMode 类似，它同样也是一个开关参数，取值范围为 ENABLE 或者 DISABLE。

（4）参数 ADC_ExternalTrigConv

参数 ADC_ExternalTrigConv 定义了使用外部触发来启动规则通道的 AD 转换。该参数的取值范围如表 5.24 所示。

表 5.24 参数 ADC_ExternalTrigConv 的枚举值

枚举数值	功能描述
ADC_ExternalTrigConv_T1_CC1	设置定时器 1 的捕获比较 1 作为 AD 转换的外部触发
ADC_ExternalTrigConv_T1_CC2	设置定时器 1 的捕获比较 2 作为 AD 转换的外部触发
ADC_ExternalTrigConv_T1_CC3	设置定时器 1 的捕获比较 3 作为 AD 转换的外部触发
ADC_ExternalTrigConv_T2_CC2	设置定时器 2 的捕获比较 2 作为 AD 转换的外部触发
ADC_ExternalTrigConv_T3_TRGO	设置定时器 3 的 TRGO 作为 AD 转换的外部触发
ADC_ExternalTrigConv_T4_CC4	设置定时器 4 的捕获比较 4 作为 AD 转换的外部触发
ADC_ExternalTrigConv_Ext_IT11	设置外部中断线 11 作为 AD 转换的外部触发
ADC_ExternalTrigConv_None	设置软件触发而不是外部触发

（5）参数 ADC_DataAlign

参数 ADC_DataAlign 定义了 ADC 的输出结果是“左对齐”还是“右对齐”。有关该参数的可选数据如表 5.25 所示。

表 5.25 参数 ADC_DataAlign 的枚举值

枚举数值	功能描述
ADC_DataAlign_Right	ADC 转换数据右对齐
ADC_DataAlign_Left	ADC 转换数据左对齐

（6）参数 ADC_NbrOfChannel

参数 ADC_NbrOfChannel 定义了 ADC 顺序进行规则转换的通道数目。由于在 STM32F103VB 处理器中，ADC 最多可支持 16 个输入通道，因此 ADC_NbrOfChannel 参数的取值范围也是 1～16。

在介绍完 ADC_Init 结构体中各个参数所表示的意义后，用户可以通过下面的代码对函数 ADC_Init 的具体使用方法加深了解。该代码的主要功能是实现对 ADC 的初始化操作。

```
/*****************以下代码用于实现 STM32 中初始化 ADC ****************/
//声明一个名称为 ADC_InitStructure,类型为 ADC_InitTypeDef 的结构体
ADC_InitTypeDef ADC_InitStrcture;

/* 设置 ADC 工作在独立模式 -------------------------------------------*/
ADC_InitStructure.ADC_Mode=ADC_Mode_Independent;
/* 使能 ADC 工作在多通道扫描模式 -------------------------------------*/
ADC_InitStructure.ADC_ScanConvMode=ENABLBE;
/* 失能 ADC 工作在连续转换模式，即工作在单次转换模式 ---------------------*/
ADC_InitStructure.ADC_ContinuousConvMode=DISABLE;
/* 选择外部中断线 11 作为转换外部触发 ---------------------------------*/
ADC_InitStructure.ADC_ExternalTrigConv
=ADC_ExternalTrigConv_Ext_IT11;
/* 设置 ADC 的转换结果为数据右对齐 ----------------------------------*/
ADC_InitStructure.ADC_DataAlogn=ADC_DataAlign_Right;
/* 设置顺序进行规则转换的 ADC 通道数目为 16 -----------------------------*/
ADC_InitStructure.ADC_NbrofChannel=16;
```

```
/* 根据上述数据，使用 ADC_Init 函数对 ADC 进行初始化操作 -------------*/
ADC_Init(ADC1, &ADC_InitStructure);
/***************************** 代码行结束 ***************************/
```

需要说明的是，为了能正确地配置每个 ADC 的参数，用户在调用 ADC_Init 函数后必须再次调用 ADC_ChannelConfig 函数，用来配置每个 AD 通道的转换次序及相应的采样时间。

2. 函数 ADC_Cmd

有关函数 ADC_Cmd 的具体使用方法及其参数说明如表 5.26 所示。

表 5.26 函数 ADC_Cmd

函数名称	ADC_Cmd
函数原型	void ADC_Cmd(ADC_TypeDef* ADCx, FunctionalState NewState)
功能描述	使能或失能当前指定的 ADC
输入参数 1	ADCx，其中 x 为 1 或 2，即 ADC1 或 ADC2
输入参数 2	NewState：设置 ADCx 的新状态
输出参数	无
返回值	无
先决条件	无
被调用函数	无

ADC_Cmd 函数的具体使用方法相对比较简单，用户可以通过下面的代码语句实现对 ADC 工作状态的操作。需要注意的是，ADC_Cmd 函数只能在对 ADC 的参数进行配置后才能被调用。该函数的使用代码相对比较简单，就不再赘述了。

```
/*****************以下代码用于实现 STM32 中使能 ADC1*****************/
/* 使能 ADC1 -----------------------------------------------------*/
ADC_Cmd(ADC1, ENABLE);
/***************************** 代码行结束 ***************************/
```

3. 函数 ADC_DMACmd

有关函数 ADC_DMACmd 的具体使用方法及其参数说明如表 5.27 所示。

表 5.27 函数 ADC_DMACmd

函数名称	ADC_DMACmd
函数原型	void ADC_DMACmd(ADC_TypeDef* ADCx, FunctionalState NewState)
功能描述	使能或失能当前指定 ADC 的 DMA 请求
输入参数 1	ADCx，其中 x 为 1 或 2，即 ADC1 或 ADC2
输入参数 2	NewState：设置 ADCx 的新状态
输出参数	无
返回值	无
先决条件	无
被调用函数	无

有关 ADC_DMACmd 函数的具体使用方法相对比较简单，用户可以通过下面的代码语句实现对 ADC 中 DMA 的操作。

```
/*******************  以下代码用于实现 STM32 中 ADC2 的 DMA 功能*****************/
/* 使能 ADC2 中的 DMA 功能 -----------------------------------------------*/
ADC_DMACmd(ADC2, ENABLE);
/***************************** 代码行结束 ***************************/
```

4. 函数 ADC_ITConfig

有关函数 ADC_ITConfig 的具体使用方法及其参数说明如表 5.28 所示。

表 5.28　函数 ADC_ITConfig

函数名称	ADC_ITConfig
函数原型	void ADC_ITConfig(ADC_TypeDef* ADCx, u16 ADC_IT, FunctionalState NewState)
功能描述	使能或失能当前指定 ADC 的中断请求
输入参数 1	ADCx，其中 x 为 1 或 2，即 ADC1 或 ADC2
输入参数 2	ADC_IT：当前 ADC 中使能或失能的中断源
输入参数 3	NewState：设置 ADCx 的新状态
输出参数	无
返回值	无
先决条件	无
被调用函数	无

在 ADC_DMACmd 函数中，有必要对参数 ADC_IT 进行说明。参数 ADC_IT 用来使能或失能当前指定 ADC 的中断功能，其具体可以使能或失能的中断类型如表 5.29 所示。

表 5.29　函数 ADC_IT 参数的功能描述

ADC_IT 参数	功 能 描 述
ADC_IT_EOC	设置 EOC 中断屏蔽
ADC_IT_AWD	设置 AWDOG 中断屏蔽
ADC_IT_JEOC	设置 JEOC 中断屏蔽

有关 ADC_ITConfig 函数的具体使用方法如下，用户可以通过较少的程序代码实现对 ADC 中断参数的配置。

```
/****************以下代码用于实现 STM32 中的 ADC_ITConfig 功能*******************/
/* 使能 ADC2 及其中的 AWDOG 中断屏蔽 ----------------------------------*/
ADC_ITConfig(ADC2, ADC_IT_EOC|ADC_IT_AWD, ENABLE);
/***************************** 代码行结束 ***************************/
```

在上述程序代码中，实现了对 ADC 中断参数的配置。需要进一步说明的是，当用户希望同时使能 2 个或多个中断源时，需要使用“|”进行连接。

5. 函数 ADC_SoftwareStartConvCmd

函数 ADC_SoftwareStartConvCmd 的具体使用方法及其参数说明如表 5.30 所示。

表 5.30　函数 ADC_SoftwareStartConvCmd

函数名称	ADC_SoftwareStartConvCmd
函数原型	void ADC_SoftwareStartConvCmd (ADC_TypeDef* ADCx, FunctionalState NewState)
功能描述	使能或失能当前指定 ADC 的软件启动转换功能
输入参数 1	ADCx，其中 x 为 1 或 2，即 ADC1 或 ADC2
输入参数 2	NewState：设置 ADCx 的新状态
输出参数	无
返回值	无
先决条件	无
被调用函数	无

有关 ADC_SoftwareStartConvCmd 函数的具体使用方法如下。

```
/*****************  以下代码用于实现 STM32 中 ADC 的转换功能********************/
/*  使用软件的方式触发 ADC2 转换开始 -----------------------------------*/
ADC_SoftwareStartConvCmd(ADC2, ENABLE);
/***************************** 代码行结束 ***************************/
```

6．函数 ADC_RegularChannelConfig

有关函数 ADC_RegularChannelConfig 的具体使用方法及其参数说明如表 5.31 所示。

表 5.31　函数 ADC_RegularChannelConfig

函数名称	ADC_RegularChannelConfig
函数原型	void ADC_RegularChannelConfig (ADC_TypeDef* ADCx, u8 ADC_Channel, u8 Rank, u8 ADC_SampleTime)
功能描述	设置当前指定 ADC 的规则组通道，设置转换顺序和采样时间
输入参数 1	ADCx，其中 x 为 1 或 2，即 ADC1 或 ADC2
输入参数 2	ADC_Channel：设置 ADCx 的转换通道
输入参数 3	Rank：设置 AD 转换的规则组采样顺序
输入参数 4	ADC_SampleTime：设置 ADC 通道的采样时间值
输出参数	无
返回值	无
先决条件	无
被调用函数	无

在函数 ADC_RegularChannelConfig 中，具有 4 个输入参数。不同的函数参数具有不同的数据类型及参数范围，具体如下。

1）参数 ADC_Channel

参数 ADC_Channel 用于设置 ADC 的通道。在 STM32F103VB 处理器中，提供了 18 个 AD 转换通道供用户选择，分别如表 5.32 所示。

表 5.32　参数 ADC_Channel 的选择

ADC_Channel	功 能 描 述
ADC_Channel_0	选择 ADC 通道 0
ADC_Channel_1	选择 ADC 通道 1

续表

ADC_Channel	功 能 描 述
ADC_Channel_2	选择 ADC 通道 2
ADC_Channel_3	选择 ADC 通道 3
ADC_Channel_4	选择 ADC 通道 4
ADC_Channel_5	选择 ADC 通道 5
ADC_Channel_6	选择 ADC 通道 6
ADC_Channel_7	选择 ADC 通道 7
ADC_Channel_8	选择 ADC 通道 8
ADC_Channel_9	选择 ADC 通道 9
ADC_Channel_10	选择 ADC 通道 10
ADC_Channel_11	选择 ADC 通道 11
ADC_Channel_12	选择 ADC 通道 12
ADC_Channel_13	选择 ADC 通道 13
ADC_Channel_14	选择 ADC 通道 14
ADC_Channel_15	选择 ADC 通道 15
ADC_Channel_16	选择 ADC 通道 16
ADC_Channel_17	选择 ADC 通道 17

2）参数 ADC_SampleTime

参数 ADC_SampleTime 用于设置 ADC 当前 AD 通道的 ADC 采样时间。根据系统机器指令周期的不同，AD 采样的时间也各不相同，如表 5.33 所示。

表 5.33　参数 ADC_SampleTime 的选择

ADC_SampleTime	功 能 描 述
ADC_SampleTime_1Cycles5	设置采样时间为 1.5 个机器周期
ADC_SampleTime_7Cycles5	设置采样时间为 7.5 个机器周期
ADC_SampleTime_13Cycles5	设置采样时间为 13.5 个机器周期
ADC_SampleTime_28Cycles5	设置采样时间为 28.5 个机器周期
ADC_SampleTime_41Cycles5	设置采样时间为 41.5 个机器周期
ADC_SampleTime_55Cycles5	设置采样时间为 55.5 个机器周期
ADC_SampleTime_71Cycles5	设置采样时间为 71.5 个机器周期
ADC_SampleTime_239Cycles5	设置采样时间为 239.5 个机器周期

有关 ADC_RegularChannelConfig 函数的具体使用方法如下。

```
/*****************  以下代码用于实现 STM32 中 ADC *********************/
/*  设置 ADC1 的采样周期为 7.5 个机器周期-------------------------------*/
ADC_RegularChannelConfig(ADC1,ADC_Channel_2,1, ADC_SampleTime7Cycles5);
/* 设置 ADC2 的采样周期为 1.5 个机器周期---------------------------------*/
ADC_RegularChannelConfig(ADC2,ADC_Channel_2,1,ADC_SampleTime1Cycles5);
/****************************** 代码行结束 ****************************/
```

7．函数 ADC_ExternalTrigConvConfig

有关函数 ADC_ExternalTrigConvConfig 的具体使用方法及其参数说明如表 5.34 所示。

表 5.34　函数 ADC_ExternalTrigConvConfig

函数名称	ADC_ExtenalTrigConvConfig
函数原型	void ADC_ExternalTrigConvCmd (ADC_TypeDef* ADCx, FunctionalState NewState)
功能描述	使能或失能当前指定 ADC 的外部触发启动转换功能
输入参数 1	ADCx，其中 x 为 1 或 2，即 ADC1 或 ADC2
输入参数 2	NewState：设置 ADCx 外部触发转换启动的新状态
输出参数	无
返回值	无
先决条件	无
被调用函数	无

有关 ADC_ExternalTrigConvCmd 函数的具体使用方法如下。

```
/****************以下代码用于实现 STM32 中 ADC 的外部触发启动转换******************/
/* 设置 ADC1 为外部触发启动转换 ---------------------------------------*/
ADC_ExternalTrigConvCmd(ADC1, ENABLE);
/***************************** 代码行结束 ***************************/
```

8．函数 ADC_GetConversionValue

有关函数 ADC_GetConversionValue 的具体使用方法及其参数说明如表 5.35 所示。

表 5.35　函数 ADC_GetConversionValue

函数名称	ADC_GetConversionValue
函数原型	void ADC_GetConversionsionValue (ADC_TypeDef* ADCx,)
功能描述	返回当前指定 ADC 最近一次 AD 转换的数据结果
输入参数 1	ADCx，其中 x 为 1 或 2，即 ADC1 或 ADC2
输出参数	无
返回值	ADC 转换结果
先决条件	无
被调用函数	无

有关 ADC_GetConversionValue 函数的具体使用方法如下。

```
/**************以下代码用于实现 STM32 中 ADC 的最近一次 AD 转换数据结果**************/
/* 返回 ADC1 最近一次 AD 转换的数据结果 -----------------------------*/
uv16 DataValue;
DataValue=ADC_GetConversionValue(ADC1);
/***************************** 代码行结束 **************************/
```

9．函数 ADC_GetFlagStatus

函数 ADC_GetFlagStatus 主要用于获取 ADC 中的状态标志位。有关 ADC_GetFlagStatus 函数的具体使用方法及其参数说明如表 5.36 所示。

表 5.36　函数 ADC_GetFlagStatus

函数名称	ADC_GetFlagStatus
函数原型	void ADC_GetFlagStatus(ADC_TypeDef* ADCx, u8 ADC_FLAG)
功能描述	检查当前 ADC 标志位置
输入参数 1	ADCx，其中 x 为 1 或 2，即 ADC1 或 ADC2
输入参数 2	ADC_FLAG：设置需要检查的标志位
输出参数	无
返回值	无
先决条件	无
被调用函数	无

函数 ADC_GetFlagStatus 中包含了一个标志位参数 ADC_FLAG。该参数也是一个枚举类型的数据，具体取值范围如表 5.37 所示。

表 5.37　函数 ADC_Flag 的数值类型

ADC_Flag	功 能 描 述
ADC_FLAG_AWD	模拟看门狗标志位
ADC_FLAG_EOC	转换结束标志位
ADC_FLAG_JEOC	注入组转换结束标志位
ADC_FLAG_JSTRT	注入组转换开始标志位
ADC_FLAG_STRT	规则组转换开始标志位

有关 ADC_GetFlagStatus 函数的具体使用方法如下。

```
/*******************  以下代码用于实现 STM32 中 ADC 的标志位参数*****************/
/* 检测 ADC1 的转换结束标志的状态 -----------------------------------*/
FlagStatus Status;
Status=ADC_GetFlagStatus(ADC1, ADC_FLAG_EOC);
/**************************** 代码行结束 ***************************/
```

10．函数 ADC_ClearFlagStatus

有关函数 ADC_ClearFlagStatus 的具体使用方法及其参数说明如表 5.38 所示。

表 5.38　函数 ADC_ClearFlagStatus

函数名称	ADC_ClearFlagStatus
函数原型	void ADC_ClearFlagStatus (ADC_TypeDef* ADCx, u8 ADC_FLAG)
功能描述	清除当前 ADC 标志位置
输入参数 1	ADCx，其中 x 为 1 或 2，即 ADC1 或 ADC2
输入参数 2	ADC_FLAG：设置需要清除的标志位
输出参数	无
返回值	无
先决条件	无
被调用函数	无

需要说明的是，在 ADC_ClearFlagStatus 函数中，第 2 个输入参数 ADC_FLAG 的取值范围与 ADC_GetFlagStatus 函数中参数 ADC_FLAG 的取值范围是一致的。除此之外，如果用户希望同时对多个标志位进行清除操作，可以使用“|”进行连接。

有关 ADC_ ClearFlagStatus 函数的具体使用方法如下。

```
/**************以下代码用于实现 STM32 中 ADC 的规则组转换开始标志位*****************/
/* 清除 ADC2 规则组转换开始标志位 ----------------------------------------*/
ADC_ClearFlagStatus(ADC2, ADC_FLAG_STRT);
/***************************** 代码行结束 **************************/
```

5.3.4 ADC 硬件电路

在 ADC 硬件电路设计过程中，输入电压原则上不可以超过 ARM 芯片的供电电压。在前面的内容中也向读者介绍过在条件允许的情况下，尽量避免直接将电源电压连接到 ADC 的参考电压输入端，以避免电源信号所带来的干扰。

通常情况下，三端稳压块输出的电压具有较大的噪声和纹波信号，如果直接作为 AD 的基准电压，会引起 AD 转换结果的不稳定。因此用户需要设计更为精准的参考电压电路为芯片的 AD 转换提供稳定的基准电压。

1. TL431 基准电压

德州仪器公司（TI ）生产的 TL431 是一个具有良好热稳定性能的三端可调分流基准源。其输出的参考电压范围可以通过两个电阻实现从 Vref（2.495V）到 36V 范围内的任意变化，具体外形封装和引脚如图 5.16 所示。

图 5.16　不同引脚封装的 TL431 基准稳压源

对于 TL431 而言，除了上述可以提供精准的宽范围电压外，还具有较宽的工作电流范围。在典型动态阻抗 0.22Ω 时，电流范围可达 1～100mA。这些特性使得 TL431 经常被使用在数字电压表、基准电源及运放电路中，具体特性参数如下。

（1）可编程基准电压输出，最高可达 36V；

（2）电压参考源输出误差典型值为±0.4%（25℃）；

（3）较低的动态输出阻抗，典型值为 0.22Ω；

（4）具有 1～100mA 的灌电流能力；

（5）典型值为50ppm/℃的等效全范围温度系统；

（6）在整个额定工作温度范围内可进行输出电压温度补偿；

（7）较低的输出噪声电压。

对于不同型号、不同封装的TL431而言，虽然在外形结构上有所不同，但内部结构都是一致的，如图5.17所示。

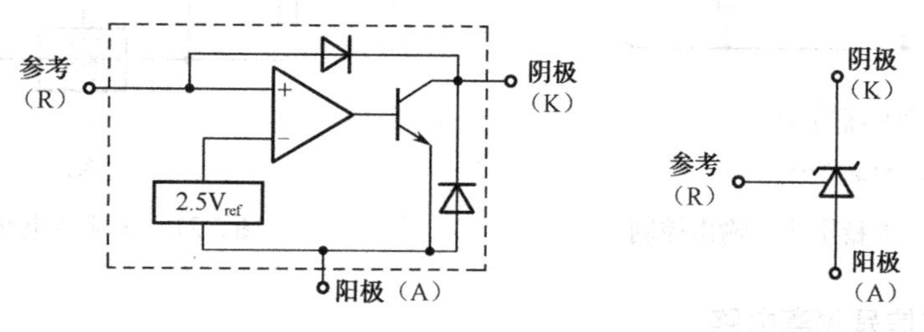

图5.17 TL431内部结构图

TL431的具体功能可以用图5.17的内部结构图来表示。由图可以看到，在TL431中集成了一个内部2.5V的基准源，接在运放的反向输入端。由运放的特性可知，只有当REF端（同向端）的电压非常接近基准电压（2.5V）时，三极管中才会有一个稳定的非饱和电流通过，而且随着REF端电压的微小变化，通过三极管的电流将从1mA到100mA变化。

实际上对于一般用户而言，不需要对TL431的内部结构及其工作原理有非常透彻的理解，可以将TL431模块等效为一只稳压二极管即可。

对于TL431而言，不同的外围电路可以实现不同的稳压功能。通常情况下，用户可以使用以下几种常见的典型分压电路，如图5.18～图5.21所示。

（1）分路稳压电路

（2）大电流分路稳压电路

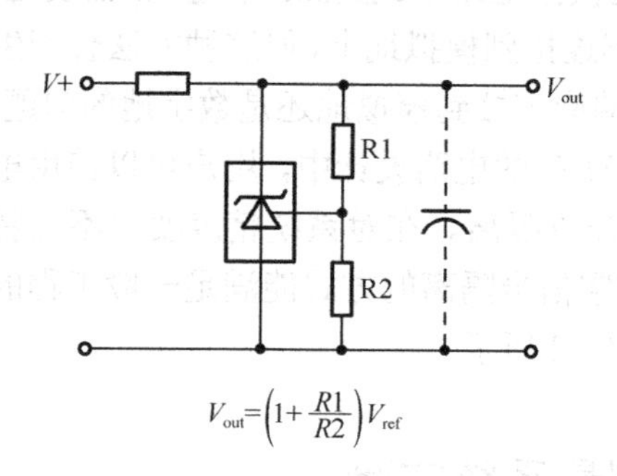

图5.18 TL431分路稳压电路图

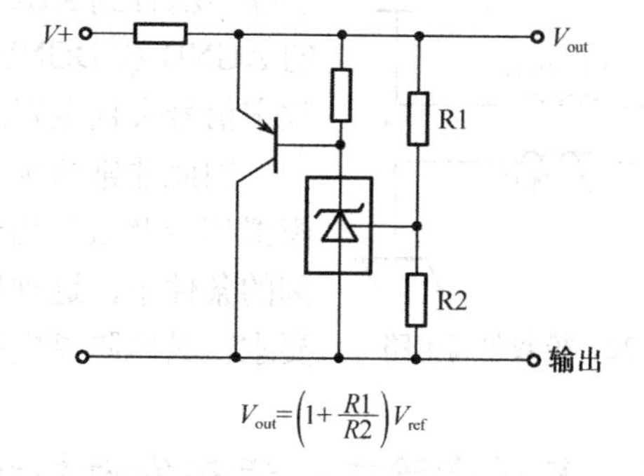

图5.19 TL431大电流分路稳压电路图

（3）三端稳压器的输出控制

（4）恒流源

TL431通常被用于多种可编程的基准电压源，在需要非标准参考电压的电路中都可以使用TL431作为参考电压，同时还可以用在驱动电压监视器、恒流源、串联稳压器及电源中光耦合器的反馈控制中。在上述这些工程应用中，不同工况下元器件的工作电流及负载电容情况下保持芯片的稳定性是至关重要的。

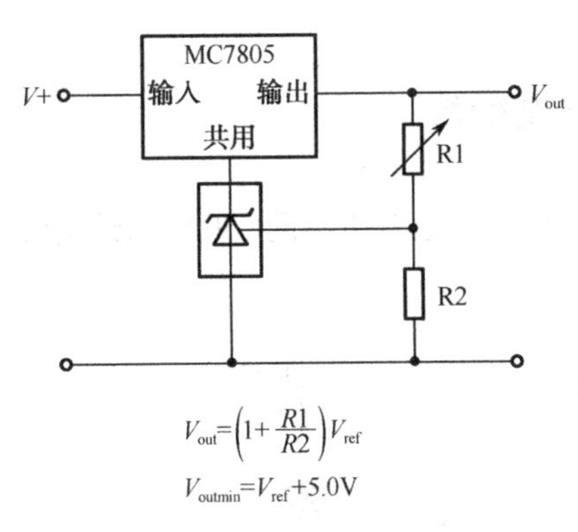

图 5.20　三端稳压器的输出控制

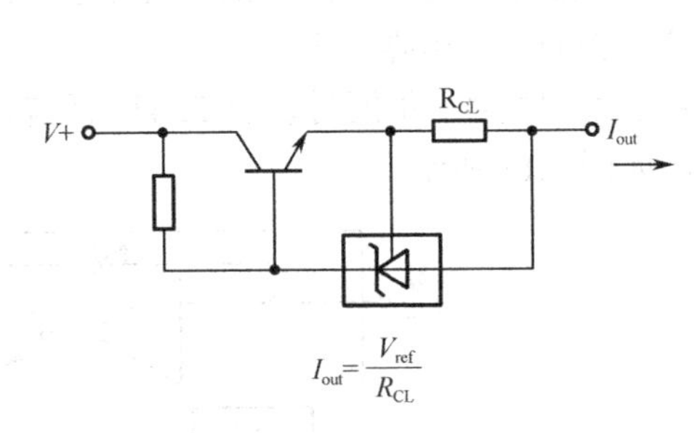

图 5.21　恒流源电路图

2．模拟数字信号隔离电路

如果在高速模数转换器（ADC）和混合信号电路及系统中采用了不正确的接地方法，当数字回流（地电流）进入模拟电路部分时就会引起过多噪声，降低 ADC 转换的精度。

信号隔离的目的在于从电路上把干扰源和易受干扰的部分隔离开来，使测控装置与现场仅保持信号联系，而不直接发生信号之间的联系。隔离的实质是把引进的干扰通道切断，达到隔离现场干扰的目的。测控装置与现场信号之间、弱电和强电之间常用的隔离方式有光电隔离、继电器隔离、变压器隔离、隔离放大器等。另外，在布线上也应该注意隔离。

在将 ADC 的模拟地和数字地引脚连接在一起时，大多数 ADC 厂商会建议将模拟地 AGND 引脚和数字地 DGND 引脚通过最短的引线连接到同一个低阻抗的地信号上。因为大多数 ADC 芯片内部都没有将模拟地和数字地连接在一起，所以必须通过外部引脚实现模拟和数字地的连接。需要注意的是，任何与数字地 DGND 引脚连接的外部阻抗都会通过寄生电容将更多的数字噪声耦合到 ADC 内部的模拟电路上。按照这个建议，需要把 ADC 的 AGND 和 DGND 引脚都连接到模拟地上，但这种方法会产生诸如数字信号去耦电容的接地端应该接到模拟地还是数字地的问题。

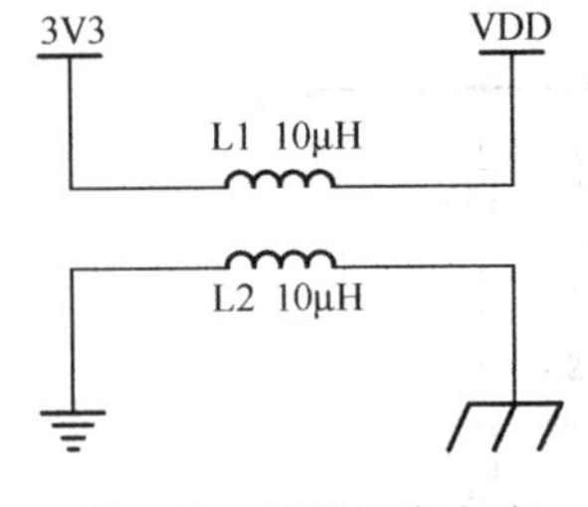

图 5.22　模数隔离电路

因此通常情况下，在 ADC 的电路设计中，用户可以使用电感对模拟信号及数字信号进行简单隔离。在对系统精度要求不是特别苛刻的条件下，这种模拟/数字信号隔离的方式能满足一般工程的实际要求，具体隔离电路如图 5.22 所示。

5.3.5　基础实验二：汽车发动机水温测量系统实验

随着汽车行业的不断发展，汽车上电器设备数据日益增多，使得发动机的功率也逐步增大，发动机产生的热量也不断升高。如果不能处理好发动机的冷却问题，将影响汽车的动力性能，所以对发动机水温的监测是非常重要的。

汽车发动机冷却系统的任务就是使工作中的发动机得到适度冷却，从而使发动机运动部件在最适宜的温度范围内工作，如图 5.23 所示。在实际发动机的工作过程中，由于一些系统工作不正常和元件损坏使发动机散热效果变差，发动机消耗过多的燃油，可燃混合气燃烧异常，点火不正时等造成发动机冷却液温度升高。

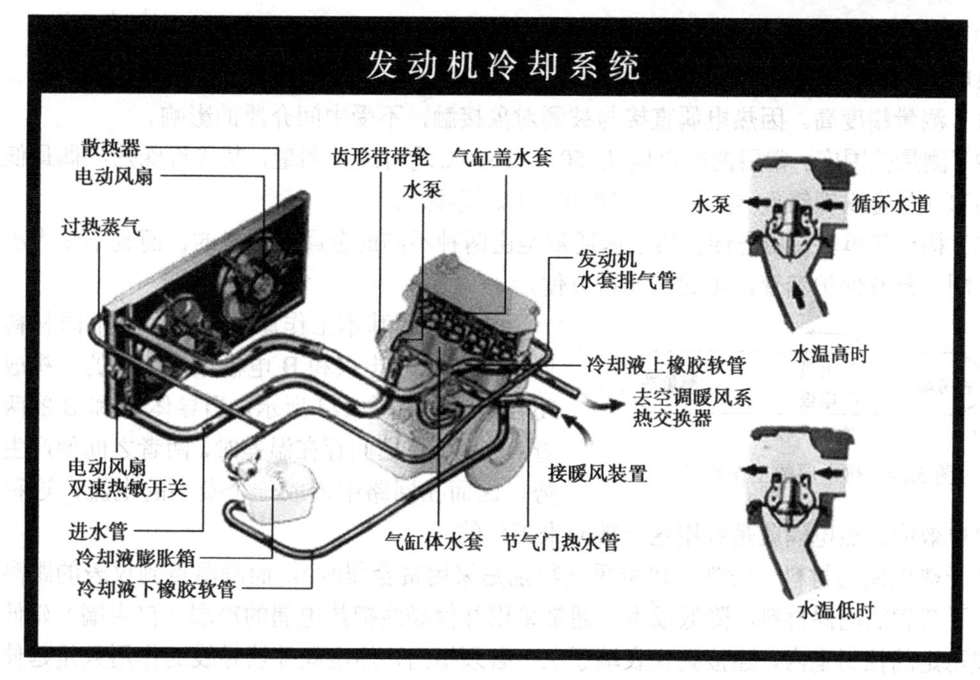

图 5.23 发动机冷却系统

汽车发动机水温高是一种常见的故障，会给发动机带来严重损害，如引起发动机出现爆燃而使动力下降、油耗增加，润滑油变稀使发动机磨损加剧，甚至还有可能导致活塞膨胀，发动机出现拉缸等一系列严重问题，所以在行车过程中，应保证发动机在正常的工作温度范围内运行，对发动机水温进行实时监控。

总之，及时有效地解决发动机水温高是相当重要的。发动机就如同驾驶员的心脏，如果出现异常则会影响整个汽车的工作状态，甚至对驾驶员及乘客的人身财产安全造成严重影响。现在随着科技发展，冷却系统不像以往那样只是单纯的水冷循环。目前常用冷却系统的智能化控制已经非常普及。在目前的汽车发展中，单纯机械式的冷却系统已经不再占有绝对的主导位置。智能控制冷却系统可以大幅提高发动机的使用寿命，保障汽车的安全行驶及其性能，提高车辆自身，以及驾驶员和乘客的人身安全。

1．温度的测量

在目前的项目工程中，温度的测量已经是一项非常成熟的测控技术。温度的测量按照测试方式的不同可以分为接触式和非接触式温度测量。通常情况下，接触式温度的测量相对比较简单可靠，具有较高的测量精度，但接触式测量方式需要与被测介质进行充分的热交换，两者之间需要一定的时间才能达到热平衡，所以存到温度反应延迟的现象。同时，受到耐高量材料的限制，接触式温度的测量不能应用于温度特别高的场合。同时，接触式的测量方式还会破坏原有的量度场，在一定程度上降低温度测量的精度。

非接触式仪表测量是通过热辐射原理来测量温度的，测温元件不需与被测介质接触，测温范围广，不受测量上限的限制，也不会破坏被测物体的温度场，反应速度一般也比较快；但非接触式测量方式容易受到物体的发射率、测量距离、烟尘和水汽等外界因素的影响，其测量误差较大。

1）热电偶测温

热电偶是工业上最常用的温度检测元件之一，具有以下优点。

（1）测量精度高。因热电偶直接与被测对象接触，不受中间介质的影响。

（2）测量范围广。常用的热电偶从-50～+1600℃均可连续测量，某些特殊热电偶最低可测到-269℃（如金铁镍铬），最高可达+2800℃（如钨-铼）。

（3）构造简单，使用方便。热电偶通常是由两种不同的金属丝组成的，而且不受大小和开头的限制，外有保护套管，用起来非常方便。

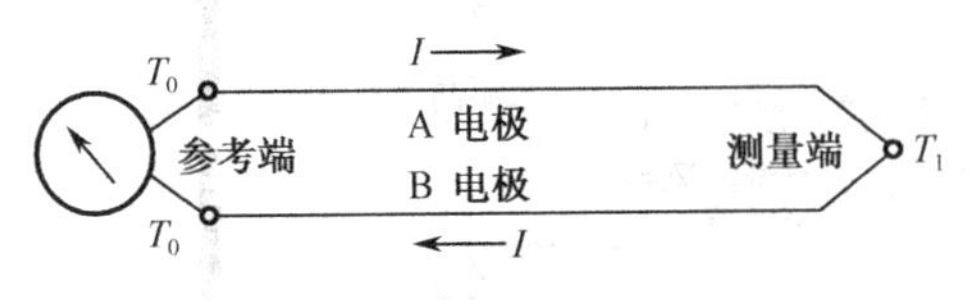

图 5.24　热电偶的工作原理

热电偶的基本工作原理是将两种不同材料的导体或半导体 A 电极和 B 电极焊接起来的，构成一个闭合回路，如图 5.24 所示。当导体 A 和 B 的两个执着点 T_0 和 T_1 之间存在温差时，两者之间便产生电动势，因而在回路中形成一个微小的电流，这种现象称为热电效应。热电偶就是利用这一效应来工作的。

由于热电偶的材料一般都比较贵重（特别是采用贵金属时），而测温点到仪表的距离都很远，为了节省热电偶材料，降低成本，通常采用补偿导线把热电偶的冷端（自由端）延伸到温度比较稳定的控制室内，连接到仪表端子上。必须指出，热电偶补偿导线的作用只是延伸热电偶，使热电偶的冷端移动到控制室的仪表端子上，它本身并不能消除冷端温度变化对测温的影响，不起补偿作用，因此还需采用其他修正方法来补偿冷端温度 $T_0 \neq 0$℃时对测温的影响。

在使用热电偶补偿导线时必须注意型号相配，极性不能接错，补偿导线与热电偶连接端的温度不能超过 100℃。

2）热电阻测温

热电阻是中低温区最常用的一种温度检测器，它的主要特点是测量精度高，性能稳定。其中铂材料的热电阻是测量精确度中最高的，它不仅广泛应用于工业测温，而且被制成标准的基准仪。

热电阻测温是基于金属导体的电阻值随温度的增加而增加这一特性来进行温度测量的。热电阻大都由纯金属材料制成，目前应用最多的是铂和铜，此外现在已开始采用镍、锰和铑等材料来制造热电阻。

从热电阻的测温原理来看，被测温度的变化是直接通过热电阻阻值的变化来测量的，因此，热电阻体的引出线等各种导线电阻的变化会给温度测量带来影响。为消除引线电阻的影响，一般采用三线制或四线制，有关具体内容可以查阅相关的技术手册，这里就不再赘述。

2. 实验内容分析

PT100 具有良好的线性，它的阻值在 0℃时为 100Ω，热响应时间小于 30s，允许通过的电流应该小于 5mA。在利用 PT100 测量温度时，为了确保测量温度的准确性和精度，供电电压应该稳定在 1mV 级。

在本实验中，使用热电阻的测温方式对发动机的水温进行测量。在正常大气压下，液态水的温度范围在 0～+100℃，因此温度传感器可以选择具有较高精度的铂电阻 PT100。

当 PT100 在 0℃时具有标准的阻值，为 100Ω，它的阻值随着温度上升而近似匀速地增长。需要说明的是，从严格意义上来说，PT100 铂电阻的阻值与测量温度之间的关系并不是简单的正比关系，而更趋近于一条抛物线。

铂电阻的阻值随温度变化而变化的计算公式为：

$$-200℃<t<0,\quad R_t = R_0[1+At+Bt^2+C(t-100)t]$$

$$0<t<850℃,\quad R_t = R_0[1+At+Bt^2]$$

式中，R_t 为 t ℃时的电阻值；R_0 为0℃时的阻值；A=3.90802×10^{-3}；B=−5.802×10^{-7}；C=−4.27350×10^{-12}。

为了准确测量铂电阻 PT100 随着外界温度的变化，可以使用平衡电桥的方式检测电阻的微弱变化，如图 5.25 所示。在 PT100 的一端连接两根引线，另一端连接一根引线，将电源正端与信号输出的正极实现分离只是用一个公用的 COM 端，这样的连接方式就是 PT100 的三线制连接方法。

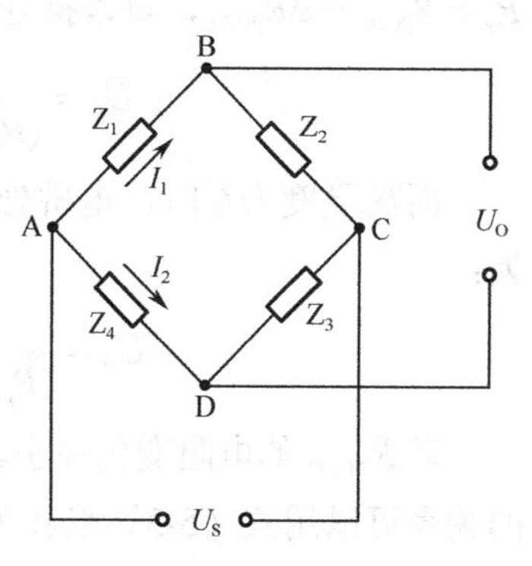

图 5.25 平衡电桥的工作原理

从本质区别上来说，三线制电路是将电源信号与检测信号相分离，避免信号之间的相互干扰。将其应用在电桥电路中，可以消除内引线电阻的影响，测量精度比普通的二线制接法要高。比较适合于测温范围比较窄，导线比较长，或者在途中容易发生变化的场合。

3. 硬件电路设计

在该实验的电路设计中，所用到的基本元件如表 5.39 所示。

表 5.39 汽车发动机水温测量系统实验所用基本元件

序 号	器材名称	数 量	功能说明
1	STM32F103VB	1	主控单元，集成 ADC
2	PT100	1	水温检测，温度传感器
3	LM324 运算放大器	1	小信号放大
4	TL431	1	ADC 基准电源
5	电容、电阻	若干	

根据各个电路元件的功能进行硬件电路设计，具体电路图如图 5.26 所示。

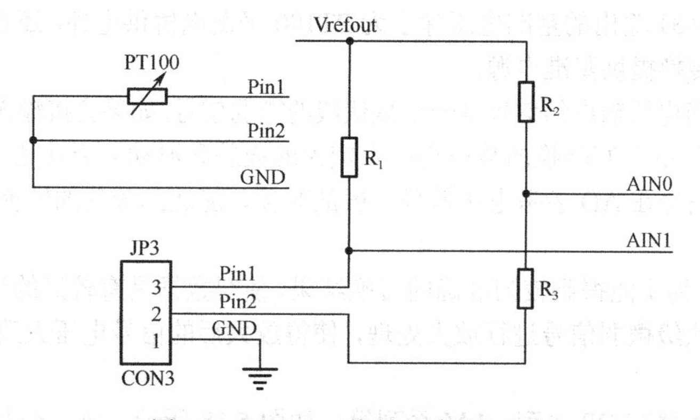

图 5.26 PT100 三线制电桥测温电路

在图 5.26 中，R_1、R_2、R_3 和 R_{PT100} 构成了平衡电桥的四个桥臂。根据平衡电桥的原理可知，当电桥的四个电阻满足条件 $R_1 \cdot R_2=R_3 \cdot R_{PT100}$ 时，电桥处于平衡状态，即引脚 AIN0 与 AIN1 之间的压差为 0。由于 PT100 的阻值随着温度的变化而改变，当外界温度发生变化时，导致

PT100 的阻值改变，破坏了电桥的平衡，使得端口 AIN0 与 AIN1 之间产生一个小的电动势。根据这个小的压差，可以由下列公式推导出 PT100 的电阻值。

R_1，R_2，R_3 是电桥中三个固定阻值的精密电阻，PT100 为热敏电阻，随着温度的改变而改变，可以用 $R_x = R(T)$ 表示。设室温 $T = T_0$ 时，$R_x = R_{\text{Pt100}}$。当温度 $T = T_0 + \Delta T$ 时，$R_x = R_{\text{Pt100}} + \Delta R_{\text{Pt100}}$，可以推导出压差为：

$$U_0 = \frac{R_2 R_{\text{Pt100}} + R_2 \Delta R_{\text{Pt100}} - R_1 R_3}{(R_1 + R_{\text{Pt100}})(R_2 + R_3) + \Delta R_{\text{Pt100}}(R_2 + R_3)} U_s \tag{5.1}$$

而在温度为 t_0 时，电桥处于预调节平衡，即 $R_1 \cdot R_2 = R_3 \cdot R_{\text{PT100}}$，因此式（5-1）可以简化为：

$$U_0 = \frac{R_2 \Delta R_{\text{Pt100}}}{(R_1 + R_{\text{Pt100}})(R_2 + R_3) + \Delta R_{\text{Pt100}}(R_2 + R_3)} U_s \tag{5.2}$$

若 R_{PT100} 的电阻变化很小，且 $\Delta R_x \ll R_1$、R_2、R_3，则分母中 ΔR_{Pt100} 项可以略去，压差与电阻的关系可以用式（5-3）来表示。

$$U_0 = \frac{R_2 \Delta R_{\text{Pt100}}}{(R_1 + R_{\text{Pt100}})(R_2 + R_3)} U_s \tag{5.3}$$

在 PT100 电阻三线制测温电路中，电桥的供电信号由基准电压源 TL431 的电压输出端提供 2.495V 的稳恒电压输出，可以精确到 0.2%以内，而且具有非常小的温漂，具体硬件电路如图 5.27 所示。

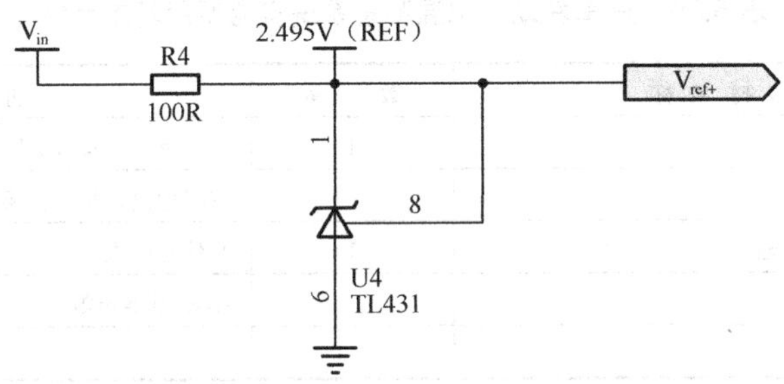

图 5.27　PT100 三线制电桥测温电路

由基准电源 TL431 输出的基准电压除了为 PT100 平衡电桥供电外，还直接作为 ADC 的输入参考电压为 AD 转换提供基准电源。

由于 PT100 平衡电桥输出的信号是一个毫伏级的微弱信号，如果直接输入到 STM32F103VB 处理器的 AD 信号输入端，则转换的数据会产生较大的误差和波动且无法达到最佳的数据线性。一般情况下，输入信号在 AD 参考电压量程一般的时候，能达到最佳的转换线性，能得到最小的数据误差。

根据上述分析，为了能得到较为准确的转换结果，使得数据具有较好的线性，需要对 PT100 平衡电桥输出的毫伏级微弱信号进行放大处理，使得放大后的信号电压大致在 AD 参考电压量程的一半左右。

常用的运算放大器有 OP 系列、LM 系列等，如图 5.28 所示，每一个芯片中可能集成了 1 个、2 个甚至多个运算放大器，用户可以根据实际需要选择不同的芯片。需要提醒用户注意的是，从生产工艺的角度出发，为了降低由于运放芯片造成的信号干扰或误差，尽量选用对称型的运算放大器，即内部集成了 2 个、4 个或者 6 个的集成运放。在同等条件下，优先选择集成运放数量较少的芯片，以保证较好的放大性能。

图 5.28　运算放大器 OP07 和 LM324

通常情况下，运算放大器能对正负变换的信号进行放大处理，且需要正负电源供电。在本实验中，由于缺少负电源，在选择运放芯片的时候特别需要注意必须选择能够支持单电源供电的运放集成芯片。实际上，从功能角度出发，由于本实验中信号放大的对象是正信号，即不存在负电压信号的情况，因此即使使用单电源供电，对信号的放大也并不会产生影响。

LM324 系列器件是一款带有差动信号输入的四运算放大器，与单电源应用场合的标准运算放大器相比，它们有一些显著优点。该系列放大器的工作电压范围低到 3.0V，且最高工作电压可高达 32V，静态电流为通用运算放大器静态电流的 1/5。共模输入范围包括负电源，因而消除了在许多应用场合中采用外部偏置元件的必要性。

LM324 系列由四个独立的，高增益，内部频率补偿运算放大器组成，且支持单电源系统供电。应用领域包括传感器放大器、直流增益模块和所有传统的运算放大器。该集成运放芯片可以更方便地应用在单电源电路系统中，其具体的引脚结构如图 5.29 所示。

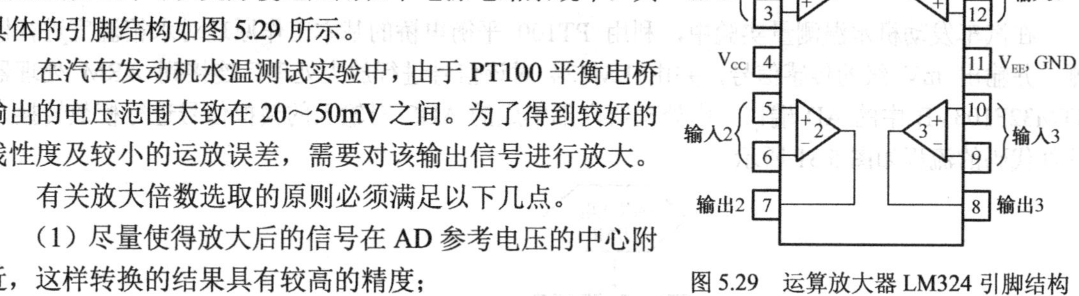

图 5.29　运算放大器 LM324 引脚结构

在汽车发动机水温测试实验中，由于 PT100 平衡电桥输出的电压范围大致在 20～50mV 之间。为了得到较好的线性度及较小的运放误差，需要对该输出信号进行放大。

有关放大倍数选取的原则必须满足以下几点。

（1）尽量使得放大后的信号在 AD 参考电压的中心附近，这样转换的结果具有较高的精度；

（2）放大倍数不宜选择过小，否则放大后的信号在 AD 参考电压偏低的范围内，使得转换结果波动较大；

（3）放大倍数不宜选择过大，否则放大后的信号可能超出 AD 参考电压的量程，使得转换结果发生错误，且不能得到良好的线性度。

根据上述选取放大倍数的原则，以及实际传感器的输出电压范围，在本实验中将放大倍数设置为 100，即 A=100。通常情况下，用户可以使用负反馈电压放大的方式利用集成运算放大器对小电压进行放大处理，具体硬件电路如图 5.30 所示。

图 5.30 包含了汽车发动机水温测量系统的所有前端电路，具体可以分为传感检测电路（PT100 平衡电桥）、运算放大电路及滤波电路。实际上，由于在实验室条件下温度测量受外界干扰相对较小，所以没有在前端电路中使用复杂的滤波电路，在运放的输出端口，仅使用电容 C20 对运放输出信号进行简单的滤波处理。

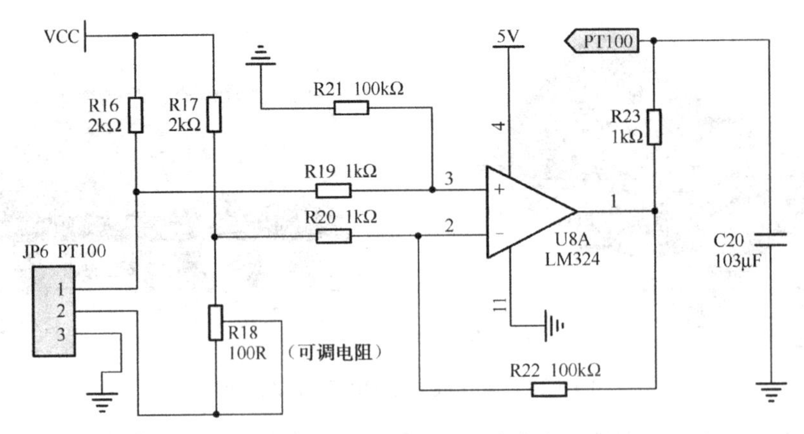

图 5.30 发动机水温运放电路

由于水温检测的前端电路与 ARM 处理器的连接相对比较简单，仅通过一个具有 AD 转换功能的引脚即可实现信号的转换处理，因此用户只需要在 STM32F103VB 中选择一个具有 AD 转换功能的引脚与 LM324 运放的输出端相连就可以了，而基准电压等则需要按照芯片引脚相关的定义进行连接，具体如表 5.40 所示。

表 5.40 汽车发动机水温测量系统引脚分配

序 号	引 脚 分 配	功 能 说 明
1	PA.0	AD 模拟信号输入
2	V_{ref+}	AD 参考电压正
3	V_{ref-}	AD 参考电压负

4. 软件代码设计

在汽车发动机水温测量实验中，利用 PT100 平衡电桥的基本工作原理对水箱温度进行检测，并输出 mV 级的传感信号，并由 LM324 对该信号进行放大处理后连接到 ARM 处理器 STM32F103VB 中的 AD 端口，由处理器内部集成的 ADC 对输入的模拟信号进行模数转换，软件代码的流程如图 5.31 所示。

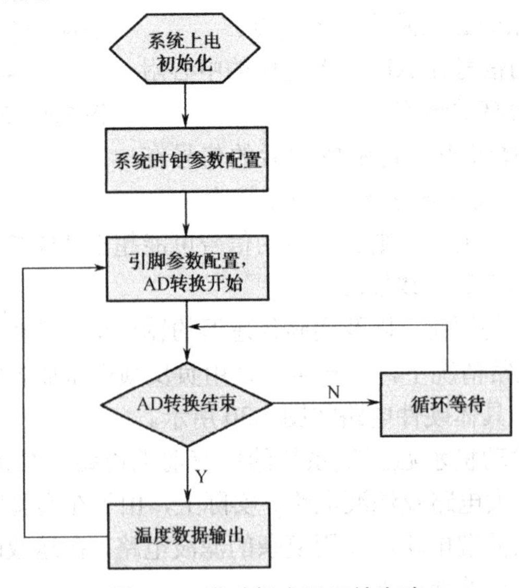

图 5.31 发动机水温运放电路

根据软件流程图的设计思路，具体的程序代码如下所示。

```
/************* 以下代码用于实现汽车发动机水温测量系统实验 **************/
* File Name          : main.c
* Author             : NJFU Team
* Date First Issued  : 02/05/2012
* Description        : Main program body
***********************************************************************/

/* main 函数中的头文件 Includes -------------------------------------*/
#include "stm32f10x_lib.h"              //STM32 固件库函数
#include"stdio.h"                        //基本输入输出 printf/scanf 函数

/* main 函数中的宏定义 ---------------------------------------------*/
#define ADC1_DR_Address((u32)0x4001244C)    //宏定义

/* main 函数中的变量 ------------------------------------------------*/
int AD_value;                            //定义整型变量 AD_value 用于保存 AD 转换的结果
static unsigned long ticks;
unsigned char Clock1s;
double Temper;

/* Private variables -----------------------------------------------*/
ADC_InitTypeDef ADC_InitStructure;
DMA_InitTypeDef DMA_InitStructure;
vu16 ADC_ConvertedValue;
ErrorStatus HSEStartUpStatus;

/* main 函数中子函数的声明 -----------------------------------------*/
void RCC_Configuration(void);           //RCC 时钟配置子函数
void GPIO_Configuration(void);          //GPIO 端口配置子函数
void NVIC_Configuration(void);          //NVIC 中断向量配置子函数
void USART_Configuration1(void);        //USART 串口配置子函数
void SetupClock (void);

/**********************************************************************
* Function Name  : main
* Description    : Main program
* Input          : None
* Output         : None
* Return         : None
***********************************************************************/
void main(void)
{
   #ifdef DEBUG
```

```
    debug();
#endif

/* 配置 RCC 系统时钟 ------------------------------------------*/
RCC_Configuration();
/* 配置系统中断向量表 ------------------------------------------*/
NVIC_Configuration();
/* 配置 GPIO 端口 ----------------------------------------------*/
GPIO_Configuration();
/* 配置 USART 通信串口 -----------------------------------------*/
USART_Configuration1();
/* 配置 DMA ----------------------------------------------------*/
DMA_DeInit(DMA_Channel1);
DMA_InitStructure.DMA_PeripheralBaseAddr = ADC1_DR_Address;
DMA_InitStructure.DMA_MemoryBaseAddr = (u32)&ADC_ConvertedValue;
DMA_InitStructure.DMA_DIR = DMA_DIR_PeripheralSRC;
 DMA_InitStructure.DMA_BufferSize = 1;
DMA_InitStructure.DMA_PeripheralInc = DMA_PeripheralInc_Disable;
DMA_InitStructure.DMA_MemoryInc = DMA_MemoryInc_Disable;
DMA_InitStructure.DMA_PeripheralDataSize=DMA_PeripheralDataSize_HalfWord;
DMA_InitStructure.DMA_MemoryDataSize=DMA_MemoryDataSize_HalfWord;
DMA_InitStructure.DMA_Mode = DMA_Mode_Circular;
DMA_InitStructure.DMA_Priority = DMA_Priority_High;
DMA_InitStructure.DMA_M2M = DMA_M2M_Disable;

/* 初始化 DMA --------------------------------------------------*/
DMA_Init(DMA_Channel1, &DMA_InitStructure);*/

/* 使能 DMA 通道 1 ---------------------------------------------*/
DMA_Cmd(DMA_Channel1, ENABLE);

/* 配置 ADC1 ---------------------------------------------------*/
ADC_InitStructure.ADC_Mode = ADC_Mode_Independent;
ADC_InitStructure.ADC_ScanConvMode = ENABLE;
ADC_InitStructure.ADC_ContinuousConvMode = ENABLE;
ADC_InitStructure.ADC_ExternalTrigConv= ADC_ExternalTrigConv_None;
ADC_InitStructure.ADC_DataAlign = ADC_DataAlign_Right;
ADC_InitStructure.ADC_NbrOfChannel = 1;
ADC_Init(ADC1, &ADC_InitStructure);

/* 配置 ADC1 中的 14 通道 --------------------------------------*/
ADC_RegularChannelConfig(ADC1,ADC_Channel_14,1,ADC_SampleTime_55Cycles5);

 /* 使能 ADC1 对应的 DMA ---------------------------------------*/
```

```
    ADC_DMACmd(ADC1, ENABLE);

    /* 使能 ADC1 ----------------------------------------------*/
    ADC_Cmd(ADC1, ENABLE);

    /* 复位 ADC1 的校准寄存器 -----------------------------------*/
    ADC_ResetCalibration(ADC1);

    /* 等待 ADC 校准寄存器复位完成 ------------------------------*/
    while(ADC_GetResetCalibrationStatus(ADC1));

    /* 开始校准 ADC1Start ADC1 calibaration --------------------*/
    ADC_StartCalibration(ADC1);

    /* 等待 ADC 校准完成 ----------------------------------------*/
    while(ADC_GetCalibrationStatus(ADC1));

    /* 以软件的方式触发 ADC 进行转换 ----------------------------*/
    ADC_SoftwareStartConvCmd(ADC1, ENABLE);

    /* 系统大循环开始 -------------------------------------------*/
    while(1)
    {
        //读取 ADC 的转换结果并保存在变量 AD_value 中
        AD_value=ADC_GetConversionValue(ADC1);

        //根据公式将 ADC 转换后的数据结构转换成温度值
        Temper=(0.02346*AD_value+474)/
                                    (1.84-0.000003*AD_value)-257.73;

        /* 延迟 1s -------------------------------------------*/
        if (ticks++ >= 9999)
        {
            ticks   = 0;          //时间计数清 0
            Clock1s = 1;              //计时 1s 后将标志位 Clock1s 设置为 1
        }

        /* 每隔 1s 将温度数据通过串口发送至 PC --------------------*/
        if (Clock1s)
        {
            Clock1s = 0;              //清除 1s 时间的标志位

            //将温度数据通过串口发送
            printf("AD value = 0x%04X \r\n", AD_value);
        }
```

```
    }//while 循环语句结束
}//main 函数执行结束
/************************* 主程序代码结束 *************************/
```

在向用户介绍完 main 函数的程序代码结构后，在下面的内容中将陆续介绍有关 main 函数中各个子函数的基本功能和代码实现。首先介绍的是 RCC 系统配置子函数 RCC_Configuration()，该函数主要用于实现对系统所有时钟的配置，包含 ARM 芯片的内部时钟及外部接口的时钟，具体分析如下。

```
/*******************************************************************
* Function Name     : RCC_Configuration
* Description       : Configures the different system clocks.
* Input             : None
* Output            : None
* Return            : None
*******************************************************************/
void RCC_Configuration(void)
{
    /* 调用库函数复位 RCC 寄存器 -------------------------------------*/
    RCC_DeInit();

    /* 使能 RCC 时钟 ------------------------------------------------*/
    RCC_HSEConfig(RCC_HSE_ON);

    /* 等待 RCC 时钟初始化操作 ---------------------------------------*/
    //检测 HSE 时钟初始化的状态
    HSEStartUpStatus = RCC_WaitForHSEStartUp();

    //如果 HSE 时钟初始化成功
    if(HSEStartUpStatus == SUCCESS)
    {
        /* 设置 HCLK 为 SYSCLK ---------------------------------------*/
        RCC_HCLKConfig(RCC_SYSCLK_Div1);

        /* 设置 PCLK2 为 HCLK ----------------------------------------*/
        RCC_PCLK2Config(RCC_HCLK_Div1);

        /* 设置 PCLK1 时钟为 HCLK/2 ----------------------------------*/
        RCC_PCLK1Config(RCC_HCLK_Div2);

        /* 设置 ADC 时钟为 PCLK2/4 -----------------------------------*/
        RCC_ADCCLKConfig(RCC_PCLK2_Div4);

        /* 配置 Flash 2 ----------------------------------------------*/
        FLASH_SetLatency(FLASH_Latency_2);

        /* 使能 FLASH 的数据缓冲 buffer ------------------------------*/
        FLASH_PrefetchBufferCmd(FLASH_PrefetchBuffer_Enable);
```

```
        /* 设置 PLL 为 9 倍频时钟 ------------------------------------*/
        RCC_PLLConfig(RCC_PLLSource_HSE_Div1, RCC_PLLMul_9);

        /* 使能系统 PLL ------------------------------------------------*/
        RCC_PLLCmd(ENABLE);

        /* 等待 PLL 初始化结束 -----------------------------------------*/
        while(RCC_GetFlagStatus(RCC_FLAG_PLLRDY) == RESET)
        {
            //空循环等待操作
        }

        /* PLL 初始化成功后设置为系统时钟源-----------------------------*/
        RCC_SYSCLKConfig(RCC_SYSCLKSource_PLLCLK);

        /* 等待 PLL 设置为系统时钟源成功 -------------------------------*/
        while(RCC_GetSYSCLKSource() != 0x08)
        {
            //空循环等待操作
        }
    }//if 判断结束

    /************** 以下代码用于启动外部接口设备的时钟信号 **************/
    /* 使能 DMA 时钟 -----------------------------------------------------*/
    RCC_AHBPeriphClockCmd(RCC_AHBPeriph_DMA, ENABLE);

    /* 使能 ADC1 的时钟和 GPIOC 引脚的时钟 ------------------------------*/
    RCC_APB2PeriphClockCmd( RCC_APB2Periph_ADC1|
    RCC_APB2Periph_GPIOC, ENABLE);

    /* 使能 USART1 和 GPIOA 引脚的时钟 ----------------------------------*/
    RCC_APB2PeriphClockCmd( RCC_APB2Periph_USART1|
    RCC_APB2Periph_GPIOA, ENABLE);
}//RCC 系统时钟配置函数结束
/************************* 子函数代码结束 *************************/
```

在向用户介绍完 main 函数程序代码结构中的 RCC 系统配置子函数 RCC_Configuration() 后，在下面的内容中将介绍引脚参数配置子函数 GPIO_Configuration()，该函数主要用于实现对系统引脚参数的配置，具体分析如下。

```
/******************************************************************
 * Function Name : GPIO_Configuration
 * Description   : Configures the different GPIO ports.
 * Input         : None
 * Output        : None
 * Return        : None
******************************************************************/
```

```
void GPIO_Configuration(void)
{
    //声明一个 GPIO_InitTypeDef 类型的结构体
    GPIO_InitTypeDef GPIO_InitStructure;

    /* 将 PC.01 (ADC Channel14)设置为模拟信号输入 -------------------*/
    GPIO_InitStructure.GPIO_Pin = GPIO_Pin_1;
    GPIO_InitStructure.GPIO_Mode = GPIO_Mode_AIN;
    GPIO_Init(GPIOC, &GPIO_InitStructure);

    /* 将 USART1 Tx (PA.09) 设置为输出引脚（功能复用）----------------*/
    GPIO_InitStructure.GPIO_Pin = GPIO_Pin_9;
    GPIO_InitStructure.GPIO_Mode = GPIO_Mode_AF_PP;
    GPIO_InitStructure.GPIO_Speed = GPIO_Speed_50MHz;
    GPIO_Init(GPIOA, &GPIO_InitStructure);

    /* 将 USART1 Rx (PA.10)设置为输入引脚（功能复用）----------------*/
    GPIO_InitStructure.GPIO_Pin = GPIO_Pin_10;
    GPIO_InitStructure.GPIO_Mode = GPIO_Mode_IN_FLOATING;
    GPIO_Init(GPIOA, &GPIO_InitStructure);
}//引脚配置函数结束
/*********************** 子函数程序代码结束 ***********************/
```

由于用户在系统设计的过程中需要将数据通过 USART 发送至上位机，因此同样在程序代码中需要实现对 USART 串口通信参数的配置，即实现系统串口通信 USART 配置子函数 USART_Configuration()。

下面将介绍引脚参数配置子函数 USART_Configuration()，该函数主要用于实现对系统引脚参数的配置，具体分析如下。

```
/*******************************************************************
* Function Name : USART_Configuration
* Description   : Configures the USART1.
* Input         : None
* Output        : None
* Return        : None
*******************************************************************/
void USART_Configuration1(void)
{
    //声明一个 USART_InitTypeDef 类型的结构体
    USART_InitTypeDef USART_InitStructure;

    /* 将 USART1 按照如下参数进行配置 ------------------------------
          - BaudRate = 115200 baud
          - Word Length = 8 Bits
          - One Stop Bit
          - No parity
          - Hardware flow control disabled (RTS and CTS signals)
          - Receive and transmit enabled
```

```
            - USART Clock disabled
            - USART CPOL: Clock is active low
            - USART CPHA: Data is captured on the middle
    -------------------------------------------------------------------------*/
    USART_InitStructure.USART_BaudRate = 115200;
    USART_InitStructure.USART_WordLength = USART_WordLength_8b;
    USART_InitStructure.USART_StopBits = USART_StopBits_1;
    USART_InitStructure.USART_Parity = USART_Parity_No;
    USART_InitStructure.USART_HardwareFlowControl =
    USART_HardwareFlowControl_None;
    USART_InitStructure.USART_Mode = USART_Mode_Rx | USART_Mode_Tx;
    USART_InitStructure.USART_Clock = USART_Clock_Disable;
    USART_InitStructure.USART_CPOL = USART_CPOL_Low;
    USART_InitStructure.USART_CPHA = USART_CPHA_2Edge;
    USART_InitStructure.USART_LastBit = USART_LastBit_Disable;

    //按照上述参数对USART继续配置操作
    USART_Init(USART1, &USART_InitStructure);

    /* 使能USART1 -------------------------------------------------------*/
    USART_Cmd(USART1, ENABLE);
}//USART参数配置结束
/************************ 子函数程序代码结束 ************************/
```

在上述代码中，完整地给出了发动机水温测量的程序代码，并对其中的子函数功能进行详细介绍。同时，为了提高AD转换的速度，使用了DMA的方式对转换结果进行取数据操作，具有较高的转换效率。

5. 补充实验及扩展

为了进一步对ARM处理器STM32F103VB内部集成的ADC进行扩展说明，在这里给出一个与AD转换相关的实验，用户可根据自身的实际情况进行设计、实验，具体如下。

图5.32为汽车电磁式燃油表的基本工作原理。通过浮子在油箱中的不同高度改变滑动变阻器的阻值，从而带动指针的变化。试通过ARM处理器STM32F103VB内部集成的ADC对油箱中不同油量所对应的电压进行检测，实现对发动机燃油量的检测。

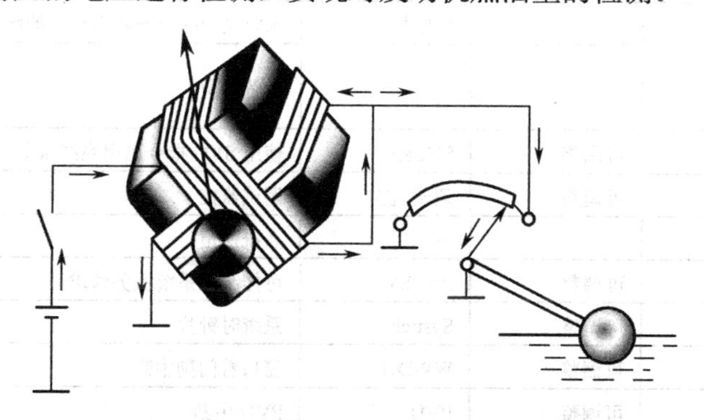

图5.32 汽车电磁式燃油表的原理图

5.4 EXTI 中断模块

在 STM32F103XX 系列处理器中，系统内置嵌套的向量式中断控制器 NVIC 能够处理多达 43 个可屏蔽中断通道（不包含 15 个 Cortex-M3 的中断线）和 16 个可编程的中断优先级，具体参数特性如下。

（1）支持 43 个可屏蔽的中断通道；

（2）支持 16 个可编程的中断优先级（采用 4 位中断优先级）

（3）具有极低的延时异常和中断处理功能；

（4）支持对系统电源的中断管理控制；

（5）支持中断尾部链接功能；

（6）自动保存当前处理器的状态；

（7）中断返回时自动恢复系统中断初始状态，无须任何额外指令开销。

向量式中断控制器 NVIC 与处理器内核紧密耦合使得系统对中断处理具有极低的响应延时，并且能使系统的中断得到高效处理。

5.4.1 外部中断/事件的分类

在 STM32F103XX 系列处理器中，系统支持了各种不同类型的中断形式，且不同中断的各个特征参数，如优先级、中断地址等也各不相同，用户可以根据表 5.41 来查看系统所支持的中断类型。

表 5.41 安全带报警系统的引脚分配

位置编号	优先级	优先级类型	异常类型	功能描述	地址
—	—	—	—	系统保留	0x0000_0000
—	-3	固定	复位	系统复位	0x0000_0004
—	-2	固定	不可屏蔽中断	RCC 时钟安全系统 CSS 链接到不可屏蔽向量	0x0000_0008
—	-1	固定	硬故障	所有类型的故障	0x0000_000C
—	0	可调整	存储器管理	存储器管理中断	0x0000_0010
—	1	可调整	总线故障	预取故障，存储器访问故障	0x0000_0014
—	2	可调整	使用故障	未定义的指令或者不合法的状态	0x0000_0018
—	—	—	—	系统保留	0x0000_001C-0x0000_002B
—	3	可调整	SVCall	使用 SVC 指令调用系统服务	0x0000_002C
—	4	可调整	调试监控	调试监控	0x0000_0030
—	—	—	—	系统保留	0x0000_0034
—	5	可调整	PendSV	可挂起的系统服务请求	0x0000_0038
—	6	可调整	Systick	系统时钟片	0x0000_003C
0	7	可调整	WWDG	窗口看门狗中断	0x0000_0040
1	8	可调整	PVD	PVD 中断	0x0000_0044
2	9	可调整	TAMPER	干扰中断	0x0000_0048

续表

位置编号	优先级	优先级类型	异常类型	功能描述	地址
3	10	可调整	RTC	RTC 全局中断	0x0000_004C
4	11	可调整	Flash 闪存	Flash 闪存中断	0x0000_0050
5	12	可调整	RCC	RCC 全局中断	0x0000_0054
6	13	可调整	EXTI0	外部中断线 EXTI 线 0 号中断	0x0000_0058
7	14	可调整	EXTI1	外部中断线 EXTI 线 1 号中断	0x0000_005C
8	15	可调整	EXTI2	外部中断线 EXTI 线 2 号中断	0x0000_0060
9	16	可调整	EXTI3	外部中断线 EXTI 线 3 号中断	0x0000_0064
10	17	可调整	EXTI4	外部中断线 EXTI 线 4 号中断	0x0000_0068
11	18	可调整	DMAChannel1	DMA 通道 1 全局中断	0x0000_006C
12	19	可调整	DMAChannel2	DMA 通道 2 全局中断	0x0000_0070
13	20	可调整	DMAChannel3	DMA 通道 3 全局中断	0x0000_0074
14	21	可调整	DMAChannel4	DMA 通道 4 全局中断	0x0000_0078
15	22	可调整	DMAChannel5	DMA 通道 5 全局中断	0x0000_007C
16	23	可调整	DMAChannel6	DMA 通道 6 全局中断	0x0000_0080
17	24	可调整	DMAChannel7	DMA 通道 7 全局中断	0x0000_0084
18	25	可调整	ADC	ADC 全局中断	0x0000_0088
19	26	可调整	USB_HP_CAN	USB 高优先级或 CAN_TX 中断	0x0000_008C
20	27	可调整	USB_LP_CAN	USB 低优先级或 CAN_RX0 中断	0x0000_0090
21	28	可调整	CAN_RX1	CAN_RX1 中断	0x0000_0094
22	29	可调整	CAN_SCE	CAN_SCE 中断	0x0000_0098
23	30	可调整	EXTI9_5	外部中断线 EXTI9-5 中断	0x0000_009C
24	31	可调整	TIM1_BRK	TIM1 打断中断	0x0000_00A0
25	32	可调整	TIM1_UP	TIM1 更新中断	0x0000_00A4
26	33	可调整	TIM1_TRG_C OM	TIM1 触发或通信中断	0x0000_00A8
27	34	可调整	TIM1_CC	TIM1 捕获或比较中断	0x0000_00AC
28	35	可调整	TIM2	TIM2 全局中断	0x0000_00B0
29	36	可调整	TIM3	TIM3 全局中断	0x0000_00B4
30	37	可调整	TIM4	TIM4 全局中断	0x0000_00B8
31	38	可调整	I2C1_EV	I2C1 事件中断	0x0000_00BC
32	39	可调整	I2C1_ER	I2C1 错误中断	0x0000_00C0
33	40	可调整	I2C2_EV	I2C2 事件中断	0x0000_00C4
34	41	可调整	I2C2_ER	I2C2 错误中断	0x0000_00C8
35	42	可调整	SPI1	SPI1 全局中断	0x0000_00CC
36	43	可调整	SPI2	SPI2 全局中断	0x0000_00D0
37	44	可调整	USART1	USART1 全局中断	0x0000_00D4
38	45	可调整	USART2	USART2 全局中断	0x0000_00D8
39	46	可调整	USART3	USART3 全局中断	0x0000_00DC
40	47	可调整	EXTI15_10	外部中断线 EXTI15:10 中断	0x0000_00E0
41	48	可调整	RTCAlarm	RTC 闹钟中断	0x0000_00E4
42	49	可调整	USBWakeUp	USB 挂起唤醒中断	0x0000_00E8

从上表的内容中可以看出，外部中断/事件控制器包含了 19 个边沿检测器，且 STM32F103XX 处理器中多达 80 个通用 I/O 端口可以被直接映射到这 19 个外部中断线，用于产生中断/事件的请求。每一个中断线都可以独立配置触发事件（上升沿、下降沿或双边沿触发），并且能够单独被系统屏蔽。其中，系统还提供了一个挂起寄存器维持所有中断请求的状态。外部中断/事件控制器 EXTI 可以检测到脉冲宽度小于内部 APB2 的时钟周期。

5.4.2 外部中断/事件的结构

在 STM32F103XX 处理器中，外部中断/事件控制器由用于产生事件/中断请求的 19 个边沿检测器组成。每根外部中断输入线均可以被单独配置中断的类型（脉冲或挂起）和相关的触发事件（上升沿触发、下降沿触发或双边沿触发）。同时，每根外部中断输入线也均可以被单独屏蔽，并且处理器通过一个挂起寄存器保存中断请求的状态。

外部中断/事件控制器 EXTI 的主要特性如下：

（1）每根外部中断/事件输入线上均可独立触发和屏蔽；

（2）每根外部中断/事件输入线都具有专门的状态标志位；

（3）最多可产生 19 个软件事件/中断请求；

（4）可捕获脉宽低于 APB 时钟的外部信号。

图 5.33 给出了 STM32 处理器中某一条外部中断线或外部事件线的信号结构图，图中虚线标出了外部中断信号的传输路径。外部中断/事件信号从芯片引脚 1 输入，经过边沿检测电路 2 后，通过或门 3 进入中断“挂起请求寄存器”，最后经过与门 4 将外部信号输出到 NVIC 中断控制器。

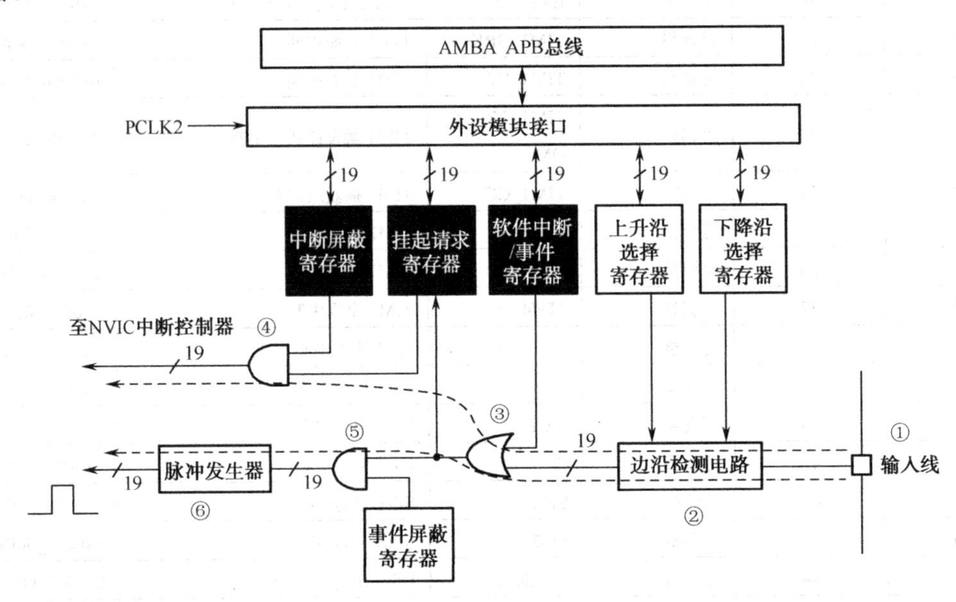

图 5.33 外部中断/事件控制器的信号结构图

需要说明的是，在这个通道上有 4 个控制选项，外部的信号首先经过边沿检测电路，这个边沿检测电路受到上升沿或下降沿选择寄存器的控制，用户可以使用这两个寄存器控制需要哪一个边沿产生中断，因为选择上升沿或下降沿是分别受 2 个平行的寄存器控制的，所以用户可以同时选择上升沿或下降沿，即双边沿触发，而如果只有一个寄存器控制，那么只能选择一个边沿触发。

或门3除了接收来自外部中断的信号外，另一个输入是“软件中断/事件寄存器”。从这里可以看出，软件可以优先于外部信号请求一个中断或事件，即当“软件中断/事件寄存器”的对应标志位为“1”时，不管外部信号如何，或门3都会输出中断有效信号。

中断/事件请求信号经过或门3后，进入挂起请求寄存器。在此之前，中断/事件的信号传输通路都是一致的，即在挂起请求寄存器中记录了外部信号的电平变化。

外部请求信号最后经过与门4向NVIC中断控制器发出一个中断请求，如果中断屏蔽寄存器的对应标志位为“0”，则该请求信号不能传输到与门的另一端，实现了中断的屏蔽。

图5.33中另一个虚线箭头则表示了事件的请求机制，标出了外部事件信号的传输路径，外部请求信号经过或门3后进入与门5，这个与门的作用与与门4类似，用于对引入事件屏蔽寄存器的控制。最后脉冲发生器将跳变信号转变为单脉冲，输出到芯片中的其他功能模块。

对上述对中断/事件的结构分析而言，从外部激励信号来看，中断和事件是没有区别的，只是在芯片内部分开，一路信号向CPU产生中断请求，另一路信号会向其他功能模块发送脉冲触发信号。APB总线和外设模块接口是每一个功能模块都有的部分，CPU通过这样的接口访问各个功能模块，这里就不再赘述了。

5.4.3 外部中断/事件的执行顺序与嵌套

通常情况下，外部中断/事件的处理可以分为以下4个过程，具体如下。

1. 中断请求和优先级

如果系统存在多个中断源，则处理器就需要对当前所有中断的优先级进行判断。当同时有多个中断请求信号时，先响应优先级别高的中断请求。具有较高优先级中断请求信号可以强行中断低优先级的中断服务。

中断源的优先级别分为高级和低级，通过由软件设置中断优先级寄存器IP的相关位来设定每个中断源的级别。在STM32系列ARM处理器中，系统采用4位中断优先级，支持16个可编程的中断优先级。

在中断处理过程中，如果多个具有同样优先级别的中断源同时向处理器请求中断，处理器将通过硬件查询电路首先响应自然优先级较高的中断源的中断请求。

除此之外，系统在中断处理过程中处理器可以实现多级中断的嵌套。所谓中断的嵌套是指中断系统正在执行一个中断服务时，有另一个优先级更高的中断提出中断请求，这时会暂时终止当前正在执行的级别较低的中断源的服务程序去处理级别更高的中断源，待处理完毕再返回到被中断了的中断服务程序继续执行，这个过程就是中断嵌套，如图5.34所示。

需要注意的是，高优先级的中断源可以中断正在执行的低优先级的中断服务程序，除非执行了低优先级中断服务程序的CPU关中断指令。同级或低优先级的中断不能中断正在执行的中断服务程序。

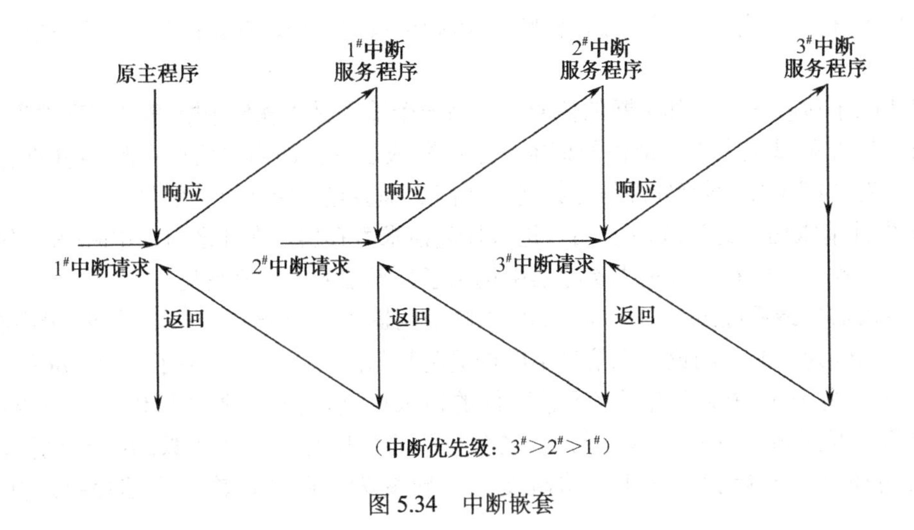

图 5.34　中断嵌套

2．中断的响应

在外部中断/事件信号产生后，处理器要响应中断需满足下列条件。

（1）无同级或高级中断正在服务；

（2）当前指令周期结束，如果查询中断请求的机器周期不是当前指令的最后一个周期，则无法执行当前的中断请求；

（3）若处理器正在执行系统指令，则需要执行到当前指令及下一条指令才能响应该中断请求。

如果中断发生，且处理器满足上述中断请求条件，系统将按照以下步骤执行相应的中断请求操作，具体如下：

（1）置位中断优先级有效触发器，即关闭同级和低级中断；

（2）调用入口地址，断点入栈，相当于 LCALL 指令；

（3）进入中断服务程序。

3．中断处理

中断处理就是执行中断服务程序，从中断入口地址开始执行直到返回指令为止。从具体的执行过程来说，中断的处理过程一般包括以下 3 个部分的内容：

（1）保护中断现场；

（2）处理中断源的请求；

（3）恢复中断现场。

通常情况下，主程序和中断服务程序都会用到累加器 ACC、状态寄存器 PSW 及其他一些寄存器。在执行中断服务程序的过程中，处理器可能会用到上述寄存器，这样就会破坏原先保存在这些寄存器中的内容，在中断执行返回后，将造成主程序中数据信息的混乱。因此在进入中断服务程序后，一般需要先保护中断现场，然后再执行中断处理程序，在返回主程序以前再恢复中断现场。

中断服务是要完成处理的事务，用户根据需要编写中断服务程序，程序中要注意将主程序中需要保护的寄存器内容进行保护。中断服务执行完以后要注意寄存器中的内容数据，要实现对中断现场的保护和恢复，用户可以通过堆栈操作或切换寄存器组的形式来完成，具体流程如图 5.35 所示。

4．中断返回

中断返回是指中断服务完成后，处理器返回到原程序的断点（即原来发生中断的位置），继续执行原来的程序。

在系统底层汇编代码中，中断的返回通过执行中断返回指令 RETI 来实现，该指令的功能是首先将相应的优先级状态触发器置 0 以开放同级别中断源的中断请求；其次，从堆栈区把断点地址取出送回到程序计数器 PC 中。需要注意的是，处理器在响应某中断请求后，在中断返回前，应该清除当前中断的请求标志位，否则会再次引起同一个中断。

综上所述，中断处理的整个过程包含了中断请求、中断响应、中断处理和中断返回 4 个步骤。中断源可以来自处理器内部，这类中断源称为系统内部中断源；有的中断来自于处理器外部，这类中断源称为系统外部中断源。

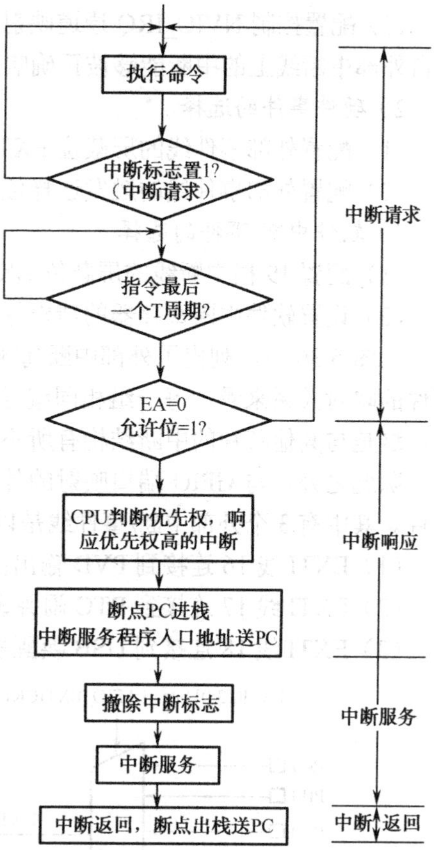

图 5.35　中断执行流程图

5.4.4　外部中断/事件的选择

在 STM32F103VB 处理器中，系统能够处理外部事件或者内部事件以唤醒内核 WFE，通过配置外部线路，任意的 I/O 端口、RTC 闹钟及 USB 唤醒等事件都可以用来唤醒休眠状态的 CPU，即从 WFE 退出。

为了产生中断，应该对中断线进行参数配置并且使能对应的中断标志位，即将两个触发寄存器设置为相应的边沿检测，并且将中断屏蔽寄存器对应的标志位设置为“1”以使能外部中断请求。当被选择的边沿触发在外部中断线上产生中断时，将向系统产生一个中断请求。该中断线对应的挂起标志位也将被置位，即设置为“1”。用户也可以通过向该挂起寄存器写 1 操作将该中断请求复位。

为了产生事件，应该对事件线进行参数配置并且使能对应的事件标志位，即将两个触发寄存器设置为相应的边沿检测，并且将中断屏蔽寄存器对应的标志位设置为“1”以使能事件请求。当被选择的边沿在事件线上发生时，将产生一个事件脉冲，同时事件线对应的挂起标志位不会被置位。

用户可以通过下面几个步骤来实现对外部中断/事件的选择，具体如下。

1）硬件中断的选择

（1）配置外部中断线的屏蔽位 EXTI_IMR；

（2）配置外部中断线的触发选择位 EXTI_RTSR 和 EXTI_FTSR；

（3）配置控制 NVIC_IRQ 通道映射到外部中断控制器 EXTI 的使能标志位及屏蔽位，使得来自外部中断线上的中断能够被正确响应。

2）硬件事件的选择

（1）配置外部事件线的屏蔽位 EXTI_EMR；

（2）配置外部事件线的触发选择位 EXTI_RTSR 和 EXTI_FTSR。

3）软件中断/事件的选择

（1）配置 19 根中断线的屏蔽位 EXTI_EMR 和 EXTI_IMR；

（2）设置软件中断寄存器的请求标志位为 1，即 EXTI_SWIER。

在图 5.36 中，列出了外部中断/事件与 GPIO 端口之间的映射。从 GPIO 端口与外部中断/事件的映射关系来看，每一组相同编号的 GPIO 端口都被映射到同一个外部中断/事件寄存器中，这是与其他芯片的中断结构有所不同的地方，需要特别注意。

除此之外，与 GPIO 端口映射的外部中断/事件只有 16 个，而系统提供了 19 个外部中断/事件。其中有 3 个外部中断/事件线是以以下 3 种方式连接的，具体如下：

（1）EXTI 线 16 连接到 PVD 输出；

（2）EXTI 线 17 连接到 RTC 闹钟事件；

（3）EXTI 线 18 连接到 USB 唤醒事件。

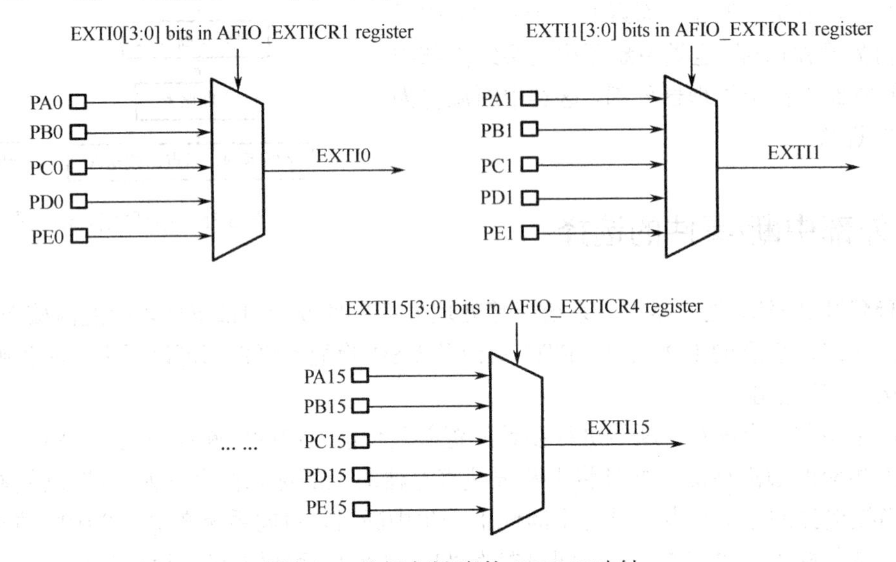

图 5.36　外部中断/事件 GPIO 口映射

5.4.5　外部中断/事件库函数

外部中断/事件控制器由 19 个产生中断/事件要求的边沿检测器组成。每个输入线可以独立配置输入类型和对应的触发事件，且每一个输入线都可以被独立屏蔽。同时，挂起寄存器中还保存着状态线的中断要求。在下面的内容中，将介绍有关外部中断/事件寄存器的基本结构和用法。

用户首先需要了解有关 EXTI 寄存器的基本结构。在 STM32F103XX 系列 ARM 处理器中，有关 EXTI 寄存器的参数是采用结构体的方式来进行描述的，具体的结构体及其内置参数如下。

```
/*****************  以下代码用于实现 STM32 中的 EXTI 定义 **************/
Typedef struct
{
    vu32 IMR;
    vu32 EMR;
    vu32 RTSR;
    vu32 FTSR;
    vu32 SWIER;
    vu32 PR;
}EXTI_TypeDef;
/*****************************  代码行结束 **************************/
```

在上述 EXTI 寄存器的数据结构中，每一个参数都对应外部中断 EXTI 的一个寄存器，具体的寄存器名称及功能描述如表 5.42 所示。

表 5.42　EXTI 寄存器

函 数 名 称	功 能 描 述
IMR	中断屏蔽寄存器
EMR	事件屏蔽寄存器
RTSR	上升沿触发选择寄存器
FTSR	下降沿触发选择寄存器
SWIR	软件中断事件寄存器
PR	挂起寄存器

在介绍与 EXTI 相关的寄存器功能之后，将继续向用户介绍 STM32XX 系列处理器固件库中有关的 EXTI 库函数及其功能，具体如表 5.43 所示。

从表 5.43 中可以看出，STM32 标准函数库中关于外部中断/事件的 EXTI 寄存器操作函数较为全面地实现了所有对外部中断/事件操作的功能。在下面的内容中，选择上述函数库中部分常用的函数进行简单介绍，使用户对这些函数的具体使用方法有一定了解。

表 5.43　EXTI 库函数

函 数 名 称	功 能 描 述
EXTI_DeInit	将外设 EXTI 寄存器重新设置为默认值
EXTI_Init	根据 EXTI_InitStruct 中指定的参数初始化外设 EXTI 寄存器
EXTI_StructInit	将 EXTI_InitStruct 中每一个参数按默认值填入
EXTI_GenerateSWInterrupt	产生一个软件中断
EXTI_GetFlagStatus	检查指定的 EXTI 线路标志位的状态
EXTI_ClearFlag	清除 EXTI 线路的挂起标志位
EXTI_GetITStatus	检查指定的 EXTI 线路是否发生触发请求
EXTI_ClearITPendingBit	清除 EXTI 线路的挂起位

1．函数 EXTI_DeInit

有关函数 EXTI_DeInit 的具体使用方法及其参数说明如表 5.44 所示。

表 5.44　函数 EXTI_DeInit

函数名称	EXTI_DeInit
函数原型	void EXTI_DeInit (void)
功能描述	将外设 EXTI 寄存器重新设置为默认值
输入参数	无
输出参数	无
返回值	无
先决条件	无
被调用函数	无

函数 EXTI_DeInit 的具体使用方法相对比较简单，没有输入参数，也没有输出参数。用户直接调用该函数就可以实现对外设 EXTI 重置默认参数的操作，具体的程序代码如下。

```
/*****************以下代码用于实现 STM32 中的 EXTI 操作 ***************/
/* 复位 EXTI 寄存器 ---------------------------------------------------*/
EXTI_DeInit();
/**************************** 代码行结束 *************************/
```

2．函数 EXTI_Init

有关函数 EXTI_Init 的具体使用方法及其参数说明如表 5.45 所示。

表 5.45　函数 EXTI_Init

函数名称	EXTI_Init
函数原型	void EXTI_Init (EXTI_InitTypeDef* EXTI_InitStruct)
功能描述	根据 EXTI_InitStruct 中指定的参数初始化外部设备 EXTI 寄存器
输入参数	EXTI_InitStruct 为指向结构 EXTI_InitTypeDef 的指针，包含了外部设备 EXTI 的配置信息
输出参数	无
返回值	无
先决条件	无
被调用函数	无

有关函数 EXTI_Init 的具体使用方法较 EXTI_DeInit 函数复杂，输入参数为一个指向结构体的指针。结构体中各个参数的定义如下。

```
/***************** 以下代码用于实现 STM32 中的 EXTI 操作 ***************/
Typedef struct
{
    u32 EXTI_Line;
    EXTIMode_TypeDef EXTI_Mode;
    EXTITrigger_TypeDef EXTI_Trigger;
    FunctionalState EXTI_LineCmd;
}EXTI_InitTypeDef;
/*************************** 代码行结束 **************************/
```

在 EXTI_InitTypeDef 所定义的结构体中，绝大部分参数都是枚举类型的数值，即由系统提供相应的选择参数，在下面的内容中将一一解释。

1）参数 EXTI_Line

参数 EXTI_Line 选择了需要使能或者失能的外部输入线路，在表 5.46 中给出了该参数具体的取值范围。

表 5.46 参数 EXTI_Line 的枚举值

EXTI_Line 枚举型参数	功能描述
EXTI_Line0	外部中断线 0
EXTI_Line1	外部中断线 1
EXTI_Line2	外部中断线 2
EXTI_Line3	外部中断线 3
EXTI_Line4	外部中断线 4
EXTI_Line5	外部中断线 5
EXTI_Line6	外部中断线 6
EXTI_Line7	外部中断线 7
EXTI_Line8	外部中断线 8
EXTI_Line9	外部中断线 9
EXTI_Line10	外部中断线 10
EXTI_Line11	外部中断线 11
EXTI_Line12	外部中断线 12
EXTI_Line13	外部中断线 13
EXTI_Line14	外部中断线 14
EXTI_Line15	外部中断线 15
EXTI_Line16	外部中断线 16
EXTI_Line17	外部中断线 17
EXTI_Line18	外部中断线 18

2）参数 EXTI_Mode

参数 EXTI_Mode 用于设置被使能线路的模式，即中断/事件的类型是中断处理还是事件处理。在表 5.47 中，给出了该参数具体的取值范围。

5.47 参数 EXTI_Mode 的枚举值

EXTI_Mode 枚举型参数	功能描述
EXTI_Mode_Event	设置 EXTI 线路为事件请求
EXTI_Mode_Interrupt	设置 EXTI 线路为中断请求

3）参数 EXTI_Trigger

参数 EXTI_Trigger 用于设置被使能线路的边沿触发模式，可选参数为上升沿触发、下降沿触发和上升沿/下降沿双触发的工作模式。在表 5.48 中，给出了该参数具体的取值范围。

表 5.48　参数 EXTI_Trigger 的枚举值

EXTI_Trigger 枚举型参数	功能描述
EXTI_Trigger_Falling	设置 EXTI 线路为下降沿触发中断请求
EXTI_Trigger_Rising	设置 EXTI 线路为上升沿触发中断请求
EXTI_Trigger_Rising_Falling	设置 EXTI 线路为上升沿和下降沿触发中断请求

4）参数 EXTI_LineCmd

参数 EXTI_LineCmd 用于设置当前选中线路的新状态，该参数可以被设置为 ENABLE 或 DISABLE。

用户在对上述几个参数进行赋值后就可以直接调用 EXTI_Init 函数对外设 EXTI 进行初始化操作，具体的程序代码如下：

```
/*****************以下代码用于实现 STM32 中的 EXTI 操作**************/
/* 设置线 12 和线 14 上的下降沿作为外部中断触发的方式---------------------*/

/* 声明一个名为 EXTI_InitStructure，类型为 EXTI_InitTypeDef 的结构体---*/
EXTI_InitTypeDef EXTI_InitStructure;

/* 配置结构体中的各个参数-----------------------------------------------*/
EXTI_InitStructure.EXTI_Line=EXTI_Line12|EXTI_Line14;
EXTI_InitStructure.EXTI_Mode=EXTI_Mode_Interrupt;
EXTI_InitStructure.EXTI_Trigger=EXTI_Trigger_Falling;
EXTI_InitStructure.EXTI_LineCmd=ENABLE;

/* 使用 EXTI_Init 函数对 EXTI 进行参数初始化操作 ----------------------*/
EXTI_Init(&EXTI_InitStructure);
/**************************** 代码行结束 *************************/
```

从上述几行代码的执行功能来看，用户在对外设 EXTI 进行初始化之前，首先需要声明一个类型为 EXTI_InitTypeDef 的结构体变量；然后分别对结构体中的各个参数进行配置，主要包含以下几点：

（1）中断/事件线路设置（Line12 和 Line14）；

（2）中断触发类型（中断触发或事件触发）；

（3）中断边沿触发形式（上升沿触发、下降沿触发、上升沿和下降沿触发）；

（4）中断线路使能等。

最后再通过调用 EXTI_Init 函数对设置参数后的中断配置进行初始化操作。

3. 函数 EXTI_GenerateSWInterrupt

有关函数 EXTI_GenerateSWInterrupt 的具体使用方法及其参数说明如表 5.49 所示。

表 5.49　函数 EXTI_GenerateSWInterrupt

函数名称	EXTI_GenerateSWInterrupt
函数原型	void EXTI_GenerateSWInterrupt (u32 EXTI_Line)
功能描述	该函数用于在对应的外部输入中断线上产生一个软件中断

续表

函数名称	EXTI_GenerateSWInterrupt
输入参数	EXTI_Line，即需要使能或失能的 EXTI 外部输入中断线
输出参数	无
返回值	无
先决条件	无
被调用函数	无

在上表中，有关 EXTI_GenerateSWInterrupt 函数的输入参数 EXTI_Line 的取值范围与表表 5.46 中有关参数 EXTI_Line 取值的范围是一致的，在这里就不再赘述了。

函数 EXTI_DeInit 的具体使用方法相对比较简单，输入参数为需要使能或失能的 EXTI 线路，没有输出参数。用户调用该函数就可以直接实现对外设 EXTI 进行软件中断设置，具体的程序代码如下：

```
/****************以下代码实现对外设 EXTI 的软件中断设置**************/
/* 使用软件的方式产生一个中断请求 ------------------------------------*/
EXTI_GenerateSWInterrupt(EXTI_Line6);
/**************************** 代码行结束 ***************************/
```

4．函数 EXTI_GetFlagStatus

有关函数 EXTI_GetFlagStatus 的具体使用方法及其参数说明如表 5.50 所示。

表 5.50　函数 EXTI_GetFlagStatus

函数名称	EXTI_GetFlagStatus
函数原型	void EXTI_GetFlagStatus (u32 EXTI_Line)
功能描述	该函数用于检查指定的 EXTI_Line 标志位是否已经被置位
输入参数	EXTI_Line，即待检查 EXTI 线路的标志位
输出参数	无
返回值	EXTI_Line 的置位状态（Set 置位；Reset 未置位）
先决条件	无
被调用函数	无

上表中有关 EXTI_GetFlagStatus 函数的输入参数 EXTI_Line 的取值范围与表 5.46 中有关参数 EXTI_Line 的取值范围是一致的，在这里就不再赘述了。

函数 EXTI_GetFlagStatus 的具体使用方法相对比较简单，输入参数为需要检测的 EXTI 线路，并返回当前 EXTI 线路的置位状态。用户调用该函数就可以直接实现对外设 EXTI 线路的置位状态进行检查，具体的程序代码如下：

```
/**************以下代码实现对外设 EXTI 中断线路进行检查*************/
/* 检查 8 号中断线的状态 -----------------------------------------*/
//定义一个类型为 FlagStatus 的变量 EXTIStatus
FLagStatus EXTIStatus;
//读取 EXTI_Line8 的置位状态，并将返回值保存在变量 EXTI_Status 中
EXTIStatus=EXTI_GetFlagStatus(EXTI_Line8);
/***************************** 代码行结束 **************************/
```

5．函数 EXTI_ClearFlag

有关函数 EXTI_ClearFlag 的具体使用方法及其参数说明如表 5.51 所示。

表 5.51　函数 EXTI_ClearFlag

函数名称	EXTI_ClearFlag
函数原型	void EXTI_ClearFlag (u32 EXTI_Line)
功能描述	该函数用于清除指定的 EXTI_Line 标志位
输入参数	EXTI_Line，即待清除的 EXTI 线路标志位
输出参数	无
返回值	无
先决条件	无
被调用函数	无

上表中有关 EXTI_ClearFlag 函数的输入参数 EXTI_Line 的取值范围与表 5.46 中有关参数 EXTI_Line 的取值范围是一致的，在这里就不再赘述了。

函数 EXTI_ClearFlag 的具体使用方法相对比较简单，输入参数为需要检测的 EXTI 线路。用户调用该函数就可以直接清除外设 EXTI 线路的置位状态，具体的程序代码如下。

```
/***********以下代码实现清除外设 EXTI 线路的置位状态************/
/* 清除 EXTI 2 号线的状态 ----------------------------------------------*/
EXTI_ClearFlag(EXTI_Line2);
/**************************** 代码行结束 ***************************/
```

6．函数 EXTI_GetITStatus

有关函数 EXTI_GetITStaus 的具体使用方法及其参数说明如表 5.52 所示。

表 5.52　函数 EXTI_GetITStatus

函数名称	EXTI_GetITStatus
函数原型	void EXTI_GetITStatus(u32 EXTI_Line)
功能描述	该函数用于检查指定的 EXTI_Line 线路是否发生中断/事件请求
输入参数	EXTI_Line，即待清除的 EXTI 线路标志位
输出参数	无
返回值	无
先决条件	无
被调用函数	无

上表中有关 EXTI_GetITStatus 函数的输入参数 EXTI_Line 的取值范围与表 5.46 中有关参数 EXTI_Line 的取值范围是一致的，在这里就不再赘述了。

函数 EXTI_ClearFlag 的具体使用方法相对比较简单，输入参数为需要检测的 EXTI 线路，返回数值为当前 EXTI 线路的状态（Set 或 Reset）。用户调用该函数就可以直接检查外设 EXTI 线路上是否发生相应的请求，具体的程序代码如下：

```
/************  以下代码实现检查外设 EXTI 的中断线路是否发生请求 **********/
/* 查询 EXTI line 8 的状态 ---------------------------------------------*/
```

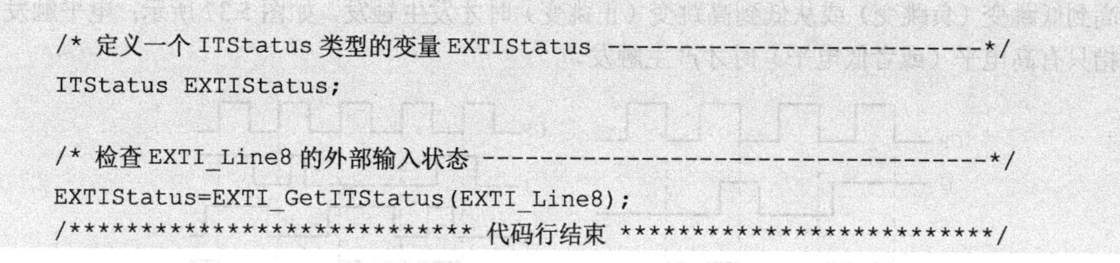

```
/* 定义一个 ITStatus 类型的变量 EXTIStatus ---------------------------*/
ITStatus EXTIStatus;

/* 检查 EXTI_Line8 的外部输入状态 -------------------------------------*/
EXTIStatus=EXTI_GetITStatus(EXTI_Line8);
/**************************** 代码行结束 ***************************/
```

7. 函数 EXTI_ClearITPendingBit

函数 EXTI_ClearITPendingBit 的具体使用方法及其参数说明如表 5.53 所示。

表 5.53　函数 EXTI_ClearITPendingBit

函数名称	EXTI_ClearITPendingBit
函数原型	void EXTI_ClearITPendingBit (u32 EXTI_Line)
功能描述	该函数用于清除指定的 EXTI_Line 的挂起标志位
输入参数	EXTI_Line，即待清除的 EXTI 线路标志位
输出参数	无
返回值	无
先决条件	无
被调用函数	无

上表中有关 EXTI_ClearITPendingBit 函数的输入参数 EXTI_Line 的取值范围与表 5.46 中有关参数 EXTI_Line 的取值范围是一致的，在这里就不再赘述了。

函数 EXTI_ClearITPendingBit 的具体使用方法相对比较简单，输入参数为需要检测的 EXTI 线路。用户调用该函数就可以直接清除外设 EXTI 线路的状态标志位，具体的程序代码如下：

```
/************ 以下代码实现清除外设 EXTI 中断线路的挂起标志位 ***********/
//清除 EXTI_Line2 的挂起状态标志位
EXTI_ClearITPendingBit(EXTI_Line2);
/**************************** 代码行结束 ***************************/
```

5.4.6　外部中断/事件硬件电路

对于 STM32 系列的 ARM 处理器而言，外部中断/事件都可以通过 GPIO 端口中的引脚进行输入；而对于系统内部中断/事件而言，如定时器中断、软件中断等，不需要任何引脚进行接收中断信号。因此，从这里可以看出，中断/事件的硬件处理电路相对比较简单，只需要将外部中断/事件的脉冲信号直接引入到 STM32F103XX 系列处理器的 GPIO 端口即可。

对于外部中断/事件的输入信号而言，大致可以分为两种不同类型的外部中断/事件的触发形式，即上升沿（高电平）触发和下降沿（低电平）触发。在特殊情况下，用户还可以将两种触发融合在一起，即上升沿下降沿触发。

1. 触发的类型

通常而言，外部中断/事件的输入信号可以分为电平触发和边沿触发。边沿触发是指电平从高到低跳变（负跳变）或从低到高跳变（正跳变）时才发生触发，如图 5.37 所示；电平触发是指只有高电平（或者低电平）时才产生触发。

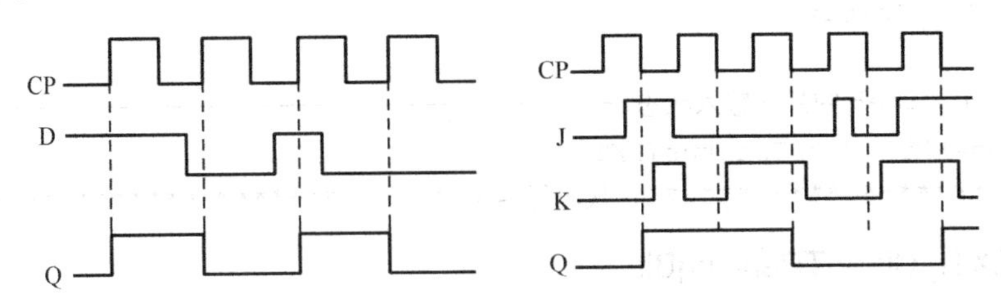

图 5.37　上升沿触发与下降沿触发

需要进一步说明的是，在边沿触发方式中，也可以分为上升沿触发、下降沿触发，以及上升沿/下降沿双边沿触发；在电平触发方式中，同样可以将触发信号分为高电平触发和低电平触发，如图 5.38 所示。

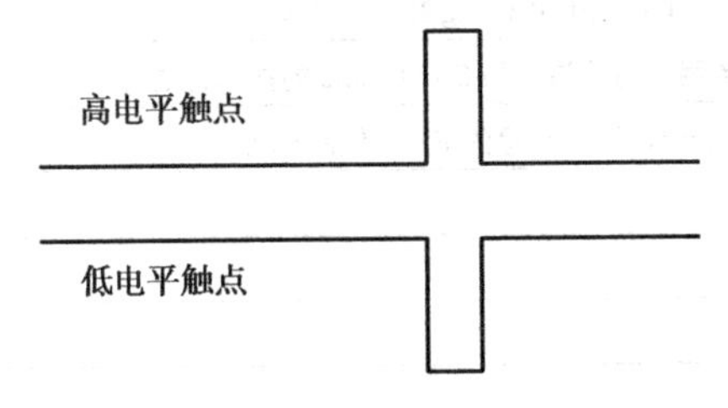

图 5.38　高电平触发与低电平触发

2. 触发电路

为了确保外部中断/事件能够产生严格的触发波形，一般使用按键的方式产生相应的外部中断，如图 5.39 所示。

在图 5.39（a）中，电阻与电容串联，按键跨接在电容的两端。在按键没有被按下时，Interrupt 引脚通过电阻与电源相连，呈高电平状态；当用户按下按键时，电容被短路，电源通过电阻和按键与地信号短接，此时 Interrupt 引脚呈低电平状态；当用户再次松开按键时，Interrupt 引脚则恢复高电平；这样就形成了一个外部低电平（负脉冲）中断/事件信号。

在图 5.39（b）中，电阻与电容串联，按键跨接在电容的两端。在按键没有按下时，Interrupt 引脚通过电阻与地信号相连，呈低电平状态；当用户按下按键时，电容被短路，电源通过电阻和按键与地信号短接，此时 Interrupt 引脚呈高电平状态；当用户再次松开按键时，Interrupt 引脚则恢复低电平；这样就形成了一个外部高电平（正脉冲）中断/事件信号。

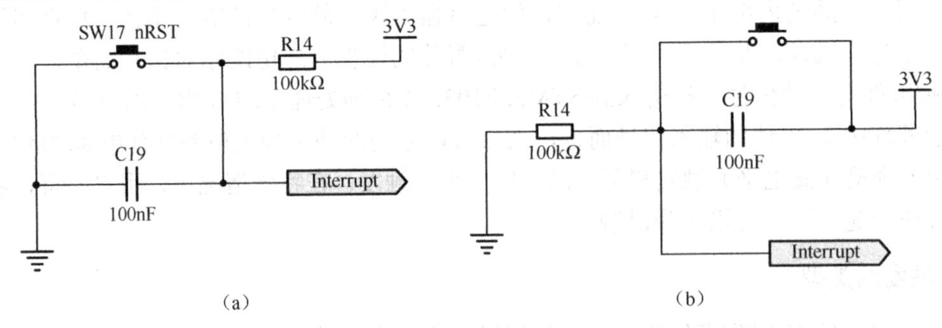

图 5.39　低电平（下降沿）触发与高电平（上升沿）触发

5.4.7 基础实验三：汽车紧急制动实验

在汽车行驶的过程中，经常会遇到紧急制动的情况。对于汽车制动而言，需要有严格的实时性要求。因此在汽车紧急制动过程中，可以使用中断的方式来模拟汽车的紧急制动信号，如图 5.40 所示。

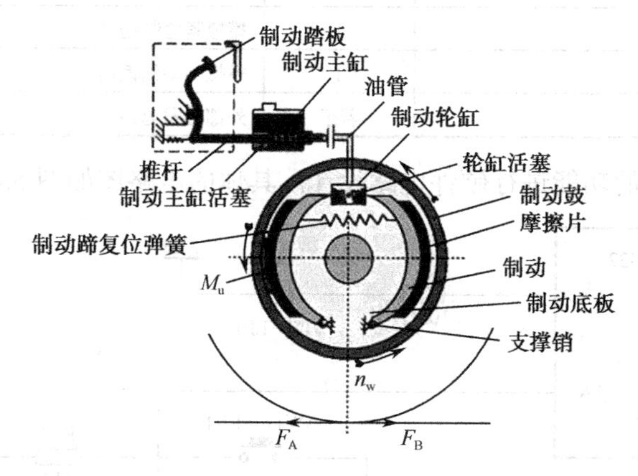

图 5.40 汽车制动系内部结构

汽车制动系统经历了从传统机械制动到液压防抱死制动系统（ABS），再到电子制动控制系统（EBS）。如今又出现了一种全新的制动理念，它是集成电子控制系统和电液制动力增压器的一种新型的汽车制动技术，即汽车电子感应制动控制系统（Sensotronic Brake Control），简称 SBC。电子感应制动控制系统（SBC）最早是由博世公司提出来的。在图 5.40 中，驾驶员在汽车紧急制动过程中，通过制动踏板将制动信号依次传递给制动油缸、制动轮缸，并由轮缸活塞推动制动蹄片产生制动力。

对于整个系统而言，用户在踩下制动踏板的同时，等效于在处理器的外部输入一个中断信号。处理器在接收到外部中断信号后，根据车辆制动控制策略进行相应的制动输出。

1. 实验内容分析

外部中断/事件的硬件电路相对比较简单，只要通过一个 GPIO 端口加上相应的中断信号触发电路就可以实现系统的中断操作。

本实验中，通过按键和电容电阻等搭建高电平触发电路，通过上升沿触发系统的中断信号。外部中断输入信号通过 GPIO 端口输入后触发系统中断。

从实验的需求功能来看，汽车紧急制动系统可以通过 ARM 处理器的 GPIO 端口接收相应外部输入的中断信号。其各自对应的功能关系如表 5.54 所示。

表 5.54 汽车紧急制动系统各自对应的功能关系

汽车紧急制动系统	对应实验模拟系统	中断触发方式
紧急制动	按键闭合， 紧急制动灯点亮	上升沿触发，高电平
无紧急制动	按键断开， 紧急制动灯熄灭	下降沿触发，低电平

2. 硬件电路设计

该实验的电路设计所用到的基本元件如表 5.55 所示。

表 5.55　本实验所用基本元件

序　号	器材名称	数　量	功能说明
1	STM32F103VB	1	主控单元
2	发光二极管	1	模拟紧急制动灯
3	按键开关	1	模拟制动踏板信号
4	电容电阻等	若干	外部触发电路

根据各个电路元件的功能进行硬件电路设计，具体的电路图如图 5.41 所示。

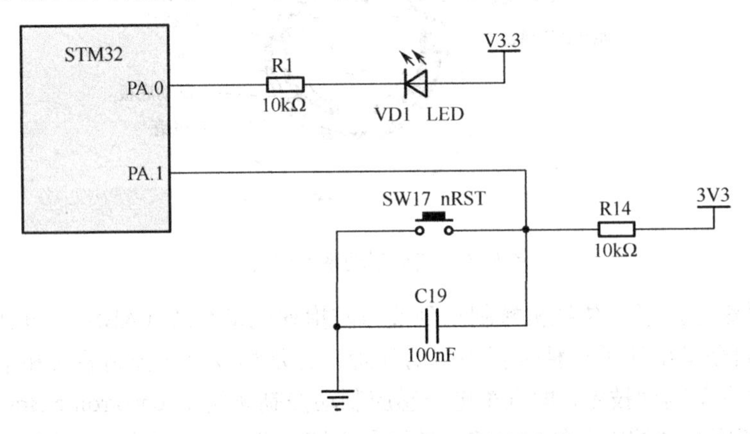

图 5.41　汽车紧急制动系统的硬件电路

在图 5.41 所示的硬件电路中，ARM 处理器 STM32F103VB 中的 GPIO 端口 PA.0 与 LED 发光二极管相连，而 PA.1 口则作为外部中断输入端口，具体的引脚分配如表 5.56 所示。在上述硬件电路图中，PA.1 引脚接收的外部中断信号为下降沿（低电平）脉冲触发。当按键断开时，PA.1 引脚一直保持高电平；当按键短时间按下并松开时，PA.1 引脚上则会出现一个负脉冲跳变，进行中断处理子程序。

表 5.56　汽车紧急制动系统引脚分配

序　号	引脚分配	功能说明
1	PA.0	控制 LED 发光二极管
2	PA.1	外部中断信号输入

用户首先需要对 GPIO 端口的引脚参数进行配置，即将 PA.0 端口引脚设置为信号输出端，PA.1 端口引脚设置为信号输入模式。

当 ARM 处理器 STM32F103VB 中的 PA.1 端口引脚检测到按键 S1 按下时，出现一个负边沿脉冲信号，即模拟汽车发生紧急制动，此时在 PA.1 引脚上发生外部中断，LED 发光二极管点亮。

3. 软件代码设计

在汽车紧急制动实验中，利用 ARM 处理器 STM32F103VB 中 GPIO 端口的中断功能，当

PA.1 端口接收到外部中断输入信号（下降沿触发）时，处理器根据中断处理子程序的代码内容，通过 PA.0 端口控制 LED 发光二极管的状态，即发生中断的时候 LED 灯点亮，未发生中断时 LED 灯熄灭，具体的软件代码的流程如图 5.42 所示。

根据软件流程图的设计思路，具体的程序代码如下所示。

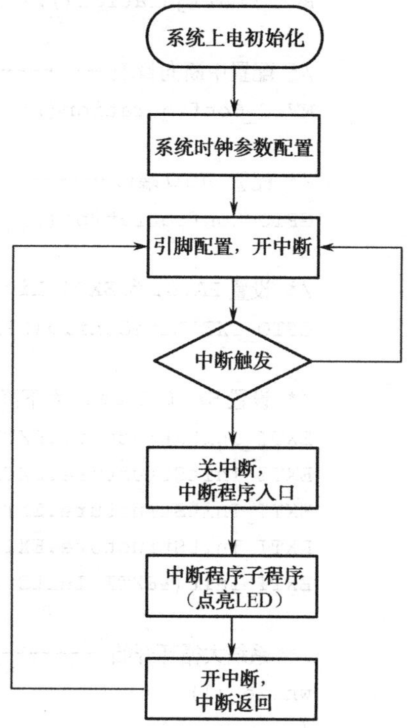

系统上电初始化 → 系统时钟参数配置 → 引脚配置，开中断 → 中断触发 → 关中断，中断程序入口 → 中断程序子程序（点亮LED） → 开中断，中断返回

图 5.42　汽车紧急制动系统软件流程图

```
/*****************以下代码用于实现汽车紧急制动实验 ********************
 * File Name          : main.c
 * Author             : NJFU Team of EE
 * Date First Issued : 02/05/2012
 * Description        : Main program body
*******************************************************************************/

/* main 函数头文件 -------------------------------------------*/
#include "stm32f10x_lib.h" //STM32 芯片固件库

/* 用户自定义变量 --------------------------*/
EXTI_InitTypeDef EXTI_InitStructure;
ErrorStatus HSEStartUpStatus;

/* 用户自定义子函数 --------------------------------------------------------*/
void RCC_Configuration(void);
void GPIO_Configuration(void);
void NVIC_Configuration(void);
void Delay(void);

/*******************************************************************************
* Function Name  : main
* Description    : Main program.
* Input          : None
* Output         : None
* Return         : None
*******************************************************************************/
void main(void)
{
    #ifdef DEBUG
        debug();
    #endif

    /* 配置系统 RCC 时钟 ----------------------------------------------*/
```

```
    RCC_Configuration();

    /* 配置中断向量表 ----------------------------------------------*/
    NVIC_Configuration();

    /* 配置 GPIO 端口----------------------------------------------*/
    GPIO_Configuration();

    /* 设置 PA.01 为 EXTI Line1 ------------------------------------*/
    GPIO_EXTILineConfig(GPIO_PortSourceGPIOA, GPIO_PinSource1);

    /* 设置 EXTI Line1 为下降沿触发 --------------------------------*/
    EXTI_InitStructure.EXTI_Line = EXTI_Line1;
    EXTI_InitStructure.EXTI_Mode = EXTI_Mode_Interrupt;
    EXTI_InitStructure.EXTI_Trigger = EXTI_Trigger_Falling;
    EXTI_InitStructure.EXTI_LineCmd = ENABLE;
    EXTI_Init(&EXTI_InitStructure);

    /* 系统大循环开始 --------------------------------------------*/
    while (1)
    {
        //检测到中断触发 其中 BreakFlag 在中断处理函数中由中断系统进行置位
        if(BreakFlag==1)
        {
            //点亮 LED 灯
            GPIO_WriteBit(GPIOA, GPIO_Pin_0, (BitAction)(0));
            Delay();                //延迟一段时间
            BreakFlag=0;            //中断标志位清 0
        }
        }//while 循环结束
}//main 函数结束
/************************* 主程序代码结束 *************************/
```

在前面的内容中，已经向用户介绍了部分子函数的基本用法，如 RCC_Configuration()函数用于配置系统的时钟信号。由于在例题中的时钟 RCC 配置与前面实验中的参数配置是一致的，因此在这里就不赘述了。

但在本实验中，由于系统所涉及的引脚及其功能分配并不完全一样，因此必须对其重新配置，即在 GPIO_Configuration()函数中实现。基本的操作方式是一样的，具体如下。

```
/*******************************************************************
* Function Name : GPIO_Configuration
* Description   : Configures the different GPIO ports.
* Input         : None
* Output        : None
* Return        : None
*******************************************************************/
```

```
void GPIO_Configuration(void)
{
    /* 声明一个 GPIO_InitTypeDef 的结构体 --------------------------*/
    GPIO_InitTypeDef GPIO_InitStructure;

    /* 设置 PA.0 为数字输出引脚 -----------------------------------*/
    GPIO_InitStructure.GPIO_Pin = GPIO_Pin_0;
    GPIO_InitStructure.GPIO_Speed = GPIO_Speed_50MHz;
    GPIO_InitStructure.GPIO_Mode = GPIO_Mode_Out_PP;
    GPIO_Init(GPIOA, &GPIO_InitStructure);
    /* 设置 PA.01 为中断输入引脚 ---------------------------------*/
    GPIO_InitStructure.GPIO_Pin = GPIO_Pin_1;
    GPIO_InitStructure.GPIO_Mode = GPIO_Mode_IN_FLOATING;
    GPIO_Init(GPIOA, &GPIO_InitStructure);
}
/************************* 子函数代码结束 *************************/
```

与前面几个程序代码不同之处在于本实验中除了需要对芯片的 GPIO 引脚进行配置外，还需要对系统的中断向量表进行配置以完成对中断操作的初始化。用户可以在 NVIC_Configuration()子函数中实现上述操作，具体如下：

```
/*******************************************************************
* Function Name  : NVIC_Configuration
* Description    : Configure nested vectored interrupt controller.
* Input          : None
* Output         : None
* Return         : None
*******************************************************************/
void NVIC_Configuration(void)
{
    /* 声明一个 NVIC_InitTypeDef 的结构体 --------------------------*/
    NVIC_InitTypeDef NVIC_InitStructure;

    #ifdef  VECT_TAB_RAM
        /* Set the Vector Table base location at 0x20000000 */
        NVIC_SetVectorTable(NVIC_VectTab_RAM, 0x0);
    #else  /* VECT_TAB_FLASH  */
        /* Set the Vector Table base location at 0x08000000 */
        NVIC_SetVectorTable(NVIC_VectTab_FLASH, 0x0);
    #endif

    /* 设置中断优先级 -------------------------------------------*/
    NVIC_PriorityGroupConfig(NVIC_PriorityGroup_1);
    /* 使能 EXTI1 中断 ------------------------------------------*/
    NVIC_InitStructure.NVIC_IRQChannel = EXTI1_IRQChannel;
```

```
    NVIC_InitStructure.NVIC_IRQChannelPreemptionPriority = 0;
    NVIC_InitStructure.NVIC_IRQChannelSubPriority = 0;
    NVIC_InitStructure.NVIC_IRQChannelCmd = ENABLE;
    NVIC_Init(&NVIC_InitStructure);
}
/************************* 子函数代码结束 *************************/
```

上述的几个子函数都是在 main 函数中需要调用的函数，分别实现芯片引脚的配置及中断参数的配置。当系统接收到外部中断时，系统会自动切换到中断处理状态，即执行中断处理函数中的代码。

一般情况下，用户可以在对应中断处理子函数中进行实现自定义的操作。特别需要提醒用户注意的是，中断处理子函数必须与中断的配置一一对应。例如，在本实验中，配置 PA.01 为中断触发信号线，因此用户需要实现的中断处理函数必须在子函数 EXTI1_IRQHandler()中实现。在系统函数库中，为每一个中断信号线都预留了各自对应的中断处理子函数，用户只需要根据中断配置的参数一对一填入相应的处理函数就可以了，具体的程序代码如下：

```
/*******************************************************************
* Function Name : EXTI1_IRQHandler
* Description   : Handles External lines 1interrupt request.
* Input         : None
* Output        : None
* Return        : None
*******************************************************************/
void EXTI1_IRQHandler(void)
{
    /* 检测到系统中断发生 ------------------------------------------*/
if(EXTI_GetITStatus(EXTI_Line1) != RESET)
    {
        /* 设置中断状态标志位 ------------------------------------*/
        BreakFlag=1;
        /* 清除 EXTI line 1 挂起状态位 --------------------------- */
        EXTI_ClearITPendingBit(EXTI_Line9);
    }
    else
    {
        ;    //空操作
    }
}
/************************* 子函数代码结束 *************************/
```

上述代码即为 ARM 处理器 STM32F103VB 通过中断实现对汽车紧急制动系统的模拟。其中包含了 GPIO 端口引脚上外部中断信号的输入，以及通用 GPIO 端口的信号输出等操作。实际上，在 ARM 嵌入式系统中，中断处理子程序一般只适用于执行少量的程序代码，例如，状态标记的设置、全局变量的更新等。由于中断处理子程序要求尽量占用较少的系统资源，因此在代码中应该避免冗长的代码，防止在当前中断尚未处理结束的过程中又出现其他中断，影响代码的执行效率。

4．补充实验及扩展

下面继续补充几个与外部输入中断相关的实验，用户可根据自身的实际情况进行设计、实验，具体如下。

1）外部中断补充实验：按键响铃

通过对ARM处理器STM32F103VB中GPIO端口PA.0引脚的控制，实现外部中断信号（按键）的输入。按键SW1按下后，PA.0引脚上将产生一个下降沿变化的脉冲信号，引发系统中断。在发生中断后，PA.1引脚通过驱动NPN型的三极管对振铃BELL进行控制，使得发生中断后，振铃反复响铃，其硬件电路如图5.43所示。

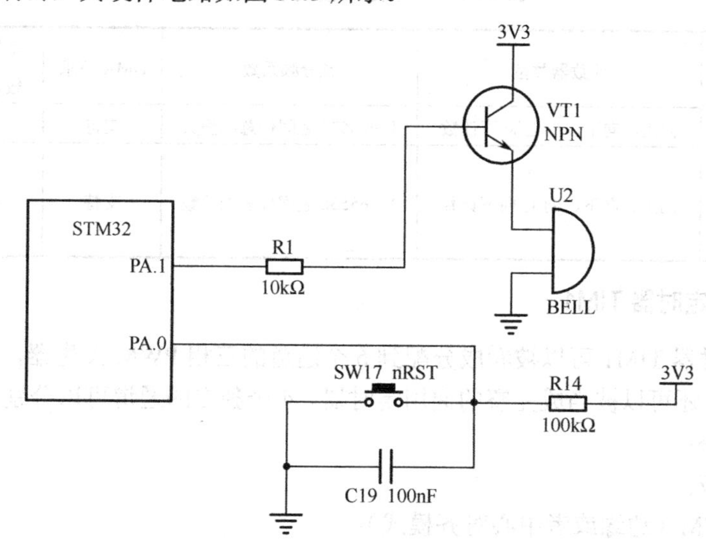

图5.43 中断控制响铃硬件电路

2）外部中断补充实验：按键计数器

通过对ARM处理器STM32F103VB中GPIO端口PA.0引脚的控制，实现外部中断信号（按键）的输入。按键SW1按下后，PA.0引脚上将产生一个下降沿变化的脉冲信号，引发系统中断。每次中断，数码管显示的数据自增1，即从0开始，逐次递增，硬件电路如图5.44所示。

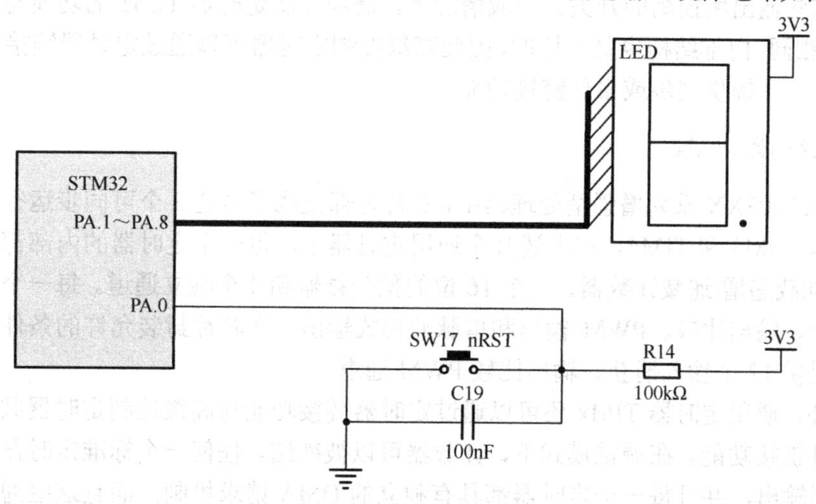

图5.44 按键计数器硬件电路

5.5 高级控制定时器 TIM1

在 STM32F103XX 增强型系列产品中，芯片包含了 1 个高级控制定时器、3 个普通（通用）定时器，以及两个看门狗定时器和 1 个系统嘀嗒定时器。

在表 5.57 中列出了高级控制定时器、通用定时器和基本定时器的功能比较。

表 5.57 系统定时器的功能比较

定 时 器	计数器分辨率	计数器类型	预分频系数	DMA 请求	捕获/比较通道	互 补 输 出
TIM1	16bit	向上、向下、向上/向下计数	1～65536 之间任意的整数	支持	4	有
TIM2 TIM3 TIM4	16bit	向上、向下、向上/向下计数	1～65536 之间任意的整数	支持	4	有

1. 高级控制定时器 TIM1

高级控制定时器 TIM1 可以被看成分配到 6 个通道的三相 PWM 发生器，它具有带死区插入的 PWM 输出，还可以被当成完整的通用定时器。4 个独立的通道可以分别用于以下方面：

（1）输入捕获；

（2）输出比较；

（3）产生 PWM（边缘或者中心对齐模式）；

（4）单脉冲模式输出。

当高级控制定时器 TIM1 被配置为 16 位标准定时器时，它与 TIMx 通用定时器具有相同的功能。当高级控制定时器 TIM1 被配置为 16 位 PWM 发生器时，其具有全调制能力，且调制范围为 0～100%。

需要提醒用户注意的是，在调试模式下，计数器可以被冻结，同时 PWM 输出会被禁止，从而切断由这些输出所控制的开关。一般情况下，高级控制定时器 TIM1 的功能与通用定时器 TIMx 的功能相同，内部结构也是一样的，因此高级控制定时器可以通过定时器链接功能与 TIM 定时器协同操作，提供同步或事件链接功能。

2. 通用定时器 TIMx

在 STM32F103XX 系列增强型处理器中，芯片内部集成了多达 3 个可同步运行的标准定时器，即 TIM2，TIM3 和 TIM4。在上述几个通用定时器中，每一个定时器的内部都集成了一个 16 位的自动加载递增/递减计数器、一个 16 位的预分频器和 4 个独立通道。每一个通道都可以用于输入捕获、输出比较、PWM 输出和单脉冲模式输出，在芯片封装允许的条件下，系统甚至可以最多提供 12 个输入捕获、输出比较 PWM 通道。

除此之外，通用定时器 TIMx 还可以通过定时器链接功能与高级控制定时器共同工作，提供同步或事件链接功能。在调试模式下，计数器可以被冻结。任何一个标准定时器都能用于产生 PWM 波形输出，并且每一个定时器都具有独立的 DMA 请求机制，而且这些通用定时器还能够处理增量编码的信号，甚至还能处理 1～3 个霍尔传感器的数字输出。

3. 独立看门狗

系统中内置的独立看门狗是基于一个12位的递减计数器和一个8位的预分频器，它由一个内部独立的40kHz的RC振荡器提供时钟。由于这个RC振荡器相对独立于系统的主时钟，所以独立看门狗可以运行在停机模式和待机模式，同时也可以被当成看门狗用于在出现问题时复位整个系统，或作为一个自由定时器为应用程序提供超时管理。用户可以通过一系列的参数将其配置成软件或者硬件启动的系统看门狗，同样在调试模式下，计数器可以被冻结。

4. 窗口看门狗

窗口看门狗的内部集成了一个7位的递减计数器，并且可以设置为自由运行模式。它可以被当成通用看门狗用于在发生问题的时候复位整个系统。窗口看门狗由系统主时钟驱动，具有早期预警中断功能，同样在调试模式下，窗口看门狗的计数器可以被冻结。

5. 系统时基定时器

系统时基定时器专用于实时操作系统，也可以被当成一个标准的递减计数器。该时基定时器具有以下功能特性：

（1）内部集成24位的递减计数器；

（2）支持数据的自动重加载功能；

（3）当计数器的数值为0时，定时器将产生一个可屏蔽的系统中断；

（4）支持可编程的时钟源。

在ARM处理器中，通用定时器TIMx通过一个可编程预分频器驱动的16位自动装载计数器构成，它适用于多种场合，包括测量输入信号的脉冲长度（输入捕获）或者产生输出波形（输出比较和PWM波形）。

用户可以通过定时器预分频器和RCC时钟控制器进行预分频，脉冲的长度和波形的周期可以在几微秒到几毫秒之间进行调整。需要注意的是，在ARM处理器STM32F103VB中，每个定时器都是完全独立的，没有相互共享任何系统的资源，多个定时器也可以同步配合操作，完成相应的系统功能。

5.5.1 TIM1的结构特性

高级控制定时器TIM1是由一个自动重载的16位计数器组成的，它由可编程的预分频器驱动。该定时器可用于多种场合，包括测量输入信号的脉冲宽度（输入捕获），产生输出波形（输出比较、PWM、嵌入式“死区时间”的互补PWM等）。使用定时器预分频器和RCC时钟控制预分频器可以实现脉冲宽度和波形周期从几微秒到几毫秒的调节，如图5.45所示。

需要说明的是，高级控制定时器TIM1和通用定时器TIMx是完全独立的，不共享任何资源，两种不同类型的定时器可以同步工作。

对于高级控制定时器TIM1而言，具有以下功能特性。

（1）内部集成16位向上、向下和向上/向下的自动重载计数器。

（2）16位的可编程预分频器允许用户在1～65536之间的任何分频因子对计数器的时钟进行分频。

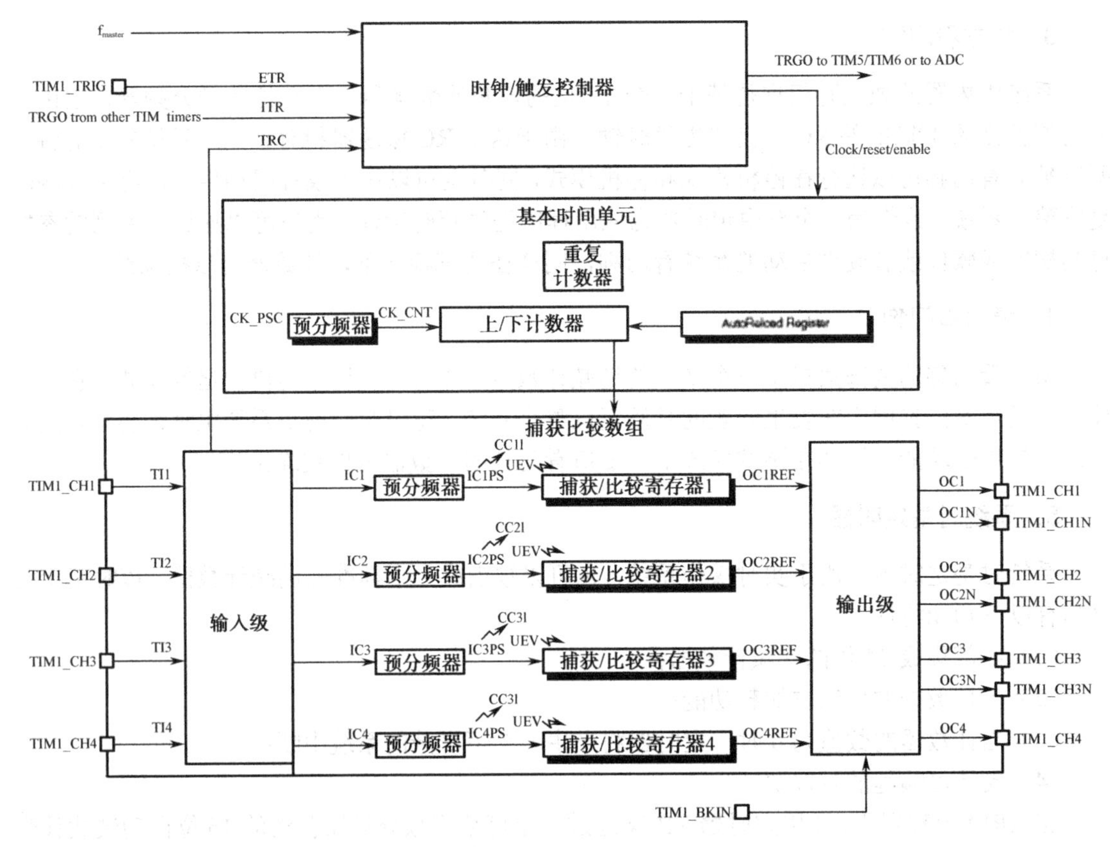

图 5.45　高级控制定时器 TIM1 的框图

（3）支持 4 个独立的通道，分别用于以下方面。

① 输入捕获。

② 输出比较。

③ 产生 PWM 波形。

④ 单脉冲模式输出。

（4）具有可编程“死区时间”的补偿输出。

（5）使用外部信号控制定时器和定时器互连的同步电路。

（6）循环计数器只有经过给定的周期后才能更新定时器寄存器的值。

（7）打断输入以使得定时器的输出信号进入复位或一个已知的状态。

（8）在发生以下事件时产生中断/DMA。

① 更新：计数器向上溢出/向下溢出，计数器初始化（由软件或内部/外部触发）。

② 触发事件（计数器开始、停止、初始化或由内部/外部触发计数）。

③ 输入捕获。

④ 输出比较。

⑤ 打断输入。

5.5.2　TIM1 的功能

对于高级控制定时器 TIM1 而言，除了具有通用定时器 TIMx 具有的定时功能外，还具备一些高级控制定时功能。下面将分别向用户介绍有关高级控制定时器的相关功能。

1. 时基单元

可编程的高级控制定时器 TIM1 的核心模块是一个 16 位的计数器，以及相关的自动重载寄存器。该计数器可以向上、向下，以及向上/向下双向计数。计数器的时钟可以通过预分频器对时钟信号进行分频。

计数器、自动重载寄存器和预分频数寄存器均可以通过软件进行设置和读写。需要补充说明的是，即使计数器在工作状态，对计数器的读写操作也是有效的。

高级控制定时器作为时基单元主要包括以下内容：

（1）计数器寄存器 TIM1_CNT；

（2）预分频数寄存器 TIM1_PSC；

（3）自动重载寄存器 TIM1_ARR；

（4）循环计数器寄存器 TIM1_RCR。

高级控制定时器 TIM1 自动重载寄存器是预先加载的，对自动重载寄存器的读写操作也是通过读写预加载寄存器来实现的。预先加载寄存器中的数据一般可以永久性地传送到影子寄存器中，也可以仅在每次更新事件发生时才传送到影子寄存器，用户可以通过 TIM_CR1 寄存器中自动重载的预加载使能位 APRE 对其工作状态进行设置。

需要注意的是，当计数器溢出（向上溢出、向下溢出或者向上/向下溢出）的时候，并且当高级控制定时器 TIM1 中 TIM1_CR1 寄存器中的 UDIS 标志位等于 0 的时候则表示发生了更新事件，同样用户也可以通过软件设置相应的参数来启动事件的更新。在后续有关高级控制定时器 TIM1 控制寄存器的功能说明中将详细向用户解释相关的标志位参数。

此外，计数器是由预分频器的输出时钟 CK_CNT 信号驱动的，CK_CNT 时钟信号仅当 TIM1_CR1 寄存器的计数器使能位 CEN 置位时才有效。从时序角度而言，实际的计数器使能信号 CNT_RN 需要在 CEN 标志位被置位一个周期后才会被置位。

预分频器可以实现以 1～65536 之间的任意数对计数器的时钟频率进行分频处理。它是基于一个 16 位的寄存器（TIM1_PSC 寄存器）控制的 16 位计数器。因为该控制寄存器自带了一个缓冲器，所以预分频器可以在工作的过程中进行数值调整，但同样需要注意的是，新的预分频因子将在下一次更新事件发生的时候才有效。

在图 5.46 中，给出了预分频数值从 1 变化到 2 时计数器的时序图。显然，当用户在修改预分频数寄存器（Prescaler Control Register）中的数值后，分频信号并没有立即发生改变。只有在事件更新信号（Update Event）发生之后，分频信号才根据修改后的数值进行重新输出。

2. 计数器模式

对于高级控制定时器 TIM1 而言，工作在计数器模式时，可以分为向上计数模式、向下计数模式和向上/向下计数模式。用户可以根据不同的工作条件选择不同的计数器模式，具体如下。

1）向上计数模式

在向上计数模式中，计数器从 0 向上计数到自动重载计数器中的值（该数值存放在 TIM1_ARR 寄存器中），然后重新从 0 开始计数并产生计数器溢出事件。

如果用户使用了循环计数器，仅当向上计数的次数和循环计数器寄存器（TIM1_RCR 寄存器）中预编程的次数相等的时候才产生定时更新事件 UEV，否则每次计数器溢出就会产生相应的更新事件。

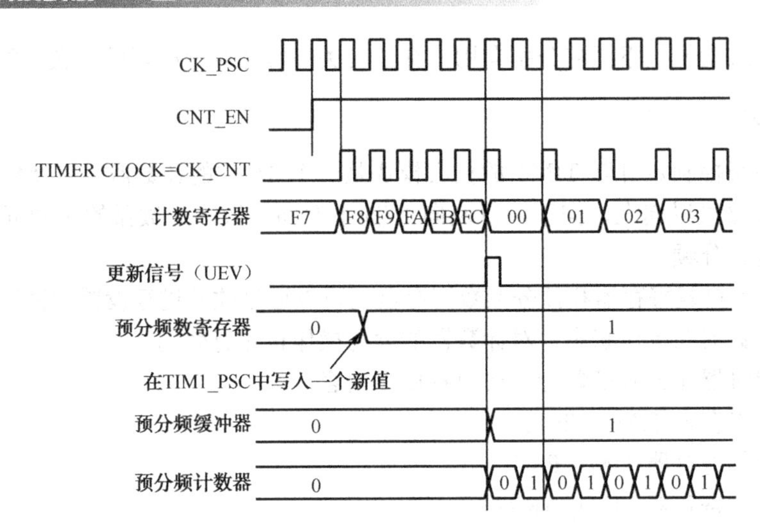

图 5.46　高级控制定时器 TIM 时序图

除此之外，用户也可以通过 TIM_EGR 寄存器中的 UG 标志位（设置为 1），即软件或者模式控制器的方式来产生一个更新事件。相反，用户也可以通过软件将 TIM_CR1 寄存器中的 UDIS 标志位设置为 1 来禁止更新事件的发生，这样可以防止用户在向预加载寄存器中写入新的数值时，将数值同时更新到影子寄存器。更新事件将不会发生，直到 UDIS 标志位被清 0。此外，需要特别注意的是，当 UDIS 标志位被清 0 后，系统在产生更新事件的同时，计数器和预先分频器的计数器都将从 0 开始重新计数，但预分频器的比率不会发生变化。另外，如果 TIM1_CR1 寄存器中的 URS 标志位（更新请求选择位）被置位，此时如果用户继续将 UG 标志位设置为 1，则系统会同样产生一个新的更新事件。但在这种情况下，UIF 标志位则不会被置位，因此也不会发送任何终端或者 DMA 请求。用户可以采用这种方法避免发生捕获事件而将计数器清 0 时同时产生更新事件和捕获中断。

当一个更新事件发生时，所有的寄存器都将被更新，更新标志位（TIM1_SR 寄存器中的 UIF 标志位）也将被置位，这取决于 URS 标志位的状态。

在图 5.47 所示的计数器时序图中，由于 TIM1_ARR 寄存器的数值为 0x36，因此在计数器寄存器中的数值累加到 0x36 时计数器溢出，并且触发一个事件更新信号和一个更新中断信号。在更新事件信号发生后，所有寄存器中的数值都被清 0。

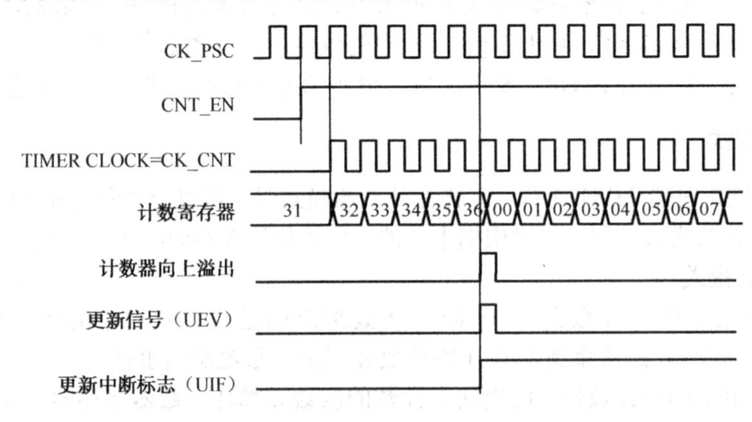

图 5.47　内部时钟分频因子为 1 时，计数器的时序图

2）向下计数模式

在向下计数模式中，计数器从自动重载值（TIM_ARR 寄存器的数值内容）向下计数直到寄存器中的数值为 0，然后再从自动重载值开始重新计数并同时产生计数器下溢事件。

如果用户使用了循环计数器，仅当向下计数器的计数次数和循环计数器寄存器（TIM1_RCR）中预编程的次数相等时才产生更新事件（UEV），否则每次计数器溢出时才产生更新事件。

如果用户将 TIM1_EGR 寄存器中的 UG 标志位进行置位，即通过软件或者从模式控制器方式也可以产生一个更新事件。更新事件可以通过软件或者将寄存器 TIM1_CR1 的 UDIS 标志位置 1 来禁止，这样可以防止在向预加载寄存器中写入新的数值时更新影子寄存器，因此更新事件不会发生，直至 UDIS 标志位被清 0。同样需要注意的是，在产生更新事件的同时，计数器和预分频器的计数器都将从 0 开始重新计数，但预分频器的比率不会发生改变。另外，如果寄存器 TIM1_CR1 中的 URS 标志位（更新请求选择位）被置位，则置位标志位 UG 将产生一个更新事件而 UIF 标志位不会被置位，因此也不会发送任何中断或者 DMA 请求操作。这样可以避免当发生捕获事件而将计数器清 0 时，同时产生更新和捕获中断。

当一个更新事件发生时，所有的寄存器都将被更新，更新标志位（TIM1_SR 寄存器中的 UIF 标志位）也将被置位，这取决于 URS 标志位的状态。

在图 5.48 所示的计数器时序图中，由于 TIM1_ARR 寄存器的数值为 0x36，因此在计数器寄存器中的数值递减到 0x00 时计数器溢出，并且触发一个事件更新信号和一个更新中断信号。在更新事件信号发生后，所有寄存器中的数值都被清 0。

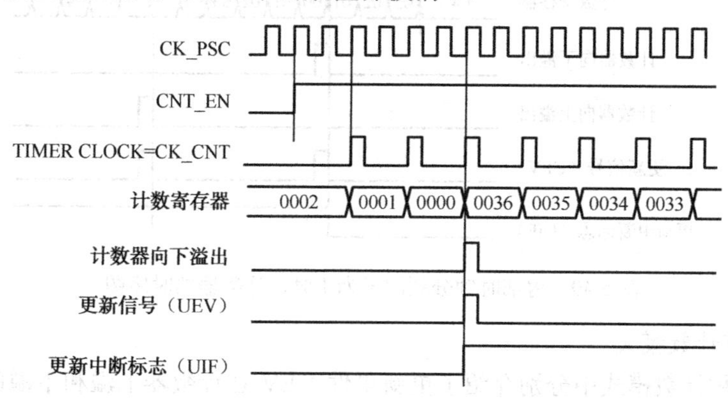

图 5.48　内部时钟分频因子为 2 时，计数器的时序图

3）中心对齐模式（向上/向下计数模式）

在中心对齐模式下，计数器首先从 0 向上计数到自动重载值减 1，即 TIM1_ARR 寄存器中的数值减 1，产生计数器上溢事件后再向下计数到 1，并再次产生计数器下溢事件，并再从 0 开始重复本次计数的过程。

在中心对齐模式下，用户不能对 TIM_CR1 寄存器中的 DIR 方向位进行写操作，该模式由硬件更新并指示当前的计数方向（向上或向下）。

更新事件可由计数器每次上溢和下溢的时候产生，也可以通过将 TIM1_EGR 寄存器中的 UG 位设置为 1 来产生，同时用户也可以使用软件或者利用从模式控制器的方式来实现事件的更新。特别需要注意的是，在这种情况下，计数器和预分频器的计数器都会从 0 开始重新计数。

与前面两种计数方式一样的是，UEV 更新事件同样可以通过软件将 TIM1_CR1 寄存器的

UDIS 标志位设置为 1 来禁止，这种方式可以在向预加载器中写入新的数值时更新影子寄存器。更新事件将不会发生，直到 UDIS 标志位被重新设置为 0。但需要注意的是，与前面两种计数模式不一样的是，此时计数器仍然会根据当前的重载值继续向上/向下计数。

此外，如果 TIM1_CR1 寄存器中 URS 标志位（更新请求选择位）被设置为 1，则 UG 标志位被设置为 1 的时候将产生一个更新事件，而 UIF 标志位却不会被置位，因此也不会发送任何中断或者 DMA 请求，这样可以避免在发生捕获事件并清除计数器的时候同时产生更新和捕获中断。

当一个更新事件发生时，所有寄存器中的数据内容都会被更新，更新标志位也将会根据 URS 标志位的状态进行更新，即 TIM1_SR 寄存器中的 UIF 标志位将被置位。

在图 5.49 所示的计数器时序图中，由于 TIM1_ARR 寄存器的数值为 0x06，因此在计数器寄存器中的数值递减到 0x00 时计数器溢出，并且触发一个事件更新信号（Counter UnderFlow）和一个更新中断信号。在发生事件更新之后，寄存器中的数值被清 0，同时计数器从 0x00 开始重新计数，直至到计数上限即 0x06 时，计数器再次溢出，并触发一个新的事件更新信号（Counter UpFlow）和一个更新中断信号。在事件更新信号发生后，所有寄存器中的数值都被清 0。

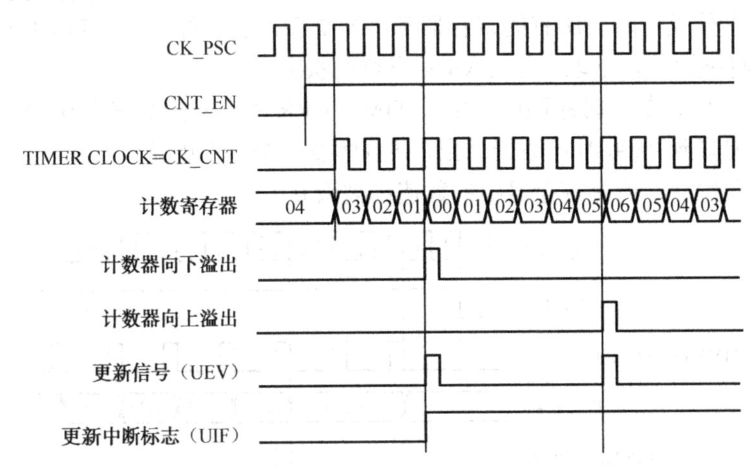

图 5.49　内部时钟分频因子为 1 时，计数器的时序图

4）循环向下计数模式

在前面的几种计数模式中分别介绍了更新事件 UEV 在计数器上溢和下溢的发生过程。实际上，更新事件只有在计数器向下计数到 0 的时候才会产生，用户可以通过利用这个计数原则来产生 PWM 信号，也就是在每次（循环次数 N）计数溢出或下溢的时候，数据从预装载寄存器传输到影子寄存器（TIM1_ARR 自动重载至寄存器，TIM1_PSC 预装载寄存器，在比较模式下的捕获/比较寄存器）。其中，参数 N 为 TIM_RCR 周期计数寄存器中的数值。

循环向下计数器在如下情况下数值递减：

（1）向上计数模式下每次计数器发生上溢时；

（2）向下计数模式下每次计数器发生下溢时；

（3）中心对齐模式下每次计数器发生上溢和下溢时。

由于中心对齐模式下计数器每个周期都会发生上溢和下溢两个事件，这样限制了 PWM 的最大循环周期为 128，但这种方法可以在每个 PWM 周期两次更新占空比。在中心对齐模式下，由于波形是对称的，如果每个 PWM 周期中刷新 1 次比较寄存器，则最大的分辨率为 $2T_{ck}$。

由于循环向下计数器是自动重载的，循环的速率是由 TIM1_RCR 寄存器中的数值定义的。如果更新事件是由软件方式（将 TIM1_EGR 寄存器中的 UG 标志位设置为 1）或者通过硬件的从模式控制产生的，则无论循环向下计数器中当前的数值为多少，该更新事件都会立即发生，并且 TIM1_RCR 寄存器中的值都会重载到循环向下计数器中。

3. 时钟的选择

对于 ARM 处理器中的计数器而言，其工作时钟可以由以下几种时钟源提供：

（1）内部时钟 CK_INT；

（2）外部时钟模式 1，即外部输入引脚；

（3）外部时钟模式 2，即外部触发输入 ETR；

（4）内部触发输入 ITRx，即将一个定时器作为另一个定时器的预分频器。例如，可将定时器 1 设置为定时器 2 的预分频器。

1）内部时钟源 CK_INT

如果从模式控制器已经被禁止，即 SMS=0x000，则 TIM1_CR1 寄存器中的标志位 CEN、DIR 和 TIM_EGR 寄存器中的 UG 标志位则成为关键标志位，而且用户只能通过软件的方式才能实现对这些参数的修改。通常情况下，只要将 CEN 标志位设置为 1，预分频器的时钟就可以设置为由内部时钟 CK_INT 提供。从图 5.50 中可以看出，当 CEN 信号被设置为高电平时，计数脉冲由内部时钟 CK_INT 提供。

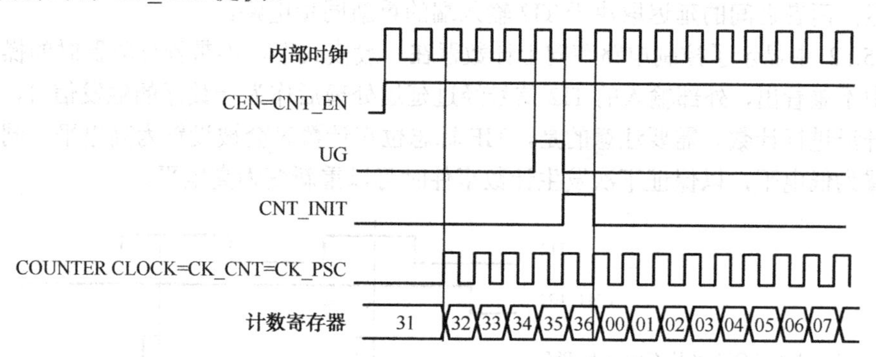

图 5.50　内部时钟分频因子为 1 时，一般模式下的控制电路

2）外部时钟源模式 1

当 TIM1_SMCR 寄存器中的 SMS 标志位被设置为 1，即 SMS=111 时，在这种模式下，计数器可以在选定输入信号的每个上升沿或下降沿进行计数。

在图 5.51 中，描述了使用 TI2 外部时钟作为计数触发的连接图。在该图中，如果用户需要配置向上计数器在 TI2 输入端上升沿进行计数，则需要进行以下操作步骤，具体如下。

（1）通过设置 TIM1_CCMR1 寄存器中的 CC2S='01'，使得通道 2 可以检测到 TI2 输入出现的上升沿。

（2）通过写入 TIM1_CCMR1 寄存器中的 IC2F[3:0]标志位来配置输入滤波器的持续时间。如果用户设置不需要使用滤波器，则可以设置参数 IC2F=0000。

（3）通过设置 TIM1_CCER 寄存器中的 CC2P 标志位，即设置 CC2P=0 来选择上升沿的极性。

（4）通过设置 TIM_SMCR 寄存器中的 SMS 标志位，即设置 SMS=111 使得定时器工作在外部时钟模式 1 的状态。

（5）通过设置 TIM1_SMCR 寄存器中的 TS 标志位，即设置 TS=110 使得选择 TI2 作为触发信号的输入源。

（6）通过设置 TIM1_CR1 寄存器中的 CEN 标志位，即设置 CEN=1 来使能计数器。

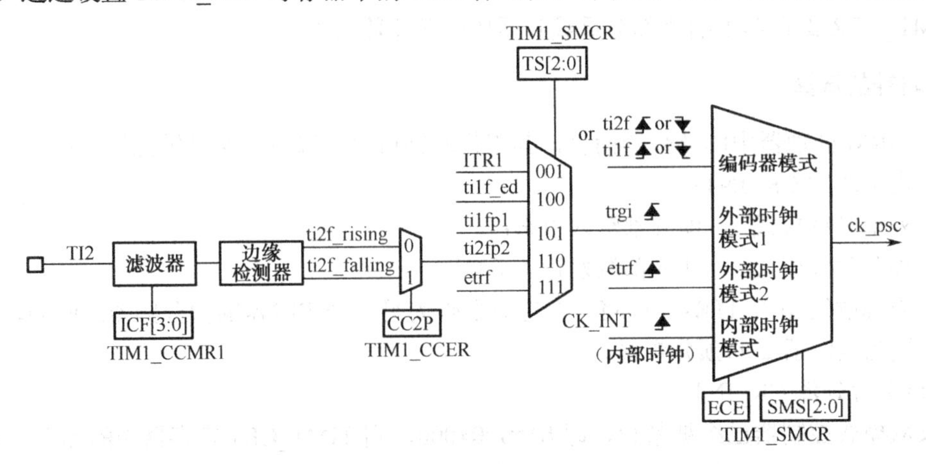

图 5.51　内部时钟分频因子为 1 时，一般模式下的控制电路

在上述配置操作过程中，当 TI2 触发信号出现上升沿的时候，计数器对其进行计数 1 次，同时 TIF 标志位也将被置位。需要注意的是，TI2 信号的上升沿和计数器中实际的时钟之间存在一定延迟，两者之间的延迟取决于 TI2 输入端的重新同步电路。

在图 5.52 中显示了控制电路和向上计数器在一般模式下，不带预分频器时的操作时序。从时序图中不难看出，外部输入的 TI2 信号经过延迟处理后作为计数器的触发信号，且在触发信号的上升沿进行计数。需要注意的是，TIF 标志位在计数时会被设置为高电平，同时需要将其重新设置为低电平，以保证下次发生计数事件时可以重新变为高电平。

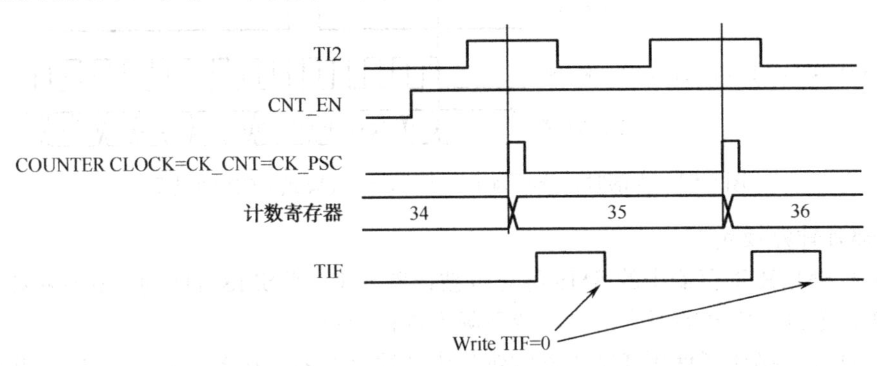

图 5.52　外部时钟模式 1 下的控制电路

3）外部时钟源模式 2

当 TIM1_SMCR 寄存器中的 ECE 标志位被置位，即 ECE=1 时，计数器会进入外部时钟模式 2。在这种工作模式下，计数器在外部触发输入 ETR 的每个上升沿和下降沿都会进行计数操作，具体的结构框图如图 5.53 所示。

按照图 5.53 的系统结构描述，如果用户需要向上计数器每隔两个 ETR 上升沿计数两次，可以按照以下步骤进行配置相应的计数器，具体如下。

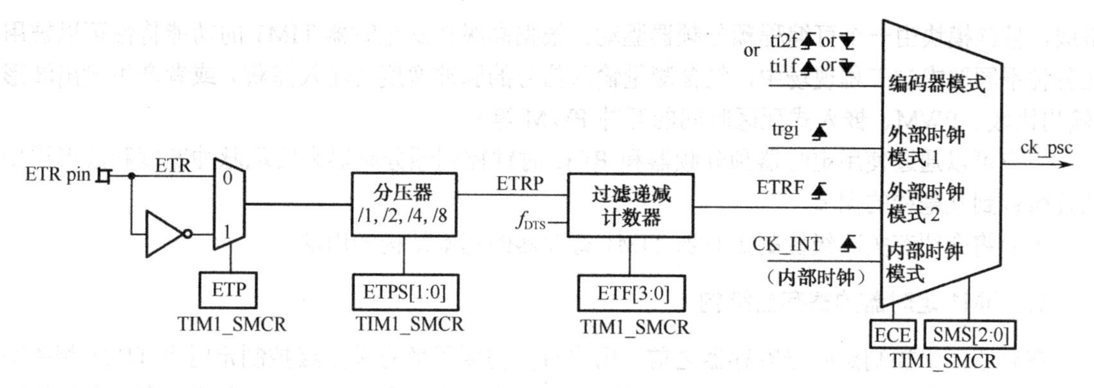

图 5.53　外部时钟模式下的控制电路

（1）在整个计数过程中，由于不需要使用滤波器，则可以设置 TIM1_SMCR 寄存器进行设置，即令寄存器 TIM1_SMCR 中的标志位 ETF[3:0]=0x0000。

（2）通过设置 TIM1_SMCR 寄存器中的 ETPS 标志位，即令 ETPS[1:0]=0x01，用于设置预分频器的工作参数，即 ETPS 频率除以 2。

（3）通过设置 TIM1_SMCR 寄存器中的 ETP 标志位，即令 ETP=0，用于检测 ETR 引脚上发生的上升沿信号。

（4）通过设置 TIM1_SMCR 寄存器中的 ECE 标志位，即令 ECE=1，用于使能外部中断模式 2。

（5）通过设置 TIM1_CR1 寄存器中的 CEN 标志位，即 CEN=1 来使能计数器。

通过上述设置，计数器每隔两个 ETR 上升沿将计数 1 次。与外部时钟源模式 1 相同的是，ETR 上升沿和定时器实际时钟的延迟取决于 ETRP 信号上的重新同步电路。

在图 5.54 中显示了控制电路和向上计数器在一般模式下，不带预分频器时的操作时序。从时序图中不难看出，外部触发输入的 ETR 信号经过分频处理后得到如 ETRP 所示的信号。经过滤波器后，产生延迟信号 ETRF 作为计数器的触发信号，且在触发信号发生两次上升沿后计数 1 次。

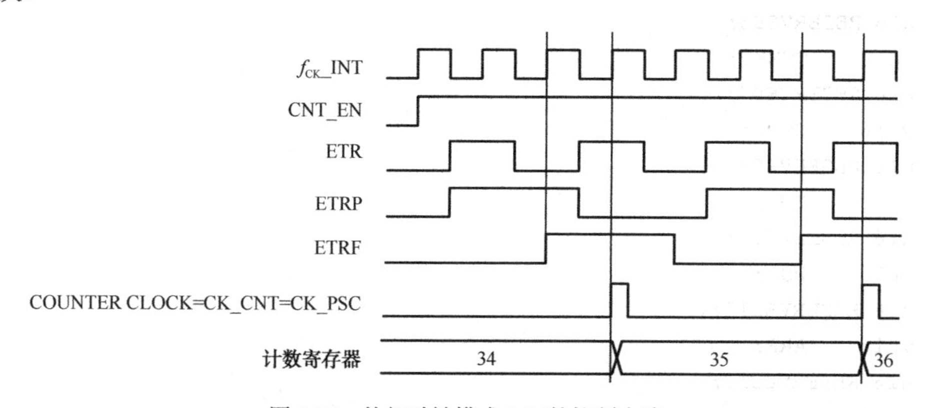

图 5.54　外部时钟模式 2 下的控制电路

5.5.3　TIM1 的控制寄存器

在 STM32F103XX 系列处理器中，高级控制定时器 TIM1 由一个 16 位的自动装载计数器组成，且该模块由一个可编程预分频器驱动。根据高级控制定时器 TIM1 的功能特性可以被用在各种不同要求的工程现场中，包含测量输入信号的脉冲宽度（输入捕获）或者产生输出波形（输出比较、PWM、嵌入式死区时间的互补 PWM 等）。

用户可以通过使用定时器预分频器和 RCC 时钟控制预分频器来实现脉冲宽度和波形周期从几微秒到几毫秒的调节。

下面将介绍有关高级控制定时器 TIM1 寄存器的基本结构和用法。

1. TIM1 定时器的寄存器结构

在介绍高级控制定时器寄存器之前，用户首先需要了解有关高级控制定时器 TIM1 相关寄存器的基本结构。在 STM32F103XX 系列 ARM 处理器中，有关 TIM1 寄存器的参数是采用结构体的方式进行描述的，具体的结构体及其内置参数如下：

```
/***************  以下代码用于实现 STM32 中 TIM1 的定义 **************/
Typedef struct
{
    vu16    CR1;
    u16 RESERVED0;
    vu16    CR2;
    u16 RESERVED1;
    vu16    SMCR;
    u16 RESERVED2;
    vu16    DIER;
    u16 RESERVED3;
vu16    SR;
    u16 RESERVED4;
    vu16    EGR;
    u16 RESERVED5;
    vu16    CCMR1;
    u16 RESERVED6;
    vu16    CCMR2;
    u16 RESERVED7;
    vu16    CCER;
    u16 RESERVED8;
    vu16    CNT;
    u16 RESERVED9;
    vu16    PSC;
    u16 RESERVED10;
    vu16    ARR;
    u16 RESERVED11;
    vu16    RCR;
    u16 RESERVED12;
    vu16    CCR1;
    u16 RESERVED13;
    vu16    CCR2;
    u16 RESERVED14;
```

```
    vu16    CCR3;
    u16 RESERVED15;
    vu16    CCR4;
    u16 RESERVED16;
    vu16    BDTR;
    u16 RESERVED17;
    vu16    DCR;
    u16 RESERVED18;
    vu16    DMAR;
    u16 RESERVED19;
}TIM1_TypeDef;
/****************************** 代码行结束 **************************/
```

根据上述有关高级控制定时器 TIM1 的结构定义，列出了部分有关 TIM1 设置的寄存器，并对其基本功能进行简单描述，具体如表 5.58 所示。

表 5.58　TIM1 寄存器

寄存器名称	寄存器描述
CR1	控制寄存器 1
CR2	控制寄存器 2
SMCR	从模式控制寄存器
DIER	DMA/中断使能寄存器
SR	状态寄存器
EGR	事件产生寄存器
CCMR1	捕获/比较模式寄存器 1
CCMR2	捕获/比较模式寄存器 2
CCER	捕获/比较使能寄存器 1
CNT	计数器寄存器
PSC	预分频寄存器
APR	自动重装载寄存器
RCR	周期计数寄存器
CCR1	捕获/比较寄存器 1
CCR2	捕获/比较寄存器 2
CCR3	捕获/比较寄存器 3
CCR4	捕获/比较寄存器 4
BDTR	刹车和死区寄存器
DCR	DMA 控制寄存器
DMAR	连续模式 DMA 地址寄存器

2. TIM1 库函数

用户在对 TIM1 定时器寄存器结构了解的基础上，需要对其进行操作控制，同样在 STM32 库文件中，系统已经罗列出一些常用的定时器 TIM1 库函数，用户可以直接通过下面的 TIM1 库函数表格对各个定时器库函数的基本功能进行了解，具体如表 5.59 所示。

表 5.59 TIM1 库函数

函数名称	功能描述
TIM1_DeInit	将外设 TIM1 寄存器重新设置为默认值
TIM1_TIM1BaseInit	根据 TIM1_TIM1BaseInitStruct 中指定的参数初始化外设 TIM1 的时间基数单位
TIM1_OC1Init	根据 TIM1_OCInitStruct 中指定的参数初始化 TIM1 通道 1
TIM1_OC2Init	根据 TIM1_OCInitStruct 中指定的参数初始化 TIM1 通道 2
TIM1_OC3Init	根据 TIM1_OCInitStruct 中指定的参数初始化 TIM1 通道 3
TIM1_OC4Init	根据 TIM1_OCInitStruct 中指定的参数初始化 TIM1 通道 4
TIM1_BDTRConfig	设置刹车特性、死区时间、锁电平、OSSI、OSSR 的状态和 AOE（自动输出使能）的状态
TIM1_ICInit	根据 TIM1_ICInitStruct 中指定的参数初始化外设 TIM1
TIM1_PWMIConfig	根据 TIM1_ICInitStruct 中指定的参数设置外设 TIM1 工作在 PWM 输入模式
TIM1_TIM1BaseStructureInit	将 TIM1_TIM1BaseInitStruct 中的每一个参数按默认值填入
TIM1_OCStructureInit	将 TIM1_OCInitStruct 中的每一个参数按照默认值填入
TIM1_ICStructureInit	将 TIM1_ICInitStruct 中的每一个参数按照默认值填入
TIM1_BDTRStructureInit	将 TIM1_BDTRInitStruct 中的每一个参数按照默认值填入
TIM1_Cmd	使能或失能 TIM1 外设
TIM1_CtrlPWMOutputs	使能或失能 TIM1 外设的 PWM 主输出
TIM1_ITConfig	使能或失能指定 TIM1 的中断
TIM1_DMAConfig	设置 TIM1 的 DMA 接口
TIM1_DMACmd	使能或失能指定 TIM1 的 DMA 请求
TIM1_InternalClockConfig	设置 DMA 内部时钟
TIM1_ETRClockMode1Config	配置 TIM1 外部时钟模式 1
TIM1_ETRClockMode2Config	配置 TIM1 外部时钟模式 2
TIM1_ETRConfig	设置 TIM1 外部触发
TIM1_ITRxExternalClockConfig	配置 TIM1 内部触发为外部时钟模式
TIM1_TIxExternalClockConfig	配置 TIM1 触发为外部时钟
TIM1_SelectInputTrigger	选择 TIM1 输入触发源
TIM1_UpdateDisableConfig	使能或失能 TIM1 更新事件
TIM1_UpdateRequestConfig	设置 TIM1 更新中断请求
TIM1_SelectHallSensor	使能或失能 TIM1 的霍尔传感器接口
TIM1_SelectOnePulseMode	设置 TIM1 单脉冲模式
TIM1_SelectOutputTrigger	选择 TIM1 触发输出模式
TIM1_SelectSlaveMode	选择 TIM1 从模式
TIM1_SelectMasterSlaveMode	设置或重置 TIM1 主/从模式
TIM1_EncoderInterfaceConfig	设置 TIM1 编码界面
TIM1_PrescalerConfig	设置 TIM1 预分频
TIM1_CounterModeConfig	设置 TIM1 计数器模式
TIM1_ForcedOC1Config	设置 TIM1 输出 1 为活动或非活动电平
TIM1_ForcedOC2Config	设置 TIM1 输出 2 为活动或非活动电平
TIM1_ForcedOC3Config	设置 TIM1 输出 3 为活动或非活动电平
TIM1_ForcedOC4Config	设置 TIM1 输出 4 为活动或非活动电平

续表

函 数 名 称	功 能 描 述
TIM1_ARRPreloadConfig	使能或失能 TIM1 在 ARR 上的预装载寄存器
TIM1_SelectCOM	选择 TIM1 外设的通信事件
TIM1_SelectCCDMA	选择 TIM1 外设的捕获比较 DMA 源
TIM1_CCPreloadControl	设置或者是重置 TIM1 捕获比较控制位
TIM1_OC1PreloadConfig	使能或失能 TIM1 在 CCR1 上的预装载寄存器
TIM1_OC2PreloadConfig	使能或失能 TIM1 在 CCR2 上的预装载寄存器
TIM1_OC3PreloadConfig	使能或失能 TIM1 在 CCR3 上的预装载寄存器
TIM1_OC4PreloadConfig	使能或失能 TIM1 在 CCR4 上的预装载寄存器
TIM1_OC1FastConfig	设置 TIM1 捕获比较 1 快速特征
TIM1_OC2FastConfig	设置 TIM1 捕获比较 2 快速特征
TIM1_OC3PreloadConfig	设置 TIM1 捕获比较 3 快速特征
TIM1_OC4PreloadConfig	设置 TIM1 捕获比较 4 快速特征
TIM1_ClearOC1Ref	在一个外部事件发生时清除或保持 OCREF1 信号
TIM1_ClearOC2Ref	在一个外部事件发生时清除或保持 OCREF2 信号
TIM1_ClearOC3Ref	在一个外部事件发生时清除或保持 OCREF3 信号
TIM1_ClearOC4Ref	在一个外部事件发生时清除或保持 OCREF4 信号
TIM1_GenerateEvent	设置 TIM1 事件由软件产生
TIM1_OC1PolarityConfig	设置 TIM1 通道 1 的极性
TIM1_OC1NPolarityConfig	设置 TIM1 通道 1N 的极性
TIM1_OC2PolarityConfig	设置 TIM1 通道 2 的极性
TIM1_OC2NPolarityConfig	设置 TIM1 通道 2N 的极性
TIM1_OC3PolarityConfig	设置 TIM1 通道 3 的极性
TIM1_OC3NPolarityConfig	设置 TIM1 通道 3N 的极性
TIM1_OC4PolarityConfig	设置 TIM1 通道 4 的极性
TIM1_SetCounter	设置 TIM1 计数器寄存器的值
TIM1_CCxCmd	使能或失能 TIM1 捕获比较通道 x
TIM1_CCxNCmd	使能或失能 TIM1 捕获比较通道 xN
TIM1_SelectOCxM	选择 TIM1 输出比较模式。需要注意的是，本函数在改变输出比较模式前将失能选中的通道。用户比较使用函数 TIM1_CCxCMD 和 TIM1_CCxCmd 来使能该通道
TIM1_SetAutoreload	设置 TIM1 自动重装载寄存器值
TIM1_SetCompare1	设置 TIM1 捕获比较 1 寄存器值
TIM1_SetCompare2	设置 TIM1 捕获比较 2 寄存器值
TIM1_SetCompare3	设置 TIM1 捕获比较 3 寄存器值
TIM1_SetCompare4	设置 TIM1 捕获比较 4 寄存器值
TIM1_SetIC1Prescaler	设置 TIM1 输入捕获 1 预分频
TIM1_SetIC2Prescaler	设置 TIM1 输入捕获 2 预分频
TIM1_SetIC3Prescaler	设置 TIM1 输入捕获 3 预分频
TIM1_SetIC4Prescaler	设置 TIM1 输入捕获 4 预分频
TIM1_SetClockDivision	设置 TIM1 的时钟分割值
TIM1_GetCapture1	获得 TIM1 输入捕获 1 的值

续表

函 数 名 称	功 能 描 述
TIM1_GetCapture2	获得 TIM1 输入捕获 2 的值
TIM1_GetCapture3	获得 TIM1 输入捕获 3 的值
TIM1_GetCapture4	获得 TIM1 输入捕获 4 的值
TIM1_GetCounter	获得 TIM1 计数器的值
TIM1_GetPrescaler	获得 TIM 预分频值
TIM1_GetFlagStatus	检查指定 TIM1 标志位的设置状态
TIM1_ClearFlag	清除 TIM1 的待处理标志位
TIM1_GetITStatus	检查指定的 TIM1 中断是否发生
TIM1_ClearITPendingBit	清除 TIM1 的中断待处理位

从上述表格中所列举的有关 TIM1 库函数的功能说明来看，高级控制定时器 TIM1 的使用操作步骤相对比较复杂。如果用户仍然使用自行编写控制代码的方式来对其进行操作，则每次对定时器的操作过程都需要对其进行重复定义操作，代码冗长，也不能利用程序代码的复用。

在 STM32XX 系列 ARM 处理器的库函数中，对高级控制定时器 TIM1 的基本功能进行归纳分类，以库函数的形式让用户直接进行调用，在很大程度上减轻了用户对 TIM1 定时器的烦琐操作。

5.5.4 TIM1 库函数的功能说明

1. 函数 TIM1_DeInit

有关函数 TIM1_DeInit 的具体使用方法及其参数说明如表 5.60 所示。

表 5.60 函数 TIM1_DeInit

函数名称	TIM1_DeInit
函数原型	void TIM1_DeInit (void)
功能描述	将外设 TIM1 寄存器重新设置为默认值
输入参数	无
输出参数	无
返回值	无
先决条件	无
被调用函数	RCC_APB2PeriphClockCmd ( )

在 STM32XX 处理器的系统库函数中，函数 TIM1_DeInit 没有输入参数，也没有输出参数。用户调用该函数就可以直接实现对外设 TIM1 重置默认参数的操作，具体的程序代码如下：

```
/****************  以下代码实现对外设 TIM1 的默认重置操作 ***************/
/* 复位 TIM1 寄存器 --------------------------------------------------------*/
TIM1_DeInit();
/****************************** 代码行结束 ****************************/
```

2．函数 TIM1_TimeBaseInit

有关函数 TIM1_TimeBaseInit 的具体使用方法及其参数说明如表 5.61 所示。

表 5.61 函数 TIM1_TimeBaseInit

函数名称	TIM1_TimeBaseInit
函数原型	void TIM1_TimeBaseInit (TIM1_TIM1BaseInitTypeDef* TIM1_BaseInitStruct)
功能描述	根据 TIM1_TIM1BaseInitStruct 中指定的参数初始化 TIM1 时间基数单位
输入参数	TIM1_TIM1BaseInitStruct：指向结构 TIM1_TIM1BaseInitTypeDef 的指针，包含了 TIM1 时间基数单位的配置信息
输出参数	无
返回值	无
先决条件	无
被调用函数	RCC_APB2PeriphClockCmd ( )

在函数输入参数中，有关 TIM1_TIM1BaseInitTypeDef 的定义具体如下：

```
/*****************  以下代码实现对外设 TIM1 的结构定义  *****************/
Typedef struct
{
        u16       TIM1_Period;
        u16       TIM_Prescaler;
        u8        TIM1_ClockDivision;
        u16       TIM1_CounterMode;
        u8        TIM1_RepetitionCounter;
}TIM_TIM1BaseInitTypeDef;
/****************************  代码行结束  ****************************/
```

在 TIM1_InitTypeDef 所定义的结构体中，绝大部分参数都是枚举类型的数值，即由系统提供相应的选择参数，下面将一一解释。

1）参数 TIM1_Perid

该参数设置了在下一个更新事件装入活动的自动重装载寄存器周期的数值，且其取值范围必须在 0x0000 和 0xFFFF 之间。

2）参数 TIM1_Prescaler

该参数设置了用来作为 TIM1 时钟频率除数的预分频值，其取值范围必须在 0x0000 和 0xFFFF 之间。

3）参数 TIM1_ClockDivision

该参数设置了时钟分割，具体如表 5.62 所示。

表 5.62 参数 TIM1_ClockDivision

参数 TIM1_ClockDivision	参 数 描 述
TIM1_CKD_DIV1	TDTS=Tck_TIM1
TIM1_CKD_DIV2	TDTS=2Tck_TIM1
TIM1_CKD_DIV4	TDTS=4Tck_TIM1

4）参数 TIM1_CounterMode

该参数设置了计数器的工作模式，具体如表 5.63 所示。

表 5.63　参数 TIM1_ClockDivision

参数 TIM1_CounterMode	参 数 描 述
TIM1_CounterMode_Up	TIM1 向上计数模式
TIM1_CounterMode_Down	TIM1 向下计数模式
TIM1_CounterMode_CenterAligned1	TIM1 中心对其模式 1 的计数模式
TIM1_CounterMode_CenterAligned2	TIM1 中心对其模式 2 的计数模式
TIM1_CounterMode_CenterAligned3	TIM1 中心对其模式 3 的计数模式

5）参数 TIM1_RepetitionCounter

该参数设置了周期计数器的数值。RCR 向下计数器每次计数至 0 则会产生一个更新事件且计数器重新由 RCR 开始计数。这就意味着在 PWM 模式中对应着以下方面：

（1）边沿对齐模式下的 PWM 周期数；

（2）中央对齐模式下的 PWM 半周期数。

同样，该参数的取值范围也必须在 0x0000 和 0xFFFF 之间

3．函数 TIM1_OC1Init

有关函数 TIM1_OC1Init 的具体使用方法及其参数说明如表 5.64 所示。

表 5.64　函数 TIM1_OC1Init

函数名称	TIM1_OC1Init
函数原型	void TIM1_OC1Init (TIM1_OCInitTypeDef* TIM1_OCInitStruct)
功能描述	根据 TIM1_OCInitStruct 中指定的参数初始化 TIM1 通道 1
输入参数	TIM1_OCInitStruct：指向结构 TIM1_OCInitTypeDef 的指针，包含了 TIM1 通道 1 的配置信息
输出参数	无
返回值	无
先决条件	无
被调用函数	无

在函数输入参数中，有关 TIM1_OCInitTypeDef 的定义如下。

```
/*****************  以下代码实现对外设 TIM1 的结构定义  *****************/
Typedef struct
{
    u16     TIM1_OCMode;
    u16     TIM1_OutputState;
    u16     TIM1_OutputNState;
    u16     TIM1_Pulse;
    u16     TIM1_OCPolarity;
    u16     TIM1_OCNPolarity;
    u16     TIM1_OCIdleState;
    u16     TIM1_OCNIdleState;
```

```
}TIM_OCInitTypeDef;
/**************************** 代码行结束 ***************************/
```

在 TIM1_OCInitTypeDef 所定义的结构体中，绝大部分参数都是枚举类型的数值，即由系统提供相应的选择参数，在下面的内容中将一一解释。

1）参数 TIM1_OCMode

该参数用于选择定时器模式，具体的参数取值如表 5.65 所示。

表 5.65　参数 TIM1_OCMode

参数 TIM1_OCMode	参 数 描 述
TIM1_OCMode_TIM1ing	TIM1 输出比较时间模式
TIM1_OCMode_Active	TIM1 输出比较主动模式
TIM1_OCMode_Inactive	TIM1 输出比较非主动模式
TIM1_OCMode_Toggle	TIM1 输出比较触发模式
TIM1_OCMode_PWM1	TIM1 脉冲宽度调试模式 1
TIM1_OCMode_PWM2	TIM1 脉冲宽度调试模式 2

2）参数 TIM1_OutputState

该参数用于选择输出比较状态，其取值范围如表 5.66 所示。

表 5.66　参数 TIM1_OutputState

参数 TIM1_OutputState	参 数 描 述
TIM1_OutputState_Disable	失能输出比较状态
TIM1_OutputState_Enable	使能输出比较状态

3）参数 TIM1_OutputNState

该参数设选择互补输出比较状态，其取值范围如表 5.67 所示。

表 5.67　参数 TIM1_OutputNState

参数 TIM1_OutputNState	参 数 描 述
TIM1_OutputNState_Disable	失能输出比较 N 状态
TIM1_OutputNState_Enable	使能输出比较 N 状态

4）参数 TIM1_Pulse

该参数设置了待装入捕获比较寄存器的脉冲值，其取值范围必须在 0x0000 和 0xFFFF 之间。

5）参数 TIM1_OCPolarity

该参数设置了输出的极性，其具体的取值范围如表 5.68 所示。

表 5.68　参数 TIM1_OCPolarity

参数 TIM1_OCPolarity	参 数 描 述
TIM1_OCPolarity_High	TIM1 输出比较极性高
TIM1_OCPolarity_Low	TIM1 输出比较极性低

6）参数 TIM1_OCNPolarity

该参数设置了互补输出的极性，其具体的取值范围如表 5.69 所示。

表 5.69　参数 TIM1_OCNPolarity

参数 TIM1_OCNPolarity	参 数 描 述
TIM1_OCNPolarity_High	TIM1 输出比较 N 极性高
TIM1_OCNPolarity_Low	TIM1 输出比较 N 极性低

7）参数 TIM1_OCIdleState

该参数选择空闲状态下的非工作状态，其具体的取值范围如表 5.70 所示。

表 5.70　参数 TIM1_OCIdleState

参数 TIM1_OCIdleState	参 数 描 述
TIM1_OCIdleState_Set	当 MOE=0 设置 TIM1 输出比较空闲状态
TIM1_OCIdleState_Reset	当 MOE=1 重置 TIM1 输出比较空闲状态

8）参数 TIM1_OCNIdleState

该参数选择空闲状态下的互补非工作状态，其具体的取值范围如表 5.71 所示。

表 5.71　参数 TIM1_OCNIdleState

参数 TIM1_OCNIdleState	参 数 描 述
TIM1_OCNIdleState_Set	当 MOE=0 设置 TIM1 输出比较 N 空闲状态
TIM1_OCNIdleState_Reset	当 MOE=1 重置 TIM1 输出比较 N 空闲状态

```
/************  以下代码实现对外设 TIM1 通道进行设置/重置操作 *************/
/* 设置 TIM1 通道 1 为 PWM 模式 ---------------------------------------*/
TIM1_OCInitTypeDef  TIM1_OCInitStructure;
TIM1_OCInitStructure.TIM1_OCMode=TIM1_OCMode_PWM1;
TIM1_OCInitStructure.TIM1_OutputState=TIM1_OutputState_Enable;
TIM1_OCInitStructure.TIM1_OutputNState=TIM1_OutputNState_Enable;
TIM1_OCInitStructure.TIM1_Pulse=ox7FF;
TIM1_OCInitStructure.Tim1_OCPolarity=TIM1_OCPolarity_Low;
TIM1_OCInitStructure.Tim1_OCNPolarity=TIM1_OCNPolarity_Low;
TIM1_OCInitStructure.OCIdleState=TIM1_OCIdleState_Set;
TIM1_OCInitStructure.OCNIdleState=TIM1_OCNIdleState_Reset;
TIM1_OCInit(&TIM1_OCInitStructure);
/**************************** 代码行结束 ***************************/
```

4. 函数 TIM1_BDTRConfig

有关函数 TIM1_BDTRConfig 的具体使用方法及其参数说明如表 5.72 所示。

表 5.72　函数 TIM1_BDTRConfig

函数名称	TIM1_BDTRConfig
函数原型	void TIM1_BDTRConfig (TIM1_BDTRInitTypeDef* TIM1_BDTRInitStruct)
功能描述	设置刹车特性、死区时间、锁电平、OSSI、OSSR 状态和 AOE 自动输出使能

续表

函 数 名 称	TIM1_BDTRConfig
输入参数	TIM1_BDTRInitStruct：指向结构 TIM1_BDTRInitTypeDef 的指针，包含了 TIM1 BDTR 寄存器的配置信息
输出参数	无
返回值	无
先决条件	无
被调用函数	RCC_APB2PeriphClockCmd ( )

在函数输入参数中，有关 TIM1_BDTRInitTypeDef 的定义如下。

```
/****************  以下代码实现对外设 TIM1 的结构定义 ****************/
Typedef struct
{
    u16     TIM1_OSSRState;
    u16     TIM1_OSSIState;
    u16     TIM1_LOCKLevel;
    u16     TIM1_DeadTIM1;
    u16     TIM1_Break;
    u16     TIM1_BreakPolarity;
    u16     TIM1_AutomatiOutput;
}TIM1_BDTRInitTypeDef;
/**************************** 代码行结束 **************************/
```

在 TIM1_BDTRInitTypeDef 所定义的结构体中，绝大部分参数都是枚举类型的数值，即由系统提供相应的选择参数，下面将一一解释。

1）参数 TIM1_OSSRState

该参数用于设置在运行模式下非工作状态的选项，具体的参数取值如表 5.73 所示。

表 5.73　参数 TIM1_OSSRState

参数 TIM1_OSSRState	参 数 描 述
TIM1_OSSRState_Enable	使能 TIM1_OSSR 状态
TIM1_OSSRState_Enable	失能 TIM1_OSSR 状态

2）参数 TIM1_OSSIState

该参数用于设置在运行模式下工作状态的选项，具体的参数取值如表 5.74 所示。

表 5.74　参数 TIM1_OSSIState

参数 TIM1_OSSIState	参 数 描 述
TIM1_OSSIState_Enable	使能 TIM1_OSSI 状态
TIM1_OSSIState_Enable	失能 TIM1_OSSI 状态

3）参数 TIM1_LOCKLevel

该参数用于设置锁电平参数，具体的参数取值如表 5.75 所示。

表 5.75　参数 TIM1_LOCKLevel

参数 TIM1_LOCKLevel	参 数 描 述
TIM1_LOCKLevel_OFF	不锁任何位
TIM1_LOCKLevel_1	使用锁电平 1
TIM1_LOCKLevel_2	使用锁电平 2
TIM1_LOCKLevel_3	使用锁电平 3

4）参数 TIM1_DeadTIM1

该参数用于设置输出打开和关闭状态之间的延迟时间。

5）参数 TIM1_Break

该参数用于使能或者失能 TIM1 刹车输入，具体的参数取值如表 5.76 所示。

表 5.76　参数 TIM1_Break

参数 TIM1_Break	参 数 描 述
TIM1_Break_Enable	使能 TIM1 刹车输入
TIM1_Break_Disable	失能 TIM1 刹车输入

6）参数 TIM1_BreakPolarity

该参数用于设置 TIM1 刹车输入引脚的极性，具体的参数取值如表 5.77 所示。

表 5.77　参数 TIM1_BreakPolarity

参数 TIM1_BreakPolarity	参 数 描 述
TIM1_BreakPolarity_Low	TIM1 刹车输入引脚极性低
TIM1_BreakPolarity_High	TIM1 刹车输入引脚极性高

7）参数 TIM1_AutomaticOutput

该参数用于使能或者失能自动输出功能，具体的参数取值如表 5.78 所示。

表 5.78　参数 TIM1_AutomaticOutput

参数 TIM1_AutomaticOutput	参 数 描 述
TIM1_AutomaticOutput_Enable	自动输出功能使能
TIM1_AutomaticOutput_Disable	自动输出功能失能

```
/***************  以下代码实现对外设 TIM1 BDTR 进行设置****************/
/*  -------------------------------------*/
TIM1_BDTRInitTypeDef   TIM1_BDTRInitStructure;
TIM1_BDTRInitStructure.TIM1_OSSRState=TIM1_OSSRState_Enable;
TIM1_BDTRInitStructure.TIM1_OSSIState=TIM1_OSSIState_Enable;
TIM1_BDTRInitStructure.TIM1_LOCKLevel=TIM1_LOCKLevel_1;
TIM1_BDTRInitStructure.TIM1_DeadTIM1=0x05;
TIM1_BDTRInitStructure.TIM1_Break=TIM1_Break_Enable;
TIM1_BDTRInitStructure.TIM1_BreakPolarity=TIM1_BreakPolarity_High;
```

```
    TIM1_BDTRInitStructure.TIM1_AutomaticOutput
    =TIM1_AutomaticOutput_Enable;
    TIM1_BDTRConfig(&TIM1_BDTRInitStructure);
    /****************************** 代码行结束 ****************************/
```

由于篇幅所限，有关高级控制定时器 TIM1 库函数的介绍就不再详细展开了，有需要的用户可以通过查阅相关技术手册来对其他的库函数进行了解。

5.5.5 基础实验四：PWM 驱动汽车灯光照明实验

在汽车电器中，车载灯光照明系统是汽车电子系统的重要组成部分，根据汽车电器系统的结构及车载用电设备的工作原理可知，车载灯光照明具有“直流、低压、单线制、负极搭铁”等特点，即使用 12V 或 24V 的直流电源供电，以车架与地信号相连，通过单线制与车架、大地之间构成电流回路，驱动汽车灯光照明设备。

在图 5.55 中，列出了汽车灯光照明系统中常见的电器设备。通常情况下，汽车的照明系统主要由灯具、电源和电路（包含控制开关）三大部分组成，而常用的灯具又可以分为照明用灯具和信号及标志用灯具。常见的照明用灯具有前照灯、后照灯、牌照灯、顶灯、仪表灯和工作灯等。信号及标志用灯具则包含转向信号灯、制动灯、小灯、尾灯、指示灯和报警灯等。

对于汽车电路系统学角度而言，汽车的照明信号装置采用恒压直流的方式供电，因此用户只需要将汽车蓄电池的正极与照明信号装置的正极相连，且负极搭铁就可以实现其正常的照明指示功能。

为了最大限度地节省车辆电能的消耗，实现车辆照明信号亮度的人工调节，在部分型号的车辆灯光照明系统中，采用了 PWM 的方式驱动车辆的照明信号装置。

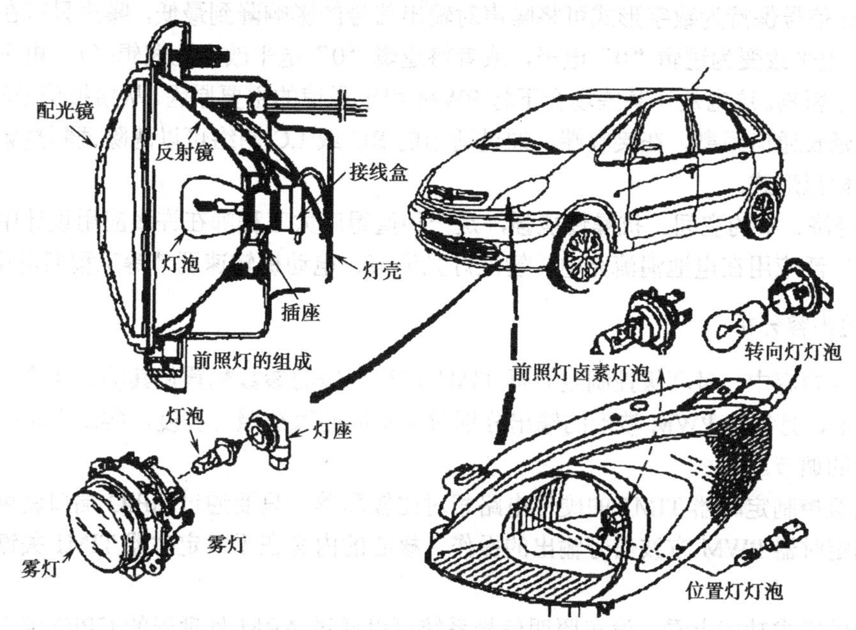

图 5.55 汽车灯光照明系统

1. PWM 的基本工作原理

PWM，即脉冲宽度调制，是英文“Pulse Width Modulation”的缩写，简称脉宽调制，它是利用微处理器的数字输出来对模拟电路进行控制的一种有效技术，广泛应用在从测量、通信到功率控制与变换的多个领域中。

随着电子技术的发展，在各个工程领域都出现了多种 PWM 技术，其中包括相电压控制 PWM、脉宽 PWM 法、随机 PWM、SPWM 法、线电压控制 PWM 等。

在汽车照明信号系统中，部分智能照明装置系统也采用了脉宽 PWM 法对车载用电器进行供电。它是把每一个脉冲宽度均相等的脉冲列作为 PWM 波形，通过改变脉冲列的周期对输出波形的频率进行调整，以改变脉冲的宽度或占空比来实现对输出电压的调节。通常情况下，只要采用适当的控制方法即可使输出电压与频率进行协调变化。同样，可以通过调整 PWM 的周期、PWM 的占空比等进而达到控制驱动电流的目的，即实现对汽车照明信号系统的亮度调节。

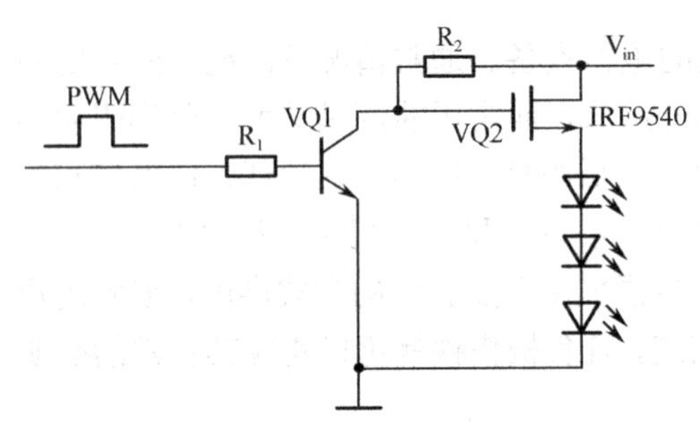

图 5.56　PWM 控制汽车灯光照明

PWM 调光的亮度基于人体眼睛对图像（光线）的视觉暂停的特点，也称为人眼的“余辉效应”。对于 LED 灯而言，如果超过 100Hz 的光的频率，人眼可以看到的就是发光源的平均强度，而不是闪烁。 采用 PWM 驱动汽车照明的方式实现了以时间（频率）来实现亮度调光的功能。使用这种方法，可调节负载和固定频率的数字信号用来改变 LED 的明暗，其原理如图 5.56 所示。

PWM 波形控制最显著的优点是从处理器到被控系统信号都是数字形式的，系统也无须对其进行模数转换。让信号保持为数字形式可将噪声对输出信号的影响降到最低，噪声只有在强到足以将逻辑“1”电平改变为逻辑“0”电平，或者将逻辑“0”电平改变为逻辑“1”电平时才能对数字信号产生影响。这也是在某些场合下将 PWM 用于通信的主要原因。从模拟信号转向 PWM 可以极大地延长通信距离。在接收端，通过适当的 RC 或 LC 网络可以滤除调制高频方波并将信号还原为模拟形式。

PWM 经济、节约空间、抗噪性能强，是一种值得广大工程师在许多应用设计中使用的有效技术，被广泛应用在电池涓流充电、智能灯光调节、电动机转速调节等工程问题中。

2. 实验内容分析

在本实验内容中，对高级控制定时器 TIM1 进行正确的参数配置使其输出 4 个不同占空比的 PWM 波形，且每个 PWM 波形的输出分别对应不同的汽车照片亮度，实现汽车照明信号系统不同亮度的调节。

由于高级控制定时器 TIM1 的硬件电路相对比较简单，只要通过 GPIO 端口就可以实现系统高级控制定时器 PWM 方波信号输出的操作。核心的内容在于对定时器 TIM1 关键参数的正确配置。

从实验的需求功能上看，汽车照明信号系统可以通过 ARM 处理器的 GPIO 端口输出相应的灯光控制信号。其各自对应的功能关系如表 5.79 所示。

表 5.79　汽车照明系统的需求分析

PWM 占空比	对应照明亮度等级
12.5%	亮度 1（最暗）
25%	亮度 2
37.5%	亮度 3
50%	亮度 4（最亮）

3. 硬件电路设计

在该实验的电路设计中，所用到的基本元件如表 5.80 所示。

表 5.80　汽车照明系统的硬件清单

序　号	器 材 名 称	数　量	功 能 说 明
1	STM32F103VB	1	主控单元
2	发光二极管	4	模拟照明信号灯
3	三极管	4	PWM 开关
4	电容、电阻等	若干	NA

根据各个电路元件的功能进行硬件电路设计，具体电路图如图 5.57 所示。

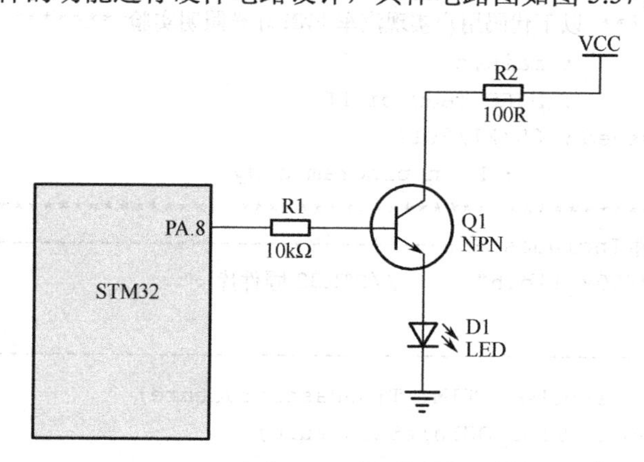

图 5.57　PWM 控制汽车灯光照明电路图

在图 5.57 中只是举例说明了 PWM 控制汽车灯光照片的基本电路图。在完整的电路图中应该还包含了其他 3 个端口，分别控制其他 3 个发光二极管。

从硬件电路的设计而言，使用 PWM 控制汽车照明信号装置的硬件电路与直接使用三极管对 LED 进行驱动的电路原理图是一致的。两者之间的本质区别在于三极管的基极，即 STM32 处理器的 GPIO 端口（PA.8）输出的波形并非始终为高电平，而是按照一定频率变换的方波（PWM）。因此，三极管的状态也并非持续的导通，而是按照 PWM 方波的频率间或导通的。

从严格意义上说，发光二极管 VD1 的状态是间或闪烁的，只是由于人眼对快速变化的光线存在短暂的视觉停留效应，即人眼所看到的是发光二极管的平均亮度，因此仍然会认为发光二极管是发光的，只是亮度有所变化。需要说明的是，二极管亮度的变化与 PWM 波形的频率之间呈现正向本例关系。

用户首先需要对 GPIO 端口的引脚参数进行配置，即将 PA.8、PA.9、PA.10 和 PA.11 端口引脚分别设置为信号输出模式，具体的引脚分配如表 5.81 所示。

表 5.81　汽车 PWM 照明系统的引脚分配

序　号	引 脚 分 配	功 能 说 明
1	PA.8	控制 LED 发光二极管 VD1
2	PA.9	控制 LED 发光二极管 VD2
3	PA.10	控制 LED 发光二极管 VD3
4	PA.11	控制 LED 发光二极管 VD4

在 ARM 处理器 STM32F103VB 中，用户通过配置高级控制定时器 TIM1 的参数产生不同占空比的 PWM 方波，通过 PA 端口引脚输出至三极管的控制端，使得三极管按照一定的频率间或导通，以实现对发光二极管亮度的控制。

4．软件代码设计

在汽车 PWM 照明系统实验中，利用 ARM 处理器 STM32F103VB 中的定时器输出不同占空比的 PWM 脉冲信号，用于驱动外部的 LED 指示灯。

由于各路输出的 PWM 脉冲信号具有不同的占空比，因此 LED 灯的亮度也会不同。处理器根据中断处理子程序的代码内容，通过 PA.0 端口控制 LED 发光二极管的状态，即发生中断的时候 LED 灯点亮，未发生中断时 LED 灯熄灭，具体的程序代码如下。

```
/***************** 以下代码用户实现汽车 PWM 灯光照明实验 ****************
* File Name        : main.c
* Author           : NJFU Team of EE
* Date First Issued: 05/21/2012
* Description          : Main program body
********************************************************************/
/* main 函数头文件 Includes ----------------------------------------*/
#include "stm32f10x_lib.h"      //STM32 固件库

/* 用户自定义变量 ----------------------------------------------*/
TIM1_TimeBaseInitTypeDef  TIM1_TimeBaseStructure;
TIM1_OCInitTypeDef  TIM1_OCInitStructure;
TIM1_BDTRInitTypeDef TIM1_BDTRInitStructure;
u16 CCR1_Val = 0x7FF;
u16 CCR2_Val = 0x5FF;
u16 CCR3_Val = 0x3FF;
u16 CCR4_Val = 0x1FF;
ErrorStatus HSEStartUpStatus;

/* 用户自定义子函数 --------------------------------------------*/
void RCC_Configuration(void);
void GPIO_Configuration(void);
void NVIC_Configuration(void);

/******************************************************************
* Function Name  : main
* Description    : Main program
* Input          : None
```

```
* Output          : None
* Return          : None
******************************************************************************/
void main(void)
{
   #ifdef DEBUG
      debug();
   #endif

   /* 配置系统 RCC 时钟 ----------------------------------------*/
   RCC_Configuration();

   /* 配置系统中断向量表 --------------------------------------*/
   NVIC_Configuration();

   /* 配置系统 GPIO 端口 ---------------------------------------*/
   GPIO_Configuration();

   /* 配置定时器 TIM1，具体参数如下所示：-------------------------
   TIM1CLK = 72 MHz, Prescaler = 0x0, TIM1 counter clock = 72MHz
   TIM1 frequency = TIM1CLK/(TIM1_Period + 1) = 17.57kHz
   TIM1 Channel1/1N duty= TIM1->CCR1/(TIM1_Period+1)=50%
   TIM1 Channel2/2N duty =TIM1->CCR2/(TIM1_Period+1)=37.5%
   TIM1 Channel3/3N duty =TIM1->CCR3/(TIM1_Period+1)=25%
   TIM1 Channel4 duty =TIM1->CCR4/(TIM1_Period+1)=12.5%
   -------------------------------------------------------------*/
   /* 配置初始化 TIM1 寄存器 ---------------------------------*/
   TIM1_DeInit();

   /* 配置定时器时基 -------------------------------------------*/
   TIM1_TimeBaseStructure.TIM1_Prescaler = 0x00;
   TIM1_TimeBaseStructure.TIM1_CounterMode = TIM1_CounterMode_Up;
   TIM1_TimeBaseStructure.TIM1_Period = 0xFFF;
   TIM1_TimeBaseStructure.TIM1_ClockDivision = 0x00;
   TIM1_TimeBaseStructure.TIM1_RepetitionCounter = 0x00;
   TIM1_TimeBaseInit(&TIM1_TimeBaseStructure);

   /* 设置通道 1,2,3,4 为 PWM 工作模式 --------------------------*/
   TIM1_OCInitStructure.TIM1_OCMode=TIM1_OCMode_PWM2;
   TIM1_OCInitStructure.TIM1_OutputState=TIM1_OutputState_Enable;
   TIM1_OCInitStructure.TIM1_OutputNState=TIM1_OutputNState_Enable;
   TIM1_OCInitStructure.TIM1_Pulse=CCR1_Val;
   TIM1_OCInitStructure.TIM1_OCPolarity=TIM1_OCPolarity_Low;
   TIM1_OCInitStructure.TIM1_OCNPolarity=TIM1_OCNPolarity_High;
   TIM1_OCInitStructure.TIM1_OCIdleState=TIM1_OCIdleState_Set;
   TIM1_OCInitStructure.TIM1_OCNIdleState=TIM1_OCIdleState_Reset;

   /* 按照上述指定的参数初始化 TIM1 通道 1 ------------------------*/
```

```
    TIM1_OC1Init(&TIM1_OCInitStructure);

    /* 设置待装入捕获比较寄存器的脉冲值为 CCR2_Val ---------------------*/
    TIM1_OCInitStructure.TIM1_Pulse = CCR2_Val;
    /* 按照上述指定的参数初始化 TIM1 通道 2 ---------------------------*/
    TIM1_OC2Init(&TIM1_OCInitStructure);

    /* 设置待装入捕获比较寄存器的脉冲值为 CCR3_Val ---------------------*/
    TIM1_OCInitStructure.TIM1_Pulse = CCR3_Val;
    /* 按照上述指定的参数初始化 TIM1 通道 3 ---------------------------*/
    TIM1_OC3Init(&TIM1_OCInitStructure);

    /* 设置待装入捕获比较寄存器的脉冲值为 CCR4_Val ---------------------*/
    TIM1_OCInitStructure.TIM1_Pulse = CCR4_Val;
    /* 按照上述指定的参数初始化 TIM1 通道 4 ---------------------------*/
    TIM1_OC4Init(&TIM1_OCInitStructure);

    /* 启动 TIM1 ------------------------------------------------------*/
    TIM1_Cmd(ENABLE);

    /* 使能 TIM1 主输出 Main Output Enable */
    TIM1_CtrlPWMOutputs(ENABLE);

    /* 系统大循环开始 --------------------------------------------------*/
    while(1)
    {
        //空操作
    }//while 循环结束
}//main 循环结束
/************************* 主程序代码结束 *************************/
```

在前面内容中，已经向用户介绍了部分子函数的基本用法，如 RCC_Configuration()函数用于配置系统的时钟信号。由于在例题中的时钟 RCC 配置与前面实验中的参数配置是一致的，因此在这里就不重复赘述了。但需要提醒用户注意的是，由于在本实验中需要使用高级定时器 TIM1，在配置系统 RCC 时钟的过程中特别需要注意开放 TIM1 定时器之中的 RCC 驱动，即在 RCC_Configuration()函数中必须实现下面几行代码，具体如下：

```
/************** 以下代码实现对外设 TIM1 中 RCC 时钟的配置 **************/
/* 配置 TIM1 定时器时钟 ---------------------------------------------*/
RCC_APB2PeriphClockCmd(RCC_APB2Periph_TIM1, ENABLE);
/***************************** 代码行结束 ***************************/
```

除此之外，用户还需要对芯片 GPIO 引脚的工作模式进行设置，基本的子函数实现方式与前面的子函数是类似的。唯一的区别在于系统所使用到的引脚标号是不一样的，用户只要按照实际的需求将其设置为适当的工作模式就可以了，具体的子函数实现代码如下：

```
/**************** 以下代码用户实现汽车 PWM 灯光照明实验 ****************/
* Function Name  : GPIO_Configuration
* Description       : Configure the TIM1 Pins.
```

```
  * Input          : None
  * Output         : None
  * Return         : None
*******************************************************************************/
void GPIO_Configuration(void)
{
    //声明定义一个GPIO_InitTypeDef类型的结构体
    GPIO_InitTypeDef GPIO_InitStructure;

    /* 设置GPIOA的8,9,10,11号引脚为1,2,3,4号通道输出 ---------------*/
    GPIO_InitStructure.GPIO_Pin=GPIO_Pin_8|GPIO_Pin_9| GPIO_Pin_10| GPIO_Pin_11;
    GPIO_InitStructure.GPIO_Mode = GPIO_Mode_AF_PP;
    GPIO_InitStructure.GPIO_Speed = GPIO_Speed_50MHz;
    GPIO_Init(GPIOA, &GPIO_InitStructure);

    /* 设置GPIOB的13,14,15号引脚为1N,2N,3N号通道输出 ---------------*/
    GPIO_InitStructure.GPIO_Pin=GPIO_Pin_13|GPIO_Pin_14|GPIO_Pin_15;
    GPIO_Init(GPIOB, &GPIO_InitStructure);
}
```

5. 补充实验及扩展

下面继续补充一个与高级控制定时器 TIM1 相关的实验，用户可根据自身实际的情况进行设计、实验，具体如下。

通过对 ARM 处理器 STM32F103VB 中 GPIO 端口 PA.10 引脚的控制，利用高级控制定时器 TIM1 实现对外部直流电动机 MG1 转速的 4 级控制，分别对应 PWM 方波的占空比为 50%、37.5%、25%，以及 12.5%。具体的硬件电路如图 5.58 所示。

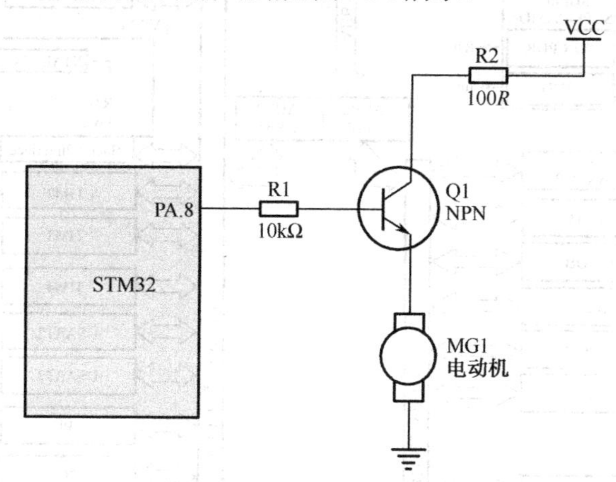

图 5.58　PWM 控制直流电动机电路图

5.6　通用定时器 TIMx

在 ARM 处理器 STM32F103VB 中，芯片内置了多达 3 个可同步运行的标准定时器 TIMx（TIM2、TIM3 和 TIM4）。每一个通用定时器都集成了一个 16 位的自动加载递加/递减计数器、一个 16 位预分频器和 4 个独立的通道，每个通道都可以用于输入捕获、输出比较、PWM 和单脉冲模式输出，在最大的封装配置中可以提供最多 12 个输入捕获、输出比较或 PWM 通道。

同时，通用定时器 TIMx 还可以通过定时器链接功能与高级控制定时器共同工作，提供同步或事件链接功能。在调试模式下，计数器还可以被冻结。任何一个标准定时器都能用于产生 PWM 方波输出，且每个定时器都具有独立的 DMA 请求机制，同时通用定时器还可以处理增量编码器的信号，也能处理 1～3 个霍尔传感器的数字输出。

5.6.1 TIMx 的结构特性

通用定时器 TIMx 的结构框图如图 5.59 所示。对于 STM32XX 系列处理器而言，通用定时器 TIMx 的主要功能特性如下。

（1）16 位向上、向下、向上/向下自动装载计数器。

（2）16 位可编程预分频器，计数器时钟频率的分频系统为 1～65536 之间的任意数值。

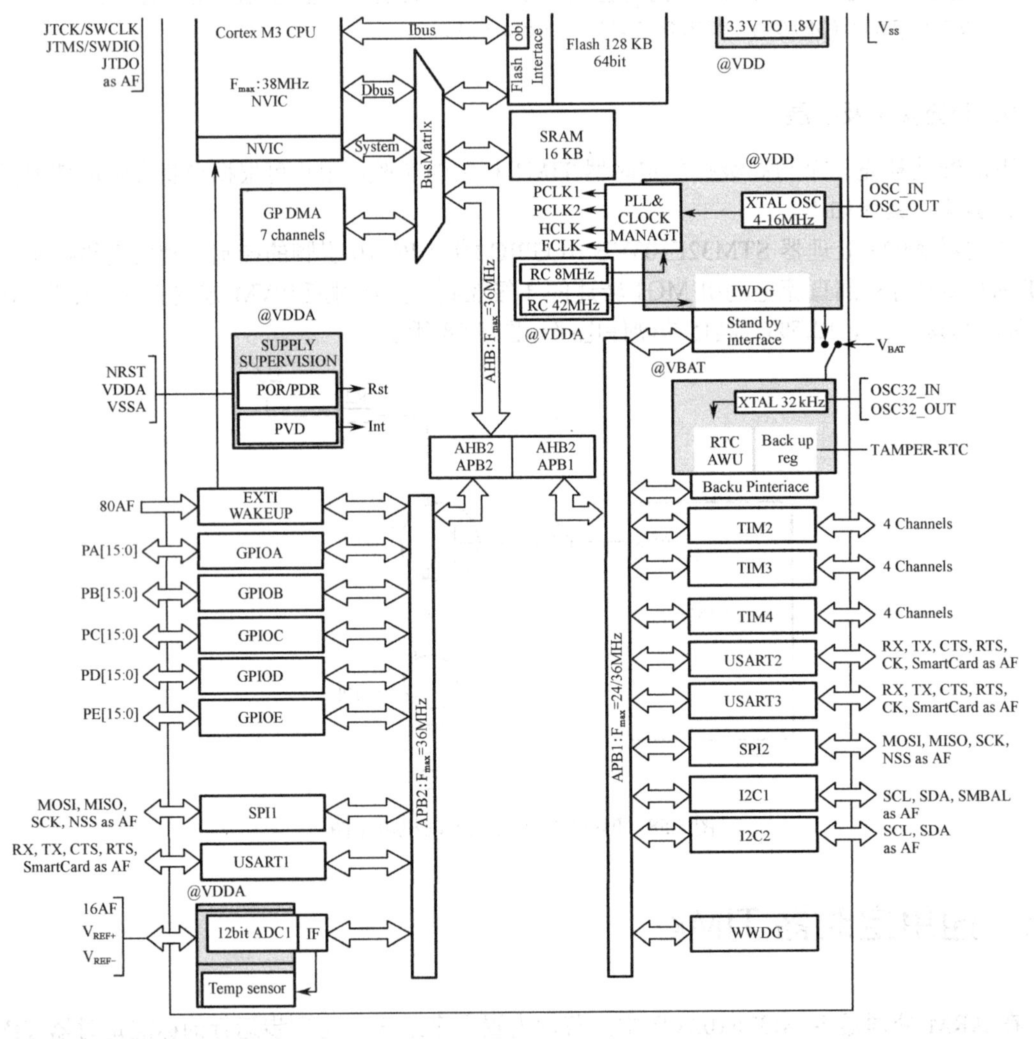

图 5.59　通用定时器 TIMx 的结构框图

（3）具有4个独立的数据通道，分别用于以下方面。

① 输入捕获。

② 输出比较。

③ PWM生成。

④ 单脉冲模式输出。

（4）使用外部信号控制定时器和定时器互联的同步电路。

（5）以下TIMx事件发生时产生中断/DMA。

① 更新：计数器向上/向下溢出，计数器初始化（通过软件或者内部/外部触发）。

② 触发事件（计数器启动、停止、初始化或者由内部/外部触发计数）。

③ 输入捕获。

④ 输出比较。

（6）支持针对定位的增量（正交）编码器和霍尔传感器电路。

（7）触发输入信号作为外部时钟或者周期性的电流管理。

5.6.2 TIMx的功能

对于通用定时器TIMx而言，其具有普通定时器一样的计数功能，包含向上计数、向下计数和向上/向下计数。下面将分别向用户介绍有关通用定时器TIMx的相关功能。

1．TIMx的时基单元

可编程通用定时器TIMx与高级控制定时器TIM1类似，主要部分是由一个16位的计数器和与其相关的自动装载寄存器组成的。16位的计数器可以向上计数、向下计数或者向上/向下双向计数，且计数器的时钟由预分频器分频得到。

在可编程通用定时器TIMx中，计数器、自动装载寄存器和预分频器寄存器都可以由用户采用软件的方式来读写，甚至可以在计数器运行的状态中进行读写操作。

在通用定时器TIMx中，时基单元主要包括以下方面：

（1）计数器寄存器TIMx_CNT；

（2）预分频器寄存器TIMx_PSC；

（3）自动装载寄存器TIMx_ARR。

需要注意的是，自动装载寄存器是预先装载的，用户对自动重装寄存器的读操作和写操作都将访问预装载寄存器。处理器根据TIMx_CR1寄存器中的自动预装载使能标志位ARPE的状态，存放在预装载寄存器中的数据内容将被立即或者在发生更新事件UEV的时候传送到影子寄存器中。

当计数器发生溢出事件（向下计数器发生下溢事件），并且TIMx_CR1寄存器中的UDIS标志位等于“0”的时候，处理器将产生更新事件，同样更新事件也可以由用户通过软件的方式产生。

在通用定时器TIMx中，计数器由预分频器的时钟输出CK_CNT进行驱动。仅当用户设置了计数器TIMx_CR1寄存器中的计数器使能标志位CEN时，时钟输出信号CK_CNT才有效。

通用定时器TIMx中的预分频器可以将计数器的时钟频率在1～65536之间任意分频，该功能是基于一个16位寄存器TIMx_PSC控制的16位计数器。TIMx_PSC控制寄存器中附带了一个缓冲器，用户可以在计数器工作的过程中对计数值进行修改。修改后的新参数在下一次更新事件发生的时候有效，如图 5.60 所示。

图 5.60 为预分频器中的参数从 1 变化到 4 的过程中，通用定时器 TIMx 的时序图。从上述计数器的工作时序图中可以看出，当预分频计数器的参数被重新设置后并没有立即使定时器的时钟发生改变，而是一直延续到更新事件 UEV 发生时为至。

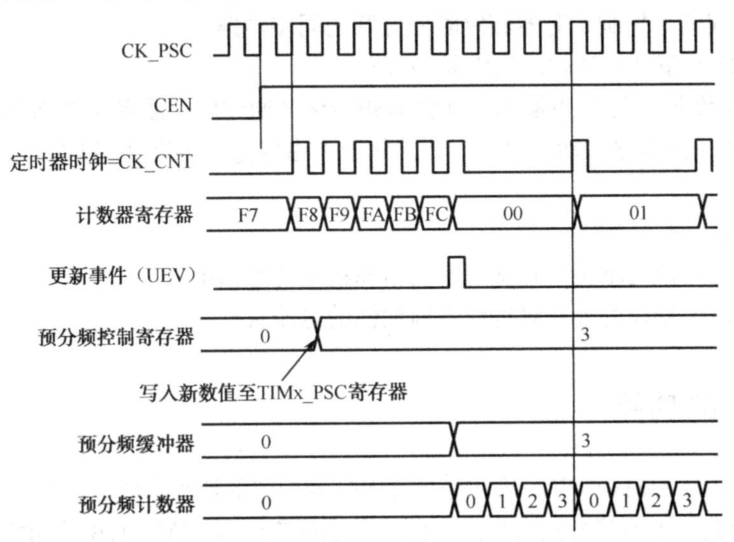

图 5.60　预分频器中的参数从 1 变化到 4 时，通用定时器的时序图

2. 计数器模式

1）向上计数模式

在向上计数模式中，计数器从 0 向上计数到自动重载计数器中的值，然后重新从 0 开始计数并产生一个计数器溢出事件。

在通用定时器 TIMx 中，每次计数器溢出的时候可以产生更新事件，也可以通过 TIMx_EGR 寄存器中的 UG 标志位（设置为 1），即软件或者模式控制器的方式来产生一个更新事件。

通过设置 TIMx_CR1 寄存器中的 UDIS 标志位，可以禁止更新事件的发生，这样可以避免用户在向预加载寄存器中写入新的数值时，将数值同时更新到影子寄存器。更新事件将不会发生一直到 UDIS 标志位被清 0 为至。

另外，如果 TIMx_CR1 寄存器中的 URS 标志位（更新请求选择位）被置位，此时如果用户继续将 UG 标志位设置为 1，则系统也会同样产生一个新的更新事件。但在这种情况下，UIF 标志位则不会被置位，因此也不会发送任何终端或者 DMA 请求。用户可以采用这种方法避免发生捕获事件而将计数器清 0 时同时产生更新事件和捕获中断。

当一个更新事件发生的时候，所有的寄存器将被更新，更新标志位，即 TIM1_SR 寄存器中的 UIF 标志位也将被置位。

在图 5.61 所示的计数器时序图中，分频因子被设置为 2。由于 TIMx_ARR 寄存器的数值为 0x36，因此在计数器寄存器中的数值累加到 0x36 时，计数器溢出，并且触发一个事件更新信号和一个更新中断信号。在事件更新信号发生后，所有寄存器中的数值都被清 0。

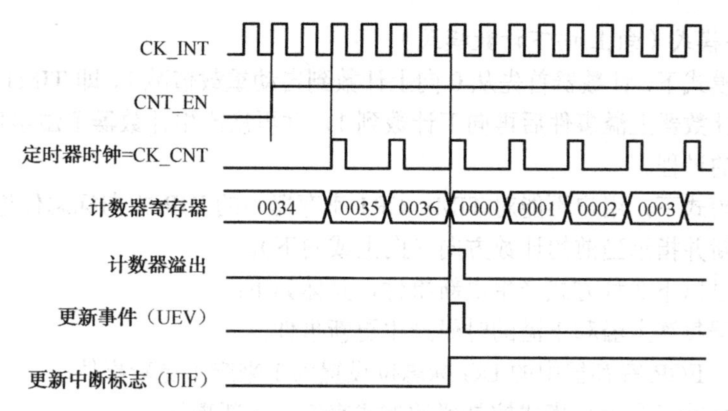

图 5.61 内部时钟分频因子为 2 时，计数器的时序图

2）向下计数模式

在向下计数模式中，计数器从自动重载值（TIMx_ARR 寄存器的数值内容）向下计数，直到寄存器中的数值为 0 为止，然后再从自动重载值开始重新计数并同时产生计数器下溢事件。

如果用户将 TIMx_EGR 寄存器中的 UG 标志位进行置位，即通过软件或者从模式控制器方式也可以产生一个更新事件。

更新事件可以通过软件或者将寄存器 TIMx_CR1 中的 UDIS 标志位来禁止，这样可以防止在向预加载寄存器中写入新的数值时更新影子寄存器，因此更新事件不会发生，直至 UDIS 标志位被清 0 为止。同样需要注意的是，在产生更新事件的同时，计数器和预分频器的计数器都将从 0 开始重新计数，但预分频器的比率不会发生改变。

另外，如果寄存器 TIMx_CR1 中的 URS 标志位（更新请求选择位）被置位，则置位标志位 UG 将产生一个更新事件，而 UIF 标志位不会被置位，因此也不会发送任何中断或者 DMA 请求操作。这样可以避免发生捕获事件而将计数器清 0 时，同时产生更新和捕获中断。

当发生更新事件时，所有的寄存器都将被更新，更新标志位（TIMx_SR 寄存器中的 UIF 标志位）也将被置位，这取决于 URS 标志位的状态。

在图 5.62 所示的计数器时序图中，设置预分频因子为 4。由于 TIMx_ARR 寄存器的数值为 0x36，因此在计数器寄存器中的数值递减到 0x00 时计数器溢出，并且触发一个事件更新信号和一个更新中断信号。在更新事件信号发生后，所有寄存器中的数值都被清 0，计数器寄存器重新从 0x36 开始倒计数。

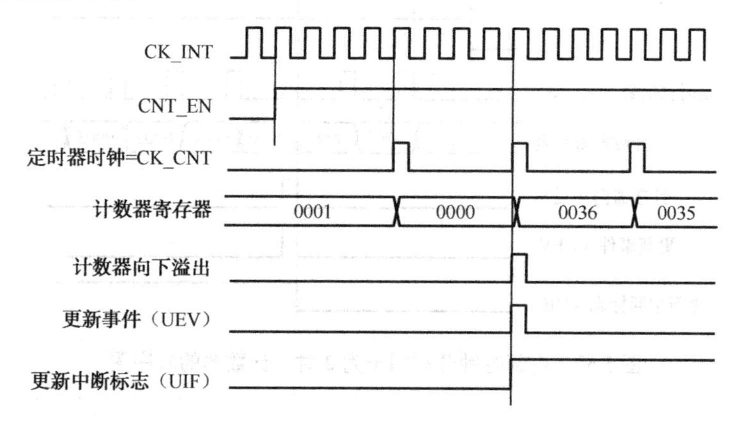

图 5.62 内部时钟分频因子为 4 时，计数器的时序图

3）中心对齐模式（向上/向下计数模式）

在中心对齐模式下，计数器首先从 0 向上计数到自动重载值减 1，即 TIM1_ARR 寄存器中的数值-1，产生计数器上溢事件后再向下计数到 1，并再次产生计数器下溢事件，并再从 0 开始重复本次计数的过程。

在中心对齐模式下，用户不能对 TIMx_CR1 寄存器中的 DIR 方向标志位进行“写操作”，该模式由硬件更新并指示当前的计数方向（向上或向下）。

用户可以通过以下 3 种方式产生更新事件，具体如下：

（1）由计数器每次上溢和下溢的时候产生更新事件；

（2）将 TIMx_EGR 寄存器中的 UG 标志位设置为 1 来产生更新事件；

（3）使用软件或者利用从模式控制器的方式来产生更新事件。

特别需要注意的是，在最后一种产生更新事件的情况下，计数器和预分频器的计数器都会从 0 开始重新计数。与前面两种计数方式一样的是，UEV 更新事件同样可以通过软件将 TIMx_CR1 寄存器的 UDIS 标志位设置为 1 来禁止，这样可以在向预加载器中写入新的数值时更新影子寄存器。更新事件将不会发生，直到 UDIS 标志位被重新置 0。

但需要注意的是，与前面两种计数模式不一样的是，计数器仍然会根据当前的重载值继续向上/向下计数。

此外，如果 TIMx_CR1 寄存器中的 URS 标志位（更新请求选择位）被设置为 1，则 UG 标志位被设置为 1 的时候将产生一个更新事件，而 UIF 标志位却不会被置位，因此也不会发送任何中断或者 DMA 请求。这样可以避免在发生捕获事件并清除计数器的时候，产生更新和捕获中断。

当一个更新事件发生时，所有寄存器中的数据内容都会被更新，更新标志位也将会根据 URS 标志位的状态进行更新，即 TIMx_SR 寄存器中的 UIF 标志位将被置位。

在图 5.63 所示的计数器时序图中，由于 TIMx_ARR 寄存器的数值为 0x06，因此在计数器寄存器中的数值递减到 0x00 时计数器溢出，并且触发一个事件更新信号（Counter UnderFlow）和一个更新中断信号。在发生事件更新之后，寄存器中的数值被清 0；同时计数器从 0x00 开始重新计数，直至到计数上限即 0x06 时，计数器再次溢出，并触发一个新的事件更新信号（Counter UpFlow）和一个更新中断信号。在事件更新信号发生后，所有寄存器中的数值都被清 0。

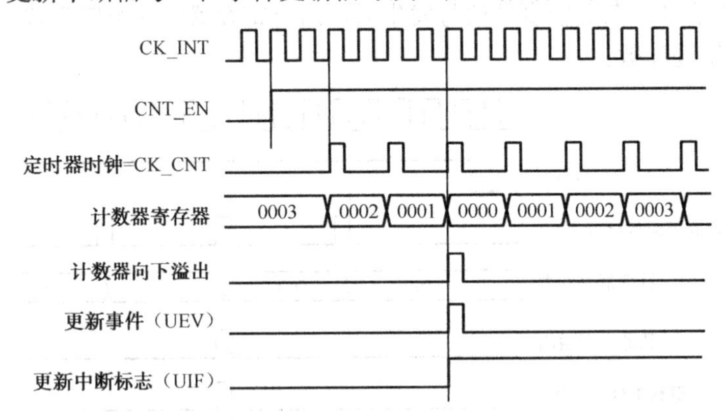

图 5.63　内部时钟分频因子为 2 时，计数器的时序图

3．时钟的选择

对于 ARM 处理器中的计数器而言，其工作时钟可以由以下几种时钟源提供。

（1）内部时钟 CK_INT。

（2）外部时钟模式 1，即外部输入引脚。

（3）外部时钟模式 2，即外部触发输入 ETR。

（4）内部触发输入 ITRx，即将一个定时器作为另一个定时器的预分频器。例如，可将定时器 1 设置为定时器 2 的预分频器。

由于通用定时器的时钟与高级控制定时器的时钟来源是一致的，有关计数器时钟的选择在这里就不赘述了。用户可以根据高级控制定时器 TIM1 的时钟选择来查看通用定时器 TIMx 的时钟源。

5.6.3 TIMx 的控制寄存器

通用定时器是由一个通过可编程预分频器驱动的 16 位自动装载计数器构成的，它适用于多种工程应用场合，包括测量输入信号的脉冲长度（输入信号的采集）或者产生输出特定的波形（输出比较和 PWM）。

与高级控制定时器类似，通用定时器 TIMx 使用定时器预分频器和 RCC 时钟控制器预分频器，脉冲长度和波形周期可以在几微秒和几毫秒之间任意调整。下面首先向读者介绍通用定时器 TIMx 的寄存器结构。

1．TIMx 定时器的寄存器结构

在介绍通用定时器寄存器之前，用户首先需要了解有关通用定时器 TIMx 相关寄存器的基本结构。在 STM32F103XX 系列 ARM 处理器中，有关通用定时器 TIMx 寄存器的参数是采用结构体的方式进行描述的，具体的结构体及其内置参数如下：

```
/****************  以下代码用于实现 STM32 中 TIM 定义 **************/
Typedef struct
{
    vu16    CR1;
    u16     RESERVED0;
    vu16    CR2;
    u16     RESERVED1;
    vu16    SMCR;
    u16     RESERVED2;
    vu16    DIER;
    u16     RESERVED3;
    vu16    SR;
    u16     RESERVED4;
    vu16    EGR;
    u16     RESERVED5;
    vu16    CCMR1;
    u16     RESERVED6;
```

```
        vu16    CCMR2;
        u16     RESERVED7;
        vu16    CCER;
        u16     RESERVED8;
        vu16    CNT;
        u16     RESERVED9;
        vu16    CR1;
        u16     RESERVED0;
        vu16    PSC;
        u16     RESERVED10;
        vu16    ARR;
        u16     RESERVED11[3];
        vu16    CCR1;
        u16     RESERVED12;
        vu16    CCR2;
        u16     RESERVED13;
        vu16    CCR3;
        u16     RESERVED14;
        vu16    CCR4;
        u16     RESERVED15[3];
        vu16    DCR;
        u16     RESERVED16;
        vu16    DMAR;
        u16     RESERVED17;
    }TIM_TypeDef;
    /***************************** 代码行结束 ******************************/
```

根据上述有关通用定时器 TIMx 的结构定义，列出了部分有关 TIMx 设置的寄存器，并对其基本功能进行简单描述，具体如表 5.82 所示。

表 5.82　TIMx 寄存器

寄存器名称	寄存器描述
CR1	控制寄存器 1
CR2	控制寄存器 2
SMCR	从模式控制寄存器
DIER	DMA/中断使能寄存器
SR	状态寄存器
EGR	事件产生寄存器
CCMR1	捕获/比较模式寄存器 1
CCMR2	捕获/比较模式寄存器 2
CCER	捕获/比较使能寄存器 1
CNT	计数器寄存器
PSC	预分频寄存器
APR	自动重装载寄存器
RCR	周期计数寄存器

续表

寄存器名称	寄存器描述
CCR1	捕获/比较寄存器 1
CCR2	捕获/比较寄存器 2
CCR3	捕获/比较寄存器 3
CCR4	捕获/比较寄存器 4
BDTR	刹车和死区寄存器
DCR	DMA 控制寄存器
DMAR	连续模式 DMA 地址寄存器

2. TIMx 库函数

在介绍完与 TIMx 定时器相关的寄存器后，需要对其进行操作控制。同样在 STM32 库文件中，系统已经罗列出一些常用的定时器 TIMx 库函数，用户可以直接通过下面的 TIMx 库函数表格对各个定时器库函数的基本功能进行了解，具体如表 5.83 所示。

表 5.83 TIMx 库函数

函 数 名 称	功 能 描 述
TIM_DeInit	将外设 TIMx 寄存器重新设置为默认值
TIM_TimeBaseInit	根据 TIM_TimeBaseInitStruct 中指定的参数初始化外设 TIMx 的时间基数单位
TIM_OCInit	根据 TIM_OCInitStruct 中指定的参数初始化 TIMx
TIM_ICInit	根据 TIM_ICInitStruct 中指定的参数初始化外设 TIMx
TIM_TimeBaseStructureInit	将 TIM_TimeBaseInitStruct 中的每一个参数按默认值填入
TIM_OCStrucuteInit	将 TIM_OCInitStruct 中的每一个参数按照默认值填入
TIM_ICStructureInit	将 TIM_ICInitStruct 中的每一个参数按照默认值填入
TIM_Cmd	使能或失能 TIMx 外设
TIM_ITConfig	使能或失能指定 TIMx 的中断
TIM_DMAConfig	设置 TIMx 的 DMA 接口
TIM_DMACmd	使能或失能指定 TIMx 的 DMA 请求
TIM_InternalClockConfig	设置 TIMx 内部时钟
TIM_ITRxExternalClockConfig	配置 TIMx 内部触发为外部时钟模式
TIM_TIxExternalClockConfig	配置 TIMx 触发为外部时钟
TIM_ETRClockMode1Config	配置 TIMx 外部时钟模式 1
TIM_ETRClockMode2Config	配置 TIMx 外部时钟模式 2
TIM_ETRConfig	设置 TIMx 外部触发
TIM_SelectInputTrigger	选择 TIMx 输入触发源
TIM_PrescalerConfig	设置 TIMx 预分频
TIM_CounterModeConfig	设置 TIMx 计数器模式
TIM_ForcedOC1Config	设置 TIMx 输出 1 为活动或非活动电平
TIM_ForcedOC2Config	设置 TIMx 输出 2 为活动或非活动电平
TIM_ForcedOC3Config	设置 TIMx 输出 3 为活动或非活动电平
TIM_ForcedOC4Config	设置 TIMx 输出 4 为活动或非活动电平
TIM_ARRPreloadConfig	使能或失能 TIMx 在 ARR 上的预装载寄存器

续表

函 数 名 称	功 能 描 述
TIM_OC1PreloadConfig	使能或失能 TIMx 在 CCR1 上的预装载寄存器
TIM_OC2PreloadConfig	使能或失能 TIMx 在 CCR2 上的预装载寄存器
TIM_OC3PreloadConfig	使能或失能 TIMx 在 CCR3 上的预装载寄存器
TIM_OC4PreloadConfig	使能或失能 TIMx 在 CCR4 上的预装载寄存器
TIM_OC1FastConfig	设置 TIMx 捕获比较 1 快速特征
TIM_OC2FastConfig	设置 TIMx 捕获比较 2 快速特征
TIM_OC3FastConfig	设置 TIMx 捕获比较 3 快速特征
TIM_OC4FastConfig	设置 TIMx 捕获比较 4 快速特征
TIM_ClearOC1Ref	在一个外部事件发生时清除或保持 OCREF1 信号
TIM_ClearOC2Ref	在一个外部事件发生时清除或保持 OCREF2 信号
TIM_ClearOC3Ref	在一个外部事件发生时清除或保持 OCREF3 信号
TIM_ClearOC4Ref	在一个外部事件发生时清除或保持 OCREF4 信号
TIM_UpdateDisableConfig	使能或失能 TIMx 更新事件
TIM_SelectHallSensor	使能或失能 TIMx 的霍尔传感器接口
TIM_SelectOnePulseMode	设置 TIMx 单脉冲模式
TIM_SelectOutputTrigger	选择 TIMx 触发输出模式
TIM_SelectSlaveMode	选择 TIMx 从模式
TIM_SelectMasterSlaveMode	设置或重置 TIMx 主/从模式
TIM_SetCounter	设置 TIMx 计数器寄存器的值
TIM_SetAutoreload	设置 TIMx 自动重装载寄存器的值
TIM_SetCompare1	设置 TIMx 捕获比较 1 寄存器的值
TIM_SetCompare2	设置 TIMx 捕获比较 2 寄存器的值
TIM_SetCompare3	设置 TIMx 捕获比较 3 寄存器的值
TIM_SetCompare4	设置 TIMx 捕获比较 4 寄存器的值
TIM_SetIC1Prescaler	设置 TIMx 输入捕获 1 预分频
TIM_SetIC2Prescaler	设置 TIMx 输入捕获 2 预分频
TIM_SetIC3Prescaler	设置 TIMx 输入捕获 3 预分频
TIM_SetIC4Prescaler	设置 TIMx 输入捕获 4 预分频
TIM_SetClockDivision	设置 TIMx 的时钟分割值
TIM_GetCapture1	获得 TIMx 输入捕获 1 的值
TIM_GetCapture2	获得 TIMx 输入捕获 2 的值
TIM_GetCapture3	获得 TIMx 输入捕获 3 的值
TIM_GetCapture4	获得 TIMx 输入捕获 4 的值
TIM_GetCounter	获得 TIMx 计数器的值
TIM_GetPrescaler	获得 TIMx 预分频值
TIM_GetFlagStatus	检查指定 TIMx 标志位的设置状态
TIM_ClearFlag	清除 TIMx 的待处理标志位
TIM_GetITStatus	检查指定的 TIMx 中断是否发生
TIM_ClearITPendingBit	清除 TIMx 的中断待处理位

通用定时器TIMx中的库函数功能，基本与高级控制定时器TIM1的库函数功能类似，限于篇幅在这里就不赘述了。有兴趣的读者可以查阅相关的技术手册进行详细了解。

5.6.4　基础实验五：汽车轮胎压力检测实验

轮胎压力监测系统（TPMS，Tire Pressure Monitor System）主要用于汽车行驶过程中对轮胎气压进行实时自动监测，并对轮胎漏气和低气压进行报警，以确保行车安全。

目前，轮胎压力监测系统主要分为以下两种类型。

（1）间接式轮胎压力检测系统（WSB，Wheel-Speed Based TPMS）。这种系统通过汽车ABS系统的轮速传感器来比较轮胎之间的转速差别，以达到监测胎压的目的，如图5.64所示。ABS通过轮速传感器来确定车轮是否抱死，从而决定是否启动防抱死系统。当轮胎压力降低时，车辆的重量会使轮胎直径变小，这就会导致车速发生变化，这种变化即可用于触发警报系统来向驾驶员发出警告。

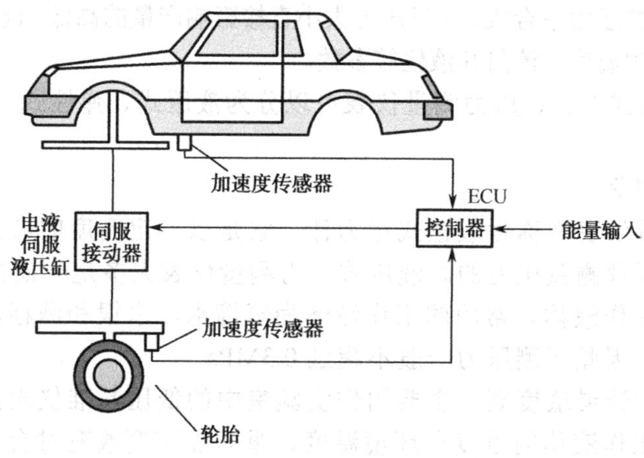

图5.64　间接式汽车轮胎压力检测系统

（2）直接式轮胎压力检测系统（PSB，Pressure-Sensor Based TPMS）。这种系统利用安装在每一个轮胎里的压力传感器来直接测量轮胎的气压，利用无线发射器将压力信息从轮胎内部发送到中央接收器模块上的系统，然后对各轮胎气压数据进行显示，如图5.65所示。当轮胎气压太低或漏气时，系统会自动报警。

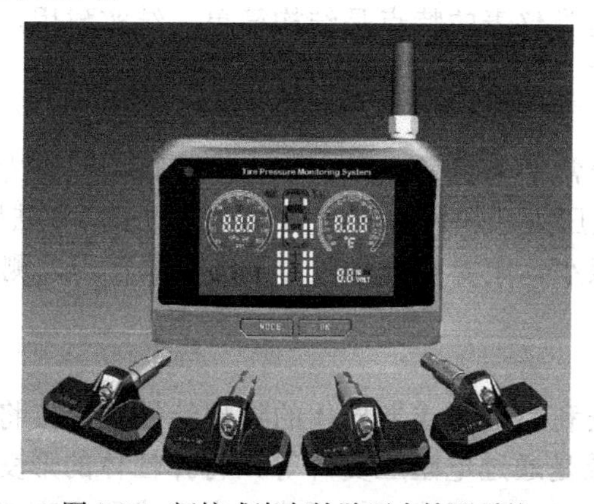

图5.65　间接式汽车轮胎压力检测系统

上述介绍的这两种系统各有优劣。直接式轮胎压力测量系统可以提供更高级的功能，随时测定每个轮胎内部的实际瞬压，很容易确定故障轮胎。间接系统造价相对较低，对于已经装备了 4 轮 ABS（每个轮胎装备 1 个轮速传感器）的汽车而言，只需对系统的软件进行升级。但是间接系统没有直接系统准确率高，它根本不能确定故障轮胎，而且系统校准极其复杂，在某些情况下该系统会无法正常工作，例如，同一车轴的两个轮胎气压都相对较低的场合。

目前已安装轮胎压力检测系统的有奥迪、宝马、奔驰、法拉利、保时捷和大众等的部分车型，属于比较高端的产品。据统计，2007 年美国登记在册的 50%的新车都安装了 TPMS，预计 2015 年将达到 85%。在高度重视汽车安全性的未来，轮胎压力检测系统必然会成为所有汽车上的标准配置，如同 ABS 从出现到普及一样，需要一个过程。

1. 压力的测量

压力是工业生产中的重要参数，如高压容器的压力超过额定值时是不安全的，必须进行测量和控制。在某些工业生产过程中，压力还直接影响产品的质量和生产效率，如生产合成氨时，氮和氢不仅须在一定的压力下合成，而且压力大小直接影响产量的高低。此外，在一定条件下，测量压力还可间接得出温度、流量和液位等参数。

对测量原理的方式而言，压力测量仪表可以分为液压式、弹性式、负荷式和电测式，以及压阻式等类型。

1）液压式压力测量

液压式压力测量仪表常称为液柱式压力计，它是以一定高度的液柱所产生的压力与被测压力相平衡的原理测量压力的。液压式压力测量仪表大多是一根直的或弯成 U 形的玻璃管，其中充以工作液体。常用的工作液体为蒸馏水、水银和酒精。因玻璃管强度不高，并受读数限制，因此所测压力一般不超过 0.3MPa。

由于液柱式压力计灵敏度高，主要用作实验室中的低压基准仪表，以校验工作用压力测量仪表。由于工作液体的重度在环境温度、重力加速度改变时会发生变化，对测量的结果常需要进行温度和重力加速度等方面的修正。

2）弹性式压力测量

弹性式压力测量仪表是利用各种不同形状的弹性元件在压力下产生变形的原理制成的压力测量仪表。弹性式压力测量仪表按所采用的弹性元件不同，可分为弹簧管压力表、膜片压力表、膜盒压力表和波纹管压力表等。按功能不同分为指示式压力表、电接点压力表和远传压力表等。这类仪表的特点是结构简单，结实耐用，测量范围宽，是压力测量仪表中应用最多的一种。

3）负荷式压力测量

负荷式压力测量仪表常称为负荷式压力计，它是直接按压力的定义制作的，常见的有活塞式压力计、浮球式压力计和钟罩式压力计。由于活塞和砝码均可精确加工和测量，因此这类压力计的误差很小，主要可作为压力基准仪表使用，测量范围从数十帕至 2500 兆帕。

4）电测式压力测量

电测式压力测量仪表利用金属或半导体的物理特性，直接将压力转换为电压、电流信号或频率信号输出，或是通过电阻应变片等，将弹性体的形变转换为电压、电流信号输出。代表性产品有压电式、压阻式、振频式、电容式和应变式等压力传感器所构成的电测式压力测量仪表。精确度可达 0.02 级，测量范围从数十帕至 700 兆帕不等。

5）压阻式压力测量

压阻式压力测量传感器是利用半导体材料硅在受压后电阻率改变与所受压力有一定关系的原理制作的。用集成电路工艺在单晶硅膜片的特定晶向上扩散一组等值应变电阻，将电阻接成电桥形式。当压力发生变化时，单晶硅产生应变，应变使电阻值发生与被测压力成比例的变化，电桥失去平衡，输出一电压信号至显示仪表。

2. MD-PS002 压力传感器

MD-PS002 压力传感器芯体是在 MD-PS001 压力传感器芯片的基础上进行的二次封装，更方便传感器在工程应用设备上的安装，而且对传感器的表面进行了涂层保护，在保证传感器性能的情况下更为方便地应用在空压机、汽车电子等对于传感器性价比要求较高的领域，如图 5.66 所示。

由于自身的特性，该产品被广泛应用于各个工程领域，具体如下。

（1）汽车行业：TPMS、胎压监测、故障诊断仪、绝对压力传感器等。

（2）工业监控：空气压力控制、电缆安全监测、工业级压力计、压力开关等。

（3）消费品：手持式胎压计、高度计、气压测定仪。

（4）医疗：无人值守病情监控、病情诊断仪、血压计等。

（5）科研：空气动力学用微型绝压传感器及通用绝压传感器。

从压力测量的原理结构来说，MD-PS002 压力芯片属于压阻式压力测量传感器，具体的结构原理如图 5.67 所示。

图 5.66　MD-PS002 压力传感器芯体

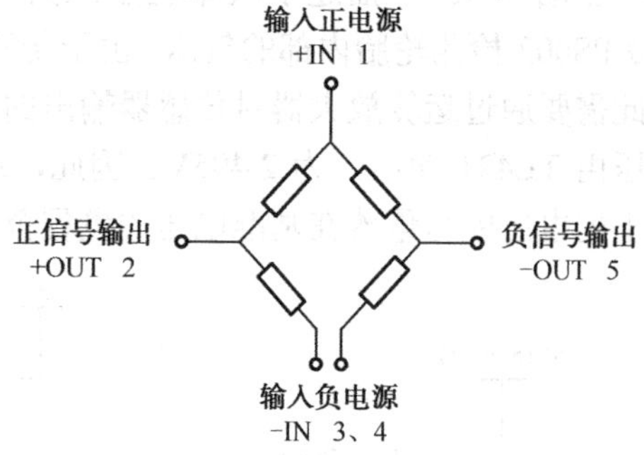

图 5.67　MD-PS002 压力芯体的内部结构

通过原理图不难看出，MD-PS002 压力传感芯片的内部结构与前面章节中所介绍的平衡电桥是一致的。只是其中的传感电阻由 PT100 温度敏感电阻变成了压敏电阻。当压敏电阻受到不同的外部压力时，电桥平衡被破坏，从而输出一定的测量电压。

3. 实验内容分析

在本实验中，采用直接式轮胎压力检测的方法对汽车的 4 个轮胎进行检测。根据汽车轮胎压力测量的特性和安装需求，压力传感器选用 MD-PS002 芯片。通过压力平衡电桥的方式，对轮胎内部的压力进行检测。

由于汽车轮胎压力并非实时关键性数据，只是对车辆的安全行驶起到检查警示的作用，因此测量系统无须对轮胎压力值进行实时监控。用户可以采用秒中断的方式，每隔一个固定的时间（1s）对压力值进行数据采集。同样这种非实时的间隔测量方式还可以在一定程度上降低系统功耗。

与高级控制定时器 TIM1 的硬件电路类似，在汽车轮胎压力检测电路中，与通用定时器 TIMx 相关的硬件电路比较简单，只要通过 GPIO 端口就可以实现系统的定时操作。同样关键的步骤在于对通用定时器 TIMx 参数的正确配置。

从实验的需求功能上来看，汽车轮胎压力检测系统可以通过压力平衡电桥对轮胎内部的压力进行监控，且由定时器产生的 1s 中断进行检测指令控制。需要说明的是，本实验侧重对轮胎压力的测量，即使用定时器产生秒级中断，对轮胎压力进行检测，而数据的无线传输部分，有兴趣的读者可以查阅相关技术资料，这里就不赘述了。

4. 硬件电路设计

在该实验的电路设计中，所用到的基本元件如表 5.84 所示。

表 5.84 汽车轮胎压力检测系统的硬件清单

序号	器材名称	数量	功能说明
1	STM32F103VB	1	主控单元
2	MD-PS002	1	轮胎压力传感器
3	TL431	1	基准电压
4	电容、电阻等	若干	NA

根据各个电路元件的功能进行硬件电路设计，具体电路图如图 5.68 所示。

在图 5.68 中描述了汽车轮胎压力检测的基本电路图。在该电路中，通过压力传感器 MD-PS002 检测轮胎内部的气压。由于传感器输出的电压信号较为微弱，大概在几十毫伏左右，因此需要通过运算放大器对传感器输出的信号进行放大处理。在该系统中，由于 ADC 的基准电压由 TL431 输出，为 2.495V。因此，运算放大器的放大倍数取值为 A=100，以使得放大后输出的电压能尽量落在基准电压的量程范围内，并使 AD 转换的结果具有最好的线性度。

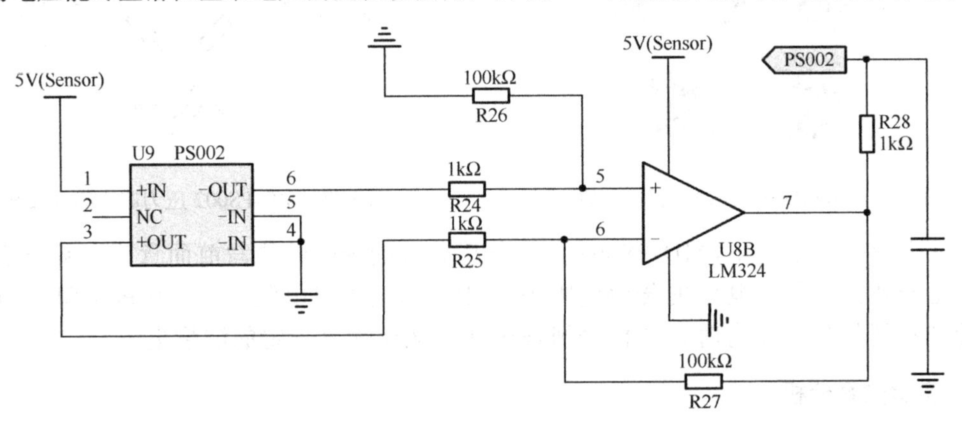

图 5.68 汽车轮胎压力检测的电路图

需要说明的是，在轮胎压力检测过程中，同样需要使用 ADC，因此也需要使用 TL431 提供基准电源。用户可以参照上述有关 ADC 章节的内容查看对应的硬件电路，在这里就不赘述了。

在轮胎压力检测系统中，通用定时器 TIMx 的秒中断是系统内部中断，不涉及芯片引脚的分配，具体的引脚分配如表 5.85 所示。同样，用户需要按照表中各个引脚的功能，对其进行 GPIO 端口的初始化，特别是 PA.0 端口，是作为模拟信号输入的端口。

表 5.85　汽车轮胎压力检测系统引脚分配

序　号	引 脚 分 配	功 能 说 明
1	PA.0	AD 模拟信号输入
2	Vref+	AD 参考电压正
3	Vref-	AD 参考电压负

5. 软件代码设计

在汽车轮胎压力检测实验中，利用 ARM 处理器 STM32F103VB 中的通用定时器 TIM2 的定时中断功能，当定时器溢出时（定时时间为 1s），处理器根据中断处理子程序的代码内容，通过 PA.0 端口对压力信号进行模数转换，即检测汽车轮胎压力，发生中断的时候 LED 灯点亮，未发生中断时 LED 灯熄灭。

其中有关定时器 TIM2 的配置参数如下。

（1）定时器 ARR 计数值为 2000；

（2）定时器对激励信号进行预分频处理，分频系数 TIM_Prescaler=36000 以保证定时器的时钟为 2kHz；

（3）定时器设置为向上计数模式。

根据软件流程图的设计思路，具体的程序代码如下。

```
/***************** 以下代码用户实现汽车 PWM 灯光照明实验 ****************
* File Name          : main.c
* Author             : NJFU Team
* Date First Issued     : 05/21/2012
* Description           : TIM Example 3 Main program body
*****************************************************************************/

/* main 函数头文件 Includes ----------------------------------------*/
#include "stm32f10x_lib.h"      //STM32 固件库

/* 用户自定义变量 --------------------------------------------------*/
TIM_TimeBaseInitTypeDef  TIM_TimeBaseStructure;
TIM_OCInitTypeDef  TIM_OCInitStructure;
u16 CCR1_Val = 1000;

ErrorStatus HSEStartUpStatus;

/* 用户声明自定义子函数 -----------------------------------------------*/
void RCC_Configuration(void);
void GPIO_Configuration(void);
void NVIC_Configuration(void);
```

```
/*******************************************************************
 * Function Name  : main
 * Description       : Main program
 * Input          : None
 * Output         : None
 * Return         : None
*******************************************************************/
void main(void)
{
   #ifdef DEBUG
      debug();
   #endif
   /* 配置系统 RCC 时钟 -----------------------------------------*/
   RCC_Configuration();

   /* 配置系统中断向量表 ----------------------------------------*/
   NVIC_Configuration();

   /* 配置系统 GPIO 端口 ----------------------------------------*/
   GPIO_Configuration();

   /* -----------------------------------------------------------
   设置 TIM2 配置参数，定时时间为 1s，具体参数配置如下：
   TIM2CLK=72 MHz, Prescaler=0x8C9F, TIM2 counter clock=2kHz
   TIM2_CH1 delay = CCR1_Val/TIM2 counter clock  = 1000ms
   ------------------------------------------------------------ */

   /* 配置系统定时器的时间基数 ----------------------------------*/
   TIM_TimeBaseStructure.TIM_Period = 2000;
   TIM_TimeBaseStructure.TIM_Prescaler = 0x00;
   TIM_TimeBaseStructure.TIM_ClockDivision = 0x00;
   TIM_TimeBaseStructure.TIM_CounterMode = TIM_CounterMode_Up;

   TIM_TimeBaseInit(TIM2, &TIM_TimeBaseStructure);

   /* 配置定时器 Prescaler --------------------------------------*/
   TIM_PrescalerConfig(TIM2, 0x8C9F, TIM_PSCReloadMode_Immediate);

   /* 使能 TIM 中断 ---------------------------------------------*/
   TIM_ITConfig(TIM2, TIM_IT_CC1, ENABLE);

   /* 配置 GPIO 引脚 --------------------------------------------*/
   GPIO_SetBits(GPIOC, GPIO_Pin_6);
```

```
    /* 使能 TIM2 ---------------------------------------------------*/
    TIM_Cmd(TIM2, ENABLE);

    /* 系统大循环开始 ----------------------------------------------*/
    while(1)
    {
        //检测 Flag_TimeOut 标志位，如果被置位，表示定时器产生溢出中断
        if (Flag_TimeOut==1)
        {
            //启动 ADC 转换功能
            ......
            //清除定时器中断标志位
            Flag_TimeOut=0;
        }
    }//while 循环结束
}//main 函数结束
/************************* 主程序代码结束 *************************/
```

由于篇幅所限，ADC 的代码（配置、启动和转换等）在本例中均已略去。用户可以参考前面有关 ADC 章节中的程序代码进行完善。

在本定时器实验中，AHB 为 72MHz，APB1 为 36MHz，所以 CK_INT 为 72MHz，对其进行 36000 分频为 2kHz。因此将定时器 ARR 的值设置为 2000，即定时器每 1s 溢出 1 次。

此外在前面内容中，已经向用户介绍了部分子函数的基本用法，如 RCC_Configuration()函数用于配置系统的时钟信号。在例题中的时钟 RCC 配置与前面实验中的参数配置是一致的，这里就不重复赘述了。但需要提醒用户注意的是，由于在本实验中需要使用高级定时器 TIM1，在配置系统 RCC 时钟的过程中特别需要注意开放 TIM 定时器之中的 RCC 驱动，即在 RCC_Configuration()函数中必须实现下面几行代码，具体如下：

```
/************** 以下代码实现对外设 TIM2 中 RCC 时钟的配置 **************/
/* 配置 TIM2 定时器时钟 -------------------------------------------*/
RCC_APB1PeriphClockCmd(RCC_APB1Periph_TIM2, ENABLE);
/**************************** 代码行结束 **************************/
```

除此之外，用户同样还需要完成对 GPIO 端口的参数配置。由于基本的子函数调用方法与前面的程序代码类似，这里就不再重复赘述了。

下面将着重向用户介绍有关定时器中断参数配置的子函数，即 NVIC_Configu ration()函数，具体如下。

```
/************* 以下代码实现对外设 TIM2 中 NVIC 参数的配置 **************/
* Function Name  : NVIC_Configuration
* Description    : Configure the nested vectored interrupt.
* Input          : None
* Output         : None
* Return         : None
*******************************************************************/
void NVIC_Configuration(void)
```

```
{
    //声明定义一个 NVIC_InitTypeDef 类型的结构体
    NVIC_InitTypeDef NVIC_InitStructure;

    #ifdef  VECT_TAB_RAM
        NVIC_SetVectorTable(NVIC_VectTab_RAM, 0x0);
    #else
        NVIC_SetVectorTable(NVIC_VectTab_FLASH, 0x0);
    #endif

    /* 使能 TIM2 中断 ---------------------------------------------*/
    NVIC_InitStructure.NVIC_IRQChannel = TIM2_IRQChannel;
    NVIC_InitStructure.NVIC_IRQChannelPreemptionPriority = 0;
    NVIC_InitStructure.NVIC_IRQChannelSubPriority = 1;
    NVIC_InitStructure.NVIC_IRQChannelCmd = ENABLE;

    NVIC_Init(&NVIC_InitStructure);
}
/**************************** 代码行结束 ***************************/
```

第6章

STM32F103XX 功能模块（2）

在前面的章节中已经介绍了 STM32F103XX 系列 ARM 处理器中常用的一些功能模块，而对于 ARM 嵌入式处理器而言，丰富的外设资源是其区别与 51 系列单片机，以及其他处理器的重要特征。

在前面章节中已经介绍了 STM32F103XX 系列处理器中部分功能模块，包括 GPIO 端口模块、ADC 模数转换模块、EXTI 中断模块、高级控制定时器 TIM1 和通用定时器 TIMx 等。本章还将继续补充介绍 STM32F103XX 系列 ARM 处理器中的功能模块，主要包括实时时钟模块、看门狗模块、串口通信模块、CAN 通信模块、SPI 接口模块及其他辅助功能模块。
通过本章的学习，用户可以掌握 ARM 处理器内部所支持的通用功能模块，并能利用这些功能模块完成相应的系统设计。

本章重点

- STM32F103XX 中的功能模块；
- STM32F103XX 功能模块的控制寄存器；
- STM32F103XX 功能模块的使用（实验部分）。

本章难点

- STM32F103XX 中的功能模块与作用；
- STM32F103XX 中功能模块的使用（实验部分）。

6.1 实时时钟模块

在 STM32F103XX 系列 ARM 处理器中，芯片集成了实时时钟 RTC 和相应的后备寄存器。实时时钟 RTC 和后备寄存器通过同一个电源开关供电，在系统电源 V_{DD} 有效时开关选通 V_{DD} 供电，否则电源开关会选通 V_{BAT} 引脚进行供电。

需要说明的是，实时时钟 RTC 的后备寄存器由 10 个 16 位的寄存器组成，可以用于在系统关闭 V_{DD} 供电时保存 20 字节的用户应用数据。一般情况下，实时时钟 RTC 和后备寄存器之中的数据不会被系统复位或电源复位而清除。同样，当处理器从待机模式被唤醒时，寄存器中的数据仍然不会被复位。

与定时器/计数器的基本工作原理类似，实时时钟 RTC 具有一组可以连续运行的计数器。甚至，用户还可以通过适当的软件方式获得日历时钟功能，包括闹钟中断和阶段性中断功能。

通常情况下，在 STM32F103XX 系列 ARM 处理器中，实时时钟 RTC 的驱动时钟建议使用的是 32.768kHz 的外部晶体振荡器。除此之外，用户还可以使用芯片内部低功耗 RC 振荡器或对高速外部时钟进行 128 分频。通常而言，采用 32.768kHz 的外部晶体振荡器作为实时时钟 RTC 的驱动时钟，可以得到较高的时钟准确度。采用内部 RC 振荡器或外部分频时钟则在时钟精度上有所缺失。由于内部低功耗 RC 振荡器的典型频率为 40kHz，为了补偿时钟精度上的误差，用户需要通过输出一个 512Hz 的时钟信号对 RTC 实时时钟进行校准。

RTC 实时时钟具有一个 32 位的可编程计数器，用户可以通过使用比较寄存器进行长时间的测量。在 STM32F103XX 系列 ARM 处理器中，芯片集成了一个 20 位的预分频器用于时基时钟。在默认情况下，用户使用 32.768kHz 的时钟信号进行驱动时，将产生一个 1s 长的时间基准。

6.1.1 RTC 实时时钟的功能特性

在 STM32F103XX 系列 ARM 处理器中，实时时钟 RTC 是一个独立的定时器，且 RTC 模块具有一组可以连续计数的计数器。用户可以使用相应的软件配置，实现 RTC 的时钟日历功能。同样，用户也可以通过修改实时时钟计数器的数值，以重新设置系统当前的时间和日期。

RTC 模块和时钟配置系统，即 RCC_BDCR 寄存器处于实时时钟的后备区域。在系统复位或芯片从待机模式唤醒后，RTC 的基本参数设置和时间参数均保持不变。需要提醒用户注意的是，在系统发生复位操作后，系统对实时时钟 RTC 的后备寄存器和 RTC 的访问将被禁止。这样可以防止用户对后备区域（BKP）数据的意外写操作。用户需要通过以下操作实现对后备寄存器和 RTC 时钟的访问。

（1）设置寄存器 RCC_APB1ENR 的 PWREN 标志位和 BKPEN 标志位，使能系统电源和 RTC 后备接口时钟。

（2）设置寄存器 PWR_CR 的 DBP 标志位，使能对 RTC 后备寄存器和 RTC 的访问。

根据实时时钟 RTC 的结构特征，在具体的实际工程应用中呈现如下特性。

（1）可编程的预分频系数，且最高的分频系数为 220。

（2）支持 32 位的可编程计数器，可用于较长时间段的测量。

（3）支持 2 个分离的时钟，用于 APB1 接口的 PCLK1 和 RTC 时钟。但 RTC 时钟的频率必须小于 PCLK1 时钟频率的 $\frac{1}{4}$ 以上。

（4）用户可以选择以下 3 种 RTC 的时钟源，具体如下：

① HSE 时钟信号并进行 128 分频；

② LSE 振荡器时钟；

③ LSI 振荡器时钟。

（5）支持 2 个独立的复位类型，具体如下：

① APB1 接口由系统复位；

② RTC 核心（预分频器、闹钟、计数器和分频器等）智能由后备域复位。

（6）支持 3 个专用可屏蔽的中断，具体如下：

① 闹钟中断，用于产生一个软件可编程的闹钟中断；

② 秒中断，用于产生一个可编程的周期性中断信号，最长可达 1s；

③ 溢出中断，指示内部可编程计数器溢出状态并重新设置为 0 状态。

6.1.2　RTC 实时时钟的结构

在 STM32F103XX 系列 ARM 处理器中，实时时钟 RTC 主要单元由 APB1 接口和 RTC 内核组成。

其中 APB1 接口用于提供自身与 APB1 总线之间的接口。该单元中还包括一套可以从 APB1 总线以“读”或“写”方式访问的 16 位寄存器。需要说明的是，APB1 接口是由 APB1 总线时钟驱动的，并与 APB1 总线连接。

在实时时钟 RTC 中，另外一个单元，即 RTC 内核由一系列可编程的计数器组成，而这些计数器也分别由 2 个模块构成，如图 6.1 所示。

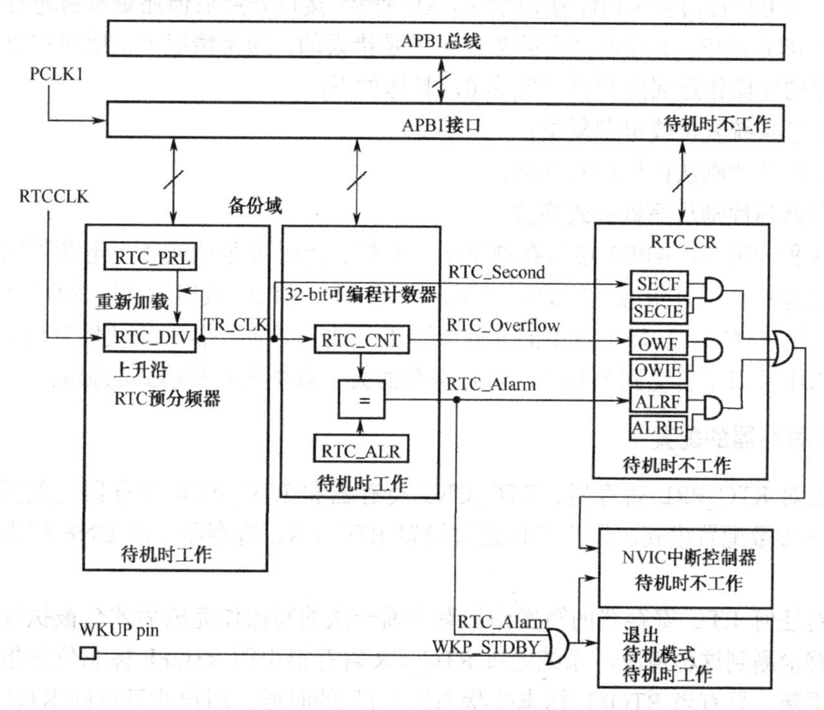

图 6.1　实时时钟 RTC 结构框图

1）RTC 预分频模块

该模块产生 RTC 的时间基数 TR_CLK，时间基数可以被用户通过编程的方式实现 1s 的时间周期。该模块包含了一个 20 位的可编程分频器（RTC 预分频器），如果在 RTC_CR 寄存器中对实时时钟的中断进行使能后，在每个 TR_CLK 的周期中，RTC 产生一个中断（秒中断）。

2）32 位的可编程计数器

在实时时钟 RTC 的结构中，该计数器可以用当前的系统时间来初始化，系统时间根据 TR_CLK 进行递增，并且和一个可编程的日期（该数据存储在 RTC_ALR 寄存器中）进行比较。如果数据匹配，则处理器产生一个闹钟中断。需要说明的是，产生该闹钟中断的前提条件是该中断在 RTC_CR 控制寄存器中已经被使能。

6.1.3 RTC 寄存器的操作方式

在前面介绍有关系统模块的对应寄存器时，绝大部分寄存器中的数值都会被系统复位所清空，即所有的系统寄存器都由系统复位或者电源复位产生异步复位。但对于实时时钟 RTC 而言，对应的部分寄存器并不会随系统复位或者电源复位而清空。这些寄存器主要有 RTC_PRL 寄存器、RTC_ALR 寄存器、RTC_CNT 寄存器和 RTC_DIV 寄存器。

1. RTC 寄存器的读取

由于实时时钟 RTC 的内核完全独立于 RTC APB1 接口。因此用户可以通过软件的方式以 APB1 接口访问 RTC 预分频器、计数器以及闹钟数值。但是需要说明的是，用户通过软件的方式对 RTC 可读寄存器参数的读操作只有在 RTC 时钟的上升沿才会被更新，而 RTC 时钟会与 RTC APB1 接口的时钟重新同步。

因此，如果用户提前将 APB1 接口禁用，在 APB1 接口开启后但还是没有进行第一次内部更新之前，从 RTC APB1 寄存器读出的数值可能是错误的。通常情况下，用户在以下几种情况下对该寄存器的读操作返回的数值可能为 0，具体如下：

（1）发生了系统复位或电源复位；

（2）处理器芯片刚从待机模式唤醒；

（3）处理器芯片刚从停机模式唤醒。

在上述 3 种情况下，APB1 接口在被禁用、复位、无时钟驱动或者无电源供应的条件下，RTC 的内核被保持在运行状态。因此，当用户禁用 RTC APB1 接口后读取 RTC 寄存器时，软件首先必须等待 RTC_CRL 寄存器中的 RSF 标志位（寄存器同步位）被硬件置位。此外，实时时钟 RTC APB1 接口不会受到 WFI 和 WFE 寄存器关于系统低功耗模式的影响。

2. RTC 寄存器的配置

为了实现对 RTC_PRL 寄存器、RTC_CNT 寄存器和 RTC_ALR 寄存器的配置，实时时钟 RTC 必须进入参数配置模式。用户可以通过设置 RTC_CRL 寄存器中的 CNF 标志位来实现该功能。

另外，对任何 RTC 寄存器的写操作只有当前一次的写操作完成后才会被执行。为了使得系统软件能够检测到这种情况，系统通过 RTC_CR 寄存器中的 RTOFF 标志位来指示寄存器是否正在进行更新。只有当 RTOFF 标志位状态为“1”的时候，用户才可以向 RTC 寄存器中写入新的数值。具体的参数配置过程如下：

（1）系统查询 RTOFF 标志位的状态，直到该标志位的状态变为“1”为止；

（2）将 CNF 标志位设置为“1”以进入寄存器参数配置模式；

（3）写入一个或者多个 RTC 寄存器的数值；

（4）将 CNF 标志位设置为“0”以退出寄存器参数配置模式；

（5）系统查询 RTOFF 标志位，直到该标志位的状态为“1”以确认写操作结束。

通常情况下，对实时时钟寄存器的写操作仅仅在当 CNF 标志位被设置为“0”的时候才会被执行，且需要至少 3 个 RTCCLK 周期才能够完成相应的写操作。

3. RTC 标志位的设置

在实时时钟 RTC 中，用户可以通过系统设置的一系列标志位查看 RTC 时钟的状态。具体 RTC 标志位的设置如表 6.1 所示。

表 6.1 RTC 标志位

RTC 标志位	RTC 标志位	标志位说明
RTC 秒标志	SECF	在更新 RTC 计数器之前的每个 RTC 内核时钟周期都将被设置为有效
RTC 溢出标志	OWF	在 RTC 计数器达到 0x0000 之前的最后一个 RTC 内核时钟周期将被设置为有效
RTC 闹钟标志	RTC_Alarm ALRF	在计数器达到存储在闹钟寄存器中的 RTC 闹钟值之前的最后一个 RTC 内核时钟周期被设置为有效。 RTC 闹钟值每次增加 1，则 RTC_ALR+1

用户对 RTC 闹钟的写操作及对秒中断的写操作必须使用以下步骤进行数据的同步，具体如下：

（1）使用 RTC 闹钟中断，在 RTC 中断处理程序中，RTC 闹钟和 RTC 计数器寄存器之一或者都被同时更新。

（2）等待 RTC 控制寄存器中的 SECF 标志位被置位。更新 RTC 闹钟和 RTC 计数器寄存器之一或者全部被同时更新。

图 6.2 显示了在寄存器参数 PR=0x03，Alarm=0x04 的条件下，RTC 秒波形和 RTC 闹钟波形。从图形中的时序可以看出，每当 RTC_PR 寄存器中的数值为 0x03，RTC 产生秒中断时，RTC_Second 跳变为高电平，并且 RTC_CNT 寄存器进行累加计数。当 RTC_CNT 计数器累加到 0x04 时，RTC_ALARM 产生一个周期的中断信号。

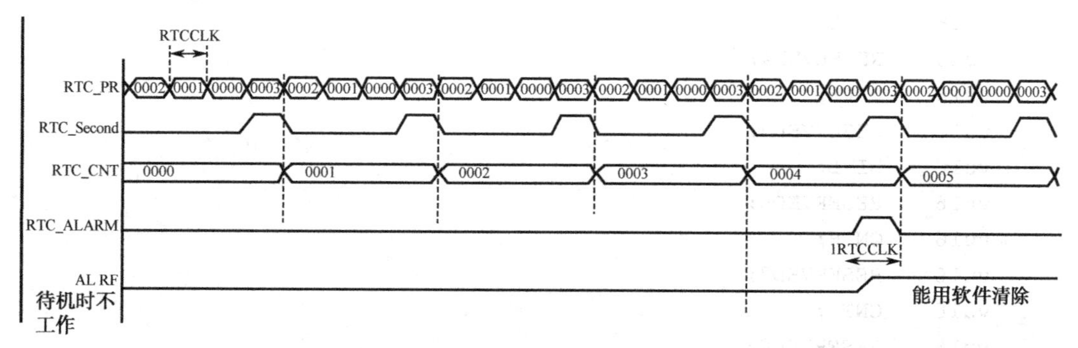

图 6.2 Alarm 闹钟时序

图 6.3 显示了在寄存器参数 PR=0x03 的条件下，RTC 发生溢出时的波形。从图形中的时序可以看出，每当 RTC_PR 寄存器中的数值为 0x03 时，RTC 产生秒中断，RTC_Second 跳变为高电平，并且 RTC_CNT 寄存器进行累加计数。当 RTC_CNT 计数器累加到最大值 0xFFFFFFF 时，RTC_Overflow 将产生一个周期的中断信号。

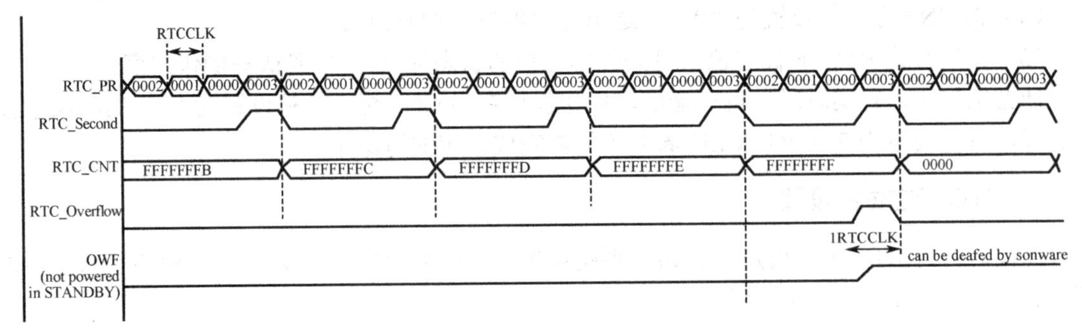

图 6.3　RTC 溢出时序

6.1.4　RTC 实时时钟的寄存器

在 STM32F103XX 系列 ARM 处理器中，实时时钟 RTC 提供了一系列连续工作的计数器。用户可以通过相应的软件来实现 RTC 实时时钟所提供的时钟、日历等功能。用户可以通过写入计数器的值来设置整个系统的时间和日期。

下面首先介绍 RTC 寄存器在固件函数库中所用到的数据结构。与前面所介绍的功能模块类似，RTC 寄存器的结构也是通过结构体的方式来描述的，具体如下。

```
/***************** 以下代码用于实现 STM32 中 RTC 的结构体 ***************/
Typedef struct
{
    vu16    CRH;
    u16     RESERVED1;
    vu16    CRL;
    vu16    RESERVED2;
    vu16    PRLH;
    vu16    RESERVED3;
    vu16    PRLL;
    vu16    RESERVED4;
    vu16    DIVH;
    vu16    RESERVED5;
    vu16    DIVL;
    vu16    RESERVED6;
    vu16    CNTH;
    vu16    RESERVED7;
    vu16    CNTL;
    vu16    RESERVED8;
    vu16    ALRH;
    vu16    RESERVED9;
```

```
    vu16    ALRL;
    vu16    RESERVED10;
}RTC_TypeDef;
/***************************** 代码行结束 **************************/
```

在 RTC 结构体的定义中，包含了部分 RTC 模块的寄存器，具体的名称和功能如表 6.2 所示。

表 6.2　RTC 实时时钟寄存器

寄存器名称	寄存器描述
CRH	控制寄存器高位
CRL	控制寄存器低位
PRLH	预分频装载寄存器高位
PRLL	预分频装载寄存器低位
DIVH	预分频分频因子寄存器高位
DIVL	预分频分频因子寄存器低位
CNTH	计数器寄存器高位
CNTL	计数器寄存器低位
ALRH	闹钟寄存器高位
ALRL	闹钟寄存器低位

6.1.5　RTC 实时时钟的库函数

表 6.3 列出了固件函数库中有关 RTC 寄存器操作的所有库函数。在下面的内容中，将对上述函数库中部分常用的函数进行简单介绍，使得用户对这些函数的具体使用方法有一定了解。

表 6.3　RTC 实时时钟库函数

函 数 名 称	功 能 描 述
RTC_ITConfig	使能或失能指定的 RTC 中断
RTC_EnterConfigMode	进入 RTC 配置模式
RTC_ExitConfigMode	退出 RTC 配置模式
RTC_GetCounter	获取 RTC 计数器的值
RTC_SetCounter	设置 RTC 计数器的值
RTC_SetPrescaler	设置 RTC 预分频的值
RTC_SetAlarm	设置 RTC 闹钟的值
RTC_GetDivider	获取 RTC 预分频因子的值
RTC_WaitForLastTask	等待最近一次对 RTC 寄存器的写操作完成状态
RTC_WaitForSynchro	等待 RTC 寄存器（RTC_CNT 寄存器、RTC_ALR 寄存器和 RTC_PRL 寄存器）与 RTC 的 APB 时钟同步
RTC_GetFlagStatus	检查指定 RTC 标志位设置的状态
RTC_ClearFlag	清除 RTC 的待处理标志位
RTC_GetITStatus	检查指定的 RTC 是否发生中断
RTC_ClearITPendingBit	清除 RTC 的中断待处理位

1. 函数 RTC_ITConfig

有关函数 RTC_ITConfig 的具体使用方法及其参数说明如表 6.4 所示。

表 6.4 函数 RTC_ITConfig

函数名称	RTC_ITConfig
函数原型	void RTC_ITConfig（u16 RTC_IT, FunctionalState NewState）
功能描述	使能或者失能指定的 RTC 中断
输入参数 1	RTC_IT：待使能或者失能的 RTC 中断源
输入参数 2	NewState：RTC 中断的新状态； 该参数取值为：ENABLE 或 DISABLE
输出参数	无
返回值	无
先决条件	在使用本函数之前必须先调用函数 RTC_WaitForLastTask()，等待标志位 RTOFF 被设置为 1
被调用函数	无

在该库函数中，输入参数 RTC_IT 用于使能或者失能 RTC 的中断。用户可以选择下面所列出的一个或多个数值的组合作为该参数的值，具体如表 6.5 所示。

表 6.5 参数 RTC_IT

RTC_IT	参数描述
RTC_IT_OW	溢出中断使能
RTC_IT_ALR	闹钟中断使能
RTC_IT_SEC	秒中断使能

用户可以通过下面的代码对函数 RTC_ITConfig()的具体使用方法进行了解。该代码的主要功能是使能 RTC 实时时钟的闹钟中断功能。

```
/*****************  以下代码用于实现 STM32 中 RTC 的配置*****************/
/* 等待上一次对 RTC 寄存器的操作完成 ----------------------------------*/
RTC_WaitForLastTask();
/* 使能 RTC 闹钟中断 -------------------------------------------------*/
RTC_ITConfig(RTC_IT_ALR, ENABLE);
/**************************** 代码行结束 *************************/
```

2. 函数 RTC_EnterConfigMode

函数 RTC_EnterConfigMode 的具体使用方法及其参数说明如表 6.6 所示。

表 6.6 函数 RTC_EnterConfigMode

函数名称	RTC_EnterConfigMode
函数原型	void RTC_EnterConfigMode（void）
功能描述	进入 RTC 配置模式
输入参数 1	无
输出参数	无

续表

返回值	无
先决条件	无
被调用函数	无

由于函数 EnterConfigMode()的操作使用方法相对比较简单，并且没有任何输入参数和输出参数，用户直接调用该函数就可以进入 RTC 实时时钟的参数配置模式。用户可以通过下面的代码对该函数的基本使用方法进行了解。该代码的主要功能是进入 RTC 实时时钟的参数配置模式。

```
/*****************  以下代码用于实现 STM32 中的 RTC 操作 *****************/
/* 进入 RTC 参数配置模式 ------------------------------------------------*/
RTC_EnterConfigMode();
/**************************** 代码行结束 *************************/
```

3. 函数 RTC_ExitConfigMode

函数 RTC_ExitConfigMode 的具体使用方法及其参数说明如表 6.7 所示。

表 6.7　函数 RTC_ExitConfigMode

函数名称	RTC_ExitConfigMode
函数原型	void RTC_ExitConfigMode（void）
功能描述	退出 RTC 配置模式
输入参数 1	无
输出参数	无
返回值	无
先决条件	无
被调用函数	无

与函数 EnterConfigMode()的操作类似，该函数也同样没有任何输入参数和输出参数。通常情况下，该函数与函数 EnterConfigMode()应当配对使用。用户直接调用该函数就可以退出 RTC 实时时钟的参数配置模式。用户可以通过下面的代码对该函数的基本使用方法进行了解。该代码的主要功能是进入 RTC 实时时钟的参数配置模式。

```
/****************  以下代码用于实现 STM32 中的 RTC 操作 *****************/
/* 退出 RTC 的配置模式 ------------------------------------------------*/
RTC_ExitConfigMode();
/**************************** 代码行结束 ***************************/
```

4. 函数 RTC_GetCounter

函数 RTC_GetCounter 的具体使用方法及其参数说明如表 6.8 所示。

表 6.8　函数 RTC_GetCounter

函数名称	RTC_GetCounter
函数原型	u32 RTC_GetCounter（void）
功能描述	获取 RTC 计数器的值

续表

输入参数	无
输出参数	无
返回值	RTC 计数器的值
先决条件	无
被调用函数	无

函数 RTC_GetCounter()与上述几个 RTC 相关的函数不同，该函数没有输入参数而有输出参数，即用户获取的 RTC 计数器的值。需要注意的是，函数返回的 RTC 计数器的值为 32 位，因此用户也需要定义一个 32bit 的变量用于接收该函数的返回值。用户可以通过下面的代码对该函数的基本使用方法进行了解。该代码的主要功能是获取 RTC 实时时钟的计数值。

```
/****************  以下代码用于实现 STM32 中的 RTC 操作 *****************/
/* 获取 RTC 计数器的值 ----------------------------------------------*/
u32 RTCCounterValue;    //定义一个 32bit 的变量用于接收函数的返回值
RTCCounterValue=RTC_ExitConfigMode();
/***************************** 代码行结束 **************************/
```

5. 函数 RTC_SetCounter

函数 RTC_SetCounter 的具体使用方法及其参数说明如表 6.9 所示。

表 6.9　函数 RTC_SetCounter

函数名称	RTC_SetCounter
函数原型	void RTC_SetCounter（u32 CounterValue）
功能描述	设置 RTC 计数器的值
输入参数	CounterValue：新的 RTC 计数器的值
输出参数	无
返回值	无
先决条件	在使用本函数之前必须先调用函数 RTC_WaitForLastTask()，等待标志位 RTOFF 的状态被设置为 1
被调用函数	RTC_EnterConfigMode() RTC_ExitConfigMode()

用户在调用函数 RTC_SetCounter()的时候，必须先进入 RTC 参数配置模式，即先调用 RTC_EnterConfigMode()函数；并且在设置完相应的参数后，还需要退出 RTC 参数配置模式，即调用 RTC_ExitConfigMode()。该函数的输入参数为用户需要向 RTC 寄存器写入的数据，没有输出参数。用户可以通过下面的代码对该函数的基本使用方法进行了解。该代码的主要功能是向 RTC 实时时钟寄存器写入计数值 0xFFFF5555。

```
/****************  以下代码用于实现 STM32 中的 RTC 操作 *****************/
/* 等待上一次对 RTC 寄存器的操作完成 ------------------------------------*/
RTC_WaitForLastTask();
/* 设置 RTC 计算器的值为 0xFFFF5555 -----------------------------------*/
RTC_SetCounter(0xFFFF5555);
/***************************** 代码行结束 **************************/
```

6. 函数 RTC_SetPrescaler

函数 RTC_SetPrescaler 的具体使用方法及其参数说明如表 6.10 所示。

表 6.10　函数 RTC_SetPrescaler

函数名称	RTC_SetPrescaler
函数原型	void RTC_SetPrescaler（u32 PrescalerValue）
功能描述	设置 RTC 预分频的值
输入参数	PrescalerValue：新的 RTC 预分频的值
输出参数	无
返回值	无
先决条件	在使用本函数之前必须先调用函数 RTC_WaitForLastTask()，等待标志位 RTOFF 的状态被设置为 1
被调用函数	RTC_EnterConfigMode() RTC_ExitConfigMode()

与函数 RTC_SetCounter()类似，用户在调用 RTC_SetPrescaler()函数时必须先进入 RTC 参数配置模式，即先调用 RTC_EnterConfigMode()函数；并且在设置完相应的参数后，还需要退出 RTC 参数配置模式，即调用 RTC_ExitConfigMode()。该函数的输入参数为用户需要向 RTC 预分频寄存器写入的数据，没有输出参数。用户可以通过下面的代码对该函数的基本使用方法进行了解。该代码的主要功能是向 RTC 实时时钟的预分频寄存器写入数值 0x7A12。

```
/****************  以下代码用于实现 STM32 中的 RTC 操作 *****************/
/* 等待上一次对 RTC 寄存器操作完成 ------------------------------------*/
RTC_WaitForLastTask();
/* 设置 RTC 预分频的值为 0x7A12 --------------------------------------*/
RTC_SetPresacaler(0x7A12);
/************************ 代码行结束 ************************/
```

7. 函数 RTC_SetAlarm

函数 RTC_SetAlarm 的具体使用方法及其参数说明如表 6.11 所示。

表 6.11　函数 RTC_SetAlarm

函数名称	RTC_SetAlarm
函数原型	void RTC_SetAlarm（u32 AlarmValue）
功能描述	设置 RTC 闹钟的值
输入参数	AlarmValue：新的 RTC 闹钟的值
输出参数	无
返回值	无
先决条件	在使用本函数之前必须先调用函数 RTC_WaitForLastTask()，等待标志位 RTOFF 的状态被设置为 1
被调用函数	RTC_EnterConfigMode() RTC_ExitConfigMode()

用户在调用 RTC_SetAlarm()函数之前同样需要先进入 RTC 参数配置模式，具体的进入方式和退出模式在这里就不赘述了。用户可以参照前面几个参数配置的方式实现参数配置模式的

进入和退出。该函数的输入参数为用户需要向 RTC 寄存器写入闹钟的数据，没有输出参数。用户可以通过下面的代码对该函数的基本使用方法进行了解。该代码的主要功能是向 RTC 实时时钟的预分频寄存器写入数值 0xFFFFFA。

```
/****************  以下代码用于实现 STM32 中的 RTC 操作 *****************/
/* 等待上一次对 RTC 寄存器的操作完成 -------------------------------------*/
RTC_WaitForLastTask();
/* 设置 RTC 闹钟的值为 0xFFFFFFFA ----------------------------------*/
RTC_SetAlarm(0xFFFFFFFA);
/**************************** 代码行结束 *************************/
```

8．函数 RTC_GetDivider

函数 RTC_GetDivider 的具体使用方法及其参数说明如表 6.12 所示。

表 6.12　函数 RTC_GetDivider

函数名称	RTC_GetDivider
函数原型	u32 RTC_GerDivider（void）
功能描述	获取 RTC 预分频因子的值
输入参数	无
输出参数	无
返回值	RTC 预分频因子的数值
先决条件	无
被调用函数	无

用户调用 RTC_GetDivider()主要用于获取 RTC 预分频因子的数值。由于该函数的调用并不涉及对 RTC 参数的配置，因此也无须进入 RTC 参数配置的模式。该函数不具备输入参数，输出参数为 RTC 预分频因子的数值。由于该函数将返回一个 32bit 的数值，即 RTC 分频因子。因此用户需要定义一个 32bit 的变量用于接收该返回值。用户可以通过下面的代码对该函数的基本使用方式进行了解。该代码的主要功能是获取 RTC 实时时钟的预分频因子的数值。

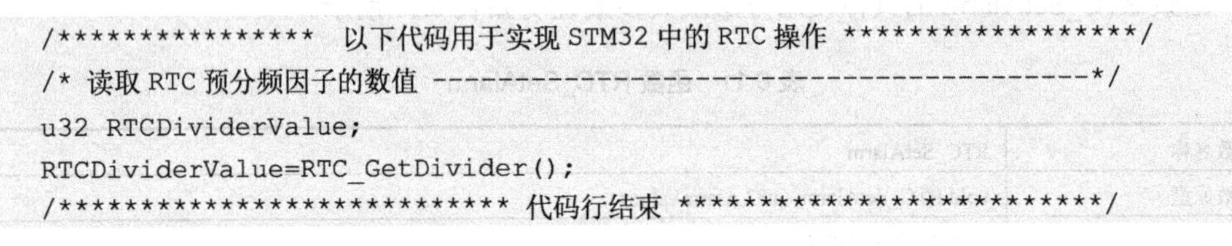

```
/****************  以下代码用于实现 STM32 中的 RTC 操作 *****************/
/* 读取 RTC 预分频因子的数值 -------------------------------------------*/
u32 RTCDividerValue;
RTCDividerValue=RTC_GetDivider();
/**************************** 代码行结束 *************************/
```

9．函数 RTC_WaitForLastTask

有关函数 RTC_WaitForLastTask 的具体使用方法及其参数说明如表 6.13 所示。

表 6.13　函数 RTC_WaitForLastTask

函数名称	RTC_WaitForLastTask
函数原型	void RTC_WaitForLastTask（void）
功能描述	等待最近一次对 RTC 寄存器的写操作完成
输入参数	无

续表

输出参数	无
返回值	无
先决条件	无
被调用函数	无

用户调用 RTC_WaitForLastTask ()主要用于等待系统对最近一次向 RTC 寄存器的写操作完成。用户在对 RTC 实时时钟的操作过程中，不可以连续对 RTC 寄存器继续写操作，必须等待上一次对 RTC 寄存器的写操作完成。用户可以通过下面的代码对该函数的基本使用方式进行了解。该代码的主要功能是延时等待上一次对 RTC 寄存器的写操作完成，然后继续对 RTC 闹钟寄存器写入数值 0x10。

```
/***************** 以下代码用于实现 STM32 中的 RTC 操作 ******************/
/* 等待上一次对 RTC 寄存器的操作完成 ------------------------------------*/
RTC_WaitForLastTask();
/* 设置闹钟值为 0x10 --------------------------------------------------*/
RTC_SetAlarm(0x10);
/***************************** 代码行结束 **************************/
```

10. 函数 RTC_WaitForSynchro

函数 RTC_WaitForSynchro 的具体使用方法及其参数说明如表 6.14 所示。

表 6.14　函数 RTC_WaitForSynchro

函数名称	RTC_WaitForSynchro
函数原型	void RTC_WaitForSynchro（void）
功能描述	等待 RTC 寄存器（RTC_CNT 寄存器、RTC_ALR 寄存器和 RTC_PRL 寄存器）与 RTC 的 APB 时钟同步
输入参数	无
输出参数	无
返回值	无
先决条件	无
被调用函数	无

用户调用 RTC_WaitForSynchro()主要用于等待 RTC 寄存器（RTC_CNT 寄存器、RTC_ALR 寄存器和 RTC_PRL 寄存器）与 RTC 的 APB 时钟同步。该函数的基本语法格式相对比较简单，不提供输入参数和输出参数，用户可以通过下面的代码对该函数的基本使用方式进行了解。该代码的主要功能是延时等待 RTC 寄存器（RTC_CNT 寄存器、RTC_ALR 寄存器和 RTC_PRL 寄存器）与 RTC 的 APB 时钟同步。

```
/***************** 以下代码用于实现 STM32 中的 RTC 操作 ******************/
/* 等待 RTC 寄存器与 RTC 的 APB 时钟同步 ----------------------------*/
RTC_WaitForSynchro ();
/****************************** 代码行结束 ****************************/
```

11. 函数 RTC_GetFlagStatus

函数 RTC_GetFlagStatus 的具体使用方法及其参数说明如表 6.15 所示。

表 6.15 函数 RTC_GetFlagStatus

函数名称	RTC_GetFlagStatus
函数原型	FlagStatus RTC_GetFlagStatus（u16 RTC_FLAG）
功能描述	检查指定的 RTC 标志位设置的状态
输入参数	RTC_FLAG：待检查的 RTC 标志位
输出参数	无
返回值	RTC_FLAG 的新状态，该状态为 SET 或者 RESET
先决条件	无
被调用函数	无

用户调用 RTC_GetFlagStatus()主要用于获取 RTC 的标志位状态，其中参数 RTC_FLAG 为枚举型数据，该数据的取值范围如表 6.16 所示。

表 6.16 RTC_FLAG 参数的取值

参数 RTC_FLAG	参 数 描 述
RTC_FLAG_RTOFF	RTC 操作 OFF 标志位
RTC_FLAG_RSF	寄存器已同步标志位
RTC_FLAG_OW	溢出中断标志位
RTC_FLAG_ALR	闹钟中断标志位
RTC_FLAG_SEC	秒中断标志位

该函数的基本语法格式相对比较简单，在调用该函数时，用户需要预先声明一个 FlagStatus 类型的变量用于接收函数的返回值。用户可以通过下面的代码对该函数的基本使用方式进行了解。该代码的主要功能是获取 RTC 时钟溢出中断标志位的状态。

```
/*****************  以下代码用于实现 STM32 中的 RTC 操作 *******************/
/* 读取 RTC 溢出状态标志位 ---------------------------------------------*/
FlagStatus OverrunFlagStatus;
OverrunFlagStatus=RTC_GetFlagStatus(RTC_Flag_OW);
/***************************** 代码行结束 ***************************/
```

12. 函数 RTC_ClearFlag

函数 RTC_ClearFlag 的具体使用方法及其参数说明如表 6.17 所示。

表 6.17 函数 RTC_ClearFlag

函数名称	RTC_ClearFlag
函数原型	void RTC_CleraFlag（u16 RTC_FLAG）
功能描述	清除 RTC 待处理的标志位
输入参数	RTC_FLAG：待清除的 RTC 标志位
输出参数	无

续表

返回值	无
先决条件	在使用本函数之前必须先调用函数 RTC_WaitForLastTask()，等待标志位 RTOFF 的状态被设置为 1
被调用函数	无

用户调用 RTC_ClearFlag()主要用于清除 RTC 的标志位。需要注意的是， RTC 实时时钟的 RTC_FLAG_RTOFF 标志位不能通过软件的方式清除。此外，标志位 RTC_FLAG_ESF 只有在 APB 复位，或者 APB 时钟停止后才可以被清除。用户可以通过下面的代码对该函数的基本使用方式进行了解。该代码的主要功能是清除 RTC 溢出中断的标志位。

```
/**************** 以下代码用于实现 STM32 中的 RTC 操作 ******************/
/* 等待上一次对 RTC 寄存器的操作结束 ---------------------------------------*/
RTC_WaitForLastTask();
/* 清除 RTC 溢出标志位 ------------------------------------------------*/
RTC_ClearFlag(RTC_FLAG_OW);
/**************************** 代码行结束 *************************/
```

13．函数 RTC_GetITStatus

函数 RTC_GetITStatus 的具体使用方法及其参数说明如表 6.18 所示。

表 6.18　函数 RTC_GetITStatus

函数名称	RTC_ClearITStatus
函数原型	ITStatus RTC_GetITStatus（u16 RTC_IT）
功能描述	检查指定的 RTC 中断是否发生
输入参数	RTC_IT：待检查的 RTC 中断
输出参数	无
返回值	RTC_IT 的新状态，该状态为 SET 或 RESET
先决条件	无
被调用函数	无

用户调用 RTC_GetITStatus()主要用于检查指定 RTC 中断的标志位状态。用户在调用该函数之前必须定义一个类型为 ITStatus 的变量，用户接收函数的返回值。有关 RTC_IT 中断状态标志位允许取值的范围可以参照前面相关的章节。用户可以通过下面的代码对该函数的基本使用方式进行了解。该代码的主要功能是查询 RTC 秒中断的状态标志位。

```
/**************** 以下代码用于实现 STM32 中的 RTC 操作 ******************/
/* 获取 RTC 中断的状态 -----------------------------------------------*/
ITStatus SecondITStatus;
SecondITStatus=RTC_GetITStatus(RTC_IT_SEC);
/**************************** 代码行结束 *************************/
```

14．函数 RTC_ClearITPendingBit

函数 RTC_ClearITPendingBit 的具体使用方法及其参数说明如表 6.19 所示。

表 6.19　函数 RTC_ClearITPendingBit

函数名称	RTC_ClearITPendingBit
函数原型	void RTC_ClearITPendingBit（u16 RTC_IT）
功能描述	清除指定 RTC 中断的待处理标志位
输入参数	RTC_IT：待检查的 RTC 中断
输出参数	无
返回值	无
先决条件	在使用本函数前必须先调用函数 RTC_WaitForLastTask()，等待标志位 RTOFF 的状态标志位被设置为 1
被调用函数	无

用户调用 RTC_ClearITPendingBit()主要用于清除指定 RTC 中断的待处理标志位状态。有关 RTC_IT 中断状态标志位允许取值的范围，用户同样可以参照前面相关的章节。用户可以通过下面的代码对该函数的基本使用方式进行了解。该代码的主要功能是清除 RTC 秒中断的待处理状态标志位。

```
/****************  以下代码用于实现 STM32 中的 RTC 操作 ****************/
/* 等待对 RTC 寄存器操作的完成 ---------------------------------------*/
RTC_WaitForLastTask();
/* 清除 RTC 中断的挂起标志位 -----------------------------------------*/
RTC_ClearITPendingBit(RTC_IT_SEC);
/*************************** 代码行结束 ***************************/
```

6.1.6　基础实验一：车载时钟与电子日历

对绝大部分汽车而言，车载电子消费产品已经逐渐普及到汽车电子的各个方面。其中车载时钟与电子日历凭借自身在功能和体积上的优势，受到驾驶员的一致认可，具体实物如图 6.4 所示。用户可以方便地通过车载时钟与电子日历等查看当前的时间信息，甚至还可以将车载时钟/电子日历与车载监控设备等结合起来，用于对记录数据进行时间打标。

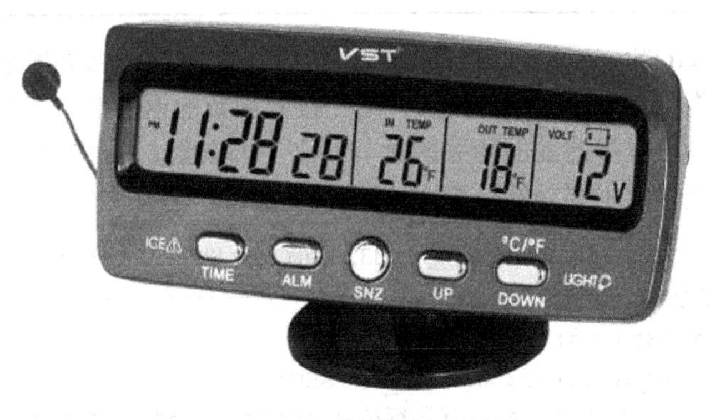

图 6.4　车载时钟/电子日历

1．实验内容分析

本实验中使用 4 个 8 段数码管来显示当前时钟/电子日历等信息，用户可以通过相应的软件代码对实时时钟的内部寄存器数据进行访问，得到相应的时间状态。需要注意的是，为了保证时间数据的准确性和延续性，在系统运行的过程中必须使系统的供电正常，至少必须保证系统的后备电源工作正常。否则 RTC 实时时钟的计数器将无法工作，即实时时钟数据会停留在断电时刻的数据，并保存在 RTC 实时时钟的数据寄存器中。

从实验的需求功能上看，车载时钟/电子日历系统并不复杂，具体的系统框图如图 6.5 所示。车载时钟/电子日历可以利用 ARM 处理器中的实时时钟 RTC 即可实现对实时时钟数据的处理，特别是利用 RTC 时钟自带的秒中断处理功能。在外部晶振的振荡频率保证一定精度的前提下，可以得到比较准确的时间数据。

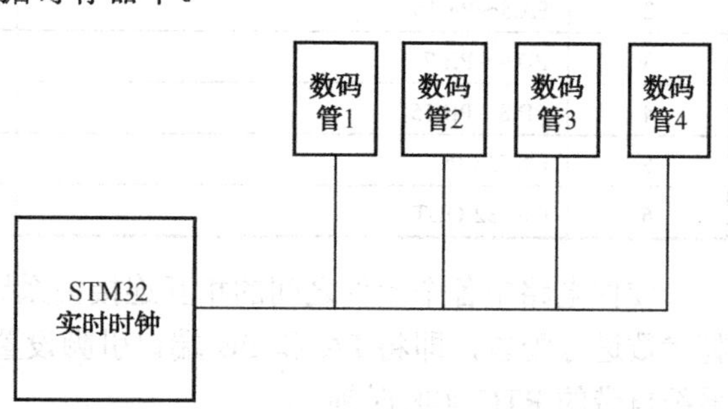

图 6.5 车载时钟/电子日历的系统结构

2. 硬件电路设计

在该实验的电路设计中所用到的基本元件如表 6.20 所示。

表 6.20 车载时钟与电子日历系统的硬件清单

序 号	器材名称	数 量	功能说明
1	STM32F103VB	1	主控单元
2	8 段数码显示管	4	时钟/日历显示
3	电容、电阻	若干	NA
4	晶振 32.768kHz	1	RTC 实时时钟晶振

根据各个电路元件的功能进行硬件电路设计，具体电路图如图 6.6 所示。

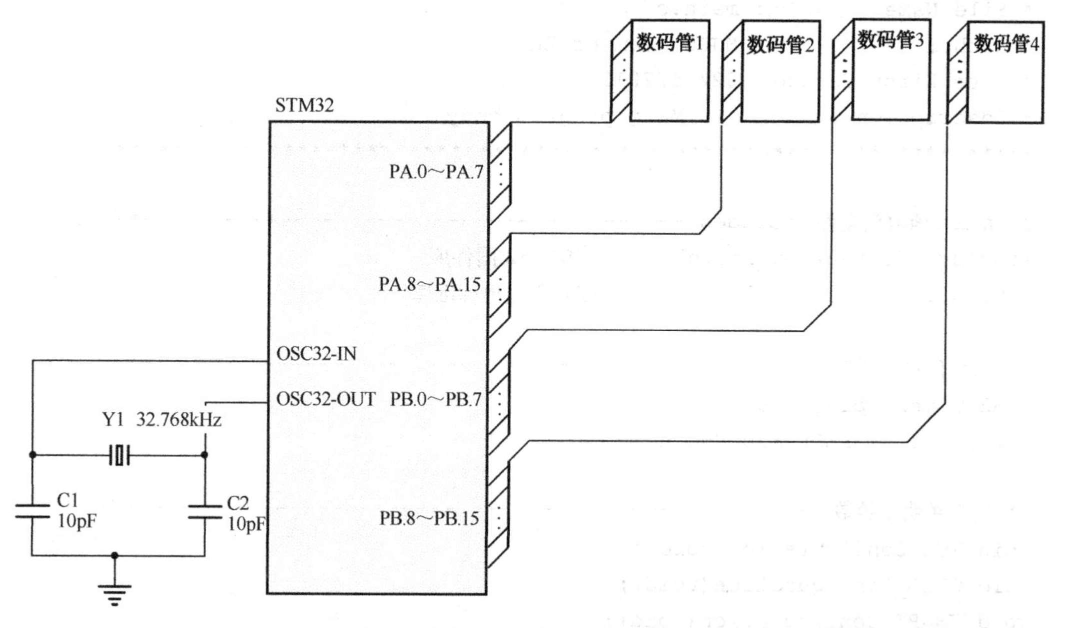

图 6.6 车载时钟与电子日历系统的硬件电路图

在图 6.6 所示的硬件电路图中，ARM 处理器 STM32F103VB 中的 GPIO 端口分别与 8 段数码显示管、RTC 实时时钟晶振，以及复位电路（未画出）相连，具体的引脚分配如表 6.21 所示。

表 6.21　车载时钟与电子日历系统的引脚分配

序　号	引 脚 分 配	功 能 说 明
1	PA.0～PA.7	控制数码管 1，显示“时”的十位数
2	PA.8～PA.15	控制数码管 2，显示“时”的个位数
3	PB.0～PB.7	控制数码管 3，显示“分”的十位数
4	PB.8～PB.15	控制数码管 4，显示“分”的个位数
5	OSC32-IN	实时时钟晶振信号的输入
6	OSC32-OUT	实时时钟晶振信号的输出

硬件电路中各个元件之间的相互连接关系比较简单明了。用户首先需要对 GPIO 端口的引脚参数进行配置，即将 PA 和 PB 端口引脚设置为数据输出模式，并正确连接晶振电路，启用系统自带的 RTC 实时时钟。

3．软件代码设计

在车载时钟/电子日历实验中，利用 ARM 处理器 STM32F103VB 中的 RTC 实时时钟功能，首先向 RTC 寄存器写入当前的时钟数据，保存在寄存器中。然后 RTC 寄存器中的时间数据会根据 RTC 时钟自动进行计数操作，相当于时钟开始运行。但用户必须注意，在 RTC 实时时钟运行的过程中，必须保持系统至少有一个电源对其供电，否则 RTC 实时时钟的数据会发生错误。

当用户需要了解当前时间数据时，只需要通过读取 RTC 实时时钟对应寄存器的值，并进行简单的数据组合即可。然后由 GPIO 端口将时钟数据分别送给 4 个 8 段数码管进行显示，具体的程序代码如下。

```
/*************** 以下代码用于实现车载时钟与电子日历实验 ****************/
* File Name           : main.c
* Author              : NJFU Team of EE
* Date First Issued : 02/05/2012
* Description              : Main program body
******************************************************************

/* main 函数头文件 Includes ---------------------------------------*/
#include "stm32f10x_lib.h"        //STM32 固件库
#include <stdio.h>                //输入输出标准库

/* 用户自定义变量 ------------------------------------------------*/
vu32 TimeDisplay = 0;
ErrorStatus HSEStartUpStatus;

/* 用户声明子函数 ------------------------------------------------*/
void RCC_Configuration(void);
void GPIO_Configuration(void);
void USART_Configuration(void);
void RTC_Configuration(void);
void NVIC_Configuration(void);
u32 Time_Regulate(void);
```

```
void Time_Adjust(void);
void Time_Show(void);
void Time_Display(u32 TimeVar);
u8 USART_Scanf(u32 value);

/*******************************************************************
* Function Name : main
* Description   : Main program.
* Input         : None
* Output        : None
* Return        : None
*******************************************************************/
void main(void)
{
   #ifdef DEBUG
       debug();
   #endif

/* 配置系统 RCC 时钟 ------------------------------------------*/
RCC_Configuration();

/* 配置系统中断向量表 -----------------------------------------*/
NVIC_Configuration();

/* 配置 GPIO 引脚 ---------------------------------------------*/
GPIO_Configuration();

/* 配置 USART1 -----------------------------------------------*/
USART_Configuration();

/* 如果备份寄存器中的数据错误，或者第一次执行该代码 ------------------*/
if(BKP_ReadBackupRegister(BKP_DR1) != 0xA5A5)
{
   /* 提示输出“RTC 未配置成功” ----------------------------------*/
   printf("\r\n\n RTC not yet configured....");

   /* 配置 RTC --------------------------------------------------*/
   RTC_Configuration();

   /* 提示输出“RTC 配置中” -------------------------------------*/
   printf("\r\n RTC configured....");

   /* 调整 RTC 时钟数值 -----------------------------------------*/
   Time_Adjust();

   /* 向备份寄存器中写入数据 0xA5A5 -------------------------------*/
```

```
    BKP_WriteBackupRegister(BKP_DR1, 0xA5A5);
  }
  /* 如果备份寄存器中的数据正确 ----------------------------------*/
  else
  {
    /* 检查 POR/PDR 复位状态 ------------------------------------*/
    if(RCC_GetFlagStatus(RCC_FLAG_PORRST) != RESET)
    {
      //输出提示“系统电源发生复位”
      printf("\r\n\n Power On Reset occurred....");
    }
    /* 检查引脚复位标志的状态 Check if the Pin Reset flag is set */
    else if(RCC_GetFlagStatus(RCC_FLAG_PINRST) != RESET)
    {
      //输出提示“外部复位”
      printf("\r\n\n External Reset occurred....");
    }

    /* 输出提示“无须配置 RTC” ----------------------------------*/
    printf("\r\n No need to configure RTC....");

    /* 等待 RTC 同步成功 ---------------------------------------------*/
    RTC_WaitForSynchro();

    /* 使能 RTC 秒中断功能 -------------------------------------------*/
    RTC_ITConfig(RTC_IT_SEC, ENABLE);

    /* 等待上一次对 RTC 寄存器写操作成功 ----------------------------*/
    RTC_WaitForLastTask();
  }

    /* 清除中断标志位 -----------------------------------------------*/
    RCC_ClearFlag();

    /* 显示时间 -----------------------------------------------------*/
    Time_Show();
  }
/************************** 主程序代码结束 *************************/
```

在前面的内容中，已经向用户介绍了部分子函数的基本用法，如 RCC_Configuration()函数用于配置系统的时钟信号。由于在例题中的时钟 RCC 配置与前面实验中的参数配置是一致的，因此这里就不赘述了。

```
/*******************************************************************
* Function Name  : RTC_Configuration
* Description       : Configures the RTC.
* Input           : None
```

```
* Output        : None
* Return        : None
*******************************************************************************/
void RTC_Configuration(void)
{
    /* 使能 PWR 和 BKP 的时钟 ------------------------------------------------*/
    RCC_APB1PeriphClockCmd(RCC_APB1Periph_PWR|RCC_APB1Periph_BKP,ENABLE);

    /* 开放对 BKP 寄存器的读写操作 ---------------------------------------------*/
    PWR_BackupAccessCmd(ENABLE);

    /* 复位初始化 BKP ---------------------------------------------------------*/
    BKP_DeInit();

    #ifdef RTCClockSource_LSI
        /* 使能 LSI ------------------------------------------------------------*/
        RCC_LSICmd(ENABLE);

        /* 等待 LSI 启动成功 ---------------------------------------------------*/
        while(RCC_GetFlagStatus(RCC_FLAG_LSIRDY) == RESET)
        {
        }

        /* 选择 LSI 作为 RTC 时钟源 -------------------------------------------*/
        RCC_RTCCLKConfig(RCC_RTCCLKSource_LSI);

    #elif defined   RTCClockSource_LSE
        /* 使能 LSE ------------------------------------------------------------*/
        RCC_LSEConfig(RCC_LSE_ON);

        /* 等待 LSE 启动成功 ---------------------------------------------------*/
        while(RCC_GetFlagStatus(RCC_FLAG_LSERDY) == RESET)
        {
        }

        /* 选择 LSE 作为 RTC 时钟源 -------------------------------------------*/
        RCC_RTCCLKConfig(RCC_RTCCLKSource_LSE);
    #endif

    /* 使能 RTC 时钟 ----------------------------------------------------------*/
    RCC_RTCCLKCmd(ENABLE);

    #ifdef RTCClockOutput_Enable
        /* 失能引脚的入侵检测功能 ---------------------------------------------*/
        BKP_TamperPinCmd(DISABLE);
```

```
        /* 使能 RTC 时钟输出 ------------------------------------------*/
        BKP_RTCCalibrationClockOutputCmd(ENABLE);
    #endif

    /* 等待 RTC 寄存器同步 --------------------------------------------*/
    RTC_WaitForSynchro();
    /* 等待上次对 RTC 寄存器的写操作完成 --------------------------------*/
    RTC_WaitForLastTask();

    /* 使能 RTC 秒中断 -------------------------------------------------*/
    RTC_ITConfig(RTC_IT_SEC, ENABLE);

    /* 等待上次对 RTC 寄存器写操作的完成 --------------------------------*/
    RTC_WaitForLastTask();

    /* 设置 RTC prescaler ---------------------------------------------*/
    #ifdef RTCClockSource_LSI
        /* RTC period=RTCCLK/RTC_PR=(32.000kHz)/(31999+1) ------*/
        RTC_SetPrescaler(31999);
    #elif defined   RTCClockSource_LSE
        /* RTC period=RTCCLK/RTC_PR=(32.768kHz)/(32767+1)  ------*/
        RTC_SetPrescaler(32767);
    #endif

    /* 等待上次对 RTC 寄存器写操作的完成 --------------------------------*/
    RTC_WaitForLastTask();
}
/************************** 子函数代码结束 *************************/
```

在下面的内容中将实现子函数 Time_Regulate 的基本实现代码，该函数主要用于实现用户对时间参数（小时、分钟和秒）的输入。

```
/*******************************************************************
* Function Name : Time_Regulate
* Description   : Returns the time entered by user.
* Input         : None
* Output        : None
* Return        : Current time RTC counter value
*******************************************************************/
u32 Time_Regulate(void)
{
    u32 Tmp_HH = 0xFF, Tmp_MM = 0xFF, Tmp_SS = 0xFF;

    printf("\r\n============TimeSettings=====================");
    printf("\r\n  Please Set Hours");
```

```
    /* 如果 Tmp_HH=0xFF ------------------------------------------*/
    while(Tmp_HH == 0xFF)
    {
        //从串口获取小时数据
        Tmp_HH = USART_Scanf(23);
    }

    /* 打印输出小时 ----------------------------------------------*/
    printf(":  %d", Tmp_HH);

    printf("\r\n  Please Set Minutes");

    /* 如果 Tmp_MM=0xFF ------------------------------------------*/
    while(Tmp_MM == 0xFF)
    {
        //从串口获取分钟数据
        Tmp_MM = USART_Scanf(59);
    }

    /* 打印输出分钟 ----------------------------------------------*/
    printf(":  %d", Tmp_MM);

    printf("\r\n  Please Set Seconds");

    /* 如果 Tmp_SS=0xFF ------------------------------------------*/
    while(Tmp_SS == 0xFF)
    {
        //从串口获取秒数据
        Tmp_SS = USART_Scanf(59);
    }

    /* 打印输出秒 ------------------------------------------------*/
    printf(":  %d", Tmp_SS);

    /* 返回 RTC 寄存器中的数值 -----------------------------------*/
    return((Tmp_HH*3600 + Tmp_MM*60 + Tmp_SS));
}
/************************ 子函数代码结束 ************************/
```

在下面的内容中将实现子函数 Time_Adjust 的基本实现代码，该函数主要用于实现用户对时间参数（小时、分钟和秒）的调整。

```
/*******************************************************************
* Function Name : Time_Adjust
* Description   : Adjusts time.
* Input         : None
* Output        : None
```

```
* Return          : None
*******************************************************************************/
void Time_Adjust(void)
{
    /* 等待上次对 RTC 寄存器写操作的完成 --------------------------------*/
    RTC_WaitForLastTask();

    /* 更改时间参数 ---------------------------------------------------*/
    RTC_SetCounter(Time_Regulate());

    /* 等待上次对 RTC 寄存器写操作的完成 --------------------------------*/
    RTC_WaitForLastTask();
}
/************************** 子函数代码结束 **************************/
```

在下面的内容中将实现子函数 Time_Display 的基本实现代码，该函数主要用于实现对时间参数（小时、分钟和秒）的计算。

```
/*******************************************************************************
* Function Name  : Time_Display
* Description        : Displays the current time.
* Input          : - TimeVar: RTC counter value.
* Output         : None
* Return         : None
*******************************************************************************/
void Time_Display(u32 TimeVar)
{
    u32 THH = 0, TMM = 0, TSS = 0;

    /* 计算小时 ---------------------------------------------------*/
    THH = TimeVar/3600;

    /* 计算分钟 --------------------------------------------------*/
    TMM = (TimeVar % 3600)/60;

    /* 计算秒 ----------------------------------------------------*/
    TSS = (TimeVar % 3600)% 60;

    /* 输出时间 --------------------------------------------------*/
    printf("Time: %0.2d:%0.2d:%0.2d\r",THH, TMM, TSS);
}
/************************** 子函数代码结束 **************************/
/*******************************************************************************
* Function Name  : Time_Show
* Description    : Shows the current time (HH:MM:SS).
* Input          : None
* Output         : None
* Return         : None
```

```
*****************************************************************************/
void Time_Show(void)
{
    printf("\n\r");

    /* 系统大循环开始 ---------------------------------------------------*/
    while(1)
    {
        /* 状态标志位 ---------------------------------------------------*/
        if(TimeDisplay == 1)
        {
            /* 显示时间 ------------------------------------------------*/
            Time_Display(RTC_GetCounter());

            /* 清除状态标志位 ------------------------------------------*/
            TimeDisplay = 0;
        }//if语句结束
    }//while循环结束
}//子函数结束
/************************* 子函数代码结束 *************************/
```

4．补充实验及扩展

为了进一步对 RTC 实时时钟进行扩展说明，在这里给出一个与实时时钟转换相关的实验，用户可根据的自身实际情况进行设计、实验。

在该实验中，不再采用 STM32 系列 ARM 处理器内部自带的实时时钟，而采用外部独立的日历芯片 DS1302（实时时钟芯片），并实现车载电子日历的功能，如图 6.7 所示。

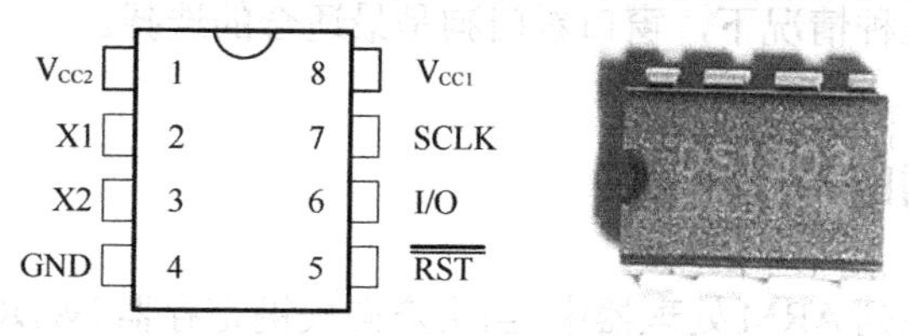

图 6.7　DS1302 日历芯片

从功能上来看，与本章中介绍的使用 STM32 内部集成的 RTC 实时时钟制作的车载时钟系统是一致的。唯一不同之处在于，使用外部专用的日历芯片替代了内部集成 RTC 时钟。这样可以获得更好的精度和更多的扩张功能。

6.2　看门狗 WatchDog 模块

在 STM32F103XX 系列处理器中，看门狗 WatchDog 模块包含了 2 个内容，即独立看门狗和窗口看门狗。

独立看门狗基于一个 12 位的递减计数器和一个 8 位的预分频器。该模块由一个内部独立的 40kHz 的 RC 振荡器提供时钟。由于这个 RC 振荡器独立于主时钟，所以它可以运行在停机和待机模式。同样，它也可以被当成看门狗，用于发生问题时复位整个系统，或者作为一个自由定时器为系统应用程序提供超时管理。在 STM32 系列 ARM 处理器中，用户可以通过选项字节设置由软件或硬件的方式来启动看门狗。需要注意的是，在调试模式下，独立看门狗的计数器可以被冻结。

除了独立看门狗以外，在 STM32 系列 ARM 处理器的看门狗模块中还包含了窗口看门狗模块。窗口看门狗内包含了一个 7 位的递减计数器，并可以设置成自由运行的模式。它可以被当成看门狗，用于发生问题时复位整个系统。由于窗口看门狗由系统主时钟驱动，因此必须工作在系统正常工作的模式下，不支持停机模式或待机模式。需要说明的是，窗口看门狗具有预警中断的功能，在调试模式下，窗口看门狗的计数器也同样可以被冻结。

6.2.1 STM32 系列处理器中的看门狗

在 STM32F103XX 系列 ARM 处理器中，芯片内部集成了两个看门狗，为系统软件代码的正常运行提供了更高的安全性、代码执行时间上的准确性，以及使用的灵活性。

系统内部集成的两个看门狗，即独立看门狗和窗口看门狗，可以用来检测和解决由于系统软件执行错误所引起的系统故障。其基本的工作原理为：当看门狗计数器达到给定的超时数值时，将触发一个中断或者产生系统复位。

独立看门狗 IWDG 由专用的 32kHz 的低速时钟进行驱动。因此，即使系统主时钟在发生故障的条件下独立看门狗仍然有效。窗口看门狗由系统 APB1 时钟信号分频后得到的时间脉冲进行驱动，并且通过可配置的时间窗口来检测应用程序代码非正常的过迟或者过早行为。

通常情况下，独立看门狗 IWDG 适用于需要将看门狗作为一个完全独立于系统主程序之外的进程，并且对时钟精度要求比较低的场合。特别是有些应用需要看门狗能够通过内部精确的定时窗口进行作用，在这种情况下，窗口看门狗是最适合的选择。

6.2.2 独立看门狗的功能特性

在 STM32F103XX 系列 ARM 处理器中，当用户向关键寄存器 IWDG_KP 写入数值 0xCCCC 时，独立看门狗将被启动。看门狗内部计数器开始从复位值 0xFFF 向下递减计数。当计数器计数到末端值 0x00 时，看门狗将产生复位信号，即独立看门狗复位。此外，用户可以在任何时刻将数值 0xAAAA 写入关键寄存器 IWDG_KP 中，此时，IWDG_RLR 寄存器中的数值将重新装载到看门狗计数器中，从而可以避免看门狗的复位。这种操作就是对独立看门狗的“喂狗”操作。图 6.8 中显示了独立看门狗模型的功能模块。

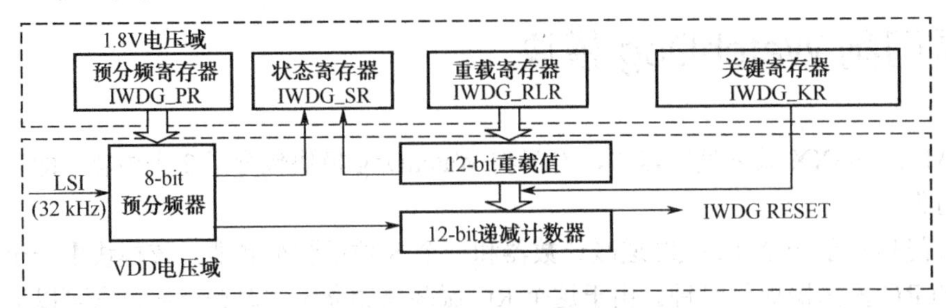

图 6.8 独立看门狗的功能模块

需要说明的是，如果用户在选择字节中启用了“硬件看门狗”功能，在系统上点复位后，看门狗会自动开始运行。如果在看门狗计数器计数结束之前，没有软件向关键寄存器写入相应的数值，看门狗将产生复位。

此外，对于看门狗计数器中关键的寄存器而言，IWDG_PR 寄存器和 IWDG_RLR 寄存器涉及看门狗计数器中运行的数据，因此这两个寄存器都具有数据的写保护功能。如果用户需要对寄存器中的数值进行修改，则必须先向 IWDG_KP 寄存器写入数值 0x5555。如果用户希望重新将上述寄存器设置为写保护，则需要以不同的数值写入 IWDG_KP 寄存器，这样将会打乱对寄存器的操作顺序，对寄存器的访问将重新被保护。除此之外，对看门狗计数器的重装载操作，即向 IWDG_KP 寄存器写入 0xAAAA 操作，也会重新启动对寄存器的写保护功能。

另外需要向用户解释的是，当 STM32F103XX 系列 ARM 处理器进入调试模式时，即 Cortex-M3 内核停止工作，独立看门狗的计数器将会进入停止工作状态或者仍然继续保持原有的工作状态。这主要取决于调试模式下 DBG_IWDG_STOP 状态标志位的基本配置情况。

此外，表 6.22 还列出了在 40kHz 脉冲输入信号的驱动下，看门狗的超时周期与寄存器标志位参数之间的关系。

表 6.22　看门狗超时周期

预　分　频	PR[2:0]	最小超时时间（ms） RL[11:0]=0x000	最小超时时间（ms） RL[11:0]=0x000
/4	0	0.1	409.6
/8	1	0.2	819.2
/16	2	0.4	1638.4
/32	3	0.8	3276.8
/64	4	1.6	6553.6
/128	5	3.2	13107.2
/256	6	6.4	26214.4

在上述表格中，虽然看门狗计数器的时钟用的是 40kHz 的脉冲信号，但是在 ARM 处理器的内部，RC 振荡频率可以在 30～90kHz 范围内任意变化。此外，即使 RC 振荡器的频率是精确的，确切的时序仍然需要依赖于系统 APB 的接口时钟与 RC 振荡器 32kHz 时钟之间的相位差，因此从严格意义上来说，总会有一个完整的 RC 周期是不确定的。

6.2.3　独立看门狗的寄存器

在 STM32F103XX 系列 ARM 处理器中，独立看门狗 IWDG 提供了一系列对系统运行状态进行监控的功能，主要用来解决软件或者硬件所引起的处理器故障。同样，独立看门狗也可以工作在停止模式（STOPMode）和空闲模式（StandBy Mode）下。

下面首先向用户介绍独立看门狗 IWDG 寄存器在固件函数库中所用到的数据结构。与前面所介绍的功能模块类似，独立看门狗 IWDG 寄存器的结构也是通过结构体的方式来描述的，具体如下。

```
/****************** 以下代码用于实现 STM32 中 IWDG 结构体 ***************/
Typedef struct
```

```
{
    vu32    KP;
    vu32    PR;
    vu32    RLR;
    vu32    SR;
}IWDG_TypeDef;
/***************************** 代码行结束 *************************/
```

在独立看门狗 IWDG 结构体的定义中，包含了部分 IWDG 模块的寄存器，具体的名称和功能如表 6.23 所示。

表 6.23　独立看门狗 IWDG 寄存器

寄存器名称	寄存器描述
KR	IWDG 键值寄存器
PR	IWDG 预分频寄存器
RLR	IWDG 重装载寄存器
SR	IWDG 状态寄存器

6.2.4　独立看门狗的库函数

在表 6.24 中列出了固件函数库中有关 RTC 寄存器操作的所有库函数。下面将对上述函数库中部分常用的函数进行简单介绍，使得用户对这些函数的具体使用方法有一定了解。

表 6.24　独立看门狗 IWDG 的库函数

函 数 名 称	功 能 描 述
IWDG_WriteAccessCmd	使能或失能指定的 RTC 中断
IWDG_SetPrescaler	进入 RTC 配置模式
IWDG_SetReload	退出 RTC 配置模式
IWDG_ReloadCounter	获取 RTC 计数器的值
IWDG_Enable	设置 RTC 计数器的值
IWDG_GetFlagStatus	设置 RTC 预分频的值

1．函数 IWDG_WriteAccessCmd

函数 IWDG_WriteAceessCmd 的具体使用方法及其参数说明如表 6.25 所示。

表 6.25　IWDG_WriteAccessCmd

函数名称	IWDG_WriteAccessCmd
函数原型	void IWDG_WriteAccessCmd（u16 IWDG_WriteAccess）
功能描述	使能或者失能对寄存器 IWDG_PR 和 IWDG_RLR 的写操作
输入参数	IWDG_WriteAccess：对寄存器 IWDG_PR 和 IWDG_RLR 写操作的新状态
输出参数	无

续表

返回值	无
先决条件	无
被调用函数	无

在该库函数中，输入参数 IWDG_WriteAccess 用于使能或者失能对寄存器 IWDG_PR 和 IWDG_RLR 的写操作。用户可以选择下面所列出的一个或多个数值的组合作为该参数的值，具体如表 6.26 所示。

表 6.26　参数 IWDG_WriteAccess

IWDG_WriteAccess	参 数 描 述
IWDG_WriteAccess_Enable	使能或者失能对寄存器 IWDG_PR 和 IWDG_RLR 的写操作
IWDG_WriteAccess_Disable	闹钟中断使能
RTC_IT_SEC	秒中断使能

用户可以通过下面的代码对函数 IWDG_WriteAccessCmd()的具体使用方法进行了解。该代码的主要功能是使能对寄存器 IWDG_PR 和 IWDG_RLR 的写操作。

```
/*****************  以下代码用于实现 STM32 中的 WatchDog ****************/
/* 使能对 IWDG_PR 和 IWDG_RLR 的写操作 --------------------------------*/
IWDG_WriteAccessCmd(IWDG_WriteAccess_ENABLE);
/**************************** 代码行结束 **************************/
```

2. 函数 IWDG_SetPrescaler

函数 IWDG_SetPrescaler 的具体使用方法及其参数说明如表 6.27 所示。

表 6.27　IWDG_SetPrescaler

函数名称	IWDG_SetPrescaler
函数原型	void IWDG_SetPrescaler（u8 IWDG_Presaler）
功能描述	设置 IWDG 的预分频值
输入参数	IWDG_Prescaler：IWDG 的预分频值
输出参数	无
返回值	无
先决条件	无
被调用函数	无

在该库函数中，输入参数 IWDG_Prescaler 用于设置 IWDG 的预分频值。用户可以选择下面所列出的一个或多个数值的组合作为该参数的值，具体如表 6.28 所示。

表 6.28　参数 IWDG_Prescaler

IWDG_Prescaler	参 数 描 述
IWDG_Prescaler_4	设置 IWDG 预分频值为 4
IWDG_Prescaler_8	设置 IWDG 预分频值为 8
IWDG_Prescaler_16	设置 IWDG 预分频值为 16

续表

IWDG_Prescaler	参 数 描 述
IWDG_Prescaler_32	设置 IWDG 预分频值为 32
IWDG_Prescaler_64	设置 IWDG 预分频值为 64
IWDG_Prescaler_128	设置 IWDG 预分频值为 128
IWDG_Prescaler_256	设置 IWDG 预分频值为 256

用户可以通过下面的代码对函数 IWDG_SetPrescaler（）的具体使用方法进行了解。该代码的主要功能是设置 IWDG_Prescaler 预分频的值为 8。

```
/****************  以下代码用于实现 STM32 中的 WatchDog ****************/
/* 设置 IWDG 预分频值为 8 ---------------------------------------------*/
IWDG_SetPrescaler(IWDG_Prescaler_8);
/**************************** 代码行结束 **************************/
```

3．函数 IWDG_SetReload

函数 IWDG_SetReload 的具体使用方法及其参数说明如表 6.29 所示。

表 6.29　IWDG_SetReload

函数名称	IWDG_SetReload
函数原型	void IWDG_SetReload（u16　Reload）
功能描述	设置 IWDG 的重装载值
输入参数	IWDG_Reload：IWDG 的重装载值
输出参数	无
返回值	无
先决条件	无
被调用函数	无

用户可以通过下面的代码对函数 IWDG_SetReload（）的具体使用方法进行了解。该代码的主要功能是设置 IWDG 的重装载值为 0xFFF。

```
/****************  以下代码用于实现 STM32 中的 WatchDog ****************/
/* 设置 IWDG 重装载数值为 0xFFF ---------------------------------------*/
IWDG_SetReload(0xFFF);
/**************************** 代码行结束 **************************/
```

4．函数 IWDG_ReloadCounter

函数 IWDG_ReloadCounter 的具体使用方法及其参数说明如表 6.30 所示。

表 6.30　IWDG_ReloadCounter

函数名称	IWDG_ReloadCounter
函数原型	void IWDG_ReloadCounter（void）
功能描述	按照 IWDG 重装载寄存器的值重新装载 IWDG 计数器
输入参数	无
输出参数	无

续表

返回值	无
先决条件	无
被调用函数	无

用户可以通过下面的代码对函数 IWDG_ReloadCounter()的具体使用方法进行了解。该代码的主要功能是按照 IWDG 重装载寄存器的值重新装载 IWDG 计数器。

```
/**************** 以下代码用于实现 STM32 中的 WatchDog ****************/
/* 重新装载 IWDG 计数器 -------------------------------------------*/
IWDG_ReloadCounter();
/***************************** 代码行结束 **************************/
```

5. 函数 IWDG_Enable

函数 IWDG_Enable 的具体使用方法及其参数说明如表 6.31 所示。

表 6.31　IWDG_Enable

函数名称	IWDG_Enable
函数原型	void IWDG_Enable（void）
功能描述	使能 IWDG
输入参数	无
输出参数	无
返回值	无
先决条件	无
被调用函数	无

用户可以通过下面的代码对函数 IWDG_Enable()的具体使用方法进行了解。该代码的主要功能是使能 IWDG。

```
/**************** 以下代码用于实现 STM32 中的 WatchDog ****************/
/* 使能 IWDG -------------------------------------------------------*/
IWDG_Enable();
/***************************** 代码行结束 **************************/
```

6. 函数 IWDG_GetFlagStatus

函数 IWDG_GetFlagStatus 的具体使用方法及其参数说明如表 6.32 所示。

表 6.32　IWDG_GetFlagStatus

函数名称	IWDG_GetFlagStatus
函数原形	void IWDG_GetFlagStatus（u16 IWDG_FLAG）
功能描述	检查指定 IWDG 标志位的状态
输入参数	IWDG_FLAG：待检查的 IWDG 标志位
输出参数	无

续表

返回值	IWDG 标志位的状态
先决条件	无
被调用函数	无

在该库函数中，输入参数 IWDG_FLAG 用于设置 IWDG 的标志位状态。用户可以选择下面所列出的一个或多个数值的组合作为该参数的值，具体如表 6.33 所示。

表 6.33　参数 IWDG_FLAG

IWDG_FLAG	参 数 描 述
IWDG_FLAG_PVU	预分频值更新进行中
IWDG_FLAG_RVU	重装载值更新进行中

用户可以通过下面的代码对函数 IWDG_GetFlagStatus()的具体使用方法进行了解。该代码的主要功能是获取 IWDG 值的状态。

```
/****************  以下代码用于实现 STM32 中的 WatchDog ****************/
/* 检测预分频数值更新的状态 ---------------------------------------*/
FlagStatus Status;
Status=IWDG_GetFlagStatus(IWDG_FLAG_PVU);
/*************************** 代码行结束 ***************************/
```

6.2.5　窗口看门狗的功能特性

在 STM32 系列处理器中，窗口看门狗通常用来检测系统外部的干扰或无法预料的逻辑条件所引起的系统软件的错误。通常情况下，这些软件的错误会导致程序代码偏离正常的运行顺序。看门狗电路能实现在一个预先设定好的时间后引发处理器复位，除非在 T6 位清 0 程序将向下计数器的内容进行了刷新。

如果在向下计数器计数到窗口寄存器值之前对 7 位向下计数器的值进行刷新，也会引起 ARM 处理器的复位。换句话而言，看门狗计数器必须在一个限定的窗口范围内进行数据刷新，否则将对 ARM 处理器进行复位操作。

对于看门狗模块而言，具体的功能特性如下：

（1）模块内部集成了可编程的自主运行的向下计数器。

（2）支持有条件的 ARM 处理器复位，具体条件为：

① 当向下计数器的值小于 40H 时，执行复位 ARM 处理器操作。

② 当向下计数器在窗口外被重载时，执行复位 ARM 处理器操作。

如果系统启动了看门狗，即 WWDG_CR 寄存器中的 WDGA 标志位被设置为“1”，并且 7 位的向下计数器（T[6:0]）从 40H 逐步递减为 3FH，将引起对 ARM 处理器的复位操作。另外，如果在看门狗计数器中的数值大于窗口寄存器的数值，软件将会重载计数器。在这种情况下，也会执行复位 ARM 处理器操作。图 6.9 描述了有关看门狗的基本内部结构。

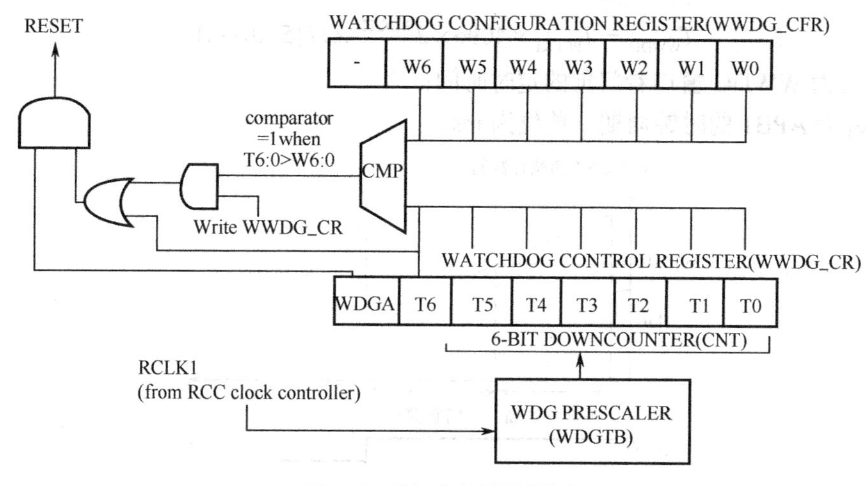

图 6.9 看门狗的结构框图

在系统正常运行的条件下，应用程序代码必须周期性地向 WWDG_CR 寄存器中写入新的数值以使处理器复位。这种操作也通常被形象地称为处理器的“喂狗”操作。需要注意的是，这种对 WWDG_CR 寄存器的写数据操作必须符合一定的规范要求，即仅当计数器的数值小于窗口寄存器的数值时才能进行上述数据的刷新操作。另外，在 WWDG_CR 寄存器中存储的数值必须在 FFH 和 C0H 之间。

对于普通用户而言，对看门狗的操作主要在于以下两个步骤。

（1）启动看门狗。在 ARM 处理器中，看门狗在系统复位后并不是一直有效的，用户需要通过设置相应的寄存器才能实现对看门狗的使能操作，即设置 WWDG_CR 寄存器中 WDGA 标志位的状态为“1”。另外需要注意的是，用户在使能看门狗之后，看门狗将不能被禁用，除非当前系统发生复位。

（2）控制向下计数器。在看门狗计数器中，向下计数器是自动运行的，即使在看门狗被禁用的状态下，仍然能向下计数。当系统看门狗处于有效状态时，T6 位必须被设置为“1”以避免立即产生复位操作。

此外，寄存器 T[5:0]中的数值表示在看门狗产生复位前需要经过的时间延迟，该延迟时间在最小值和最大值之间进行变化。这主要是由于在用户写入 WWDG_CR 寄存器的时候，预分频值还是未知的。

通常情况下，在配置寄存器 WWDG_CFR 中存有窗口看门狗的计数上限值。为了避免复位，向下计数器只有在计数数值小于窗口寄存器中的数值，且同时大于 0x3F 的时候才能被重载。

重载计数器的另外一种方式是使用提早唤醒中断 EWI。用户可以通过将 WWDG_CFR 寄存器中的 EWI 标志位设置为 1 来使能窗口看门狗中的中断。当窗口看门狗中的向下计数器计数到 0x40 的时候，将产生窗口看门狗的中断，并且相应的中断服务程序 ISR 能够用来重载计数器以防止 WWDG 复位。用户也可以向 WWDG_SR 寄存器中的 EWIF 标志位写入 0 来清除当前中断。

在图 6.10 中显示了看门狗计数器 CNT 中的 6 位计数器值和看门狗超时时间之间的线性关系（单位为 ms）。用户可以通过该图来快速粗略地计算看门狗的定时时间，但需要注意的是，该图形曲线中没有将时间的偏差考虑在内。如果用户需要得到更为精准的看门狗定时时间，可以根据以下公式进行计算，具体如下：

$$T_{\text{WWDG}} = T_{\text{PCLK1}} \times 4096 \times 2^{\text{WDGTB}} \times (T[5:0]+1)$$

式中　T_{WWDG}为 WWDG 窗口看门狗的定时时间；

T_{PCLK1}为 APB1 的时钟周期，单位为 ms。

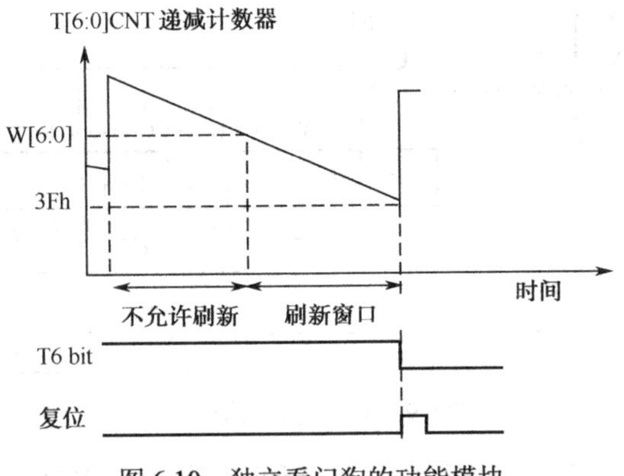

图 6.10　独立看门狗的功能模块

在外部晶振信号为 36kHz 的条件下，参数 WDGTB 与最大/最小定时时间的关系如表 6.34 所示。

表 6.34　WDGTB 与最大/最小定时时间的关系表

WDGTB	最小定时时间	最大定时时间
0	113μs	7.28ms
1	227μs	14.56ms
2	455μs	29.12ms
3	910μs	58.25ms

与 IWDG 独立看门狗类似，当 STM32F103XX 系列 ARM 处理器进入调试模式的时候，即 Cortex-M3 内核停止工作时，窗口看门狗 WWDG 的计数器将会进入停止工作状态或者仍然继续保持原有的工作状态。这主要取决于调试模式下 DBG_WWDG_STOP 状态标志位的基本配置情况。

6.2.6　窗口看门狗的寄存器

在 STM32F103XX 系列 ARM 处理器中，窗口看门狗用来检测是否发生过软件错误。通过窗口看门狗检测由外部干涉或者不可遇见的逻辑冲突引起的软件错误。这些错误将打断正常的代码执行流程。

下面首先介绍窗口看门狗 WWDG 寄存器在固件函数库中所用到的数据结构。与前面所介绍的功能模块类似，窗口看门狗 WWDG 寄存器的结构也是通过结构体的方式来描述的，具体如下。

```
/****************  以下代码用于实现 STM32 中的 WatchDog ****************/
Typedef struct
{
    vu32    CP;
```

```
    vu32    CFR;
    vu32    SR;
}WWDG_TypeDef;
/***************************** 代码行结束 **************************/
```

在窗口看门狗 WWDG 结构体的定义中，包含了部分 IWDG 模块的寄存器，具体的名称和功能如表 6.35 所示。

表 6.35　窗口看门狗 WWDG 寄存器

寄存器名称	寄存器描述
CR	WWDG 控制寄存器
CFR	IWDG 设置频寄存器
SR	IWDG 状态寄存器

6.2.7　窗口看门狗的库函数

表 6.36 列出了固件函数库中有关 WWDG 窗口看门狗寄存器操作的所有库函数。下面将对上述函数库中部分常用的函数进行简单介绍，使用户对这些函数的具体使用方法有一定了解。

表 6.36　WWDG 窗口看门狗库函数

函 数 名 称	功 能 描 述
WWDG_DeInit	将外设 WWDG 寄存器重设为默认值
WWDG_SetPrescaler	设置 WWDG 预分频值
WWDG_SetWindowValue	设置 WWDG 窗口值
WWDG_EnableIT	使能 WWDG 早期唤醒中断 EWI
WWDG_SetCounter	设置 WWDG 计数器值
WWDG_Enable	使能 WWDG 并装入计数器值
WWDG_GetFlagStatus	检查 WWDG 早期唤醒中断标志位的状态
WWDG_ClearFlag	清除早期唤醒中断标志位

1．函数 WWDG_DeInit

函数 WWDG_DeInit 的具体使用方法及其参数说明如表 6.37 所示。

表 6.37　WWDG_DeInit

函数名称	WWDG_DeInit
函数原型	void WWDG_DeInit（WWDG_TpyeDef*　WWDGx）
功能描述	将外设 WWDG 寄存器重设为默认值
输入参数	无
输出参数	无
返回值	无
先决条件	无
被调用函数	RCC_APB1PeriphResetCmd( )

用户可以通过下面的代码对函数 WWDG_DeInit()的具体使用方法进行了解。该代码的主要功能是使能对寄存器 WWDG_PR 和 WWDG_RLR 的写操作。

```
/**************** 以下代码用于实现 STM32 中 WatchDog ****************/
/* 重设 WWDG 寄存器 ---------------------------------------------*/
WWDG_DeInit();
/**************************** 代码行结束 **************************/
```

2. 函数 WWDG_SetPrescaler

函数 WWDG_SetPrescaler 的具体使用方法及其参数说明如表 6.38 所示。

表 6.38　WWDG_SetPrescaler

函数名称	WWDG_SetPrescaler
函数原型	void WWDG_SetPrescaler（u32　WWDG_Presaler）
功能描述	设置 WWDG 的预分频值
输入参数	WWDG_Prescaler：WWDG 的预分频值
输出参数	无
返回值	无
先决条件	无
被调用函数	无

在该库函数中，输入参数 WWDG_Prescaler 用于设置 WWDG 的预分频值。用户可以选择下面所列出的一个或多个数值的组合来作为该参数的值，具体如表 6.39 所示。

表 6.39　参数 WWDG_Prescaler

WWDG_Prescaler	参 数 描 述
WWDG_Prescaler_1	设置 WWDG 预分频值为(PCLK/4096)/1
WWDG_Prescaler_2	设置 WWDG 预分频值为(PCLK/4096)/2
WWDG_Prescaler_4	设置 WWDG 预分频值为(PCLK/4096)/4
WWDG_Prescaler_8	设置 WWDG 预分频值为(PCLK/4096)/8

用户可以通过下面的代码对函数 WWDG_SetPrescaler()的具体使用方法进行了解。该代码的主要功能是设置 WWDG_Prescaler 预分频的值为 8。

```
/**************** 以下代码用于实现 STM32 中的 WatchDog ****************/
/* 设置 WWDG 预分频值为 8 -----------------------------------------*/
WWDG_SetPrescaler(WWDG_Prescaler_8);
/**************************** 代码行结束 **************************/
```

3. 函数 WWDG_SetWindowValue

函数 WWDG_SetWindowValue 的具体使用方法及其参数说明如表 6.40 所示。

表 6.40　WWDG_SetWindowValue

函数名称	WWDG_SetWindowValue
函数原型	void WWDG_SetWindowValue（u8　WindowValue）
功能描述	设置 WWDG 的窗口值
输入参数	WindowValue：指定的窗口值，该数值的取值范围必须在 0x40 与 0x7F 之间
输出参数	无
返回值	无
先决条件	无
被调用函数	无

用户可以通过下面的代码对函数 WWDG_SetWindowValue()的具体使用方法进行了解。该代码的主要功能是设置 WWDG 窗口值为 0x50。

```
/****************  以下代码用于实现 STM32 中的 WatchDog ****************/
/* 设置 WWDG 窗口值为 0x50
WWDG_SetWindowValue(0x50);
/***************************** 代码行结束 *************************/
```

4. 函数 WWDG_EnableIT

函数 WWDG_EnableIT 的具体使用方法及其参数说明如表 6.41 所示。

表 6.41　WWDG_EnableIT

函数名称	WWDG_EnableIT
函数原型	void WWDG_EnableIT（void）
功能描述	使能 WWDG 的早期唤醒中断
输入参数	无
输出参数	无
返回值	无
先决条件	无
被调用函数	无

用户可以通过下面的代码对函数 WWDG_EnableIT()的具体使用方法进行了解。该代码的主要功能是使能 WWDG 的早期唤醒中断。

```
/****************  以下代码用于实现 STM32 中的 WatchDog ****************/
/* 使能 WWDG 早期唤醒中断 -------------------------------------------*/
WWDG_EnableIT();
/***************************** 代码行结束 *************************/
```

5. 函数 WWDG_SetCounter

函数 WWDG_SetCounter 的具体使用方法及其参数说明如表 6.42 所示。

表 6.42 WWDG_SetCounter

函数名称	WWDG_SetCounter
函数原型	void WWDG_SetCounter(u8 Counter)
功能描述	设置 WWDG 计数器的值
输入参数	Counter：指定看门狗计数器的值，取值范围为 0x40 与 0x7F 之间
输出参数	无
返回值	无
先决条件	无
被调用函数	无

用户可以通过下面的代码对函数 WWDG_SetCounter()的具体使用方法进行了解。该代码的主要功能是设置 WWDG 计数器的值为 0x70。

```
/*****************  以下代码用于实现 STM32 中的 WatchDog ****************/
/* 设置 WWDG 计数值为 0x70 -----------------------------------------*/
WWDG_SetCounter(0x70);
/***************************** 代码行结束 ***************************/
```

6. 函数 WWDG_Enable

函数 WWDG_Enable 的具体使用方法及其参数说明如表 6.43 所示。

表 6.43 WWDG_Enable

函数名称	WWDG_Enable
函数原型	void WWDG_Enable（void）
功能描述	使能 WWDG
输入参数	无
输出参数	无
返回值	无
先决条件	无
被调用函数	无

用户可以通过下面的代码对函数 WWDG_Enable()的具体使用方法进行了解。该代码的主要功能是使能 WWDG。需要说明的是，WWDG 一旦被使能，就不能被失能。

```
/*****************  以下代码用于实现 STM32 中的 WatchDog ****************/
/* 使能 WWDG -----------------------------------------------------*/
WWDG_Enable ();
/***************************** 代码行结束 ***************************/
```

7. 函数 WWDG_GetFlagStatus

函数 WWDG_GetFlagStatus 的具体使用方法及其参数说明如表 6.44 所示。

表 6.44　WWDG_GetFlagStatus

函数名称	WWDG_GetFlagStatus
函数原型	FlagStatus　WWDG_GetFlagStatus（void）
功能描述	检查 WWDG 早期唤醒中断标志位的状态
输入参数	无
输出参数	无
返回值	早期唤醒中断标志位的状态（Set 或 Reset）
先决条件	无
被调用函数	无

用户可以通过下面的代码对函数 WWDG_GetFlagStatus()的具体使用方法进行了解。该代码的主要功能是检查 WWDG 的状态标志位。

```
/*****************  以下代码用于实现 STM32 中的 WatchDog ****************/
/* 检测 WWDG 早期唤醒中断标志位的状态 ----------------------------------*/
FlagStatus Status;
Status=WWDG_GetFlagStatus();
/**************************** 代码行结束 **************************/
```

8. 函数 WWDG_ClearFlag

函数 WWDG_ClearFlag 的具体使用方法及其参数说明如表 6.45 所示。

表 6.45　WWDG_ClearFlag

函数名称	WWDG_ClearFlag
函数原型	void WWDG_ClearFlag（void）
功能描述	清除 WWDG 早期唤醒中断标志位的状态
输入参数	无
输出参数	无
返回值	无
先决条件	无
被调用函数	无

用户可以通过下面的代码对函数 WWDG_ClearFlag()的具体使用方法进行了解。该代码的主要功能是清除 WWDG 的状态标志位。

```
/*****************  以下代码用于实现 STM32 中的 WatchDog ****************/
/* 清除 EWI 标志位 ----------------------------------------------------*/
WWDG_ClearFlag ();
/**************************** 代码行结束 **************************/
```

6.2.8　基础实验二：基于秒中断的新能源汽车电池 SOC 值的检测实验

前面已经介绍了有关 RTC 定时器（秒中断）的基本用法。在实际的工程应用中，RTC 秒中断的功能也是经常被用到的，其中在电动汽车上的一个实例就是基于秒中断的新能源汽车电池 SOC 值的检测。

1. SOC 值的检测

SOC 是 State of Charge 的缩写，指电池的荷电状态，即蓄电池使用一段时间或长期搁置不用后的剩余容量与其完全充电状态时的容量的比值，常用百分数表示。SOC=1 则表示为电池充满状态。需要说明的是，用户在控制蓄电池运行时必须考虑其荷电状态。

在近几年来新能源汽车发展的过程中出现了多种 SOC 值的估计方法，有的估算方法已经应用于部分电动汽车，这些常见的方法可以归结为电量累积法、电阻测量法和电压测量法 3 种基本类型。

图 6.11 电池 SOC 的检测模块

1）电量累积法

电量累积法测量 SOC 值是通过积累电池在充电或放电时的电量来估计电池的 SOC 值，并根据电池的温度、放电率等对 SOC 值进行补偿。

电量积累法检测电池的 SOC 值相对比较简单，是已经商品化的新能源汽车上用 SOC 测量装置应用最普遍的方法，如图 6.11 所示。

2）电阻测量法

电阻测量法检测 SOC 值是使用不同频率的交流电激励回路 i，测量电池内部的交流电阻，并通过建立计算模型得到电池的 SOC 值。利用电阻测量方法得到的电池荷电状态反映了电池在某种特定恒流放电条件下的 SOC 值，根据此 SOC 值判断电池能继续输出的电流还需要考虑后接点电池放电率的实际情况。

此外，由于电池 SOC 与电阻参数之间的关系比较复杂，用传统的数学方法难以建模，因此在新能源汽车中也未能得到普及和推广。

3）电压测量法

电压测量法检测 SOC 值是利用电池开路电压与电池放电深度的对应关系，通过测量电池的开路电压来估计 SOC 值。开路电压法测量 SOC 值比较简单，但是不能用于动态的电池 SOC 估计。

一般情况下，能用于动态检测电池 SOC 值的电压测量方法是对电池加载一个脉冲复杂后测量电池的电压响应来分析和估计电池的 SOC 值。但这种测量方法比较复杂，电池模型的建立也比较困难，因此在新能源汽车上还未大面积推广。

2. 实验内容分析

在秒中断新能源汽车电池 SOC 值的检测实验中，默认充满电后的动力电池 SOC 值为 1，即 100%。同时，使用霍尔电流传感器对电池使用过程中的放电电流 I 进行测量，并实时检测放电过程中电池两端的电压 U，并根据式（6.1）计算电池相应的 SOC 值。

$$\mathrm{SOC}=\frac{U_{额定}I_{额定}-\sum U_i I_i}{U_{额定}I_{额定}}\times 100\% \tag{6.1}$$

在本实验中，使用 RTC 实时时钟产生秒中断，由 STM 芯片自带的 12bit ADC 对锂电池的电压和放电电流进行测量，并将上述参数的测量结果带入式（6.1）就可以对电池的 SOC 值就行估算。系统的基本结构如图 6.12 所示。

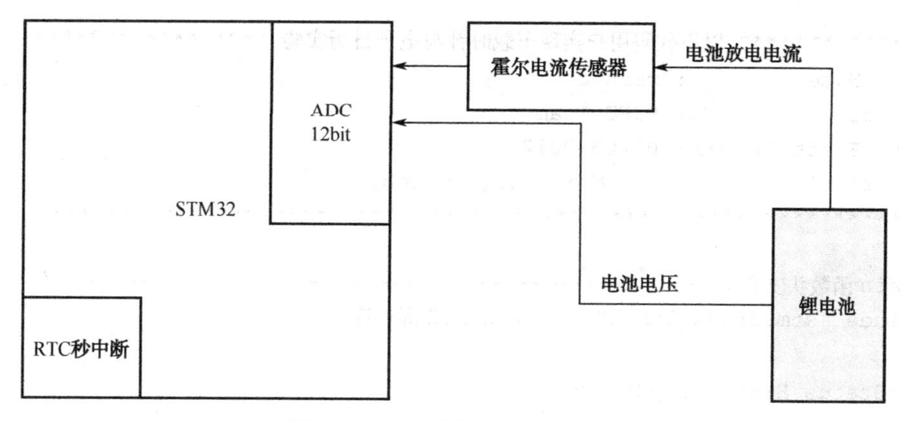

图 6.12 SOC 值检测实验系统图

3. 硬件电路设计

在该实验的电路设计中，所用到的基本元件如表 6.46 所示。

表 6.46 基于秒中断的新能源汽车电池 SOC 值检测系统的硬件清单

序 号	器 材 名 称	数 量	功 能 说 明
1	STM32F103VB	1	主控单元
2	霍尔电流传感器	1	锂电池放电电流的测量
3	电容电阻	若干	NA
4	晶振 32.768kHz	1	RTC 实时时钟晶振

根据各个电路元件的功能进行硬件电路设计，具体电路图如图 6.13 所示。

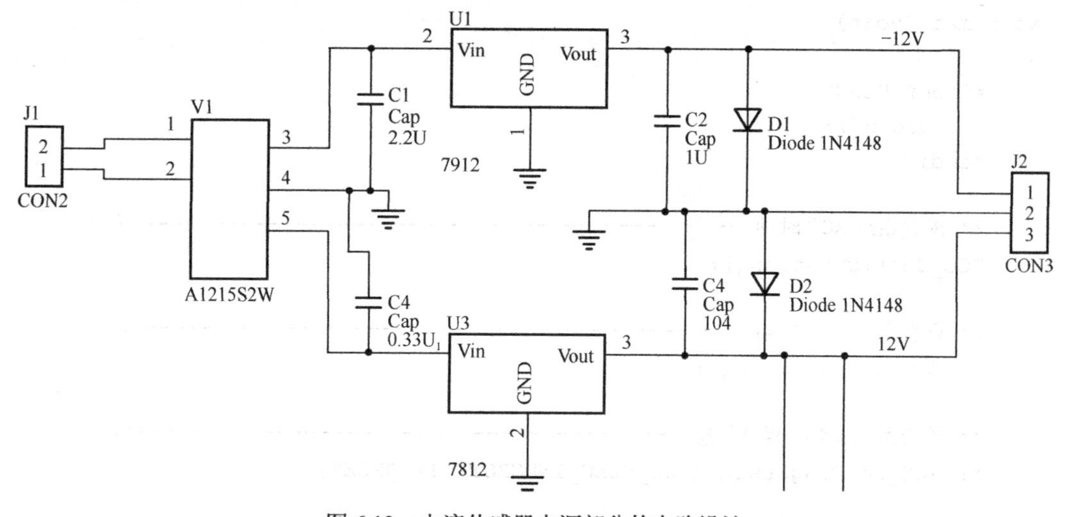

图 6.13 电流传感器电源部分的电路设计

4. 软件代码设计

在基于秒中断的新能源汽车电池 SOC 值的检测实验中，利用 STM32F103VB 系列 ARM 处理器中的 RTC 实时时钟功能，产生系统级秒中断。并同时检测电池电压 U 和放电电流 I。具体的程序代码如下。

```
/*************** 以下代码用户实现车载时钟与电子日历实验 ****************/
* File Name            : main.c
* Author               : NJFU Team
* Date First Issued : 02/05/2012
* Description              : Main program body.
*********************************************************************/

/* main 函数头文件 -----------------------------------------------*/
#include "stm32f10x_lib.h"      //STM32 固件库

ErrorStatus HSEStartUpStatus;

/* 用户自定义子函数 ----------------------------------------------*/
void RCC_Configuration(void);
void NVIC_Configuration(void);
void GPIO_Configuration(void);
void EXTI_Configuration(void);
void SysTick_Configuration(void);

/*********************************************************************
* Function Name  : main
* Description    : Main program.
* Input          : None
* Output         : None
* Return         : None
*********************************************************************/
void main(void)
{
    #ifdef DEBUG
        debug();
    #endif

    /* 配置系统 RCC 时钟 ----------------------------------------*/
    RCC_Configuration();

    /* 配置系统 GPIO 端口  --------------------------------------*/
    GPIO_Configuration();

    /* 检查系统 IWDG 复位状态 -----------------------------------*/
    if(RCC_GetFlagStatus(RCC_FLAG_IWDGRST)  != RESET)
    {
        /* 清除 RCC 标志位状态 ----------------------------------*/
        RCC_ClearFlag();
    }

    /* 配置系统 NVIC -------------------------------------------*/
    NVIC_Configuration();
```

```
/* 设置 IWDG -----------------------------------------------------*/
/* 使能对 IWDG_PR 和 IWDG_RLR 寄存器的写操作 ------------------------*/
IWDG_WriteAccessCmd(IWDG_WriteAccess_Enable);

/* 设置 IWDG 预分频值 32kHz(LSI) / 32 = 1kHz --------------------*/
IWDG_SetPrescaler(IWDG_Prescaler_32);

/* 设置重装载值为 349 --------------------------------------------*/
IWDG_SetReload(349);

/* 重装载 IWDG ---------------------------------------------------*/
IWDG_ReloadCounter();

/* 使能 IWDG -----------------------------------------------------*/
IWDG_Enable();

while(1)
{
   //主循环代码
}
}
/************************** 主程序代码结束 **************************/
```

在上述程序代码中，完成了对独立看门狗基本参数的配置。由于独立看门狗用于检测程序在运行过程中是否发生错误（跑飞）等操作，因此在本实验的结果中通过 LED 闪烁的状态（亮或者灭）来直接显示独立看门狗的运行结果，即每执行一次看门狗操作，LED 灯的状态将变化一次。

用户在完成对独立看门狗参数的配置后，通过使用系统 Tick 中断处理来实现系统的“喂狗”操作，以防止系统在独立看门狗的作用下产生复位，具体的操作如下。

```
/*******************************************************************
* Function Name  : SysTickHandler
* Description       : This function handles SysTick Handler.
* Input          : None
* Output         : None
* Return         : None
*******************************************************************/
void SysTickHandler(void)
{
   /* Reload IWDG counter */
   IWDG_ReloadCounter();

   /* Toggle led connected to PC.07 */
   GPIO_WriteBit(GPIOC, GPIO_Pin_7,
      (BitAction)(1-GPIO_ReadOutputDataBit(GPIOC, GPIO_Pin_7)));
}
/************************** 子程序代码结束 **************************/
```

6.3 USART 串口通信模块

USART 串口通信模块（Universal Synchronous/Asynchronous Receiver/Transmitter）是一个通用的同步/异步串行接收/发送器，即 USART 是一个全双工通用同步/异步串行收发模块，该通信接口是一个高度灵活的串行通信设备。

USART 串口通信模块一般分为三大部分：时钟发生器、数据发送器和接收器。其中，控制寄存器为所有的模块共享。

（1）时钟发生器由同步逻辑电路（在同步从模式下由外部时钟输入驱动）和波特率发生器组成。发送时钟引脚 XCK 仅用于同步发送模式下。

（2）数据发送器由一个单独的写入缓冲器（发送 UDR）、一个串行移位寄存器、校验位发生器和用于处理不同帧结构的控制逻辑电路构成。使用写入缓冲器，实现了连续发送多帧数据无延时的通信。

（3）接收器是 USART 模块最复杂的部分，最主要的是时钟和数据接收单元。数据接收单元用作异步数据的接收。除了接收单元之外，接收器还包括校验位校验器、控制逻辑、移位寄存器和两级接收缓冲器（接收 UDR）。接收器支持与发送器相同的帧结构，同时支持帧错误、数据溢出和校验错误的检测。

图 6.14　带 USART 接口的功能模块

在图 6.14 中，显示了一个带有 USART 接口的功能模块。从通信功能上来说，USART 串口通信模块的主要特点为：

① 支持全双工操作（独立的串行接收和发送寄存器）；

② 支持异步或同步操作；

③ 主机或从机提供时钟的同步操作；

④ 高精度的波特率发生器；

⑤ 支持 5，6，7，8 或 9 个数据位和 1 个或 2 个停止位；

⑥ 硬件支持的奇偶校验操作；

⑦ 数据快速检测；

⑧ 帧错误检测；

⑨ 噪声滤波，包括错误的起始位检测，以及数字低通滤波器；

⑩ 三个独立的中断，即发送结束中断，发送数据寄存器空中断，以及接收结束中断；

⑪ 多处理器通信模式；

⑫ 倍速异步通信模式。

为了进一步让用户对 USART 串口通信模块的功能有直观的印象，在图 6.15 中描述了两个处理器之间通过 USART 串口通信进行数据传递的过程。需要注意的是，在单片机中，实现 USART 通信功能的引脚模块并不是每一个都必须使用的。在极限条件下，用户可以仅用其中的两根信号线就可以实现 USART 串口通信的基本功能，即 RX 接收引脚和 TX 发送引脚。由于两个处理器的收发引脚在连接的过程中是相互交叉的，因此 USART 串口通信线也经常被称为交叉信号线。

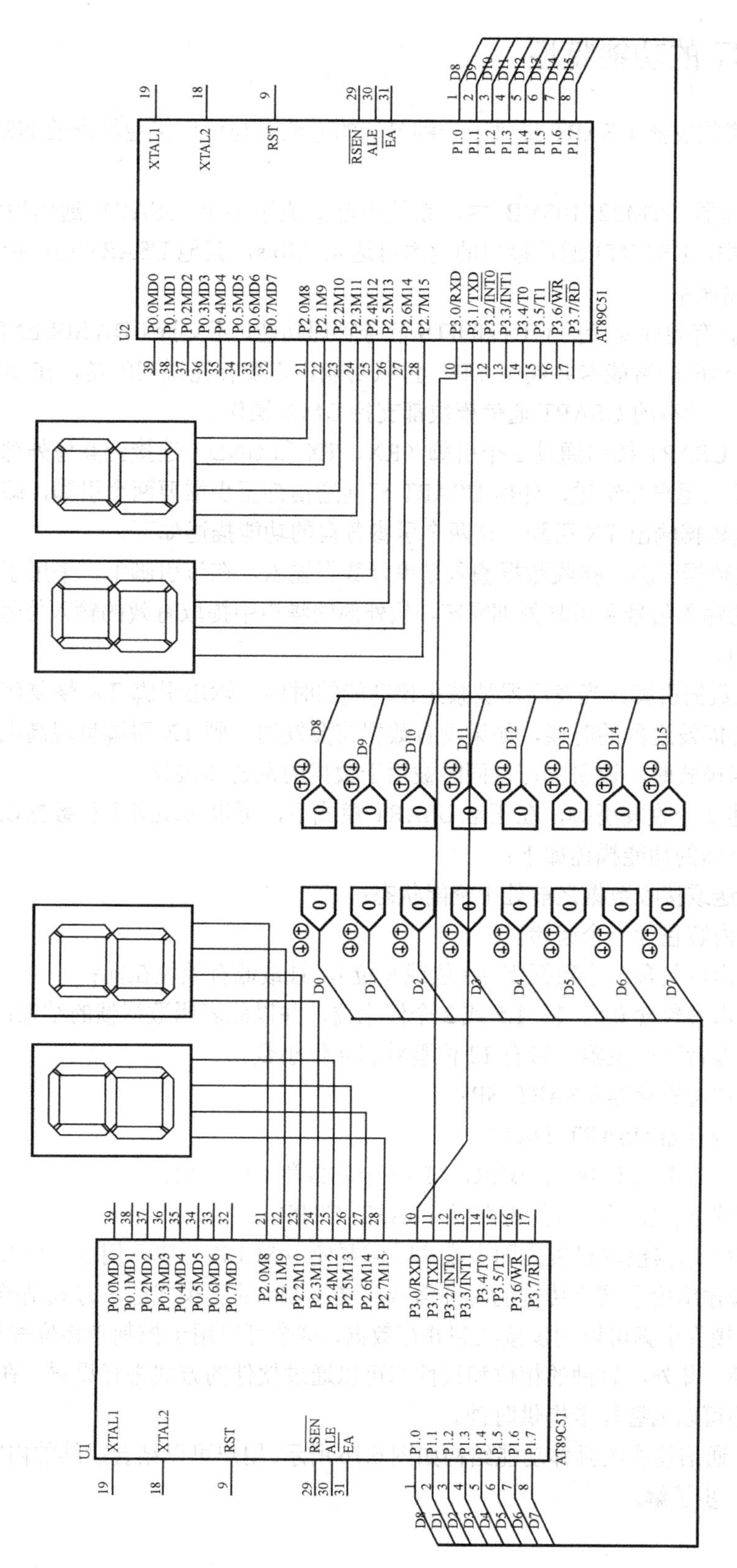

图6.15 USART双机通信

6.3.1 USART 的功能特性

通用同步/异步收发器 USART 提供了一种灵活的方法来与使用工业标准的 NRZ 异步串行数据格式相衬。

在 ARM 处理器 STM32F103VB 中，系统内部集成了多个 USART 通信模块。在各个 USART 通信模块中，USART1 通信接口的速率可达 4.5Mb/s，其他 USART 通信接口则可以达到 2.25Mb/s 的传输速率。

USART 接口具有硬件支持的 CTS 和 RTS 信号管理功能，还支持 IrDA SIR ENDEC 传输编/解码，兼容 ISO7816 的智能卡并提供 LIN 主/从功能。需要补充说明的是，在 ARM 处理器 STM32F103VB 中，所有的 USART 通信模块都支持 DMA 操作。

通常情况下，USART 接口通过 3 个引脚（RX、TX 和 GND）连接到其他外部设备上。在前面的内容中已经向用户介绍过，任何 USART 双向通信都至少需要两个引脚，即接收数据输入 RX 引脚和发送数据输出 TX 引脚。这两个引脚各自的功能描述如下。

（1）RX 接收数据引脚。接收数据输入是串行数据输入。在该引脚中，采用了“过采样”技术来区分有效的输入信号和引脚外部噪声，从外部的噪声中提取有效的输入信号，抑制噪声对接收数据的影响。

（2）TX 发送数据引脚。当发送器被禁止该功能的时候，输出引脚 TX 恢复到 GPIO 端口的配置。当用户使能发送器的时候，如果没有数据需要发送，则 TX 引脚呈现高电平。当处于单线模式和智能卡模式时，该引脚可以同时被用于数据的发送和接收。

用户通过上述 2 个收发引脚，在正常 USART 模式下，可以实现对串行数据以帧的形式进行接收和发送。具体的功能描述如下：

① 总线在发送或接收数据之前处于空闲状态；

② 发送数据内容包含一个起始位；

③ 发送数据内容包含一个数据字（8 位或 9 位），且最低有效位在前；

④ 发送数据内容包含 0.5、1、1.5 或 2 个停止位，并以此表明数据帧的结束；

⑤ 使用分数波特率产生器，带有 12 位整数和 4 位小数；

⑥ 支持一个状态寄存器 USART_SR；

⑦ 支持数据寄存器 USART_DATA；

⑧ 支持波特率寄存器 USART_BRR，带 12 个尾数和 4 位小数；

⑨ 智能卡模式下支持保护时间寄存器 USART_GTPR。

用户将 USART 通信模块设置为同步模式时需要使用 SCLK 引脚，用于实现发送器时钟的输出。SCLK 引脚输出用于同步传输的时钟信号，这与 SPI 的主模式通信方式是类似的。在该模式下，RX 数据接收引脚可以同步接收到并行数据，这个可以用于控制带移位寄存器的外设，如 LCD 驱动器等。此外，时钟的相位和极性都可以通过软件的方式进行设置。在智能卡模式下，SCLK 信号还可以为智能卡提供时钟。

有关 USART 通信模块的具体功能结构如图 6.16 所示。用户可以结合后续的内容对 USART 的功能结构作进一步了解。

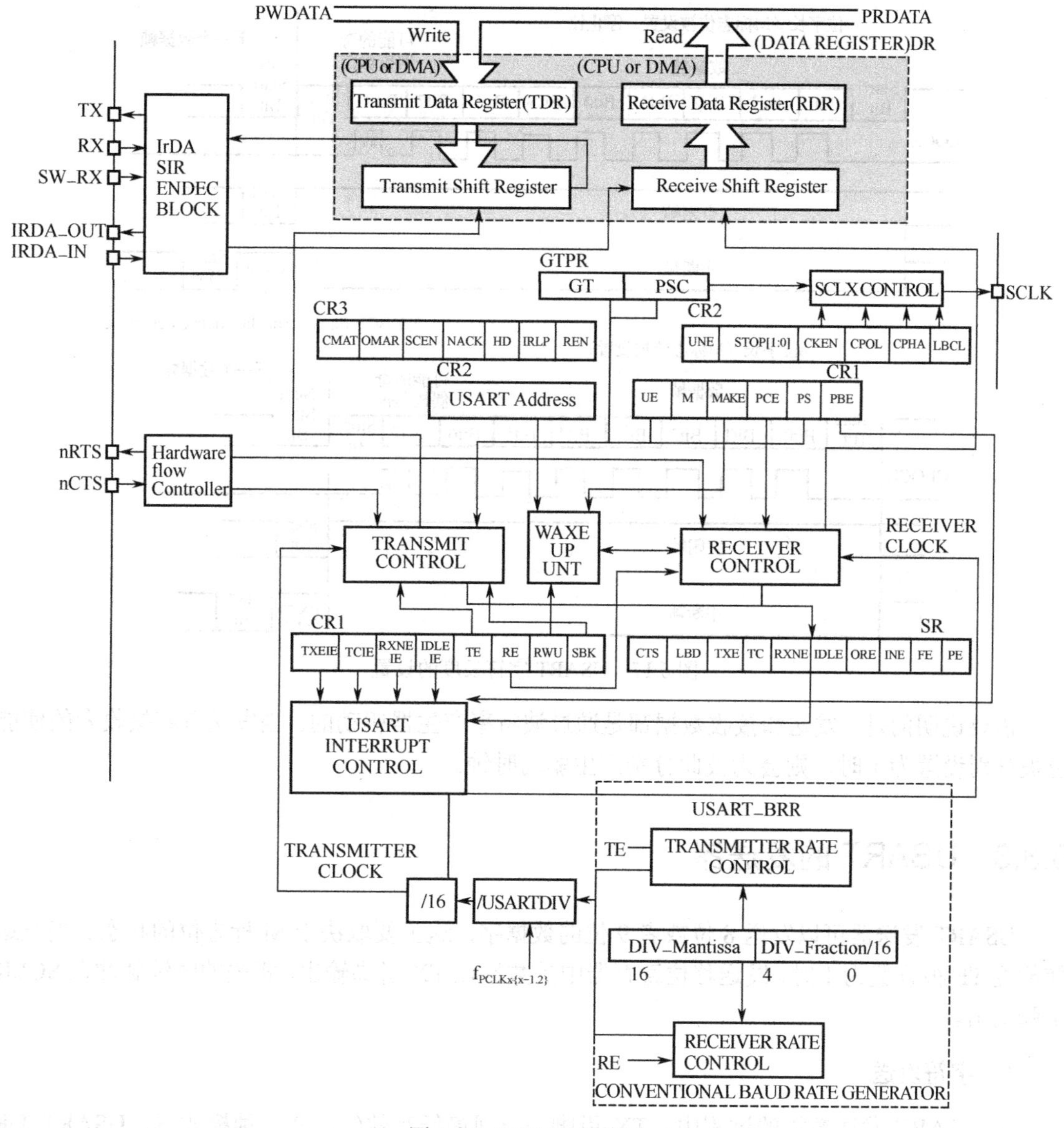

图 6.16　USART 结构图

6.3.2　USART 的字符描述

在 STM32XX 系列 ARM 处理器中，用户可以通过设置 USART_CR1 寄存器中的 M 标志位来选择是 8bit 还是 9bit。图 6.17 显示了 USART 串口通信中字符长度的设置。

在 USART 串口数据通信的过程中，TX 引脚在起始位期间一直保持低电平，而在停止位期间则保持高电平。

在数据帧中，空闲符被认为是一个全“1”的帧，其后紧跟着包含数据的下一个帧的起始位。而间隙符被认为是一个帧周期都接收到“0”。在间隙帧之后，发送器会自动插入 1 个或者两个停止位，即逻辑“1”，用于应答起始位。

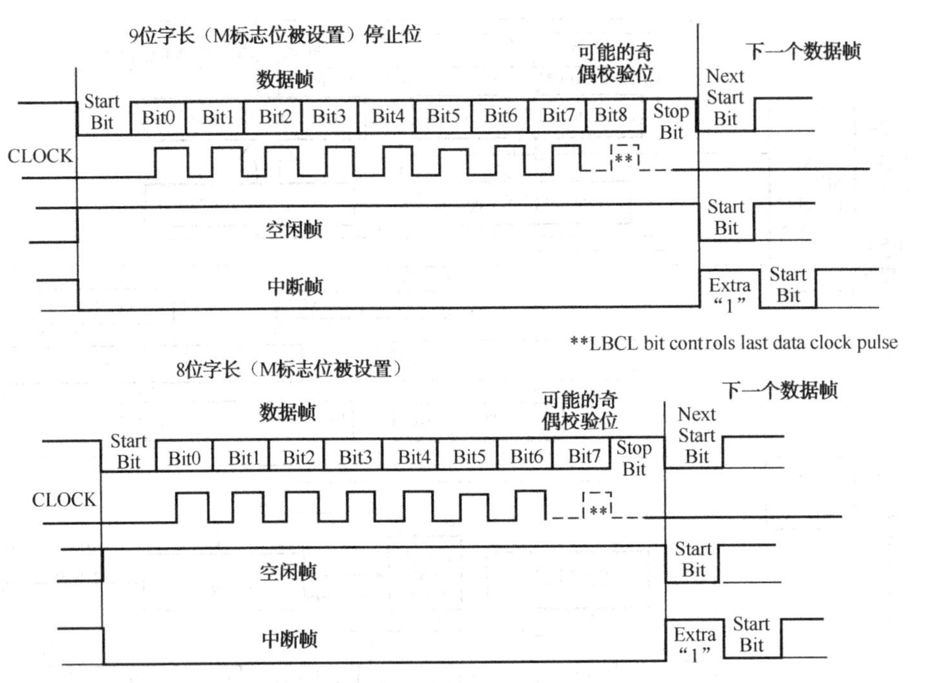

图 6.17　USART 字符长度的设置

需要说明的是，发送和接收数据都是通过波特率产生器驱动的。当发送者和接收者的使能位被分别设置为 1 时，则会为彼此分别产生驱动时钟。

6.3.3　USART 的发送器

USART 发送器可以发送 8 位或者 9 位的数据字，这主要取决于 M 标志位的状态。当发送使能位 TE 被设置为 1 时，发送移位寄存器中的数据在 TX 引脚输出，相关的时钟脉冲在 SCLK 引脚输出。

1．字符发送

在 USART 发送数据的过程中，TX 引脚先出现最低有效位。在这种模式下，USART_DR 寄存器包含了一个内部总线和发送移位寄存器之间的缓冲区，即 TDR。在字符发送过程中，每个字符之前都有一个逻辑低电平的起始位，用来设置字符数目停止位的个数。

在 USART 串口发送字符的过程中，需要注意以下几点：

（1）TE 标志位在数据发送期间不能复位，数据发送期间复位标志 TE 将会破坏 TX 发送引脚上的数据信息。因为波特率计数器将被冻结，当前发送的数据将丢失；

（2）在 TE 标志位使能之后，USART 串口将发送一个空闲帧。

2．可配置的停止位

在 USART 串口通信的过程中，每个字符所带的停止位的数据可以通过控制寄存器 2 中的第 12 位和第 13 位进行配置，如图 6.18 所示。具体配置的内容如下：

（1）1 个停止位：系统默认停止位数目为 1 个停止位。

（2）2 个停止位：通常情况下，USART 在单线和调制解调器模式下支持 2 个停止位。

（3）0.5 个停止位：当 USART 处于智能卡模式下接收数据的时候支持 0.5 个停止位。

（4）1.5 个停止位：当 USART 处于智能卡模式下发送数据的时候支持 1.5 个停止位。

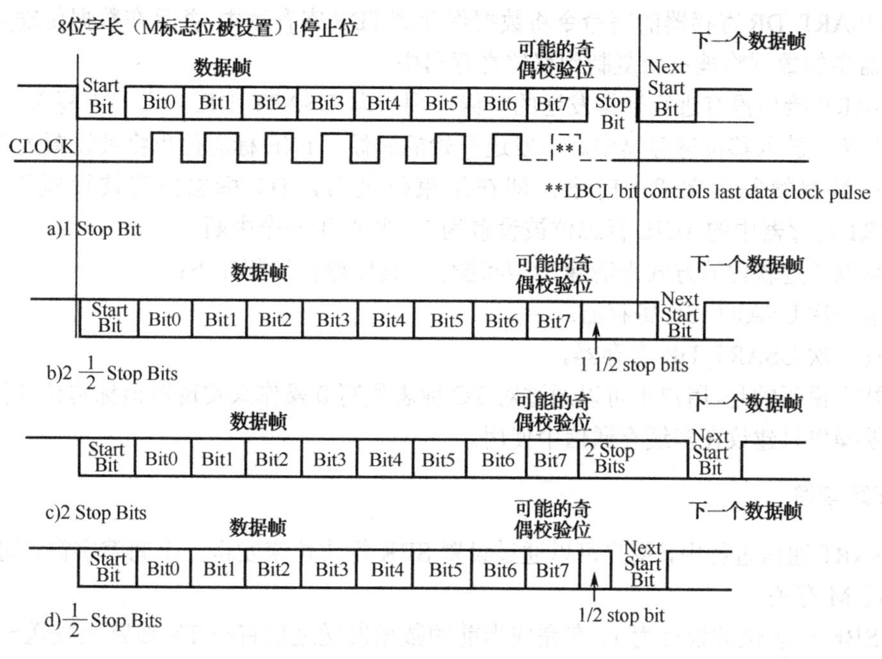

图 6.18 USART 通信中的停止位

需要补充说明的是，USART 通信过程中空闲帧的发送已经包含了停止位。间隙帧可以是 10 个低位（标志位 M=0）之后加上 1 个对应配置的停止位，也可以是 11 个低位（标志位 M=1）之后加上 1 个配置的停止位。但是，不能发送长度大于 10 或 11 个低位的长间隙。

用户可以通过以下步骤来实现对 USART 通信的停止位进行设置，具体如下。

（1）通过将 USART_CR1 寄存器中的 UE 标志位设置为 1 来使能 USART 串口通信功能。

（2）通过配置 USART_CR1 寄存器中的 M 标志位来定义字长。

① 当标志位 M=0 时，字长为 10。

② 当标志位 M=1 时，字长为 11。

（3）通过配置 USART_CR2 寄存器中停止位的数目。

（4）如果用户采用多缓冲通信，则需要选择 USART_CR3 寄存器中的 DMA 使能位，即 DMAT 标志位。用户可以按照多缓冲通信的方式去配置 DMA 寄存器。

（5）设置 USART_CR1 寄存器中的 TE 标志位进行发送一个空闲帧作为第一次数据发送。

（6）通过 USART_BRR 寄存器选择数据通信的波特率。

（7）向 USART_DR 寄存器中写入需要发送的数据，这个操作将清除 TXE 标志位。如果是单个缓冲，则需要对发送的每一个数据往 USART_DR 寄存器中进行写入操作。

3．单字节通信

在 USART 通信过程中，清除 TXE 标志位一般都是通过向数据寄存器中写入数据来完成的。通常情况下，TXE 标志位是由系统硬件所设置的，且该标志位用来表明以下内容。

（1）数据已经从 TDR 中转移到移位寄存器，数据发送已经开始。

（2）TDR 寄存器是空的。

（3）下一个数据可以写入 USART_DR 寄存器，而且不会覆盖前面的数据内容。

如果 TXEIE 标志位为 1，则该标志位将产生一个中断。在 USART 数据发送的过程中，用户可以对 USART_DR 寄存器的写命令将数据保存到 TDR 寄存器中，并且在数据传输完成之后，TDR 寄存器中的数据将被重新复制到移位寄存器中。

当 USART 接口没有进行数据发送的时候，用户向 USART_DR 寄存器中写入一个数据，该数据将直接被放入移位寄存器中。在发送开始的时候，TXE 标志位也将被设置为 1。

当一个数据帧发送完成的时候，即在结束位之后，TC 标志位将被设置为 1，如果 USART_CR1 寄存器中的 TCIE 标志位被设置为 1，将产生一个中断。

用户可以通过软件的方式来清除 TC 标志位，具体操作步骤如下：

（1）读一次 USART_SR 寄存器；

（2）写一次 USART_DR 寄存器。

需要补充说明的是，用户也可以通过对 TC 标志位写 0 操作来实现对该标志位的清零操作，但这个清零操作只建议在多缓存通信中使用。

4．间隔字符

在 USART 通信过程中，用户可以通过设置 SBK 标志位来发送一个间隙字符。间隙帧的长度与标志位 M 有关。

如果 SBK 标志位被设置为 1，在完成当前的数据发送之后将在 TX 线路上发送一个间隙字符。这一位在间隙字符发送完成的时候由硬件进行复位。USART 在最后一个间隙帧的末端插入一个逻辑 1，从而保证了下一个帧的起始位能够被识别。

需要说明的是，如果软件在间隙符发送之前复位 SBK 标志位，则间隙符不会被发送。对两个连续的间隙符，SBK 标志位应该在前一个间隙符的停止位之后设置。

6.3.4 USART 的接收器

USART 通信接口中的接收器可以接收 8 位或者 9 位的数据字。同样，数据字的长度取决于 USART_CR1 寄存器中的 M 标志位。

1．字符接收

在 USART 数据通信接收期间，RX 引脚最先接收到最低有效位。在这种模式下，USART_DR 寄存器由一个内部总线和接收位移寄存器之间的缓冲区 RDR 构成。

有关 USART 字符接收的具体流程如下。

（1）通过将_CR1 寄存器中的 UE 标志位设置为 1 来使能 USART。

（2）配置 USART_CR1 寄存器中的 M 标志位来定义字长。

（3）配置 USART_CR2 寄存器中的停止位数目。

（4）如果发生多缓冲通信，则选择 USART_CR3 寄存器中的 DMA 使能位，即 DMAT 标志位。按照多缓冲通信中的配置方法来设置 DMA 寄存器。

（5）通过波特率寄存器 USART_BRR 来选择合适的波特率。

（6）将 USART_CR1 寄存器中的 RE 标志位设置为 1，即能使接收器开始寻找起始位。

在 USART 通信接口中接收到一个字符的时候，系统将执行如下操作。

（1）RXNE 标志位被设置为 1，表明移位寄存器中的内容被转移到 RDR，即数据已经接收到并且可供读取。

（2）如果 RXNEIE 标志位被设置为 1，系统将产生一个中断。

（3）在数据接收期间如果发现帧错误、噪声或者溢出错误，则错误标志将会被设置为 1。

（4）在多缓冲接收过程中，RXNE 在每接收到一个字节之后都会被设置为 1，并通过 DMA 读取数据寄存器来消除该标志位。

（5）在单缓冲模式下，对 RXNE 标志位的清除是由软件读取 USART_DR 寄存器来完成的。RXNE 标志位也可以通过直接对其写 0 进行清除。但需要注意的是，RXNE 标志位必须在下一个字符接收完成前被清除，否则将产生溢出错误。

需要注意的是，RE 标志位不能在接收数据的时候被复位。如果在接收数据期间 RE 标志位被强行关闭，则正在接收的数据字节也将被取消。

2. 溢出错误

当 USART 通信接口接收到一个字符，而 RXNE 标志位还没有被复位时，在这种情况下系统将出现溢出错误。换句话而言，在 RXNE 标志位被清除之前数据不能从移位寄存器转移到 RDR 寄存器。

在每次收到一个字节的数据后，RXNE 标志位都会被设置为 1。如果在下一个字节已经被接收或者前一次 DMA 请求尚未得到服务响应的时候，RXNE 置位，则同样会产生一个溢出错误。在发生溢出的状态下会发生以下情况。

（1）ORE 标志位被设置为 1。

（2）RDR 中的内容不会丢失，用户在读取 USART_DR 寄存器的时候，前一个数据仍然保持有效。

（3）移位寄存器将被覆盖，在此之后所有溢出期间接收到的数据都将丢失。

（4）如果 RXNEIE 标志位被设置为 1 或者 EIE 的 DMAR 标志位被设置为 1，则系统将产生一个中断。

（5）用户可以通过对 USART_SR 寄存器进行读数据操作后再继续读 USART_DR 寄存器，实现对 ORE 标志位的复位操作。

需要注意的是，在 ORE 标志位被设置为 1 的时候表明至少有一个数据已经丢失。发生这种情况有以下两种可能。

（1）如果 RXNE 标志位为 1，上一个有效数据存放在接收寄存器 RDR 中，并且可读。

（2）如果 RXNE 标志位为 0，则表示上一个有效数据已经被读出，因此 RDR 中已经没有数据可读。在上一个有效数据被读取到 RDR 的同时恰好又接收到新的数据（新数据丢失）时可能发生这种情况。在读数据的操作过程中，即在读取 USART_SR 寄存器和 USART_DR 寄存器之间，如果接收到新的数据时也可能发生这种情况。

3. 噪声错误

在 ARM 处理器中，可以通过“过采样”技术有效输入数据和噪声，从而实现数据恢复（不可以在同步模式下使用），如图 6.19 所示。

有关过采样数据的噪声检测结果如表 6.47 所示。

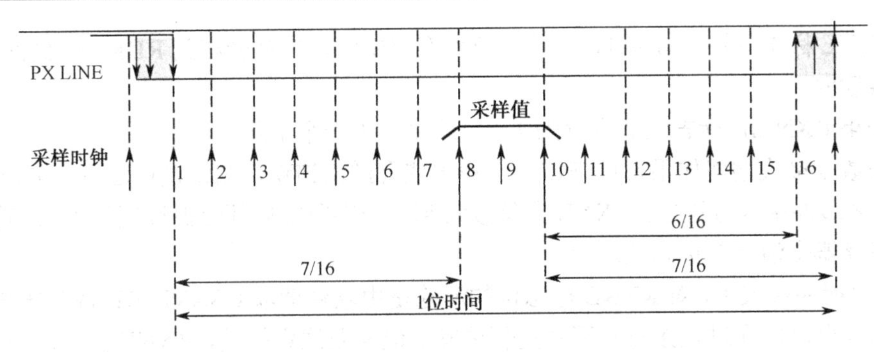

图 6.19　带噪声检测的数据采样

表 6.47　对采样数据的噪声检测

采样到的数值	NE 标志位状态	接收到的位值	数据的有效性
000	0	0	有效
001	1	0	无效
010	1	0	无效
011	1	1	无效
100	1	0	无效
101	1	1	无效
110	1	1	无效
111	0	1	有效

当在 USART 数据帧中检测到噪声时，将产生以下动作状态，具体如下：

（1）NE 标志位在 RXNE 位的上升沿被设置为 1。

（2）无效的数据从移位寄存器转移到 USART_DR 寄存器。

（3）如果是单字节通信，将不会产生中断，但该标志位将和自身产生中断的 RXNE 标志位一起上升。

（4）在多缓冲通信中，如果 USART_CR3 寄存器中的 EIE 标志位被设置为 1，将导致一个系统中断。

此外，用户可以通过依次读取_SR 寄存器和 USART_DR 寄存器的方式对 NE 标志位进行复位。

4．数据帧错误

在 USART 串口通信过程中，由于没有同步成功或者外部环境存在大量噪声干扰等原因，停止位没有在预期的时间段内被接收和识别出来，则意味着发生了数据帧错误。

当 USART 串口通信过程中出现了数据帧错误的时候，会出现以下标志。

（1）FE 标志位被硬件设置为 1。

（2）无效的数据从移位寄存器中转移到 USART_DR 寄存器。

（3）如果是单字节通信，将不会产生中断。但这一个位数据和自身产生中断的 RXNE 标志位一起上升。

（4）在多缓冲通信中，如果 USART_CR3 寄存器中的 EIE 标志位被设置为 1，将导致系统产生一个中断。

此外，用户可以通过依次读取_SR 寄存器和 USART_DR 寄存器的方式对 NE 标志位进行复位。

5．接收期间配置停止位

用户可以通过控制寄存器 2 中的控制位对数据接收过程中的停止位数目进行配置。在普通模式下停止位的数目可以是 1 位或者 2 位。智能卡模式下可以是 0.5 位或者 1.5 位。

（1）0.5 个停止位（智能卡模式下接收数据）。对 0.5 个停止位不进行采样，这将导致的结果是选择 0.5 停止位的时候不能发现数据帧错误和中断帧。

（2）1 个停止位。在第 8，9，10 个采样点对 1 个停止位进行采样。

（3）1.5 个停止位（智能卡模式下发送数据）。当在智能卡模式下发送数据的时候，设备必须检查数据是否正确发送。因此接收器模块必须被使能，即 USART_CR1 寄存器中的 RE 标志位被设置为 1，停止位也将被检查从而测试智能卡是否发生了奇偶校验错误。如果发生了奇偶校验错误，智能卡在采样 NACK 信号期间强制数据信号为低，这个操作将标志为帧错误。然后 FE 标志位在 1.5 个停止位的末端被设置为 RXNE 的值。在第 16，17，18 个采样点对 1.5 个停止位进行采样。1.5 个停止位可以被分为两个部分，即 0.5 波特时钟周期内不做任何操作。在接下来的 1 个正常停止位周期的中断则进行全程采样。

（4）2 个停止位。第一个停止位之后第 8，9，10 个采样点对第 2 个停止位分别进行采样。如果在第一个停止位期间检测到帧错误，则帧错误标志位将被设置为 1。由于已经发生了帧错误，所以不用检测第二个停止位。RXNE 标志位将在第一个停止位结束的时候被设置为 1。

6.3.5 USART 的中断请求

在 USART 数据通信过程中，对于不同的操作会产生不同的中断请求。用户可以根据表 6.48 中有关 USART 中断请求的描述来查看具体的中断类型，并采取不同的中断响应操作。

表 6.48 USART 的中断请求

中 断 事 件	NE 标志位状态	接收到的位值
发送数据寄存器为空	TXE	TEXIE
CTS 标志位	CTS	CTSIE
数据发送完成	TC	TCIE
接收到的数据可读	TXNE	RXNEIE
检测到溢出错误	ORE	N/A
检测到空闲线路	IDLE	IELEIE
奇偶校验错误	PE	PEIE
间隙标志	LBD	LBDIE
多缓冲通信下的噪声标志、溢出标志和数据帧错误	NE、OR 或者 FE	EIE

在 USART 通信过程中，如果发生上述中断，USART 中断事件将被连接到对应的中断向量中。有关 USART 中断映射的逻辑连接如图 6.20 所示。

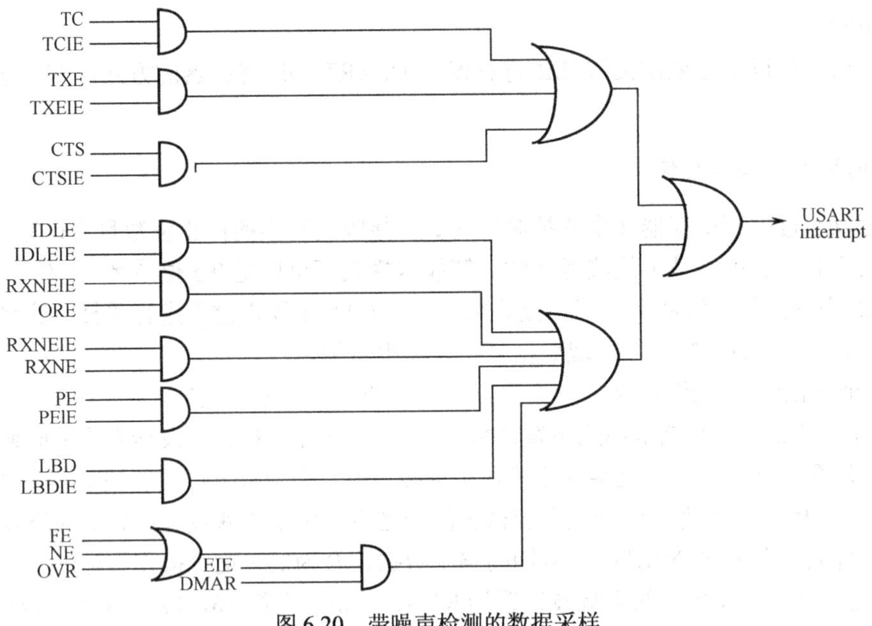

图 6.20　带噪声检测的数据采样

（1）发送数据期间产生中断。等待数据发送完成，清除数据发送中断，或者发送数据寄存器中的数据内容为空。

（2）接收数据期间产生中断。可能发生的中断类型为噪声标志（多缓冲通信模式）和帧错误（多缓冲通信模式）。

6.3.6　USART 的寄存器

通用同步/异步收发器 USART 提供了一种灵活的方法来与工业标准 NRZ 异步串行数据格式以外的外部设备进行全双工数据交换。USART 利用分数波特率发生器提供较宽范围的波特率参数选择。它也同时支持同步单向通信和半双工单线通信，支持 LIN（局域互联网）、智能卡协议和 IrDA（红外数据组织）SIR ENDEC 规范，以及调制解调器 CTS/RTS 操作。它还允许多处理器之间进行数据通信，通过使用多缓存配置的 DMA 方式，实现高速数据通信。

下面首先向用户介绍 USART 寄存器在固件函数库中所用到的数据结构。与前面所介绍的功能模块类似，USART 寄存器的结构也是通过结构体的方式来描述的，具体如下。

```
/****************  以下代码用于实现 STM32 中的 WatchDog  ****************/
Typedef struct
{
    vu16 SR;
    u16       RESERVRD1;
    vu16 DR;
    u16       RESERVRD2;
    vu16 BRR;
    u16       RESERVRD3;
    vu16 CR1;
    u16       RESERVRD4;
```

```
    vu16 CR2;
    u16      RESERVRD5;
    vu16 CR3;
    u16      RESERVRD6;
    vu16 GTPR;
    u16      RESERVRD7;
}USART_TypeDef
/***************************** 代码行结束 **************************/
```

在USART结构体的定义中，包含了部分USART模块的寄存器，具体名称和功能如表6.49所示。

表6.49 USART窗口寄存器

寄存器名称	寄存器描述
SR	USART状态寄存器
DR	USART数据寄存器
BRR	USART波特率寄存器
CR1	USART控制寄存器1
CR2	USART控制寄存器2
CR3	USART控制寄存器3
GTPR	USART保护时间和预分频寄存器

6.3.7 USART的库函数

表6.50中列出了固件函数库中有关USART寄存器操作的所有库函数。下面将对上述函数库中部分常用的函数进行简单介绍，使用户对这些函数的具体使用方法有一定了解。

表6.50 USART串口通信库函数

函 数 名 称	功 能 描 述
USART_DeInit	将外设USARTx寄存器重设为默认值
USART_Init	根据USART_InitStruct中指定的参数初始化外设USARTx寄存器
USART_StructInit	将USART_InitStruct中的每一个参数都按默认值填入
USART_Cmd	使能或者失能USART外设
USART_ITConfig	使能或者失能指定的USART中断
USART_DMACmd	使能或者失能指定USART的DMA请求
USART_SetAddress	设置USART节点的地址
USART_WakeUpConfig	选择USART的唤醒方式
USART_ReceiverWakeUpCmd	检查USART是否处于静默模式
USART_LINBreakDetectLengthConfig	设置USART LIN中断检测长度
USART_LINCmd	使能或者失能USARTx的LIN模式

续表

函 数 名 称	功 能 描 述
USART_SendData	通过外设 USARTx 发送单个数据
USART_ReceiveData	返回 USARTx 最近接收到的数据
USART_SendBreak	发送中断字
USART_SetGuardTime	设置指定的 USART 保护时间
USART_SetPrescaler	设置 USART 时钟预分频
USART_SmartCardCmd	使能或者失能指定 USART 的智能卡模式
USART_SmartCardNackCmd	使能或者失能 NACK 传输
USART_HalfDuplexCmd	使能或者失能 USART 半双工模式
USART_IrDAConfig	设置 USART IrDA 模式
USART_IrDACmd	使能或者失能 USART IrDA 模式
USART_GetFlagStatus	检查指定 USART 的标志位是否设置
USART_ClearFlag	清楚 USARTx 的待处理标志位
USART_GetITStatus	检查指定 USART 的中断是否发生
USART_ClearITPendingBit	清除 USARTx 的中断待处理器

1. 函数 USART_DeInit

函数 USART_DeInit 的具体使用方法及其参数说明如表 6.51 所示。

表 6.51 USART_DeInit

函 数 名 称	USART_DeInit
函 数 原 型	void USART_DeInit（USART_TpyeDef* USARTx）
功 能 描 述	将外设 USARTx 寄存器重设为默认值
输 入 参 数	USARTx：其中 x 为 1，2 或者 3，用于选择 USART 外设
输 出 参 数	无
返 回 值	无
先 决 条 件	无
被调用函数	RCC_APB1PeriphResetCmd( ) RCC_APB2PeriphResetCmd( )

用户可以通过下面的代码对函数 USART_DeInit()的具体使用方法进行了解。该代码的主要功能是复位 USART1。

```
/******************  以下代码用于实现 STM32 中的 USART1  ****************/
/* 复位重置 USART1 寄存器 ----------------------------------------*/
USART_DeInit(USART1);
/**************************** 代码行结束 ***************************/
```

2. 函数 USART_Init

函数 USART_Init 的具体使用方法及其参数说明如表 6.52 所示。

表 6.52 USART_Init

函数名称	USART_Init
函数原型	void USART_Init（USART_TpyeDef* USARTx，USART_InitTypeDef* USART_InitStruct）
功能描述	根据 USART_InitStruct 中指定的参数初始化外设 USART 寄存器
输入参数 1	USARTx：其中 x 为 1，2 或者 3，用于选择 USART 外设
输入参数 2	USART_InitStruct：指向结构 USART_InitTypeDef 的指针，包含了外设 USART 的配置信息
输出参数	无
返回值	无
先决条件	无
被调用函数	RCC_APB1PeriphResetCmd( ) RCC_APB2PeriphResetCmd( )

其中，有关 USART_InitTypeDef 结构体的定义如下：

```
/****************** 以下代码用于实现 STM32 中的 USART1 ****************/
Typedef struct
{
    u32     USART_BaudRate;
    u32     USART_WordLength;
    u32     USART_StopBit;
    u32     USART_Parity;
    u32     USART_HardwareFlowControl;
    u32     USART_Mode;
    u32     USART_Clock;
    u32     USART_CPOL;
    u32     USART_CPHA;
    u32     USART_LastBit;
}USART_InitTypeDef
/**************************** 代码行结束 ***************************/
```

在 USART_InitTypeDef 结构体中，涉及 10 个 32 位的变量参数。有关各参数的含义及其功能如下。

1）USART_BaudRate（USART 传输的波特率）

该结构体成员参数设置了 USART 传输的波特率。有关通信波特率的计算可以通过下面的表达式进行计算：

IntegerDivider=(APBClock)/(16*(USART_InitStruct → USART_BaudRate))

FractionalDivider=(IntegerDivider – ((u32)IntegerDivider)*16)+0.5

2）USART_WordLength（USART 传输字的数据长度）

结构体成员参数 USART_WordLength 用于定义 USART 传输字的数据长度。具体的可选参数如表 6.53 所示。

表 6.53　USART_WordLength 定义

USART_WordLength	参 数 描 述
USART_WordLength_8b	8 位数据
USART_WordLength_9b	9 位数据

3）USART_StopBits（USART 停止位数目）

结构体成员参数 USART_StopBits 用于定义 USART 传输过程中停止位的数目。具体的可选参数如表 6.54 所示。

表 6.54　USART_StopBits 的定义

USART_StopBits	参 数 描 述
USART_StopBits_1	在数据帧结尾传输 1 个停止位
USART_StopBits_0.5	在数据帧结尾传输 0.5 个停止位
USART_StopBits_2	在数据帧结尾传输 2 个停止位
USART_StopBits_1.5	在数据帧结尾传输 1.5 个停止位

4）USART_Parity（USART 奇偶校验模式）

结构体成员参数 USART_Parity 用于定义 USART 传输过程中奇偶校验的模式。具体的可选参数如表 6.55 所示。

表 6.55　USART_Parity 的定义

USART_Parity	参 数 描 述
USART_Parity_No	无奇偶校验
USART_Parity_Even	偶校验
USART_Parity_Odd	奇校验

需要补充说明是的，一旦奇偶校验被使能，用户在发送数据的 MSB 位时会插入经过计算的奇偶位（字长为 9 位时在第 9 位，字长为 8 位时在第 8 位）。

5）USART_HardwareFlowControl（USART 硬件流控制模式）

结构体成员参数 USART_HardwareFlowControl 用于定义 USART 传输过程中硬件流控制模式。具体的可选参数如表 6.56 所示。

表 6.56　USART_HardwareFlowControl 的定义

USART_HardwareFlowControl	参 数 描 述
USART_HardwareFlowControl_None	无硬件流控制
USART_HardwareFlowControl_RTS	发送请求 RTS 使能
USART_HardwareFlowControl_CTS	清除发送 CTS 使能
USART_HardwareFlowControl_RTS_CTS	RTS 和 CTS 使能

6）USART_Mode（USART 工作模式（发送或接收））

结构体成员参数 USART_Mode 用于定义 USART 的工作模式，即发送数据或接收数据。

具体的可选参数如表 6.57 所示。

表 6.57 USART_Mode 的定义

USART_Mode	参 数 描 述
USART_Mode_TX	USART 工作在发送模式
USART_Mode_RX	USART 工作在接收模式

7）USART_CLOCK（USART 时钟模式）

结构体成员参数 USART_CLOCK 用于定义 USART 的时钟工作模式，即发送数据或接收数据。具体的可选参数如表 6.58 所示。

表 6.58 USART_CLOCK 的定义

USART_CLOCK	参 数 描 述
USART_CLOCK_Enable	USART 时钟高电平时活动
USART_CLOCK_Disable	USART 时钟低电平时活动

8）USART_CPOL（USART 时钟极性）

结构体成员参数 USART_CPOL 用于定义 USART 中 SCLK 时钟引脚上输出信号的极性。具体的可选参数如表 6.59 所示。

表 6.59 USART_CPOL 定义

USART_CPOL	参 数 描 述
USART_CPOL_High	USART 时钟高电平
USART_CPOL_Low	USART 时钟低电平

9）USART_CPHA（USART 时钟相位）

结构体成员参数 USART_CPHA 用于定义 USART 时钟的输出相位，与 CPOL 一起配合来产生用户设置的时钟/数据采样关系。具体的可选参数如表 6.60 所示。

表 6.60 USART_CPHA 的定义

USART_CPHA	参 数 描 述
USART_CPHA_1Edge	USART 时钟第一个边沿进行数据捕获
USART_CPHA_2Edge	USART 时钟第二个边沿进行数据捕获

10）USART_LastBit（USART 输出最后发送的数据字所对应的时钟脉冲）

结构体成员参数 USART_LastBit 用于控制 USART 是否工作在同步模式下在 SCLK 引脚上输出的最后发送的那个数据字 MSB 所对应的时钟脉冲。具体的可选参数如表 6.61 所示。

表 6.61 USART_LastBit 的定义

USART_LastBit	参 数 描 述
USART_LastBit_Enable	USART 的最后一位数据时钟脉冲从 SCLK 输出
USART_LastBit_Disable	USART 的最后一位数据时钟脉冲不从 SCLK 输出

用户可以通过下面的代码对函数 USART_Init()的具体使用方法进行了解。该代码的主要功能是初始化 USART1。

```
/*****************  以下代码用于实现 STM32 中的 USART1 ****************/
/* 配置 USART1 参数 ---------------------------------------------------*/
USART_InitTypeDef USART_InitStructure;
USART_InitStructure.USART_BaudRate=9600;
USART_InitStructure.USART_WordLength=USART_WordLength_8b;
USART_InitStructure.USART_StopBits=USART_StopBits_1;
USART_InitStructure.USART_Parity=USART_Parity_Odd;
USART_InitStructure.USART_HardwareFlowControl=
USART_HardwareFlowControl_RTS_CTS;
USART_InitStructure.USART_Mode=USART_Mode_TX|USART_Mode_RX;
USART_InitStructure.USART_Clcok=USART_Clock_Disable;
USART_InitStructure.USART_CPOL=USART_CPOL_High;
USART_InitStructure.USART_CPHA=USART_CPHA_1Edge;
USART_InitStructure.USART_LastBit=USART_LastBit_Enable;
USART_Init(USART1, &USART_InitStrcture);
/************************** 代码行结束 **************************/
```

3．函数 USART_StructInit

函数 USART_StructInit 的具体使用方法及其参数说明如表 6.62 所示。

表 6.62　USART_StructInit

函数名称	USART_StructInit
函数原型	void USART_StructInit（USART_InitTpyeDef*　USART_InitStruct)）
功能描述	将 USART_InitStruct 中的每一个参数都按照默认值填入
输入参数	USART_InitStruct：指向结构体 USART_InitTypeDef 的指针
输出参数	无
返回值	无
先决条件	无
被调用函数	无

在 USART_StructInit( )函数中，涉及了一个结构体 USART_InitTypeDef 的指针。该指针中的默认值如表 6.63 所示。

表 6.63　结构体 USART_InitStruct 的默认值

结构体成员	默认值
USART_BaudRate	9600
USART_WordLength	USART_WordLenght_8b
USART_StopBits	USART_StopBits_1
USART_Parity	USART_Parity_No
USART_HardwareFlowControl	USART_HardwareFlowControl_None

续表

结构体成员	默 认 值
USART_Mode	USART_Mode_RX|USART_Mode_TX
USART_Clock	USART_Clock_Disable
USART_CPOL	USART_CPOL_Low
USART_CPHA	USART_CPHA_1Edge
USART_LastBit	USART_LastBit_Disable

用户可以通过下面的代码对函数 USART_StructInit()的具体使用方法进行了解。该代码的主要功能是使用默认值初始化 USART。

```
/******************  以下代码用于实现 STM32 中的 USART1 ****************/
/* 初始化 USART -----------------------------------------------------*/
USART_InitTypeDef USART_InitStrcture;
USART_StrctureInit(&USART_InitStrcture);
/***************************** 代码行结束 *************************/
```

4．函数 USART_Cmd

函数 USART_Cmd 的具体使用方法及其参数说明如表 6.64 所示。

表 6.64　USART_Cmd

函 数 名 称	USART_Cmd
函 数 原 型	void USART_Cmd（USART_InitTpyeDef*　USARTx, FunctionalState NewState）)
功 能 描 述	将 USART_InitStruct 中的每一个参数都按照默认值填入
输入参数 1	USART_InitStruct：指向结构体 USART_InitTypeDef 的指针
输入参数 2	NewState：USARTx 中断的新状态，即 ENABLE 或 DISABLE
输 出 参 数	无
返 回 值	无
先 决 条 件	无
被调用函数	无

用户可以通过下面的代码对函数 USART_Cmd()的具体使用方法进行了解。该代码的主要功能是使能 USART1。

```
/******************  以下代码用于实现 STM32 中的 USART1 ****************/
/* 使能 USART1 -----------------------------------------------------*/
USART_Cmd(USART1, ENABLE);
/***************************** 代码行结束 *************************/
```

5．函数 USART_ITConfig

函数 USART_ITConfig 的具体使用方法及其参数说明如表 6.65 所示。

表 6.65　USART_ITConfig

函 数 名 称	USART_ITConfig
函 数 原 型	void USART_ITConfig（USART_InitTpyeDef*　USARTx, u16 USART_IT, FunctionalState NewState)）
功 能 描 述	使能或者失能指定 USART 的中断
输入参数 1	USARTx：x 为 1，2 或 3，用来选择 USART 的外设
输入参数 2	USART_IT：需要使能或失能 USART 的中断源
输入参数 3	NewState：USARTx 中断的新状态，即 ENABLE 或 DISABLE
输 出 参 数	无
返 回 值	无
先 决 条 件	无
被调用函数	无

在 USART_StructInit( )函数中，涉及了参数 USART__IT 用于选择 USART 的中断源。该参数的默认值如表 6.66 所示。

表 6.66　参数 USART_IT 的参数值

USART_IT	参数描述
USART_IT_PE	奇偶错误中断
USART_IT_TXE	发送中断
USART_IT_TC	传输完成中断
USART_IT_RXNE	接收中断
USART_IT_IDLE	空闲总线中断
USART_IT_LBD	LIN 中断检测中断
USART_IT_CTS	CTS 中断
USART_IT_ERR	错误中断

用户可以通过下面的代码对函数 USART_IT_Config( )的具体使用方法进行了解。该代码的主要功能是使能 USART1 的传输中断。

```
/*****************  以下代码用于实现 STM32 中的 USART1 *****************/
/* 使能 USART1 的传输中断 -------------------------------------------------*/
USART_IT_Config(USART1, USART_IT_Transmit, ENABLE);
/*************************** 代码行结束 *************************/
```

6．函数 USART_DMACmd

函数 USART_DMACmd 的具体使用方法及其参数说明如表 6.67 所示。

表 6.67　USART_DMACmd

函 数 名 称	USART_DMACmd
函 数 原 型	void USART_DMACmd（USART_InitTpyeDef*　USARTx, u16 USART_DMAreq, FunctionalState NewState)）
功 能 描 述	使能或者失能指定 USART 的 DMA 请求

续表

输入参数 1	USARTx：x 为 1，2 或 3，用来选择 USART 外设
输入参数 2	USART_DMAreq：需要使能或失能的 USART DMA 请求
输入参数 3	NewState：USARTx 中断的新状态，即 ENABLE 或 DISABLE
输 出 参 数	无
返 回 值	无
先 决 条 件	无
被调用函数	无

在 USART_DMACmd( )函数中，涉及了参数 USART__DMAreq 用于选择 USART 的 DMA 请求。该参数的默认值如表 6.68 所示。

表 6.68　参数 USART_DMAreq 的参数值

USART_DMAreq	参 数 描 述
USART_DMAreq_Tx	发送 DMA 请求
USART_DMA_Rx	接收 DMA 请求

用户可以通过下面的代码对函数 USART_DMACmd( )的具体使用方法进行了解。该代码的主要功能是使能 USART1 的传输中断。

```
/*****************  以下代码用于实现 STM32 中的 USART ******************/
//使能 USART2 RX 和 TX 的 DMA 数据传送 --------------------------------*/
USART_DMACmd(USART2, USART_DMAReq_RX| USART_DMAReq_TX, ENABLE);
/**************************** 代码行结束 ***************************/
```

7. 函数 USART_SetAddress

函数 USART_SetAddress 的具体使用方法及其参数说明如表 6.69 所示。

表 6.69　USART_SetAddress

函 数 名 称	USART_SetAddress
函 数 原 型	void USART_SetAddress（USART_InitTpyeDef*　USARTx, u8 USART_Address）
功 能 描 述	设置 USART 节点的地址
输入参数 1	USARTx：x 为 1，2 或 3，用来选择 USART 外设
输入参数 2	USART_Address：设置 USART 节点的地址
输 出 参 数	无
返 回 值	无
先 决 条 件	无
被调用函数	无

用户可以通过下面的代码对函数 USART_SetAddress( )的具体使用方法进行了解。该代码的主要功能是将 USART2 的地址设置为 0x05 传输中断。

```
/****************** 以下代码用于实现 STM32 中的 USART2 ******************/
/* 设置 USART2 地址为 0x05 ------------------------------------------------*/
USART_SetAddress(USART2, 0x05);
/****************************** 代码行结束 ******************************/
```

8. 函数 USART_WakeUpConfig

函数 USART_WakeUpConfig 的具体使用方法及其参数说明如表 6.70 所示。

表 6.70 USART_WakeUpConfig

函 数 名 称	USART_WakeUpConfig
函 数 原 型	void USART_WakeUpConfig（USART_InitTpyeDef* USARTx, u16 USART_WakeUp）
功 能 描 述	选择 USART 的唤醒方式
输入参数 1	USARTx：x 为 1，2 或 3，用来选择 USART 的外设
输入参数 2	USART_WakeUp：设置 USART 的唤醒方式
输 出 参 数	无
返 回 值	无
先 决 条 件	无
被调用函数	无

在 USART_WakeUpConfig( )函数中，涉及参数 USART__WakeUp，用于选择 USART 的唤醒方式。该参数的默认值如表 6.71 所示。

表 6.71 USRTA_WakeUp 的参数值

USART_WakeUp	参 数 描 述
USART_WakeUp_IdleLine	空闲总线唤醒
USART_WakeUp_AddressMark	地址标记唤醒

用户可以通过下面的代码对函数 USART_WakeUpConfig( )的具体使用方法进行了解。该代码的主要功能是将 USART2 设置为空闲总线唤醒。

```
/****************** 以下代码用于实现 STM32 中的 USART2 ******************/
/* 设置 USART2 使用空闲总线唤醒 ------------------------------------*/
USART_WakeUpConfig(USART2, USART_WakeUpIdleLine);
/****************************** 代码行结束 ******************************/
```

9. 函数 USART_ReceiverWakeUpCmd

函数 USART_ReceiverWakeUpCmd 的具体使用方法及其参数说明如表 6.72 所示。

表 6.72 USART_ReceiverWakeUpCmd

函 数 名 称	USART_ ReceiverWakeUpCmd
函 数 原 型	void USART_ ReceiverWakeUpCmd（USART_InitTpyeDef* USARTx, FunctionalState NewState）
功 能 描 述	设置 USART 是否处于静默模式

续表

输入参数 1	USARTx：x 为 1，2 或 3，用来选择 USART 的外设
输入参数 2	NewState：USART 静默模式的状态，即 ENABLE 或 DISABLE
输 出 参 数	无
返 回 值	无
先 决 条 件	无
被调用函数	无

用户可以通过下面的代码对函数 USART_ReceiverWakeUpCmd( )的具体使用方法进行了解。该代码的主要功能是将 USART3 的地址设置为 0x05 传输中断。

```
/*****************  以下代码用于实现 STM32 中的 USART3  *****************/
/* 设置 USART3 在正常工作模式 ---------------------------------------*/
USART_ReceiverWakeUpCmd(USART3, DISABLE);
/*************************** 代码行结束 **************************/
```

10. 函数 USART_SendData

函数 USART_SendData 的具体使用方法及其参数说明如表 6.73 所示。

表 6.73 USART_SendData

函 数 名 称	USART_ SendData
函 数 原 型	void USART_ SendData（USART_InitTpyeDef* USARTx, u8 Data）
功 能 描 述	通过外设 USARTx 发送单个数据
输入参数 1	USARTx：x 为 1，2 或 3，用来选择 USART 的外设
输入参数 2	Data：需要通过 USART 发送的数据
输 出 参 数	无
返 回 值	无
先 决 条 件	无
被调用函数	无

用户可以通过下面的代码对函数 USART_SendData( )的具体使用方法进行了解。该代码的主要功能是通过 USART3 发送单个数据 0x26。

```
/*****************  以下代码用于实现 STM32 中的 USART3  *****************/
/* 使用 USART3 发送半字 0x26 ----------------------------------------*/
USART_SendData(USART3, 0x26);
/*************************** 代码行结束 **************************/
```

11. 函数 USART_ReceiveData

函数 USART_ReceiveData 的具体使用方法及其参数说明如表 6.74 所示。

表 6.74 USART_ReceiveData

函 数 名 称	USART_ ReceiveData
函 数 原 型	u8 USART_ ReceiveData（USART_InitTpyeDef* USARTx）

续表

功 能 描 述	返回外设 USARTx 最近接收到的数据
输入参数 1	USARTx：x 为 1，2 或 3，用来选择 USART 的外设
输入参数 2	Data：需要通过 USART 发送的数据
输 出 参 数	无
返 回 值	接收到的数据
先 决 条 件	无
被调用函数	无

用户可以通过下面的代码对函数 USART_ReceiveData( )的具体使用方法进行了解。该代码的主要功能是返回 USART2 最近接收到的数据。

```
/****************** 以下代码用于实现 STM32 中的 USART2 ******************/
/* 从 USART2 接收半字数据 ---------------------------------------------*/
u16 RxData;
RxData=USART_ReceiveData(USART2);
/***************************** 代码行结束 **************************/
```

12. 函数 USART_GetFlagStatus

函数 USART_GetFlagStatus 的具体使用方法及其参数说明如表 6.75 所示。

表 6.75　USART_GetFlagStatus

函 数 名 称	USART_GetFlagStatus
函 数 原 型	FlagStatus USART_GetFlagStatus（USART_InitTpyeDef*　USARTx, u16 USART_Flag）
功 能 描 述	检查指定的 USART 标志位设置状态
输入参数 1	USARTx：x 为 1，2 或 3，用来选择 USART 的外设
输入参数 2	USART_Flag：检查指定 USART 的标志位
输 出 参 数	无
返 回 值	USART_FLAG 新状态，即 SET 或 RESET
先 决 条 件	无
被调用函数	无

在 USART_GetFlagStatus( )函数中，涉及参数 USART__FLAG 用于选择 USART 的标志位。该参数的默认值如表 6.76 所示。

表 6.76　参数 USRTA_FLAG 的参数值

USART_FLAG	参 数 描 述
USART_FLAG_CTS	CTS 标志位
USART_FLAG_LBD	LIN 中断检测标志位
USART_FLAG_TXE	发送数据寄存器空标志位
USART_FLAG_TC	发送完成标志位

续表

USART_FLAG	参 数 描 述
USART_FLAG_RXNE	接收数据寄存器非空标志位
USART_FLAG_IDLE	空闲总线标志位
USART_FLAG_ORE	溢出错误标志位
USART_FLAG_NE	噪声错误标志位
USART_FLAG_FE	帧错误标志位
USART_FLAG_PE	奇偶错误标志位

用户可以通过下面的代码对函数 USART_GetFlagStatus ( )的具体使用方法进行了解。该代码的主要功能是检查 USART1 发送数据寄存器的状态。

```
/*****************  以下代码用于实现 STM32 中的 USART1 *****************/
/* 检测发送数据寄存器是否溢出 ----------------------------------------*/
FlagStauts  Status;
Status=USART_GetFlagStatus(USART1, USART_FLAG_TXE);
/**************************** 代码行结束 **************************/
```

13. 函数 USART_ClearFlag

函数 USART_ClearFlag 的具体使用方法及其参数说明如表 6.77 所示。

表 6.77 USART_ClearFlag

函 数 名 称	USART_ ClearFlag
函 数 原 型	u8 USART_ ClearFlag（USART_InitTpyeDef* USARTx，u16 USART_FLAG）
功 能 描 述	清除外设 USARTx 的待处理标志位
输入参数 1	USARTx：x 为 1，2 或 3，用来选择 USART 的外设
输入参数 2	USART_FLAG：需要清除 USART 的标志位
输 出 参 数	无
返 回 值	接收到的数据
先 决 条 件	无
被调用函数	无

用户可以通过下面的代码对函数 USART_ClearFlag( )的具体使用方法进行了解。该代码的主要功能是清除 USART2 的溢出标志位。

```
/*****************  以下代码用于实现 STM32 中的 USART2 *****************/
/* 清除 USART2 的溢出标志位 ----------------------------------------*/
USART_ClearFlag(USART2, USART_FLAG_ORE);
/**************************** 代码行结束 **************************/
```

14. 函数 USART_GetITStatus

函数 USART_GetITStatus 的具体使用方法及其参数说明如表 6.78 所示。

表 6.78 USART_GetITStatus

函数名称	USART_GetITStatus
函数原型	FlagStatus USART_GetITStatus（USART_InitTpyeDef* USARTx, u16 USART_IT）
功能描述	检查指定 USART 中断的状态
输入参数 1	USARTx：x 为 1，2 或 3，用来选择 USART 的外设
输入参数 2	USART_IT：检查指定 USART 的中断源
输出参数	无
返回值	USART_IT 的新状态，即 SET 或 RESET
先决条件	无
被调用函数	无

在 USART_GetITStatus( )函数中，涉及参数 USART_IT 用于选择 USART 的中断源。该参数的默认值如表 6.79 所示。

表 6.79 USART_IT 的参数值

USART_IT	参数描述
USART_IT_PE	奇偶错误中断
USART_IT_TXE	发送中断
USART_IT_TC	发送完成中断
USART_IT_RXNE	接收中断
USART_IT_IDLE	空闲总线中断
USART_IT_LBD	LIN 中断探测中断
USART_IT_CTS	CTS 中断
USART_IT_ORE	溢出错误中断
USART_IT_NE	噪声错误中断
USART_IT_FE	帧错误中断

用户可以通过下面的代码对函数 USART_GetITStatus ( )的具体使用方法进行了解。该代码的主要功能是检查 USART1 溢出错误中断的状态。

```
/****************** 以下代码用于实现 STM32 中的 USART1 ******************/
/* 检查 USART1 的溢出错误中断 -----------------------------------------*/
ITStauts   ErrorITStatus;
ErrorITStatus=USART_GetITStatus(USART1, USART_IT_ORE);
/***************************** 代码行结束 ***************************/
```

15. 函数 USART_ClearITPendingBit

函数 USART_ClearITPendingBit 的具体使用方法及其参数说明如表 6.80 所示。

表 6.80 USART_ClearITPendingBit

函数名称	USART_ ClearITPendingBit
函数原型	u8 USART_ ClearITPendingBit（USART_InitTpyeDef* USARTx，u16 USART_IT）
功能描述	清除外设 USARTx 的中断待处理位

续表

输入参数 1	USARTx：x 为 1，2 或 3，用来选择 USART 的外设
输入参数 2	USART_IT：需要清除 USART 的中断源
输 出 参 数	无
返 回 值	无
先 决 条 件	无
被调用函数	无

用户可以通过下面的代码对函数 USART_ClearITPendingBit ( )的具体使用方法进行了解。该代码的主要功能是清除 USART2 的溢出中断标志位。

```
/*****************  以下代码用于实现 STM32 中的 USART2 ******************/
//清除 USART2 的溢出中断挂起标志位 ------------------------------------*/
USART_ClearITPendingBit(USART2, USART_IT_OverrunError);
/**************************** 代码行结束 **************************/
```

6.3.8　基础实验三：汽车轮速检测实验

现代汽车的 ABS 系统中都设置有电磁感应式轮速传感器，它可以安装在主减速器或变速器中，轮速传感器的组成和工作原理如图 6.21 所示。

图 6.21　汽车 ABS 轮速传感器

从汽车轮速传感器的内部结构来看，主要由永久磁铁、磁极、线圈和齿圈组成，如图 6.22 所示。当齿圈在磁场中旋转时，齿圈齿顶和电极之间的间隙以一定的速度变化，使磁路中的磁阻发生变化。其结果是使磁通量周期地增减，在线圈的两端产生正比于磁通量增减速度的感应电压，并将该交流电压信号输送给电子控制器。

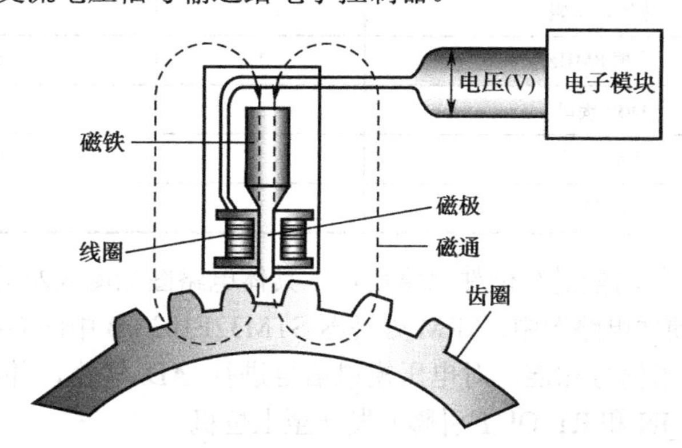

图 6.22　汽车 ABS 轮速传感器的内部结构

根据上述 ABS 轮速传感器的基本工作原理，车载系统可以方便地检测出前、后各个车轮的轮速数据。在完成对轮速数据的采集后，系统需要将这些数据通过 USART 串口的方式传送给上位机/显示界面。

1. 实验内容分析

在本实验中，使用 PC（个人计算机）作为上位机来接收汽车轮速检测系统通过 USART 串口发送过来的数据，并进行动态显示。

在汽车轮速检测系统中，STM32 系列 ARM 处理器首先以轮询的方式对汽车车轮的轮速进行检测。由于汽车轮速传感器输出的是一系列方波信号，因此用户需要通过 F-V 变换，将传感器输出的频率变换信号转换成电压变化信号，然后由芯片内部集成的 ADC 对电压信号进行检测，并通过 USART 串口将检测到的数据转到 PC 上位机上进行显示，系统的结构框图如图 6.23 所示。

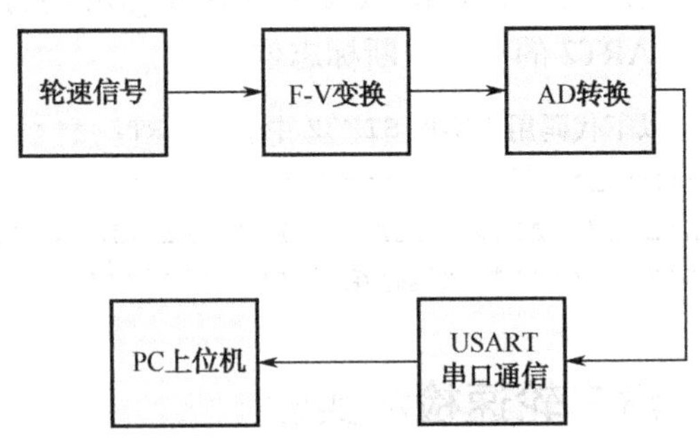

图 6.23 汽车 ABS 轮速检测框图

2. 硬件电路设计

在该实验的电路设计中所用到的基本元件如表 6.81 所示。

表 6.81 汽车轮速检测系统的硬件清单

序 号	器材名称	数 量	功能说明
1	STM32F103VB	1	主控单元
2	MAX232	1	串口通信芯片
3	电容、电阻	若干	NA
4	晶振 8MHz	1	系统时钟晶振
5	DB9 接口	1	USART 串口接口
6	LM2917	1	F-V 转换芯片
7	TL431	1	AD 基准电压源

根据各个电路元件的功能进行硬件电路设计，具体电路图如图 6.24 所示。

在图 6.24 所示的硬件电路图中，ARM 处理器 STM32F103VB 中的 GPIO 端口（ADC_IN0）与 F-V 变换的电压输出信号相连，对电压模拟信号进行 AD 转换，并将转换后的数据通过 USART 串口通信（T1_IN 和 R1_OUT 引脚）发送至上位机。

需要说明的是，由于 ARM 处理器的电平信号与 PC 上位机的电平信号有所区别，所以串口通信的输出信号不能与 PC 上位机的 DB9 接口直接连接，必须通过电平转换芯片 MAX232 进行电平转换，具体的引脚分配如表 6.82 所示。

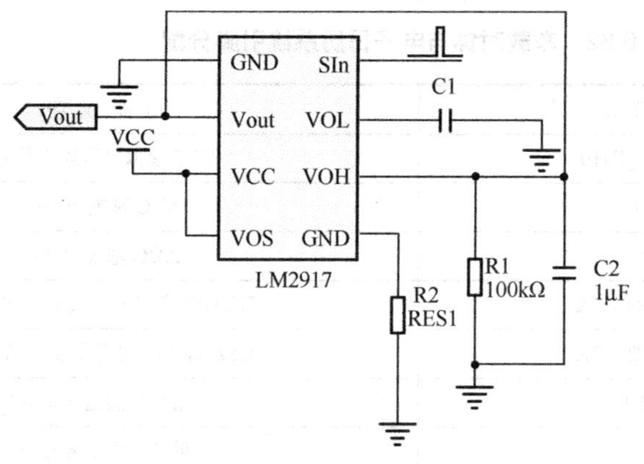

（a）汽车ABS轮速F-V变换电路图

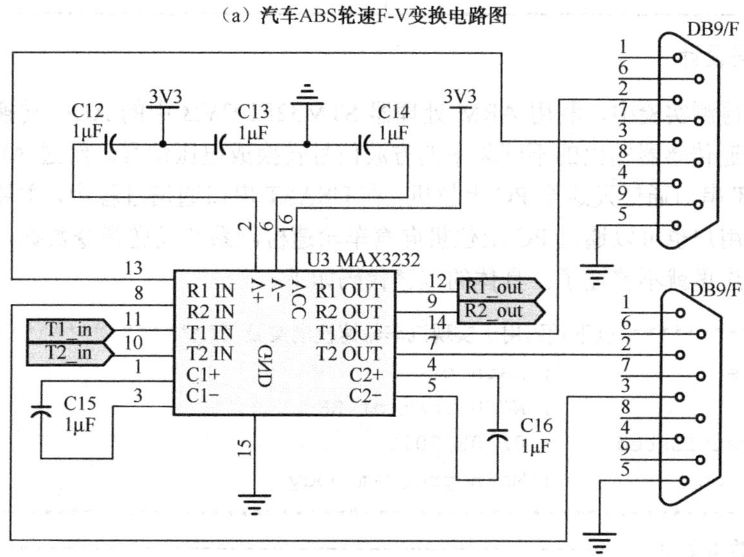

（b）汽车ABS轮速串口通信电路图

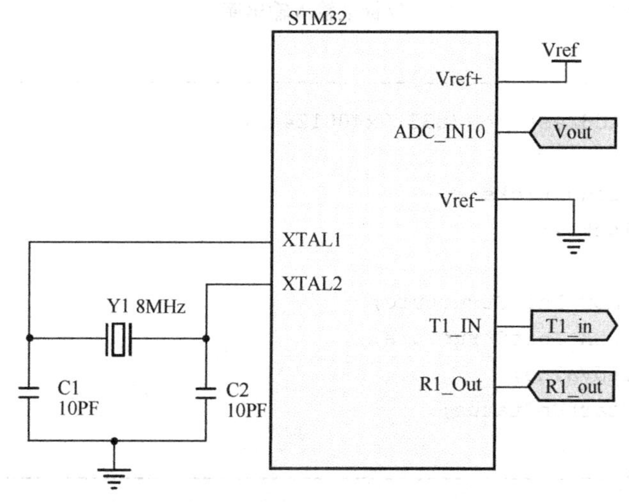

（c）汽车ABS轮速ARM处理器电路图

图 6.24 汽车 ABS 电路图

表 6.82　车载时钟与电子日历系统引脚分配

序　号	引 脚 分 配	功 能 说 明
1	PC.0/ADC_IN10	ADC 模拟电压输入信号
2	Vref+	ADC 基准电压+
3	Vref-	ADC 基准电压-
4	PA2/USART2/TX	USART 串口通信数据发送引脚
5	PA3/USART2/RX	USART 串口通信数据接收引脚
6	XTAL1	系统晶振信号输入
7	XTAL2	系统晶振信号输出

3．软件代码设计

在汽车轮速检测实验中，利用 ARM 处理器 STM32F103VB 中的 ADC 转换功能，首先通过 LM2917 将轮速传感器输出的不同频率的方波信号转换成电压信号。经过 ADC 转换后的数字信号由 USART 串口通信发送至 PC 上位机。在 USART 串口通信过程中，主要实现数据的发送功能。当然，用户也可以通过 PC 上位机向汽车轮速检测系统发送指令数据，实现对系统的一些控制动作，这里就不赘述了。具体的程序代码如下。

```
/****************** 以下代码用于实现汽车轮速检测实验 *******************/
* File Name              : main.c
* Author                 : NJFU Team of EE
* Date First Issued      : 02/05/2012
* Description            : Main program body
*******************************************************************
/* main 函数头文件 -----------------------------------------------*/
#include "stm32f10x_lib.h"        //STM32 固件库
#include"stdio.h"                 //标准输入输出库

/* 用户自定义变量 ------------------------------------------------*/
#define ADC1_DR_Address    ((u32)0x4001244C)
int AD_value;
static unsigned long ticks;
unsigned char Clock1s;
double Temper;
ADC_InitTypeDef ADC_InitStructure;
DMA_InitTypeDef DMA_InitStructure;
vu16 ADC_ConvertedValue;
ErrorStatus HSEStartUpStatus;

/* 用户自定义子函数 ----------------------------------------------*/
void RCC_Configuration(void);
void GPIO_Configuration(void);
void NVIC_Configuration(void);
void USART_Configuration1(void);
```

```
void SetupClock (void);

/*******************************************************************
* Function Name : main
* Description   : Main program
* Input           : None
* Output          : None
* Return          : None
*******************************************************************/
void main(void)
{
   #ifdef DEBUG
      debug();
   #endif

   /* 系统时钟 RCC 配置 ------------------------------------------*/
   RCC_Configuration();

   /* 系统中断向量 NVIC 配置 -------------------------------------*/
   NVIC_Configuration();

   /* 系统 GPIO 端口配置 -----------------------------------------*/
   GPIO_Configuration();

   /* 系统 USART1 配置 -------------------------------------------*/
   USART_Configuration1();

   /* 系统 ADC1 参数配置 -----------------------------------------*/
   ADC_InitStructure.ADC_Mode = ADC_Mode_Independent;
   ADC_InitStructure.ADC_ScanConvMode = ENABLE;
   ADC_InitStructure.ADC_ContinuousConvMode = ENABLE;
   ADC_InitStructure.ADC_ExternalTrigConv=ADC_ExternalTrigConv_None;
   ADC_InitStructure.ADC_DataAlign = ADC_DataAlign_Right;
   ADC_InitStructure.ADC_NbrOfChannel = 1;
   ADC_Init(ADC1, &ADC_InitStructure);

   /* ADC1 channel14 参数配置 -----------------------------------*/
   ADC_RegularChannelConfig(ADC1, ADC_Channel_11, 1, ADC_SampleTime_55Cycles5);

   /* 使能 ADC1 --------------------------------------------------*/
   ADC_Cmd(ADC1, ENABLE);

   /* 使能复位 ADC1 校准寄存器 -----------------------------------*/
   ADC_ResetCalibration(ADC1);

   /* 等待 ADC1 校准寄存器复位成功 -------------------------------*/
```

```
    while(ADC_GetResetCalibrationStatus(ADC1));

    /* 启动ADC1 校准 ----------------------------------------------*/
    ADC_StartCalibration(ADC1);

    /* 等待 ADC1 校准完成 ------------------------------------------*/
    while(ADC_GetCalibrationStatus(ADC1));

    /* 以软件的方式启动 ADC1 转换 ----------------------------------*/
    ADC_SoftwareStartConvCmd(ADC1, ENABLE);

    /* 系统大循环开始 ----------------------------------------------*/
    while(1)
    {
        //读取 ADC 转换的结果
        AD_value=ADC_GetConversionValue(ADC1);

        //将 ADC 转换的结果转换成 speed(电压值)
        speed=(AD_value*3.3)/(0xFFF);

        //通过串口发送数据
        USART_SendData(USART3, speed);
    }//while 循环结束
}//main 循环结束
/************************** 主程序代码结束 ***************************/
```

4. 补充实验及扩展

为了进一步对 USART 通信模块进行扩展说明，在这里给出一个全双工的 USART 数据通信实验，用户可根据自身的实际情况进行设计、实验。

在该实验中，使用 STM32 系列 ARM 处理器与 PC 上位机之间进行全双工 USART 数据通信。由 PC 通过 USART 串口通信发送相应的控制指令代码用于控制 LED 灯的状态。ARM 处理器在接收到 PC 上位机的指令代码后进行相应的操作控制，并将 LED 的状态回传至 PC 上位机。具体的指令代码与操作控制说明如表 6.83 所示。

表 6.83　全双工数据通信与控制指令代码与功能说明

序　号	指令代码	功能说明
1	0x00	所有 LED 灯全灭（3 个 LED 灯）
2	0x01	点亮 1 个 LED 灯
3	0x02	点亮 2 个 LED 灯
4	0x03	所有 LED 灯全亮（3 个 LED 灯）

用户可以通过图 6.25 查看该实验的系统结构框图。

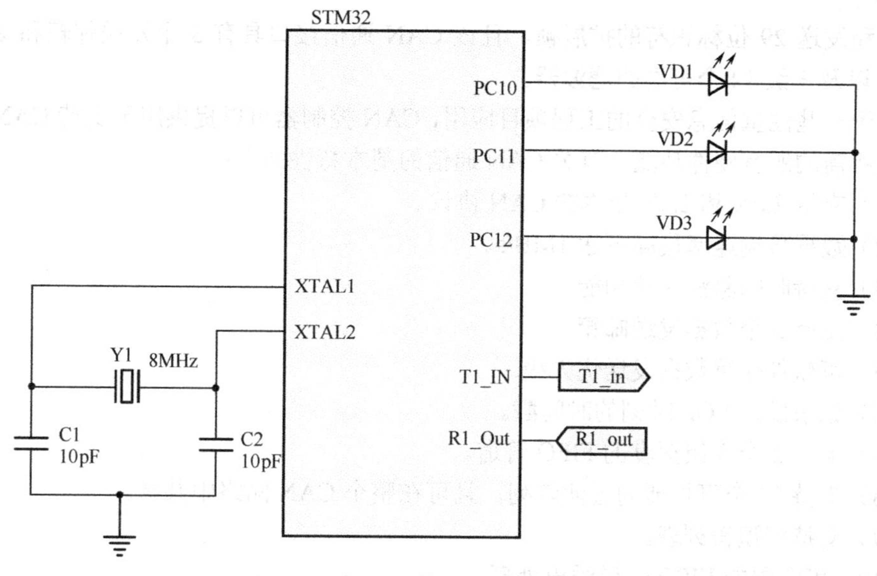

（a）USART全双工通信ARM处理器电路图

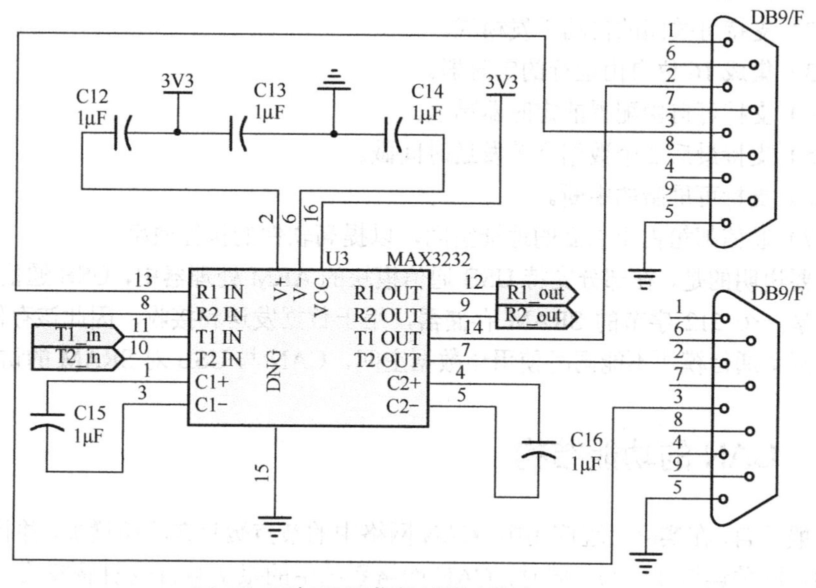

（b）USART全双工通信串口硬件电路图

图 6.25　该实验的系统结构框图

6.4　CAN 通信模块

在 STM32F103XX 系列处理器中，控制器区域网络 CAN 接口是基础扩展 CAN（Basic Extended CAN），兼容规范 2.0A 和 2.0B（主动），位速率最高可达 1MB/s。该数据通信接口可以实现使用最小的 CPU 来有效管理大量传输的保温。通过软件配置优先级，CAN 通信也可以满足传输保温的优先级配置。

在该 ARM 系列处理器中，CAN 通信接口既可以接收和发送 11 位标识符的标准帧，也可以接收和发送 29 位标识符的扩展帧，且该 CAN 通信接口具有 3 个发送邮箱和 2 个数据接收 FIFO，以及 3 级 14 个可调的滤波器。

对于一些注重信息安全的工程项目应用，CAN 控制器可以提供用于支持 CAN 时间除法通信模式所需的所有硬件功能。有关 CAN 通信的基本特性如下：

（1）支持 2.0A 和 2.0B 版本的 CAN 协议。

（2）数据传输速率最高可达 1MB/s。

（3）支持时间除法通信功能。

（4）支持 3 个数据发送邮箱。

（5）可软件配置数据发送优先级。

（6）记录发送 SOF 时刻的时间戳。

（7）支持 2 个 3 级深度的 FIFO 管道。

（8）支持 14 个可扩展的过滤阵列，且可在整个 CAN 网络中共享。

（9）支持标识符列表。

（10）可配置的 FIFO 管道溢出处理。

（11）记录接收 SOF 的时间戳。

（12）支持可关闭的自动重发模式。

（13）集成 16 位自由运行的定时器。

（14）支持可自由配置的定时器精度。

（15）支持最后 2 个数据字节发送时间戳。

（16）支持可屏蔽的中断。

（17）通信邮箱占用独立的地址空间，以提高软件的执行效率。

需要说明的是，在部分支持 USB 通信模块的 ARM 处理器中，USB 通信模块与 CAN 通信模块共享一个 512 字节的 SRAM 存储器，用于数据发送和接收，因此该存储空间是两者共享的，即两个通信模块不能同时使用该数据空间，CAN 与 USB 对 SRAM 的访问是互斥的。

6.4.1 CAN 的功能结构

一般而言，在实际工程应用中，CAN 网络中的节点数目在不断增加，并且通常将多个 CAN 节点通过网关连接在一起。同时，CAN 网络系统中的报文数目也明显增长，每一个 CAN 节点所处理的消息的数目也不断增加。在 CAN 通信网络中，除了应用层报文以外，网络管理和诊断报文也被引入 CAN 通信系统中。有关 CAN 网络的结构拓扑如图 6.26 所示。

在 STM32F103XX 系列处理器中，CAN 通信模块可以完全自动处理 CAN 报文的发送和接收。系统硬件可以分别支持标准标识符（11bit）和扩展标识符（29bit）。同时，CAN 通信模块还提供了一系列控制寄存器、状态寄存器和配置寄存器。用户可以通过这些寄存器实现如下功能。

（1）配置 CAN 通信参数，如通信波特率等。

（2）请求发送报文。

（3）处理报文接收。

（4）管理 CAN 通信中断。

（5）获取 CAN 通信诊断信息。

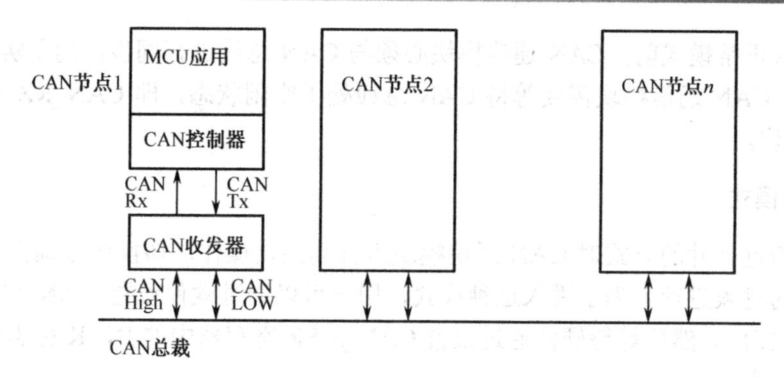

图 6.26 CAN 网络拓扑结构

在 STM32 系列 ARM 处理器中，CAN 通信模块为系统用户提供了 3 个发送邮箱，用于发送报文。由 CAN 发送调度器决定哪一个邮箱的报文优先被发送。同时，CAN 通信模块还提供了 14 个可扩展/可配置的标识符过滤器组，用户可以通过软件的方式对其进行编程，从而在CAN 通信引脚收到的报文中选择所需要的报文而将其他报文丢弃。此外，CAN 通信模块还提供了两个数据接收 FIFO，每个 FIFO 都可以存放 3 个完整的报文，且接收 FIFO 完全由硬件来管理。

6.4.2 CAN 的运行模式

在 STM32 系列处理器中，CAN 通信具有 3 个主要工作模式，即初始化模式、正常模式和休眠模式，如图 6.27 所示。

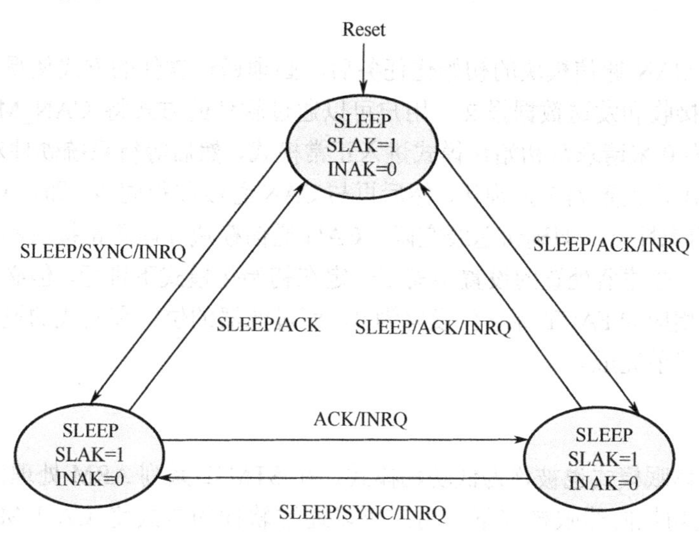

图 6.27 CAN 网络拓扑结构

在系统硬件复位后，CAN 通信模块工作在睡眠模式以降低系统功耗，同时 CAN_TX 引脚的内部上拉电阻被激活。用户通过软件的方式将 CAN_MCR 寄存器中的 INRQ 或 SLEEP 标志位设置为 1，用于请求将 CAN 通信模块进入初始化或者休眠模式。

一旦 CAN 通信模块进入了初始化或者休眠模式，系统就会对 CAN_MSR 寄存器中的 INAK 或者 SLAK 标志位进行置位操作以进行确认，同时 CAN 模块内部的上拉电阻被禁用。当 INAK 与 SLAK 标志位都处于 0 状态的时候，CAN 通信模块就处于正常工作模式。

在系统进入正常模式前，CAN 通信模块必须与 CAN 总线进行同步。为了实现与 CAN 总线之间的同步，CAN 通信模块需要等待 CAN 总线处于空闲状态，即 CAN_RX 引脚上连续检测到 11 个隐性位。

1. 初始化模式

用户可以通过软件的方式对 CAN 通信模块进行初始化操作，该操作必须在系统硬件还处于初始化模式的时候进行。为了进入这种模式，用户可以通过软件设置 CAN_MCR 寄存器中的 INRQ 标志位为 1，然后等待硬件通过设置 CAN_MSR 寄存器中的 INAK 标志位为 1 来确认初始化操作的请求。

同样，用户也可以通过清除 INRQ 标志位来退出初始化模式。一旦系统硬件清除了 INAK 标志位，CAN 通信模块就离开了初始化模式。

当 CAN 通信模块还处于初始化模式的时候，所有发向 CAN 总线或者从 CAN 总线发出的报文都将被停止，并且 CAN 总线输出的 CAN_TX 引脚呈现为空闲状态，即高电平。需要说明的是，当 CAN 通信模块进入初始化模块的时候，不会改变任何配置寄存器。

当用户使用软件的方式对 CAN 通信模块进行初始化的时候，之后应该包括位时间特性寄存器 CAN_BTR 和控制寄存器 CAN_MCR。

用户在对 CAN 通信模块中的过滤器组（工作模式、位宽、FIFO 关联、激活和过滤器值）进行初始化之前，还需要将 CAN_FMR 寄存器中的 FINIT 标志位设置为 1。对过滤器的初始化操作并非一定要在初始化模式下进行，也可以在非初始化模式下继续此操作。

2. 正常模式

用户在完成对 CAN 通信模块的初始化任务后，必须通过软件的方式使得系统硬件进入正常模式，以便正常接收和发送数据报文。用户可以通过软件的方式将 CAN_MCR 寄存器中的 INRQ 标志位设置为 0 来请求从初始化模式进入正常模式，然后等待系统硬件对 CAN_MSR 寄存器中的 INAK 标志位设置为 1 来确认，然后再与 CAN 总线取得同步，即在 CAN_RX 引脚上监测到 11 个连续的隐性位，即确认总线空闲，CAN 通信模块才能正常接收和发送报文。

前面已经提到，过滤器处置的设置不需要一定在初始化模式下进行，但必须在其处于非激活状态下完成，即相应的 FACT 标志位设置为 0，而过滤器的位宽和模式的设置必须在初始化模式下进入正常模式前完成。

3. 休眠模式

通常情况下，休眠模式也被称为低功耗模式。在 STM32 系列 ARM 处理器中，CAN 通信模块可以工作在低功耗的休眠模式下。用户可以通过软件的方式将 CAN_MCR 寄存器中的 SLEEP 标志位设置为 1 请求进入休眠模式。在该休眠模式下，CAN 通信模块的时钟将会被停止，但用户仍然可以通过软件的方式来访问邮箱寄存器。

当 CAN 通信模块处于休眠模式下时，用户可以通过将 CAN_MCR 寄存器中的 INRQ 标志位设置为 1 来进入初始化模式，同时软件还必须对 SLEEP 标志位进行清 0 操作。

一般情况下，用户可以通过以下两种方式来唤醒或退出休眠模式：

（1）通过软件对 SLEEP 标志位清 0 操作；

（2）当硬件检测到 CAN 总线活动时，将自动退出休眠模式。

如果用户将 CAN_MCR 寄存器中的 AWUM 标志位设置为 1，则系统一旦检测到 CAN 总线上的活动，硬件就会自动对 SLEEP 标志位进行清 0 操作来唤醒 CAN 通信模块。如果 CAN_MCR 寄存器中的 AWUM 标志位为 0，则为了退出休眠模式，用户必须通过软件模式在唤醒中断中将 SLEEP 标志位设置为 0，即清 0 操作。

需要注意的是，如果唤醒中断被允许，即 CAN_IER 寄存器中的 WKUIE 标志位设置为 1，则系统一旦检测到 CAN 总线活动就会产生唤醒中断，而无论硬件是否会自动唤醒 CAN 通信模块。用户通过软件的方式对 SLEEP 清 0 操作之后，休眠模式的退出必须与 CAN 总线同步。

6.4.3 CAN 的功能描述

对于 CAN 通信模块而言，可以实现数据报文在 CAN 网络中的发送和接收功能，除此之外，还可以实现对数据报文的滤波功能等。下面分别向用户介绍 CAN 通信模块的各个功能结构。

1. 发送处理

对于 STM32 系列处理器而言，CAN 通信模块发送报文的流程为：首先报文发送应用程序选择 1 个空的发送邮箱；其次设置标识符，以及发送数据的长度和待发送的数据内容；最后将 CAN_TIXR 寄存器中的 TXRQ 标志位设置为 1，并用于请求发送数据。

当 TXRQ 标志位被设置为 1 之后，CAN 模块中的发送邮箱就不再为空，因此软件对邮箱寄存器就不再具有写操作的权限。同时在 TXRQ 标志位设置为 1 之后，当前邮箱立即进入挂号状态，并等待成为最高优先级的邮箱。等该邮箱成为最高优先级的邮箱后，其状态就变为预定发送状态。在这种状态下，一旦 CAN 总线进入空闲状态，预定发送邮箱中的数据报文将被发送，即进入发送状态。

发送邮箱中的数据报文被成功发送后，该邮箱的属性则立即变为空邮箱。与此同时，系统硬件也会相应地将 CAN_TSR 寄存器中的 RQCP 标志位和 TXOK 标志位设置为 1，以表明当前数据报文发送成功。

如果发送失败，系统会根据发送错误的原因分别对不同的标志位进行置位操作。如果由仲裁引起的报文发送失败，系统会将 CAN_TSR 寄存器中的 ALST 标志位设置为 1；如果是由于发送错误引起的发送失败，系统则会将 CAN_TSR 寄存器中的 TERR 标志位设置为 1。

1）发送优先级

当有超过 1 个发送邮箱在挂号时，报文发送的顺序由邮箱中报文的标识符决定。根据 CAN 通信协议，标识符数值最低的数据报文具有最高的优先级。如果标识符所对应的数值相等，则邮箱号较小的报文将先被发送。

用户可以通过将 CAN_MCR 寄存器中的 TXFP 标志位设置为 1 来实现将发送邮箱配置为报文发送 FIFO。在该模式下，发送的优先级由发送请求的次序决定。

2）发送的中止

在报文数据发送的过程中，用户可以通过对 CAN_TSR 寄存器中的 ABRQ 标志位设置为 1 来中止 CAN 报文数据的发送请求。如果报文邮箱处于挂号或预定状态，发送请求将会被立刻终止。如果邮箱正处于发送状态，此时中止发送操作将会导致如下两个结果。

（1）如果邮箱中的报文被发送成功，则邮箱变为空邮箱，并且 CAN_TSR 寄存器中的 TXOK 标志位将被系统硬件设置为 1。

（2）如果邮箱中的报文发送失败，则邮箱将变为预定状态，然后发送请求将被中止，邮箱变为空邮箱且 TXOK 标志位被系统硬件清 0。

3）禁止自动重发模式

当 CAN 通信模块处于禁止自动重发模式时，主要用于满足 CAN 标准协议中关于时间触发通信选项的需求。用户可以将 CAN_MCR 寄存器中的 NART 标志位设置为 1，让 CAN 系统硬件工作在该模式下。

在该工作模式下，CAN 数据报文的发送只会执行一次。如果发送操作失败了，不管是由于仲裁丢失还是发送出错，CAN 通信模块的系统硬件都不会再自动发送该报文。

在一次发送操作结束后，系统硬件会认为发送请求已经完成，同时将 CAN_TSR 寄存器中的 RQCP 标志位设置为 1。此外，数据发送的结果也会反映在标志位 TXOK、ALST 和 TERR 上。

2. 时间触发通信模式

在该通信模式下，CAN 系统硬件的内部定时器被激活，并且被用于产生时间戳，分别存储在 CAN_RDTx/CAN_TDTxR 寄存器中。内部定时器在接收和发送的数据帧起始位的采样点的位置被采样，并生成相应的时间戳。

3. 接收处理

在 CAN 通信模块中，接收到的数据被暂存在 3 级邮箱深度的 FIFO 中，并且 FIFO 完全由硬件来管理，从而节省 ARM 处理器的负荷，简化相应的系统软件并保证数据的一致性。用户只能通过应用程序读取 FIFO 的输出邮箱，并获取 FIFO 中最先收到的数据报文。

1）报文的有效性

根据 CAN 通信的协议，当报文被正确接收，即到 EOF 域的最后 1 位都没有发送传输错误，且通过标识符过滤，该报文则被认为是有效的数据报文。

2）FIFO 管理

在 CAN 通信系统中，FIFO 从空状态开始，在接收到第 1 个有效的报文后，FIFO 状态变为挂号_1，即 Pending_1，系统硬件也会相应地将 FMP[1:0]设置为 01b。用户可以通过软件的方式读取 FIFO 输出邮箱，用来读取邮箱中的报文，然后通过将 CRFR 寄存器中的 RFOM 标志位设置为 1 来释放当前邮箱，这样又将 FIFO 变为空状态。

如果用户在释放邮箱的同时，CAN 通信模块又收到一个有效的保温，则 FIFO 仍然保留在挂号_1 状态，用户同样可以读取 FIFO 输出邮箱来读取新收到的数据报文。

如果应用程序不释放当前的邮箱，在接收到下一个有效的报文后，FIFO 状态则会变为挂号_2，即 Pending_2，系统硬件相应地会将 FMP[1:0]设置为 10b。此时，软件必须将 RFOM 标志位设置为 1 来释放邮箱，这样可以使得 FIFO 有足够的空间来存放下一个有效的数据报文。否则，当下一个有效报文到达时将没有空间存放。

3）数据的溢出

当 CAN 通信模块中的 FIFO 处于挂号_3 状态，即 FIFO 的 3 个邮箱都已经被放满数据时，下一个有效的数据报文就会导致 FIFO 的数据溢出，并且该报文也将会丢失。

此时，CAN 通信模块的系统硬件会将 CAN_RFxR 寄存器中的 FOVR 标志位设置为 1 来表明当前发生了数据溢出。在发生数据溢出的过程中，哪一个报文会被丢失，这主要取决于 FIFO 的设置，具体如下所示。

（1）如果用户禁用了 FIFO 锁定功能，即 CAN_MCR 寄存器中的 RFLM 标志位被设置为 0，则 FIFO 在最后接收到的报文将会被新的数据报文所覆盖。换句话而言，最新收到的报文不会被丢弃，而是通过覆盖其他原有数据报文的方式来保存新的报文。

（2）如果用户启用了 FIFO 锁定功能，即 CAN_MCR 寄存器中的 RFLM 标志位被设置为 1，则 FIFO 在最后接收到的报文将被丢弃，用户可以通过读取 FIFO 来接收最早收到的 3 个数据报文。

4）数据接收中断

在 CAN 通信模块中，一旦向 FIFO 存入一个报文数据，系统硬件就会更新 FMP[1:0]位，并且如果 CAN_IER 寄存器中的 FMPIE 标志位为 1，系统将产生一个中断请求。

当 FIFO 数据变满，即存入 3 个数据报文时，CAN_RFxR 寄存器中的 FULL 标志位将被设置为 1，并且如果 CAN_IER 寄存器中的 FFIE 标志位被设置为 1，系统则会产生一个 FIFO 数据满载中断请求。

在数据报文溢出的情况下，FOVR 标志位将被设置为 1，并且如果 CAN_IER 寄存器中的 FOVIE 标志位被设置为 1，则同样会产生一个溢出中断请求。

4．标识符过滤

在 CAN 通信协议中，报文中的标识符不代表节点的地址，而是跟报文中的内容相关的。因此，发送者以广播的形式将报文发送给所有的接收者。节点在接收报文时根据标识符的数值来决定是否需要接收当前的报文。

如果确定需要接收报文，则将当前数据报文复制到 SRAM 中；如果不需要接收报文，则报文将被丢弃且无须任何软件操作。

为了满足上述需求，CAN 通信模块为用户应用程序提供了 14bit 的位宽可变、可调用户配置的过滤器组，以便只接收用户软件所需要的报文。一般而言，采用硬件过滤报文的方法可以节省 ARM 处理器的开销，否则报文的过滤必须通过软件的方式来进行，这样同样会占用一定 ARM 处理器的开销。每一个过滤器组由两个 32 位的寄存器组成，分别为 CAN_FxR0 和 CAN_FxR1。

1）过滤器的位宽

每一个过滤器组的位宽都可以由用户进行独立配置，以满足应用程序的不同需求。根据位宽的不同，每一个过滤器组可以提供以下不同位宽的过滤器：

（1）1 个 32bit 的过滤器，包括 STDID[10:0]、EXTID[17:0]、IDE 和 RTR 位；

（2）两个 16bit 的过滤器，包括 STDID[10:0]、IDE、RTR 和 EXTID[17:15]位。

此外，CAN 通信模块中的过滤器还可以被配置为屏蔽位模式和标识符列表模式。具体的描述如下。

（1）屏蔽位模式。在屏蔽位模式下，标志符寄存器和屏蔽寄存器被联系在一起，用于指定报文标识符中的任何一位，并设置为“必须匹配”或“无须关注”。

（2）标识符列表模式。在标识符列表模式下，屏蔽寄存器也会被当成标识符寄存器使用。因此，在这种模式下并非采用 1 个标志符加上 1 个屏蔽位的方式来指定需要过滤的内容，而是使用两个标识符寄存器来配置。接收报文标识符的每一位都必须和过滤器标识符完全相同。

用户在配置一个过滤器组之前，必须将其设置为禁用状态。可以通过将 CAN_FAOR 寄存器中的 FACT 标志位设置为 0 来实现该功能。此外，用户可以通过将 CAN_FS0R 寄存器中的

FSCx 标志位设置过滤器组的位宽，且通过设置 CAN_FM0R 寄存器中的 FBMx 标志位用于配置过滤器组工作在标识符列表模式或屏蔽位模式。

需要说明的是，如果用户需要过滤出一组标识符，则应该设置过滤器组工作在屏蔽位模式；如果用户需要过滤出一个标识符，则应该设置过滤器组工作在标识符列表模式。

应用程序中没有被使用到的过滤器组，应该保持在禁用状态。过滤器组中的每个过滤器都被从 0 开始逐一编号到某一个最大的数值，如图 6.28 所示。这主要取决于 14 个过滤器组的模式和位宽等相关参数。

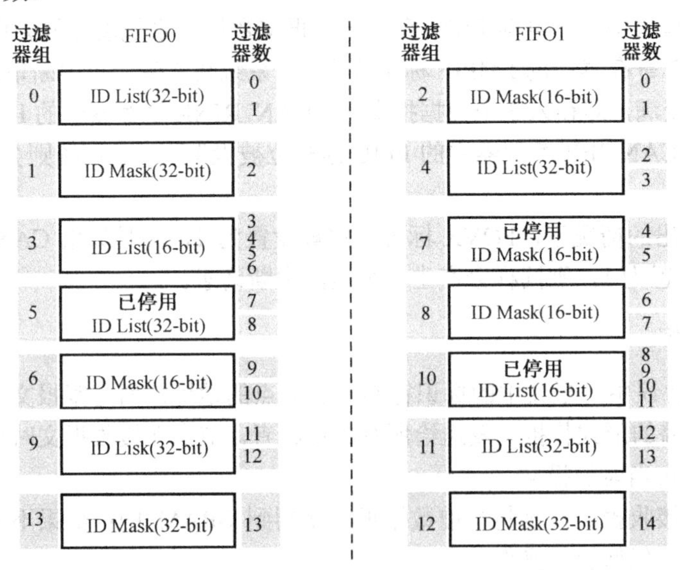

图 6.28　CAN 过滤器的编号

2）过滤器匹配序号

当 CAN 通信模块接收到的报文数据被存入 FIFO 后，用户就可以通过软件的方式来访问。通常情况下，报文中的数据会被赋值到 SRAM 中。为了将数据复制到合适的存储空间，应用程序需要根据报文中的标识符来辨别不同的数据类型。在 STM32 系列 ARM 处理器中，CAN 通信模块提供了过滤器匹配序号以简化辨别的过程。

根据过滤器优先级的规则，过滤器匹配需要和报文存在一起，都被存入邮箱中。因此，每个收到的数据报文都有与它相关联的过虑器匹配序号。

过滤器匹配需要可以通过以下两种方式来使用，具体如下：

（1）将过滤器匹配序号跟一系列所期望的数值进行比较；

（2）将过滤器匹配序号当成一个索引来访问目标地址。

对于标识符列表模式下的过滤器，即非屏蔽方式的过滤器，软件不需要直接跟标识符进行比较。对于屏蔽模式下的过滤器，软件只需要与关心的那些屏蔽位，即必须匹配的数据位进行比较就可以了。

3）过滤器优先规则

由于过滤器的联合使用可能会出现一个标识符成功通过了很多过滤器。在这种情况下，存放在接收邮箱的过滤器匹配值将按照下面的优先级规则进行选择，具体如下。

（1）32bit 的过滤器优先于 16bit 的过滤器。

（2）对于相同比例的过滤器，标识符列表模式的过滤器优先级比标识符屏蔽模式高。

（3）对于比例和模式都相同的过滤器，优先级取决于过滤器的编号。编号越小的过滤器，优先级越高。

图 6.29 说明了 CAN 过滤器的操作机制。当 CAN 通信模块接收到一个报文时，其标识符首先与配置在标识符列表模式下的过滤器进行比较。如果能够匹配合适，报文就被存放到相关联的 FIFO 中，并且所匹配的过滤器序号被存入过滤器匹配的序号中。在图 6.29 中，报文标识符与#4 标识符匹配，因此报文数据内容与 FMI4 被存入到 FIFO 中。

如果没有匹配成功，报文标识符将与配置在屏蔽位模式下的过滤器进行比较。如果报文标识符没有与过滤器中的任何标识符相匹配，则硬件就会丢弃该数据报文，且不会对系统软件产生任何影响。

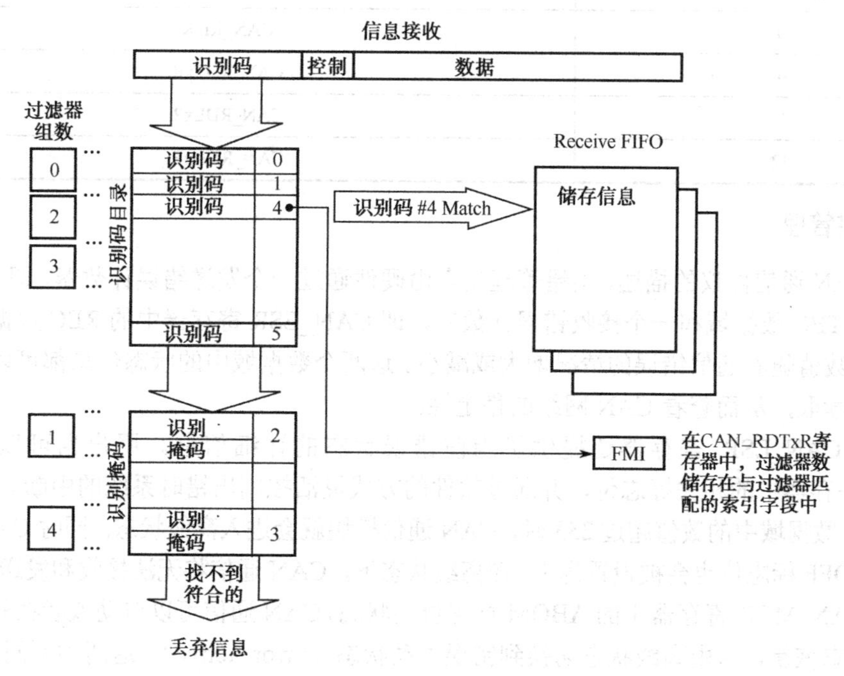

图 6.29　CAN 过滤器的操作机制

5. 报文的存储

在 CAN 通信模块中，数据发送/接收邮箱是软件和硬件之间与报文相关的接口。在邮箱中包含了所有跟数据报文有关的信息，主要包括标识符、数据、控制、状态和时间戳信息。

在 CAN 通信发送数据的过程中，软件需要在一个空的发送邮箱中完成待发送报文的各种数据信息设置，然后再发出 CAN 数据发送的请求。发送的状态可以通过查看 CAN_TSR 寄存器的状态来获取，如表 6.84 所示。

表 6.84　发送邮箱寄存器的映射

发送邮箱的基地址偏移量	寄存器名称
0	CAN_TIxR
4	CAN_TDTxR
8	CAN_TDLxR
12	CAN_TDHxR

在 CAN 通信接收数据的过程中，在接收到一个报文后，系统软件就可以访问接收 FIFO 的输出邮箱进行读取。如果系统软件将数据报文成功读取，则会将 CAN_RFxR 寄存器中的 RFOM 标志位设置为 1，用来释放该报文，为后续接收到的报文数据留出存储空间。此外，过滤器匹配序号存放在 CAN_RDTxR 寄存器中的 FMI 数据域中，而 16bit 的时间戳则被存放在 CAN_RDTxR 寄存器中的 TIME[15:0]数据域中。接收的状态可以通过查看寄存器的状态来获取，如表 6.85 所示。

表 6.85　接收邮箱寄存器映射

接收邮箱的基地址偏移量	寄存器名称
0	CAN_RIxR
4	CAN_RDTxR
8	CAN_RDLxR
12	CAN_RDHxR

6. 出错管理

根据 CAN 通信协议的描述，出错管理完全由硬件通过一个发送错误计数器，即 CAN_ESR 寄存器中的 TEC 数据域和一个接收错误计数器，即 CAN_ESR 寄存器中的 REC 数据域进行处理计数器的数值随着通信错误的情况增大或减小。这两个数据域中的状态信息都可以通过软件的方式进行读取，从而查看 CAN 网络的稳定性。

此外，CAN_ESR 寄存器还提供了当前错误状态的详细信息。用户也可以通过设置 CAN_IER 寄存器中的相关标志位，并通过软件的方式灵活控制出错时系统的中断。

当 TEC 数据域中的数值超过 255 时，CAN 通信模块就会进入离线状态。同时 CAN_ESR 寄存器中的 BOFF 标志位也会被设置为 1。在离线状态下，CAN 通信将无法接收和发送报文数据。

根据 CAN_MCR 寄存器中的 ABOM 标志位的状态，CAN 通信可以自动或者在软件的请求下从离线状态恢复，即由离线状态切换到错误主动状态（Error Active）。这两种不同的 CAN 通信离线恢复操作都必须等待一个 CAN 协议标准所描述的恢复过程，即在 CAN_RX 引脚上检测到 128 次 11 个连续的隐性位。

（1）如果 ABOM 标志位为 1，CAN 总线进入离线状态后，将自动开启恢复过程。

（2）如果 ABOM 标志位为 0，软件必须先请求 CAN 进入离线状态后再退出初始化模式，随后系统的恢复过程才会被开启。

需要说明的是，在初始化模式下，CAN 通信模块不会监视 CAN_RX 引脚的状态，因此在初始化模式下系统不能完成 CAN 离线后自动恢复的过程。为了实现 CAN 网络离线后能自动完成恢复的过程，CAN 总线必须工作在正常模式。

7. CAN 通信中断

在 CAN 通信模块中，系统支持 4 个用于 CAN 通信的中断向量。每个中断源都可以通过 CAN 中断使能寄存器 CAN_IER，分别进行使能或禁用，如图 6.30 所示。

（1）CAN 通信的发送中断可以由以下事件产生。

① 发送邮箱 0 变为空，CAN_TSR 寄存器中的 RQCP0 标志位被设置为 1。

② 发送邮箱 1 变为空，CAN_TSR 寄存器中的 RQCP1 标志位被设置为 1。

③ 发送邮箱 2 变为空，CAN_TSR 寄存器中的 RQCP2 标志位被设置为 1。

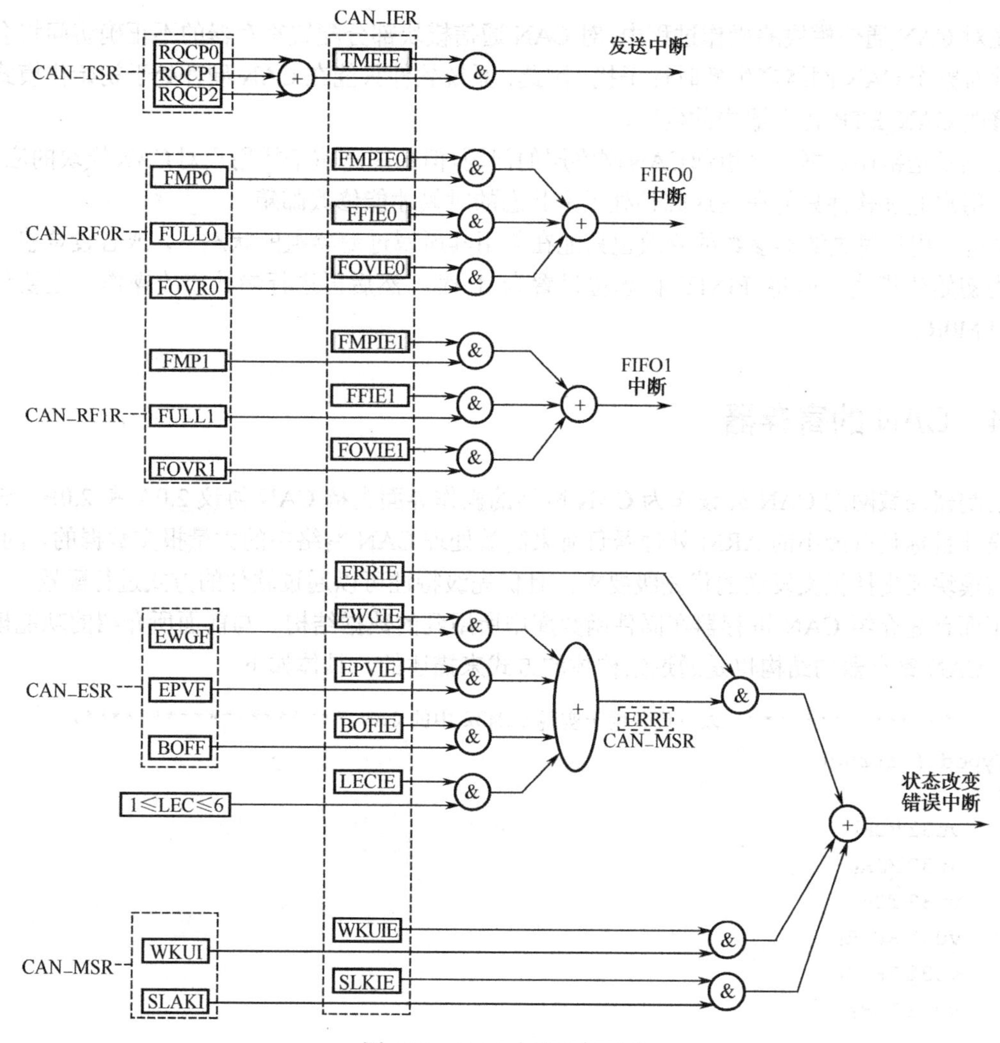

图 6.30 CAN 中断逻辑结构

（2）FIFO0 中断可以由以下事件产生。

① FIFO0 接收到一个新的报文，CAN_RF0R 寄存器中的 FMP0 位不是“00”。

② FIFO0 变为满的情形，CAN_RF0R 寄存器的 FULL0 标志位被设置为 1。

③ FIFO0 发生溢出的情形，CAN_RF0R 寄存器中的 FOVR0 标志位被设置为 1。

（3）FIFO1 中断可由以下事件产生。

① FIFO1 接收到一个新的报文，CAN_RF1R 寄存器中的 FMP0 位不是“00”。

② FIFO1 变为满的情形，CAN_RF1R 寄存器的 FULL0 标志位被设置为 1。

③ FIFO1 发生溢出的情形，CAN_RF1R 寄存器中的 FOVR0 标志位被设置为 1。

（4）错误和状态变化中断可以由以下事件产生。

① 出错情形。根据 CAN 通信错误状态检测寄存器的状态。

② 唤醒情形。CAN_Rx 信号监测到 SOF 信号。

③ CAN 通信进入休眠模式。

8. 寄存器的访问保护

在对 CAN 通信模块的操作过程中，对 CAN 通信模块部分配置寄存器的不正确访问将会导致硬件对整个 CAN 网络产生暂时性干扰。因此，系统软件只能在 CAN 硬件处于初始化模式的时候修改 CAN_BTR 寄存器中的内容。

虽然发送错误数据不会引起CAN网络层的问题，但却能严重干扰用户对CAN模块的应用。因此，用户通过软件只能在发送邮箱处于空状态的时候才能修改邮箱。

同样，用户对过滤器参数的修改也只能在禁用其所属过滤器组的状态下，或者设置整个过滤器为初始化模式，即将 FINIT 标志位设置为 1 时，然后再进行参数修改操作，主要包括 CAN_FM0R。

6.4.4 CAN 的寄存器

控制器局域网的 CAN 外设作为 CAN 网络的操作界面支持 CAN 协议 2.0A 和 2.0B。该外设的设计目标是以最小的 ARM 处理器负荷来高效处理 CAN 网络中的大量报文数据的。同时，该通信模块还支持报文发送的优先级要求，且优先级特性可以通过软件的方式进行配置。

下面首先介绍 CAN 寄存器在固件函数库中所用到的数据结构。与前面所介绍的功能模块类似，CAN 寄存器的结构也是通过结构体的方式来描述的，具体如下。

```
/******************* 以下代码用于实现 STM32 中的 CAN *******************/
Typedef struct
{
    vu32 MCR;
    vu32 MSR;
    vu32 TSR;
    vu32 RF0R;
    vu32 RF1R;
    vu32 IER;
    vu32 ESR;
    vu32 BTR;
    u32      RESERVED0[88];
    CAN_TXMailBox_TypeDef   sTxMailBox[3];
    CAN_FIFOMailBox_TypeDef sFIFOMailBox[2];
    u32      RESERVED1[12];
    vu32 FMR;
    vu32 FM0R;
    u32      RESERVED2[1];
    vu32 FS0R;
    vu32 RESERVED3[1];
    vu32 FFA0R;
    vu32 RESERVED4[1];
    vu32 FA0R;
    vu32 RESERVED5[8];
    CAN_FliterRegister_TypeDef  sFiliterRegister[14];
```

```
}CAN_TypeDef

/* CAN_TxMailBox 的结构体 --------------------------------------*/
typedef struct
{
    vu32 TIR;
    vu32 TDTR;
    vu32 TDLR;
}CAN_TxMailBox_TypeDef;

/* CAN_FIFOMailBox 的结构体 ------------------------------------*/
typedef struct
{
    vu32 RIR;
    vu32 RDTR;
    vu32 RDLR;
}CAN_FIFOMailBox_TypeDef;

/* CAN_FliterRegister 的结构体 ---------------------------------*/
typedef struct
{
    vu32 FR0;
    vu32 FR1;
}CAN_FilterRegister_TypeDef;
/**************************** 代码行结束 *************************/
```

在 USART 结构体的定义中，包含了部分 USART 模块的寄存器，具体的名称和功能如表 6.86 所示。

表 6.86　CAN 通信寄存器

寄存器名称	寄存器描述
CAN_MCR	CAN 主控制寄存器
CAN_MSR	CAN 主状态寄存器
CAN_TSR	CAN 发送状态寄存器
CAN_RF0R	CAN 接收 FIFO0 寄存器
CAN_RF1R	CAN 接收 FIFO1 寄存器
CAN_IER	CAN 中断允许寄存器
CAN_ESR	CAN 错误状态寄存器
CAN_BTR	CAN 位时间特性寄存器
TIR	发送邮箱标识符寄存器
TDTR	发送邮箱数据长度和时间戳寄存器
TDLR	发送邮箱低字节数据寄存器
TDHR	发送邮箱高字节数据寄存器

续表

寄存器名称	寄存器描述
RIR	接收 FIFO 邮箱标识符寄存器
RDTR	接收 FIFO 邮箱数据长度和时间戳寄存器
RDLR	接收 FIFO 邮箱低字节数据寄存器
RDHR	接收 FIFO 邮箱高字节数据寄存器
CAN_FMR	CAN 过滤器主控寄存器
CAN_FM0R	CAN 过滤器模式寄存器
CAN_FSC0R	CAN 过滤器位宽寄存器
CAN_FFA0R	CAN 过滤器 FIFO 关联寄存器
CAN_FA0R	CAN 过滤器激活寄存器
CAN_FR0	过滤器组 0 寄存器
CAN_FR1	过滤器组 1 寄存器

6.4.5 CAN 的库函数

表 6.87 列出了固件函数库中有关 CAN 通信模块操作的所有库函数。下面将对上述函数库中部分常用的函数进行简单介绍，使得用户对这些函数的具体使用方法有一定了解。

表 6.87 CAN 通信模块库函数

函 数 名 称	功 能 描 述
WWDG_DeInit	将外设 WWDG 寄存器重设为默认值
WWDG_SetPrescaler	设置 WWDG 预分频值
WWDG_SetWindowValue	设置 WWDG 窗口值
WWDG_EnableIT	使能 WWDG 早期唤醒中断 EWI
WWDG_SetCounter	设置 WWDG 计数器值
WWDG_Enable	使能 WWDG 并装入计数器值
WWDG_GetFlagStatus	检查 WWDG 早期唤醒中断标志位的状态
WWDG_ClearFlag	清除早期唤醒中断标志位

1. 函数 CAN_DeInit

函数 CAN_DeInit 的具体使用方法及其参数说明如表 6.88 所示。

表 6.88 CAN_DeInit

函 数 名 称	CAN_DeInit
函 数 原 型	void CAN_DeInit（void）
功 能 描 述	将外设 CAN 全部寄存器重设为默认值
输 入 参 数	无
输 出 参 数	无

续表

返 回 值	无
先 决 条 件	无
被调用函数	RCC_APB1PeriphResetCmd( )

用户可以通过下面的代码对函数 CAN_DeInit()的具体使用方法进行了解。该代码的主要功能是复位 CAN。

```
/****************** 以下代码用于实现 STM32 中 CAN 通信 ****************/
/* 重设初始化 CAN 寄存器 -----------------------------------------*/
CAN_DeInit();
/***************************** 代码行结束 ***************************/
```

2．函数 CAN_Init

函数 CAN_Init 的具体使用方法及其参数说明如表 6.89 所示。

表 6.89 CAN_Init

函 数 名 称	CAN_Init
函 数 原 型	u8 CAN_Init（CAN_InitTypeDef* CAN_InitStruct）
功 能 描 述	根据 CAN_InitStruct 中指定的参数初始化外设 CAN 的寄存器
输 入 参 数	CAN_InitStruct：指向结构 CAN_InitTypeDef 的指针，包含了指定外设 CAN 的配置信息
输 出 参 数	无
返 回 值	指示 CAN 初始化成功的状态，具体如下所示： CANINITFAILED，表示 CAN 初始化失败； CANINITOK，表示 CAN 初始化成功
先 决 条 件	无
被调用函数	无

在该库函数中，输入参数 CAN_InitTypeDefStrcture 用于指定外设 CAN 相关配置信息的结构体函数，具体结构参数如下：

```
/****************** 以下代码用于实现 STM32 中的 CAN 通信 ****************/
typedef struct
{
    FunctionalState    CAN_TTCM;
    FunctionalState    CAN_ABOM;
    FunctionalState    CAN_AWUM;
    FunctionalState    CAN_NART;
    FunctionalState    CAN_RFLM;
    FunctionalState    CAN_TXFP;
    u8   CAN_Mode;
    u8   CAN_SJW;
    u8   CAN_BS1;
    u8   CAN_BS2;
    u16  CAN_Prescaler;
```

```
}CAN_InitTypeDef;
/****************************** 代码行结束 ****************************/
```

在 CAN_InitTypeDefStrcture 结构体中，涉及了多个与 CAN 配置相关的变量参数。有关各个参数的含义及其功能分别如下。

1）CAN_TTCM

参数 CAN_TTCM 主要用来使能或者失能时间触发通信模式，用户可以设置这个参数的值为 ENABLE 或 DISABLE。

2）CAN_ABOM

参数 CAN_ABOM 用来使能或者失能 CAN 通信的自动离线管理，用户可以设置这个参数的值为 ENABLE 或 DISABLE。

3）CAN_AWUM

参数 CAN_AWUM 用来使能或者失能 CAN 通信的非自动重新传输模式，用户可以设置这个参数的值为 ENABLE 或 DISABLE。

4）CAN_RFLM

参数 CAN_RFLM 用来使能或者失能 CAN 通信接收 FIFO 锁定模式，用户可以设置这个参数的值为 ENABLE 或 DISABLE。

5）CAN_TXFP

参数 CAN_TXFP 用来使能或者失能 CAN 通信发送 FIFO 优先级，用户可以设置这个参数的值为 ENABLE 或 DISABLE。

6）CAN_Mode

参数 CAN_Mode 用来设置 CAN 通信的工作模式，用户可以通过表 6.90 查看该参数的取值范围。

表 6.90 参数 CAN_Mode

CAN_Mode	参数描述
CAN_Mode_Normal	CAN 硬件工作在正常模式
CAN_Mode_Silent	CAN 硬件工作在静默模式
CAN_Mode_LoopBack	CAN 硬件工作在回环模式
CAN_Mode_Dilent_LoopBack	CAN 硬件工作在静默回环模式

7）CAN_SJW

参数 CAN_SJW 用来定义 CAN 在通信过程中重新同步跳跃宽度 SJW，即在每位中可以延长或缩短若干个时间单位的上限。用户可以通过表 6.91 来查看该参数的取值范围。

表 6.91 参数 CAN_SJW

CAN_SJW	参数描述
CAN_SJW_1tq	重新同步跳跃宽度 1 个时间单位
CAN_SJW_2tq	重新同步跳跃宽度 2 个时间单位
CAN_SJW_3tq	重新同步跳跃宽度 3 个时间单位
CAN_SJW_4tq	重新同步跳跃宽度 4 个时间单位

8）CAN_BS1

参数 CAN_BS1 用来定义 CAN 通信过程中时间段 1 的时间单位数目。用户可以通过表 6.92 来查看该参数的取值范围。

表 6.92 参数 CAN_BS1

CAN_BS1	参 数 描 述
CAN_BS1_1tq	时间段 1 为 1 个时间单位
CAN_BS1_2tq	时间段 1 为 2 个时间单位
CAN_BS1_3tq	时间段 1 为 3 个时间单位
CAN_BS1_4tq	时间段 1 为 4 个时间单位
CAN_BS1_5tq	时间段 1 为 5 个时间单位
CAN_BS1_6tq	时间段 1 为 6 个时间单位
CAN_BS1_7tq	时间段 1 为 7 个时间单位
CAN_BS1_8tq	时间段 1 为 8 个时间单位
CAN_BS1_9tq	时间段 1 为 9 个时间单位
CAN_BS1_10tq	时间段 1 为 10 个时间单位
CAN_BS1_11tq	时间段 1 为 11 个时间单位
CAN_BS1_12tq	时间段 1 为 12 个时间单位
CAN_BS1_13tq	时间段 1 为 13 个时间单位
CAN_BS1_14tq	时间段 1 为 14 个时间单位
CAN_BS1_15tq	时间段 1 为 15 个时间单位
CAN_BS1_16tq	时间段 1 为 16 个时间单位

9）CAN_BS2

参数 CAN_BS2 用来定义 CAN 通信过程中时间段 2 的时间单位数目。用户可以通过表 6.93 来查看该参数的取值范围；

表 6.93 参数 CAN_BS2

CAN_BS2	参 数 描 述
CAN_BS2_1tq	时间段 2 为 1 个时间单位
CAN_BS2_2tq	时间段 2 为 2 个时间单位
CAN_BS2_3tq	时间段 2 为 3 个时间单位
CAN_BS2_4tq	时间段 2 为 4 个时间单位
CAN_BS2_5tq	时间段 2 为 5 个时间单位
CAN_BS2_6tq	时间段 2 为 6 个时间单位
CAN_BS2_7tq	时间段 2 为 7 个时间单位
CAN_BS2_8tq	时间段 2 为 8 个时间单位

10）CAN_Prescaler

参数 CAN_Prescaler 用来定义 CAN 通信过程中 1 个时间单位的长度，其取值范围为 1～1024。

用户可以通过下面的代码对函数 CAN_Init 的具体使用方法进行了解。该代码的主要功能是对 CAN 通信模块进行初始化操作。

```
/****************** 以下代码用于实现 STM32 中的 CAN 通信 ****************/
/* 初始化 CAN 为 1MB/s, 正常工作模式, 接收 FIFO 锁存 --------------------*/
CAN_InitTypeDef CAN_InitStructure;
CAN_InitStructure.CAN_TTCM=DISABLE;
CAN_InitStructure.CAN_ABOM=DISABLE;
CAN_InitStructure.CAN_AWUM=DISABLE;
CAN_InitStructure.CAN_NART=ENABLE;
CAN_InitStructure.CAN_TXFP=DISABLE;
CAN_InitStructure.CAN_Mode=CAN_Mode_Normal;
CAN_InitStructure.CAN_BS1=CAN_BS1_4tq;
CAN_InitStructure.CAN_BS2=CAN_BS2_3tq;
CAN_InitStructure.CAN_Prescaler=0;
CAN_Init(&CAN_InitStructure);
/************************** 代码行结束 ************************/
```

3. 函数 CAN_FilterInit

函数 CAN_FileterInit 的具体使用方法及其参数说明如表 6.94 所示。

表 6.94　CAN_FilterInit

函数名称	CAN_FilterInit
函数原型	void CAN_FilterInit（CAN_FilterInitTypeDef* CAN_FilterInitStruct）
功能描述	根据 CAN_FilterInitStruct 中指定的参数初始化外设 CAN 过滤器
输入参数	无
输出参数	无
返回值	无
先决条件	无
被调用函数	无

在该库函数中，输入参数 CAN_FilterInitTypeDefStrcture 用于指定外设 CAN 过滤器相关配置信息的结构体函数，具体结构参数如下：

```
/****************** 以下代码用于实现 STM32 中的 CAN 通信 ****************/
typedef struct
{
    u8   CAN_FilterNumber;
    u8   CAN_FilterMode;
    u8   CAN_FilterScale;
    u16  CAN_FilterIDHigh;
    u16  CAN_FilterIDLow;
    u16  CAN_FilterFIFOAssignment;
    FunctionalState CAN_FilterActiveation;
}CAN_FilterInitTypeDef;
/************************** 代码行结束 ************************/
```

在 CAN_FilterInitTypeDefStrcture 结构体中，涉及多个与 CAN 过滤器配置相关的变量参数。有关各个参数的含义及其功能如下。

1）CAN_FilterNumber

参数 CAN_FilterNumber 用来定义 CAN 通信过程中需要初始化的过滤器。该参数的取值范围为 0～3。

2）CAN_FilterMode

参数 CAN_FilterMode 用来定义 CAN 通信过程中过滤器被初始化的模式。用户可以通过表 6.95 来查看该参数的取值范围。

表 6.95　参数 CAN_FilterMode

CAN_FilterMode	参数描述
CAN_FilterMode_IDMask	标识符屏蔽位模式
CAN_FilterMode_IDList	标识符列表模式

3）CAN_FilterScale

参数 CAN_FilterScale 用来定义 CAN 通信过程中过滤器的位宽。用户可以通过表 6.96 来查看该参数的取值范围。

表 6.96　参数 CAN_FilterScale

CAN_FilterScale	参数描述
CAN_FilterScale_Two16bit	2 个 16 位的过滤器
CAN_FilterScale_One32bit	1 个 32 位的过滤器

4）CAN_FilterIDHigh

参数 CAN_FilterIDHigh 用来定义 CAN 过滤器标识符。如果过滤器是 1 个 32 位的，则该参数表示 32 位的高段位；如果过滤器是 2 个 16 位的，则该参数表示第 1 个过滤器的标识符。该参数的取值范围为 0x0000～0xFFFF。

5）CAN_FilterIDLow

参数 CAN_FilterIDLow 用来定义 CAN 过滤器标识符。如果过滤器是 1 个 32 位的，则该参数表示 32 位的低段位；如果过滤器是 2 个 16 位的，则该参数表示第 2 个过滤器的标识符。该参数的取值范围是 0x0000～0xFFFF。

6）CAN_FilterMaskIDHigh

参数 CAN_FilterMaskIDHigh 用来定义 CAN 过滤器的屏蔽标识符或过滤器标识符。如果过滤器是 1 个 32 位的，则该参数表示 32 位的高段位；如果过滤器是 2 个 16 位的，则该参数表示第 1 个过滤器的标识符。该参数的取值范围为 0x0000～0xFFFF。

7）CAN_FilterMaskIDLow

参数 CAN_FilterMaskIDLow 用来定义 CAN 过滤器的屏蔽标识符或者过滤器标识符。如果过滤器是 1 个 32 位的，则该参数表示 32 位的低段位；如果过滤器是 2 个 16 位的，则该参数表示第 2 个过滤器的标识符。该参数的取值范围为 0x0000～0xFFFF。

8）CAN_FilterFIFO

参数 CAN_FilterFIFO 用来定义 CAN 通信过程中过滤器的 FIFO，即 FIFO0 或 FIFO1。用

户可以通过表 6.97 来查看该参数的取值范围。

表 6.97　参数 CAN_FilterFIFO

CAN_FilterFIFO	参数描述
CAN_FilterFIFO0	过滤器 FIFO0 指向过滤器 x
CAN_FilterFIFO1	过滤器 FIFO1 指向过滤器 x

9）CAN_FilterActivation

参数 CAN_FilterActivation 用来使能或者失能 CAN 通信过程中的过滤器，即 FIFO0 或 FIFO1。该参数的取值范围为 ENABLE 或者 DISABLE。

用户可以通过下面的代码对函数 CAN_FilterInit()的具体使用方法进行了解。该代码的主要功能是初始化 CAN 通信模块中的过滤器。

```
/******************  以下代码用于实现 STM32 中的 CAN 通信 ****************/
/* 初始化设置 CAN 中的滤波器 2 -------------------------------------*/
CAN_FilterInitTypeDef  CAN_FilterInitStructure;
CAN_FilterInitStructure.CAN_FilterNumber=2;
CAN_FilterInitStructure.CAN_FilterMode=CAN_FilterMode_IDMaask;
CAN_FilterInitStructure.CAN_FilterScaler=CAN_FilterScale_One32bit;
CAN_FilterInitStructure.CAN_FilterIDHigh=0x0F0F;
CAN_FilterInitStructure.CAN_FilterIDLow=0xF0F0;
CAN_FilterInitStructure.CAN_FilterMaskIDHigh=0xF0F0;
CAN_FilterInitStructure.CAN_FilterMaskILow=0x00FF;
CAN_FilterInitStructure.CAN_FilterFIFO=CAN_FilterFIFO0;
CAN_FilterInitStructure.CAN_FilterActivation=ENABLE;
CAN_FilterInit(&CAN_InitStructure);
/***************************  代码行结束 **************************/
```

4．函数 CAN_StructInit

函数 CAN_StructInit 的具体使用方法及其参数说明如表 6.98 所示。

表 6.98　CAN_StructInit

函数名称	CAN_StructInit
函数原型	void CAN_StructInit（CAN_InitTypeDef* CAN_InitStruct）
功能描述	根据 CAN_InitStruct 中的每一个参数都按照默认值填入
输入参数	CAN_InitStruct：指向待初始化结构 CAN_InitTypeDef 的指针
输出参数	无
返回值	无
先决条件	无
被调用函数	无

在 CAN_InitStruct 结构体中，包含了多个与 CAN 初始化配置相关的变量参数。有关各个参数的初始化默认值分别如表 6.99 所示。

表 6.99　参数 CAN_InitStruct 的初始化默认值

CAN_InitStruct 成员	默　认　值
CAN_TTCM	DISABLE
CAN_ABOM	DISABLE
CAN_AWUM	DISABLE
CAN_NART	DISABLE
CAN_RFLM	DISABLE
CAN_TXFP	DISABLE
CAN_Mode	CAN_Mode_Normal
CAN_SJW	CAN_SJW_1tq
CAN_BS1	CAN_BS1_4tq
CAN_BS2	CAN_BS3_3tq
CAN_Prescaler	1

用户可以通过下面的代码对函数 CAN_StructInit()的具体使用方法进行了解。该代码的主要功能是初始化 CAN 通信模块。

```
/******************* 以下代码用于实现 STM32 中的 CAN 通信 ****************/
/* 初始化设置 CAN 结构体 -------------------------------------------*/
CAN_InitTypeDef CAN_InitStructure;
CAN_StructureInit(&CAN_InitStructure);
/*************************** 代码行结束 *************************/
```

5．函数 CAN_ITConfig

函数 CAN_ITConfig 的具体使用方法及其参数说明如表 6.100 所示。

表 6.100　CAN_ITConfig

函 数 名 称	CAN_ITConfig
函 数 原 型	void CAN_ITConfig（u32 CAN_IT, FuncitonalState NewState）
功 能 描 述	使能或失能指定的 CAN 中断
输入参数 1	CAN_IT：待使能或者失能的 CAN 中断
输入参数 2	NewState：CAN 中断的新状态，该参数取值范围为 ENABLE 或者 DISABLE
输 出 参 数	无
返 回 值	无
先 决 条 件	无
被调用函数	无

在该库函数中，输入参数 CAN_IT 用于设置待使能或失能的 CAN 中断。用户可以选择下面所列出的一个或多个数值的组合来作为该参数的值，具体如表 6.101 所示。

表 6.101　参数 CAN_IT

CAN_IT	参数描述
CAN_IT_TME	发送邮箱空中断屏蔽
CAN_IT_FMP0	FIFO0 消息挂号中断屏蔽
CAN_IT_FF0	FIOF0 满中断屏蔽
CAN_IT_FOV0	FIFO0 溢出中断屏蔽
CAN_IT_FMP1	FIFO1 消息挂号中断屏蔽
CAN_IT_FF1	FIFO1 满中断屏蔽
CAN_IT_FOV1	FIFO1 溢出中断屏蔽
CAN_IT_EWG	错误警告中断屏蔽
CAN_IT_EPV	错误被动中断屏蔽
CAN_IT_BOF	离线中断屏蔽
CAN_IT_LEC	上次错误号中断屏蔽
CAN_IT_ERR	错误中断屏蔽
CAN_IT_WKU	唤醒中断屏蔽
CAN_IT_SLK	睡眠标志位中断屏蔽

用户可以通过下面的代码对函数 CAN_ITConfig()的具体使用方法进行了解。该代码的主要功能是使能 CAN 通信模块中 FIFO0 的溢出中断。

```
/******************** 以下代码用于实现 STM32 中的 CAN 通信 ****************/
/ 使能 CAN 中 FIFO 的数据溢出中断 ------------------------------------------*/
CAN_ITConfig(CAN_IT_FOV0, ENABLE);
/**************************** 代码行结束 **************************/
```

6. 函数 CAN_Transmit

函数 CAN_Transmit 的具体使用方法及其参数说明如表 6.102 所示。

表 6.102　CAN_Transmit

函数名称	CAN_Transmit
函数原型	u8 CAN_Transmit（CAN_TxMsg* TxMessage）
功能描述	开始传输一个消息
输入参数	CAN_TxMsg：指向某个结构的指针
输出参数	无
返回值	所使用邮箱的号码，如果没有空邮箱则返回 CAN_NO_MB
先决条件	无
被调用函数	无

在该库函数中，输入参数 CAN_TxMsg 用于指定 CAN 通信传输数据的结构体函数，具体结构参数如下：

```
/******************  以下代码用于实现 STM32 中的 CAN 通信 ****************/
typedef struct
{
    u32      StdId;
    u32      ExtId;
    u8       IDE;
    u8       RTR
    u8       DLC;
    u8       Data[8];
}CAN_TxMsg;
/**************************** 代码行结束 *************************/
```

在 CanTxMsg 结构体中，涉及了多个与 CAN 通信数据相关的变量参数。有关各个参数的含义及其功能分别如下。

1）StdId

参数 StdId 用来定义 CAN 通信过程中的标准标识符。该参数的取值范围为 0～0x7FF。

2）ExtId

参数 ExtId 用来定义 CAN 通信过程中的扩展标识符。该参数的取值范围为 0～0x3FFFF。

3）IDE

参数 IDE 用来定义 CAN 通信过程中消息标识符的类型。用户可以通过表 6.103 查看该参数的取值范围。

表 6.103 参数 IDE

IDE	参 数 描 述
CAN_ID_STD	使用标准标识符
CAN_ID_EXT	使用标准标识符 + 扩展标识符

4）RTR

参数 RTR 用来定义 CAN 通信过程中消息数据帧的类型。该参数可以用来设置消息类型为数据帧或者远程帧。用户可以通过表 6.104 来查看该参数的取值范围。

表 6.104 参数 RTR

RTR	参 数 描 述
CAN_RTR_DATA	数据帧
CAN_RTR_REMOTE	远程帧

5）DLC

参数 DLC 用来定义 CAN 通信过程中消息帧的长度。该参数的取值范围是 0x00～0x08。

6）Data[8]

参数 Data[8]用来定义 CAN 通信过程中消息帧中传输的数据内容。该参数的取值范围是 0x00～0xFF。

用户可以通过下面的代码对函数 CAN_Transmit( )的具体使用方法进行了解。该代码的主要功能是在 CAN 通信模块中发送一个数据信息。

```
/******************  以下代码用于实现 STM32 中的 CAN 通信 ****************/
/* 使用 CAN 发送一个数据 -------------------------------------------*/
CANTxMsg    TxMessage;
TxMessage.StdId=0x1F;
TxMessage.ExtId=0x00;
TxMessage.IDE=CAN_ID_STD;
TxMessage.RTR=CAN_RTR_DATA;
TxMessage.DLC=2;
TxMessage.Data[0]=0xAA;
TxMessage.Data[1]=0x55;
CAN_Transmit(&TxMessage);
/**************************** 代码行结束 **************************/
```

7. 函数 CAN_TransmitStatus

函数 CAN_TransmitStatus 的具体使用方法及其参数说明如表 6.105 所示。

表 6.105　CAN_TransmitStatus

函数名称	CAN_TransmitStatus
函数原型	u8 CAN_TransmitStatus（u8 TransmitMailbox）
功能描述	检查 CAN 消息传输的状态
输入参数	TransmitMailbox：用来传输的邮箱号码
输出参数	无
返回值	CANTXOK：CAN 传输成功； CANPENDING：CAN 传输挂起； CANFAILED：CAN 传输失败
先决条件	无
被调用函数	无

用户可以通过下面的代码对函数 CAN_TransmitStatus( )的具体使用方法进行了解。该代码的主要功能是检测 CAN 通信模块中发送数据的状态。

```
/******************  以下代码用于实现 STM32 中的 CAN 通信 ****************/
/* 检测 CAN 发送数据的状态 ----------------------------------------*/
CANTxMsg    TxMessage;
......
switch(CAN_TransmitStatus(CAN_Transmit(&TxMessage)))
{
    /* 如果 CAN 发送正常 --------------------------------------*/
    case CANTXOK:
        ......;
            break;
    ......
}
/**************************** 代码行结束 **************************/
```

8. 函数 CAN_CancelTransmit

函数 CAN_CancelTransmit 的具体使用方法及其参数说明如表 6.106 所示。

表 6.106　CAN_CancelTransmit

函数名称	CAN_CancelTransmit
函数原型	void CAN_CancelTransmit（u8 Mailbox）
功能描述	取消 CAN 消息传输的状态
输入参数	Mailbox：用来传输的邮箱号码
输出参数	无
返回值	无
先决条件	无
被调用函数	无

用户可以通过下面的代码对函数 CAN_CancelTransmit ( )的具体使用方法进行了解。该代码的主要功能是取消 CAN 通信模块中发送的数据。

```
/******************  以下代码用于实现 STM32 中的 CAN 通信 ****************/
/* 中止 CAN 消息的传输状态 -------------------------------------------*/
CANTxMsg    TxMessage;
u8 MBNumber;
MBNumber=CAN_Transmit(&TxMessage);
if(CAN_TransmitStatus(CAN_Transmit(MBNumber)==CANTXPENDING)
{
    ……;
    Can_CancelTransmit(MBNumber);
……;
}
/*************************** 代码行结束 **************************/
```

9. 函数 CAN_FIFORelease

函数 CAN_FIFORelease 的具体使用方法及其参数说明如表 6.107 所示。

表 6.107　CAN_FIFORelease

函数名称	CAN_FIFORelease
函数原型	void CAN_FIFORelease（u8 FIFONumber）
功能描述	释放 CAN 通信模块中的 FIFO
输入参数	FIFONumber：CAN 数据接收 FIFO，即 CANFIFO0 或 CANFIFO1
输出参数	无
返回值	无
先决条件	无
被调用函数	无

用户可以通过下面的代码对函数 CAN_FIFORelease ( )的具体使用方法进行了解。该代码的主要功能是释放 CAN 通信模块中的 FIFO0。

```
/******************  以下代码用于实现 STM32 中的 CAN 通信 ****************/
/* 释放 CAN 通信模块中的 FIFO0 ---------------------------------------*/
CAN_FIFORelease(CANFIFO0);
/**************************** 代码行结束 *************************/
```

10．函数 CAN_MessagePending

函数 CAN_MessagePending 的具体使用方法及其参数说明如表 6.108 所示。

表 6.108　CAN_MessagePending

函数名称	CAN_MessagePending
函数原型	u8　CAN_MessagePending（u8 FIFONumber）
功能描述	返回挂号的信息数量
输入参数	FIFONumber：CAN 数据接收 FIFO，即 CANFIFO0 或 CANFIFO1
输出参数	无
返回值	挂号信息的数量
先决条件	无
被调用函数	无

用户可以通过下面的代码对函数 CAN_MessagePending ( )的具体使用方法进行了解。该代码的主要功能是释放 CAN 通信模块中挂号信息的数量。

```
/******************  以下代码用于实现 STM32 中的 CAN 通信 ****************/
/* 检查 FIFO0 中挂号的信息数量 ---------------------------------------*/
u8  MessagePending=0;
MessagePending=CAN_MessagePending(CANFIFO0);
/**************************** 代码行结束 *************************/
```

11．函数 CAN_Receive

函数 CAN_Receive 的具体使用方法及其参数说明如表 6.109 所示。

表 6.109　CAN_Receive

函数名称	CAN_Receive
函数原型	void CAN_Receive（u8 FIFONumber, CanRxMsg* RxMessage）
功能描述	CAN 通信模块接收一个消息
输入参数	FIFONumber：接收 FIFO，即 CANFIFO0 或 CANFIFO1
输出参数	RxMessage：指向某结构体的指针，该结构包含了 CAN_ID、CAN_DLC 和 CAN_Data
返回值	无
先决条件	无
被调用函数	无

在该库函数中，输入参数 CAN_RxMsg 用于指定 CAN 通信传输数据的结构体函数，具体结构参数如下：

```
/******************* 以下代码用于实现 STM32 中的 CAN 通信 ****************/
typedef struct
{
    u32       StdId;
    u32       ExtId;
    u8        IDE;
    u8        RTR
    u8        DLC;
    u8        Data[8];
    u8        FMI;
}CanRxMsg;
/***************************** 代码行结束 **************************/
```

在 CanRxMsg 结构体中，涉及多个与 CAN 通信数据相关的变量参数。有关各个参数的含义及其功能分别如下。

1）StdId

参数 StdId 用来定义 CAN 通信过程中的标准标识符。该参数的取值范围为 0～0x7FF。

2）ExtId

参数 ExtId 用来定义 CAN 通信过程中的扩展标识符。该参数的取值范围为 0～0x3FFFF。

3）IDE

参数 IDE 用来定义 CAN 通信过程中消息标识符的类型。用户可以通过表 6.110 查看该参数的取值范围。

表 6.110　参数 IDE

IDE	参 数 描 述
CAN_ID_STD	使用标准标识符
CAN_ID_EXT	使用标准标识符 + 扩展标识符

4）RTR

参数 RTR 用来定义 CAN 通信过程中消息数据帧的类型。该参数可以用来设置消息类型为数据帧或者远程帧。用户可以通过表 6.111 查看该参数的取值范围。

表 6.111　参数 RTR

RTR	参 数 描 述
CAN_RTR_DATA	数据帧
CAN_RTR_REMOTE	远程帧

5）DLC

参数 DLC 用来定义 CAN 通信过程中消息帧的长度。该参数的取值范围是 0x00～0x08。

6）Data[8]

参数 Data[8]用来定义 CAN 通信过程中消息帧中传输的数据内容。该参数的取值范围是 0x00～0xFF。

7）FMI

参数 FMI 设定为消息将要通过的过滤器索引，这些消息被存储在邮箱中。该参数的取值范围是 0x00～0xFF。

用户可以通过下面的代码对函数 CAN_Receive( )的具体使用方法进行了解。该代码的主要功能是在 CAN 通信模块中发送一个数据信息。

```
/****************** 以下代码用于实现 STM32 中的 CAN 通信 ****************/
/* 使用 CAN 接收一个消息 --------------------------------------------*/
CANTxMsg    TxMessage;
CAN_Receive(&RxMessage);
/**************************** 代码行结束 *************************/
```

12. 函数 CAN_Sleep

函数 CAN_Sleep 的具体使用方法及其参数说明如表 6.112 所示。

表 6.112 CAN_Sleep

函数名称	CAN_Sleep
函数原型	u8 CAN_Sleep（void）
功能描述	使 CAN 进入低功耗模式
输入参数	无
输出参数	无
返回值	CANSLEEPOK：CAN 进入睡眠模式成功； CANSLEEPFAILED：CAN 进入睡眠模式失败
先决条件	无
被调用函数	无

用户可以通过下面的代码对函数 CAN_Sleep（)的具体使用方法进行了解。该代码的主要功能是将 CAN 通信模块进入休眠模式。

```
/****************** 以下代码用于实现 STM32 中的 CAN 通信 ****************/
/* 设置 CAN 进入休眠模式 --------------------------------------------*/
CAN_Sleep();
/**************************** 代码行结束 ***************************/
```

13. 函数 CAN_WakeUp

函数 CAN_WakeUp 的具体使用方法及其参数说明如表 6.113 所示。

表 6.113 CAN_WakeUp

函数名称	CAN_WakeUp
函数原型	u8 CAN_WakeUp（void）

续表

功能描述	将 CAN 从低功耗模式唤醒
输入参数	无
输出参数	无
返回值	CANSLEEPOK：CAN 进入睡眠模式成功； CANSLEEPFAILED：CAN 进入睡眠模式失败
先决条件	无
被调用函数	无

用户可以通过下面的代码对函数 CAN_WakeUp( )的具体使用方法进行了解。该代码的主要功能是将 CAN 通信模块从休眠模式唤醒。

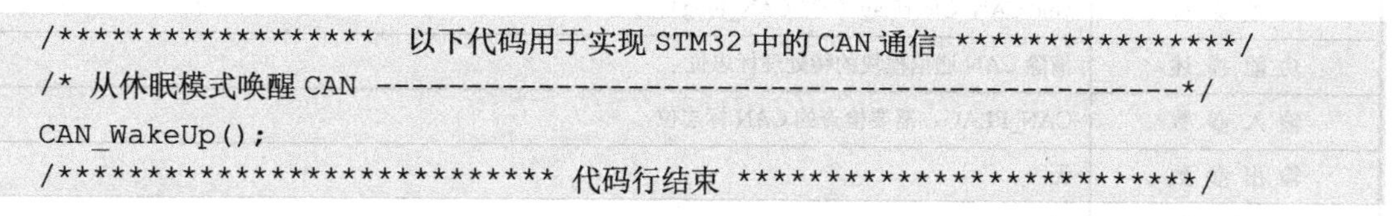

```
/******************* 以下代码用于实现 STM32 中的 CAN 通信 ****************/
/* 从休眠模式唤醒 CAN -------------------------------------------------*/
CAN_WakeUp();
/**************************** 代码行结束 *************************/
```

14. 函数 CAN_GetFlagStatus

函数 CAN_GetFlagStatus 的具体使用方法及其参数说明如表 6.114 所示。

表 6.114　CAN_GetFlagStatus

函数名称	CAN_GetFlagStatus
函数原型	FlagStatus　CAN_GetFlagstatus（u32 CAN_Flag）
功能描述	检查指定的 CAN 标志位的设置状态
输入参数	CAN_Flag：需要检查的 CAN 标志位
输出参数	无
返回值	CAN_Flag 的新状态，即 SET 或者 RESET
先决条件	无
被调用函数	无

在该库函数中，输入参数 CAN_Flag 用于设置需要检查的标志位类型。用户可以选择下面所列出的一个或多个数值的组合来作为该参数的值，具体如表 6.115 所示。

表 6.115　参数 CAN_Flag

CAN_Flag	参数描述
CAN_Flag_EWG	错误警告标志位
CAN_Flag_EPV	错误被动标志位
CAN_Flag_BOF	离线标志位

用户可以通过下面的代码对函数 CAN_GetFlagStatus( )的具体使用方法进行了解。该代码的主要功能是检查 CAN 通信模块中错误警告标志位的状态。

```
/******************  以下代码用于实现 STM32 中的 CAN 通信 ****************/
/* 查看 CAN 错误警告标志位的状态 ----------------------------------------*/
FlagStatus  Status;
Status=CAN_GetFlagStatus(CAN_FLAG_EWG);
/**************************** 代码行结束 **************************/
```

15．函数 CAN_ClearFlag

函数 CAN_ClearFlag 的具体使用方法及其参数说明如表 6.116 所示。

表 6.116　CAN_ClearFlag

函数名称	CAN_ClearFlag
函数原型	void CAN_ClearFlag（u32 CAN_Flag）
功能描述	清除 CAN 通信模块的待处理标志位
输入参数	CAN_FLAG：需要检查的 CAN 标志位
输出参数	无
返回值	无
先决条件	无
被调用函数	无

用户可以通过下面的代码对函数 CAN_ClearFlag( )的具体使用方法进行了解。该代码的主要功能是清除 CAN 通信模块的离线标志位。

```
/******************  以下代码用于实现 STM32 中的 CAN 通信 ****************/
/* 清除 CAN 离线标志位 -----------------------------------------------*/
CAN_ClearFlag(CAN_FLAG_BOF);
/**************************** 代码行结束 **************************/
```

16．函数 CAN_GetITStatus

函数 CAN_GetITStatus 的具体使用方法及其参数说明如表 6.117 所示。

表 6.117　CAN_GetITStatus

函数名称	CAN_GetITStatus
函数原型	ITStatus　CAN_GetITstatus（u32 CAN_IT）
功能描述	检查指定的 CAN 中断标志位的状态
输入参数	CAN_IT：需要检查的 CAN 中断标志位
输出参数	无
返回值	CAN_IT 的新状态，即 SET 或者 RESET
先决条件	无
被调用函数	无

在该库函数中，输入参数 CAN_IT 用于设置需要检查的标志位类型。用户可以选择下面所列出的一个或多个数值的组合来作为该参数的值，具体如表 6.118 所示。

表 6.118 参数 CAN_IT

CAN_IT	参 数 描 述
CAN_IT_RQCP0	邮箱 1 请求完成
CAN_IT_RQCP1	邮箱 2 请求完成
CAN_IT_RQCP2	邮箱 3 请求完成
CAN_IT_FMP0	FIFO0 消息挂号
CAN_IT_FULL0	FIFO0 已经存入 3 个消息（满）
CAN_IT_FOVR0	FIFO0 溢出
CAN_IT_FMP1	FIFO1 消息挂号
CAN_IT_FULL1	FIFO1 已经存入 3 个消息（满）
CAN_IT_FOVR1	FIFO1 溢出
CAN_IT_EWGF	上限到达警告
CAN_IT_EPVF	错误被动上限到达
CAN_IT_BOFF	进入离线状态
CAN_IT_WKUI	睡眠模式下 SOF 侦测

用户可以通过下面的代码对函数 CAN_GetITStatus( )的具体使用方法进行了解。该代码的主要功能是检查 CAN 通信模块中 FIFO0 溢出中断标志位的状态。

```
/******************  以下代码用于实现 STM32 中的 CAN 通信 ****************/
/* 检查 CAN 中 FIFO0 溢出中断标志位的状态 ---------------------------*/
ITStatus    Status;
Status=CAN_GetITStatus(CAN_IT_FOVR0);
/****************************** 代码行结束 ***************************/
```

17. 函数 CAN_ClearITPendingBit

函数 CAN_ClearITPendingBit 的具体使用方法及其参数说明如表 6.119 所示。

表 6.119 CAN_ClearITPendingBit

函 数 名 称	CAN_ClearITPendingBit
函 数 原 型	ITStatus CAN_CleartITPendingBit（u32 CAN_IT）
功 能 描 述	清除指定 CAN 中断标志位的状态
输 入 参 数	CAN_IT：需要检查的 CAN 中断标志位
输 出 参 数	无
返 回 值	无
先 决 条 件	无
被调用函数	无

用户可以通过下面的代码对函数 CAN_ClearITPendingBit 的具体使用方法进行了解。该代码的主要功能是清除 CAN 通信模块中错误被动上限到达中断标志位的状态。

```
/****************** 以下代码用于实现 STM32 中的 CAN 通信 ****************/
/* 清除 CAN 错误状态溢出标志位 ---------------------------------------*/
CAN_ClearITPendingBit(CAN_IT_EPVF);
/**************************** 代码行结束 ***************************/
```

6.4.6 基础实验四：基于 CAN 通信的车载电动机冷控实验

在新能源锂电池动力汽车中，整车的动力主要来源于车载锂电池的功率输出。当电池处于大电流放电工作状态，即电动机处于大负荷甚至满负荷工作状态时，如爬坡、加速等，此时动力电池的温度会急剧上升。为了降低电动机的工作温度，使得电动机的工作温度能维持在一个安全的范围内，可以使用风扇对电池进行降温处理，而这个控制接口的过程可以由 STM32 系列 ARM 处理器控制继电器来实现。具体的结构框图如图 6.31 所示。

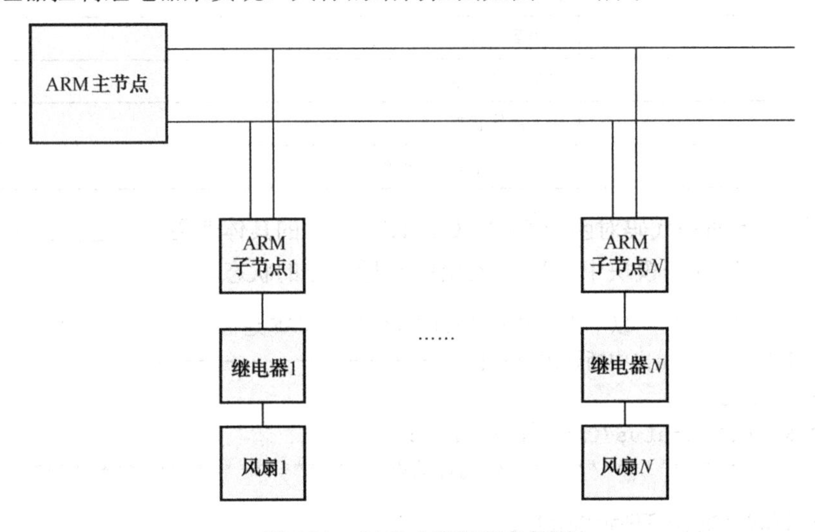

图 6.31 CAN 中断逻辑结构图

用户可以通过图 6.32 来查看基于 CAN 通信的车载电动机冷控系统。

图 6.32 基于 CAN 通信的车载电动机冷控系统

```
/*************** 以下代码用于实现车载时钟与电子日历实验 ****************/
* File Name              : main.c
* Author                 : NJFU Team of EE
* Date First Issued      : 02/05/2012
* Description            : Main program body
```

```
******************************************************************/
/* main 函数头文件 -----------------------------------------------*/
#include "stm32f10x_lib.h"            //STM32 固件函数库

/* 用户自定义变量 ------------------------------------------------*/
vu32 ret;
volatile TestStatus TestRx;
ADC_InitTypeDef ADC_InitStructure;
vu16 ADC_ConvertedValue;
ErrorStatus HSEStartUpStatus;

/* 用户自定义函数 ------------------------------------------------*/
void RCC_Configuration(void);
void GPIO_Configuration(void);
void NVIC_Configuration(void);
extern TestStatus vSendToCanBus(vu16 data);

/*******************************************************************
* Function Name : main
* Description   : Main program
* Input         : None
* Output        : None
* Return        : None
******************************************************************/
void main(void)
{

    #ifdef DEBUG
        debug();
    #endif

    /* 系统 RCC 时钟配置 -----------------------------------------*/
    RCC_Configuration();

    /* 系统中断向量 NVIC 的配置 ----------------------------------*/
    NVIC_Configuration();

    /* 系统 GPIO 端口引脚配置 ------------------------------------*/
    GPIO_Configuration();

    /* 配置 ADC1 ------------------------------------------------*/
    ADC_InitStructure.ADC_Mode = ADC_Mode_Independent;
    ADC_InitStructure.ADC_ScanConvMode = ENABLE;
    ADC_InitStructure.ADC_ContinuousConvMode = ENABLE;
    ADC_InitStructure.ADC_ExternalTrigConv = ADC_ExternalTrigConv_None;
    ADC_InitStructure.ADC_DataAlign = ADC_DataAlign_Right;
```

```
    ADC_InitStructure.ADC_NbrOfChannel = 1;
    ADC_Init(ADC1, &ADC_InitStructure);

    /* 配置 ADC1 中的 11 通道 ---------------------------------------*/
    ADC_RegularChannelConfig(ADC1, ADC_Channel_11, 1, ADC_SampleTime_55Cycles5);

    /* 使能 ADC1 ----------------------------------------------------*/
    ADC_Cmd(ADC1, ENABLE);

    /* 复位 ADC1 的校准寄存器 ---------------------------------------*/
    ADC_ResetCalibration(ADC1);

    /* 等待 ADC 校准寄存器复位完成 ----------------------------------*/
    while(ADC_GetResetCalibrationStatus(ADC1));

    /* 开始校准 ADC1Start ADC1 calibaration -------------------------*/
    ADC_StartCalibration(ADC1);

    /* 等待 ADC 校准完成 --------------------------------------------*/
    while(ADC_GetCalibrationStatus(ADC1));

    /* 以软件的方式触发 ADC 进行转换 --------------------------------*/
    ADC_SoftwareStartConvCmd(ADC1, ENABLE);


    /* 系统大循环开始 -----------------------------------------------*/
    while (1)
    {
        /* 读取 ADC 的转换结果并保存在变量 AD_value 中 ------------------*/
        AD_value=ADC_GetConversionValue(ADC1);

        /* 如果检测到的温度过高，向 CAN 总线发送警告指令 -----------------*/
        if(AD_value>=0x7FF)
        {
            /* 发送温度过高警告指令（开启风扇指令）至 CAN 总线 -------------*/
            TestRx=vSendToCanBus(TempHigh);
        }//if 循环结束
    }//while 循环结束
}//main 函数结束
/************************* 主程序代码结束 *************************/
```

在上述主程序代码中，同样涉及对系统时钟的配置及 STM32 芯片引脚的配置。由于系统使用到 CAN 通信模块，因此在 RCC 函数和 GPIO 函数中需要添加以下代码：

```
/************************** RCC 时钟部分代码*************************/
/* 使能系统 CAN 时钟 ---------------------------------------------------*/
RCC_APB1PeriphClockCmd(RCC_APB1Periph_CAN, ENABLE);
```

```
/************************* 子程序代码结束 *************************/
/************************ GPIO 函数的部分代码************************/
/* 配置 CAN 通信的 RX 引脚 ---------------------------------------*/
GPIO_InitStructure.GPIO_Pin = GPIO_Pin_0;
GPIO_InitStructure.GPIO_Mode = GPIO_Mode_IPU;
GPIO_Init(GPIOD, &GPIO_InitStructure);

/* 配置 CAN 通信的 TX 引脚 ---------------------------------------*/
GPIO_InitStructure.GPIO_Pin = GPIO_Pin_1;
GPIO_InitStructure.GPIO_Mode = GPIO_Mode_AF_PP;
GPIO_Init(GPIOD, &GPIO_InitStructure);
/************************* 子程序代码结束 *************************/
```

此外，主程序中 CAN 总线数据的发送可以通过 vSendToCanBus（）函数来实现，具体的代码实现如下。

```
/*******************************************************************
* Function Name : vSendToCanBus
* Description   : Configures the CAN
* Input         : None
* Output        : None
* Return        : PASSED/FAILED
*******************************************************************/
TestStatus vSendToCanBus(vu16 data)
{
   u8 Error;
   CAN_InitTypeDef         CAN_InitStructure;
   CAN_FilterInitTypeDef   CAN_FilterInitStructure;
   CanTxMsg TxMessage;

   u32 i = 0;
   u8 TransmitMailbox;

   /* 初始化 CAN 寄存器 -------------------------------------------*/
   CAN_DeInit();
   CAN_StructInit(&CAN_InitStructure);

   /* CAN 参数配置 -------------------------------------------------*/
   CAN_InitStructure.CAN_TTCM=DISABLE;
   CAN_InitStructure.CAN_ABOM=DISABLE;
   CAN_InitStructure.CAN_AWUM=DISABLE;
   CAN_InitStructure.CAN_NART=DISABLE;
   CAN_InitStructure.CAN_RFLM=DISABLE;
   CAN_InitStructure.CAN_TXFP=DISABLE;
   CAN_InitStructure.CAN_Mode=CAN_Mode_Normal;//CAN_Mode_LoopBack;
   CAN_InitStructure.CAN_SJW=CAN_SJW_1tq;
   CAN_InitStructure.CAN_BS1=CAN_BS1_8tq;
   CAN_InitStructure.CAN_BS2=CAN_BS2_7tq;
```

```
    CAN_InitStructure.CAN_Prescaler=2;
    Error =CAN_Init(&CAN_InitStructure);

    /* 如果 CAN 初始化失败，则返回 FAILED ------------------------------*/
    if (Error == 0)
      return FAILED;

    /* CAN 过滤器初始化 ------------------------------------------------*/
    CAN_FilterInitStructure.CAN_FilterNumber=0;
    CAN_FilterInitStructure.CAN_FilterMode=CAN_FilterMode_IdMask;
    CAN_FilterInitStructure.CAN_FilterScale=CAN_FilterScale_32bit;
    CAN_FilterInitStructure.CAN_FilterIdHigh=0x0000;
    CAN_FilterInitStructure.CAN_FilterIdLow=0x0000;
    CAN_FilterInitStructure.CAN_FilterMaskIdHigh=0x0000;
    CAN_FilterInitStructure.CAN_FilterMaskIdLow=0x0000;
    CAN_FilterInitStructure.CAN_FilterFIFOAssignment=0;
    CAN_FilterInitStructure.CAN_FilterActivation=ENABLE;
    CAN_FilterInit(&CAN_FilterInitStructure);

    /* 使用 CAN 发送数据 ------------------------------------------------*/
    TxMessage.StdId=0x01;
    TxMessage.RTR=CAN_RTR_DATA;
    TxMessage.IDE=CAN_ID_STD;
    TxMessage.DLC=3;
    TxMessage.Data[0]=0x01;
    TxMessage.Data[2]=data%256;
    TxMessage.Data[1]=data>>8;

    TransmitMailbox=CAN_Transmit(&TxMessage);
    i = 0;

    /* 等待 CAN 数据发送成功 --------------------------------------------*/
    while((CAN_TransmitStatus(TransmitMailbox)!= CANTXOK) && (i!= 0xFF))
    {
        i++;
    }

    return PASSED; /* Test Passed */
}
```

综上所述，在本例题的程序代码中，对电池的温度进行实时检测。在温度超出警戒线的时候将向 CAN 总线发送温度报警指令，以启动风扇。在 CAN 总线的另外一个通信节点上，STM32 处理器通过 CAN 通信接口接收总线上的数据。在接收到温度报警指令后，将启动风扇冷却。限于篇幅，CAN 通信接收节点的程序代码在这里就不再给出了。

第7章

STM32F103XX内部资源的C编程实例

前面的章节介绍了STM32F103XX系列ARM处理器中通用功能模块的具体结构及其使用方法。为了能进一步让读者熟练掌握这些功能模块的工程应用，本章将通过具体的实际工程系统案例设计来深入介绍这些模块的使用。

在介绍这些工程实际案例的过程中，首先分析各个项目的具体应用背景和功能需求分析，并且以此为依据完成系统架构的设计。然后根据系统设计的框架完成相应的硬件电路，并结合相应的模块功能完成项目的功能分析。在完成硬件电路设计后，将以C语言代码为例完成系统软件的流程图设计，并具体分析项目代码的功能。最后通过项目小节的形式对项目的整个流程进行回顾总结。

本章所有的项目案例都来源于实际工程应用，相比前面章节中的模块功能案例，其具有更强的工程应用意义。

本章重点

- 系统电源的转换；
- 车载温/湿度传感器的选用；
- STM32F103XX中ADC模块的使用；
- STM32F103XX中USART模块的使用。

本章难点 

- STM32F103XX中ADC、USART功能模块的使用；
- 系统电源转换。

7.1 基于 STM32F103XX 的车载温/湿度检测仪的设计

绝大部分汽车中都配备了空调系统用于对车厢内的温/湿度进行调节。对于车载空调系统而言，其主要功能是实现对车厢内空气的制冷、加热、换气和空气净化。它可以为乘车人员提供舒适的乘车环境，降低驾驶员的疲劳强度，提高行车安全。对于当前的汽车行业而言，车载空调装置已成为衡量汽车功能是否齐全的重要标志之一。

在车载空调系统中，为了实现与用户之间的友好接口界面，系统需要对车厢内外的温度，以及车厢内部的湿度进行实时检测，并通过 LED 数码管将温/湿度的检测结果显示出来。

7.1.1 项目内容的概述

在车载温/湿度检测仪的项目设计中，需要完成对车厢内温度和湿度，以及车厢外温度的实时监测。但对于车载系统而言，车厢内、外温度的测量在原理及测试方式上都是相同的，因此车厢内、外温度的测量都可以采用同样的传感器及其测量方式。下面将详细介绍有关车载温/湿度检测仪的设计思路。

1. 温度的测量

前面已经详细介绍过有关温度的测量方法。对于车载温/湿度检测系统而言，温度的测量可以采用以下几种方式。

（1）模拟式温度测量。热敏电阻 PT100、热电偶等；

（2）数字式温度测量。DS18B20、温度变送器等。

从系统的实现角度而言，上述这些方式都可以完成对温度的检测。但对于车载温/湿度检测系统而言，必须从适用性及成本可行性等各个角度综合出发，选择最为合适的温度检测方式。用户可以根据表 7.1 来查看各种温度测量方式的优缺点。

表 7.1 温度测量的方式

温度测量方式	产品成品	测量精度	设计便捷性
热敏电阻	较高	高	需外接信号调理电路
热电偶	较高	较高	需外接信号调理电路
DS18B20	低	较低	无须外接信号调理电路
温度变送器	高	较低	无须外接信号调理电路

从表 7.1 的性能参数比较的结果来看，本项目选用 DS18B20 数字式温度传感器及热敏电阻（PT100）作为系统的温度检测，如图 7.1 所示。相比其他温度检测方式，DS18B20 数字式温度传感器具有较好的人机交互接口及较低的成本，PT100 热敏电阻则具有较高的测量精度。

需要注意是的，绝大部分热敏电阻式温度的测量及热电偶式温度的测量都是通过平衡电桥的方式对温度信号进行检定的。用户可以通过前面章节的内容对这两种方式进行对比查看。

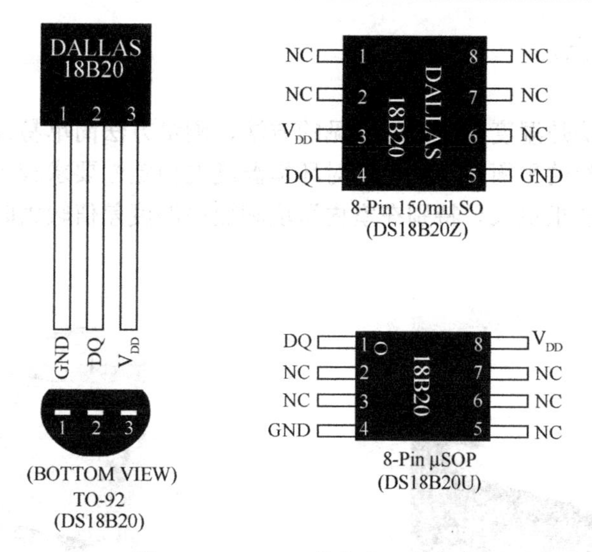

图 7.1 DS18B20 数字式温度传感器

2. 湿度的测量

在工农业生产、汽车、气象、环保、国防、科研和航天等部门，经常需要对环境湿度进行测量及控制。对环境温/湿度的控制，以及对工业材料水分值的监测与分析都已成为比较普遍的技术条件之一，但在常规的环境参数中，湿度是最难准确测量的一个参数。

这主要是因为测量湿度要比测量温度复杂得多，温度是一个独立的被测量，而湿度却受其他因素（大气压强、温度）的影响。此外，湿度的校准也是一个难题。一般而言，工业级的湿度标定设备具有较高的成本。

计量法中将湿度定义为“用于表征物象状态的量”。通常而言，日常生活中所指的湿度为相对湿度，用符号 RH%表示。相对湿度的具体定义为气体中（通常为空气中）所含水蒸气量（水蒸气压）与其空气相同情况下饱和水蒸气量（饱和水蒸气压）的百分比。

虽然湿度与日常生活存在密切的关系，但用数量来表示较为困难。通常情况下，对湿度的表示方法有绝对湿度、相对湿度、露点、湿气与干气的比值（重量或体积）等。各个行业根据自身的特点会采用不同的方式来表示湿度。在本项目中，系统中有关湿度测量的功能主要用于显示车厢内部的水汽含量，因此将采用相对湿度的方式进行表示。并且在目前绝大部分湿度测量的场合，基本都是采用相对湿度的方式进行表示的。当然，在部分要求较高的场合，如实验室检定、湿度数据校准等场合，可能会采用其他方式进行表达。

湿度测量的方法从原理上划分有二三十种之多。但目前而言，湿度测量始终是世界计量领域中的难题之一。其表面看似简单的参数量值，却涉及相当复杂的物理-化学理论分析和计算。通常情况下，普通用户可能会忽略在湿度测量中必须注意的许多因素，进而影响传感器的合理使用。

最常见的湿度测量方法有动态法（双压法、双温法、分流法）、静态法（饱和盐法、硫酸法）、露点法、干湿球法和电子式传感器法。

1）动态法测量湿度

双压法、双温法基于热力学 P、V、T 平衡原理，状态平衡的时间较长；分流法则基于绝对湿气和绝对干空气的精确混合，如图 7.2 所示。由于采用了现代测控手段，这些设备仪器可以达到相当高的精度，但设备复杂，成本较高，运作费时费工，主要用于标准计量的场合，其测量精度可达±2%RH 以上。

2）静态法测量湿度

静态法中的饱和盐法是湿度测量中最常见的方法，测量方法简单易行，如图 7.3 所示。但饱和盐法对液、气两相的平衡要求很严，对环境温度的稳定性要求较高。用起来要求等很长时间去平衡，低湿点要求更长。特别在室内湿度和瓶内湿度差值较大时，每次开启都需要平衡 6～8h。

图 7.2 分流法环境湿度的测量/湿度发生器

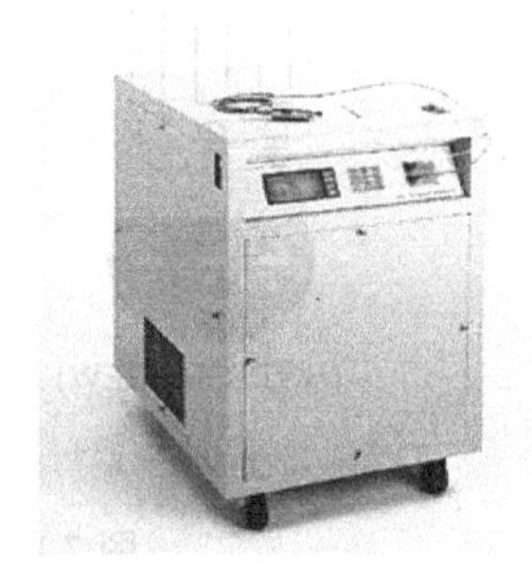

图 7.3 饱和盐法环境湿度的测量/湿度发生器

3）露点法测量湿度

露点法测量湿度主要通过测量湿空气达到饱和时的温度，是热力学的直接结果，准确度高，测量范围宽，如图 7.4 所示。计量用的精密露点仪准确度可达±0.2℃，甚至更高。但用现代光-电原理的冷镜式露点仪价格昂贵，常与标准湿度发生器配套使用。

4）干湿球法测量湿度

干湿球法测量湿度是 18 世纪出现的测湿方法。该方法具有较长的使用历史，也最为普遍。干湿球法是一种间接方法，它用干湿球方程换算出湿度值，而此方程是有条件的，即在湿球附近的风速必须达到 2.5m/s 以上。普通用的干湿球温度计将此条件简化了，所以其准确度只有 5%～7%RH，干湿球也不属于静态法，因此不能简单地认为只要提高两支温度计的测量精度就等于提高了湿度计的测量精度，具体的外观形状如图 7.5 所示。

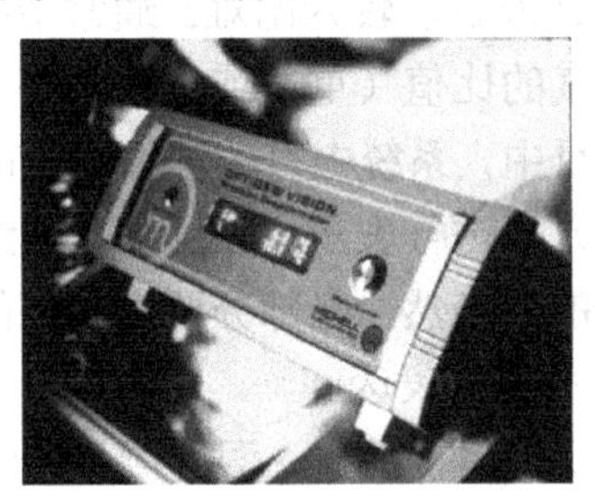

图 7.4 露点法湿度的测量

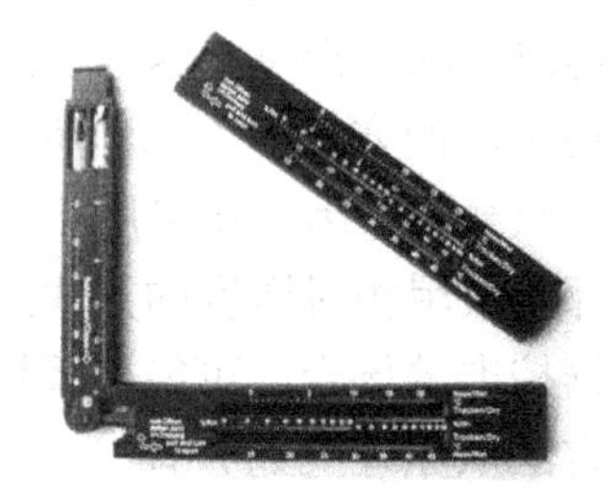

图 7.5 干湿球湿度计

5）电子式湿度传感器法

电子式湿度传感器产品及湿度测量属于 20 世纪 90 年代兴起的行业。近年来，国内外在湿度传感器研发领域取得了长足进步。湿敏传感器正从简单的湿敏元件向集成化、智能化、多参数检测的方向迅速发展，为开发新一代湿度测控系统创造了有利条件，也将湿度测量技术提高到新的水平，如图 7.6 所示。

图 7.6 电子式湿度传感器

3．湿度传感器的比较

通常情况下，现代工程项目中湿度测量方案最常见的方式主要有两种：干湿球测湿法、电子式湿度传感器测湿法。下面对这两种方案进行比较，以便用户选择适合自身行业项目特点的湿度测量方法。

干湿球湿度计的特点：干湿球湿度计具有较广泛的使用范围，但需要说明的是，干湿球湿度计的准确度还取决于干球、湿球两支温度计本身的精度；湿度计必须处于通风状态：只有纱布水套、水质、风速都满足一定要求时，即外部的测量环境满足一定要求时，才能达到规定的准确度。干湿球湿度计的准确度只有 5%～7%RH。

干湿球测湿法采用间接测量方法，通过测量干球、湿球的温度，再经过计算得到湿度值，因此对使用温度没有严格限制，在高温环境下测湿不会对传感器造成损坏。

干湿球测湿法的维护相当简单，在实际使用中，只需定期给湿球加水及更换湿球纱布即可。与电子式湿度传感器相比，干湿球测湿法不会产生老化、精度下降等问题，所以干湿球测湿法更适合于在高温及恶劣环境的场合使用。

电子式湿度传感器是近几十年，特别是近 20 年才迅速发展起来的。电子式湿度传感器生产厂在产品出厂前都要采用标准湿度发生器来逐个标定，电子式湿度传感器的准确度可以达到 2%～3%RH。

在实际使用中，由于尘土、油污及有害气体的影响，使用时间一长，会产生老化，精度下降，湿度传感器年漂移量一般都在±2%左右，甚至更高。一般情况下，生产厂商会标明 1 次标定的有效使用时间为 1 年或 2 年，到期需重新标定。

电子式湿度传感器的精度水平要结合其长期稳定性来判断，一般来说，电子式湿度传感器的长期稳定性和使用寿命不如干湿球湿度传感器长。

湿度传感器采用半导体技术，因此对使用的环境温度有要求，超过其规定的使用温度将会对传感器造成损坏，所以电子式湿度传感器的测湿方法更适合于在洁净及常温的场合使用。

4．湿度传感器的选择

由于湿度测量是本项目的关键所在，因此用户必须根据具体的项目需求分析选择合适的湿度传感器。用户在选择湿度传感器的过程中需要注意以下几个因素。

1）选择测量范围

与测量重量、温度一样，选择湿度传感器首先要确定测量范围。除了气象、科研部门外，工程项目对温、湿度的测控一般不需要全湿程（0～100%RH）测量。

2）选择测量精度

测量精度是湿度传感器最重要的指标，每提高一个百分点，对湿度传感器来说就是上一个台阶，甚至是上一个档次。因为要达到不同的精度，其制造成本相差很大，产品的售价也相差甚远，所以用户在项目工程中一定要量体裁衣，不宜盲目追求“高、精、尖”。

如在不同温度下使用湿度传感器，其标示值还要考虑温度漂移的影响。一般情况下，相对湿度是温度的函数，即温度对指定空间内的相对湿度有较大的影响。温度每变化 0.1℃。将产生 0.5%RH 的湿度变化（误差）。使用场合如果难以做到恒温，则提出过高的测湿精度是不合适的。

多数情况下，如果没有精确的控温手段，或者被测空间是非密封的，±5%RH 的精度就足够了。对于要求精确控制恒温恒湿的局部空间，或者需要随时跟踪记录湿度变化的场合，再选用±3%RH 以上精度的湿度传感器。

精度高于±2%RH 的要求则更多地被用于校准传感器的标准湿度发生器。对于绝大部分相对湿度测量仪表而言，即使在 20～25℃，要达到 2%RH 的准确度仍是很困难的。通常产品资料中给出的特性是在常温（20℃±10℃）和洁净的气体中测量的。

一般情况下，湿度传感器是非密封的，为保护测量的准确度和稳定性，应尽量避免在酸性、碱性及含有机溶剂的气氛中使用，也避免在粉尘较大的环境中使用。为正确反映欲测空间的湿度，还应避免将传感器安放在离墙壁太近或空气不流通的死角处。如果被测的房间太大，应放置多个传感器。

部分湿度传感器对供电电源要求比较高，否则将影响测量精度，或者传感器之间相互干扰，甚至无法工作。使用时应按照技术要求提供合适的、符合精度要求的供电电源。传感器需要进行远距离信号传输时，要注意信号的衰减问题。当传输距离超过 200m 时，建议选用频率输出信号的湿度传感器。

7.1.2 项目需求分析

在基于 STM32F103XX 的车载温/湿度检测仪的设计过程中，需要对温度和湿度最终的测量精度及其他系统参数进行分析，并在传感器选型、硬件电路设计和软件代码实现的过程中采取一定的措施以满足这些要求，具体如下：

- 车厢内部温度和湿度的显示。
- 车厢外部温度的显示。
- 温度测试精度：±1.0℃。
- 温度采样周期：10s。
- 相对湿度测试范围:10%～99%。
- 湿度显示分辨率：1%。
- 湿度测试精度：±5%（室温 25℃以下）。
- 温度测量范围：-20～70℃。
- 外观尺寸：48×28×15（mm）。
- 显示分辨率：0.1℃。
- 显示方式：液晶显示（8 段数码管）。
- 系统功耗：工作状态下为 0.15mW。
- 系统供电：2 节 1.5V 的 LR44 纽扣电池。
- 温度测量精度：±1℃。

从项目功能需求分析而言，可以大体将系统分为 PT100 模拟测温模块、DS18B20 数字测温模块、LED 显示模块、串口通信模块，以及 JTAG 调试模块，具体的系统框图如图 7.7 所示。在后续的系统硬件设计及软件代码实现过程中，也将按照上述模块的划分分别来进行描述。

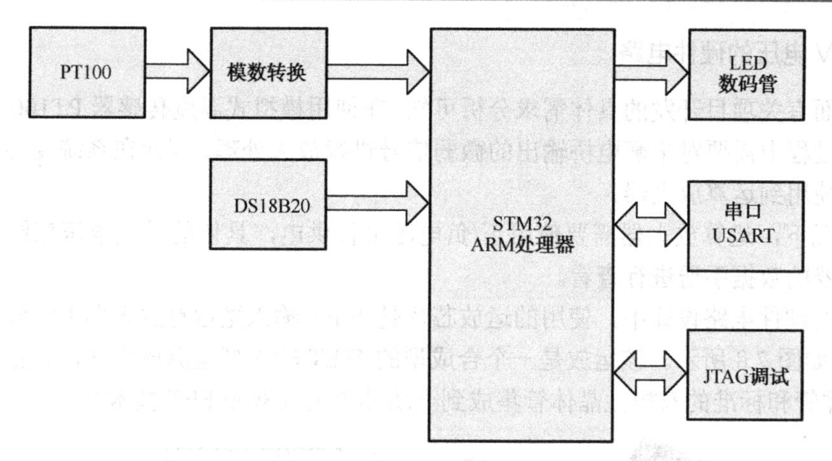

图 7.7 系统功能结构框图

7.2 系统硬件电路设计

在系统硬件电路设计的过程中，同样也需要将整个功能模块划分为具体的每一个较小的模块，如电源模块、模数转换模块等。下面将详细介绍车载温/湿度检测的硬件电路设计。需要说明的是，在所有硬件电路设计的方案中，本项目给出的电路设计方案并不是唯一的，用户可以根据实际工程需要进行裁剪。

7.2.1 系统电源设计

对于任意一个系统设计而言，电源供电是最关键的，也是需首要解决的问题。单片机系统电源的设计与其他系统的电源设计有所区别。由于单片机系统自身特性所决定，系统电源以低电压为主，即电压范围在人体安全电压 36V 以下。

但在实际工程应用中，不可避免地涉及单片机与外部高压之间进行交互，因此就需要单片机不仅能为自身系统内部的运行提供稳定的低电压，同时还能与外部高电压之间进行交互。

除此之外，单片机的电源还需要有较高的稳定性，并且能承受外部负载在一定范围内变化时所引起的电压波动。

由于车载温/湿度检测仪采用汽车发电机或 24V 的车载蓄电池作为直接输入电压，且汽车车载电源均为直流电，因此不需要对其进行交/直流转换，只需要进行适当的稳压和滤波处理即可。各个电源转换模块的硬件电路参数如表 7.2 所示。

表 7.2 系统电源的设计

电源编号	电源电压	输入电压来源	电源功能用途
1	+15V	车载发电机/车载蓄电池（24V）	运算放大器供电电压
2	+5V	+15V	外围接口电路供电
3	+3.3V	+5V	ARM 芯片供电、基准输入电源供电
4	+2.495V	+3.3V	ADC 基准电源

1. +15V 电压的硬件电路

根据前面有关项目开发的具体需求分析可知，在使用模拟式温度传感器 PT100 对车厢温度进行检测的过程中需要对平衡电桥输出的微弱信号进行放大处理。因此在系统硬件电路中不可避免地将要使用到运算放大器。

通常情况下，运算放大器需要使用正/负电压进行供电，具体的供电电压范围可以通过相应运算放大器的数据手册进行查看。

本项目的硬件电路设计中，使用的运放芯片是 JFET 输入型运算放大器 LF356，其供电电压为+15V，如图 7.8 所示。该运放是一个合成型的 JFET 输入型运算放大器，它把匹配的高电压 JFET 晶体管和标准的双极性晶体管集成到一块芯片上（双极 FET 技术）。

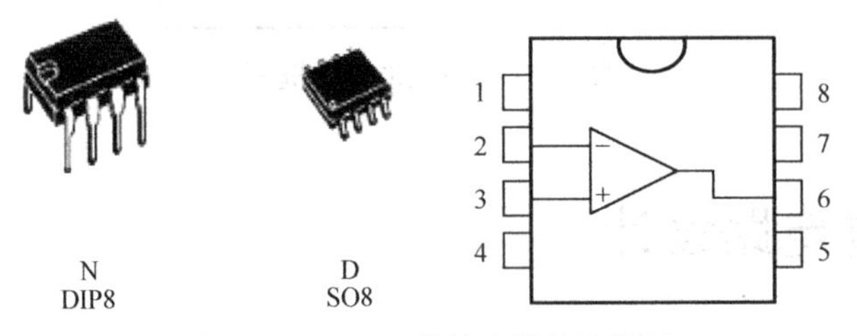

图 7.8　LF356 运算放大器结构框图

该运放的特征是具有较低的输入失调和偏置电流，以及较低的偏置电压和偏置电压漂移。用户可以进行偏置调节而不会降低漂移和共模抑制比。同样，该运放也具有高压摆率、宽带宽、极快的建立时间及低电压、电流、噪声。

为了得到稳定的+15V 直流电压为运算放大器 LF356 供电，需要将车载电源直流电压（车载发电机或车载蓄电池）通过三端稳压器转换成+15V 的直流电压。用户可以通过 LM78XX 系列稳压块实现上述直流电压的转换，具体如图 7.9 所示。

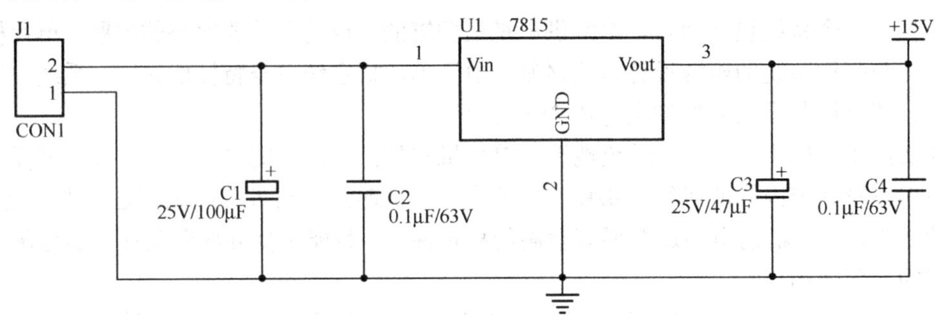

图 7.9　+15V 直流电压的硬件电路图

在图 7.9 所示的电路中，通用 2 芯接口 J1 与车载发电机的输出直流电压或车载蓄电池相连，即输入直流电压为 24V。三端稳压块 LM7815 为最常见的直流稳压模块，可以将输入的直流电压稳压成+15V 输出。其中电容 C1、C2 为输入端电压的滤波电容，用于滤除从 J1 端口输入的电压杂波，电容 C3、C4 为输出端电压的滤波电容，用于滤除三端稳压块 7815 输出电压的杂波。

从电容取值角度而言，电容 C1 与 C2、C3 与 C4 分别为大电容（电解电容，1000μF 左右）和小电容（0.1μF 左右）。其中，大电容用于滤除电路中的低频信号，小电容则用于滤除电路中的高频信号。

需要注意的是，三端稳压块 LM7815 在进行直流稳压的过程中，输入电压与输出电压之间必须满足一定的压降关系，即输入电压要至少高出输出电压 5V，即输入电压至少要求在 20V 左右，否则输出端不能满足稳定的+15V 直流电压输出。

2．+5V 电压的硬件电路

项目工程中，绝大部分外围接口芯片的供电电压采用的都是+5V 供电，如 USART 串口通信芯片 MAX232、JTAG 调试接口等。

+5V 直流电源同样可以从车载发电机或车载蓄电池通过三端稳压模块 LM78XX 得到，但需要注意的是，如果用户直接从+24V 的直流电压稳压到+5V，则加载在 LM78XX 三端稳压模块上的电压为（24V−5V）19V，由于电压过高，即使系统的工作电流很小，也会产生较大的热量，因此这样的电源设计是不合适的。

通常情况下，如果用户需要将较高的电压转换成较低的电压，不可以直接通过三端稳压块直接进行转换，因为较高的压差会导致芯片大量发热，不利于电源系统的稳定。

在这种情况下，用户可以先对电源的输入端进行“降压”处理，即降低输入端与输出端之间的压差。一般情况下，用户可以通过在电压输入端串接多个二极管的方式来实现输入电压的降压。从理论上说，二极管的导通压降在 0.4V 左右（硅管 0.6～0.7V，锗管 0.3～0.4V），实际上，每个二极管在电源电路中可以达到 1V 的压降，用户可以通过实际电压情况串联适当数量的二极管，如图 7.10 所示。

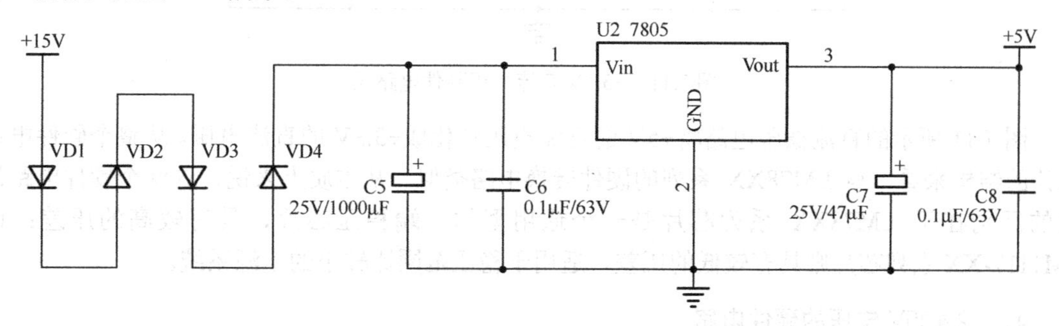

图 7.10　+5V 直流电压的硬件电路图

在图 7.10 所示的电路图中，将输入+15V 的直流电压通过 LM7805 三端稳压块转换成+5V 的直流电压。由于输入电压和输出电压之间具有较大的压差，因此根据功率计算公式 $P=UI$ 可知，在三端稳压块上将产生较大的热量，对系统电源的稳定性产生一定的影响。

本电源系统设计的硬件电路中，在+15V 直流电压的输入端串接了 4 个二极管（VD1～VD4）。由于每个二极管实际上能产生 1V 左右的压降，因此输入电压和输出电压之间的压差由原来的 10V（15V−5V）减少为 6V（15V−4V−5V），以保证系统电源良好的散热性。

实际上，在绝大部分工程项目的电源设计过程中，会在三端稳压块 LM7805 的芯片封装上加装小型的散热片，这样可以使得该电源系统更为稳定可靠。

3．+3.3V 电压的硬件电路

对于 STM32 系列 ARM 处理器而言，芯片的供电电压为 3.3V，最高容忍电压不超过 5.0V。因此，用户必须将 5.0V 的直流电压再次转换成供 ARM 处理器正常运行的 3.3V 工作电压。

通常情况下，用户可以通过三端稳压块来实现直流电压的转换。特别需要提醒用户注意的是，在+3.3V 电压的硬件电路设计中，不能使用 LM78XX 芯片实现 5.0V 直流电压向 3.3V 直流电压的转换。主要原因是由于三端稳压芯片 LM78XX 在进行直流稳压的过程中，输入端电压与输出端电压必须满足一定的压差条件，即 $V_{out}-V_{in}≥5V$。

但在 5.0V 直流电压向 3.3V 直流电压转换的过程中，输入端电压与输出端电压之间的压差只有 5.0V−3.3V=1.7V，不能满足 LM78XX 芯片稳压的要求。因此，在+3.3V 直流电压转换的硬件电路设计中，不能使用上述设计方案。

实际上，在单片机系统电源设计的过程中，除了可以使用 LM78XX 系列芯片进行稳压外，还可以使用 LM1117-XX 芯片进行直流电压转换。相比 LM78XX 系列稳压芯片，LM1117-XX 系列稳压芯片具有更低的输入-输出压差。通常情况下，LM1117-XX 系列芯片输入端和输出端的压差可以降低到 1V。因此，LM1117-XX 芯片被广泛应用于低压差的直流稳压电路中，如图 7.11 所示。

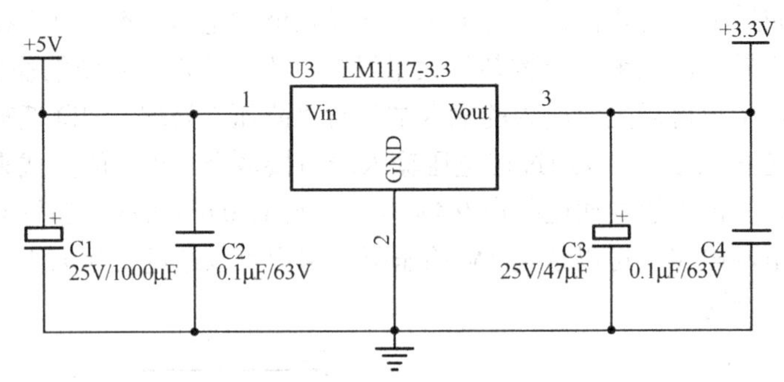

图 7.11 +3.3V 直流电压硬件电路图

图 7.11 所示的直流稳压电路将+5V 的直流电压转化成+3.3V 的直流电压。从整个硬件电路设计的结构来看，与 LM78XX 系列的硬件转换电路类似。从本质上来说，这两个硬件电路最大的区别在于 LM78XX 系列芯片是一个通用型的三端稳压芯片，具有较高的压差；而 LM1117-XX 系列芯片则具有较低的压差，适用于稳压范围比较小的电源系统。

4．+2.495V 电压的硬件电路

由于在本项目的系统设计过程中需要使用 ADC 对 PT100 平衡电桥输出的模拟信号进行模数转换，所以用户必须为其设计相应的模数转换基准电压。

通常情况下，在对模数转换精度要求不高的场合，用户可以直接使用三端稳压块输出的直流电压作为 ADC 的正参考电压 Vref+，同时将模拟地 AGND 信号作为 ADC 的负参考电压 Vref-。

事实上，对三端稳压块 LM78XX 及 LM1117-XX 系列芯片而言，其输出端虽然能够输出稳定的直流电压，可以作为外围接口电路芯片的供电电源，但由于该输出端提供的直流电压中包含了较多的电源杂波，甚至包括一些工频干扰信号，因此如果用户对模数转换的结果具有较高的要求，则需要从外部输入更为高精度、高稳定性的基准电源。

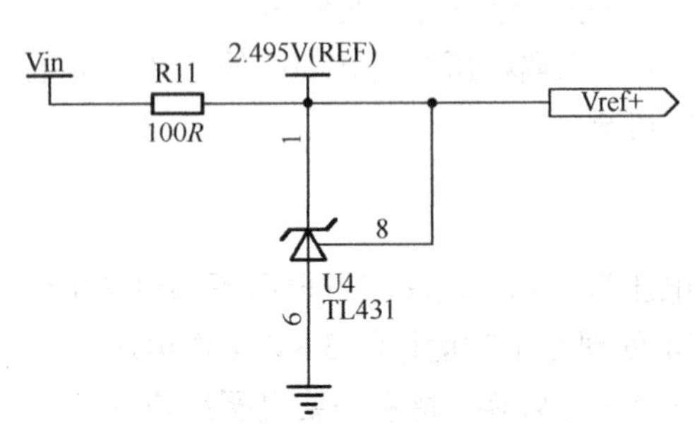

图 7.12 +2.495V 基准电压的硬件电路图

德州仪器公司（TI）生产的 TL431 是一个具有良好热稳定性能的三端可调分流基准源。其输出的参考电压范围可以通过两个电阻实现从 Verf（2.495V）到 36V 范围内的任意变化。

图 7.12 所示的电路设计了+2.495V ADC 基准电压的电路结构。事实上，用户可以设计适当的外围电

路实现 2.495～36V 之间任意电压的设定。对电路结构和系统成本而言，可以直接使用 TL431 自带的基准电压电路作为 ADC 参考电压的输入。

需要注意的是，在 TL431 的基准电压电路中，对电阻 R11 阻值的范围有一定的要求。通常情况下，电阻 R11 的取值在 100～200Ω之间。如果该电阻的阻值过大，则会导致 TL431 的工作电流偏小，从而使得芯片的输出电压不能稳定在+2.495V。同样，电阻 R11 的取值也不能过小，否则会使得 TL431 由于电流过大而导致芯片过热，从而影响输出电压基准的稳定性。

7.2.2　传感电路及运放电路的设计

在系统设计的过程中，车厢内部的温度主要通过模拟式温度传感器 PT100 及平衡电桥的方式来进行实时检测。前面已经简单地介绍了有关 AD 传感电路的硬件电路设计，具体如图 7.13 所示。

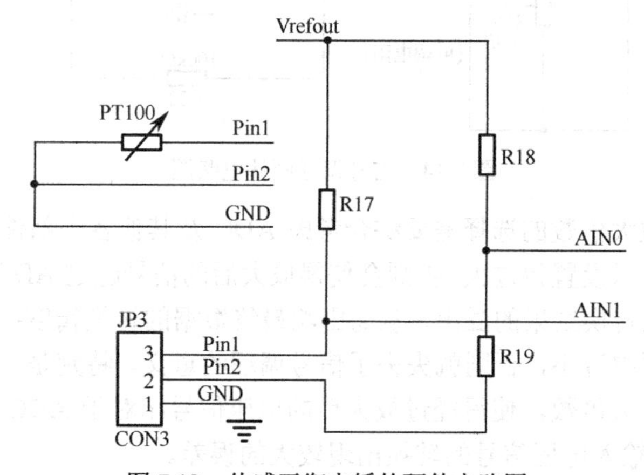

图 7.13　传感平衡电桥的硬件电路图

在图 7.13 所示的电路图中，模拟式温度传感器 PT100 选用了三线制的电路连接方法，这样可以避免由于导线电阻所引起的误差。当 PT100 热敏电阻两端的引线较短的时候，引线电阻可以忽略不计，不会对后端的平衡电桥产生影响。但在实际的工业现场，热敏电阻 PT100 可能由于安装、屏蔽等各种原因导致引线过长，在这种情况下，引线电阻不能轻易被忽略，否则会使后端的平衡电桥产生一定的误差。

本项目的硬件电路设计中采用了三线制的 PT100 连接方式，既可以消除由于引线电阻导致的误差，同样也能满足一定的精度，符合实际工程项目的要求。根据电路学原理的理论可知，当电阻 R17 与 R18 相等，PT100 与 R19 相等时，AIN0 与 AIN1 之间的电压差为 0；如果 PT100 随着外界温度的变化引起电阻变化时，必然不能符合与 R19 对称的条件。因此，整个电桥电路将不再平衡，此时，AIN0 与 AIN1 之间的电压差不为 0。基于上述电路分析，可以通过对 AIN0 与 AIN1 之间的电压差进行测量，反推求解 PT100 的阻值，进而换算成所需要测量的温度值。

此外，在图 7.13 所示的电路图中，电阻 R19 可以用一个阻值为 200Ω的可调电阻来代替。该电阻的主要作用是调节初始状态下电桥的平衡状态，避免使用精密电阻，降低硬件电路设计的成本。

需要说明的是，从平衡电桥的两个输出端（AIN0 和 AIN1）输出的电压是较小的微弱电压信号。不仅无法直接送至 ADC 进行模数转换，还容易受到外部各种信号的干扰。因此，用户需要对传感电路输出的微弱信号进行调理，主要包括信号的滤波处理及微弱信号的放大。

根据温度测量的范围及平衡电桥的相关参数，可以知道平衡电桥的两个输出端输出电压的范围大致在 20mV 左右，而 ADC 的基准电压为 0～2.495V，因此需要对平衡电桥输出的微弱电压进行放大处理，其硬件电路图如图 7.14 所示。

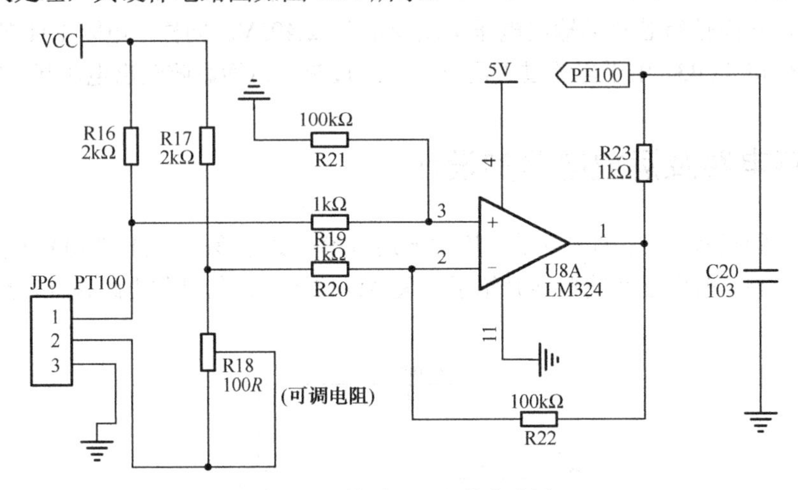

图 7.14　信号调理硬件电路图

需要说明的是，放大倍数的选择需要综合考虑 ADC 及其他各个部件的参数。首先，运算放大器的放大倍数不可以设置得过大，否则会使得放大后的信号超过 ADC 参考电压 Vref+的电压范围，从而导致模数转换结果的溢出，从而影响最终数据的转换精度；同样，运算放大器的放大倍数也不可以设置得过小，否则就失去了信号调理的意义。特别是，如果信号经过运算放大之后获得了较小的放大倍数，使得经过放大后的电压信号相对于 ADC 的参考电压量程比较小，也会使得 ADC 对输入电压信号的转换出现较大的误差。

ADC 的精度特性与线性化处理如图 7.15 所示。通常情况下，输入电压的区间应落在 ADC 参考电压量程曲线的中间。这样可以避免 ADC 底部和顶部曲线的数据失真，同时还能取得较好的线性度。

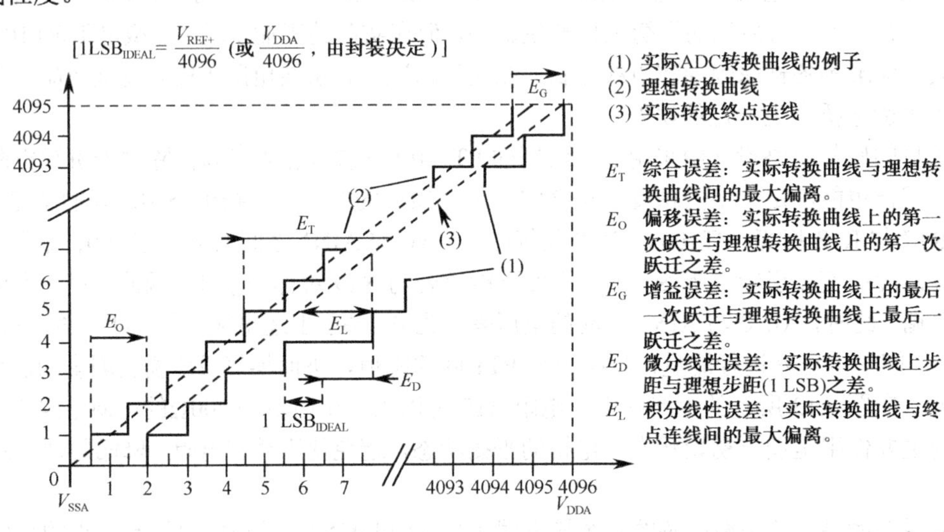

图 7.15　ADC 的精度特性与线性化处理

以本项目的硬件电路系统设计为例，由于平衡电桥的输出电压大致在 20mV 左右，ADC的基准电压为 0～2.495V，因此必须设置合理的放大倍数，使得放大后的信号既不超过 ADC的基准电压范围，也能获得较好的线性化处理结果。因此，综合考虑上述因素，可以选择运算放大器的放大倍数 A=100。

7.2.3 DS18B20 数字式温度传感器的电路设计

DS18B20 数字式温度传感器接线方便，封装后可应用于多种温度测量的场合，如管道式、螺纹式、磁铁吸附式、不锈钢封装式。同样，该数字式温度传感器的型号多种多样，主要根据应用场合的不同而改变其外观。封装后的 DS18B20 可用于电缆沟测温、高炉水循环测温、锅炉测温、机房测温、农业大棚测温、洁净室测温、弹药库测温等各种非极限温度的工程应用场合。DS18B20 数字式温度传感器耐磨耐碰，体积小，使用方便，封装形式多样，适用于各种狭小空间设备数字测温和控制领域，如图 7.16 所示。

图 7.16　DS18B20 数字式温度传感器

相比其他的温度传感器，DS18B20 在性能、封装、人机接口等多个方面都具有自身独特的优势，具体如下：

- 具有独特的单线接口方式，DS18B20 在与 ARM 处理器连接时仅需要一条引脚线作为数据线，即可以实现 ARM 处理器与 DS18B20 的双向通信。
- 具有较宽的测温范围-55～+125℃，固有测温分辨率为 0.5℃。
- 支持多点组网功能，多个 DS18B20 可以并联在唯一的三条信号线上，最多只能并联 8 个，实现多点测温。但需要注意的是，如果数量组网的 DS18B20 过多，会使供电电源电压过低，从而造成信号传输的不稳定。
- 宽泛的工作电源：3～5V/DC 直流供电。
- 在使用中不需要任何外围元件。
- 测量结果以 9～12 位的数字量方式串行传送。
- 适用于 DN15～25、DN40～DN250 各种介质工业管道和狭小空间的设备测温。
- 标准安装螺纹 M10X1，M12X1.5，G1/2″ 任选。

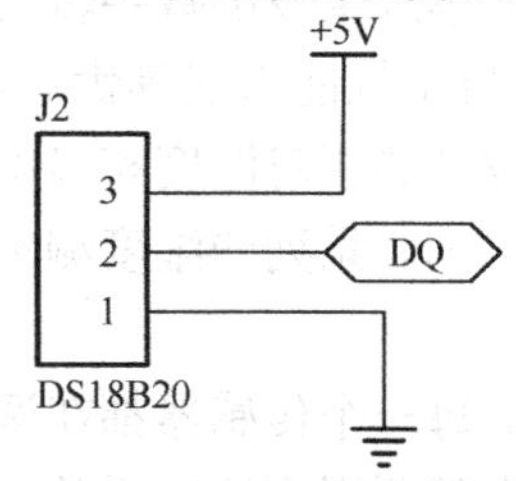

图 7.17　DS18B20 数字式温度传感器的硬件电路图

由于 DS18B20 是一款数字式接口的温度传感器，其硬件电路的设计相对比较简单，除了电源引脚与地信号引脚外，只需要一个双向数据 IO 端口就可以实现与 ARM 处理器之间的输出传输，如图 7.17 所示。

从图 7.17 所示的电路中可以看出，DS18B20 数字式温度传感器的硬件接口电路相对简单，除了必需的电源信号与地信号之外，传感器只需要一个数据引脚 DQ 与 ARM 处理器进行双向数据传输。

需要注意的是，在部分 DS18B20 的硬件电路图中，在数据引脚 DQ 上会连接一个 10kΩ的上拉电阻。这是因为 DS18B20 是单总线温度传感器，数据线是漏极开路。如果 DS18B20 没接电源，则需要对数据线进行上拉，给 DS18B20 供电；如果 DS18B20 接有电源，则需要一个上拉即可稳定工作。这个电阻通常比较大，在温度传感器开路时，能起到上拉作用，使之为高电平，使后续电路得到保护。

7.2.4 SHTXX 数字式湿度传感器的电路设计

SHTXX 系列产品是一款高度集成的温/湿度传感器芯片，该芯片提供全量程标定的数字输出。它采用 CMOS 技术，确保产品具有较高的可靠性和稳定性。

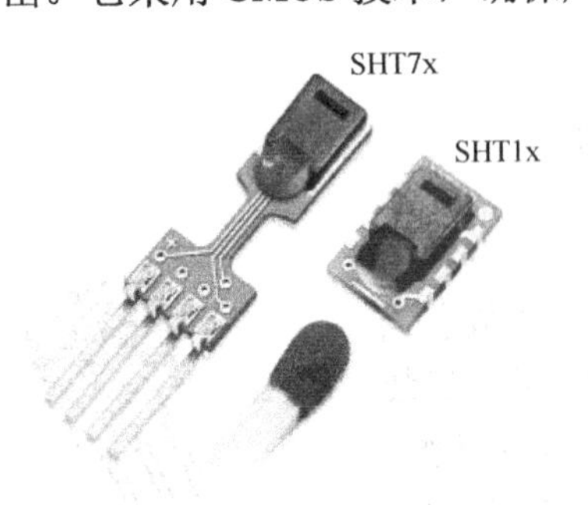

图 7.18 SHTXX 数字式湿度传感器

该系列传感器包含一个电容性聚合体湿度敏感元件和一个用能隙材料制成的温度敏感元件。同时，该芯片中上述两种敏感元件还与一个 14 位的 ADC 及一个串行的接口电路相连，并将这些部件都集成在同一个芯片上。该传感器具有较快的响应速度，以及较好的抗干扰能力，如图 7.18 所示。

每个传感器芯片都在极为精确的恒温室中进行标定，以镜面冷凝式露点仪为参照。通过标定得到的校准系数以程序的形式存储在芯片中。此外，芯片还通过两线制的串行接口与内部的电压调整，使外围接口电路更为简洁。其基本的结构框图如图 7.19 所示。

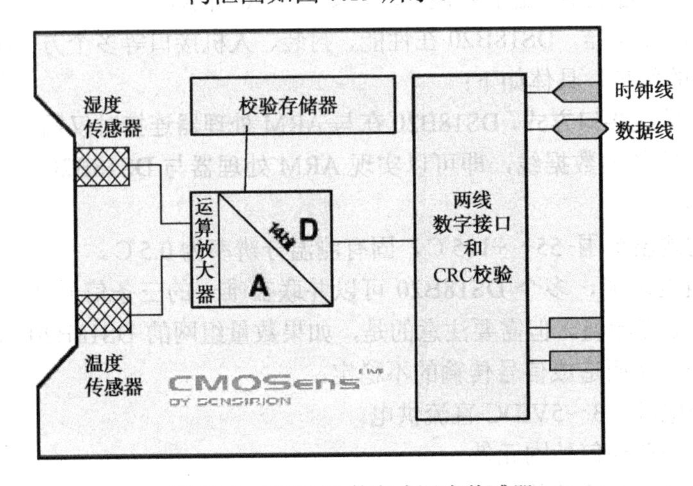

图 7.19 SHTXX 数字式湿度传感器

常用的模拟式湿度测量仪器有干湿球温度表、毛发湿度表（计）和电阻式湿度片等。本节采用了一款数字式湿度传感器 SHT11。它是一种由多个传感器模块组成的单片全校准数字输出相对湿度和温度传感器，工作电压范围为 2.4～5.5V，具有响应时间短、抗干扰能力强等优点。它采用了 CMOS 技术，具有较高的可靠性和稳定性。整个芯片包括经校准的相对湿度和温度微传感器，与一个 14 位的 ADC 连接，最佳测量精度可以达到±1.8RH。SHT 系列的湿度测量精度曲线如图 7.20 所示。

SHT11 通过串行接口与 MCU 实现数据的传输，可以节约端口资源。每一个传感器都在湿度室中进行校准，校准系数预先存在 OTP 内存中，测量校准的全过程中都要用到这些系数。两线的串行接口支持简单、快速的系统集成。由于它体积小巧（7mm×5mm×3mm），功耗低，能够满足网络化自动气象站中测量湿度的要求。湿度的硬件检测电路如图 7.21 所示。

由于湿度的测量与现场的温度紧密相关，如果不对其进行温度补偿，所测得的湿度是非常不准确的。另外，传感器 SHT11 自身非线性引起的误差也是导致读数不准确的一个重要因素。图 7.22 给出了湿度测量结果与读数之间的关系。

为了补偿湿度传感器 SHT11 的非线性以获得准确的转换数据，可以通过式（7.1）来修正读数，而且湿度传感器对电压基本上没有依赖性。

$$RH_{\text{linear}} = C_1 + C_2 \cdot SO_{\text{RH}} + C_3 \cdot SO_{\text{RH}}^2 \tag{7.1}$$

其中，温度、温度补偿系数如表 7.3 所示。

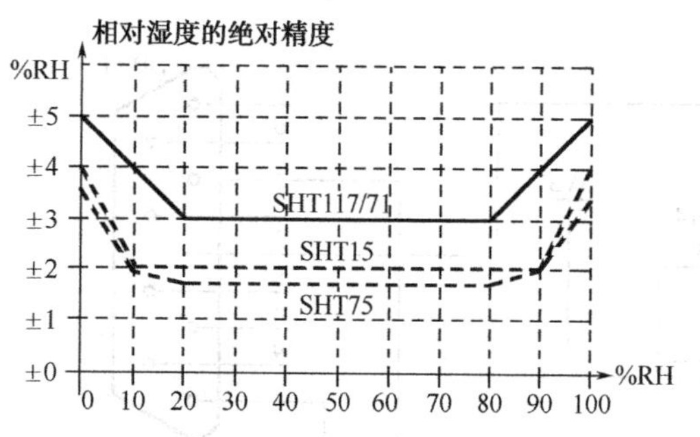

图 7.20 SHT 系列湿度传感器的精度曲线

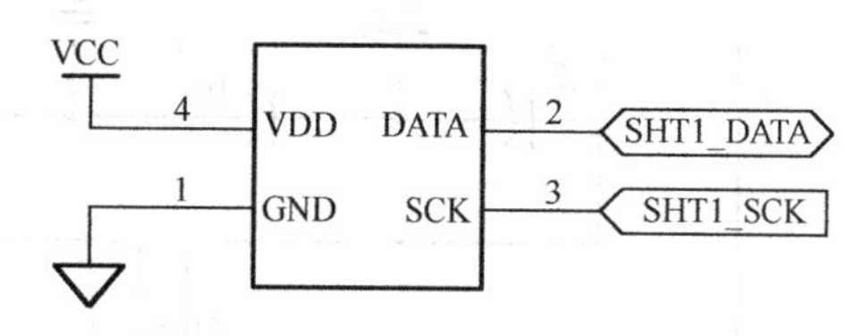

图 7.21 SHT11 湿度测量芯片的连接

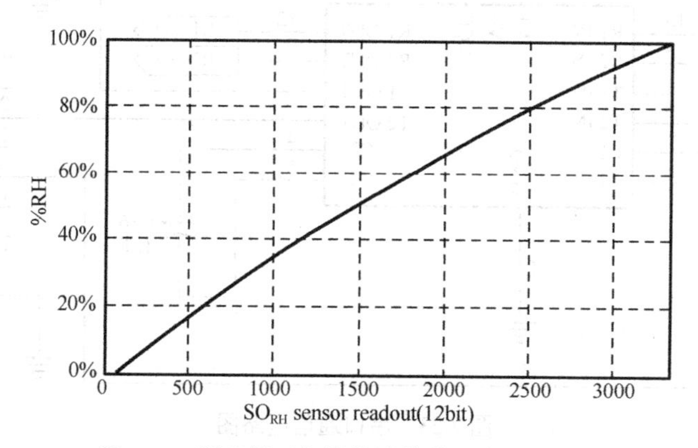

图 7.22 湿度显示与转换读数的对应关系曲线

表 7.3 温/湿度补偿公式系数

SO_{RH}	C_1	C_2	C_3
12 bit	−4	0.0405	-2.8×10^{-6}
8 bit	−4	0.648	-7.2×10^{-4}

另外，湿度传感器 SHT11 是在 25℃下进行标定的，在实际的应用过程中，实际环境的温度范围在-50～+50℃，因此需要对湿度传感器进行修正，修正公式见式（7.2）。

$$RH_{\text{true}} = (T-25)\cdot(t_1 + t_2 \cdot SO_{\text{RH}}) + RH_{\text{linear}} \tag{7.2}$$

其中温度补偿系数如表 7.4 所示。

表 7.4 温度补偿系数

SO_{RH}	t_1	t_2
12bit	0.01	0.00008
8bit	0.01	0.00128

7.2.5 串口通信与 BOOT 启动电路的设计

前面已经简单介绍了有关串口通信的基本使用方法。由于 USART 串口通信的硬件电路相对比较成熟，只需要按照 MAX232/MAX3232 芯片的建议电路进行连接就可以了，具体如图 7.23 所示。

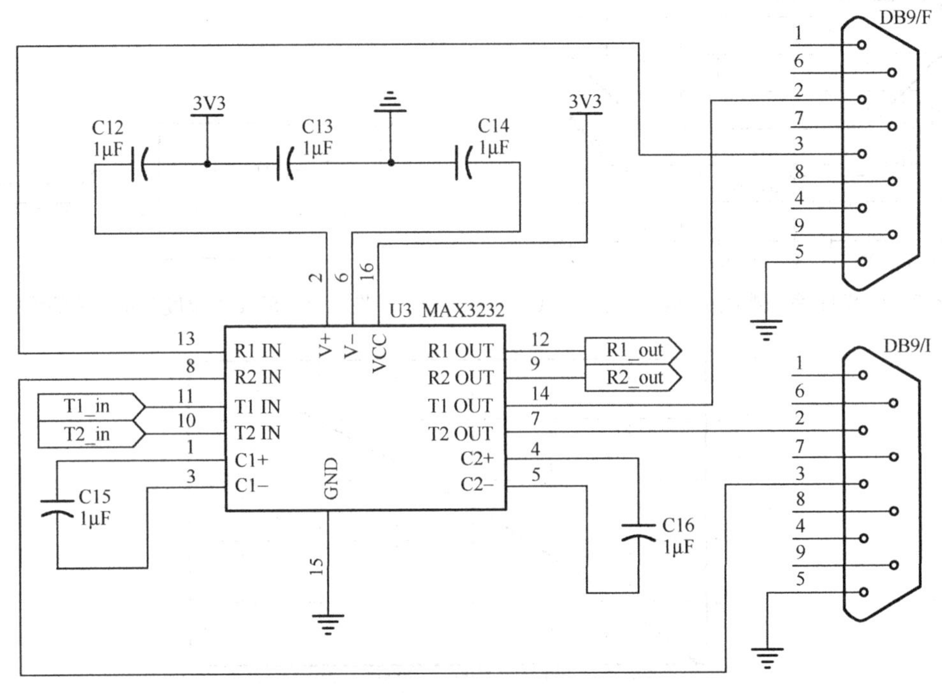

图 7.23　串口通信电路图

在图 7.23 所示的串口通信电路中，支持了 2 路全双工串口通信。其中，这 2 组串口通信回路分别如下：

- 数据发送端 T1_IN 和 T1_Out，数据接收端 R1_IN 和 R1_OUT；
- 数据发送端 T2_IN 和 T2_Out，数据接收端 R2_IN 和 R2_OUT。

有关串口通信的基本功能已经在前面的章节中通过实例向用户介绍过，这里就不赘述了。但需要补充说明的是，在车载温/湿度检测仪系统中，ARM 处理器 STM32 支持多个串口通信接口，其中 USART0 串口的功能相对比较特殊，它不仅可以实现上述有关数据通信的功能，还支持用户代码的下载，即用户可以通过 USART0 接口将程序代码的二进制文件下载到 STM32 芯片中。这种下载程序的方式通常也称为芯片的 ISP 下载。用户可以设置 STM32 芯片中的 BOOT0 和 BOOT1，具体启动模式的设置方式如表 7.5 所示。

表 7.5　BOOT 的启动模式

启动模式引脚		启 动 模 式	说　明
BOOT1	BOOT0		
×	0	用户闪存存储器	用户闪存存储器被设置为启动区域
0	1	系统存储器	系统存储器被选为启动区域
1	1	内嵌 SRAM	内嵌 SRAM 被选为启动区域

STM32 的片上存储区有 3 个部分：内置 FLASH、内置 SRAM 和内置 ROM（System Memory），这就决定了系统的启动方式有 3 种：从内置 FLASH 启动；从内置 SRAM 启动；从 System Memory 启动。在 STM32 系列处理器中，这三种启动方式是通过 BOOT[1:0]这两个引脚来决定的。在上述 3 种启动模式中，如果用户选择“系统存储器模式”，即设置 BOOT1=0，BOOT0=1，则系统存储器将被选择为芯片启动区域。在该系统存储器中，已经默认将串口 USART0 设置为 ISP 程序代码下载模式。因此，在这种 BOOT 模式下，用户不可以使用 USART0 作为串口通信功能。

在系统复位后 SYSCLK 的第 4 个上升沿，BOOT 引脚的状态将被锁存。用户可以通过设置 BOOT1 和 BOOT0 引脚的状态来选择芯片复位后的启动模式。

当 STM32 处理器芯片从待机模式退出的时候，BOOT 引脚的值将被重新锁存。因此，在待机模式下 BOOT 引脚应该保持为相应的启动配置。在启动延迟之后，ARM 处理器将从地址 0x0000 0000 来获取堆栈顶部的地址，并从启动存储器的 0x0000 0004 指示的地址开始执行相应的程序代码。

由于 STM32 系列 ARM 处理器芯片采用固定的存储器映像，代码区域始终从地址 0x0000 0000 开始（通过 ICode 和 DCode 总线访问），而输出区域 SRAM 始终从地址 0x2000 0000 开始（通过系统总线访问）。STM32 处理器始终从 ICode 总线获取复位后的地址向量，即启动仅适合从代码区开始，典型的从 FLASH 启动。但在 STM32F103XX 系统处理器中实现了一个特殊的启动机制，即系统不仅仅可以从 FLASH 存储器或者系统存储器启动，还可以从内置的 SRAM 启动。

根据用户选择的芯片启动模式，可以通过以下方式来分别访问主存储器、系统存储器和 SRAM，具体如下。

（1）从主存储器启动。在这种模式下虽然主存储器被映射到启动空间 0x0000 0000，但用户仍然能够在原有的地址 0x0800 0000 对其进行访问，即主存储器的内容可以在两个地址分别进行访问，即 0x0000 0000 和 0x0800 0000。

（2）从系统存储器启动。系统存储器被映射到启动空间 0x0000 0000，但用户仍然可以在原有的地址 0x1FFF F000 对其进行访问。

（3）从内置 SRAM 启动。用户只能在 0x2000 0000 开始的地址区域对 SRAM 中的数据进行访问。

7.2.6 人机交互界面

在车载温/湿度检测系统中，STM32 系列 ARM 处理器中将检测到的温度和湿度数据通过串口发送到上位机。在上位机中，必须提供相应的人机交互界面以完成数据的显示、查询等功能。

通常情况下，常用的人机交互界面有显示器 LCD（触摸）、数码管、PC 软件等。随着软件行业的发展及 PC 处理能力的提高，上位机的人机交互界面也变得错综复杂。

在本系统中，以硬件设计为中心，不强调有关上位机软件的设计，因此选用 Window 系统自带的串口显示界面（超级终端）作为系统的人机交互界面，如图 7.24 所示。

需要说明的是，上位机超级终端的设置必须与 STM32 串口通信的配置参数一致，否则将无法接受和显示串口发送过来的数据。

有关 PC 超级终端的设置步骤如下。

步骤一：在 Windows 系统中单击“开始菜单→所有程序→附件→通信→超级终端”来打开超级终端的设置界面，如图 7.25 所示。在该界面中用户输入对应的界面名称，并单击“确定”按钮进入下一个设置步骤。

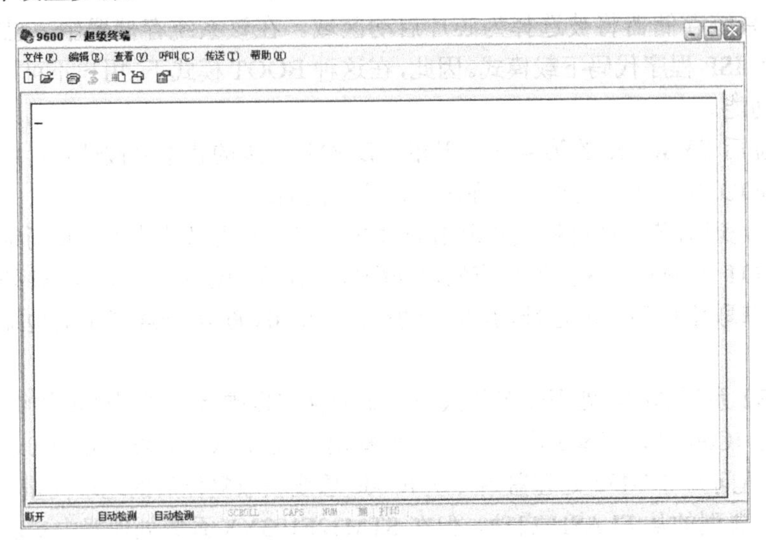

图 7.24　串口通信人机交互界面（超级终端）

图 7.25　超级终端的界面

步骤二：在当前界面中选择需要连接的串口序号，并单击“确定”按钮，如图 7.26 所示。需要说明的是，这里选择的串口序号必须和 STM32 系列 ARM 处理器中串口 USART 通信使用的串口序号一致，否则将无法接收数据。

步骤三：在当前串口中输入与 STM32 串口对应的波特率、校验位、停止位等参数，并单击“确定”按钮进入超级终端，如图 7.27 所示。

需要说明的是，如果用户单击“确定”按钮后系统提示“不能打开 COM”，则表示用户在选择串口序号的时候发生错误（该串口已被其他程序占用）或者当前的串口已经损坏。

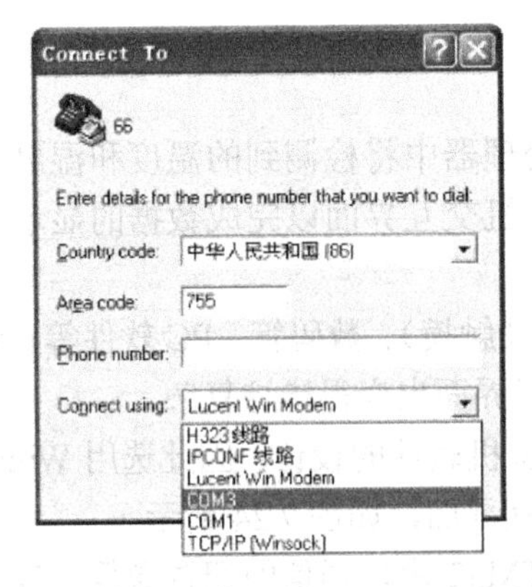

图 7.26　超级终端串口序号的选择

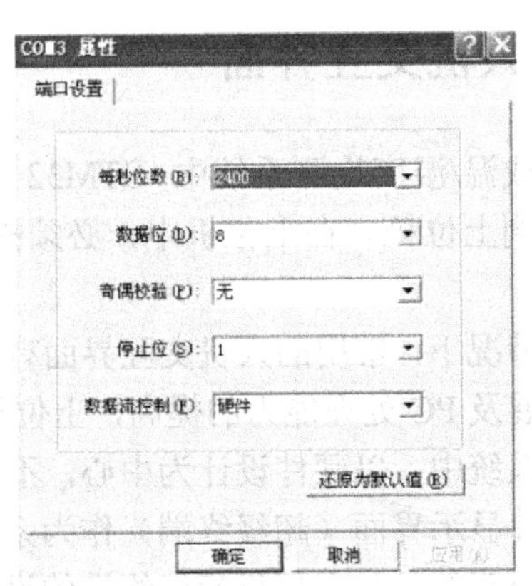

图 7.27　超级终端的参数设置

7.3 系统软件工程的设计

用户在完成相应的硬件电路设计后，需要完成相应的系统软件工程设计。从理论角度而言，系统软件工程的设计包含较多的实现方法，如系统级软件、模块软件、系统测试等。

由于车载温/湿度检测系统的功能相对简单，并且各个模块的功能也比较清晰，因此，用户只需要把握软件设计的思路流程就可以了，这样既可以避免系统软件分析的烦琐步骤，使得代码设计更为高效，同样也可以使得代码简练，提高程序代码的效率。

```
/************ (C) COPYRIGHT 2012 STMicroelectronics *************
* File Name          : main.c
* Author             : NJFU Team of EE
* Date First Issued  : 02/05/2012
* Description        : Main program body
*****************************************************************************/

/* main 程序代码中的头文件 Includes ---------------------------------*/
#include "stm32f10x_lib.h"
#include"stdio.h"

/* 用户自定义变量 ----------------------------------------------------*/
#define ADC1_DR_Address    ((u32)0x4001244C)
vu16 AD_value;
vu16 DS18B20;
vu16 SHT;
static unsigned long ticks;
unsigned char Clock1s;
ADC_InitTypeDef ADC_InitStructure;
DMA_InitTypeDef DMA_InitStructure;
vu16 ADC_ConvertedValue;
ErrorStatus HSEStartUpStatus;

/* 用户自定义子函数--------------------------------------------------*/
void RCC_Configuration(void);
void GPIO_Configuration(void);
void NVIC_Configuration(void);
void USART_Configuration1(void);
void GetDS18B20(void);
void GetSHTXX(void);
void SetupClock (void);

/*******************************************************************
* Function Name  : main
* Description    : Main program
```

```
* Input          : None
* Output         : None
* Return         : None
*******************************************************************************/
void main(void)
{
  #ifdef DEBUG
    debug();
  #endif

  /* 系统时钟配置 System clocks configuration --------------------*/
  RCC_Configuration();

  /* 系统中断向量配置 NVIC configuration ------------------------*/
  NVIC_Configuration();

  /* 系统引脚配置 GPIO configuration ----------------------------*/
  GPIO_Configuration();

  /* USART 串口配置 Configure the USART1 -----------------------*/
  USART_Configuration1();

  /* DMA 参数配置 channel1 configuration -----------------------*/
  DMA_DeInit(DMA_Channel1);
  DMA_InitStructure.DMA_PeripheralBaseAddr = ADC1_DR_Address;
  DMA_InitStructure.DMA_MemoryBaseAddr=(u32)&ADC_ConvertedValue;
  DMA_InitStructure.DMA_DIR = DMA_DIR_PeripheralSRC;
  DMA_InitStructure.DMA_BufferSize = 1;
  DMA_InitStructure.DMA_PeripheralInc=DMA_PeripheralInc_Disable;
  DMA_InitStructure.DMA_MemoryInc = DMA_MemoryInc_Disable;
  DMA_InitStructure.DMA_PeripheralDataSize=
                         DMA_PeripheralDataSize_HalfWord;
  DMA_InitStructure.DMA_MemoryDataSize=
                         DMA_MemoryDataSize_HalfWord;
  DMA_InitStructure.DMA_Mode = DMA_Mode_Circular;
  DMA_InitStructure.DMA_Priority = DMA_Priority_High;
  DMA_InitStructure.DMA_M2M = DMA_M2M_Disable;
  DMA_Init(DMA_Channel1, &DMA_InitStructure);

  /* 使能 DMA 通道 11 ------------------------------------------*/
  DMA_Cmd(DMA_Channel1, ENABLE);

  /* 系统 ADC1 参数配置 configuration ---------------------------*/
  ADC_InitStructure.ADC_Mode = ADC_Mode_Independent;
  ADC_InitStructure.ADC_ScanConvMode = ENABLE;
  ADC_InitStructure.ADC_ContinuousConvMode = ENABLE;
```

```
    ADC_InitStructure.ADC_ExternalTrigConv=
                                    ADC_ExternalTrigConv_None;
    ADC_InitStructure.ADC_DataAlign = ADC_DataAlign_Right;
    ADC_InitStructure.ADC_NbrOfChannel = 1;
    ADC_Init(ADC1, &ADC_InitStructure);

    /* ADC1 通道 14 参数配置 configuration -------------------------*/
    ADC_RegularChannelConfig(ADC1, ADC_Channel_14, 1,
                                    ADC_SampleTime_55Cycles5);

    /* 使能 ADC1 DMA ----------------------------------------------*/
    ADC_DMACmd(ADC1, ENABLE);

    /* 使能 ADC1 --------------------------------------------------*/
    ADC_Cmd(ADC1, ENABLE);

    /* 使能 ADC1 复位校准寄存器 ------------------------------------*/
    ADC_ResetCalibration(ADC1);

    /* 检查 ADC1 复位校准寄存器完成 --------------------------------*/
    while(ADC_GetResetCalibrationStatus(ADC1));

    /* 开始 ADC1 校准 ---------------------------------------------*/
    ADC_StartCalibration(ADC1);

    /* 检查 ADC1 校准的状态 ----------------------------------------*/
    while(ADC_GetCalibrationStatus(ADC1));

    /* 以软件的方式触发 ADC1 转换 ----------------------------------*/
    ADC_SoftwareStartConvCmd(ADC1, ENABLE);

    /* 系统大循环开始------------------------------------------------*/
    while(1)
    {
        /* 读取 PT100 温度传感器的 ADC 数值 ------------------------*/
        AD_value=ADC_GetConversionValue(ADC1);

        /* 读取 DS18B20 温度传感器的数值 ---------------------------*/
        DS18B20=GetDS18B20(void);

        /* 读取 SHTXX 湿度传感器的数值 -----------------------------*/
        SHT=GetSHTXX0(void);
    }
}

/**************************** 代码行结束 ***************************/
```

第8章

STM32F103XX外部接口的C编程实例

STM32F103XX系列ARM处理器除了具有丰富的内部集成资源外，其外部接口电路也具有强大的功能。用户可以通过选择性配置外设对处理器进行功能扩展，以形成一个完整的工程系统。常用的外部接口包括存储空间的扩展、人机交互界面（LCD显示屏）、通信接口等。

本章将通过具体的实际工程系统案例设计来深入介绍这些模块的使用。主要实现汽车故障诊断实验教学过程中使用到的汽车故障诊断实验平台的考评系统。其核心是通过触摸屏的人机交互界面，实现对汽车各种故障的设置，并结合学生诊断汽车故障的答案进行评分，将最终结果显示在考评系统中。

本章重点

- 交流电源的转换；
- TFT触摸屏接口电路设计；
- 多引脚复杂逻辑控制。

本章难点

- 正负电源、交流电源的转换；
- 多引脚的逻辑控制。

8.1 基于 TFT 触摸屏的汽车故障在线检测诊断教学平台设计

在汽车故障检测与诊断实验课程的教学过程中，为了考查学生掌握汽车故障诊断的实践操作能力，需要在汽车故障教学实验平台中对汽车发动机、底盘等部件人为设置故障。学生借助仪器设备等对汽车故障进行检测，诊断并解决故障。

通常情况下，教师只能通过纸质试卷考查学生的知识水平，但对于车辆工程等实践性强，动手能力要求高的理工科专业而言，理论知识的应用及实践动手能力是评价学生知识掌握水平的重要因素。

本章将以汽车故障在线检测教学平台的设计为例，详细介绍该系统的软硬件设计。

8.1.1 项目内容概述

在汽车故障在线检测诊断教学平台中，教师通过登录相应的“教师登录界面”获得相应的操作权限（故障设计，查看学生成绩等），对发动机、底盘等教学实验设备进行故障设置。故障的实现主要通过继电器来控制，换句话说，教师在实践考查之前断开部分继电器，模拟汽车发动机和底盘等设备出现故障，其结构原理图如图 8.1 所示，在完成相应的故障设置后，退出“教师登录界面”。

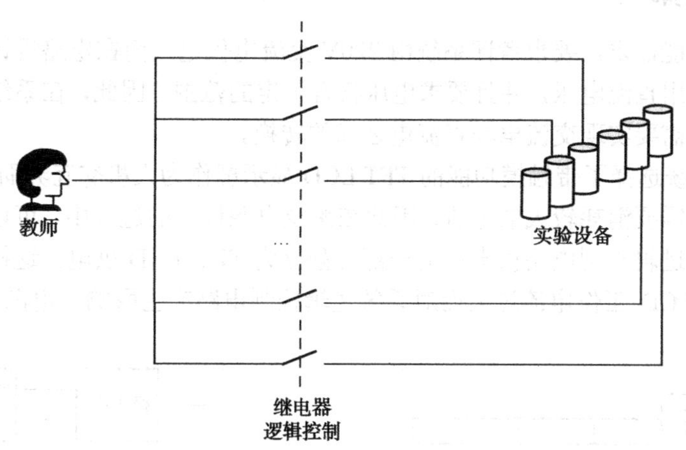

图 8.1 继电器故障连接原理图

学生在考查答题的过程中同样通过指定的“学生登录界面”进入考评系统，获得相应的答题权限，借助各种诊断仪器、观察等手段对汽车发动机及底盘出现的故障进行诊断，并在答题界面中选择相应的故障编号，即故障继电器的编号。

如果学生选择故障编号正确，则本次答题成功；如果学生选择故障编号错误，则本次答题失败。在学生完成所有答题后，系统会自动根据学生的作答情况进行评分，完成对汽车检测诊断实验的考评。本系统实验室样机的基本结构如图 8.2 所示。

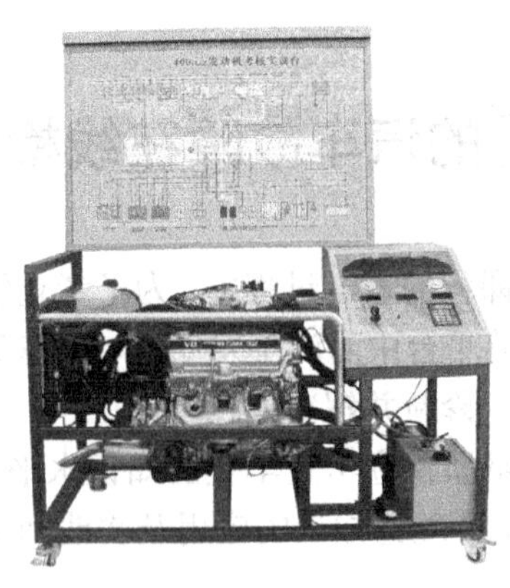

图 8.2 汽车故障在线检测诊断教学平台

8.1.2 项目需求分析

从系统功能的设计角度来看，汽车故障在线检测诊断教学平台的结构并不复杂，其主要功能是控制汽车线路中的继电器以实现汽车故障的设置，并对故障诊断的结果进行判别，将最终评判的结果在考评系统中进行统计、显示。但从工程设计角度出发，在设计该考评系统的过程中必须要解决以下 3 个关键性问题。

1. 交流电源的转换

根据系统的功能需求，要求考评系统由 220V 交流电供电，而在电路设计的过程中，绝大部分元器件只能使用直流电压，并且要求电压符合一定的范围。因此，在系统硬件电路设计的过程中不可避免地需要实现交流电与直流电之间的转换。

此外，由于系统选择了带触摸功能的 TFT LCD 显示屏作为人机交互界面，而 TFT LCD 在正常工作的情况下需要消耗较大的电流，因此在系统电源设计的过程中，可以将电源分为两部分，一部分为系统逻辑控制电路供电；另一部分独立为 TFT LCD 供电。这样可以在一定程度上避免由于 TFT LCD 工作电流过大而对系统逻辑控制电路产生影响，电源供电方案如图 8.3 所示。

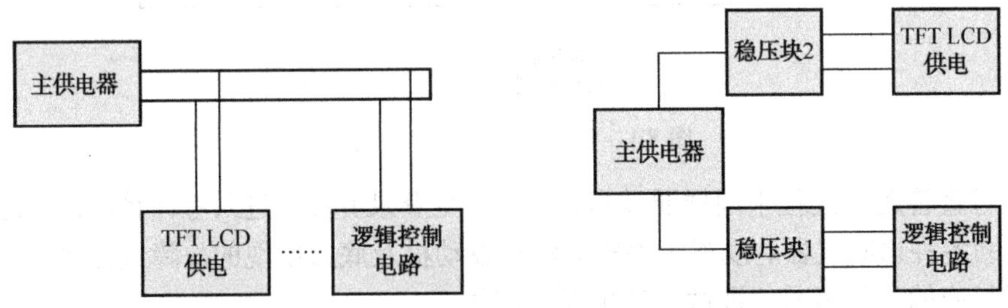

图 8.3 较大负荷下两种不同的供电方案

事实上，系统采用的单独供电的设计思想在日常供电系统中是经常被采用的一种避免大负荷供电的方式。在夏天集中用电高峰的时刻，如果工厂生产同时启动大功率用电设备则会发现用电设备，如照明电灯等忽然变暗，在严重的情况下甚至会出现用电器不能正常工作的现象。

为了规避这种由于大功率负载对用电负荷的影响，可以采用独立供电的方式，如工厂生产所需的工业用电与民用照明供电采用独立的输出线路，或者错开工业生产用电和民用照明用电的使用高峰。目前，在部分城市中，特别是在夏季用电高峰，已经实现了工业生产用电在深夜工作，以错开白天市民用电高峰。

2. 多引脚的逻辑控制

汽车故障在线检测教学平台要求教师能对多种故障进行设置，具体故障数量为 56 个，即教师可以设置 56 个不同的继电器以模拟 56 个不同的汽车故障。而对于普通的 ARM 处理器而言，如果通过 GPIO 端口实现对继电器的控制，则需要消耗大量的 GPIO 端口资源，甚至部分型号的 ARM 处理器无法提供如此数量的 GPIO 引脚。

为了实现对多个引脚的逻辑控制，系统需要采用特殊的控制方法，即模拟总线对数据端口的控制。整个控制系统由 ARM 处理器、4-16 译码器和锁存器来实现，具体的逻辑控制框图如图 8.4 所示。

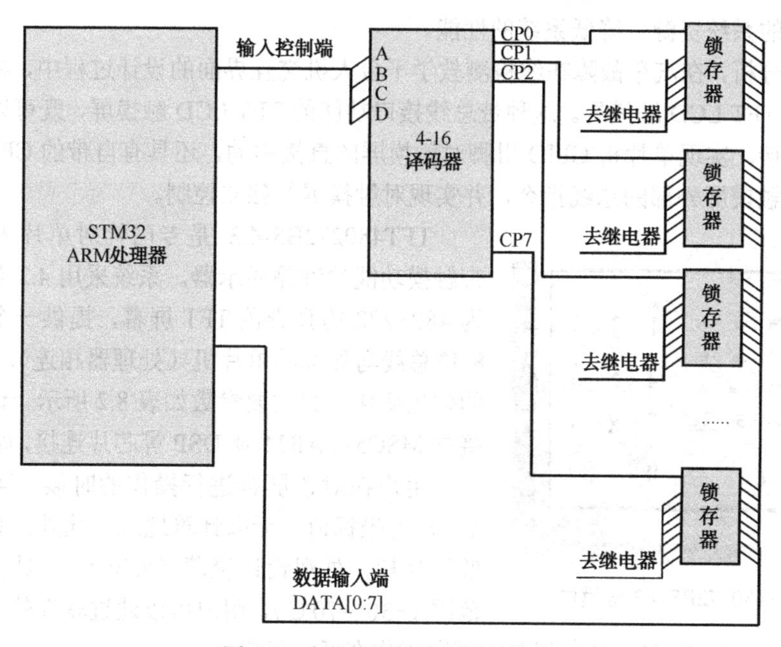

图 8.4　多引脚逻辑控制设计方案

在图 8.4 中，详细描述了在汽车故障在线检测教学平台中有关多引脚的逻辑控制。由于需要控制的继电器（汽车故障的种类）数量较多，如果直接通过引脚控制的方式必然是对系统硬件资源的浪费。采用系统总线的方式，可以大量节省 GPIO 端口，提高数据传输的效率。这两种方式在 GPIO 端口资源方面的对比如表 8.1 所示。

表 8.1　不同设计方案的硬件资源对比

	点对点逻辑控制	总线逻辑控制
GPIO 端口引脚数量	56	12
扩展芯片	NA	译码器、锁存器
逻辑控制	简单	复杂
硬件成本	较低	较高

从表 8.1 对于这两种不同设计方案所占用的硬件资源对比来看，采用总线逻辑控制的设计方案虽然在硬件成本、逻辑控制复杂度等方面都不如点对点逻辑控制方案，但却可以大幅减少 GPIO 端口引脚的数量，而且 GPIO 端口引脚的数量越多，这种优势就越明显。从本质上而言，总线逻辑控制的方式是将系统硬件 GPIO 端口的资源转换为其他硬件（译码器、锁存器），以及软件代码（控制复杂度）的消耗。

3．人机交互界面

在系统设计方案中，汽车故障在线检测教学平台以触摸屏 TFT LCD 作为人机交互界面，且系统使用 STM32F103XX 系列 ARM 处理器作为核心处理单元。因此，在系统中必然存在使用 STM32 驱动 TFT LCD 的问题。事实上，由于性能要求方面的差异，绝大部分 ARM 处理器都不能与 TFT LCD 进行简单连接。即使能使用 ARM 处理器直接驱动 TFT LCD，也会占用处理器绝大部分的系统资源，降低系统的性能。

根据上述分析，在汽车故障在线检测教学平台人机交互界面的设计过程中，将选用具有总线接口功能的 TFT LCD 触摸屏。这种带总线接口功能的 TFT LCD 触摸屏，既可以直接与普通单片机进行连接，实现单片机 GPIO 引脚对触摸屏的直接驱动，还具有自带的 CPLD 逻辑控制单元用于接收触摸屏外部的总线指令，并实现对触摸屏的独立控制。

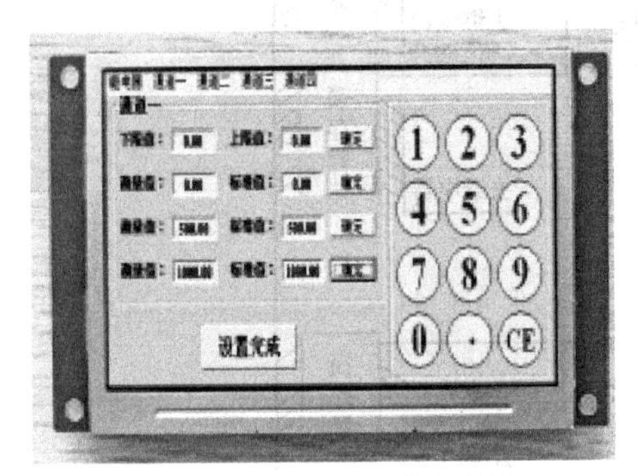

图 8.5　TFT480272BS-4.3 触摸屏

TFT480272BS-4.3 是专门针对单片机用户设计的带触摸功能的液晶显示器。系统采用 4.3 英寸、分辨率为 480×272 的真彩色 TFT 屏幕，提供一个简单的高速 8 位总线与外部的单片机（处理器相连），支持 256 色的颜色变化。其主要参数如表 8.2 所示。该屏幕可以直接与 MSC51、ARM 及 DSP 等芯片连接，如图 8.5 所示。

用户在对该屏幕进行操作的时候，可以直接输入 *X*、*Y* 的坐标值，无须计算地址。此外，系统还具有较低的功耗，外观设计轻薄（8.5mm），具有宽温度工作范围（−30～70℃），用户可以通过软件的方式实现对屏幕亮度的调节（8 种亮度），还可以使得屏幕工作在低功耗模式。

表 8.2　TFT480272BS-4.3 触摸屏主要参数

分辨率	480×272	接口方式	8 位并行总线
对角线尺寸	4.3"	显示颜色	256/65K 色
可视尺寸	98.00mm×56.7mm	工作电压	3.3V/5V
外形尺寸	122.65mm×67.1mm	消耗功率	5V/170MA
背光类型	LED	工作温度	−20～+75℃
背光亮度	300	保存温度	−30～+85℃

需要补充说明的是，该 TFT LCD 适用于各种工业仪器仪表、工业生产设备等，其极低的系统功耗、轻薄的外观尺寸能满足单节锂电池供电设备的需求。此外，该款触摸屏在系统软件方面还具有以下功能。

（1）快速清屏功能。用户只需要通过软件发送一条指令，触摸屏控制芯片将在 16.6ms 内以指定的颜色对整个屏幕画面进行清屏操作，且整个清屏过程无须单片机的干预，能较大幅度地提高系统开机和单一背景色的显示速度。

（2）支持 8 点写模式。用户可以同时写入 8 个数据点，使得对该款屏幕的操作与普通的单色屏幕类似，提高汉字、英文字母、数字及单位位图的显示速度。

（3）支持地址自动加 1 功能。用户可以通过软件设置地址自动加 1 的方向，即 *X* 方向地址自动加 1 或 *Y* 方向地址自动加 1。当地址沿 *X* 方向自动加 1 的时候，遇到行尾将自动跳转到下一行的行首。同样，当地址沿 *Y* 方向自动加 1 的时候，遇到列尾将自动跳转到下一列的列首。

上述各种加强功能使得该款触摸屏能够与通用单片机直接相连，对彩色触摸屏进行驱动。不仅能实现所有基本功能，还能得到比较流畅的显示效果。

8.2　系统硬件电路设计

在系统硬件电路设计的过程中，同样也需要将整个功能模块划分为具体的每一个较小的模块，如电源模块、逻辑控制模块、触摸屏模块等。下面将详细为用户介绍基于 TFT 触摸屏的汽车故障在线检测诊断教学平台的硬件电路设计。同样需要说明的是，在所有硬件电路设计的方案中，本项目给出的电路设计方案并不是唯一的，用户可以根据实际的工程需要进行裁剪。

8.2.1　系统电源设计

前面已经详细介绍过有关直流电压之间的转换，例如，将车载发电机/蓄电池所提供的 12V 直流电压通过三端稳压块变换成 5.0V 直流电压和 3.3V 直流电压，如表 8.3 所示。

需要说明的是，前面介绍的三端稳压块只能适用于直流电压之间的变换，即输入电压和输出电压都必须是直流信号。而在本系统硬件电路设计中，采用的系统电源是 220V 的交流电，因此用户在设计硬件电路的过程中首选需要将 220V 的交流电转换成直流电，然后再使用三端稳压块进行直流电压的转换。

表 8.3　系统电源的设计

电 源 编 号	电 源 电 压	输入电压来源	电源功能用途
1	+9V	220V 交流电（+12V 交流输出）	系统直流电源输入
2	+5V	220V 交流电（+9V 交流输出）	外部接口电路供电
3	+5V（TFT）	+9V	TFT LCD 触摸屏供电
4	+3.3V	+5V	ARM 芯片供电、基准输入电源供电

从上述电源的设计来看，与其他电源系统的不同之处有以下两点：

（1）增加交流电 220V 与直流电+9V 之间的转换；

（2）增加单独一路+5V 直流电源为 TFT LCD 供电，以减小 TFT LCD 电流过大对逻辑控制电路产生的影响。

1. +9V 电压的硬件电路

通常情况下，用户将交流电压转换成直流电压需要经过“变压、整流、滤波、稳压”等几个过程。需要特别说明的是，对于交流电压的整流，可以有半波整流和全波整流两种方式。

1）半波整流

半波整流是利用二极管的单向导电性进行整流的最常用电路，常用来将交流电转变为直流电。半波整流利用二极管单向导通特性，在输入为标准正弦波的情况下，输出获得正弦波的正半部分，负半部分则损失掉。图 8.6 所示是一种最简单的半波整流电路。

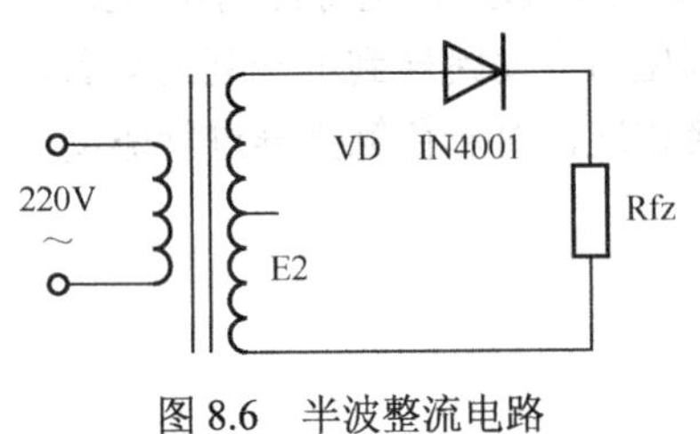

图 8.6 半波整流电路

在图 8.6 所示的电路中，半波整流电路由电源变压器、整流二极管 VD 和负载电阻 Rfz 组成。变压器把市电交流电压（本系统为 220V）变换为所需要的交变电压，再把交流电变换为脉动直流电，其具体的整流波形如图 8.7 所示。

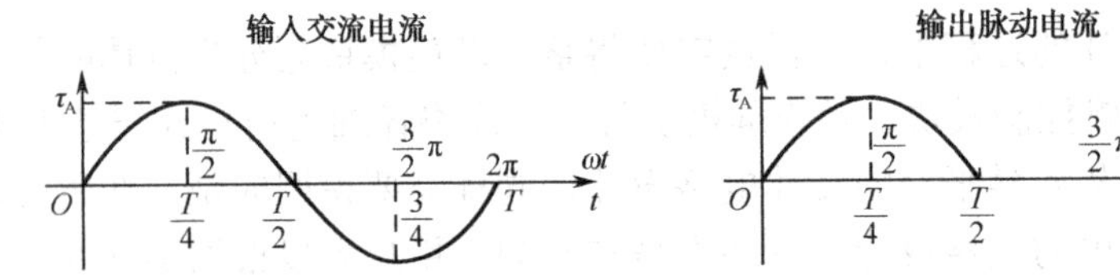

图 8.7 半波整流电路波形的输出

从图 8.7 所示的整流波形中可以看出，这种除去半周、留下半周的整流方法叫半波整流。不难看出，半波整流是以“牺牲”一半交流电为代价而换取整流效果的，电流利用率很低。因此常用在高电压、小电流的场合，在一般仪器仪表装置中很少采用。

2）全波整流

全波整流是一种对交流电所有波形进行整流的电路。在这种整流电路中，半个周期内电流流过一个整流器件（如晶体二极管），而在另一个半周内，电流流经第二个整流器件，并且两个整流器件的连接能使流经它们的电流以同一方向流过负载，具体的全波整流电路如图 8.8 所示。

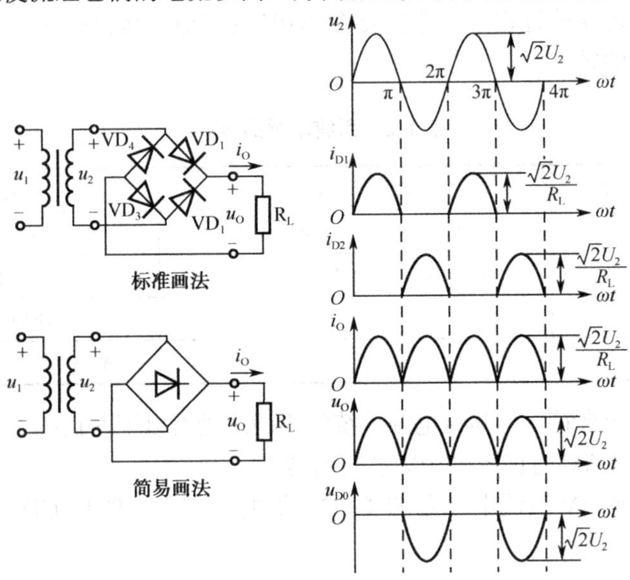

图 8.8 全波整流电路

全波整流前后的波形与半波整流有所不同的，是在全波整流中利用了交流的两个半波，如图 8.9 所示，从而提高了整流器的效率，并使已整电流易于平滑。因此在整流器中广泛地应用着全波整流。在应用全波整流器时其电源变压器必须有中心抽头。无论正半周或负半周，通过负载电阻 R_L 的电流方向总是相同的。

需要说明的是，全波整流输出电压的直流成分（较半波）增大，脉动程度减小，但变压器需要中心抽头，制造工艺高，整流二极管需承受的反向电压高，故一般适用于要求输出电压不太高的场合。

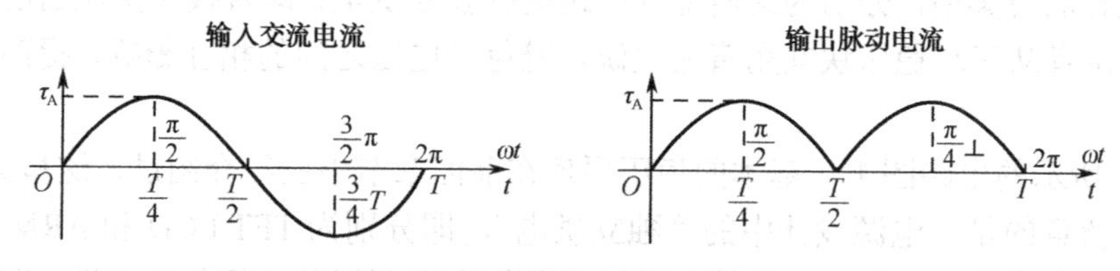

图 8.9　全波整流电路波形输出

从定义上来说，全波整流就是对交流电的正、负半周电流都加以利用，输出的脉动电流是将交流电的负半周也变成正半周，即将 50Hz 的交流电流变成 100Hz 的脉动电流。而半波整流就是在交流电的半个周期有电流输出，另半个周期没有电流输出。50Hz 的交流电经半波整流以后，输出的是 50Hz 的脉动电流。

交流电流动方向是反复交替变化的，而直流电是单方向流动的，人们利用二极管单向导电性将电流转换为一个方向的电流，半波整流用一个二极管，所以整流后的电流一半有一半没有，称为半波整流，用于对直流电要求不是很严格的场合。

通过使用二极管可以实现将交流电所有波型全部转换成单一方向的电流，所以叫全波整流。一般后面还需要加一个滤波电容，去除整流后的杂波即可，极性不能反了。全波整流的电路在通常的变压器中常被采用到。

在如图 8.10 所示的电路硬件中，描述了有关采用全波整流得到+9V 电压的方法。需要说明的是，10 芯接口 J1 为变压器的输出。该变压器为定制的带有中心抽头的变压器，输入端与 220V 交流电直接连接，而输出端则分别输出交流 12V 和交流 9V。

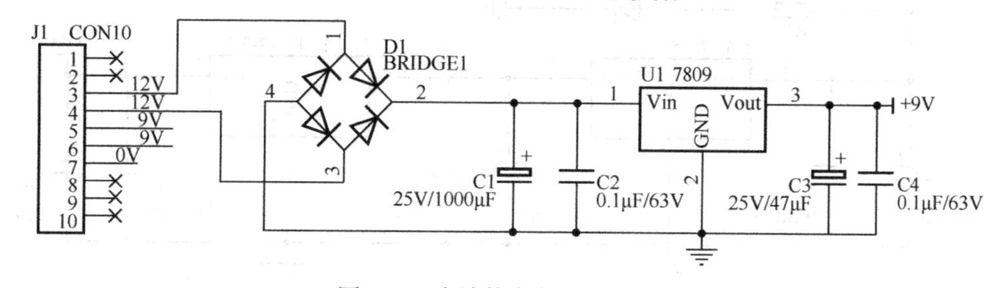

图 8.10　全波整流电路+9V 输出

特别需要注意的是，该变压器带有中心抽头，即 7 号引脚输出电压为 0V。实际上，该变压器输出端的 0V 电压在本系统中没有使用，但如果用户需要负电源，则变压器必须带中心抽头，即必须有一个端口能够输出 0V。

在这里使用两个输出交流 12V 的端子与整流桥 D1 连接，对 12V 的交流电压进行整流以得到周期变化的直流电。经过整流桥 D1 后的直流电由于存在较大的波动，仍然按照一定的周期进行变化，因此在其后端还需要通过三端稳压块 LM7809 对其进行稳压和滤波。

2. +5V 电压的硬件电路

在汽车故障在线检测诊断教学平台中需要使用到两路不同用途的+5V 直流电源。其中一路+5V 直流电源作为外部接口芯片、ARM 处理器等的工作电源；而另外一路+5V 直流电源主要为 TFT-LCD 触摸屏供电。

之所以采用这种独立供电的设计方式主要是考虑到 TFT LCD 的工作电流过大，如果与外部接口芯片、ARM 处理器等直接共用一个直流电源系统，则可能会引起电压波动。因此，在本系统电源设计的方案中，分别为这两部分电路进行独立供电，即直接从变压器的输出端获得电压，而不是两者从三端稳压块共用直流电源，避免了电压之间的相互影响，提高了系统供电的稳定性。

在图 8.11 所示的电路图中，基本的稳压原理在前面章节中已经介绍过，这里就不赘述了。需要提醒用户留意的是，电源设计中的“独立供电”，即分别为 TFT LCD 和 ARM 芯片等外部接口电路供电。通过将三端稳压块的输入端同时并接在变压器整流桥的输出端，即从变压器分别获得相应的支路电流，可以在一定程度上缓解单个支路电流过大而对其他支路的影响。

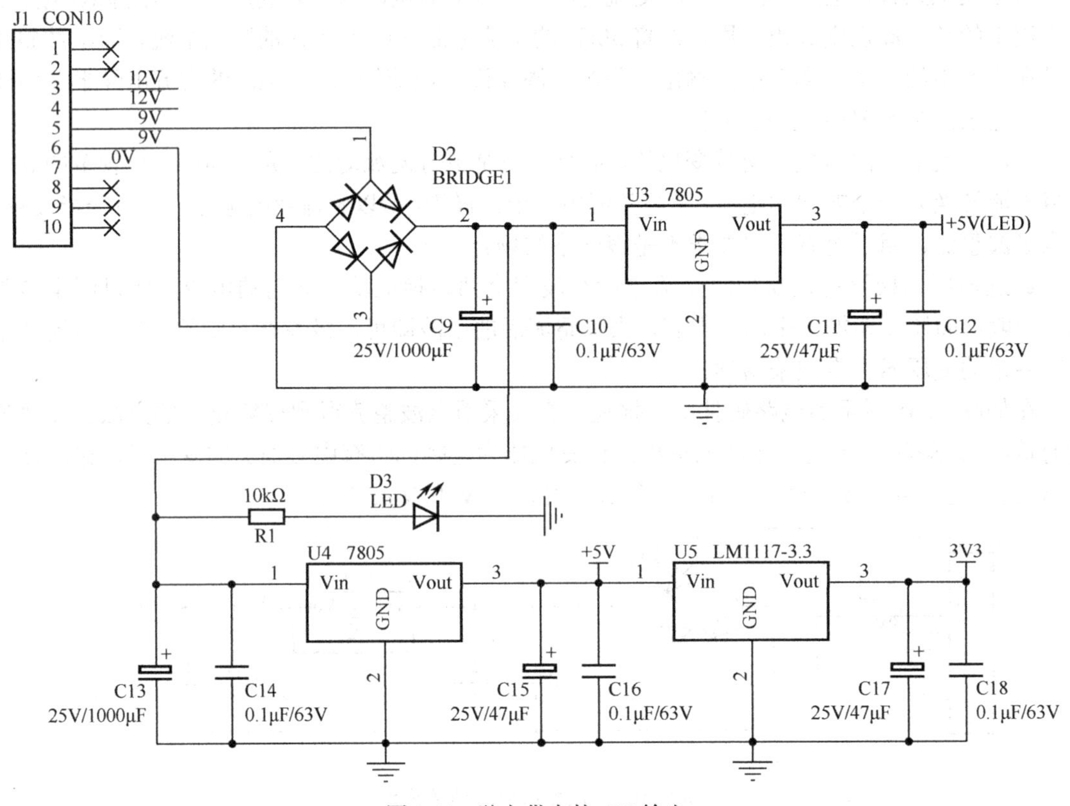

图 8.11 独立供电的+5V 输出

8.2.2 系统逻辑控制电路设计

在项目内容分析过程中已经介绍了多引脚的逻辑控制，即使用 4-16 译码器控制 7 个锁存器的触发脉冲信号 CP，而数据则通过总线的方式分别连接到 7 个锁存器的输入端。同时，7 个锁存器的数据输出端则分别与 01～56 号继电器连接，用于控制继电器的工作状态，即实现人为对汽车故障的设定。

根据系统的需求分析，在汽车故障在线检测诊断教学平台中，用户共可以实现 56 种不同汽车故障的设置。由于每个锁存器具有 8 个数据输出端，即每个锁存器最多可以控制 8 个继电器，而每个继电器又分别具有一个触发脉冲信号，总计 7 个触发脉冲信号。因此，用户可以使用 3-8 译码器进行控制。当然，用户也可以使用 7 个 GPIO 引脚分别来控制这些触发脉冲信号，但从节约硬件系统资源的角度出发，也可以使用译码器的方式对这些触发脉冲引脚进行控制，如图 8.12 所示。

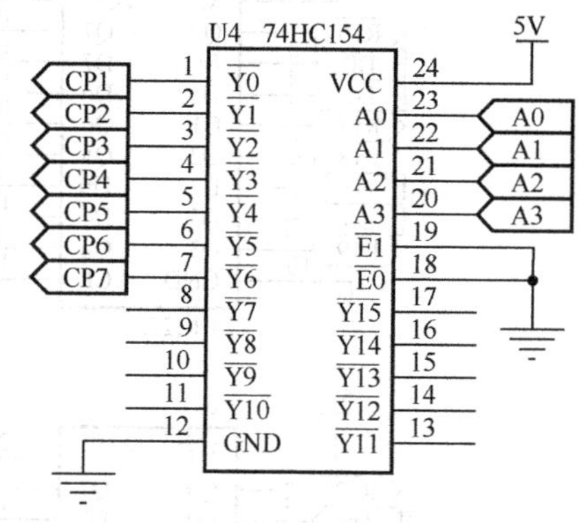

图 8.12 4-16 译码器控制触发脉冲信号

在图 8.12 所示的电路图中，描述了有关 4-16 译码器控制触发脉冲信号的硬件电路。其中，A0～A3 是译码器的逻辑控制输入端，4 位数据可以产生 16 种不同的输出状态，而 CP1～CP7 则分别对应 7 个锁存器的触发脉冲输入端，用于控制各个锁存器数据的翻转操作。

需要说明的是，由于其他原因（客户定制），在这里并没有使用 3-8 译码器，而是使用了 4-16 译码器。从原理上说，这两者都是一样的，只是这里出于客户指定的需求，而没有采用 3-8 译码器。用户完全可以采用 3-8 译码器来实现上述硬件电路的功能，并且从系统资源利用的角度来说，在本系统的硬件电路设计中采用 3-8 译码器比 4-16 译码器具有更高的资源利用率。

在系统设计的过程中，锁存器数据的传输通过总线的方式来实现，这样既可以节约相当可观的系统硬件资源，还能降低 PCB 布线的难度。

在图 8.13 所示的硬件电路设计中，所有锁存器的数据输入端 D0～D7 都被分别对应连接到一起，并与 STM32 处理器的 GPIO 端口连接，用作总线数据的传输。当 STM32 处理器将数据通过总线发送出去的时候，所有的锁存器在数据输入端都将会接收到这些数据信息。此时，STM32 处理器需要通过 4-16 译码器的控制端口 A0～A4 设置相应的触发脉冲信号，以实现选通对应的锁存通路。

换句话来说，所有的锁存器都会在输入端接收到来自 STM32 的数据，但只有 4-16 译码器控制的触发脉冲信号所对应的锁存器通路才会进行数据传输（打开锁存通道），将接收到的数据从输入端传递到输出端，这样就以总线的方式实现了数据的有效传输。

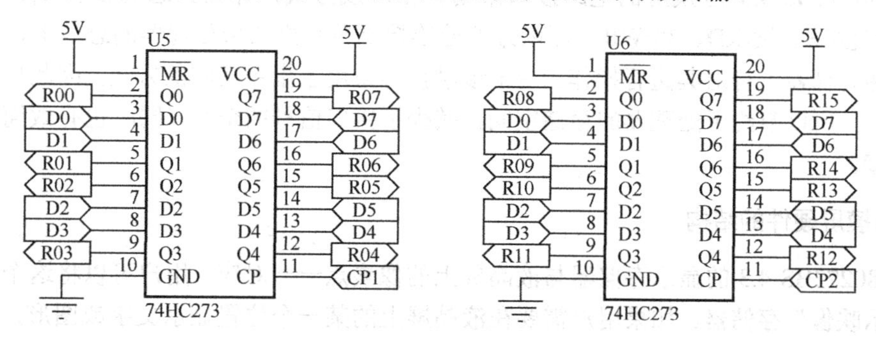

图 8.13 锁存器控制电路

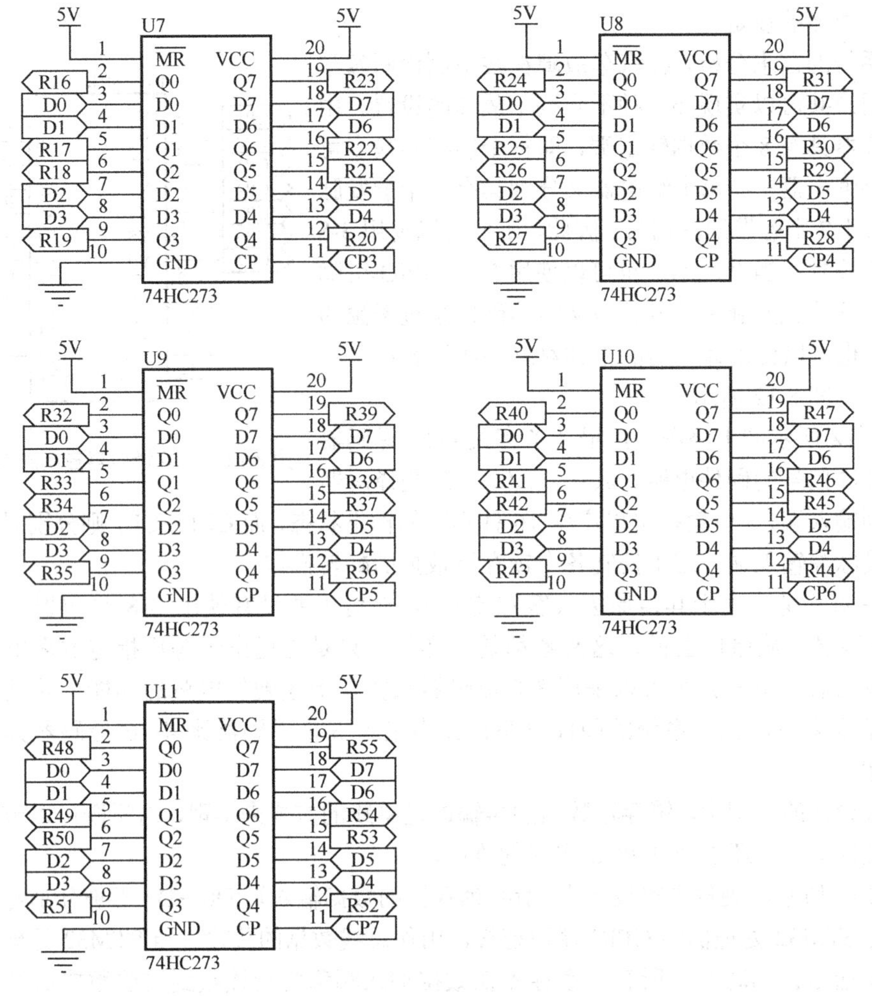

图 8.13 锁存器控制电路（续）

8.2.3 TFT LCD 触摸屏电路设计

TFT480272BS-4.3 触摸屏的电路接口采用并行总线方式，即数据总线 D[7:0]、地址总线 A[1:0]、片选/CS、读/RD、写/WR，可以方便地连接到单片机或微处理器的总线上，用户可以像使用普通存储器一样对其进行操作。由于该触摸屏采用了指令控制的方式，因此只需要两个地址信号线，所以节约了处理器的存储空间，减少了接口信号的个数，同时也有效简化了硬件系统的连接。

1. 触摸屏硬件的结构

TFT480272BS-4.3 的显示存储器与液晶屏上的像素点一一对应，用户可以将这个存储器理解为“显示映像”存储器。如果用户需要在液晶屏上的某一个位置显示文字或图形，只需要向存储器内对应的区域写入相应的数据即可。

为了提高触摸屏数据的读写速度，简化程序，显示屏中的每个数据映射显示存储器中的一个字节，显示屏上的 X、Y 坐标与显示存储器的地址一一对应。因此，用户只需要输入 X、Y

坐标就可以直接读写相应的点数据，而不用计算像素点在显示存储器中的地址，写入数据后 *X* 坐标将自动加 1，写满一行后自动换行。同样，用户也可以实现 *Y* 坐标的自动加 1 操作。

显示存储器的一个字节由 8 位数据构成，显示器屏幕上的像素点由 R、G、B 3 个“数据点”组成。一个字节对应一个像素，其中数据位分配的原则是 R3-G3-B2，即红色数据占高 3 位，绿色数据占中间 3 位，蓝色数据占低 2 位。因此，在 TFT480272BS-4.3 触摸屏中，系统共可以显示 8 种红色、8 种绿色和 4 种蓝色，而通过红、绿、蓝 3 种颜色的混合，总共可以实现 256 种颜色的显示。

TFT480272BS-4.3 触摸屏的基本工作原理框图如图 8.14 所示。其中 DC/DC 电压变换器产生液晶屏幕显示所需要的各种驱动电压，背光驱动电路则产生 LED 背光灯所需要的供电电源。逻辑控制电路采用 CPLD 控制芯片，利用数据缓冲技术可以实现屏幕显示和写入数据操作的同时进行，避免屏幕出现雪花现象，实现画面的高速更新。

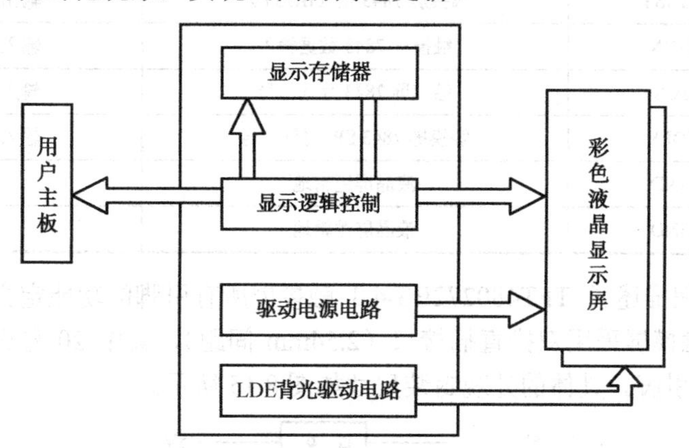

图 8.14 TFT480272BS-4.3 触摸屏的基本工作原理框图

2. 触摸屏引脚的定义

在 TFT480272BS-4.3 触摸屏引脚的定义中，共使用了 24 个引脚功能，各引脚的功能描述如表 8.4 所示。

表 8.4 触摸屏引脚功能的定义

引脚编号	引脚符号	功能描述	备注
1	GND	液晶屏逻辑地信号	0V
2	GND	液晶屏逻辑地信号	0V
3	+5V	液晶屏逻辑+5V 电源	+5V
4	RDJ	读操作信号，低电平有效	输入引脚，3.3V/5V
5	WRJ	写操作信号，低电平有效	输入引脚，3.3V/5V
6	CSJ	片选信号，低电平有效	输入引脚，3.3V/5V
7	A0	地址线 0	输入引脚，3.3V/5V
8	A1	地址线 1	输入引脚，3.3V/5V
9	D0	数据总线，数据位 0	输入输出引脚，3.3V/5V
10	D1	数据总线，数据位 1	输入输出引脚，3.3V/5V

续表

引脚编号	引脚符号	功能描述	备　注
11	D2	数据总线，数据位 2	输入输出引脚，3.3V/5V
12	D3	数据总线，数据位 3	输入输出引脚，3.3V/5V
13	D4	数据总线，数据位 4	输入输出引脚，3.3V/5V
14	D5	数据总线，数据位 5	输入输出引脚，3.3V/5V
15	D6	数据总线，数据位 6	输入输出引脚，3.3V/5V
16	D7	数据总线，数据位 7	输入输出引脚，3.3V/5V
17	TIRQ	触摸屏 7843 中断	输出引脚，3.3V/5V
18	TDOUT	触摸屏 7843 数据输出	输出引脚，3.3V/5V
19	TBUSY	触摸屏 7843 忙（BUSY）	输出引脚，3.3V/5V
20	TDIN	触摸屏 7843 数据输入	输入引脚，3.3V/5V
21	TCS	触摸屏 7843 片选信号	输入引脚，3.3V/5V
22	TDLK	触摸屏 7843 SPI 时钟信号	输入引脚，3.3V/5V
23	GND	液晶屏逻辑地	0V
24	GND	液晶屏逻辑地	0V

在表 8.4 中详细描述了 TFT480272BS-4.3 触摸屏所有引脚的功能定义。在外观封装上，TFT480272BS-4.3 触摸屏采用双排直插接口（2.54mm 间距），其中 20 号引脚以后为触摸屏控制芯片 7843 对应的引脚。具体的外观封装尺寸如图 8.15 所示。

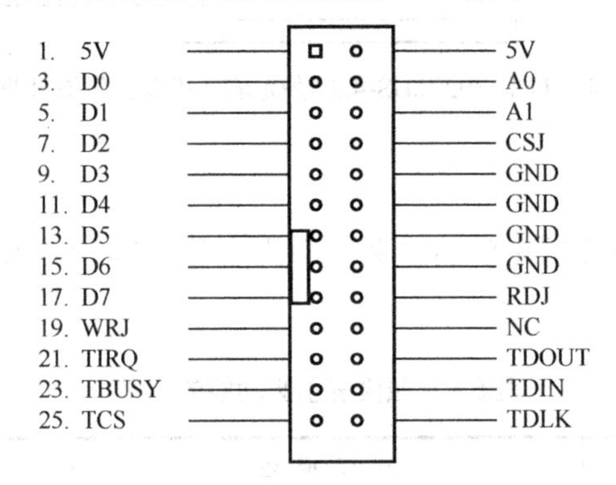

图 8.15　TFT480272BS-4.3 触摸屏的外观封装尺寸图

需要补充说明的是，TFT480272BS-4.3 触摸屏既可以采用 3.3V 电源供电，也可以使用 5V 电源供电。但对于不同的供电电压，在屏幕显示亮度上会有所区别。在表 8.5 中列出了 VCC 电流与屏幕亮度之间的关系。

表 8.5　触摸屏 VCC 电流与亮度之间的关系

亮度	0 级	1 级	2 级	3 级	4 级	5 级	6 级	7 级	低功耗
+3.3V	40	47	57	69	83	102	130	186	3
+5V	52	65	80	94	105	116	128	140	6

8.2.4　串口通信电路与 JTAG 电路

前面已经简单地介绍了有关串口通信的基本使用方法。本系统中所涉及的 USART 串口通信硬件电路的功能与前面章节中的功能类似，即既可以作为串口通信进行数据的传输，也可以作为下载烧写程序（二进制代码 HEX 文件）的 ISP 通信接口，具体如图 8.16 所示。

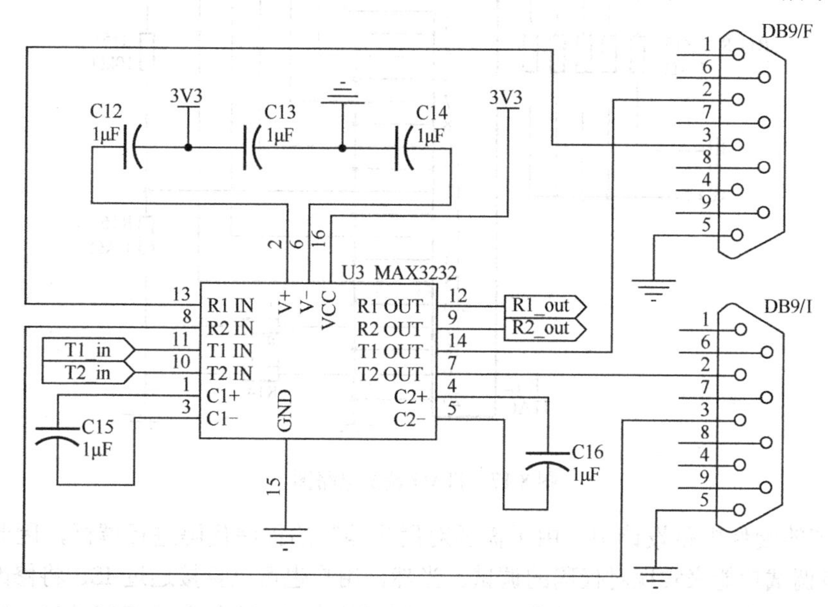

图 8.16　串口通信电路图

在图 8.16 中描述了有关串口通信电路的硬件设计。前面已经详细介绍了该电路各个模块的功能，这里就不再赘述了。

需要补充介绍的是，在本系统硬件电路设计过程中，为了方便程序的调试，特别是单步调试，在电路中增加设计了 JTAG 调试接口，其具体的硬件电路如图 8.17 所示。

JTAG（Joint Test Action Group，联合测试行动小组）是一种国际标准测试协议（IEEE 1149.1 兼容），主要用于芯片内部测试。现在多数的高级器件都支持 JTAG 协议，如 ARM、DSP、FPGA 器件等。标准的 JTAG 接口是 4 线，即 TMS、TCK、TDI、TDO，分别为模式选择、时钟、数据输入和数据输出线。

JTAG 最初是用来对芯片进行测试的，JTAG 的基本原理是在器件内部定义一个 TAP（Test Access Port，测试访问口），通过专用的 JTAG 测试工具对内部节点进行测试。

JTAG 测试允许多个器件通过 JTAG 接口串联在一起，形成一个 JTAG 链，能实现对各个器件的测试。现在，JTAG 接口还常用于实现 ISP（In-System Programming，在线编程），对 FLASH 等器件进行编程。

一般情况下，具有 JTAG 接口的芯片都支持如下 JTAG 引脚的定义。

- TCK 引脚：测试时钟输入。
- TDI 引脚：测试数据输入，数据通过 TDI 输入 JTAG 口。
- TDO 引脚：测试数据输出，数据通过 TDO 从 JTAG 口输出。
- TMS 引脚：测试模式选择，TMS 用来设置 JTAG 口处于某种特定的测试模式。

● TRST 引脚：可选引脚，测试复位，输入引脚，低电平有效。

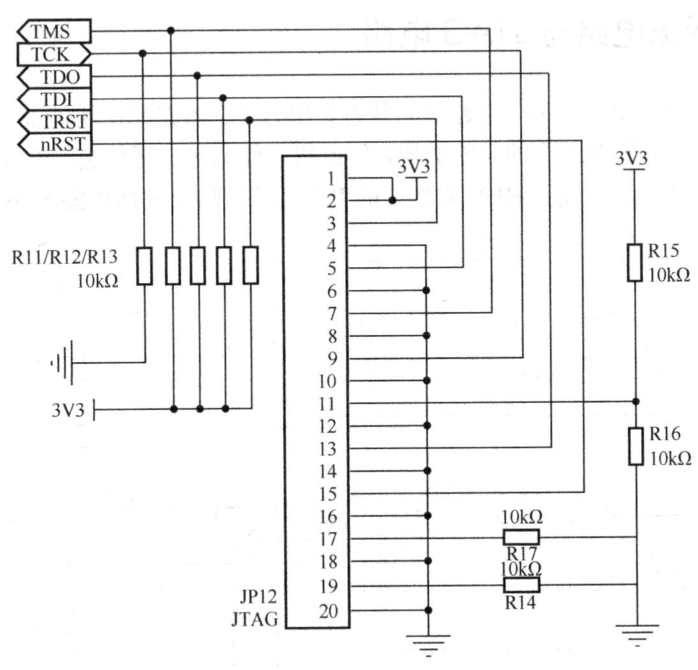

图 8.17　JTAG 调试电路图

在本系统的硬件电路设计中，由于需要对用户编写的程序代码进行调试，因此可以借助 JTAG 的单步调试功能来实现对代码的调试。当然，用户也可以直接通过 ISP 将修改后的代码下载到 ARM 芯片中进行调试，但这种 ISP 下载调试的方式不支持单步调试功能，因此不适合在程序较复杂的项目中使用。

8.3　系统软件工程设计

用户在完成相应的硬件电路设计后，需要完成相应的系统软件工程设计。从理论角度而言，系统软件工程的设计包含了较多的实现方法，例如，系统级软件、模块软件、系统测试等。

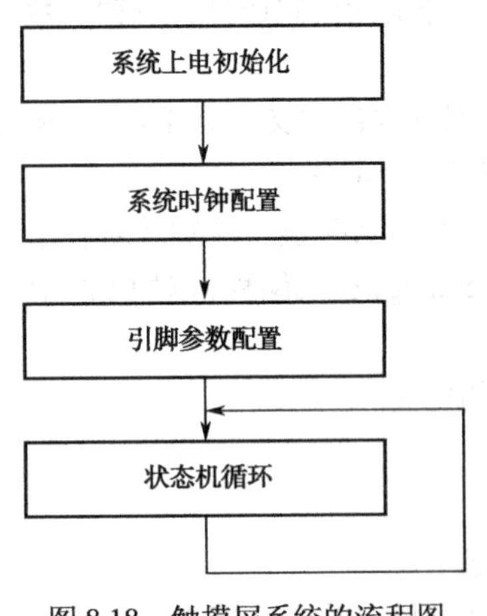

图 8.18　触摸屏系统的流程图

由于触摸屏系统的功能相对简单，并且各个模块的功能也比较清晰，因此，用户只需要把握软件设计的思路流程就可以了。这样既可以避免系统软件分析的烦琐步骤，使得代码设计更为高效，也可以使得代码简练，提高程序代码的效率。

在软件工程设计部分将向用户介绍两个方面的主要内容，具体如下。

（1）系统的主体框架。与前面章节中的实验例程一样，包括系统上电初始化、时钟设置、引脚的输入/输出设置，包括通过 PORTE 引脚控制位来片选译码器，并同时通过 PORTD 引脚的高 8 位传送继电器开关的状态信息，以中断的方式实现触摸屏的信号输入，如图 8.18 所示。

（2）以教师设置故障这一状态为例介绍系统状态之间是如何切换循环的，以及状态内部是如何运作的，流程图如图8.19所示。

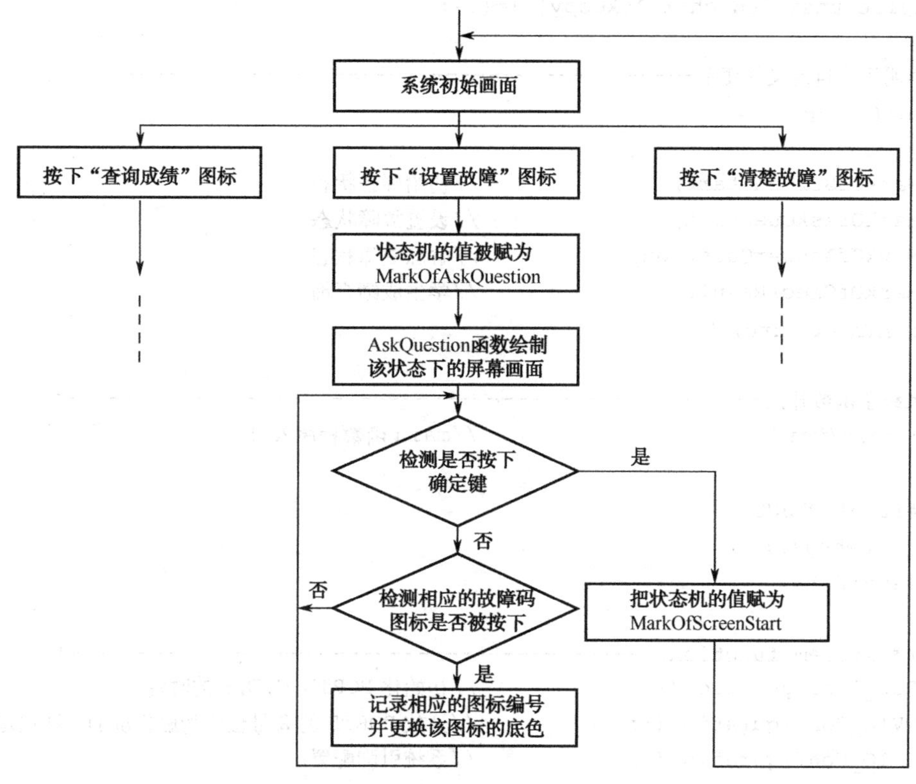

图8.19 “故障设置”部分软件流程图

根据软件流程图的设计思路，具体的程序代码如下。

```
/****************** 以下代码用于实现触摸屏系统实验 *******************/
* File Name               : main.c
* Author                  : NJFU Team of EE
* Date First Issued       : 02/05/2012
* Description             : Main program body
*****************************************************************/

/* main 程序代码中的头文件 Includes --------------------------------*/
#include "stm32f10x_lib.h"          //STM32 固件库函数
#include  "lcd.h"                   //用户自定义彩屏函数库
#include  "touch.h"                 //用户自定义触摸屏函数库

/* 声明用户自定义的子函数------------------------------------------*/
void RCC_Configuration(void);       //用户自定义的 RCC 时钟配置函数
void NVIC_Configuration(void);      //用户自定义的中断向量配置函数
void GPIO_Configuration(void);      //用户自定义的 GPIO 配置函数
void Delay(vu32 nCount);            //用户自定义的延迟函数

/* 声明用户自定义的全局变量--------------------------------------*/
```

```
volatile unsigned char flag[50];          //记录故障码的信息
//将数据分组表征该组有无有效信息
volatile unsigned char AskCopy[7]={0};

/* 声明用户自定义的变量-----------------------------------------------*/
typedef enum
{
   MarkOfScreenStart,                     //初始屏幕状态
   MarkOfAskQuestion,                     //设置故障状态
   MarkOfAnswerQuestion,                  //解除故障状态
   MarkOfCheckResult                      //学生成绩查询
}SystemTaskState;

/* 系统主函数开始-----------------------------------------------------*/
void main(void)                           //main 函数程序入口
{
   #ifdef DEBUG
      debug();
   #endif

   /* system functions------------------------------------------------*/
   RCC_Configuration();                   //初始化 PORTB,C,D,E 的时钟
   NVIC_Configuration();                  //开放 PORTE 的 2 号位作为触摸屏的中断通道
   GPIO_Configuration();                  //系统引脚配置

   /* private functions------------------------- */
   YimaInite();                           //初始化译码器
   LCDInite();                            //初始化彩屏
   TouchInite();                          //初始化触摸屏
   ScreenInite();                         //屏幕画面初始化

   /************************* 系统主循环开始 *************************/
   while(1)
   {
      /* 根据 SystemTaskState 的值执行不同的函数 ----------------------*/
      switch(SystemTaskState)
      {
         case 1:ScreenStart();break;
         case 2:AskQuestion();break;
         case 3:AnswerQuestion();break;
         case 4:CheckResult();break;
         default:break;
      }
   }
/************************* 主程序代码结束 **************************/
```

在向用户介绍完系统的主函数程序代码后，下面将主要介绍在 main 函数中调用的一些具有特殊功能的子函数。由于这些函数所实现的功能比较特殊，建议用户在实现代码的时候尽量将这些功能函数以子函数的形式封装起来。通过这种方式既可以方便 main 函数的调用，也可以使得各个功能模块能相对独立，降低彼此之间的耦合度。

```
/*******************************************************************
* Function Name  : AskQuestion
* Description    : 绘制该子程序下的屏幕画面，检测、记录故障代码图标是否被按下的信息，用检测到的信息送给控制继电器状态的函数 relay(x,y,z)，完成上述任务后改变状态机的值以返回系统初始化界面。
* Input          : None
* Output         : None
* Return         : None
*******************************************************************/
void AskQuestion(void )
{
    volatile unsigned char i=0,j=0,k=0; //临时变量
    unsigned int 16 x=0,y=0,g=0;
    unsigned char OK=0;                   //确定键
    count_for_set=0;                      //统计总故障码的数目

    /* flag[]数组用于记录相应的故障码是否被按下。
    /*例如，flag[x]=0/1;0 代表 x 号故障码未被按下，1 为按下，其实这样是比较浪费的，flag[x]是八位的，而只需一位就可以表示 0 和 1 这种状态，读者可以思考有什么可以改进的方法，以节约系统 RAM。*/
    for(i=0;i<52;i++)
    flag[i]=0;                            //清零操作

    for(i=0;i<7;i++)
        set_copy[i]=0;

/*这里省略了绘制屏幕的部分代码，其中用到了一些彩屏的驱动函数。本项目所使用到的触摸屏功能函数都可以直接从生产供应商处获取 */
/*一般彩屏和触摸屏的底层驱动比较繁杂，用户可以从互联网中获取别人已编制好的函数，自己修改后使用，以降低程序代码出错的概率。*/
/* 例如，触摸屏的触动芯片 7846/7843/XPT2046/UH7843/UH7846 等都有比较成熟的驱动库。*/


    while(OK!=1)                          //检测是否设置完毕
    {
        /*触摸屏被按下,这里的//Pen_Point 是一个结构体变量，用来记录触摸屏是否被
        按下，以及发生触摸操作的位置坐标信息，与软件逻辑无太大的关联，这里就不赘述了*/

        if(Pen_Point.Key_Sta==Key_Down)
        {
            delay_ms(6);                  //延迟 6ms
```

```
    if(PEN==0)                   //PORTE 的 2 号引脚被宏定义成了 PEN
    {                            //PEN 为低，说明触摸屏被按下
        Pen_Int_Set(0);          //关闭中断，以免造成不断申请中断的现象
        Convert_Pos();           //获得驱动芯片转换完的被触摸位置的信息

        x=Pen_Point.X0;          //触摸屏位置信息传给临时变量使用
        y=Pen_Point.Y0;

        Pen_Point.Key_Sta=Key_Up;

        /*将屏幕分成 60 个小的区域，分别绘制上 1～60 字样的图标，以此
        作为故障码供用户触按*/
        for(i=0;i<6;i++)
            if((i*45+6)<y&&y<((i+1)*45-6))
                for(j=0;j<10;j++)
                {
                    if((j*48+6)<x&&x<((j+1)*48-6))
                    {
                        while(PEN==0&&g--);
/*等待每次按屏的结束，为了防止干扰，造成 PEN 始终为零，加上定时 g 一旦为零就跳出，防止死循环*/
    g=20000;                           //恢复 g 以供下次使用
    delay_ms(3);
/*如果用户按过一次，则将相应的 flag[]的值设为 1，再按一次则恢复为 0*/
    if(flag[i*10+j]==1)
    {
        BACK_COLOR=YELLOW;       //绘制屏幕
        POINT_COLOR=BLUE;
        flag[i*10+j]=0;
        count_for_set--;

        /* 快速填充屏幕背景 ------------------------------*/
        LCD_Fill(48*j+3,i*45+3,48*(j+1)-1,(i+1)*45-1,YELLOW);

        BACK_COLOR=YELLOW;       //绘制屏幕

        /* 在屏幕底色中填写数字 --------------------------*/
        LCD_Show2Num(j*48+15,i*45+15,i*10+j,2,16,0);
    }
    else
    {
        BACK_COLOR=YELLOW;
        POINT_COLOR=BLUE;
        flag[i*10+j]=1;
        count_for_set++;              //统计被证实按下的个数
```

```
                /* 绘制屏幕 ----------------------------------*/
                LCD_Fill(48*j+3,i*45+3,48*(j+1)-1,(i+1)*45-1,RED);
                    BACK_COLOR=RED;
                LCD_Show2Num(j*48+15,i*45+15,i*10+j,2,16,0);
            }//else
        }//if
    }//if
                else
                    Pen_Int_Set(1);     //重新开启触摸屏中断
        }
        else
            Pen_Point.Key_Sta=Key_Up;   //标记触摸屏按键状态为未按下

        }

    //OK 图标被按，flag[50]被赋值 if 语句执行
    if(flag[50])
    {
        OK=1;                           //flag[50]用于记录 OK 图标是否被按下

        /* 让菜单返回初始化页面 ---------------------------------*/
        SystemTaskState= MarkOfScreenStart;
    }
  }

    for(i=0;i<7;i++)                    //程序执行到此表明故障设置完毕
    {
        /* 将故障状态信息每 8 个打成一个数据包送给继电器状态控制函数 relay()执行*/
        for(j=0,k=0;j<8;j++)
        {
            if((i*8+j)>50)
                break;

            if(flag[i*8+j]==1)
            {
                k=k|(1<<j);
            }
    }

    AskCopy[i]=k;
    relay(i,k,0);
    }
}

/******************** 以下代码实现继电器的控制 *******************
```

```
    * Function Name         : MainLoop
    * Author                : NJFU Team of EE
    * Date First Issued : 02/05/2012
    * Function Name         : relay
    * Description           : This function is used to control the relays
    * Input                 : CPx:片选第 x 个 74HC273
                              Data:第 x 路继电器的状态
                         1:代表断开继电器，因为老师要断开继电器才能断开相应电路进而设置故障
                         0：代表闭合继电器，学生只有闭合了继电器才能清除故障
    * Output                : None
    * Return                : None
    *******************************************************/
    void relay(volatile unsigned char CPx,volatile unsigned char data,volatile
unsigned char  YesOrNo)
    {
       volatile unsigned char i=0,j=0;       //声明子函数的临时变量
       vu16 temp=0;                          //声明一个 32 位无符号变量

       /* 读取引脚的状态信息 --------------------------------------------*/
       temp=GPIO_ReadOutputData(GPIOD);

       temp&=0x00ff;
       GPIO_Write(GPIOD, temp);

       temp=GPIO_ReadOutputData(GPIOE);
       temp|=(1<<14);
       GPIO_Write(GPIOE, temp);

       /* 将 PORTE 的 11,12,13,(14)号引脚清零 -----------------------*/
       temp=GPIO_ReadOutputData(GPIOE);

       temp&=0xc7ff;
       GPIO_Write(GPIOE, temp);

       if(YesOrNo)                             //函数描述中已解释
          data=set_copy[CPx]&(~data);

       /* 传送编码号 -------------------------------------------------*/
       temp=GPIO_ReadOutputData(GPIOD);
       temp|=(data<<8);
       GPIO_Write(GPIOD, temp);

       /* 若选择引脚 CPx,则将 CPx 引脚设置为低电平 ----------------------*/
       temp=GPIO_ReadOutputData(GPIOE);
       temp|=(CPx<<11);
       GPIO_Write(GPIOE, temp);
```

```
    temp=GPIO_ReadOutputData(GPIOE);
    temp&0xBFFF;
    GPIO_Write(GPIOE,temp);

    /* CPx 变高 ---------------------------------------------------*/
    temp=GPIO_ReadOutputData(GPIOE);
    temp|=(15<<11);
    GPIO_Write(GPIOE,temp);

    /* 延时 1μs，等待数据稳定写入 ------------------------------------*/
    delay_us(1);
}
```

反侵权盗版声明